普通高等教育“十二五”规划教材

理论力学

刘然慧　闵国林　李翠赞　主　编
闫承俊　王衍国　许星明　副主编

化学工业出版社
·北京·

本书是根据教育部“力学基础课程教学基本要求”编写的，由浅入深按照由质点到质点系、由矢量到代数量循序渐进的次序，分三篇进行介绍。第1篇是静力学，包括受力分析和受力图、力系的等效与简化和静力学平衡问题等内容；第2篇是运动学，包括运动分析基础、点的复合运动分析和刚体的平面运动分析等内容；第3篇是动力学，包括质点动力学、动力学普遍定理及其应用、达朗贝尔原理、虚位移原理等内容。本书还选配了一定数量的典型例题、思考题和习题供教师和学生选用。

本书可作为高等学校机械、土木、交通、水利、采矿、冶金等各工科专业中少学时教材或教学参考书，也可供相关专业工程技术人员参考。

图书在版编目（CIP）数据

理论力学/刘然慧，闵国林，李翠赟主编．—北京：化学工业出版社，2015.8(2023.8重印)

普通高等教育“十二五”规划教材

ISBN 978-7-122-24191-7

Ⅰ.①理… Ⅱ.①刘…②闵…③李… Ⅲ.①理论力学-高等学校-教材 Ⅳ.①O31

中国版本图书馆CIP数据核字（2015）第119761号

责任编辑：刘丽菲 满悦芝　　装帧设计：张 辉

责任校对：吴 静

出版发行：化学工业出版社（北京市东城区青年湖南街13号 邮政编码100011）

印　　装：涿州市般润文化传播有限公司

787mm×1092mm 1/16 印张17½ 字数454千字 2023年8月北京第1版第5次印刷

购书咨询：010-64518888　　售后服务：010-64518899

网　　址：http://www.cip.com.cn

凡购买本书，如有缺损质量问题，本社销售中心负责调换。

定　　价：39.00元

前言

理论力学是大部分工程技术学科的基础，是研究物体机械运动一般规律的科学。本书从三个方面：静力学、运动学、动力学，按照由浅入深、由简到繁、由特殊到一般、由质点到质点系、由矢量到代数量循序渐进的次序进行介绍。

本书是作者根据多年在理论力学教学中积累的经验，根据教育部“力学基础课程教学基本要求”编写的，力求体系完整、特色鲜明，在现在精简学时的前提下，重点加强了基本概念、基本理论和基本方法的讲述。全书内容分为三篇，共 15 章，静力学部分介绍了受力分析和受力图、力系的等效与简化和静力学平衡问题等内容；运动学部分介绍了运动分析基础、点的复合运动分析和刚体的平面运动分析等内容；动力学部分介绍了质点动力学、动力学普遍定理及其应用、达朗贝尔原理、虚位移原理等内容。每章内容中都有一定数量的典型例题，在章前有本章的要求、重点和难点，在每章后还附有学习方法和要点提示，同时安排了适量的思考题和习题。本书的内容编排适宜教师教学和学生自学。

本书在优化教学内容的同时，注重加强对学生能力的培养，注重以工程实际为背景，加深对物理概念的阐述和工程建模能力的培养，注重对物体的受力分析和对运动过程的分析。本教材既保持了课程的基本要求，又注意与先修的高等数学、大学物理的衔接及向材料力学等后续课的过渡。

本书编写分工如下：绪论、第 10 章、第 13 章、第 14 章由刘然慧执笔，第 11 章、第 12 章、第 15 章由闵国林执笔，第 4 章、第 5 章、第 6 章由李翠赟执笔，第 2 章、第 9 章由闫承俊执笔，第 3 章、第 7 章由王衍国执笔，第 1 章、第 8 章由许星明执笔，苗顺利、唐迪进行了书稿的整理与校对工作，全书由刘然慧、闵国林统稿。

全书由山东交通学院胡庆泉教授审阅，并提出了很多宝贵意见。由于编者水平有限，欠妥之处在所难免，恳请同行及读者批评指正。

编者

2015 年 4 月

目录

第 2 篇 运动学

第3篇　动力学

绪 论

0.1 理论力学的研究内容

理论力学是研究物体机械运动一般规律的科学。

自然界中的物质有各种各样的运动形式，运动是物质存在的基本形式，是物质最基本的属性，它包括宇宙中发生的一些现象和过程。

机械运动是指物体在空间的位置随时间的变化规律。机械运动是所有运动形式中最常见、最普遍的一种特殊形式。例如，机器的运转、车辆的行驶、建筑物的震动、液体的流动及航天器在太空的运行等，都是机械运动。除机械运动外，物质还存在发光、发热、电磁感应、化学反应以及人类的思维活动等各种不同的运动形式。

平衡是机械运动的特殊情况，物质的各种运动形式在一定条件下可以相互转化，在一些复杂或高级的运动形式中，通常也包含或伴随着机械运动。物体的机械运动都服从某些一般规律，这些一般规律就是理论力学的研究对象。所以，研究机械运动不仅可以揭示自然界物质运动的某些规律，而且还是研究物质其他运动形式的基础，这就决定了理论力学在自然科学研究中重要的基础地位。

理论力学属于以牛顿定律为基础的古典力学范畴，它研究速度远小于光速的宏观物体的机械运动，其科学体系是以伽利略和牛顿总结的基本定律为基础，在15—17世纪逐步形成之后，又不断得到改善和发展的。在20世纪初，出现了相对论力学和量子力学，打破了传统的时空观念，建立了现代力学的科学体系。当物体的运动速度接近于光速时，其运动规律应当用相对论力学来研究；当物体的大小接近于微观粒子时，其运动规律应当用量子力学来研究。而对于运动速度远小于光速的宏观物体，相对论力学和量子力学对古典力学的修正几乎为零。因此，对于一般工程或一些尖端科学中所遇到的大量力学问题，用古典力学的方法来解决，不仅方便，而且能够保证足够的精确度。所以，古典力学至今仍有很大的实用意义，并且仍在不断发展完善中。

理论力学起源于物理学的一个分支，但其内容已大大超过了物理学的内容，它不仅要求建立与力学有关的各种基本概念和理论，而且要求能运用理论知识，对从实际问题中抽象出来的力学模型进行分析计算。

理论力学的研究内容通常包括静力学、运动学、动力学三个方面。

静力学　研究力系的简化以及物体在力系作用下的平衡规律。

运动学　研究物体运动的几何性质，而不考虑引起物体运动的原因。

动力学　研究物体运动的变化与其所受力之间的关系。

静力学中讨论的平衡是运动的一种特殊形态，因此，也可以认为静力学是动力学的一种特殊情况。不过由于工程技术发展的需要，静力学已累积了丰富的内容并且形成为一个相对独立的组成部分。另外，动力学问题也可以从形式上变换成平衡问题用静力学理论求解。

0.2 理论力学的学习目的

理论力学是工程技术的重要理论基础，它是工科专业一门重要的、理论性很强的技术基础课。学习并掌握机械运动的客观规律，就能够利用它解释或解决许多工程实际问题。例如，道路的转弯处为什么外侧要比内侧高？道路的表面为什么要宏观上平整，微观上粗糙？车辆为什么多用后轮驱动，前轮刹车？卫星如何绕地球运转？这些工程现象都可以利用理论力学原理解释或解决。

当然，理论力学学习更重要的还在于掌握并应用机械运动的规律，更好地为工程实际服务。各种机械、设备和结构的设计，机器的自动调节和振动的研究等都包含着大量的力学问题。尽管有些问题单靠理论力学的知识是不够的，但在解决这些问题时，理论力学的知识是不可或缺的。

此外，理论力学研究力学中最普遍、最基本的规律，它为学习一系列后续课程提供理论基础。例如材料力学、机械原理、机械设计、结构力学、弹性力学、流体力学、岩土力学、振动理论、结构工程等课程都要以理论力学为重要基础。所以，理论力学是工科类专业非常重要的技术基础课，如果没有扎实的、足够的理论力学知识，就很难顺利完成今后一系列专业课程的学习。理论力学的基本理论和基本知识在基础课与专业课之间架起了桥梁，它不但是学习后续课程的基础，其分析问题和解决问题的思路对今后成为一个有独立解决工程实际问题能力的工程师也有很大的帮助。

伴随着科学技术的日益发展和现代化进程的加快，会不断出现新的力学问题，这为力学知识的发展和应用提供了新的机遇和挑战。学好理论力学知识，将有利于解决与理论力学有关的新问题，从而促进科学技术的进步，推动理论力学不断向前发展。

0.3 理论力学的研究方法

实践、认识、再实践、再认识，这是科学技术发展的规律。理论力学的发展也遵循这一规律。理论力学的研究方法就是从实际出发，经过抽象、综合、归纳而建立基本概念、公理、再应用数学演绎和逻辑推理而得到定理和结论，形成理论体系，然后再通过实践来验证并发展这些理论。

(1) 通过对自然的直接观察以及在生活和生产实践中取得的经验，系统地进行科学实验，通过抽象化，进一步把生产、生活中以及通过直接观察、科学实验所获得的经验加以分析、综合和归纳，总结出理论力学的基本规律。

人们在建筑、灌溉等劳动中使用杠杆、斜面、汲水等器具，逐渐积累起对平衡物体受力情况的认识，经过分析、综合和归纳，逐渐形成了一些力学基本概念，如力、力矩等，总结出了一些力学基本规律，如静力学基本公理。

人类为了生存，就要解决生产和生活中的实际问题，而解决问题除了进行观察和分析以外，还要进行实验。古希腊的阿基米德（公元前 287—公元前 212 年）对杠杆平衡、物体重心位置、物体在水中受到的浮力等作了系统研究，确定了它们的基本规律，初步奠定了静力学即平衡理论的基础。意大利的达·芬奇（1452—1519 年）研究了滑动摩擦、平衡和力矩的规律。意大利的伽利略（1564—1642 年）最早阐明自由落体运动的规律，在实验研究和理论分析的基础上提出加速度的概念。此外还有大量的力学定理、定律都是建立在实验基础之上的。科学实验是形成力学理论体系的重要手段。

(2) 在对客观事物进行观察和科学实验的基础上，将研究对象抽象化为一定的力学模型，形成概念。这些力学模型既要能反映问题的主体，又要便于求解。

在工程实际问题中，所研究的物体复杂多样，即便是同一类型的问题，其力学状况也不尽相同，为便于研究，须将工程实际问题进行简化，以得到合理的力学模型，再在此基础上做进一步的分析和计算。将一个实际问题抽象成力学模型并不容易，这方面的能力须在实践中锻炼和提高。一般而言，可从三方面加以简化：物体的几何尺寸、物体承受的载荷和受到的约束。

在简化过程中，因为要略去次要因素，必然包含着某种近似。例如，某些尺寸远比其他尺寸小，则可忽略不计，因此，在微小面积上的分布力可视为集中力；接触面光滑或经过充分润滑时可不计摩擦等。究竟哪些因素可以忽略，取决于所需的材料及其精度。如果对实际存在的一些因素，不分主次全部计入，看起来很合乎实际，其结果可能使问题无法求解，或者虽能求解，但困难极大，耗时费力，而实际上并不需要这样高的精度。所以，对一个具体问题，在抽象成为力学模型时，必须深入分析，力求合理可行。

(3) 应用力学原理把有关的力学问题用数学形式描述，经过逻辑推理和数学演绎，建立理论体系。

生产实践中的问题包罗万象、错综复杂，通过观察、实验、抽象等方法得到的力学公理和定理缺乏系统性、严密性和普遍性。考虑研究对象的具体条件，由少量最基本的规律出发，借助于严密的数学工具进行逻辑推理和数学演绎，得到从多方面揭示机械运动规律的定理、定律和公式，建立完整而严密的理论体系。

(4) 将力学理论应用于实践，解决生产和生活中的实际问题，并对力学理论进行检验，最终不断推动力学的发展。

力学不仅是一门基础科学，同时也是一门技术科学，它是许多工程技术的理论基础，又在广泛的应用过程中不断得到发展。力学和工程学的结合，促进了力学各个分支的形成和发展。如刚体力学、流体力学、生物力学、天体力学、量子力学等。无论是宏观的天体运动，还是微观的粒子运动，古典力学理论在实践中都出现了理论与客观实际的矛盾，表现出力学理论的相对性。在新的科学技术背景下，必须对原有的概念、定义和理论进行修正，才能正确地揭示真理、指导实践，并进一步地发展力学理论，形成新的力学分支。正所谓“理论来源于实践，又指导实践，并最终被实践所改正”。

(5) 随着计算机技术的迅速发展，计算机分析方法在力学领域得到了广泛应用，并促进了力学研究方法的更新。

运用力学理论分析和解决工程问题的深度和广度，在一定程度上还受到计算工具的制约。当计算工具简单时，力学模型应尽量建立得简单些，求解时，有时只分析特定条件下的几个状态量。近代计算机的发展和普及为解决复杂的力学问题提供了新的可能。计算机已成为学习理论力学知识的有效工具，并在逻辑推演、公式推导、力学理论的发展中发挥着重大作用，也必将在使用力学理论解决工程实际问题中发挥更大的作用。

0.4 理论力学的学习方法

理论力学课程讨论物理现象，具有物理学科的特点；理论力学又与高等数学中的矢量运算、微积分、线性代数和微分方程关系密切，同时又是工程专业后续课程的基础。理论力学的基础是物理学中的力学部分；其体系完整，逻辑严谨，演绎严密，在一定程度上又具有数学课程的特点；同时，理论力学又不是抽象的纯理论学科，而是应用学科。对大多数工科学生而言，理论力学是从纯理论学科过渡到专业课程中须学习的与工程实际有关的第一门力学课程。这是一个重要的转折点。基于此，学习该课程时应注意下列问题。

第一，与物理学相比，理论力学的基本概念深化了，基本理论系统了，基本方法实用了。因此，同样的定理，用理论力学方法可以解决物理中的力学问题，但反之未必。

第二，理论力学系统性强，各部分环环相扣，学习时应循序渐进及时拾遗补缺，要注意正确理解有关力学概念的来源、含义和用途；注意有关理论公式推导的根据和关键，公式的物理意义及应用条件和范围；注意各章节的主次内容及在处理问题方法上的区别和联系；注意温故知新，及时复习常作总结。

第三，有意识地培养分析和解决问题的能力。要特别注重从工程实际中抽象力学问题，应用理论力学知识对提炼出的力学问题进行数学描述，并求解相应的数学问题。在分析中，既要做定性的分析又要做定量的计算，并能校核结果的正误。

第四，对理论力学基本概念的理解和理论应用能力的提高是通过大量习题的求解逐步加深的。因此，做一定量的习题是学好理论力学的重要环节。须指出，习题应当在理解的基础上做，切忌不看书、不复习，为完成作业而埋头做题；有些习题要精做，一道题用多种方法做，往往比用一种方法做几道题有收获，切忌贪多求快，不求甚解；要能从错题中吸取教训，不要放过一些似是而非的模糊概念，学会剖析、抓错和认错；习题书写要规范，要会用简练的工程语言解决实际问题。

总之，只要方法得当，刻苦努力，学生完全可以达到理论力学课程的基本要求：准确理解基本概念、熟悉基本定理和公式并能灵活运用。

第1篇

静 力 学

引 言

静力学主要研究物体在力系作用下的平衡规律。

物体在力系的作用下处于平衡的条件称为力系的平衡条件。为了研究力系的平衡条件，除必须对物体进行受力分析外，还须将一个复杂力系等效替换成简单力系。因此，静力学研究的主要内容有以下几点。

(1) 物体的受力分析　物体的受力分析是分析研究对象共受几个力作用以及每个力的作用位置和方向。

(2) 力系的等效替换（简化）　力系的等效替换是力系简化的理论基础。

(3) 力系的平衡条件及应用　主要研究物体在各种力系作用下处于平衡状态时所需满足的条件。

第1章

静力学公理和物体的受力分析

本章要求

(1) 准确理解力、刚体、平衡、约束等基本概念和静力学基本公理；(2) 掌握常见约束的特征及约束反力的表示方法；(3) 能正确地对单个物体及物体系进行受力分析并画出受力图。

重点 (1) 力的概念，刚体的概念，平衡的概念，约束和约束反力的概念；(2) 静力学公理及其应用；(3) 工程上几种常见约束的特征及其约束反力的画法；(4) 受力分析和受力图（单个物体及物体系)。

难点 (1) 约束的概念及其特征；(2) 物体系的受力分析及其受力图。

1.1 静力学基本概念

1.1.1 力和力系的概念

力是物体间相互的机械作用。物体间力的作用形式可分为两类：一类是物体间的直接接触作用产生的作用力，另一类是通过场的作用产生的作用力。

力使物体的运动状态发生改变的效应，叫作力的外效应或运动效应。力使物体的形状发生改变的效应，叫作内效应或变形效应。静力学只研究力的外效应，而力的内效应属于材料力学的研究范围。

由经验可知，力对物体的作用效应取决于力的三要素，即力的大小、力的方向和力的作用点。其中任何一个要素发生变化时，力的作用效应也随之改变。

力是既有大小又有方向的矢量，因此可以用带箭头的线段来表示，如图 1-1 所示。线段的起点或终点表示力的作用点，线段的长度表示力的大小，用线段的方位和箭头的指向表示力的方向。通过力的作用点沿力的方向的直线称为力的作用线。

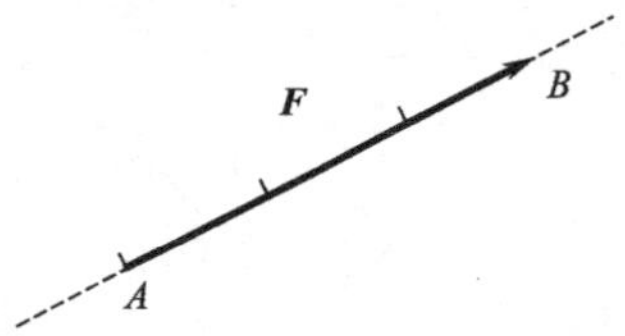

图 1-1

力的国际单位是牛顿（N）或千牛顿（kN)。

作用在物体上的一群力称为力系。若两个力系对同一物体作用效果相同，则这两个力系彼此称为等效力系。不受外力作用的物体称为受零力系作用。如果一个力系跟零力系等效，则该力系称为平衡力系。根据力的作用线分布，力系可分为平面力系和空间力系；根据力的作用线关系，力系可分为汇交力系（包括平面汇交力系和空间汇交力系）、平行力系（包括平面平行力系和空间平行力系）和任意力系（包括平面任意力系和空间任意力系）。

若一个力与一个力系等效，则称这个力是这个力系的合力，而该力系中的每一个力是这个合力的分力。使一个比较复杂的力系简化为与它等效的简单力系的过程称为力系的简化。

1.1.2　平衡的概念

平衡是指物体相对惯性参考系（如地面）保持静止或匀速直线运动的状态。

1.1.3　刚体的概念

在力的作用下，物体内部任意两点之间的距离始终保持不变，也就是说，在力的作用下，物体的大小和形状都不变，这样的物体就称为刚体。

1.2 静力学公理

公理，是人们经过长期实践检验的客观规律，是符合客观实际的最普通、最一般的规律。

公理一　二力平衡公理　作用在刚体上的两个力，使刚体保持平衡的充分和必要条件是：这两个力大小相等、方向相反且作用在同一直线上，如图 1-2 所示。

如果一个构件只受两个力的作用且处于平衡状态，那么这个构件称为二力杆。

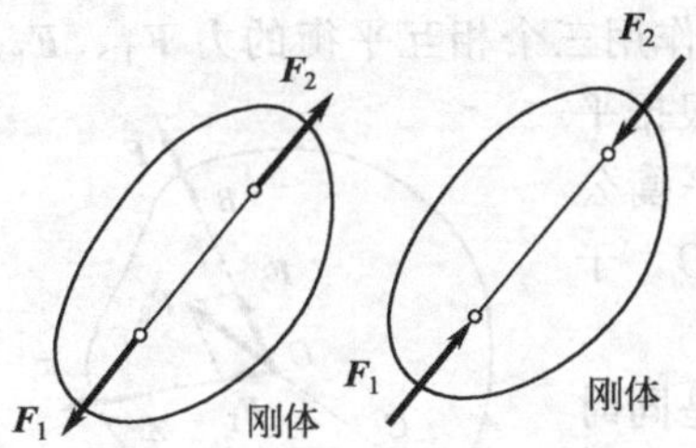

图 1-2

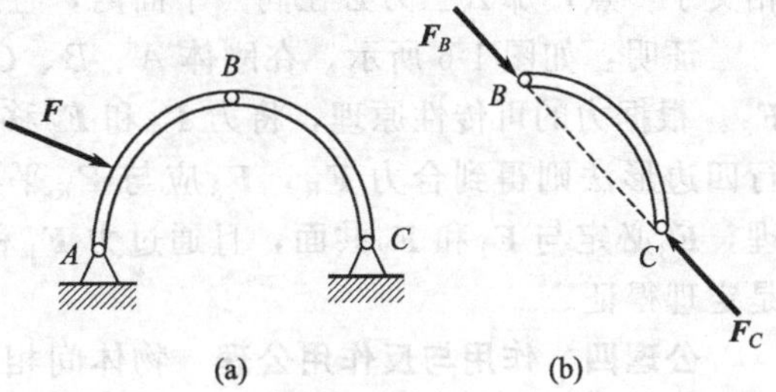

图 1-3

二力杆的受力特点是两个力必沿两力作用点的连线作用。工程中存在许多二力杆，如矿井巷道支护的三铰拱，如图 1-3 所示，其中 BC 杆质量不计，就可以看成二力杆。

公理二　加减平衡力系公理　在作用于刚体的力系上增加或减去一个平衡力系，不改变原力系对刚体的作用效应。

这个公理只适用于刚体。加减平衡力系公理是研究力系等效替换的重要依据。

推理一　力的可传性原理　作用于刚体上某点的力，可以沿着它的作用线移到刚体内任意一点，并不改变该力对刚体的作用效应。

证明：设力 $\boldsymbol{F}$ 作用于刚体上的 A 点，如图 1-4(a)所示。在力的作用线上任意点 B 处施加一对平衡力 $\boldsymbol{F}_1$ 和 $\boldsymbol{F}_2$，且 $F_1=F_2=F$，如图 1-4(b)所示。根据加减平衡力系公理，力 $\boldsymbol{F}$ 对刚体的作用效应与力系 $\boldsymbol{F}$、$\boldsymbol{F}_1$、$\boldsymbol{F}_2$ 对刚体的作用效应是相同的。力 $\boldsymbol{F}$ 和 $\boldsymbol{F}_2$ 也构成一平衡力系，故可去掉这对力，则作用在刚体上 B 点上的力 $\boldsymbol{F}_1$ 与作用在 A 点上的力 $\boldsymbol{F}$ 等效，如

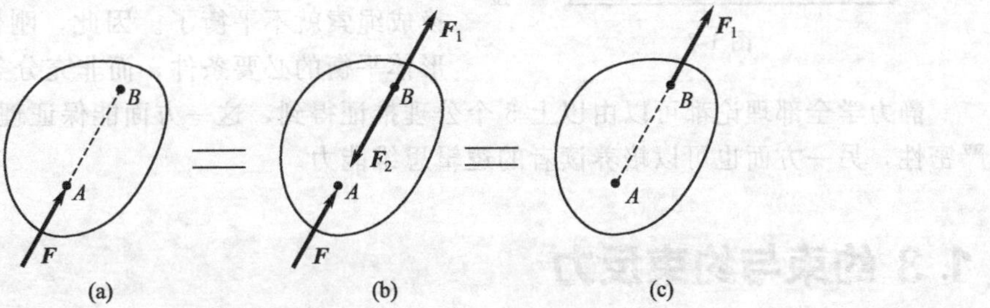

图 1-4

图 1-4(c)所示。即原来的力 $\boldsymbol{F}$ 沿其作用线从点 A 移到了点 B。

由此可见，对于刚体来说，力的作用点已不是决定力的作用效应的要素，它已被作用线代替。因此，作用于刚体上的力的三要素是：力的大小、方向和作用线。作用于刚体上的力可以沿着作用线移动，这种矢量称为滑移矢量。

公理三　力的平行四边形法则　作用于物体同一点的两个力可以合成为作用于该点的一个合力，合力的大小和方向由以这两个力为边所构成的平行四边形的对角线确定，如图 1-5(a)所示。

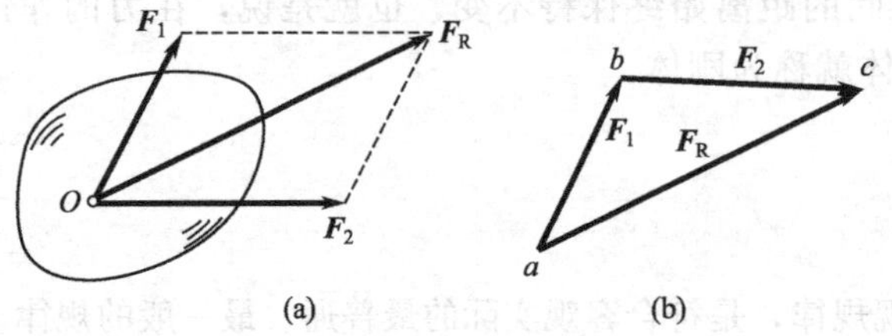

图 1-5

这种合成力的方法，称为矢量加法，合力称为这两力的矢量和，用公式表示为

$$\boldsymbol{F}_R=\boldsymbol{F}_1+\boldsymbol{F}_2 \tag{1-1}$$

为了方便，也可以作力三角形求两汇交力合力的大小和方向，如图 1-5(b)所示。

推论二　三力平衡汇交定理　作用于刚体上三个相互平衡的力，若其中两个力的作用线相交于一点，那么三力必在同一平面内，且第三个力的作用线必过该交点。

证明：如图 1-6 所示，在刚体 A、B、C 三点上，分别作用三个相互平衡的力 $\boldsymbol{F}_1$、$\boldsymbol{F}_2$、$\boldsymbol{F}_3$。根据力的可传性原理，将力 $\boldsymbol{F}_1$ 和 $\boldsymbol{F}_2$ 移到汇交点 O，根据平行四边形法则得到合力 $\boldsymbol{F}_R$，$\boldsymbol{F}_3$ 应与 $\boldsymbol{F}_R$ 平衡。根据二力平衡公理，$\boldsymbol{F}_3$ 必定与 $\boldsymbol{F}_1$ 和 $\boldsymbol{F}_2$ 共面，且通过力 $\boldsymbol{F}_1$ 和 $\boldsymbol{F}_2$ 的汇交点 O，于是定理得证。

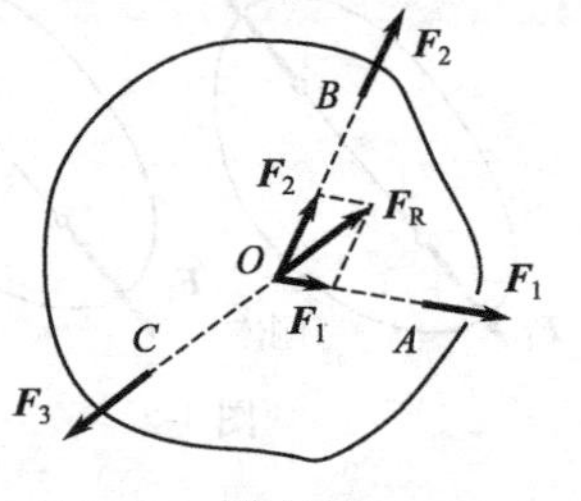

图 1-6

公理四　作用与反作用公理　物体间相互作用的力总是同时存在，且大小相等，方向相反，沿同一条直线，并分别作用在这两个物体上。

这个公理概括了任何两个物体间相互作用的关系。一切力总是成对出现在两个相互作用的物体之间，有作用力，必有反作用力。两者总是同时存在，又同时消失。根据这个公理，已知作用力则可知反作用力，这是分析物体受力时必须遵循的原则，为研究由一个物体过渡到多个物体组成的物体系统提供了基础。必须注意，作用力与反作用力是分别作用在两个物体上的，不能错误地与二力平衡公理混同起来。

公理五　刚化原理　变形体在某一力系作用下处于平衡，如将此变形体刚化为刚体，其平衡状态保持不变。

这个公理提供了把变形体看作刚体模型的条件。如图 1-7 所示，绳索在等值、反向、共线的两个拉力作用下处于平衡，如将绳索刚化成刚体，其平衡状态保持不变。反之就不一定成立，如果刚体在两个等值反向的压力作用下平衡，将刚体换成绳索就不平衡了。因此，刚体的平衡条件是变形体平衡的必要条件，而非充分条件。

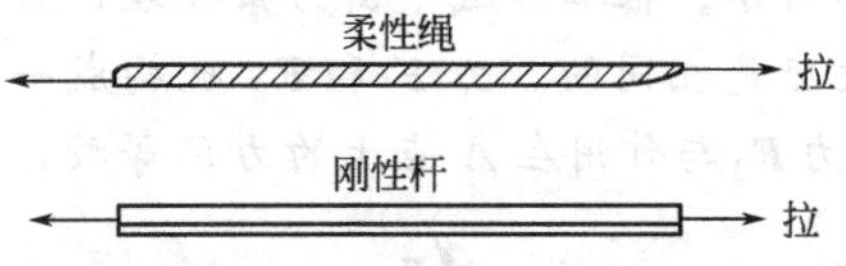

图 1-7

静力学全部理论都可以由以上 5 个公理推证得到，这一方面能保证理论体系的完整性和严密性，另一方面也可以培养读者的逻辑思维能力。

1.3 约束与约束反力

如果一个物体不受任何限制，可以在空间自由运动，则此物体称为自由体；反之，如一个物体的运动受到一定限制，使其在空间沿某些方向的运动成为不可能（例如绳子悬挂的物体），则此物体称为非自由体。

机械的各个构件如不按照适当的方式相互联系从而受到限制，就不能恰当地传递运动，实现所需要的动作；工程结构如不受到某种限制，便不能承受载荷以满足各种需要。在力学中，把对非自由体的位移起限制作用的周围其他物体称为约束。约束是以物体相互接触的方式构成的。例如，沿轨道行驶的车辆，轨道限制车辆的运动，它就是约束；摆动的单摆，绳子就是约束，它限制摆锤只能在不大于绳长的范围内运动，而通常是以绳长为半径的圆弧运动。

约束阻碍、限制物体的自由运动，改变了物体的运动状态，因此约束必须承受物体的作用力，同时给予物体以等值、反向的反作用力，这种力称为约束反力或约束力，简称为反力，属于被动力。除约束反力外，物体上受到的各种力如重力、风力、万有引力、切削力等，它们是促使物体运动或有运动趋势的力，属于主动力，工程上常称为载荷。在设计工作中，载荷可根据设计指标决定，也可通过分析研究确定或用实验测定。

约束反力取决于约束本身的性质、主动力和物体的运动状态。约束反力阻止物体运动的作用是通过约束体与物体间相互接触来实现的，因此它的作用点应在相互接触处。约束反力的方向总是与约束所能阻止的运动方向相反，这是我们确定约束反力方向的准则。至于它的大小，在静力学中将由平衡条件确定。

我们将工程中常见的约束理想化，归纳为几种基本类型，并根据各种约束的特性分别说明其反力的表示方法。

1.3.1　柔体约束

属于这类约束的有绳索、皮带、链条等。这类约束的特点是只能限制物体沿着柔索伸长方向的运动，它只能承受拉力，而不能承受压力和抗拒弯曲。所以柔索的约束反力只能是拉力，作用在接触点，方向沿着柔索的轴线而背离物体，一般用 $\boldsymbol{F}$ 或 $\boldsymbol{F}_{\mathrm{T}}$ 表示，如图 1-8 所示。

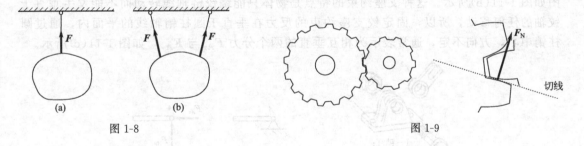

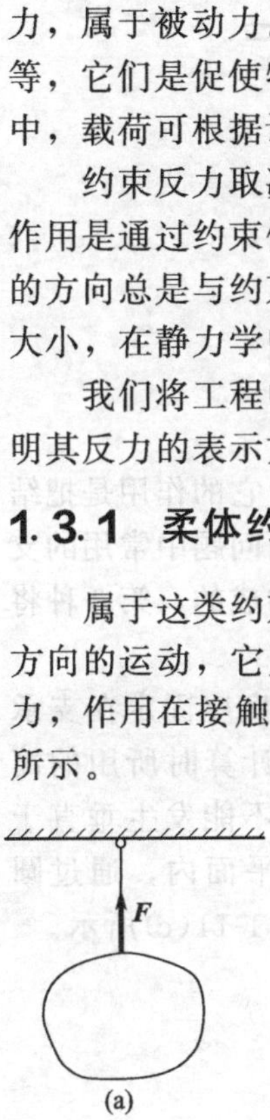

图 1-8

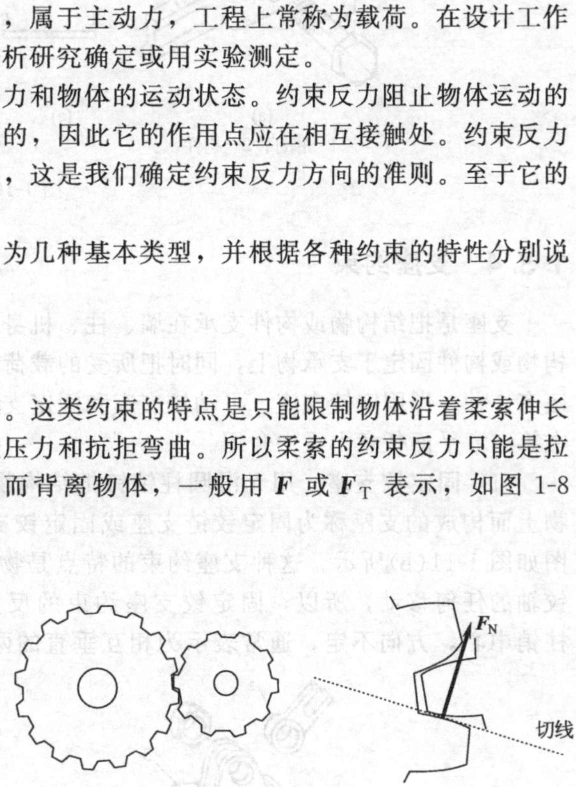

图 1-9

1.3.2　光滑接触面约束

对这类约束，我们忽略接触面间的摩擦，视为理想光滑。这类约束的特点是只能限制物体沿接触面法线并向约束内部的位移，不论接触面的形状如何，它只能承受压力，而不能承受拉力。所以光滑接触面的约束反力只能是压力，作用在接触处，方向沿着接触面在接触处的公法线而指向物体。因反力沿法线方向，故又称为法向反力，一般用 $\boldsymbol{F}_{\mathrm{N}}$ 表示。

光滑接触面约束在工程上是常见的，如啮合齿轮的齿面约束，如图 1-9 所示。

1.3.3　光滑圆柱铰链约束

圆柱形铰链简称圆柱铰，是联接两个构件的圆柱形零件，通常称为销钉。如机器上的轴承等，如图 1-10(a)所示和 1-10(b)所示，其计算简图如图 1-10(c)所示。这类约束的特点是只能限制物体的任意径向移动，不能限制物体绕圆柱销钉轴线的转动和沿圆柱销钉轴线的移动，由于圆柱销钉与圆柱孔是光滑曲面接触，则约束反力应是沿接触线上的一点到圆柱销钉中心的连线且垂直于轴线，如图 1-10(d)所示。因为接触线的位置不能预先确定，所以约束反力的方向也不能预先确定。光滑圆柱形铰链约束的反力只能是压力，在垂直于圆柱销钉轴线的平面内，通过圆柱销钉中心，方向不定。在进行计算时，为了方便，通常表示为沿坐标轴方向且作用于圆柱孔中心的两个分力 $\boldsymbol{F}_{Cx}$ 与 $\boldsymbol{F}_{Cy}$，如图 1-10(e)所示。

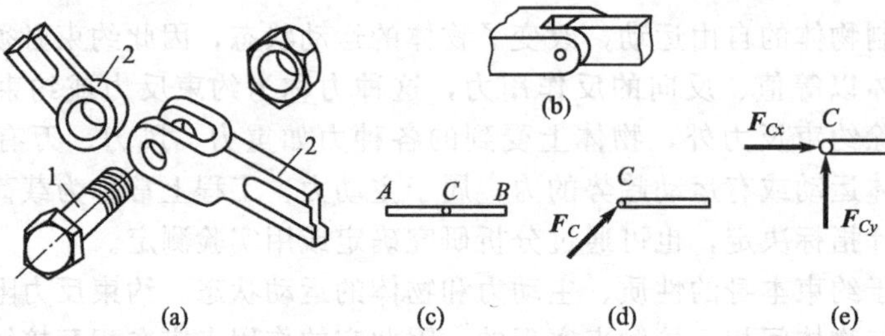

1—销钉；2—构件

图 1-10

1.3.4　支座约束

支座是把结构物或构件支承在墙、柱、机身等固定支承物上面的装置，它的作用是把结构物或构件固定于支承物上，同时把所受的载荷通过支座传给支承物。平面问题中常用的支座有 3 种，即固定铰支座、可动铰支座和固定支座，前两种是以圆柱铰链构成的，第 3 种将在第 3 章平面任意力系中介绍。

(1) 固定铰支座　用光滑圆柱销钉把结构物或构件与底座联接，并把底座固定在支承物上而构成的支座称为固定铰链支座或固定铰支座，如图 1-11(a)所示，计算时所用的简图如图 1-11(b)所示。这种支座约束的特点是物体只能绕铰链轴线转动而不能发生垂直于铰轴的任何移动，所以，固定铰支座约束的反力在垂直于圆柱销轴线的平面内，通过圆柱销中心，方向不定，通常表示为相互垂直的两个分力 $\boldsymbol{F}_{Ax}$ 与 $\boldsymbol{F}_{Ay}$，如图 1-11(c)所示。

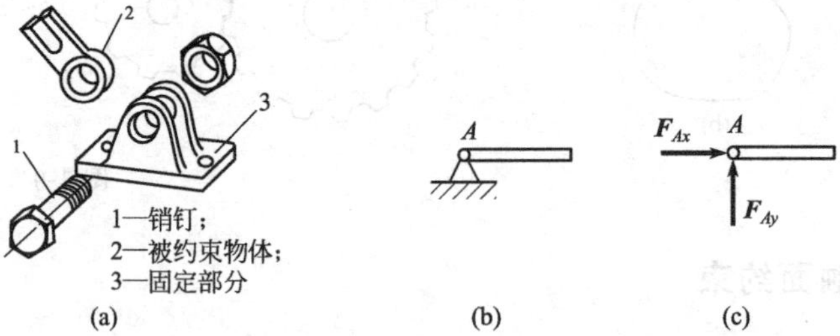

图 1-11

(2) 可动铰支座　为了保证构件变形时既能发生微小的转动又能发生微小的移动，可将结构物或构件的支座用几个辊轴（滚柱）支承在光滑的支座面上，就成为可动铰支座，亦称为辊轴支座，如图 1-12(a)所示，计算时所用的简图如图 1-12 中 (b)、(c)、(d)所示。这种支座约束的特点是只能限制物体在与圆柱铰链联接处沿垂直于支承面的方向运动，而不能阻止物体沿光滑支承面切向的运动，所以可动铰支座的约束反力垂直于支承面，通过圆柱销中心，一般用 $\boldsymbol{F}_{\mathrm{N}}$ 或 $\boldsymbol{F}$ 表示，如图 1-12(e)所示。

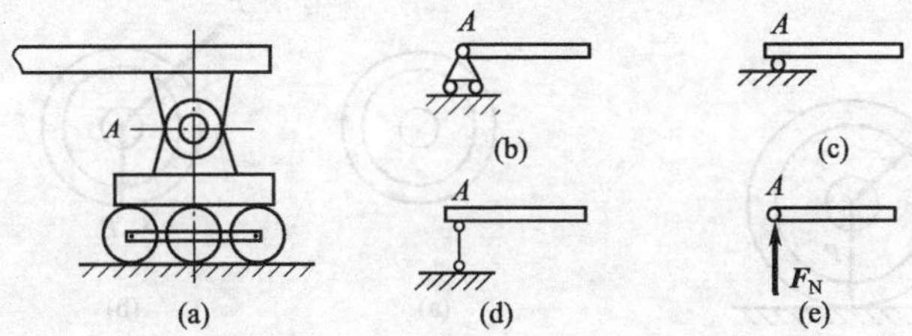

图 1-12

1.3.5　链杆约束

两端用光滑铰链与其他构件联接且不考虑自重的刚杆称为链杆，常被用来作为拉杆或撑杆而形成链杆约束，如图 1-13(a)所示的 CD 杆。根据光滑铰链的特性，杆在铰链 C、D 处受有两个约束力 $\boldsymbol{F}_C$ 和 $\boldsymbol{F}_D$，这两个约束反力必定分别通过铰链 C、D 的中心，方向暂不确定。考虑到 CD 只在 $\boldsymbol{F}_C$、$\boldsymbol{F}_D$ 二力作用下平衡，根据二力平衡公理，这两个力必定沿同一直线且等值、反向。由此可确定 $\boldsymbol{F}_C$ 和 $\boldsymbol{F}_D$ 的作用线应沿铰链中心 C 与 D 的连线，可能为拉力，如图 1-13(b)所示，也可能为压力，如图 1-13(c)所示。

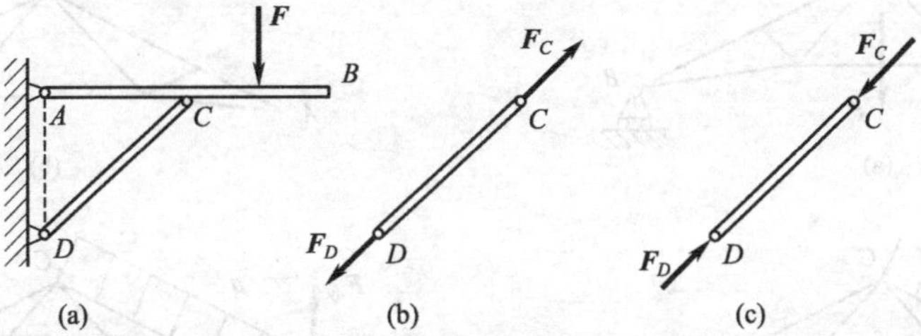

图 1-13

由此可见，链杆为二力杆，链杆约束的反力沿链杆两端铰链的连线，指向不能预先确定，通常假设链杆受拉，如图 1-13(b)所示。

除了以上介绍的几种约束外，还有一些其他形式的约束。在实际问题中所遇到的约束有些并不一定与上面所介绍的形式完全一样，这时就需要对实际约束的构造及其性质进行分析，分清主次，略去一些次要因素，就可以将实际约束简化为上述约束形式之一。

1.4 物体的受力分析与受力图

在解决力学问题时，首先要选定需要进行研究的物体，即确定研究对象，然后分析它的受力情况，这个过程称为受力分析。

作用在物体上的力可分为两类：一类是主动力，如物体的重力、风力、气体压力等，一般是已知的；另一类是约束对物体的约束反力，为未知的被动力。

当受约束的物体在某些主动力作用下处于平衡，若将其部分或全部的约束除去，代之以相应的约束反力，则物体的平衡不受影响。这一原理称为解除约束原理。根据解除约束原理，将作用于研究对象的所有约束力和主动力在计算简图上画出来，这种计算简图称为研究对象的受力图。受力图形象地说明了研究对象的受力情况。

例 1-1　碾子重为 $\boldsymbol{P}$，拉力为 $\boldsymbol{F}$，A、B 处光滑接触（图 1-14），画出碾子的受力图。

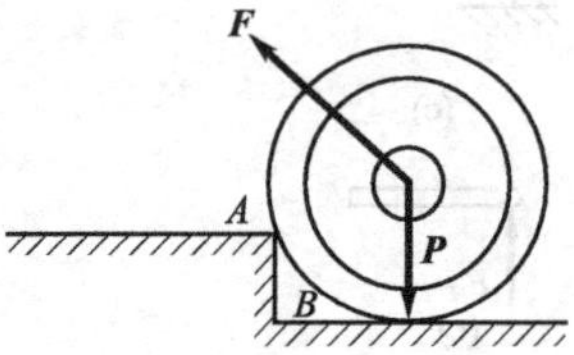

图 1-14

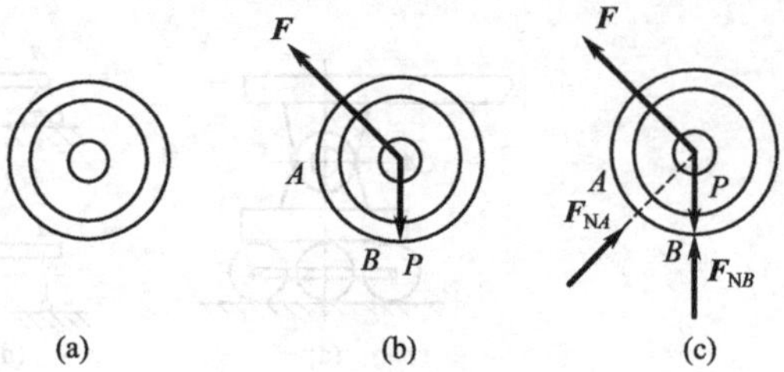

图 1-15

解：(1) 取碾子为研究对象（即取分离体），并单独画出其简图，如图 1-15(a)所示。

(2) 画主动力。有地球的引力 $\boldsymbol{P}$ 和碾子中心的拉力 $\boldsymbol{F}$，如图 1-15(b)所示。

(3) 画约束力。因碾子在 A 和 B 两处受到台阶和地面的光滑约束，故在 A 处和 B 处受台阶及地面的法向反力 $\boldsymbol{F}_{NA}$ 和 $\boldsymbol{F}_{NB}$ 的作用，他们都沿着碾子上接触点的公法线而指向圆心。碾子的受力图如图 1-15(c)所示。

例 1-2　如图 1-16(a)所示屋架受均布风力 $\boldsymbol{q}$ (N/m) 作用，屋架重为 $\boldsymbol{P}$，画出屋架的受力图(图 1-16)。

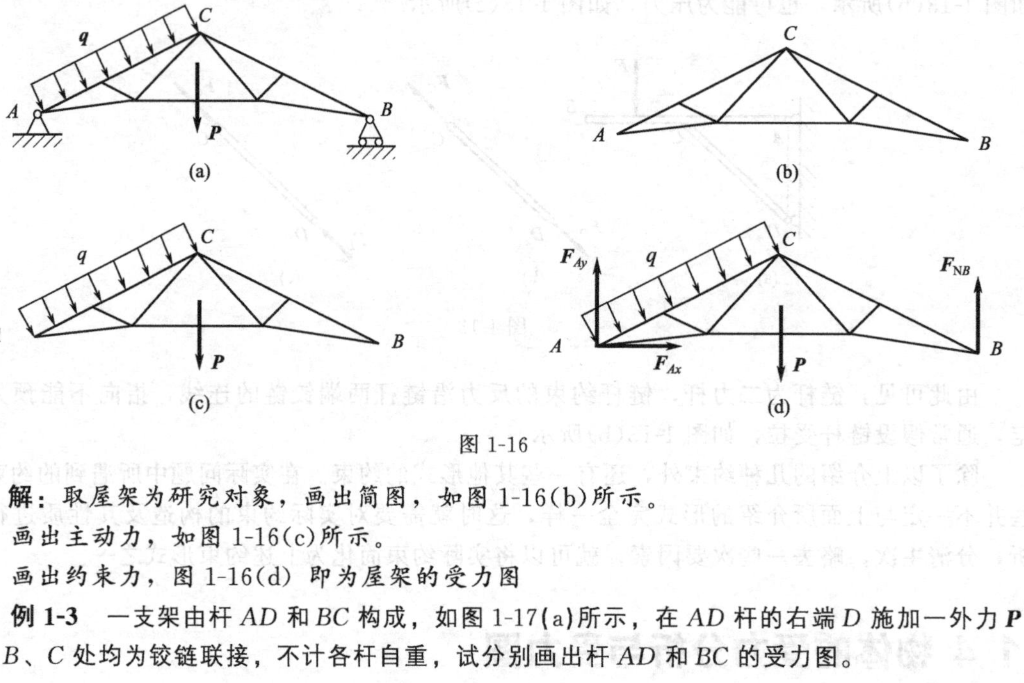

图 1-16

解：取屋架为研究对象，画出简图，如图 1-16(b)所示。

画出主动力，如图 1-16(c)所示。

画出约束力，图 1-16(d) 即为屋架的受力图

例 1-3　一支架由杆 AD 和 BC 构成，如图 1-17(a)所示，在 AD 杆的右端 D 施加一外力 $\boldsymbol{P}$。A、B、C 处均为铰链联接，不计各杆自重，试分别画出杆 AD 和 BC 的受力图。

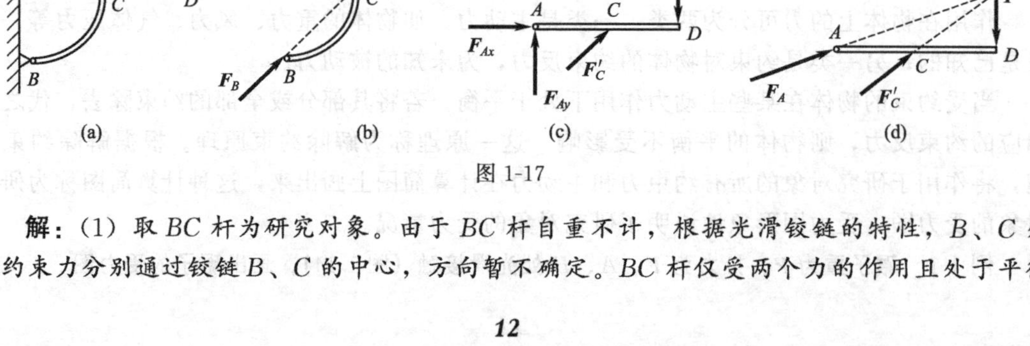

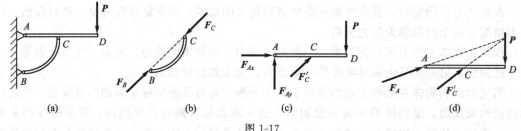

图 1-17

解：(1) 取 BC 杆为研究对象。由于 BC 杆自重不计，根据光滑铰链的特性，B、C 处的约束力分别通过铰链 B、C 的中心，方向暂不确定。BC 杆仅受两个力的作用且处于平衡

状态，因此 BC 杆是二力杆。由此判断，B、C 两点的受力 $\boldsymbol{F}_B$ 和 $\boldsymbol{F}_C$ 沿 B、C 连线方向且为压力，如图 1-17(b)所示。

(2) 取 AD 杆为研究对象。它受一个主动力 P 的作用。在铰链 C 处受二力杆给它的约束反力 $\boldsymbol{F}'_C$ 作用，根据作用和反作用定律，$\boldsymbol{F}'_C=-\boldsymbol{F}_C$。杆在 A 处受固定铰支座给它的约束力的作用，由于方向未知，可用两个大小未定的正交分力 $\boldsymbol{F}_{Ax}$ 和 $\boldsymbol{F}_{Ay}$ 表示。杆 AD 的受力图如图 1-17(c)所示。

再进一步分析可知，由于杆 AD 只受三个力作用，因此也可用三力平衡汇交定理来确定铰链 A 处约束力的方向。约束反力 $\boldsymbol{F}'_C$ 和外力 $\boldsymbol{P}$ 的作用线相交于一点，铰链 A 处约束反力一定过该交点，方向沿作用线向上，如图 1-17(d)所示。

例 1-4　如图 1-18(a)所示的三铰拱桥，由左右两拱铰接而成。不计三铰拱桥的自重与摩擦，画出左、右拱 AC、CB 的受力图与系统整体受力图。

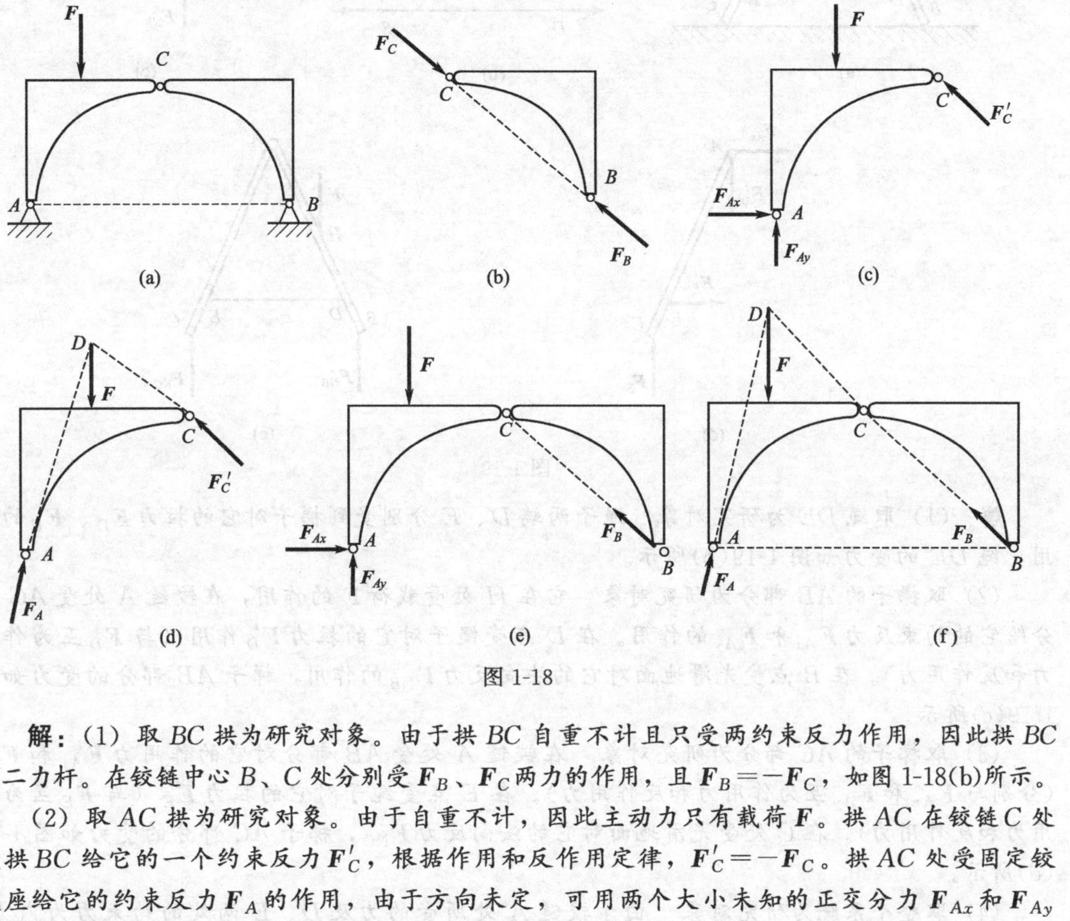

图 1-18

解：(1) 取 BC 拱为研究对象。由于拱 BC 自重不计且只受两约束反力作用，因此拱 BC 为二力杆。在铰链中心 B、C 处分别受 $\boldsymbol{F}_B$、$\boldsymbol{F}_C$ 两力的作用，且 $\boldsymbol{F}_B=-\boldsymbol{F}_C$，如图 1-18(b)所示。

(2) 取 AC 拱为研究对象。由于自重不计，因此主动力只有载荷 $\boldsymbol{F}$。拱 AC 在铰链 C 处受拱 BC 给它的一个约束反力 $\boldsymbol{F}'_C$，根据作用和反作用定律，$\boldsymbol{F}'_C=-\boldsymbol{F}_C$。拱 AC 处受固定铰支座给它的约束反力 $\boldsymbol{F}_A$ 的作用，由于方向未定，可用两个大小未知的正交分力 $\boldsymbol{F}_{Ax}$ 和 $\boldsymbol{F}_{Ay}$ 代替。如图 1-18(c)所示。拱 AC 的受力图也可利用三力平衡汇交定理确定 $\boldsymbol{F}_A$ 的方向，如图 1-18(d)所示。

(3) 取系统整体为研究对象。分析整体受力情况时，铰链 C 处所受的约束力满足 $\boldsymbol{F}'_C=-\boldsymbol{F}_C$，这些力成对地作用在整个系统内，称为内力。内力对系统的作用效应相互抵消，因此可以除去，并不影响整个系统的平衡。故内力在受力图上不必画出。在受力图上只需画出系统以外的物体给系统的作用力，这种力称为外力。因此，系统只受铰链 A 和铰链 B 处的约束反力以及载荷 F 的作用，铰链 A 和铰链 B 处的受力情况已经分析过，直接画出即可，系统受力如图 1-18(e)所示。系统整体的受力图也可利用三力平衡汇交定理确定，其受力如图 1-18(f)所示。

例 1-5　如图 1-19(a)所示，梯子的两部分 AB 和 AC 在 A 点铰接，又在 D、E 两点用水平绳联接。梯子放在光滑水平面上，自重不计，在 AB 的中点 H 处作用一竖向载荷 $\boldsymbol{F}$。试分别画出绳子 DE 和梯子 AB、AC 部分以及整个系统的受力图。

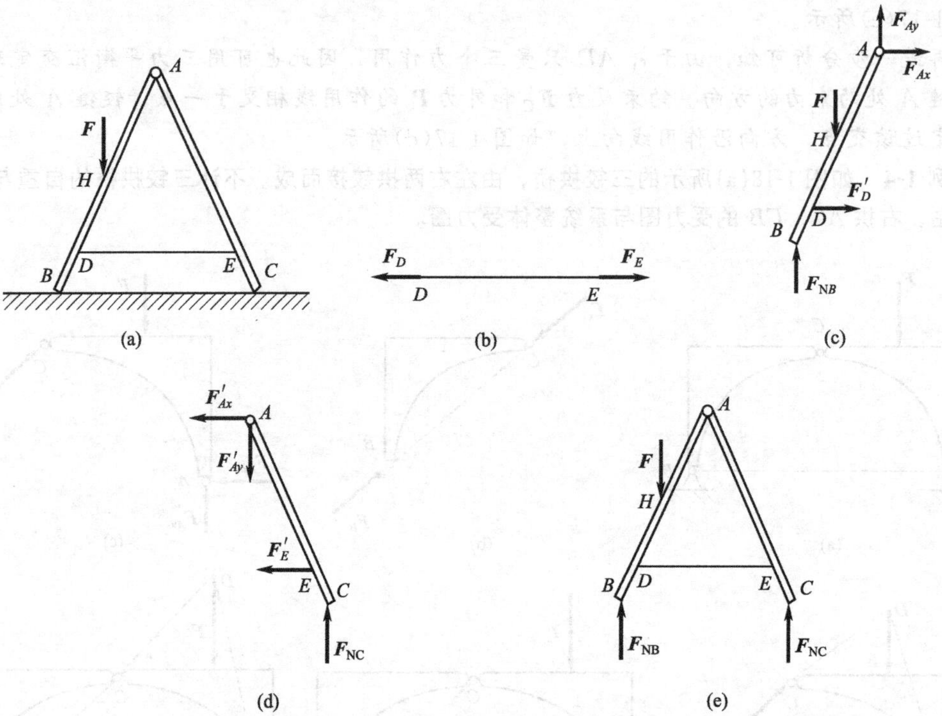

图 1-19

解：(1) 取绳 DE 为研究对象　绳子两端 D、E 分别受到梯子对它的拉力 $\boldsymbol{F}_D$、$\boldsymbol{F}_E$ 的作用，绳 DE 的受力如图 1-19(b)所示。

(2) 取梯子的 AB 部分为研究对象　它在 H 处受载荷 $\boldsymbol{F}$ 的作用，在铰链 A 处受 AC 部分给它的约束反力 $\boldsymbol{F}_{Ax}$ 和 $\boldsymbol{F}_{Ay}$ 的作用。在 D 点受绳子对它的拉力 $\boldsymbol{F}_D'$ 作用（与 $\boldsymbol{F}_D$ 互为作用力和反作用力）。在 B 点受光滑地面对它的法向反力 $\boldsymbol{F}_{NB}$ 的作用，梯子 AB 部分的受力如图 1-19(c)所示。

(3) 取梯子的 AC 部分为研究对象　在铰链 A 处受 AB 部分对它的作用力 $\boldsymbol{F}_{Ax}'$ 和 $\boldsymbol{F}_{Ay}'$（分别与 $\boldsymbol{F}_{Ax}$ 和 $\boldsymbol{F}_{Ay}$ 互为作用力和反作用力）。在 E 点受绳子对它的拉力 $\boldsymbol{F}_E'$（与 $\boldsymbol{F}_E$ 互为作用力和反作用力）。在 C 处受光滑地面对它的法向反力 $\boldsymbol{F}_{NC}$，梯子 AC 部分的受力如图 1-19(d)所示。

(4) 取整个系统为研究对象　由于铰链 A 处所受的力及 D、E 两处的约束力为内力，在受力图中不必画出。载荷 $\boldsymbol{F}$ 和约束反力 $\boldsymbol{F}_{NB}$、$\boldsymbol{F}_{NC}$ 都是作用于整个系统的外力。整个系统的受力如图 1-19(e)所示。

注意，内力与外力的区分不是绝对的。例如，当我们把梯子的 AC 部分作为研究对象时，$\boldsymbol{F}_{Ax}'$、$\boldsymbol{F}_{Ay}'$ 和 $\boldsymbol{F}_E'$ 均属外力，但取整体为研究对象时 $\boldsymbol{F}_{Ax}'$、$\boldsymbol{F}_{Ay}'$ 和 $\boldsymbol{F}_E'$ 又成为内力。可见，内力与外力的区分，只有相对于某一确定的研究对象才有意义。

学习方法和要点提示

(1) 约束和约束反力是本章的重点，要学会严格按照约束的类型和特征确定约束反力的方向。约束反力的方向永远与该约束所能阻碍的运动方向相反，约束反力的大小要由以后的力学方程确定。

（2）正确画出物体或物体系的受力图，是解决力系问题的前提，也是本章的重点和难点。力是物体间相互的机械作用，因此受力图上的每一个力都应是两个物体间相互的机械作用。

（3）画受力图时一定要先取研究对象，即分离体。取分离体是为了显示物体之间的相互作用力。另外，工程上所要分析的结构或机构往往很复杂，如果不取分离体来画受力图，往往分不清内力和外力、施力物体和受力物体，这样很容易出错。

（4）画受力图应注意下列问题。

① 不要多画力。由于力是物体间相互的机械作用，因此应明确研究对象上所受的每一个力是由周围哪个物体施加的。

② 不要漏画力。必须明确研究对象与周围哪些物体接触，在接触处必有相应的约束反力。

③ 不要画错力的方向。除应根据不同约束正确画出约束反力以外，在分析两物体之间的相互作用时，这些力的箭头应符合作用力与反作用力的关系。

④ 在研究物体系平衡问题时，只画研究对象上所受的外力，不画成对出现的内力。

⑤ 要善于判断二力杆，并根据二力平衡条件或三力汇交定理及其他力学理论简化受力图。

⑥ 受力图必须完全正确，不允许发生任何错误，不要多画、漏画、错画任何力，否则将导致以后的力学分析和计算错误。本章介绍的有关约束、约束反力、受力分析和受力图等内容，将贯穿到静力学和动力学所有各章，并不断丰富和深化这些内容，它们也是大家学习理论力学的重点和难点，从现在起应引起高度重视。

思　考　题

1-1　以下说法对吗？为什么？

（1）处于平衡状态的物体就可视为刚体。

（2）变形微小的物体就可视为刚体。

（3）在研究物体机械运动问题时，物体的变形对所研究的问题没有影响或影响甚微，此时物体可视为刚体。

1-2　二力平衡公理与作用反作用公理都是说二力等值、反向、共线，两者有什么区别？

1-3　为什么说二力平衡公理、加减平衡力系公理和力的可传性原理只能适用于刚体？

1-4　凡两端用铰链联接的杆都是二力杆吗？凡不计自重的刚杆都是二力杆吗？

1-5　作用于刚体上的平衡力系，如果作用到变形体上，这变形体是否也一定平衡？

1-6　哪几条公理或推论只适合于刚体？

1-7　若作用于刚体上的三个力共面且汇交于一点，则刚体一定平衡，对吗？

1-8　若作用于刚体上的三个力共面，但不汇交于一点，则刚体一定不平衡，对吗？

1-9　图 1-20～图 1-23 所示中各物体的受力图是否有错误？如何改正？

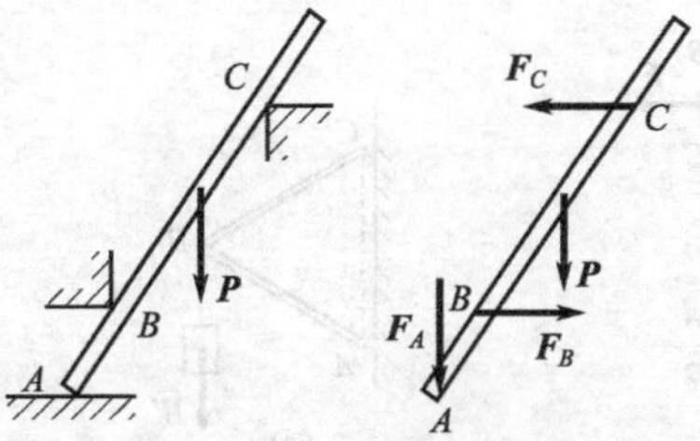

图 1-20

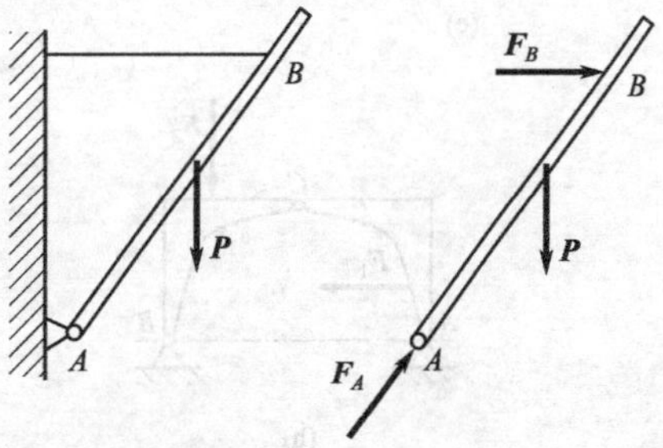

图 1-21

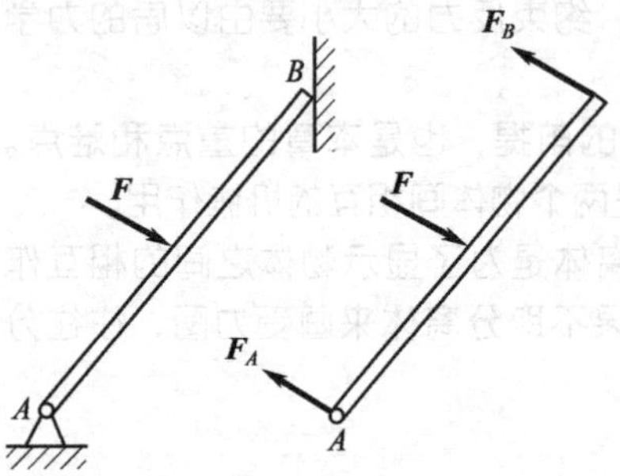

图 1-22

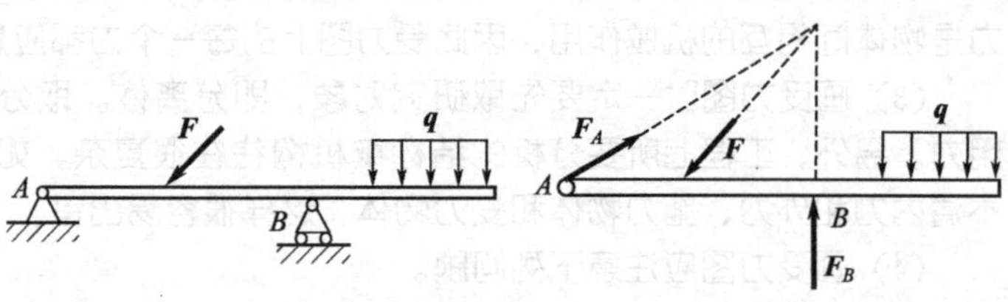

图 1-23

1-10 两杆联接如图 1-24 所示，能否根据力的可传性原理，将作用于杆 AC 的力 $\boldsymbol{F}$ 沿其作用线移至 BC 上面而成为 $\boldsymbol{F}'$？

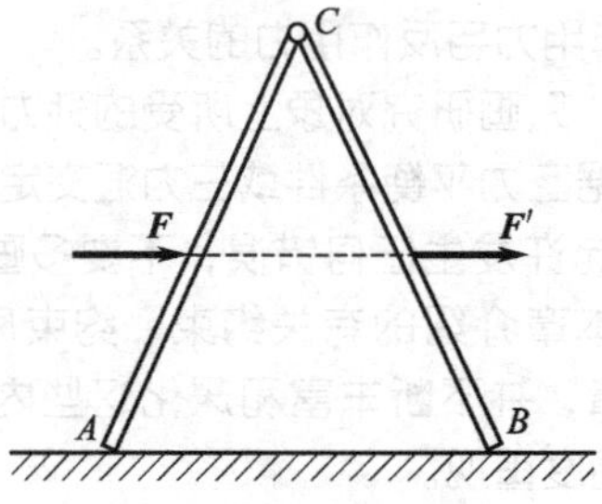

图 1-24

习　　题

1-1 试画出题 1-1 各图中物体 A 或构件 AB、BC 的受力图。未画重力的物体的重力均不计，所有接触处均为光滑接触。

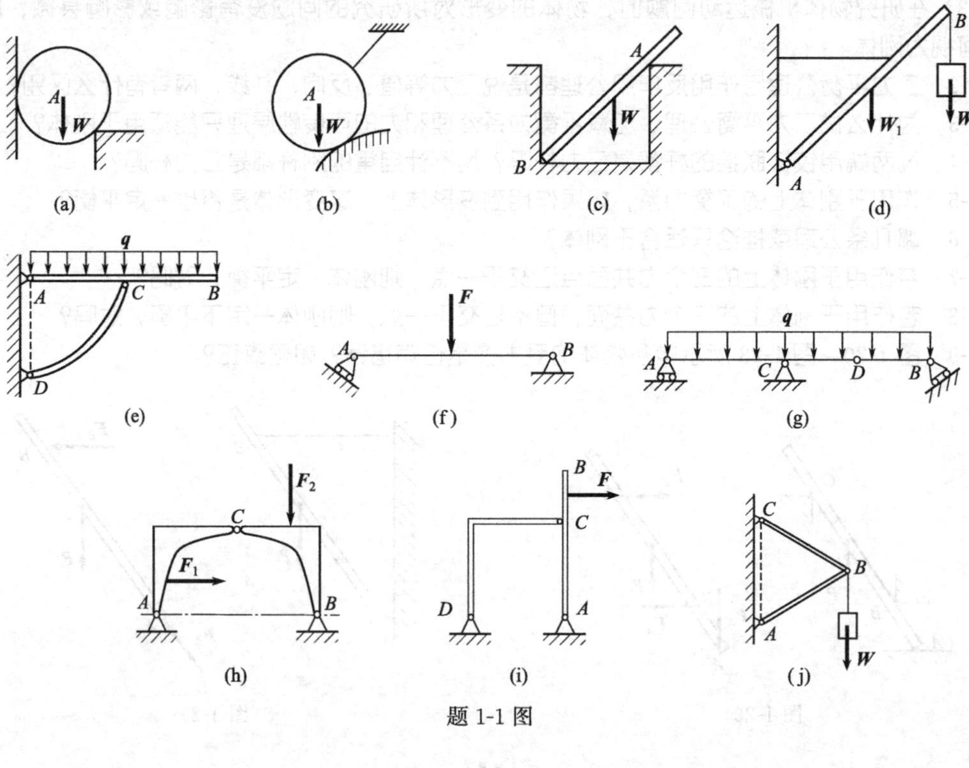

题 1-1 图

1-2　试画出题 1-2 各图中各物体及整体的受力图。未画重力的物体的重力均不计，所有接触处均为光滑接触。

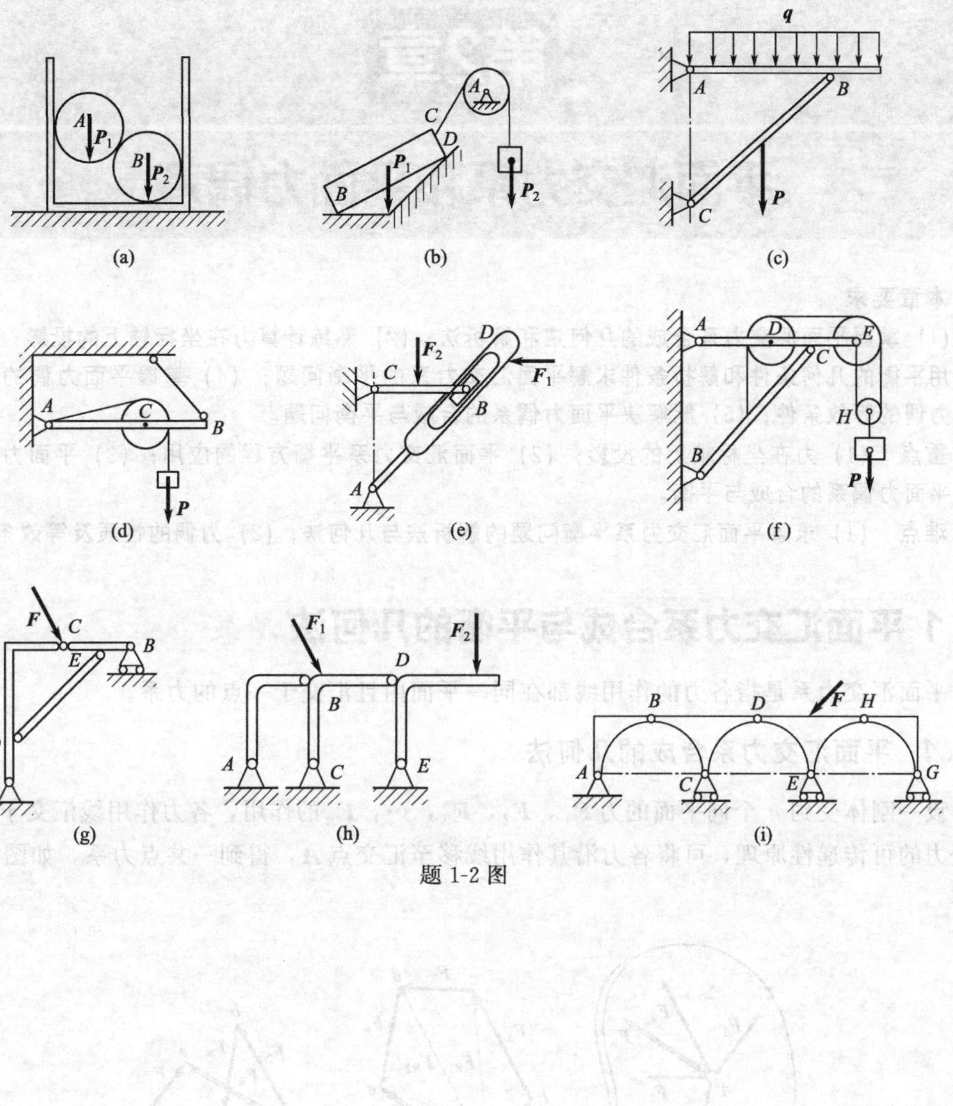

题 1-2 图

第2章

平面汇交力系和平面力偶系

本章要求

(1) 掌握平面汇交力系合成的几何法和解析法；(2) 熟练计算力在坐标轴上的投影；(3) 熟练应用平衡的几何条件和解析条件求解平面汇交力系的平衡问题；(4) 掌握平面力偶的性质和平面力偶的等效条件；(5) 能解决平面力偶系的合成与平衡问题。

重点 (1) 力在坐标轴上的投影；(2) 平面汇交力系平衡方程的应用；(3) 平面力偶的性质及平面力偶系的合成与平衡。

难点 (1) 求解平面汇交力系平衡问题的解析法与几何法；(2) 力偶的性质及等效条件。

2.1 平面汇交力系合成与平衡的几何法

平面汇交力系是指各力的作用线都在同一平面内且汇交于一点的力系。

2.1.1 平面汇交力系合成的几何法

设一刚体受到 n 个同平面的力 $\boldsymbol{F}_1$，$\boldsymbol{F}_2$，$\boldsymbol{F}_3$，…，$\boldsymbol{F}_n$ 的作用，各力作用线汇交于 A 点，根据力的可传递性原理，可将各力沿其作用线移至汇交点 A，得到一共点力系，如图 2-1(a) 所示。

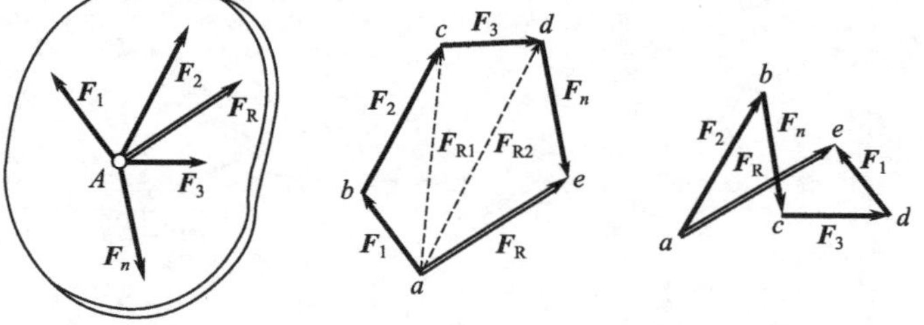

(a) (b) (c)

图 2-1

为求此汇交力系的合力，可根据力的平行四边形法则或力三角形法则，将各力依次合成，最后求得过汇交点 A 的合力 $\boldsymbol{F}_R$。也可用更简便的方法求此合力 $\boldsymbol{F}_R$。在刚体外任取一点 a，将力系中的各分力矢依次首尾相连，围成一个不封闭的力多边形 $abcde$，如图 2-1(b) 所示。封闭边矢量 ae 表示此平面汇交力系合力 $\boldsymbol{F}_R$ 的大小和方向。这种求合力矢的方法称为力多边形法则。

根据矢量相加的交换律，任意改变各分力矢的作图顺序，可得形状不同的力多边形，但其合力矢不变，如图 2-1(c)所示。如果力系中各力的作用线都沿同一直线，则此力系称为共线力系，它是平面汇交力系的特殊情况，它的力多边形在同一直线上。这种情况采用代数法求合力更为方便：把各力均看成代数量，设沿直线的某一指向为正，相反为负，则力系合力的大小与方向决定于各分力的代数和，即

$$\boldsymbol{F}_{\mathrm{R}}=\sum_{i=1}^{n}\boldsymbol{F}_{i} \tag{2-1}$$

总之，平面汇交力系可简化为一合力，其合力的大小与方向等于各分力的矢量和（几何和），合力的作用线通过汇交点，以 $\boldsymbol{F}_{\mathrm{R}}$ 表示它们的合力矢，则有

$$\boldsymbol{F}_{\mathrm{R}}=\boldsymbol{F}_{1}+\boldsymbol{F}_{2}+\cdots+\boldsymbol{F}_{n}=\sum_{i=1}^{n}\boldsymbol{F}_{i} \tag{2-2}$$

2.1.2　平面汇交力系平衡的几何条件

由于平面汇交力系可简化为一合力，显然，平面汇交力系平衡的充要条件是：该力系的合力等于零。即

$$\sum_{i=1}^{n}\boldsymbol{F}_{i}=0 \tag{2-3}$$

在平衡情况下，力多边形中最后一个力矢的终点与第一个力矢的起点重合，此时的力多边形称为封闭的力多边形。于是，平面汇交力系平衡的几何充要条件是：该力系的力多边形自行封闭。

求解平面汇交力系的平衡问题时，可以先按比例画出封闭的力多边形，然后量取所要求的未知量；或根据图形的几何关系，用三角公式计算出所要求的未知量，这种解题的方法称为几何法。

例 2-1　支架 ABC 由横梁 AB 与支撑杆 BC 组成，如图 2-2(a)所示。A、B、C 处均为铰链连接，B 端悬挂重物，其重力 $W=5\mathrm{kN}$，杆自重不计，试求两杆所受的力。

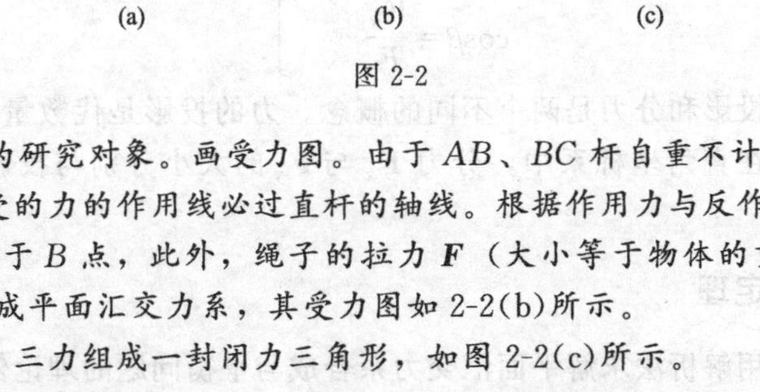

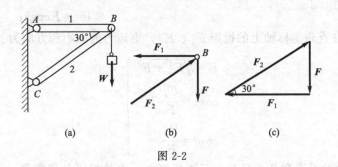

图 2-2

解：以销钉 B 为研究对象。画受力图。由于 AB、BC 杆自重不计，杆端为铰链，故均为二力杆，两端所受的力的作用线必过直杆的轴线。根据作用力与反作用力的关系，它的约束反力 $\boldsymbol{F}_1$，$\boldsymbol{F}_2$ 作用于 B 点，此外，绳子的拉力 $\boldsymbol{F}$（大小等于物体的重力 W）也作用于 B 点，$\boldsymbol{F}_1$、$\boldsymbol{F}_2$、$\boldsymbol{F}$ 组成平面汇交力系，其受力图如 2-2(b)所示。

当销钉平衡时，三力组成一封闭力三角形，如图 2-2(c)所示。

由平衡几何关系可求得

$$F_1=F\cot 30^{\circ}=W\cot 30^{\circ}=\sqrt{3}W=8.66\mathrm{kN}$$

$$F_2=\frac{F}{\sin30^\circ}=\frac{W}{\sin30^\circ}=2W=10\text{kN}$$

根据受力图可知，AB 杆为拉杆，BC 杆为压杆。

通过以上例题，总结几何法解题的主要步骤如下。

(1) 选取研究对象，并画出其受力图。

(2) 作出力多边形或力三角形。选择合适的比例尺，作出该力系的封闭力多边形或力三角形。必须注意，作图时一定要从已知力开始，根据矢序规则和封闭特点，确定未知力的指向。

(3) 求出未知量。按比例量取未知量，或者用三角公式计算出来。

2.2 平面汇交力系合成与平衡的解析法

用几何法求解平面汇交力系问题时，作图的精确度对所求结果有较大影响。如果力系包含的力较多，要求精确度高，作图法很难满足要求。工程上应用较多的还是解析法。

2.2.1 力在直角坐标轴上的投影

设力 $\boldsymbol{F}$ 在 Oxy 坐标平面内，过力 $\boldsymbol{F}$ 的两端点 A、B 分别向 x、y 轴作垂线，得垂足 a、b 及 a'、b'，带有正负号的线段 ab 与 $a'b'$ 分别称为力 $\boldsymbol{F}$ 在 x、y 轴上的投影，记作 F_x、F_y，如图 2-3 所示。

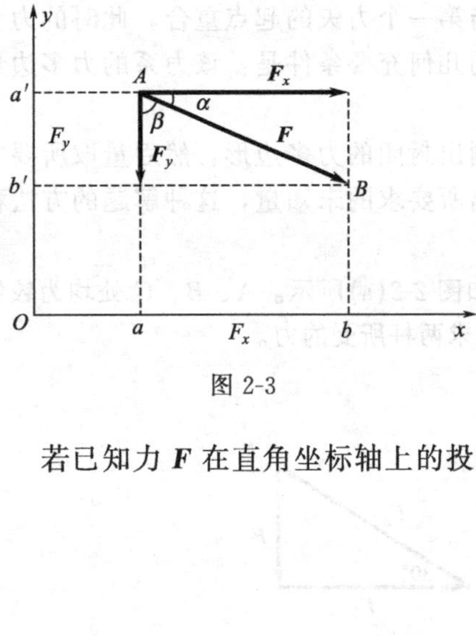

图 2-3

力在轴上的投影是代数量，其正负号规定如下：当力的投影从始端 a 到末端 b 的指向与轴的正向相同时投影为正，反之为负。

设力 $\boldsymbol{F}$ 与 x 轴的夹角为 α，与 y 轴上的夹角为 β，由图 2-3 可知，力 $\boldsymbol{F}$ 在 x、y 轴上的投影分别为

$$\left.\begin{aligned}F_x&=F\cos\alpha\\F_y&=F\cos\beta\end{aligned}\right\}\tag{2-4}$$

若已知力 $\boldsymbol{F}$ 在直角坐标轴上的投影 F_x、F_y，则该力的大小和方向为

$$\left.\begin{aligned}F&=\sqrt{F_x^2+F_y^2}\\\cos\alpha&=\frac{F_x}{F}\\\cos\beta&=\frac{F_y}{F}\end{aligned}\right\}\tag{2-5}$$

必须注意：力的投影和分力是两个不同的概念。力的投影是代数量，力的分力是矢量，两者不可混淆。只有在直角坐标系中，分力 $\boldsymbol{F}_x$ 与 $\boldsymbol{F}_y$ 的大小分别与投影 F_x、F_y 的绝对值相等。

2.2.2 合力投影定理

合力投影定理是用解析法求解平面汇交力系合成与平衡问题的理论依据。

设一作用于刚体上的平面汇交力系 $\boldsymbol{F}_1$，$\boldsymbol{F}_2$，…，$\boldsymbol{F}_n$，求其合力 $\boldsymbol{F}_{\text{R}}$ 的大小和方向。根据合矢量投影定理：合矢量在某一轴上的投影等于各分矢量在同一轴上投影的代数和，将式

(2-2) 向 x、y 轴投影得

$$\left.\begin{aligned}F_{Rx}&=F_{1x}+F_{2x}+\cdots+F_{nx}=\sum F_x\\F_{Ry}&=F_{1y}+F_{2y}+\cdots+F_{ny}=\sum F_y\end{aligned}\right\}\tag{2-6}$$

式(2-6) 表明，平面汇交力系的合力在某一轴上的投影，等于各分力在同一轴上投影的代数和。此为合力投影定理。

2.2.3　平面汇交力系合成的解析法

求平面汇交力系合力的解析法，是先根据合力投影定理计算合力在直角坐标轴上的投影，再计算合力的大小，确定合力的方向。由式(2-5) 可得合力的大小和方向

$$\left.\begin{aligned}F_R&=\sqrt{F_{Rx}^2+F_{Ry}^2}=\sqrt{(\sum F_x)^2+(\sum F_y)^2}\\\cos(\boldsymbol{F}_R,\boldsymbol{i})&=\frac{\sum F_x}{F_R}\\\cos(\boldsymbol{F}_R,\boldsymbol{j})&=\frac{\sum F_y}{F_R}\end{aligned}\right\}\tag{2-7}$$

例 2-2　一吊环受到 3 条钢丝绳的拉力，如图 2-4(a)所示。已知 $F_1=2\text{kN}$，水平向左；$F_2=2.5\text{kN}$，与水平成 30°角；$F_3=1.5\text{kN}$，铅直向下。试用解析法求合力的大小和方向。

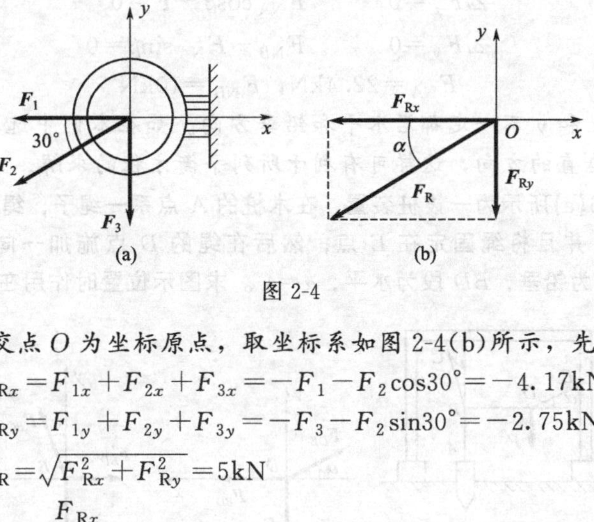

图 2-4

解：以三力的汇交点 O 为坐标原点，取坐标系如图 2-4(b)所示，先分别计算

$$F_{Rx}=F_{1x}+F_{2x}+F_{3x}=-F_1-F_2\cos30°=-4.17\text{kN}$$

$$F_{Ry}=F_{1y}+F_{2y}+F_{3y}=-F_3-F_2\sin30°=-2.75\text{kN}$$

$$F_R=\sqrt{F_{Rx}^2+F_{Ry}^2}=5\text{kN}$$

$$\cos\alpha=\frac{F_{Rx}}{F_R}=0.834$$

$$\alpha=33.5°$$

2.2.4　平面汇交力系的平衡方程

平面汇交力系平衡的必要和充分条件是：该力系的合力 $\boldsymbol{F}_R$ 等于零。即

$$F_R=\sqrt{(\sum F_x)^2+(\sum F_y)^2}=0$$

要使上式成立，必须同时满足

$$\left.\begin{aligned}\sum F_x&=0\\\sum F_y&=0\end{aligned}\right\}\tag{2-8}$$

由此可知，平面汇交力系平衡的必要和充分条件是力系中所有力在任选两个坐标轴上的投影的代数和均为零。

式(2-8)是平面汇交力系的平衡方程，这是两个独立的方程，只能求解两个未知量。

下面举例说明平面汇交力系平衡方程的实际应用。

例 2-3　水平梁 AB 及支座如图 2-5(a)所示。在梁的中点 D 作用有倾角为 45°的力 $F=20\text{kN}$。不计梁的重力和摩擦，求支座 A 和 B 的约束反力。

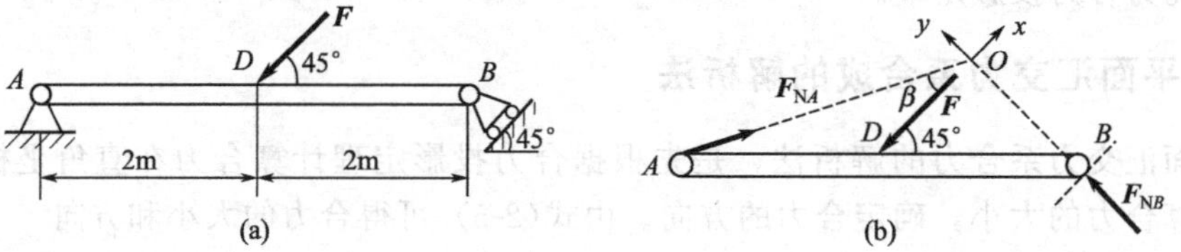

图 2-5

解：这是单个物体的平衡问题，约束包括一个活动铰链支座 B 和一个固定铰链支座 A。先把约束解除，代之以约束反力，选梁 AB 为研究对象，并画出受力图，如图 2-5(b)所示，它包含 3 个力，其中 B 处的约束反力 $\boldsymbol{F}_{NB}$ 垂直于其支承面，而 A 处约束反力 $\boldsymbol{F}_{NA}$ 的方向可根据三力平衡汇交定理确定。因此，本题可利用平面汇交力系平衡条件求未知约束反力。

在力系的汇交点 O 建立坐标系如图 2-5(b)所示，根据平面汇交力系的平衡条件，列平衡方程

$$\sum F_x=0 \qquad F_{NA}\cos\beta-F=0$$

$$\sum F_y=0 \qquad F_{NB}-F_{NA}\sin\beta=0$$

解得

$$F_{NA}=22.4\text{kN},\ F_{NB}=10\text{kN}$$

讨论：投影轴 x 和 y 不一定都沿水平和铅垂方向。如在本例中选取的轴 x 和 y 分别沿与力 $\boldsymbol{F}_{NB}$ 和力 $\boldsymbol{F}$ 相垂直的方向，这样可有利于所列平衡方程的求解。

例 2-4　如图 2-6(a)所示为一拔桩装置，在木桩的 A 点系一绳子，绳的另一端固定在 C 点，绳的 B 点系另一绳，并且将绳固定在 E 点，然后在绳的 D 点施加一向下的力 $\boldsymbol{F}$。已知 $F=400\text{N}$，此时绳 AB 段为铅垂，BD 段为水平，$\alpha=4°$。求图示位置时作用在木桩上的拉力。

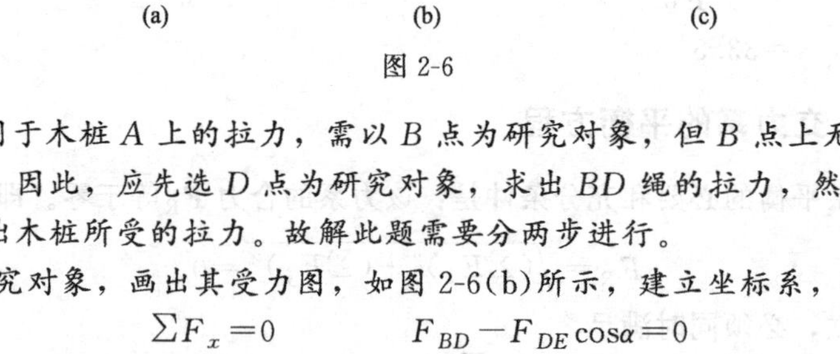

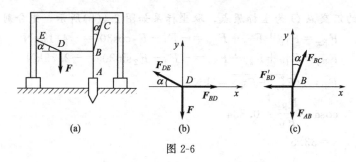

图 2-6

解：欲求作用于木桩 A 上的拉力，需以 B 点为研究对象，但 B 点上无已知力作用，不能解出所求拉力。因此，应先选 D 点为研究对象，求出 BD 绳的拉力，然后再选 B 点为研究对象，即可求出木桩所受的拉力。故解此题需要分两步进行。

选 D 点为研究对象，画出其受力图，如图 2-6(b)所示，建立坐标系，列平衡方程

$$\sum F_x=0 \qquad F_{BD}-F_{DE}\cos\alpha=0$$

$$\sum F_y=0 \qquad F_{DE}\sin\alpha-F=0$$

解得

$$F_{BD}=F_{DE}\cos\alpha=\frac{F}{\sin\alpha}\cos\alpha=F\cot\alpha$$

选点 B 为研究对象，受力图见图 2-6(c)，其中 $\boldsymbol{F}'_{BD}=\boldsymbol{F}_{BD}$，按图示坐标系列平衡方程

$$\sum F_x=0 \qquad -F'_{BD}+F_{BC}\sin\alpha=0$$

$$\sum F_y=0 \qquad F_{BC}\cos\alpha-F_{AB}=0$$

解得 $$F_{AB}=F_{BD}\cot\alpha=F\cot^2\alpha=0.4\cot^2 4°=81.8\text{kN}$$

由作用与反作用公理知，木桩所受拉力为 81.8kN，是所施之力$|\boldsymbol{F}|$的 204.5 倍，方向向上。

2.3 平面力对点之矩

2.3.1 力对点之矩

力对物体的作用效应使物体的运动状态发生改变（包括移动和转动），其中力对物体的移动效应可用力矢来度量；而力对物体的转动效应可用力对点之矩来度量（简称力矩），即力矩是度量力使物体绕某点转动效应的物理量。

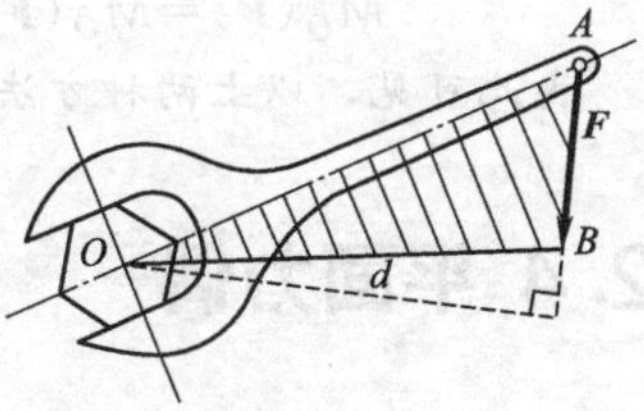

图 2-7

由实践经验知，力使物体绕某点 O（矩心）转动的效应不仅与力的大小、方向有关，而且还与矩心 O 到力的作用线的垂直距离有关。如图 2-7 所示，用扳手拧螺母，力 $\boldsymbol{F}$ 与点 O 位于同一平面内，点 O 称为矩心，点 O 到力的作用线的垂直距离 d 称为力臂。在力学中，将力的大小与力臂的乘积 Fd 并冠以正负号来度量力使物体绕某点转动的效应，称为力对点之矩，简称力矩，记作 $M_O(\boldsymbol{F})$，即

$$M_O(\boldsymbol{F})=\pm Fd \tag{2-9}$$

在平面问题中，力对点之矩是一个代数量，它的正负号表示力矩的转向，规定如下：力使物体绕矩心逆时针方向转动时为正，反之为负。力矩的常用单位是 N·m 或 kN·m。

力矩的性质：①力矩的大小和转向与矩心位置有关，同一个力对不同的矩心，其力矩不同；②力沿其作用线移动时，力矩不变；③力的作用线通过矩心时，力矩为零。

2.3.2 合力矩定理

合力矩定理：平面汇交力系的合力对平面内任一点之矩等于所有分力对该点之矩的代数和，即

$$M_O(\boldsymbol{F}_\text{R})=\sum M_O(\boldsymbol{F}_i) \tag{2-10}$$

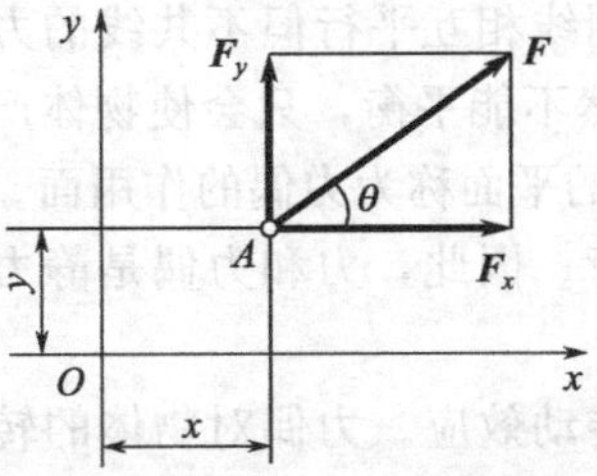

图 2-8

式(2-10) 不仅对平面汇交力系成立，而且对有合力的任意力系都成立。

如图 2-8 所示，已知力 $\boldsymbol{F}$，作用点 $A(x,\ y)$ 及其夹角 θ。试求力 $\boldsymbol{F}$ 对坐标原点 O 之矩。根据合力矩定理，按式(2-10) 得

$$M_O(\boldsymbol{F})=M_O(\boldsymbol{F}_y)+M_O(\boldsymbol{F}_x)=xF\sin\theta-yF\cos\theta$$

即 $$M_O(\boldsymbol{F})=xF_y-yF_x \tag{2-11}$$

式(2-11) 为平面内力矩的解析表达式。x，y 为力 $\boldsymbol{F}$ 的作用点的坐标，F_x，F_y为力 $\boldsymbol{F}$ 在 x，y 轴上的投影。计算时应注意用它们的代数量代入。

若将式(2-11)代入式(2-10)，可得合力 $\boldsymbol{F}_\text{R}$对坐标原点之矩的解析表达式，即

$$M_O(\boldsymbol{F}_\text{R})=\sum(x_iF_{iy}-y_iF_{ix}) \tag{2-12}$$

例 2-5　如图 2-9(a)所示直齿圆柱齿轮，受到啮合力 $\boldsymbol{F}$ 的作用。设 $F=1400\text{N}$，压力角 $\theta=20°$，齿轮节圆（啮合圆）的半径 $r=60\text{mm}$，试计算力 $\boldsymbol{F}$ 对于轴心 O 的力矩。

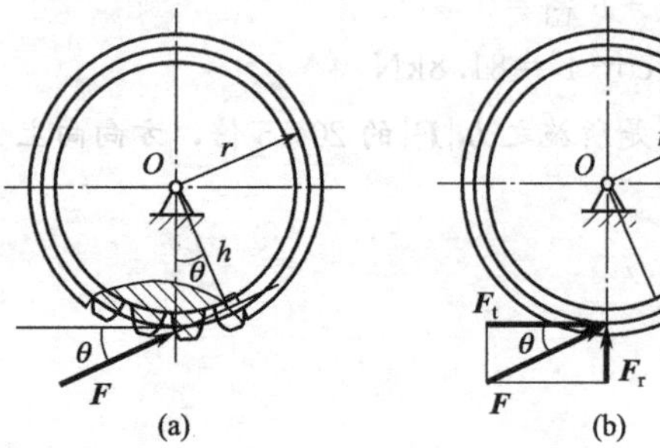

图 2-9

解：计算力 $\boldsymbol{F}$ 对点 O 的矩，可直接按力矩的定义求得［图 2-9(a)］，即

$$M_O(\boldsymbol{F})=Fh=Fr\cos\theta$$
$$=1400\times60\times10^{-3}\times\cos20°$$
$$=78.93\text{N}\cdot\text{m}$$

也可根据合力矩定理，将力 $\boldsymbol{F}$ 分解为圆周力 $\boldsymbol{F}_t$ 和径向力 $\boldsymbol{F}_r$［图 2-9(b)］，由于径向力 $\boldsymbol{F}_r$ 通过矩心，则

$$M_O(\boldsymbol{F})=M_O(\boldsymbol{F}_t)+M_O(\boldsymbol{F}_r)=M_O(\boldsymbol{F}_t)=F\cos\theta\cdot r=78.93\text{N}\cdot\text{m}$$

由此可见，以上两种方法的计算结果相同。

2.4 平面力偶

2.4.1　力偶与力偶矩

在实践中，常见到物体同时受到大小相等、方向相反、作用线互相平行但不共线的两个力作用而转动的情况。例如拧水龙头、转动方向盘、钳工用丝锥攻螺纹，电动机的定子磁场对转子的作用等，见图 2-10。

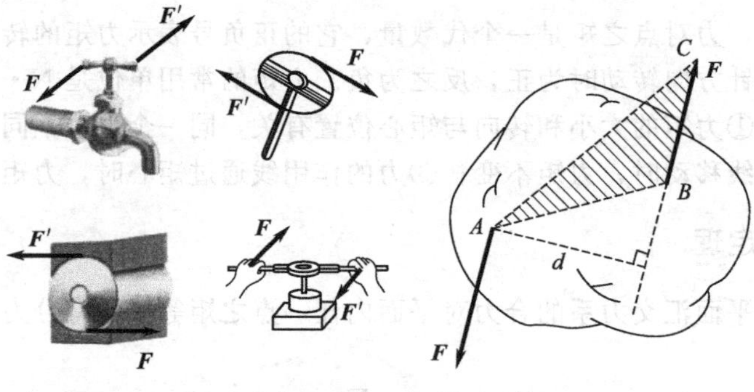

图 2-10

力学中，把作用在物体上的两个大小相等、方向相反、作用线相互平行但不共线的力所构成的力系，称为力偶，记作（$\boldsymbol{F}$，$\boldsymbol{F}'$）。这两个力不共线，显然不能平衡，只会使物体产生转动效应。力偶的两力之间的垂直距离 d 称为力偶臂，力偶所在的平面称为力偶的作用面。

由于力偶不能合成为一个力，故力偶也不能用一个力来平衡。因此，力和力偶是静力学中的两个基本概念。

力偶是由两个力组成的特殊力系，它的作用只改变物体的转动效应。力偶对物体的转动效应可用力偶矩来度量。力学上，把力偶中将力的大小与力偶臂的乘积 Fd 并冠以正负号称为此力偶的力偶矩。以符号 M 表示，即

$$M=\pm Fd=\pm2S_{\triangle ABC} \tag{2-13}$$

总之，力偶矩是一个代数量，其绝对值等于力的大小与力偶臂的乘积，正负号表示力偶的转向。通常规定：力偶使物体作逆时针方向转动时，力偶取正号；力偶使物体作顺时针方

向转动时，力偶取负号。力偶矩的单位是 N·m。

2.4.2　平面力偶的等效定理

定理：在同平面内的两个力偶，如果力偶矩相等，则两力偶彼此等效。

该定理给出了同平面内力偶等效的条件，由此可得力偶的性质如下。

(1) 力偶无合力，即力偶不能与一个力等效。因此，力偶也不能与一个力平衡。力偶在任何坐标轴上的投影为零，对任意一点之矩等于它的力偶矩。

(2) 在保持力偶矩的大小和转向不变的条件下，力偶可以在其作用面内任意移转，或同时改变力和力偶臂的大小，而不改变它对刚体的作用效应。

(3) 在保持力偶矩的大小和转向不变的条件下，力偶可以从一个平面移到另一平行平面上去，而不改变它对刚体作用的效应。

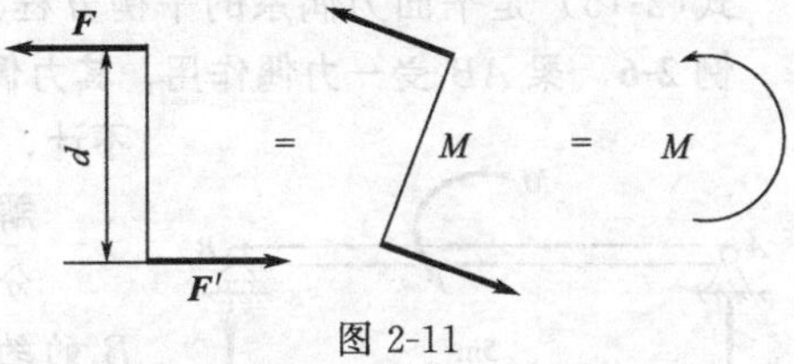

图 2-11

由此可见，力偶的臂和力的大小都不是力偶的特征量，只有力偶矩是平面力偶作用的唯一量度。今后常用图 2-11 所示符号表示力偶。M 为力偶矩。

2.5 平面力偶系的合成和平衡条件

2.5.1　平面力偶系的合成

平面力偶系：作用在同平面内的一群力偶，称为平面力偶系。先研究两个平面力偶的合成。

设同平面内的两个力偶（$\boldsymbol{F}_1$，$\boldsymbol{F}_1'$）和（$\boldsymbol{F}_2$，$\boldsymbol{F}_2'$），它们的力偶臂分别为 d_1 和 d_2，如图 2-12(a)所示。这两个力偶的矩分别为 M_1 和 M_2，求它们的合成结果。

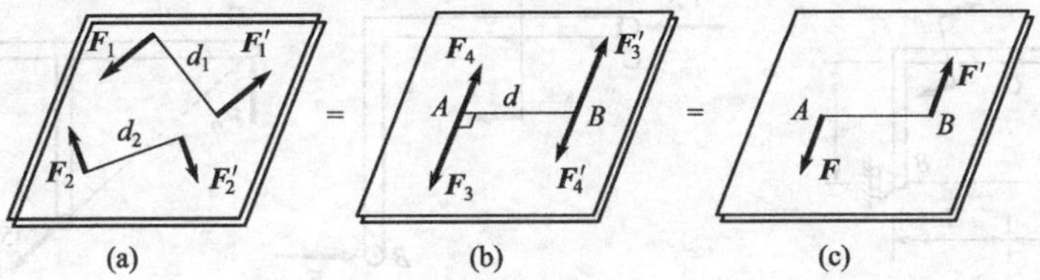

图 2-12

在保持力偶矩不变的情况下，同时改变两个力偶中力的大小和力偶臂的长短，使它们具有相同的臂长 d，并将它们在平面内转移，使力的作用线重合，如图 2-12(b)所示。于是得到与原力偶等效的两个新力偶（$\boldsymbol{F}_3$，$\boldsymbol{F}_3'$）和（$\boldsymbol{F}_4$，$\boldsymbol{F}_4'$），即

$$M_1=F_1d_1=F_3d，M_2=-F_2d_2=-F_4d$$

分别将作用在点 A 和 B 的力合成（设 $F_3>F_4$），得

$$F=F_3-F_4，F'=F_3'-F_4'$$

由于 $\boldsymbol{F}$ 与 $\boldsymbol{F}'$ 相等，所以构成了与原力偶系等效的合力偶（$\boldsymbol{F}$，$\boldsymbol{F}'$），如图 2-12(c)所示，以 M 表示合力偶的矩，即

$$M=Fd=(F_3-F_4)d=F_3d-F_4d=M_1+M_2$$

如果有两个以上的平面力偶，仍可按照上述方法合成。即在同平面内的任意多个力偶可

合成为一个合力偶，合力偶的矩等于力偶系中各个力偶矩的代数和，即

$$M=\sum_{i=1}^{n}M_i=\sum M_i \tag{2-14}$$

2.5.2 平面力偶系的平衡条件

平面力偶系的合成结果既然是一个合力偶，要使力偶系平衡，则合力偶矩必然等于零。即

$$\sum M_i=0 \tag{2-15}$$

因此，平面力偶系平衡的必要和充分条件是：力偶系中各力偶矩的代数和等于零。

式(2-15) 是平面力偶系的平衡方程。

例 2-6 梁 AB 受一力偶作用，其力偶矩 $M=-100\text{kN}\cdot\text{m}$，尺寸如图 2-13 所示，梁的自重不计，求支座 A、B 的约束反力。

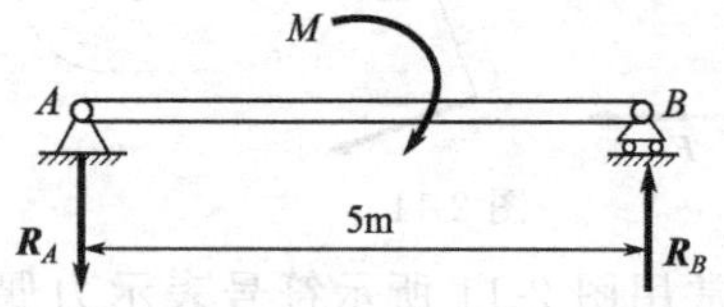

图 2-13

解：取梁 AB 为研究对象。

分析：作用在梁上的载荷有矩为 M 的力偶，支座 A、B 的约束反力 $\boldsymbol{R}_A$ 和 $\boldsymbol{R}_B$。B 处为可动铰支座，$\boldsymbol{R}_B$ 的方向可定，而 $\boldsymbol{R}_A$ 的方向不定。根据力偶无合力，只能与力偶相平衡的性质，可知 $\boldsymbol{R}_A$ 和 $\boldsymbol{R}_B$ 必组成一个力偶（$\boldsymbol{R}_A$，$\boldsymbol{R}_B$），即 $\boldsymbol{R}_A$ 和 $\boldsymbol{R}_B$ 大小相等、方向相反、作用线平行。画出梁的受力图，如图 2-13 所示。

根据平面力偶系的平衡方程

$$\sum M_i=0\quad 5R_A-M=0$$

解得

$$R_A=20\text{kN}$$

因此

$$R_A=R_B=20\text{kN}$$

计算结果均为正值，说明两支座反力假设的指向与实际指向相同。

例 2-7 在图 2-14(a)所示机构中，C 处为铰链连接，各构件的重力略去不计，在直角杆 BC 上作用力偶矩为 M 的力偶，尺寸如图所示。试求固定铰支座 A 的约束反力。

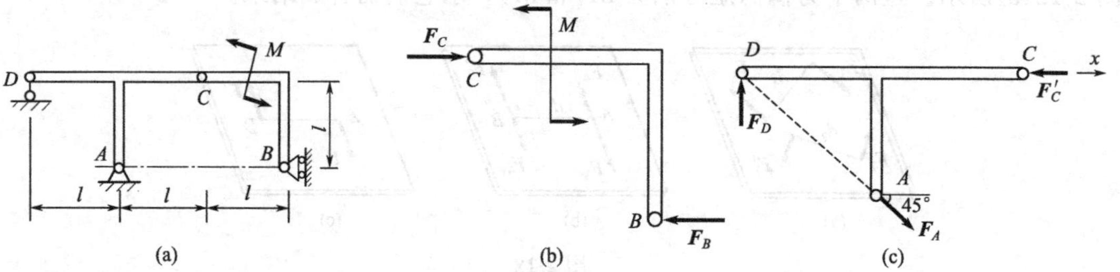

图 2-14

解：(1) 先取直角杆 BC 为研究对象，受力如图 2-14(b)所示。由于力偶无合力，力偶必须由力偶来平衡，故 $\boldsymbol{F}_B$ 与 $\boldsymbol{F}_C$ 等值、反向并组成一力偶。由平面力偶系平衡方程

$$\sum M_i=0,\ M-F_Cl=0$$

解得

$$F_C=\frac{M}{l}$$

(2) 取丁字杆 ADC 为研究对象，根据三力平衡汇交定理，固定支座 A 的约束反力 $\boldsymbol{F}_A$ 应通过点 A 和力 $\boldsymbol{F}'_C$ 与 $\boldsymbol{F}_D$ 作用线的汇交点 D，受力如图 2-14(c)所示。列平衡方程

$$\sum F_x=0\qquad F_A\cos45°-F'_C=0$$

得支座 A 的约束反力

$$F_A=\frac{\sqrt{2}M}{l}$$

讨论：研究对象的选取顺序在解题中很重要。本例首先选直角杆 BC 为研究对象，可判断力 $\boldsymbol{F}_C$ 的方向，然后选丁字杆 ADC 为研究对象，可判断力 $\boldsymbol{F}_A$ 的方向。如果先取 ADC 为研究对象，A 和 C 处约束力的大小和方向均未知，一般在 A 和 C 处分别用两个正交分力表示。这样，不仅受力图复杂，求解过程也很复杂。

学习方法和要点提示

(1) 本章内容是平面力系中最简单、最基本的力系。平面汇交力系的合成与平衡，力对点之矩都是后续几章的基础。为了打好基础，应按照题意选取研究对象，取分离体，画受力图，列平衡方程并求解。通过课后习题掌握平面汇交力系及平面力偶系的解题方法。

(2) 分力是力沿着某个坐标轴方向的分量，它是矢量；而力在某轴上的投影则是力在该轴上投射的影子，它是代数量。只有当两个坐标轴正交时，才有分力的模与投影的大小相等，即力在正交坐标轴上的投影大小等于力沿同轴分力的大小。力在坐标轴上的投影是解析法的依据，它度量沿坐标轴的正向或负向上力对物体的作用效应。

(3) 平面汇交力系的平衡方程 $\sum F_x=0$，$\sum F_y=0$ 是两个相互独立的解析式，用它只能求解两个未知量。除了一般选取直角坐标系之外，有时也可选取两个相交但互不垂直的坐标轴，使方程的求解简便。

(4) 平面力系中的力矩是力对点的矩；力偶矩是力偶中任何一个力的大小与力偶臂的乘积，再冠以适当的正负号。力对点的矩随矩心位置的改变而变化，但力偶中的两个力对力偶作用面内任意点的力矩代数和为常数，并恒等于其力偶矩，它不会因矩心位置的改变而变化。两者都表示力或力偶对刚体转动效应的度量，且两者的单位相同。

(5) 力偶的性质是后续章节力系的简化及列静力平衡方程的重要基础，要熟练掌握。

思　考　题

2-1　4 个平面汇交力系的力多边形如图 2-15 所示，试问哪些是求合力的力多边形？合力是哪一个？哪些是平衡的力多边形？

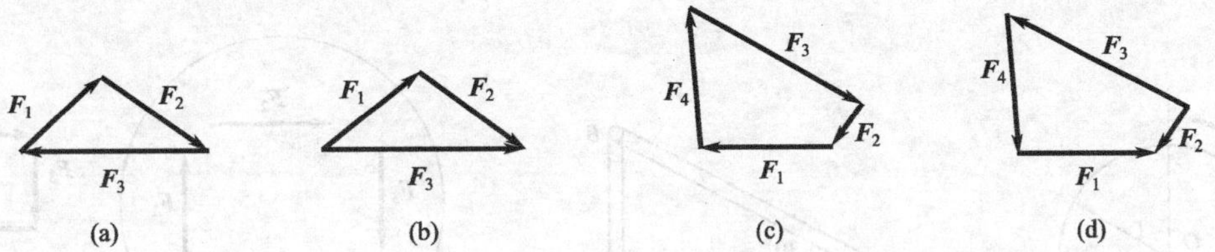

图 2-15

2-2　力 $\boldsymbol{F}$ 沿 Ox，Oy 轴的分力和在两轴上的投影有何区别？试以图 2-16 两种情况为例进行分析。

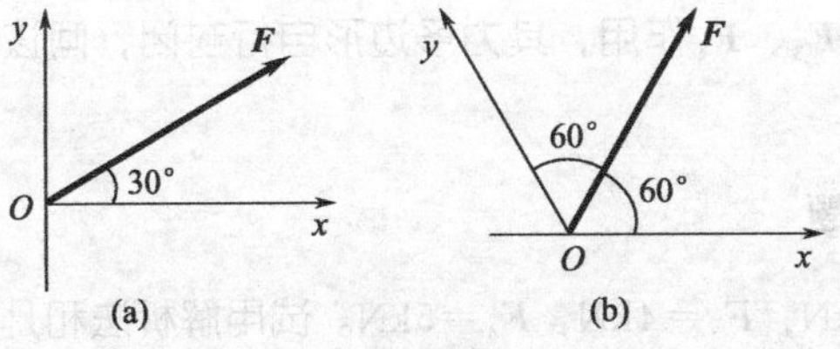

图 2-16

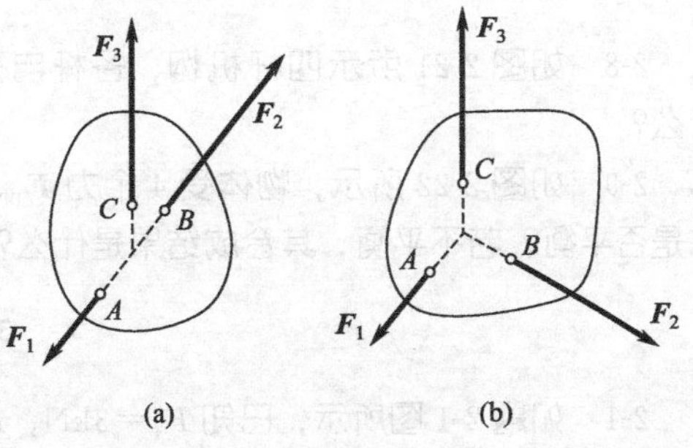

图 2-17

2-3 判断图 2-17 中两个力系能否平衡？它们的三力都汇交于一点，且各力都不等于零，图 2-17(a) 中力 $\boldsymbol{F}_1$ 和 $\boldsymbol{F}_2$ 共线。

2-4 如图 2-18 所示三种结构，构件自重不计，忽略摩擦，$\theta=60°$。如 B 处都作用有相同水平力 $\boldsymbol{F}$，问铰链 A 处的约束反力是否相同。请作图表示其大小与方向。

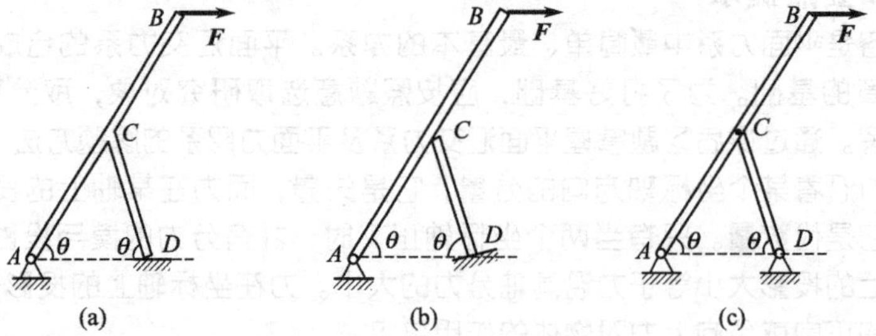

图 2-18

2-5 用解析法求解平面汇交力系的平衡问题时，x 与 y 两轴是否一定要相互垂直？当 x 与 y 轴不垂直时，建立的平衡方程 $\sum F_x=0$ 和 $\sum F_y=0$ 能满足力系的平衡条件吗？为什么？

2-6 在图 2-19 中，力偶对点 A 的矩都相等，它们引起的支座约束反力是否相同？

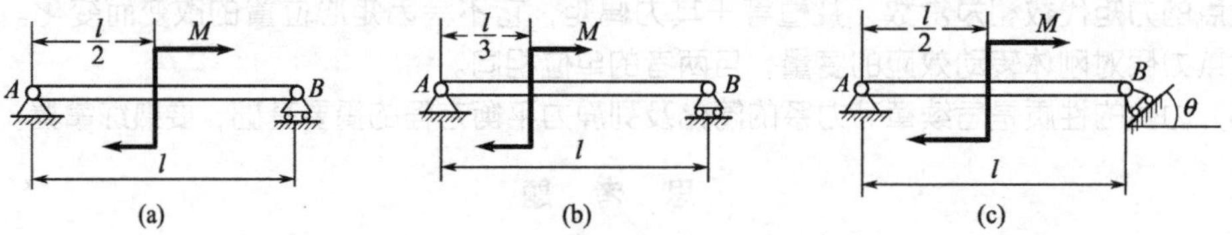

图 2-19

2-7 为什么力偶不能用一个力与之平衡？如何解释图 2-20 所示滑轮的平衡现象？

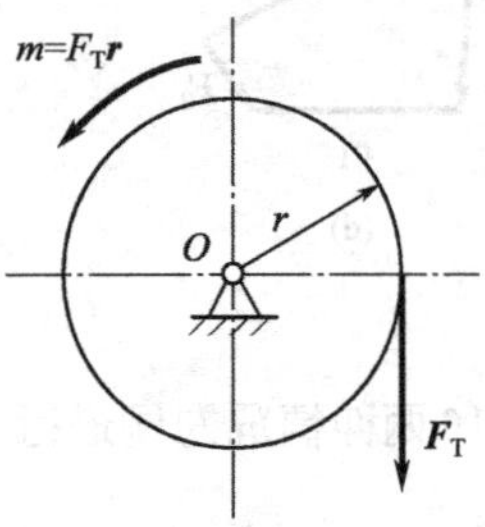

图 2-20

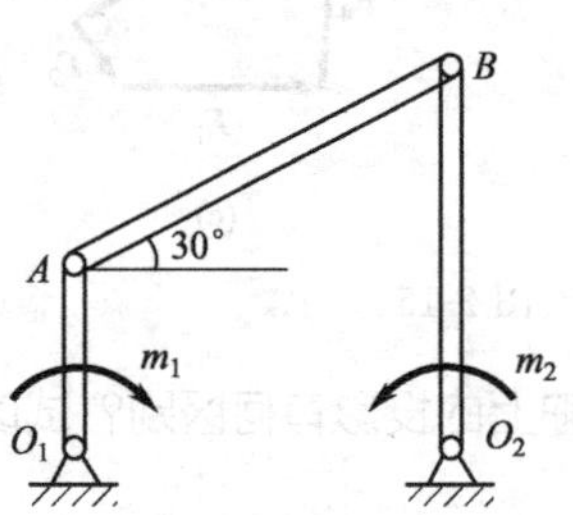

图 2-21

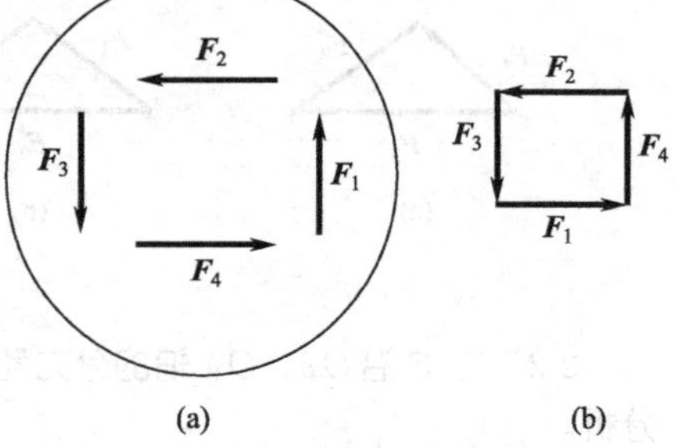

图 2-22

2-8 如图 2-21 所示四杆机构，各杆自重不计，若 $m_1=-m_2$，试问此机构能否平衡？为什么？

2-9 如图 2-22 所示，物体受 4 个力 $\boldsymbol{F}_1$、$\boldsymbol{F}_2$、$\boldsymbol{F}_3$、$\boldsymbol{F}_4$ 作用，其力多边形自行封闭，问该物体是否平衡？若不平衡，其合成结果是什么？

习 题

2-1 如题 2-1 图所示，已知 $F_1=3\text{kN}$，$F_2=6\text{kN}$，$F_3=4\text{kN}$，$F_4=5\text{kN}$。试用解析法和几何法求此 4 个力的合力。

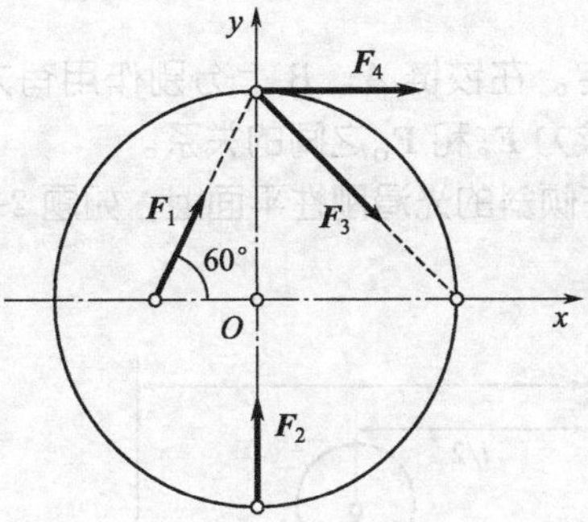

题 2-1 图

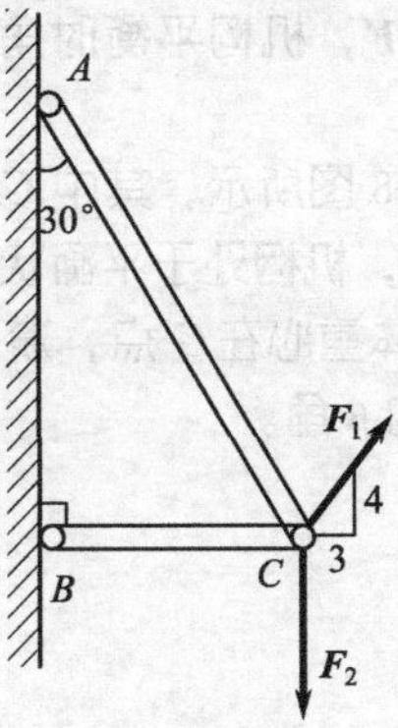

题 2-2 图

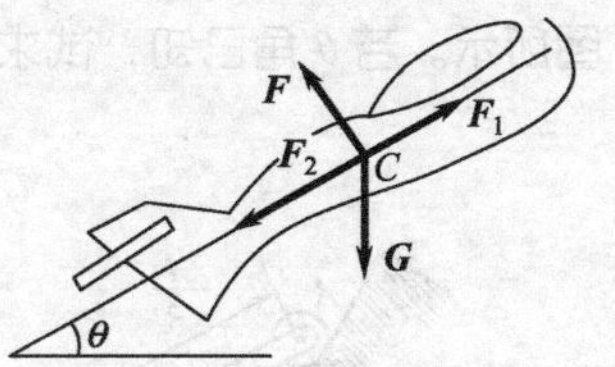

题 2-3 图

2-2　杆 AC、BC 在 C 处铰接，另一端均与墙面铰接，如题 2-2 图所示。$\boldsymbol{F}_1$ 和 $\boldsymbol{F}_2$ 作用在销钉 C 上，已知 $F_1=445\text{N}$，$F_2=535\text{N}$，不计杆重，试求两杆所受的力。

2-3　飞机沿与水平成仰角 θ 的直线作匀速飞行，如题 2-3 图所示。已知发动机的推力 $\boldsymbol{F}_1$，飞机的重力 $\boldsymbol{G}$。试求飞机的升力 $\boldsymbol{F}$ 和阻力 $\boldsymbol{F}_2$ 的大小。

2-4　结构由两弯杆 ABC 和 DE 构成，如题 2-4 图所示。构件重力不计，长度单位为 cm。已知 $F=200\text{N}$，求支座 A 和 E 的约束反力。

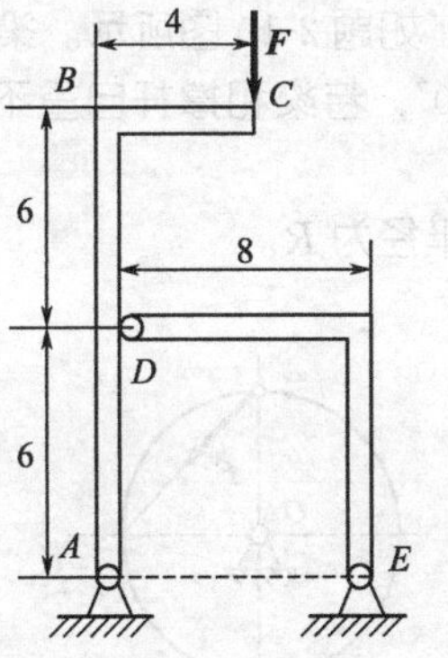

题 2-4 图

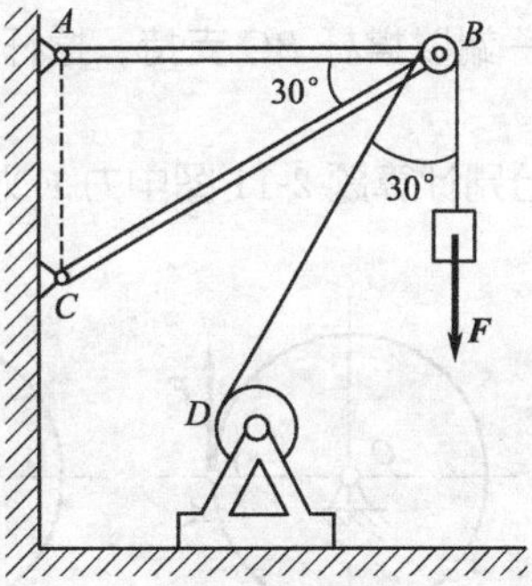

题 2-5 图

2-5　物体重 $F=200\text{kN}$，用绳子挂在支架的滑轮 B 上，绳子的另一端接在绞车 D 上，如题 2-5 图所示。转动绞车，物体便能升起。设滑轮的大小、AB 与 CB 杆自重及摩擦略去不计，A、B、C 三处均为铰链联接。当物体处于平衡状态时，求拉杆 AB 和支杆 CB 所受的力。

2-6　如题 2-6 图所示，刚架 AB 上作用一水平力 $\boldsymbol{F}$，刚架自重不计，求支座 A、B 的约束反力。

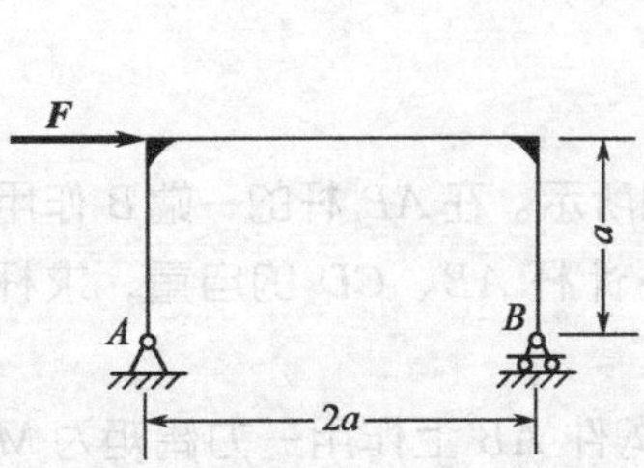

题 2-6 图

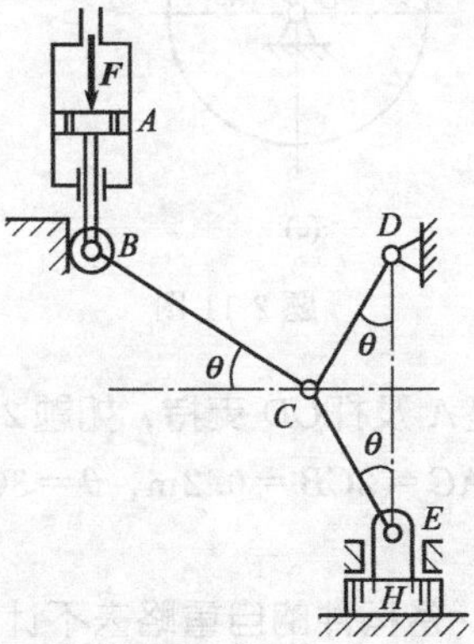

题 2-7 图

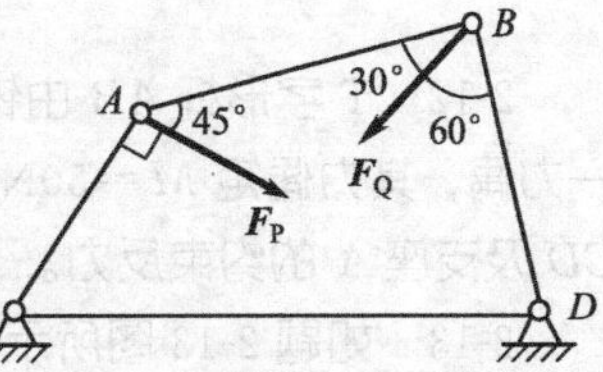

题 2-8 图

2-7　液压夹紧机构中，已知力 $\boldsymbol{F}$，机构平衡时角度如题 2-7 图所示，各构件自重不计。求此时工件 H 所受的压紧力。

2-8　四连杆机构 $CABD$ 如题 2-8 图所示，其中 CD 边固定。在铰链 A、B 上分别作用有力 $\boldsymbol{F}_P$和 $\boldsymbol{F}_Q$，方向如图。不计各杆自重，机构处于平衡状态。试求力 $\boldsymbol{F}_P$和 $\boldsymbol{F}_Q$之间的关系。

2-9　杆 AB 及其两端滚子的整体重心在 G 点，滚子搁置在倾斜的光滑刚性平面上，如题 2-9 图所示。若 θ 角已知，试求平衡时的 β 角。

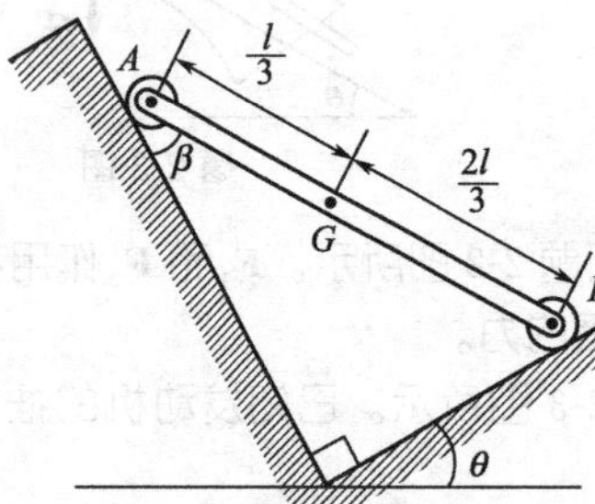

题 2-9 图

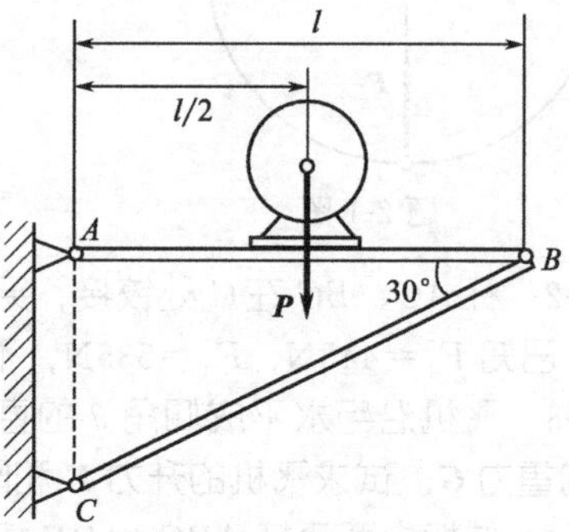

题 2-10 图

2-10　电动机重力 $P=5000\text{N}$，放在水平梁 AB 的中央，如题 2-10 图所示。梁的 A 端以铰链联接于墙，另一端以撑杆 BC 支持，撑杆与水平梁夹角为 30°，若梁和撑杆自重不计。试求撑杆 BC 的内力。

2-11　试分别计算题 2-11 图中力 $\boldsymbol{F}$ 对 O 点之矩，设圆半径为 R。

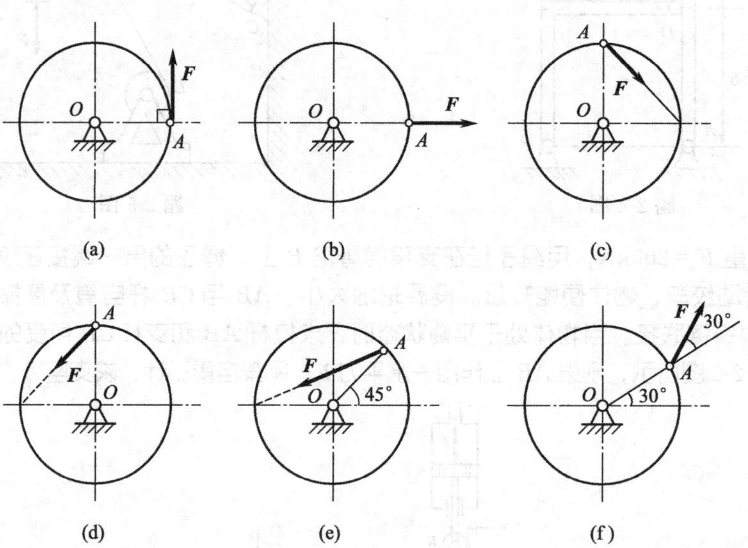

题 2-11 图

2-12　T 字形杆 AB 由铰链支座 A 及杆 CD 支持，如题 2-12 图所示。在 AB 杆的一端 B 作用一力偶，其力偶矩 $M=50\text{N}\cdot\text{m}$，$AC=2CB=0.2\text{m}$，$\theta=30°$，不计杆 AB、CD 的自重，求杆 CD 及支座 A 的约束反力。

2-13　如题 2-13 图所示机构中，各构件的自重略去不计。在构件 AB 上作用一力偶矩为 M 的力偶，求支座 A、C 的约束反力。

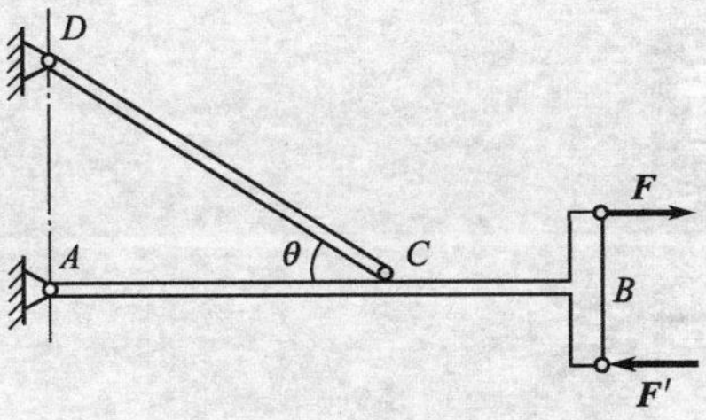

题 2-12 图

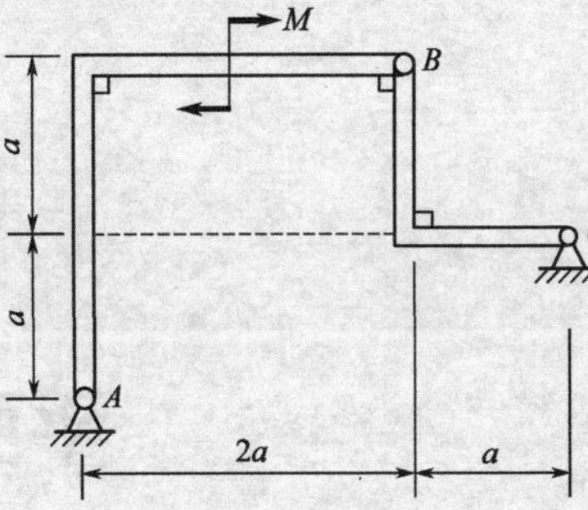

题 2-13 图

2-14　如题 2-14 图所示机构中，曲柄 OA 上作用一力偶，其矩为 M；另在滑块 D 上作用一水平力 $\boldsymbol{F}$，机构尺寸如图所示，各杆重力不计。求当机构平衡时，力 $\boldsymbol{F}$ 与力偶矩 M 的关系。

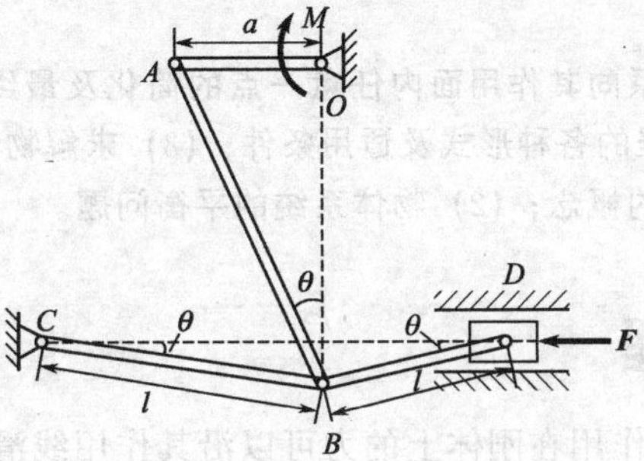

题 2-14 图

第3章

平面任意力系

本章要求

(1) 掌握力线平移定理内容及其逆过程；(2) 掌握力系的主矢、主矩的概念，平面任意力系的简化结果；(3) 熟练应用平面任意力系的平衡方程求解物体的平衡问题；(4) 掌握求解平面桁架内力的节点法和截面法。

重点 (1) 平面任意力系向其作用面内任意一点的简化及最终结果；(2) 平面任意力系平衡的充分必要条件，平衡方程的各种形式及适用条件；(3) 求解物体的平衡问题。

难点 (1) 主矢和主矩的概念；(2) 物体系统的平衡问题。

3.1 力线平移定理

由力的可传性原理知，作用在刚体上的力可以沿其作用线滑移至刚体上任意一点，而不改变它对刚体的作用效应。在保证力对刚体的作用效应不变的前提下，可不可以将该力平行移动到作用线以外的任意一点呢？力线平移定理回答了这个问题。

力线平移定理 作用于刚体上的力可以平行移动到刚体内任意一点，而不改变它对刚体的作用效应，但必须附加一力偶，附加力偶的力偶矩等于原力对新的作用点之矩。

证明： 设有一力 $\boldsymbol{F}_A$ 作用于刚体上的 A 点，如图 3-1(a)所示，现在要平行移动到作用线以外的任意一点 B 上，B 点到该力的作用线距离为 d。先在作用点 B 上增加一对平衡力 $\boldsymbol{F}_B$ 和 $\boldsymbol{F}'_B$，如图 3-1(b)所示，使 $\boldsymbol{F}_A=\boldsymbol{F}_B=-\boldsymbol{F}'_B$。显然由于新增加的一对力是一平衡力系，不会改变原力 $\boldsymbol{F}_A$ 对刚体的作用效应，即由 $\boldsymbol{F}_A$、$\boldsymbol{F}_B$、$\boldsymbol{F}'_B$ 组成的力系与原力系 $\boldsymbol{F}_A$ 是等效的，也就是说图 3-1(a)所示的力系和图 3-1(b)所示的力系是等效的。

在图 3-1(b)所示中，$\boldsymbol{F}_A$ 和 $\boldsymbol{F}'_B$ 组成一个力偶，这个力偶的力偶矩 M 等于力 $\boldsymbol{F}_A$ 对 B 点的矩，即 $M=Fd$。由于 $\boldsymbol{F}_A=\boldsymbol{F}_B$，从而可以认为力 $\boldsymbol{F}_A$ 平行移动到 B 点，还附加了一力偶，这个附加力偶的力偶矩 M 恰好等于原力 $\boldsymbol{F}_A$ 对 B 点的矩，如图 3-1(c)所示。

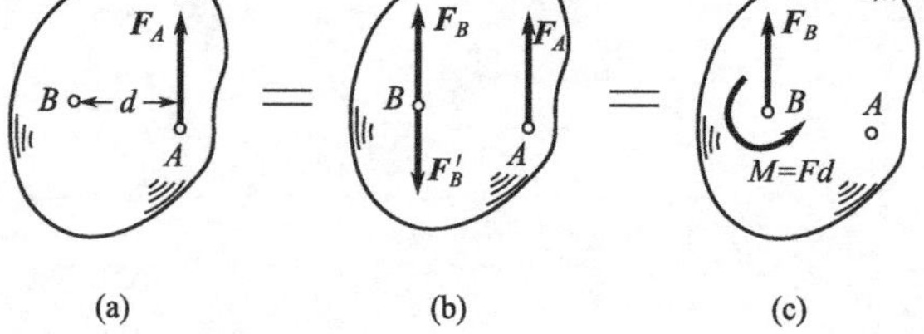

图 3-1

力平移后可得到同平面的一个力和一个力偶。反过来，同平面的一个力 $\boldsymbol{F}_B$ 和力偶矩为

M 的力偶也一定能合成为一个大小和方向与力 $\boldsymbol{F}_B$ 相同的力 $\boldsymbol{F}$，它的作用点到力 $\boldsymbol{F}_B$ 的作用线的距离为

$$d=\frac{|M|}{|\boldsymbol{F}_B|} \tag{3-1}$$

力线平移定理不仅是力系简化的理论依据，而且还可用来解释一些实际问题。

例如，某基础在偏离中心线 d 处受有压力 $\boldsymbol{F}$，如图 3-2(a)所示。将 $\boldsymbol{F}$ 平移到中心线处后附加一力偶，力偶矩 $M=Fd$，如图 3-2(b)所示，则该基础在压力 $\boldsymbol{F}'$ 作用下产生压缩，而在 M 的作用下产生弯曲。这种偏离中心线处的压缩称为偏心压缩。

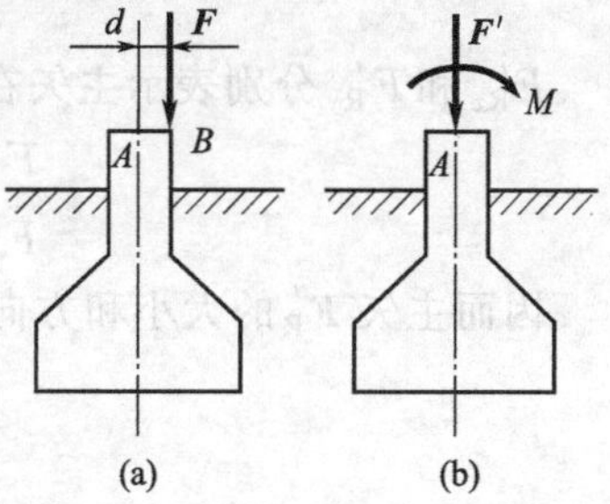

图 3-2

又例如，攻丝时必须用两手握扳手，用力要相等，不允许用一只手扳动扳手，如图 3-3(a)所示。这是因为在扳手的一端加作用力 $\boldsymbol{F}$ 时，若将力 $\boldsymbol{F}$ 平移到作用点 C，则得到一个力 $\boldsymbol{F}'$ 和一个力偶矩为 M 的力偶，如图 3-3(b)所示。力偶使丝锥转动，而力 $\boldsymbol{F}'$ 作用于丝锥上，使丝锥产生弯曲，甚至折断。

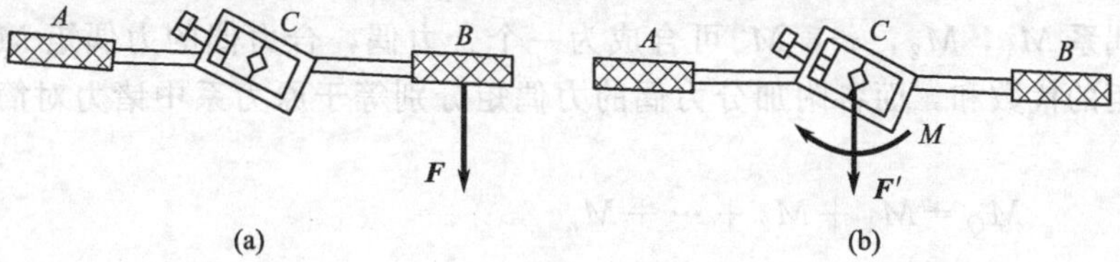

图 3-3

3.2 平面任意力系向一点的简化

利用力线平移定理可以将平面任意力系简化为一个平面汇交力系和一个平面力偶系。然后，利用第 2 章的知识，再将这两个力系分别进行合成，最终得到简化结果。其过程如下：

设刚体作用有由 n 个力组成的平面任意力系 $\boldsymbol{F}_1$，$\boldsymbol{F}_2$，…，$\boldsymbol{F}_n$，各力的作用点分别为 A_1，A_2，…，A_n，在力系作用面内任选一点 O，点 O 称为简化中心。如图 3-4(a)所示。

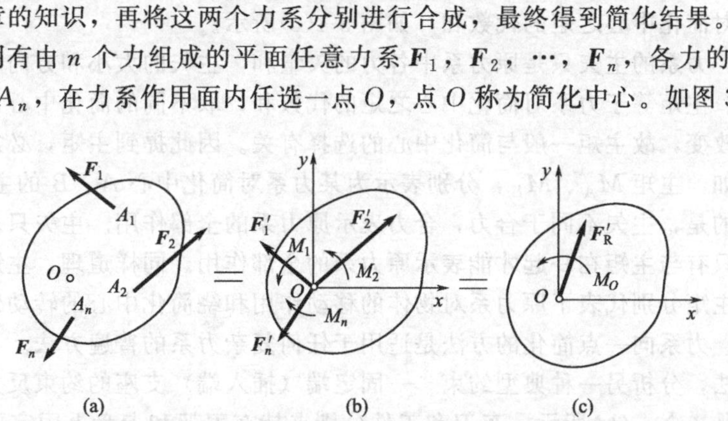

图 3-4

应用力线平移定理，将各力都平移到点 O，并附加相应的力偶。原力系就转化为作用于点 O 的一个平面汇交力系 $\boldsymbol{F}'_1$，$\boldsymbol{F}'_2$，…，$\boldsymbol{F}'_n$ 和由相应的力偶 M_1，M_2，…，M_n 组成的一个附加平面力偶系，如图 3-4(b)所示。其中

$$\boldsymbol{F}'_1=\boldsymbol{F}_1、\boldsymbol{F}'_2=\boldsymbol{F}_2、\cdots、\boldsymbol{F}'_n=\boldsymbol{F}_n$$

$$M_1=M_O(\boldsymbol{F}_1),M_2=M_O(\boldsymbol{F}_2),\cdots,M_n=M_O(\boldsymbol{F}_n)$$

一般情况下，平面汇交力系可合成为作用于点 O 的一个力 $\boldsymbol{F}'_R$；如图 3-4(c)所示，即

$$\boldsymbol{F}'_R=\boldsymbol{F}'_1+\boldsymbol{F}'_2+\cdots+\boldsymbol{F}'_n=\boldsymbol{F}_1+\boldsymbol{F}_2+\cdots+\boldsymbol{F}_n=\sum\boldsymbol{F}_i$$

我们把 $\boldsymbol{F}'_R$称为原力系对简化中心 O 的主矢。

为了用解析法表示主矢 $\boldsymbol{F}'_R$，可在平面内作正交的 x 轴和 y 轴，并引入单位矢量 $\boldsymbol{i}$ 和 $\boldsymbol{j}$，则

$$\boldsymbol{F}'_R=\boldsymbol{F}'_{Rx}+\boldsymbol{F}'_{Ry}=F'_{Rx}\boldsymbol{i}+F'_{Ry}\boldsymbol{j}$$

F'_{Rx}和 F'_{Ry} 分别表示主矢在 x、y 轴上的投影，则

$$F'_{Rx}=F_{1x}+F_{2x}+\cdots+F_{nx}=\sum F_x$$
$$F'_{Ry}=F_{1y}+F_{2y}+\cdots+F_{ny}=\sum F_y$$

因而主矢 $\boldsymbol{F}'_R$的大小和方向分别为

$$F'_R=\sqrt{(\sum F_x)^2+(\sum F_y)^2} \tag{3-2}$$

$$\left.\begin{aligned}\cos(\boldsymbol{F}'_R,\boldsymbol{i})&=\frac{\sum F_x}{|\boldsymbol{F}'_R|}\\ \cos(\boldsymbol{F}'_R,\boldsymbol{j})&=\frac{\sum F_y}{|\boldsymbol{F}'_R|}\end{aligned}\right\} \tag{3-3}$$

平面力偶系 M_1，M_2，…，M_n 可合成为一个合力偶，合力偶的力偶矩 M 等于各附加分力偶力偶矩的代数和，而各附加分力偶的力偶矩分别等于原力系中诸力对简化中心 O 之矩，于是有

$$\begin{aligned}M_O&=M_1+M_2+\cdots+M_n\\&=M_O(\boldsymbol{F}_1)+M_O(\boldsymbol{F}_2)+\cdots+M_O(\boldsymbol{F}_n)=\sum_{i=1}^{n}M_O(\boldsymbol{F}_i)\end{aligned} \tag{3-4}$$

我们把 M_O称为原力系对简化中心 O 的主矩。

综上所述，可得出如下结论：平面任意力系向作用面内已知点 O 简化，一般可得到一个力和一个力偶。这个力的作用线通过简化中心 O，其力矢为原力系的主矢，即等于原力系诸力的矢量和；这个力偶作用于原平面，其力偶矩为原力系对简化中心 O 的主矩，即等于原力系中诸力对简化中心之矩的代数和，如图 3-4(c)所示。

应当注意，力系的主矢只是原力系中各力的矢量和，主矢的大小和方向均与简化中心的位置选择无关。主矩等于力系对简化中心之矩的代数和，取不同的简化中心，各力对简化中心的力矩也将改变，故主矩一般与简化中心的选择有关。因此提到主矩，必须注明是对哪一点的主矩，例如，主矩 M_A、M_B，分别表示为某力系对简化中心 A、B 的主矩。

需要注意的是，主矢不同于合力，合力表示原力系的全部作用。主矢只表示原力系中的部分作用，它只有与主矩在一起才能表示原力系的全部作用。同样道理，主矩也不能称为合力矩。主矢与主矩分别代表了原力系对物体的移动作用和绕简化中心的转动作用。

必须指出，力系向一点简化的方法是适用于任何复杂力系的普遍方法。下面利用力系向一点简化的方法，分析另一种典型约束——固定端（插入端）支座的约束反力。

如图 3-5 中（a)、(b)所示，车刀和工件分别夹持在刀架和卡盘上固定不动，这种约束称为固定端或插入端支座，其简图如图 3-5(c)所示。

固定端支座对物体的作用，是在接触面上作用了一群约束反力。在平面问题中，这些力为一平面任意力系，如图 3-6(a)所示。将这群力向作用平面内点 A 简化得到一个力和一个力偶，如图 3-6(b)所示。一般情况下，这个力的大小和方向均为未知量，可用两个相互正交的未知分力来代替。因此，在平面任意力系情况下，固定端 A 处的约束反力可简化为两

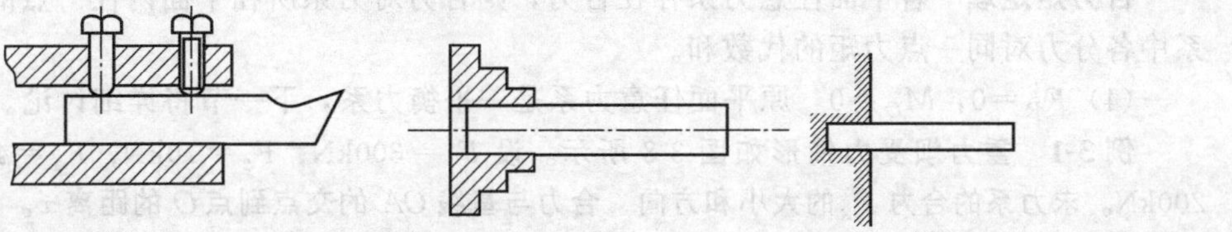

图 3-5

个约束反力 $\boldsymbol{F}_{Ax}$、$\boldsymbol{F}_{Ay}$ 和一个矩为 M_A 的约束反力偶，如图 3-6(c)所示。

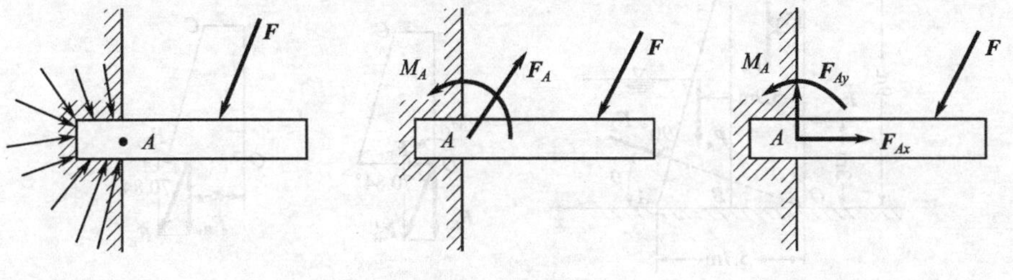

图 3-6

比较固定端支座与固定铰链支座的约束性质可见，固定端支座除了限制物体在水平方向和铅直方向移动外，还能限制物体在平面内转动。因此，除了约束反力 $\boldsymbol{F}_{Ax}$、$\boldsymbol{F}_{Ay}$ 外，还有矩为 M_A 的约束反力偶。而固定铰链支座没有约束反力偶，因为它不能限制物体在平面内转动。

工程中，固定端支座是一种常见的约束，除前面讲到的刀架、卡盘外，还有插入地基中的电线杆以及悬臂梁等。

平面任意力系简化结果分析如下。

(1) $\boldsymbol{F}'_{\mathrm{R}}=0$，$M_O\neq0$　原力系简化为一个合力偶 $M_O=\sum M_O(\boldsymbol{F}_i)$，力系的主矩与简化中心的选择无关。

(2) $\boldsymbol{F}'_{\mathrm{R}}\neq0$，$M_O=0$　原力系简化为一个作用线通过简化中心的合力 $\boldsymbol{F}_{\mathrm{R}}$，且

$$\boldsymbol{F}_{\mathrm{R}}=\boldsymbol{F}'_{\mathrm{R}}=\sum\boldsymbol{F}_i=\sum\boldsymbol{F}'_i$$

(3) $\boldsymbol{F}'_{\mathrm{R}}\neq0$，$M_O\neq0$　可以进一步简化为一个合力。合力的力矢 $\boldsymbol{F}_{\mathrm{R}}$ 等于力系的主矢 $\boldsymbol{F}'_{\mathrm{R}}$。合力作用线通过离 O 点的距离为 d 的 O' 点，如图 3-7 所示。

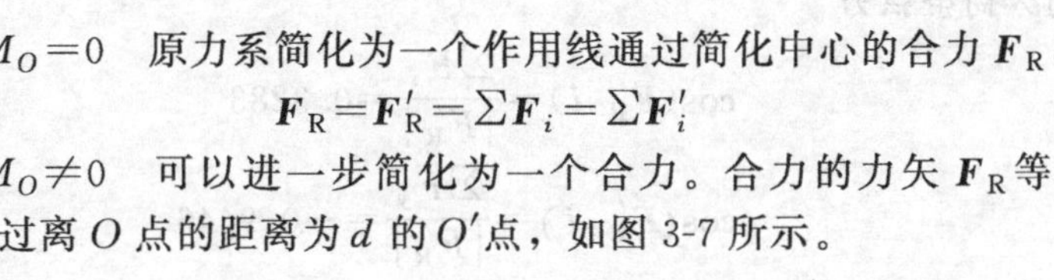

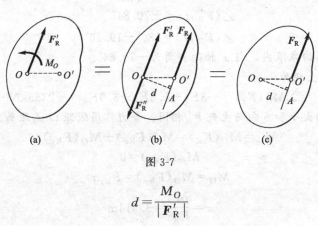

图 3-7

$$d=\frac{M_O}{|\boldsymbol{F}'_{\mathrm{R}}|}$$

合力矩定理　若平面任意力系存在合力，则合力对力系所在平面内任一点的矩，等于力系中各分力对同一点力矩的代数和。

(4) $F'_R=0$，$M_O=0$　原平面任意力系是一平衡力系，下一节将详细讨论。

例 3-1　重力坝受力情形如图 3-8 所示。设 $F_1=300\text{kN}$，$F_2=70\text{kN}$，$F_3=450\text{kN}$，$F_4=200\text{kN}$。求力系的合力 $\boldsymbol{F}_R$ 的大小和方向、合力与基线 OA 的交点到点 O 的距离 x。

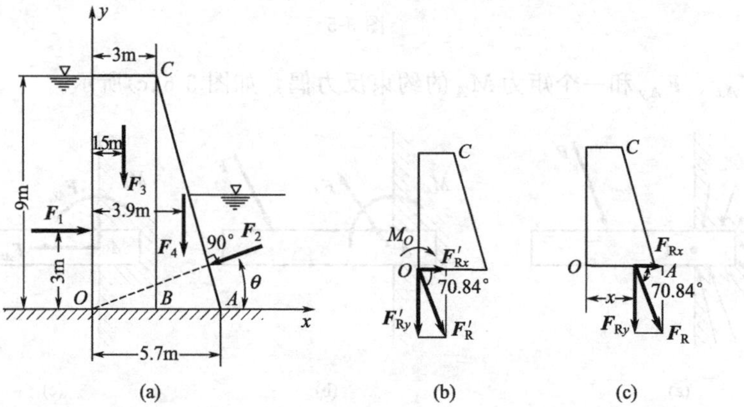

图 3-8

解： (1) 先将力系向点 O 简化，求得其主矢 $\boldsymbol{F}'_R$ 和主矩 M_O，由图 3-8(a)所示有

$$\theta=\angle ACB=\arctan\frac{AB}{CB}=16.7°$$

主矢 $\boldsymbol{F}'_R$ 在 x、y 轴上的投影为

$$F'_{Rx}=\sum F_x=F_1-F_2\cos\theta=232.9\text{kN}$$
$$F'_{Ry}=\sum F_y=-F_3-F_4-F_2\sin\theta=-670.1\text{kN}$$

主矢 $\boldsymbol{F}'_R$ 的大小为

$$F'_R=\sqrt{(\sum F_x)^2+(\sum F_y)^2}=709.4\text{kN}$$

主矢 $\boldsymbol{F}'_R$ 的方向余弦为

$$\cos(\boldsymbol{F}'_R,\boldsymbol{i})=\frac{\sum F_x}{|F'_R|}=0.3283$$
$$\cos(\boldsymbol{F}'_R,\boldsymbol{j})=\frac{\sum F_y}{|F'_R|}=-0.9446$$

则有

$$\angle(\boldsymbol{F}'_R,\boldsymbol{i})=\pm 70.84°$$
$$\angle(\boldsymbol{F}'_R,\boldsymbol{j})=180°\pm 19.16°$$

故主矢 $\boldsymbol{F}'_R$ 在第四象限内，与 x 轴的夹角为 $-70.84°$。

力系对点 O 的主矩为

$$M_O=\sum M_O(\boldsymbol{F}_i)=-3F_1-1.5F_3-3.9F_4=-2355\text{kN}\cdot\text{m}$$

(2) 合力 $\boldsymbol{F}_R$ 的大小和方向与主矢 $\boldsymbol{F}'_R$ 相同。合力作用线距 O 点距离 x，由

$$M_O=M_O(\boldsymbol{F}_R)=M_O(\boldsymbol{F}_{Rx})+M_O(\boldsymbol{F}_{Ry})$$

其中

$$M_O(\boldsymbol{F}_{Rx})=0$$

故

$$M_O=M_O(\boldsymbol{F}_{Ry})=F_{Ry}x$$

解得

$$x=\frac{M_O}{F_{Ry}}=3.514\text{m}$$

例 3-2　求如图 3-9 所示三角形载荷合力的大小和作用点的位置。

解：(1) 求合力的大小　设距 A 端为 x 处的载荷集度为 $q(x)$，则 $\mathrm{d}x$ 段的合力大小为

$$R(x)=q(x)\mathrm{d}x$$

又

$$\frac{q(x)}{x}=\frac{q}{l}$$

则合力 F_R 的大小为

$$F_R=\int_0^l q(x)\mathrm{d}x=\int_0^l \frac{q}{l}x\mathrm{d}x=\frac{1}{2}ql$$

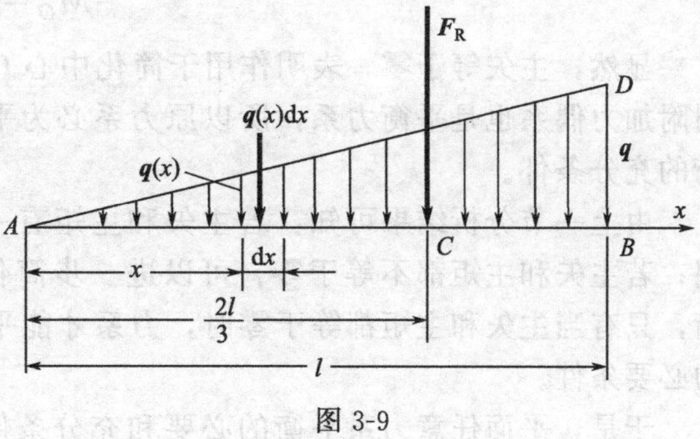

图 3-9

(2) 求合力作用点 C 的位置　由合力矩定理

$$F_R\cdot AC=\int_0^l q(x)x\mathrm{d}x=\int_0^l \frac{q}{l}x^2\mathrm{d}x=\frac{1}{3}ql^2$$

得

$$AC=\frac{ql^2}{3F_R}$$

因

$$F_R=\frac{1}{2}ql$$

故

$$AC=\frac{2}{3}l$$

如果分布载荷并不与 AB 垂直，它的合力大小也等于 $ql/2$，合力作用线通过 AB 上 C 点，且 $AC=2l/3$，如图 3-10(a)所示。

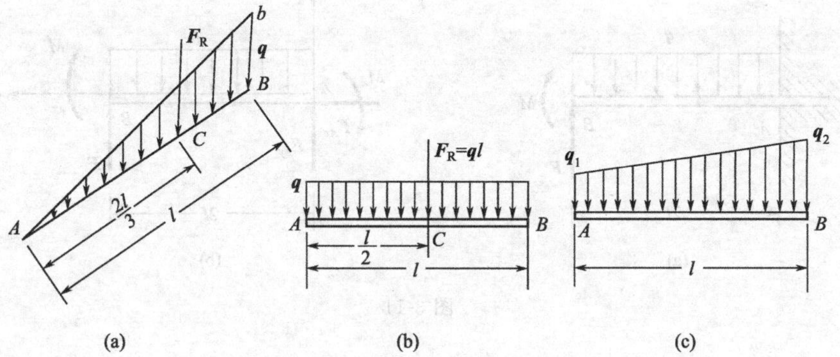

图 3-10

若载荷均匀分布，如图 3-10(b)所示，则合力的大小为 ql，其作用点 $AC=\frac{1}{2}l$。若载荷为梯形分布，如图 3-10(c)所示，这时可将载荷视为两部分的叠加：一部分为载荷集度 q_1 的均布载荷，另一部分是以 (q_2-q_1) 为高的三角形载荷，再用合力矩定理计算，确定合力作用点。

3.3 平面任意力系的平衡方程

现在讨论静力学中最重要的情形，即平面任意力系的主矢和主矩都等于零的情形：

$$\left.\begin{aligned}\boldsymbol{F}'_R=0\\ M_O=0\end{aligned}\right\}\qquad(3\text{-}5)$$

显然，主矢等于零，表明作用于简化中心 O 的汇交力系为平衡力系；主矩等于零，表明附加力偶系也是平衡力系，所以原力系必为平衡力系。因此，式(3-5)为平面任意力系平衡的充分条件。

由上一节分析结果可知：若主矢和主矩有一个不等于零，则力系应简化为合力或合力偶；若主矢和主矩都不等于零，可以进一步简化为一个合力。在上述情况下力系都不能平衡，只有当主矢和主矩都等于零时，力系才能平衡。因此，式(3-5)又是平面任意力系平衡的必要条件。

于是，平面任意力系平衡的必要和充分条件是：力系的主矢和对任一点的主矩都等于零。这些平衡条件可用解析式表示，即

$$\left.\begin{aligned}\sum F_x=0\\ \sum F_y=0\\ \sum M_O(\boldsymbol{F})=0\end{aligned}\right\}\qquad(3\text{-}6)$$

由此可得结论，平面任意力系平衡的解析条件是：所有各力在两个任选的坐标轴上的投影的代数和分别等于零，以及各力对于作用面内任意一点的矩的代数和也等于零。式(3-6)称为平面任意力系的平衡方程。式(3-6)有三个方程，最多能够求解三个未知量。

例 3-3 试求图 3-11(a)所示悬臂梁固定端 A 处的约束反力。其中 q 为均布载荷，设集中力 $F=ql$，集中力偶矩为 $M=ql^2$。

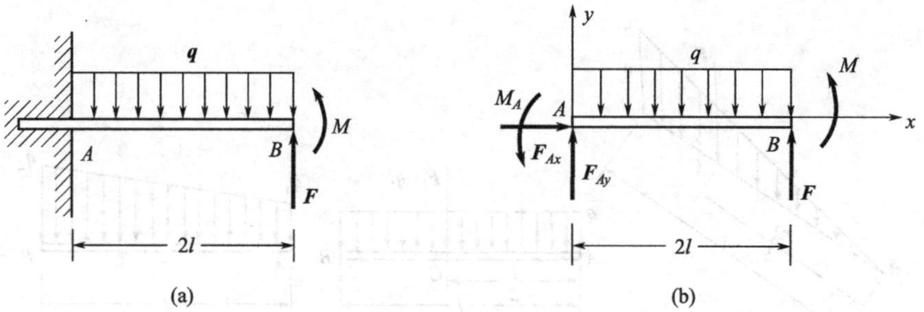

图 3-11

解：选取 AB 为研究对象。画出 AB 的受力图，如图 3-11(b)所示。建立图示坐标系，列出平衡方程

$$\begin{aligned}&\sum F_x=0 &&F_{Ax}=0\\ &\sum F_y=0 &&F_{Ay}+F-q\times 2l=0\\ &\sum M_A(\boldsymbol{F})=0 &&M_A-2ql\cdot l+M+F\times 2l=0\end{aligned}$$

解得 $F_{Ax}=0$，$F_{Ay}=ql$，$M_A=-ql^2$

M_A 计算结果为负值，说明实际转向与图示转向相反，为顺时针转向。

例 3-4 起重机重 $P_1=10\text{kN}$，可绕铅直轴 AB 转动，起重机的挂钩上挂一重为 $P_2=40\text{kN}$ 的重物。起重机的重心 C 到转动轴的距离为 1.5m，其他尺寸如图 3-12 所示。求在止推轴承 A 和向心轴承 B 处的约束反力。

解：选取起重机为研究对象。作起重机的受力如图 3-12 所示，建立坐标系如图所示，列平衡方程

$\sum F_x=0 \qquad F_{Ax}+F_B=0$

$\sum F_y=0 \qquad F_{Ay}-P_1-P_2=0$

$\sum M_A(\boldsymbol{F})=0 \quad -F_B\times 5-P_1\times 1.5-P_2\times 3.5=0$

求解方程，得

$F_{Ax}=31\text{kN}$，$F_{Ay}=50\text{kN}$，$F_B=-31\text{kN}$

F_B 为负值，说明它的实际方向与假设的方向相反，即应指向左。

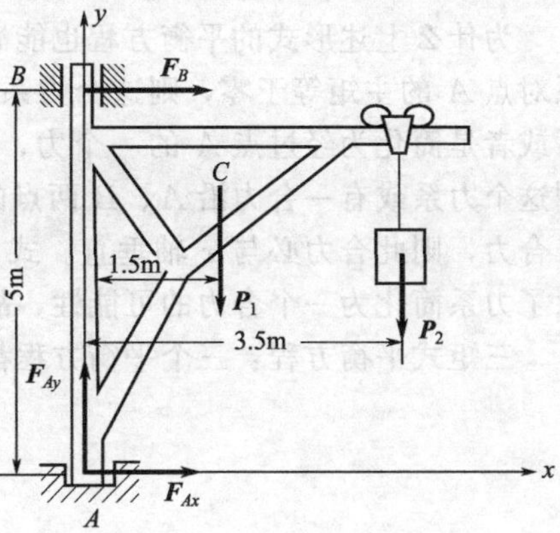

图 3-12

例 3-5　如图 3-13 所示的水平横梁 AB，A 端为固定铰链支座，B 端为一可动支座。梁的长度为 $4a$，重力 $\boldsymbol{G}$ 作用在梁的中点 C。在梁的 AC 段上受均布载荷 q 作用，在梁的 BC 段上受力偶作用，力偶矩 $M=Ga$。试求 A 和 B 处的支座反力。

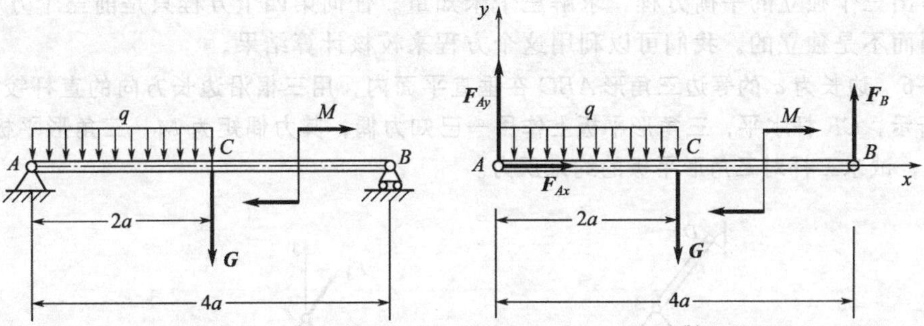

图 3-13

解：选取梁 AB 为研究对象。作 AB 梁的受力图，它所受的主动力有：均布载荷 q、重力 $\boldsymbol{G}$ 和矩为 M 的力偶。它受的约束反力有：铰链 A 的两个约束反力 $\boldsymbol{F}_{Ax}$ 和 $\boldsymbol{F}_{Ay}$，可动支座 B 处铅直向上的约束反力 $\boldsymbol{F}_B$。

取坐标系如图 3-13(b)所示，列出 AB 的平衡方程

$$\sum F_x=0 \qquad F_{Ax}=0$$

$$\sum F_y=0 \qquad F_{Ay}-q\times 2a-G+F_B=0$$

$$\sum M_A(\boldsymbol{F})=0 \qquad F_B\times 4a-M-G\times 2a-q\times 2a\times a=0$$

联立求解上述方程，得

$$F_{Ax}=0,\ F_{Ay}=\frac{G}{4}+\frac{3}{2}qa,\ F_B=\frac{3}{4}G+\frac{1}{2}qa$$

在上例中，若以方程 $\sum M_B(\boldsymbol{F})=0$ 取代方程 $\sum F_y=0$，可以不解联立方程直接求得 F_{Ay} 的值。因此在计算某些问题时，采用力矩方程往往比投影方程简便。下面介绍平面任意力系平衡方程的其他形式。

二矩式平衡方程：三个平衡方程中有两个力矩方程和一个投影方程，即

$$\left.\begin{array}{l}\sum F_x=0\\ \sum M_A(\boldsymbol{F})=0\\ \sum M_B(\boldsymbol{F})=0\end{array}\right\} \qquad (3\text{-}7)$$

其中，x 轴不得垂直 A、B 两点的连线。

为什么上述形式的平衡方程也能满足力系平衡的必要和充分条件呢？这是因为，如果力系对点 A 的主矩等于零，则这个力系不可能简化为一个力偶。但可能有两种情形：这个力系或者是简化为经过点 A 的一个力，或者平衡。如果力系对另一点 B 的主矩也同时为零，则这个力系或有一合力沿 A、B 两点的连线，或者平衡。如果再加上 $\sum F_x=0$，那么力系如有合力，则此合力必与 x 轴垂直。式(3-7)的附加条件（x 轴不得垂直于连线 AB）完全排除了力系简化为一个合力的可能性，故所研究的力系必为平衡力系。

三矩式平衡方程：三个平衡方程都是力矩方程，没有投影方程，即

$$\left.\begin{aligned}\sum M_A(\boldsymbol{F})=0\\ \sum M_B(\boldsymbol{F})=0\\ \sum M_C(\boldsymbol{F})=0\end{aligned}\right\}\tag{3-8}$$

其中，A、B、C 三点不得共线。为什么必须有这个附加条件，读者可自行证明。

上述三组方程式(3-6)、式(3-7)、式(3-8)都可用来解决平面任意力系的平衡问题。究竟选用哪一组方程，须根据具体条件确定。对于受平面任意力系作用的单个刚体的平衡问题，只可以写出三个独立的平衡方程，求解三个未知量。任何第四个方程只是前三个方程的线性组合，因而不是独立的。我们可以利用这个方程来校核计算结果。

例 3-6　边长为 a 的等边三角形 ABC 在垂直平面内，用三根沿边长方向的直杆铰接，如图 3-14(a)所示，CF 杆水平，三角形平板上作用一已知力偶，其力偶矩为 M，三角形平板重为 $\boldsymbol{G}$，略去杆重，试求三杆对三角形平板的约束反力。

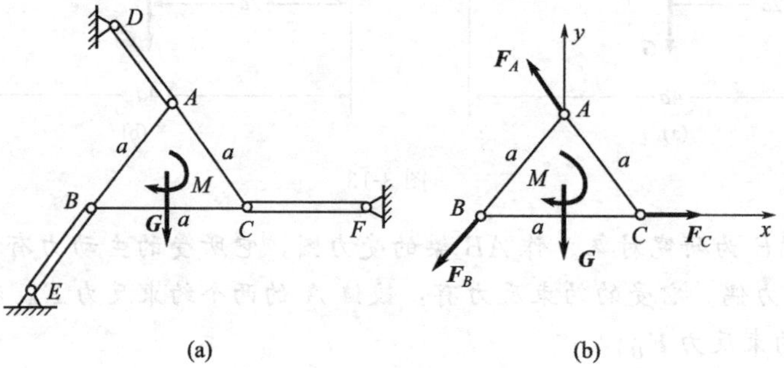

图 3-14

解：选取三角形平板 ABC 为研究对象，画出其受力图，如图 3-14(b)所示。很明显，作用于三角形平板上的力系是平面任意力系，并且未知力的分布比较特殊，其特点是 A、B、C 三点分别是两个未知约束反力的汇交点，因此本题宜用三矩式平衡方程求解。列出其平衡方程

$$\sum M_A(\boldsymbol{F})=0\qquad \frac{\sqrt{3}}{2}a\cdot F_C-M=0$$

解得

$$F_C=\frac{2\sqrt{3}}{3}\frac{M}{a}$$

$$\sum M_B(\boldsymbol{F})=0\qquad \frac{\sqrt{3}}{2}a\cdot F_A-M-G\cdot\frac{1}{2}a=0$$

解得

$$F_A=\frac{2\sqrt{3}}{3}\frac{M}{a}+\frac{G}{\sqrt{3}}$$

$$\sum M_C(\boldsymbol{F})=0 \qquad \frac{\sqrt{3}}{2}a\cdot F_B-M+G\cdot\frac{a}{2}=0$$

解得
$$F_B=\frac{2\sqrt{3}}{3}\frac{M}{a}-\frac{G}{\sqrt{3}}$$

当平面任意力系中各个力的作用线互相平行时，称其为平面平行力系。所以可将平面平行力系看成是平面任意力系的一种特殊情况。

如果取 x 轴与平面平行力系中各力的作用线垂直，则这些力在 x 轴上的投影全部为零。因而 $\sum F_x\equiv 0$，由平面任意力系的平衡方程可得

$$\left.\begin{aligned}\sum F_y=0\\ \sum M_A(\boldsymbol{F})=0\end{aligned}\right\}\tag{3-9}$$

平面平行力系平衡的必要和充分条件是：力系中所有各力在与该力系平行轴上的投影的代数和等于零，以及这些力对于任一点之矩的代数和等于零。

同理，由平面任意力系平衡方程的二力矩形式，可得平面平行力系平衡方程的另一种形式为

$$\left\{\begin{aligned}\sum M_A(\boldsymbol{F})=0\\ \sum M_B(\boldsymbol{F})=0\end{aligned}\right.\tag{3-10}$$

其中 A、B 两点的连线不平行于力系中各力的作用线。

例 3-7 塔式起重机如图 3-15 所示，机身重量 $P=220\text{kN}$，作用线通过塔架中心，最大起吊重量 $W=50\text{kN}$，平衡物重 $G=30\text{kN}$，试求满载和空载时轨道 A、B 的约束反力，并问此起重机在使用过程中有无翻倒的危险。

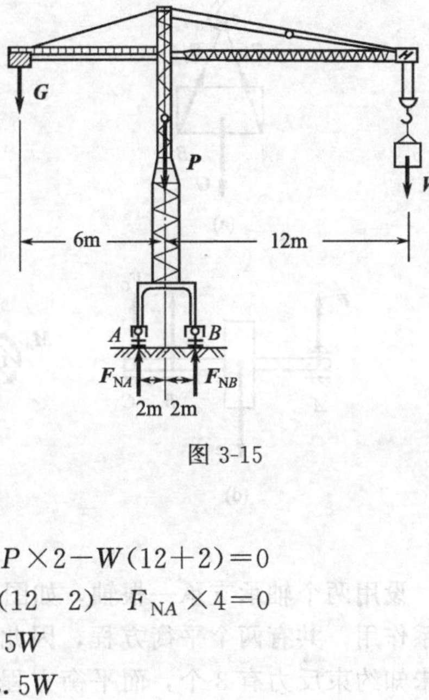

图 3-15

解：选取起重机为研究对象，作其受力图如图 3-15 所示。分别以 A、B 两点为矩心，写出平衡方程

$$\sum M_A(\boldsymbol{F})=0 \qquad G(6-2)+F_{NB}\times 4-P\times 2-W(12+2)=0$$
$$\sum M_B(\boldsymbol{F})=0 \qquad G(6+2)+P\times 2-W(12-2)-F_{NA}\times 4=0$$

解得
$$F_{NA}=2G+0.5P-2.5W$$
$$F_{NB}=-G+0.5P+3.5W$$

对于满载的情形，$W=50\text{kN}$，代入得

$$F_{NA}=45\text{kN},\ F_{NB}=255\text{kN}$$

对于空载的情形，$W=0$，代入得

$$F_{NA}=170\text{kN},\ F_{NB}=80\text{kN}$$

满载时，为了保证起重机不至于绕 B 点翻倒，必须使 $F_{NA}>0$，同理，空载时，为了保证起重机不至于绕 A 点翻倒，必须使 $F_{NB}>0$。由上述计算结果可知，满载时 $F_{NA}=45\text{kN}>0$，空载时 $F_{NB}=80\text{kN}>0$，因此，起重机的工作将是安全可靠的。

3.4 物体系统的平衡

3.4.1 静定与静不定问题

所谓物体系统，是指若干个物体通过适当的约束相互连接而组成的系统。

在求解单个刚体或物体系统的平衡问题时，如果研究对象是在平面任意力系作用下平衡，则无论采用哪一种形式的平衡方程，都只有三个独立的平衡方程，只能求解出三个未知量。平面汇交力系和平面平行力系只有两个独立的平衡方程，因此对每一种力系来说，能求解的未知量的数目也是一定的。若未知量的数目小于或等于独立平衡方程的数目，则应用刚体静力学的理论，就可以求出全部的未知量，这种问题称为静定问题。若未知量的数目超过独立平衡方程的数目，仅应用刚体静力学的理论不能求出全部的未知量，这样的问题称为静不定问题。

求解静力学问题时，应先判断问题的静定性，即在画完受力图后，判断一下仅用刚体静力学的方程能否求出全部的未知量，从而避免解题的盲目性。

如图 3-16(a)所示为两根绳子悬挂一重物。未知的约束反力有两个，而重物受平面汇交力系的作用，有两个平衡方程，因此是静定问题。如果三根绳子悬挂重物，如图 3-16(b)所示，则未知的约束反力有三个，而平衡方程只有两个，因此是静不定问题。

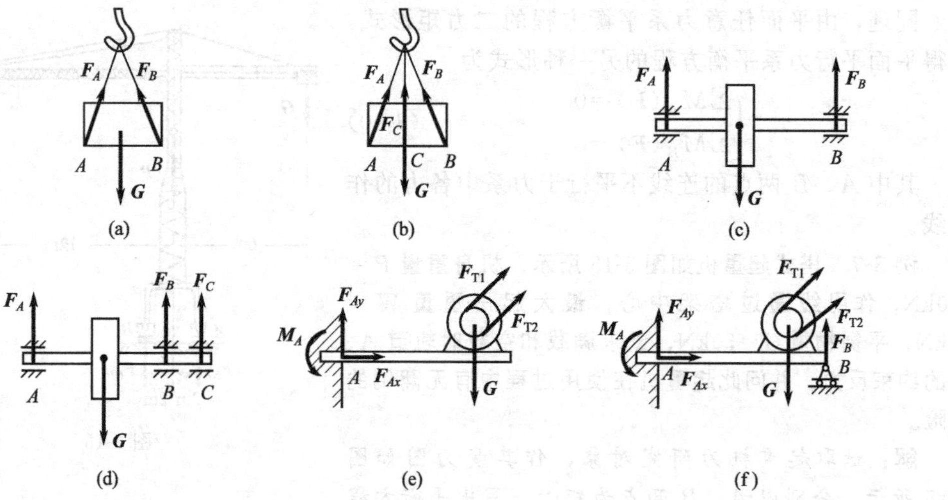

图 3-16

设用两个轴承支承一根轴，如图 3-16(c)所示，未知约束反力有两个，因轴受平面平行力系作用，共有两个平衡方程，因此是静定问题。若用 3 个轴承支承，如图 3-16(d)所示，则未知约束反力有 3 个，而平衡方程只有两个，因此是静不定问题。图 3-16 中 (e)和 (f)所示平面任意力系，均有 3 个独立平衡方程，图 3-16(e)中有 3 个未知数，因此是静定问题，图 3-16(f)中有 4 个未知数，因此是静不定问题。

如图 3-17 所示梁由两部分铰接组成，每一部分有三个独立的平衡方程，共 6 个平衡方程，未知量除了图中所画出来的三个支反力和一个反力偶外，尚有铰链 C 处的两个未知力。共有 6 个未知量，因此也是静定结构。若将 B 的滚动支座改变为固定铰支，则此系统就变成静不定结构了。

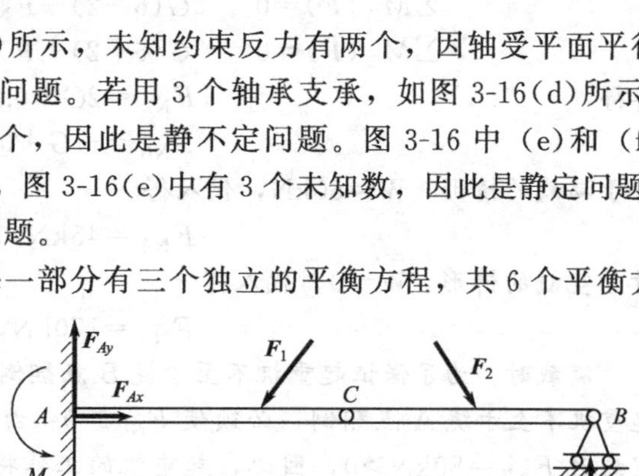

图 3-17

对于物体系统的平衡问题，其静定性的判断要复杂一些，但原理是一样的。设物体系统中有 n_1 个物体受平面任意力系作用，n_2 个物体受平面汇交力系或平面平行力系作用，n_3 个物体受平面力偶系作用，则物体系统可能有的独立方程数目 S 在一般情况下为

$$S=3n_1+2n_2+n_3$$

设系统中未知量的总数为 k，则有 $k\leqslant S$ 时，静定问题；$k>S$ 时，静不定问题。

必须指出，静不定问题并不是不能求解的，而只是不能仅用静力学平衡方程来求解。

3.4.2 物体系统平衡的求解

当整个物体系统处于平衡时，组成该系统的每一个物体必然处于平衡。于是，可以选取整个物体系统为研究对象，也可将整个物体系统拆开，取系统中某一部分（局部）作为研究对象。由此可见，选取研究对象往往会遇到先后顺序的问题，如何解决这一问题呢？要根据物体系统内各物体之间的约束和受力情况而确定。下面举例说明物体系统平衡问题的求解方法。

例 3-8 气动夹具如图 3-18 所示，气缸固定在工作台上，设活塞受到向下的总压力为 $P=7.5\text{kN}$。四杆 AB、BC、AD、DE 均为铰链连接，B、D 为两个滚轮，杆和轮的重力不计，接触面为光滑面，在图示位置时，$\theta=150°$，$\beta=10°$，试求压板受到的压力。

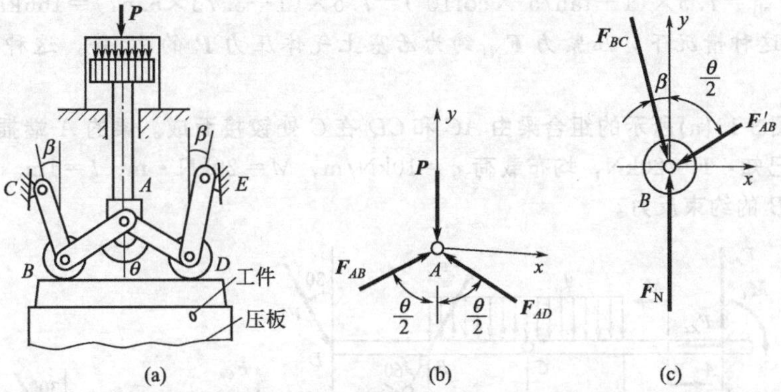

图 3-18

解：首先，作用于活塞上的压力通过铰链 A 推动连杆 AB 和 AD，使滚轮 B 和 D 压紧工件，故应先选铰链 A 为研究对象。

画出铰链 A 的受力图，由于 AB 和 AD 均为二力杆，故铰链 A 的受力如图 3-18(b)所示。这是一平面汇交力系，列出平面汇交力系的平衡方程

$$\Sigma F_x=0 \qquad F_{AB}\sin\frac{\theta}{2}-F_{AD}\sin\frac{\theta}{2}=0$$

$$\Sigma F_y=0 \qquad F_{AB}\cos\frac{\theta}{2}+F_{AD}\cos\frac{\theta}{2}-P=0$$

解得

$$F_{AB}=F_{AD}=\frac{P}{2\cos\frac{\theta}{2}}$$

其次，选择滚轮 B（或 D）为研究对象。画出滚轮 B 的受力如图 3-18(c)所示。这仍为一平面汇交力系，列其平衡方程

$$\Sigma F_x=0 \qquad F_{BC}\sin\beta-F'_{AB}\sin\frac{\theta}{2}=0$$

$$\Sigma F_y=0 \qquad F_N-F_{BC}\cos\beta-F'_{AB}\cos\frac{\theta}{2}=0$$

解得

$$F_N=F'_{AB}\left(\sin\frac{\theta}{2}\cot\beta+\cos\frac{\theta}{2}\right)$$

将 $F'_{AB}=F_{AB}=\dfrac{P}{2\cos\dfrac{\theta}{2}}$ 代入得

$$F_{\mathrm{N}}=\frac{P}{2}\left(1+\tan\frac{\theta}{2}\cot\beta\right)$$

同理，滚轮 D 受到压板的约束反力也为 F_{N}，故压板受到压力 F_{N1} 为

$$F_{\mathrm{N1}}=2F_{\mathrm{N}}=P\left(1+\tan\frac{\theta}{2}\cot\beta\right)$$

在一定的气缸压力下，为了得到最大的压力 $\boldsymbol{F}_{\mathrm{N1}}$，理论上角 $\dfrac{\theta}{2}$ 接近 90°或角 β 接近 0°为好，但实际上这是不可能的，因为如要求杆 AD 和 AB 接近水平，杆 BC 和 DE 接近铅垂，则机构不能动作。若考虑到杆 AB 和 AD 的压缩变形，当 β 接近 0°时，机构将“失效”而不能产生压力。题设 $\theta=150°$，$\beta=10°$，是比较实际的情况，代入数据得

$$F_{\mathrm{N1}}=7.5\times(1+\tan75°\times\cot10°)=7.5\times(1+3.73\times5.67)=166\mathrm{kN}$$

可见，在这种情况下，压紧力 $\boldsymbol{F}_{\mathrm{N1}}$ 约为活塞上气体压力 $\boldsymbol{P}$ 的 22 倍，这种机构称为增力机构。

例 3-9　图 3-19(a)所示的组合梁由 AC 和 CD 在 C 处铰接而成。梁的 A 端插入墙内，B 处为滚动支座。已知：$F=20\mathrm{kN}$，均布载荷 $q=10\mathrm{kN/m}$，$M=20\mathrm{kN\cdot m}$，$l=1\mathrm{m}$。试求插入端 A 处及滚动支座 B 的约束反力。

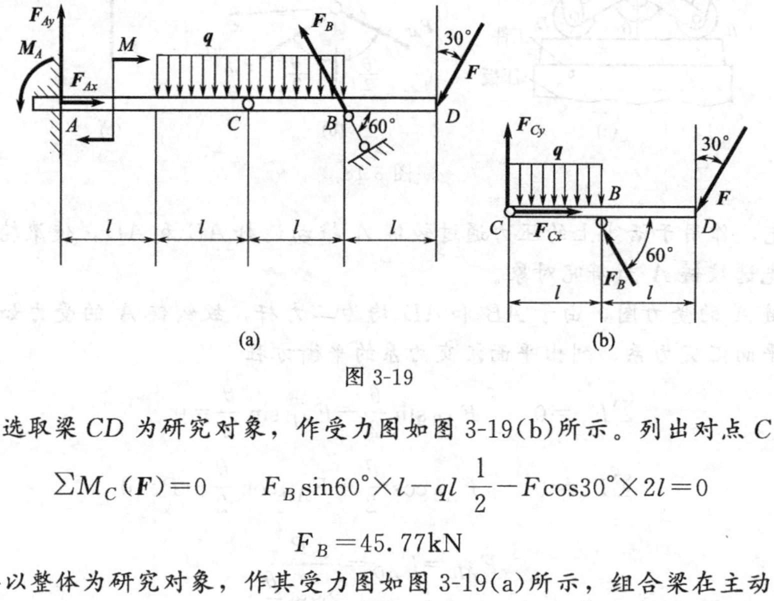

图 3-19

解：首先选取梁 CD 为研究对象，作受力图如图 3-19(b)所示。列出对点 C 的力矩方程

$$\sum M_C(\boldsymbol{F})=0\qquad F_B\sin60°\times l-ql\,\frac{1}{2}-F\cos30°\times2l=0$$

解得
$$F_B=45.77\mathrm{kN}$$

其次，再以整体为研究对象，作其受力图如图 3-19(a)所示，组合梁在主动力 M、$\boldsymbol{F}$、q 和约束反力 $\boldsymbol{F}_{Ax}$、$\boldsymbol{F}_{Ay}$、M_A 及 $\boldsymbol{F}_B$ 作用下平衡。其中均布载荷的合力通过点 C，大小为 $2ql$。列其平衡方程

$$\sum F_x=0\qquad F_{Ax}-F_B\cos60°-F\sin30°=0$$
$$\sum F_y=0\qquad F_{Ay}+F_B\sin60°-2ql-F\cos30°=0$$
$$\sum M_A(\boldsymbol{F})=0\quad M_A-M-2ql\times2l+F_B\sin60°\times3l-F\cos30°\times4l=0$$

解得
$$F_{Ax}=32.89\mathrm{kN},\ F_{Ay}=-2.32\mathrm{kN},\ M_A=10.37\mathrm{kN\cdot m}$$

本题若铰链 C 处的约束反力也需求出，可选梁 CD 为研究对象后，由平衡方程 $\sum F_x=0$ 和 $\sum F_y=0$ 求得。

例 3-10 齿轮传动机构如图 3-20(a)所示。齿轮Ⅰ的半径为 r，自重 $\boldsymbol{P}_1$。齿轮Ⅱ的半径为 $R=2r$，其上固结一半径为 r 的塔轮Ⅲ，轮Ⅱ与Ⅲ共重 $P_2=20P_1$。齿轮压力角为 $\theta=20°$，被提升的物体 C 重为 $P=2P_1$。求 (1) 保持物体 C 匀速上升时，作用于轮Ⅰ上力偶的矩 M；(2) 光滑轴承 A、B 处的约束反力。

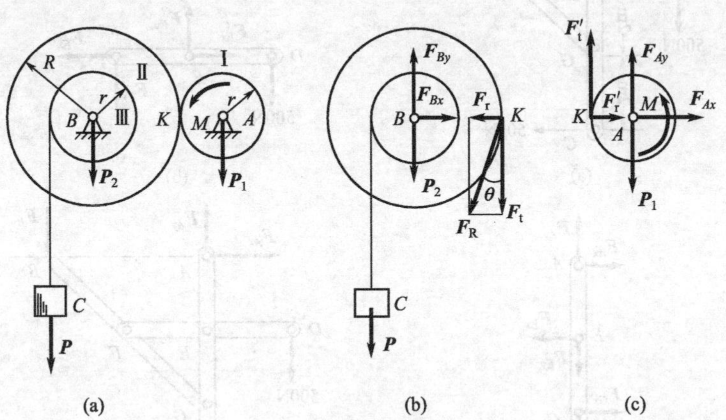

图 3-20

解：首先取轮Ⅱ、Ⅲ及重物 C 为研究对象，作其受力图如图 3-20(b)所示。齿轮间啮合力 $\boldsymbol{F}_R$ 可沿节圆的切向及径向分解为圆周力 $\boldsymbol{F}_t$ 和径向力 $\boldsymbol{F}_r$。

列其平衡方程

$$\sum F_x=0 \qquad F_{Bx}-F_r=0$$
$$\sum F_y=0 \qquad F_{By}-P-F_t-P_2=0$$
$$\sum M_B(\boldsymbol{F})=0 \quad Pr-F_tR=0$$

由以上三式及压力角定义

$$\tan\theta=\frac{F_r}{F_t}$$

解得 $F_t=\dfrac{Pr}{R}=10P_1$，$F_r=F_t\tan\theta=3.64P_1$，$F_{Bx}=F_r=3.14P_1$，$F_{By}=P+P_2+F_t=32P_1$

其次，再取轮Ⅰ为研究对象，其受力图如图 3-20(c)所示。列其平衡方程

$$\sum F_x=0 \qquad F_{Ax}-F'_r=0$$
$$\sum F_y=0 \qquad F_{Ay}+F'_t-P_1=0$$
$$\sum M_A(F)=0 \quad M-F'_tr=0$$

解得 $F_{Ax}=-F'_r=3.64P_1$，$F_{Ay}=P_1-F'_t=-9P_1$，$M=F'_tr=10P_1r$

负号说明 F_{Ay} 的方向与图中假设方向相反。

例 3-11 构架尺寸及所受载荷如图 3-21(a)所示。求铰链 E、F 的约束反力。

解：整个构架由三根杆组成，其研究对象的选取不像上述例题有一定的规律，但是对构架整体来说，铰链 E、F 的约束反力都是内力，单纯以整体为研究对象是不能求出 E、F 处的约束反力的，因此一定要把整个构架拆开。

首先，拆开后取受力较为简单的杆 DF 为研究对象，其受力图如图 3-21(b)所示。列平衡方程

$$\sum F_x=0 \qquad F_{Fx}-F'_{Ex}=0$$
$$\sum F_y=0 \qquad -F_{Fy}+F'_{Ey}-500=0$$
$$\sum M_E(\boldsymbol{F})=0 \quad -F_{Fy}\times 2+500\times 2=0$$

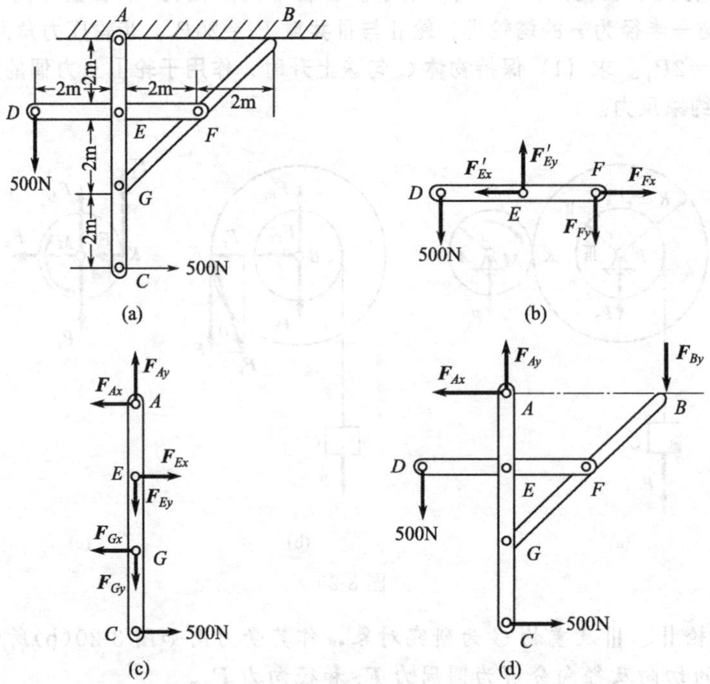

图 3-21

解得 $$F_{Fy}=500\text{N}，F'_{Ey}=1000\text{N}，F'_{Ex}=F_{Fx} \tag{a}$$

其次，再取杆件 AC 为研究对象，作其受力图如图 3-21(c)所示。列平衡方程

$$\sum M_G(\boldsymbol{F})=0 \qquad F_{Ax}\times 4-F_{Ex}\times 2+500\times 2=0$$

解得 $$2F_{Ax}-F_{Ex}+500=0 \tag{b}$$

最后，取整体为研究对象，作其受力图如图 3-21(d)所示，列其平衡方程

$$\sum F_x=0 \qquad 500-F_{Ax}=0$$

解得 $$F_{Ax}=500\text{N}$$

将 F_{Ax} 之值代入式(b)

解得 $$F_{Ex}=1500\text{N}$$

将 F_{Ex} 之值代入式(a)

解得 $$F_{Fx}=1500\text{N}$$

因此铰链 E、F 的约束反力分别为

$$F_{Ex}=F'_{Ex}=1500\text{N}，F_{Ey}=F'_{Ey}=1000\text{N}$$
$$F_{Fx}=F'_{Fx}=1500\text{N}，F_{Fy}=F'_{Fy}=500\text{N}$$

以上分析是先后取杆 DF、AC 及构架整体为研究对象，但是也可按其他的顺序选取不同的杆件或局部为研究对象，总之为了计算的简便要适当选取研究对象。

例 3-12　AB、AC、AD 和 BC 杆连接如图 3-22(a)所示。在水平杆 AB 上有铅垂向下的力 $\boldsymbol{P}$ 作用，接触面和各铰链均为光滑，且各杆自重不计。求证不论 $\boldsymbol{P}$ 的位置如何，AC 杆总是受到大小等于 P 的压力。

解： 本题是比较复杂的平面任意力系问题。要证明不论 $\boldsymbol{P}$ 的作用点在 AB 杆的任何位置，二力杆的内力 $\boldsymbol{F}_{AC}$ 是一个定值，实际上是要证明 $\boldsymbol{F}_{AC}$ 的表达式中不包含 x。

为了求 $\boldsymbol{F}_{AC}$，必须将 AC 杆断开。断开 AC 杆后，若再将 BC 杆拆去，如图 3-22(b)所

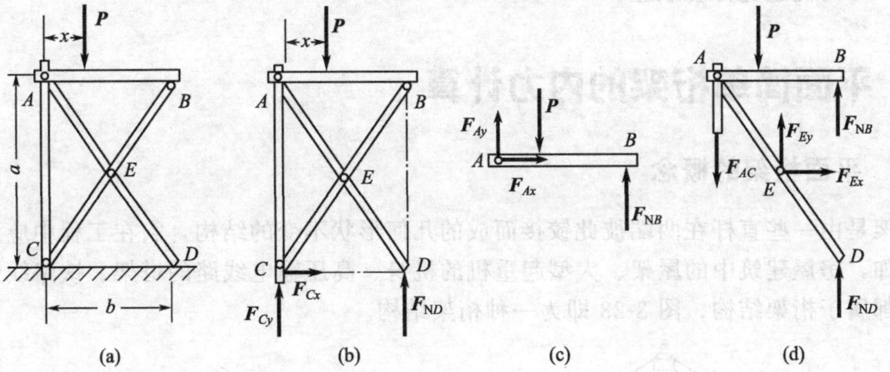

图 3-22

示，其上的主动力有 $\boldsymbol{P}$，E 处的约束反力 $\boldsymbol{F}_{Ex}$、$\boldsymbol{F}_{Ey}$ 以及 B、D 处的约束反力 $\boldsymbol{F}_{\mathrm{NB}}$ 和 $\boldsymbol{F}_{\mathrm{ND}}$，若 $\boldsymbol{F}_{\mathrm{NB}}$ 和 $\boldsymbol{F}_{\mathrm{ND}}$ 能求出来，则向 E 点取矩可解出 $\boldsymbol{F}_{AC}$。

为此，首先以整体为研究对象，求出 $\boldsymbol{F}_{\mathrm{ND}}$，再以 AB 杆为研究对象求出 $\boldsymbol{F}_{\mathrm{NB}}$。根据以上分析，解题过程如下。

(1) 以整体为研究对象，受力分析如图 3-22(b)所示，列其平衡方程

$$\sum M_C(\boldsymbol{F})=0 \qquad F_{\mathrm{ND}}b-Px=0$$

解得

$$F_{\mathrm{ND}}=\frac{P}{b}x$$

(2) 取 AB 为研究对象，受力分析如图 3-22(c)所示，列其平衡方程

$$\sum M_A(\boldsymbol{F})=0 \qquad F_{\mathrm{NB}}b-Px=0$$

解得

$$F_{\mathrm{NB}}=\frac{P}{b}x$$

(3) 取 AB、AD 以及 AC 杆的一部分为研究对象，其受力分析如图 3-22(d)所示，列其平衡方程

$$\sum M_E(\boldsymbol{F})=0 \qquad F_{\mathrm{NB}}\frac{b}{2}+F_{\mathrm{ND}}\frac{b}{2}+P\left(\frac{b}{2}-x\right)+F_{AC}\frac{b}{2}=0$$

将 F_{NB}，F_{ND} 之值代入上式

$$F_{\mathrm{ND}}=-P$$

即 AC 杆始终受到大小等于 P 的压力。

综合以上例题得出物体系统平衡问题的解题方法和步骤如下。

(1) 首先应考虑是否可选择整体为研究对象。一般来说，如整体系统外约束反力的未知量不超过三个，或超过三个却可通过选择适当的平衡方程，率先求出一部分未知量时，应首先选取整体为研究对象。

(2) 如果整体系统外约束反力超过三个或者题目要求求解内约束反力时，应考虑把物体系统拆开，选取相应的研究对象；可选单个刚体，也可选若干个刚体组成的局部。这时一般应先选取力系较简单的、未知量较少的但却包含了已知力和待求未知量的刚体或局部为研究对象。

(3) 应排好选择研究对象的先后顺序，整理出解题步骤，当确信可以完成解题要求时，再动手求解。

此外还应注意：①各受力图之间的统一和协调。尤其是作用力和反作用力，这两力的方向相反，所以符号应该协调；②尽量做到一个方程求解一个未知量，勿建立与求解无关的平

衡方程，尽可能避免方程联立。

3.5 平面简单桁架的内力计算

3.5.1 平面桁架的概念

桁架是由一些直杆在两端彼此铰接而成的几何形状不变的结构，它在工程中应用非常广泛。例如，房屋建筑中的屋架、大型起重机的机身、高压输电线路的塔架、铁路线上的桥梁桁架等都属于桁架结构，图 3-23 即为一种桁架结构。

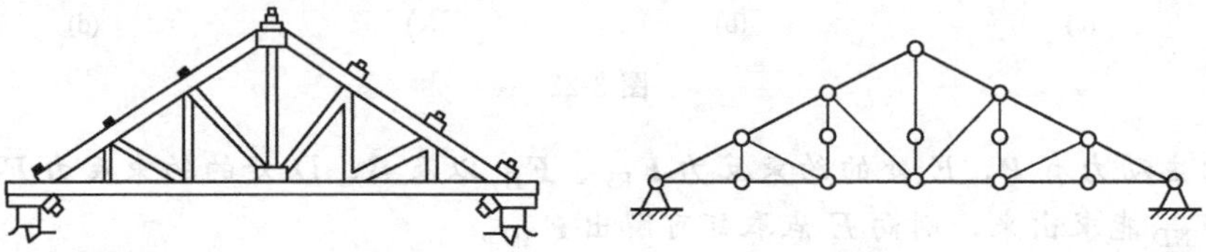

图 3-23

如桁架上所有杆件的轴线都位于同一平面内，称为平面桁架；如不在同一平面内，则称为空间桁架。这里只研究平面桁架。杆件与杆件轴线的交点称为节点。杆件的端部实际上是固定端，由于桁架的杆件比较长，端部对整个杆件转动的限制作用比较小，因此，可以把节点抽象为光滑的铰链而不会引起较大的误差。

桁架的优点主要有：承受拉力或压力；可以充分发挥材料的作用，结构重量轻，节省材料。

为了简化桁架的计算，工程上采用以下假设：

(1) 桁架上所有的杆件都为直杆；

(2) 杆件之间是光滑铰链连接；

(3) 桁架所受到的外载荷都作用于节点上，而且位于桁架平面内；

(4) 桁架杆件的重力不计，或平均分配在杆件两端的节点上。

这样的桁架称为理想桁架。实际桁架与上述假设有一定的差别，如桁架杆件的中心线不一定是直线，杆件的连接处不一定是铰接等。但是在工程实际中，上述假设能简化计算，所得的计算结果也能满足工程实际需要。根据上述假设，桁架中所有的杆件均为二力杆，也就是说各杆的受力均沿杆的轴线方向，要么受拉、要么受压。

为了保持几何形状不变，桁架的各杆件总能构成一些三角形。当三角形三边长度一定时，它的形状也就完全确定。这样由三根长度一定的杆件铰接成的三角形称为基本三角形，如图 3-24 中$\triangle ABC$为一基本三角形。现添加 BD 和 CD 两杆件，使之铰接于 D 点，则 $ABDC$ 仍是一几何形状不变的图形。再添加杆 AE 和 DE，AE 和 DE 铰接于 E 点，则所得 $ABDCE$ 也是几何形状不变的，这种桁架为简单桁架；而图 3-25 所示的桁架也可看成由简单桁架 ABD 和 BCE 联合而成的，称为联合桁架。

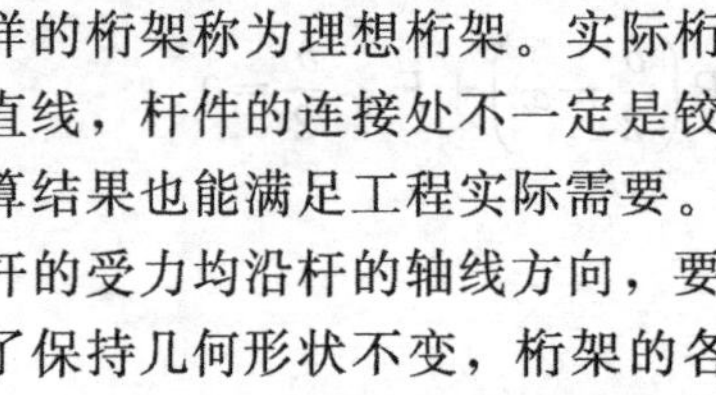

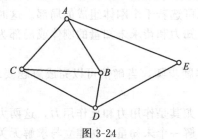

图 3-24

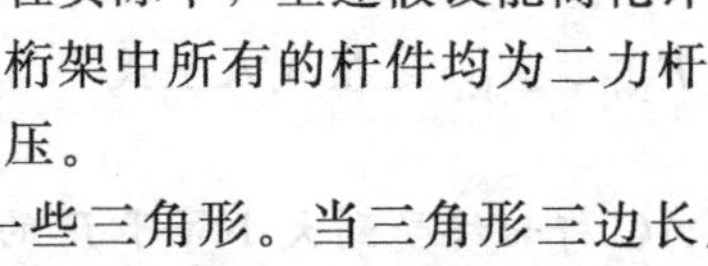

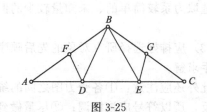

图 3-25

本节只介绍平面静定桁架在外载荷作用下各杆件内力的计算方法。

3.5.2　节点法

桁架在外力（载荷及支座反力）作用下处于平衡，则其中任一部分都是平衡的。桁架的每个节点都受一个平面汇交力系的作用，运用平面汇交力系的平衡方程可以求出作用于该点上的未知内力（杆的内力）。这种分析计算杆件内力的方法称为节点法。具体求解可用解析法，也可用几何法，这里仅讨论求解的解析法。

作用于平面桁架节点上的力是平面汇交力系，对于每个节点可列出两个独立的平衡方程。因此，运用节点法求解时，所选取的节点，其未知量一般应不超过两个。

在计算过程中，桁架中各杆件的内力一般均假设为拉力，用背离节点的矢量来表示。若计算结果为正值，说明实际的内力确实为拉力；如果为负值，说明实际的内力为压力。

例 3-13　平面桁架的尺寸和支座如图 3-26(a)所示。在节点 D 处受一集中载荷 $F=10\text{kN}$ 的作用。试求桁架各杆件所受的内力。

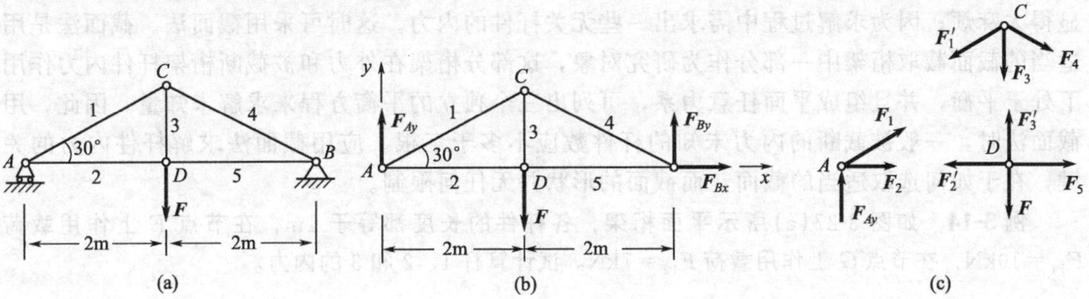

图 3-26

解： 首先求支座反力。以桁架整体为研究对象。在桁架上受 4 个力 $\boldsymbol{F}$、$\boldsymbol{F}_{Ay}$、$\boldsymbol{F}_{Bx}$、$\boldsymbol{F}_{By}$ 作用，其受力如图 3-26(b)所示。列其平衡方程

$$\sum F_x=0 \qquad F_{Bx}=0$$

$$\sum M_A(\boldsymbol{F})=0 \qquad F_{By}\times 4-F\times 2=0$$

$$\sum M_B(\boldsymbol{F})=0 \qquad F\times 2-F_{Ay}\times 4=0$$

解得

$$F_{Bx}=0, \quad F_{Ay}=F_{By}=5\text{kN}$$

其次取一个节点为研究对象，计算各杆内力。假定各杆均受拉力，各节点受力如图 3-26(c)所示。为计算方便，最好逐次列出只含两个未知力的节点的平衡方程

在节点 A，杆的内力 $\boldsymbol{F}_1$ 和 $\boldsymbol{F}_2$ 未知。列 A 点的平衡方程

$$\sum F_x=0 \qquad F_2+F_1\cos 30°=0$$

$$\sum F_y=0 \qquad F_{Ay}+F_1\sin 30°=0$$

代入 F_{Ay} 的值后，解得

$$F_1=-10\text{kN}, \ F_2=8.66\text{kN}$$

在节点 C，杆的内力 $\boldsymbol{F}_3$ 和 $\boldsymbol{F}_4$ 未知。列 C 点的平衡方程

$$\sum F_x=0 \qquad F_4\cos 30°-F_1'\cos 30°=0$$

$$\sum F_y=0 \qquad -F_3-(F_1'+F_4)\sin 30°=0$$

代入 $F_1'=F_1$ 值后，解得

$$F_4=-10\text{kN}, \ F_3=10\text{kN}$$

在节点 D，只有一个杆的内力 $\boldsymbol{F}_5$ 未知。列 D 点的平衡方程

$$\sum F_x=0 \qquad F_5-F_2'=0$$

代入$F'_2=F_2$值后，解得

$$F_5=8.66\text{kN}$$

下面判断各杆受拉力或受压力。原假定各杆均受拉力，计算结果F_2、F_5、F_3为正值，表明杆2、5、3的确受拉力；内力F_1和F_4的结果为负值，表明杆1和杆4承受压力。

最后校核计算结果。解出各杆内力之后，可用尚未应用的节点平衡方程校核已得的结果。例如，可对节点D列出另一个平衡方程

$$\sum F_y=0 \qquad F-F_3=0$$

解得

$$F_3=10\text{kN}$$

与已求得的F_3相等，说明计算无误。

3.5.3 截面法

用节点法计算桁架杆件内力时，是依次考虑节点的平衡。如果桁架中所有杆件的内力都要求出，用节点法是比较方便的。但若只要求出桁架中某些指定杆件的内力时，用节点法就显得太麻烦；因为求解过程中需求出一些无关杆件的内力。这时可采用截面法。截面法是用适当的截面截取桁架中一部分作为研究对象，这部分桁架在外力和被截断桁架杆件内力作用下处于平衡，并且组成平面任意力系，可列出三个独立的平衡方程来求解未知量。因此，用截面法时，一般被截断的内力未知的杆件数应不多于三根。应用截面法求解杆件内力的关键，在于如何选取适当的截面，而截面的形状并无任何限制。

例 3-14 如图3-27(a)所示平面桁架，各杆件的长度都等于1m，在节点E上作用载荷$F_{P1}=10\text{kN}$，在节点G上作用载荷$F_{P2}=7\text{kN}$。试计算杆1、2和3的内力。

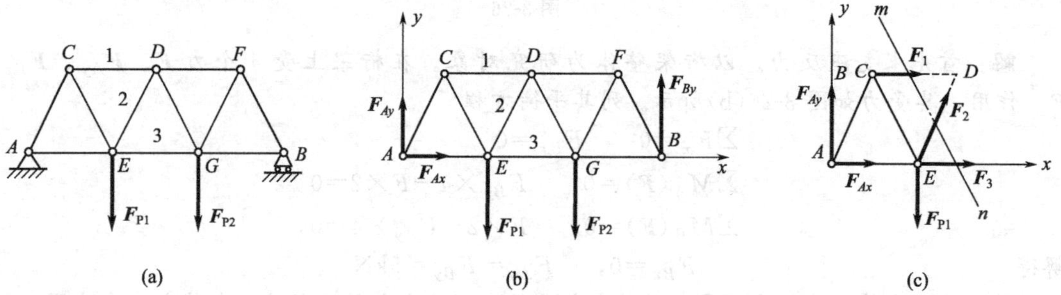

图 3-27

解：先求桁架的支座反力。以桁架整体为研究对象。桁架受主动力$\boldsymbol{F}_{P1}$和$\boldsymbol{F}_{P2}$以及约束反力$\boldsymbol{F}_{Ax}$、$\boldsymbol{F}_{Ay}$和$\boldsymbol{F}_{By}$的作用，其受力如图3-27(b)所示。列其平衡方程

$$\sum F_x=0 \qquad F_{Ax}=0$$

$$\sum F_y=0 \qquad F_{Ay}+F_{By}-F_{P1}-F_{P2}=0$$

$$\sum M_B(\boldsymbol{F})=0 \quad F_{P1}\times 2+F_{P2}\times 1-F_{Ay}\times 3=0$$

解得

$$F_{Ax}=0,\ F_{Ay}=9\text{kN},\ F_{By}=8\text{kN}$$

为求杆1、2和3的内力，可作一截面$m-n$将该三杆截断。选取桁架左半部为研究对象。假定所截断的三杆都受拉力，受力如图3-27(c)所示，为一平面任意力系。列其平衡方程

$$\sum M_E(\boldsymbol{F})=0 \qquad -\frac{\sqrt{3}}{2}F_1\times 1-F_{Ay}\times 1=0$$

$$\sum F_y=0 \qquad F_{Ay}+F_2\sin 60^\circ-F_{P1}=0$$

$$\sum M_D(\boldsymbol{F})=0 \qquad F_{P1}\times\frac{1}{2}+F_3\times\frac{\sqrt{3}}{2}\times1-F_{Ay}\times1.5=0$$

解得　$F_1=-10.4\text{kN}$（压力），$F_2=1.15\text{kN}$（拉力），$F_3=9.81\text{kN}$（拉力）

如选取桁架的右半部为研究对象，可得同样的结果。

由上例可知，采用截面法时，选择适当的力矩方程，常可较快地求得某些指定杆件的内力。当然，应注意到平面任意力系只有三个独立的平衡方程，因而，选择截面时每次最多只能截断三根内力未知的杆件。如截断内力未知的杆件多于三根时，它们的内力还需联合由其他截面列出的方程或者联合节点法一起求解。

学习方法和要点提示

(1) 本章是理论力学的重点，除要求大家掌握力系的简化与合成、主矢与主矩、力系的平衡条件和平衡方程以外，还应熟练地应用平面任意力系的平衡方程求解单个物体的平衡问题，进而熟练地求解物体系统的平衡问题。通过学习和做作业，要求读者总结如下关键性问题：如何恰当地选取研究对象？如何正确地画好受力图？如何有针对性地列出最简单的平衡方程，进而总结出最简单的解题思路和步骤。

(2) 主矢与合力。平面任意力系向一点简化后，一般得到作用在简化中心的一个平面汇交力系和一个平面力偶系。此平面汇交力系的合力的力矢称为原任意力系的主矢，此平面力偶系的合力偶矩称为原力系的主矩。尽管主矢与合力大小相等、方向相同，但主矢只是一个力矢(不考虑力的作用点)，它不是一个力，更不是整个力系的合力，它与简化中心的位置无关。

(3) 力系的简化结果与最后的合成结果。力系的简化结果一般可以得到一个主矢和一个主矩，但力系的最后的合成结果可能是一个合力，或一个合力偶或平衡力系。这是两个有关联但又不同的概念，不能混为一谈。

(4) 有针对性地选取研究对象。物体系统的平衡是静力学理论的综合应用，也是静力学解题方法的综合运用。在物体系统的平衡问题中，选取的研究对象一般都不止一个，需要分几次选取，而且往往有多种不同的方案选取研究对象。应根据已知条件和未知量有针对性地选取研究对象，在研究对象中应尽量少地反映不需求的未知量。一般而言选取研究对象时应注意以下几个方面：首先是既有已知量又有未知量，其次是按力的传递方向选取，再者就是研究对象平衡方程的数目尽量多于或等于未知量的数目。

(5) 有针对性地列出平衡方程。在力系的平衡方程中应尽量少的出现或不出现不需要求的未知量。为此，应恰当选取投影轴和矩心，例如，使投影轴与不需求的未知量相垂直，使尽量多的不需求的未知力作用线通过矩心。

思 考 题

3-1　输电线跨度 l 相同时，电线下垂量 h 越小，电线越容易拉断，为什么？

3-2　图 3-28 所示的三种结构，构件自重不计，各处光滑，$\theta=60°$。如 B 处都作用有相同的水平力 $\boldsymbol{F}$，问铰链 A 处的约束反力是否相同？

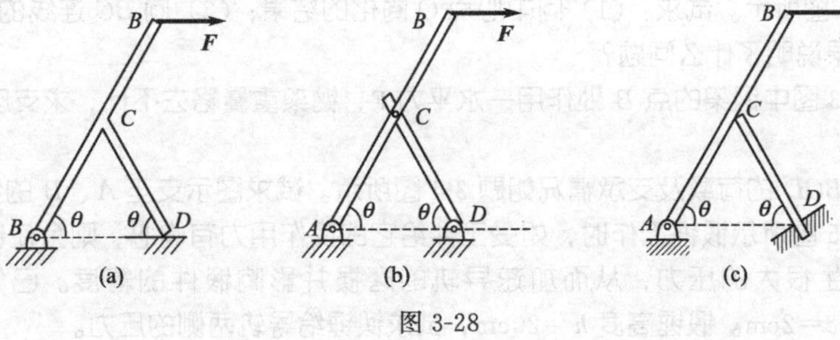

图 3-28

3-3　当某平面任意力系的主矢为零时，其主矩与简化中心的选择有无关系？该力系是否一定有合力偶？

3-4　平面任意力系的平衡方程一般分为：基本式、二矩式和三矩式，其中二矩式和三矩式对矩心选择有何特殊要求？

3-5　平面任意力系、平面汇交力系、平面平行力系和平面力偶系平衡方程的数目分别有几个？

3-6　已知不平衡的平面汇交力系的汇交点为 A，且满足方程 $\Sigma M_B(\boldsymbol{F})=0$（$B$ 是力系平面内的另外一点），则此力系简化结果是什么？

3-7　某平面力系向 A、B 两点简化的主矩皆为零，此力系简化的最终结果可能是一个力吗？可能是一个力偶吗？可能平衡吗？

3-8　某平面力系向其平面内任意点简化结果都相同，此力系简化的最终结果可能是什么？

3-9　平面任意力系向 A 点简化，其主矢与主矩均不为零，B 为平面内的另一点。

(1) 向 B 点简化仅得一力偶，是否可能？

(2) 向 B 点简化仅得一力，是否可能？

(3) 向 B 点简化得主矢相等，主矩不相等，是否可能？

(4) 向 B 点简化得主矢相等，主矩相等，是否可能？

(5) 向 B 点简化得主矢不相等，主矩相等，是否可能？

(6) 向 B 点简化得主矢不相等，主矩不相等，是否可能？

3-10　静不定问题是不是不可求解的问题？

习　题

3-1　已知 $F_1=150\text{N}$，$F_2=200\text{N}$，$F_3=300\text{N}$，$F=F'=200\text{N}$，如题 3-1 图所示。求力系向点 O 的简化结果，并求力系合力的大小及其与原点 O 的距离 d。

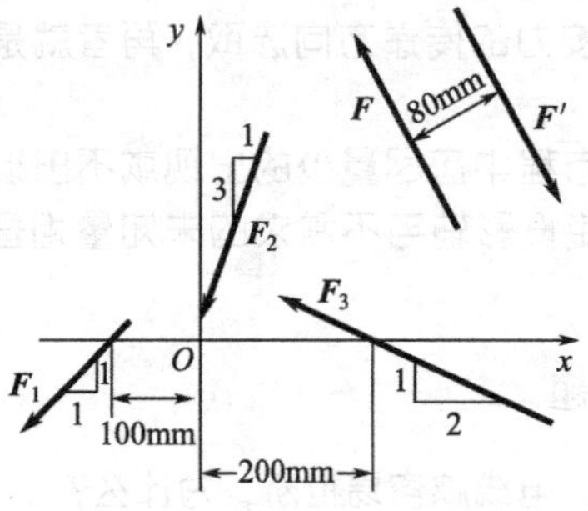

题 3-1 图

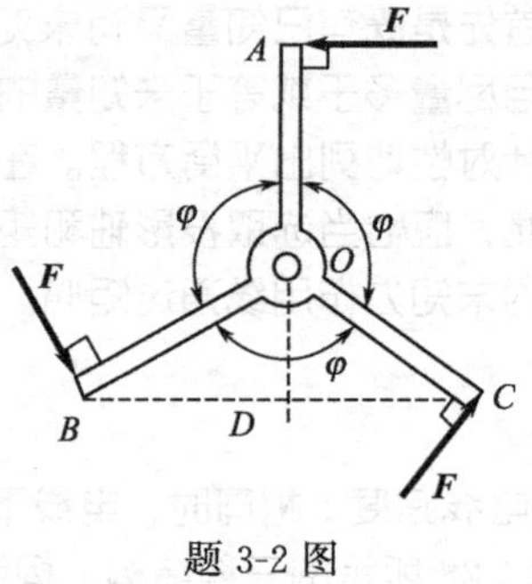

题 3-2 图

3-2　一绞盘有三个等长的柄，长度为 l，其间夹角 φ 均为 120°，每个柄端各作用一垂直于柄的力 $\boldsymbol{F}$，如题 3-2 图所示。试求：(1) 向中心点 O 简化的结果；(2) 向 BC 连线的中点 D 简化的结果。这两个结果说明了什么问题？

3-3　在题 3-3 图中钢架的点 B 处作用一水平力 $\boldsymbol{F}$，钢架重量略去不计，求支座 A、D 的约束反力。

3-4　刚架 $ABCD$ 的荷载及支承情况如题 3-4 图所示。试求图示支座 A、B 的约束反力。

3-5　如题 3-5 图所示锻锤工作时，如受工件给它的反作用力有偏心，则会使锻锤发生偏斜。这将在导轨上产生很大的压力，从而加速导轨的磨损并影响锻件的精度。已知锻打力 $F=1000\text{kN}$，偏心距 $e=2\text{cm}$。锻锤高度 $h=20\text{cm}$，试求锻锤给导轨两侧的压力。

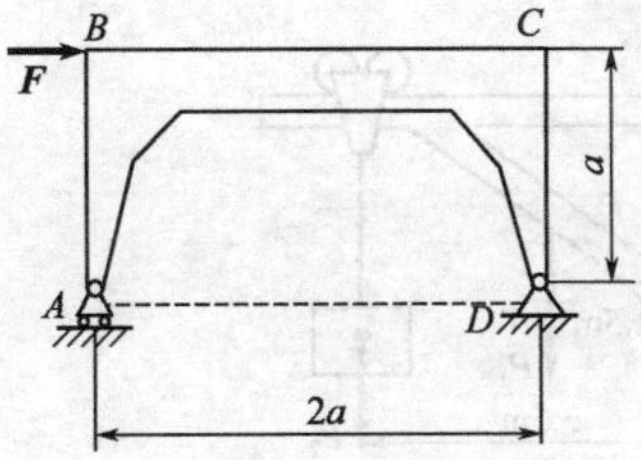

题 3-3 图

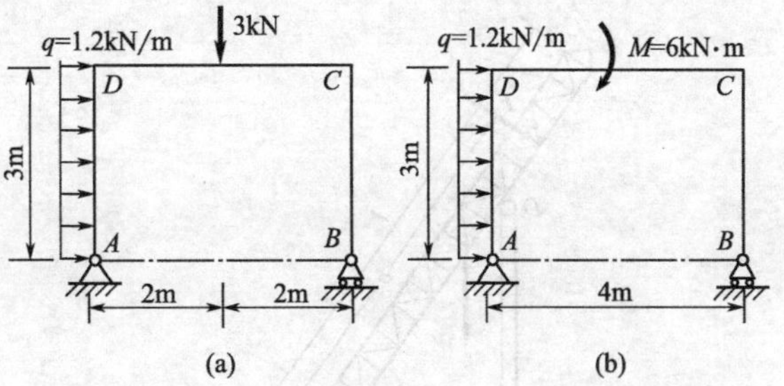

题 3-4 图

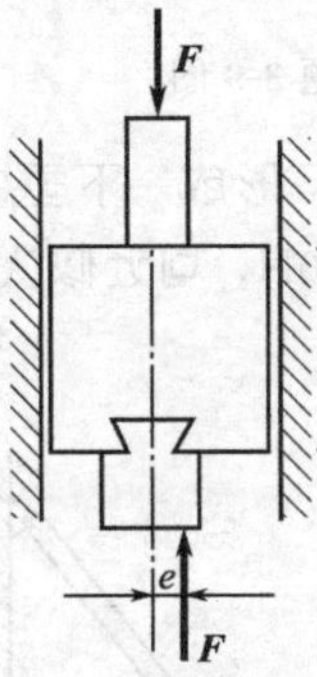

题 3-5 图

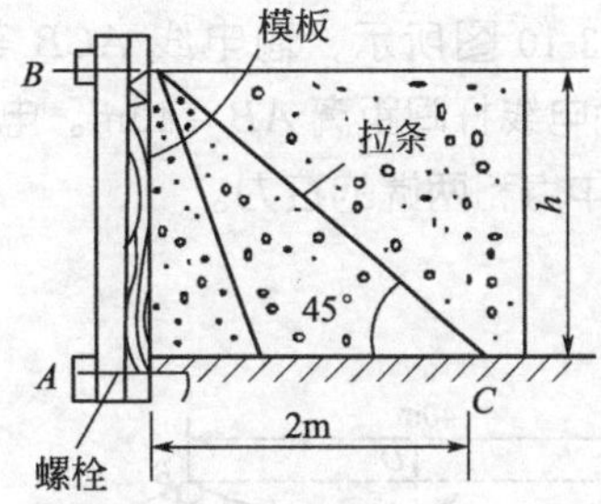

题 3-6 图

3-6　如题 3-6 图所示为浇筑大体积混凝土时的支承模板，已知模板的长度（垂直于图纸方向）为 $l=0.6\text{m}$，混凝土浇筑层厚 $h=2\text{m}$，流态混凝土侧压力按流体压力计算，而混凝土容积重量 $\gamma=23.5\text{kN/m}^3$。若不计模板自重，试求预埋螺栓 A 及拉条 BC 的受力等于多少（计算时，螺栓到已固结混凝土表面的距离可忽略不计，模板在 A 点可有微小转动）？

3-7　如题 3-7 图所示，求下列各梁支座的约束反力。已知 $F=2\text{kN}$，$T=1.5\text{kN}\cdot\text{m}$，$q=1\text{kN/m}$，$a=2\text{m}$。

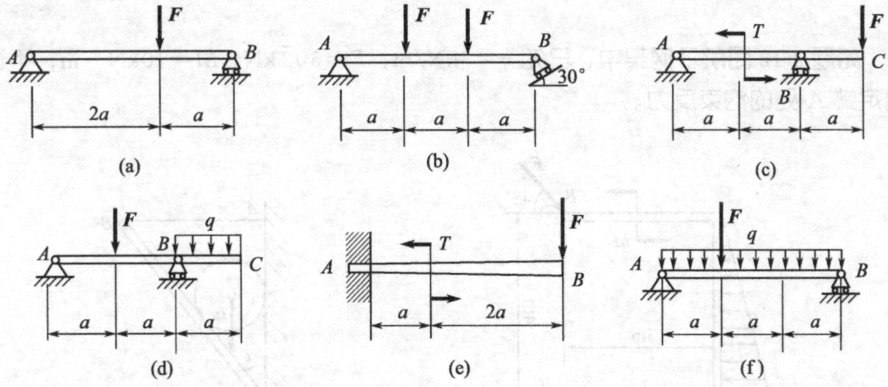

题 3-7 图

3-8　高炉上料斜桥，其支承情况可简化为如题 3-8 图所示，设 A 和 B 为固定铰链支座，D 为中间铰链，料车对斜桥的总压力为 $\boldsymbol{F}$，斜桥（连同轨道）重力为 $\boldsymbol{W}$，立柱 BD 重力不计，几何尺寸均如图所示，试求 A 和 B 支座反力。

3-9　已知 $P_1=10\text{kN}$，$P_2=40\text{kN}$，尺寸如题 3-9 图所示，试求轴承 A 和 B 处的约束反力。

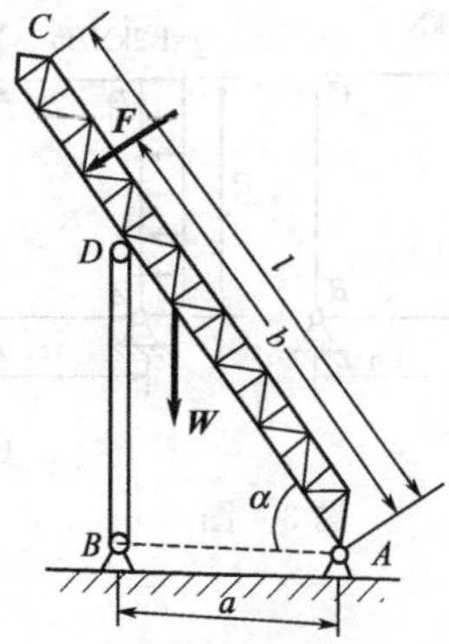

题 3-8 图

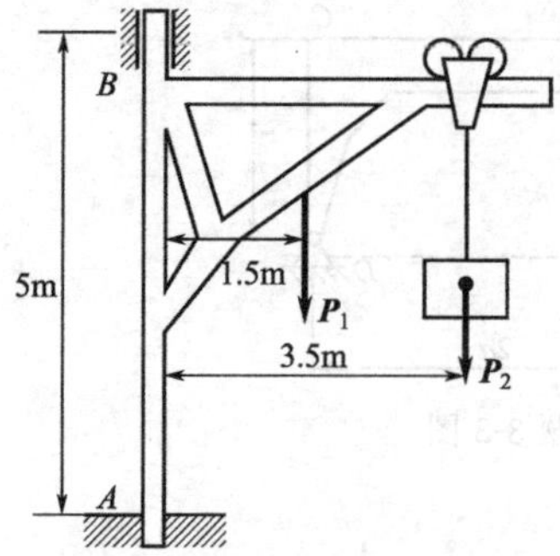

题 3-9 图

3-10　如题 3-10 图所示，输电线 ACB 架在两电线杆之间，形成一下垂曲线，下垂距离 $CD=f=1\mathrm{m}$，两电线杆间距离 $AB=40\mathrm{m}$。电线 ACB 段重 $P=400\mathrm{N}$，可近似认为沿 AB 线均匀分布。求电线的中点和两端的拉力。

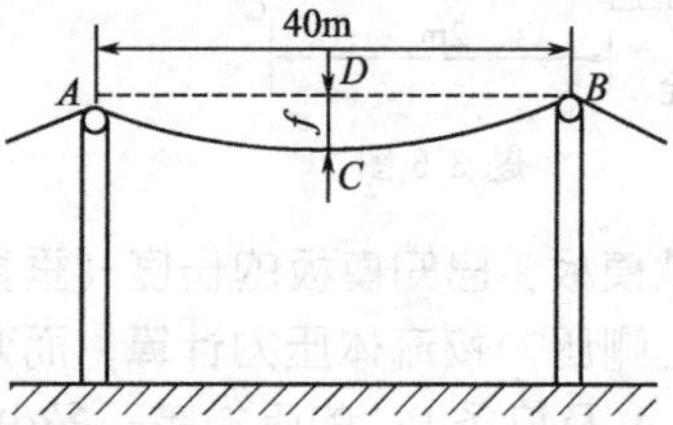

题 3-10 图

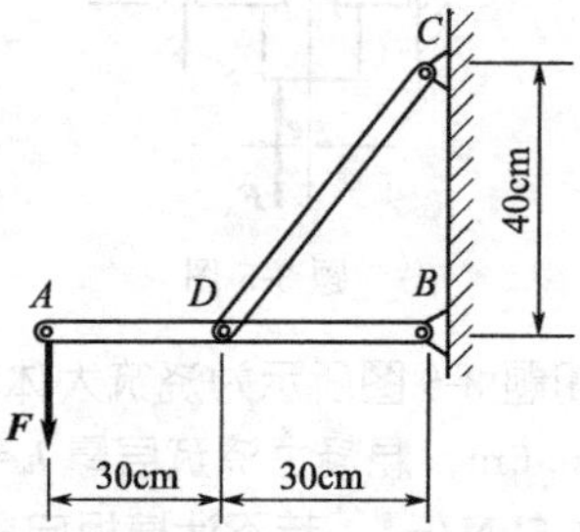

题 3-11 图

3-11　构架 ABC 在 A 点受 $F=1\mathrm{kN}$ 的力作用，杆 AB 和 CD 在 D 点用铰链连接，B 和 C 点均为固定铰链支座，如题 3-11 图所示。如不计杆重，求杆 CD 所受的力 $\boldsymbol{F}_{CD}$ 和支座 B 的约束反力 $\boldsymbol{F}_B$。

3-12　如题 3-12 图所示钢架中，已知 $q=3\mathrm{kN/m}$，$F=6\sqrt{2}\,\mathrm{kN}$，$M=10\mathrm{kN\cdot m}$，不计钢架自重，求固定端 A 处的约束反力。

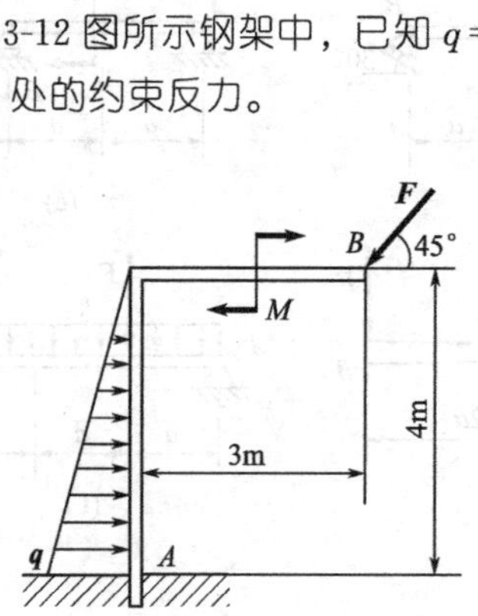

题 3-12 图

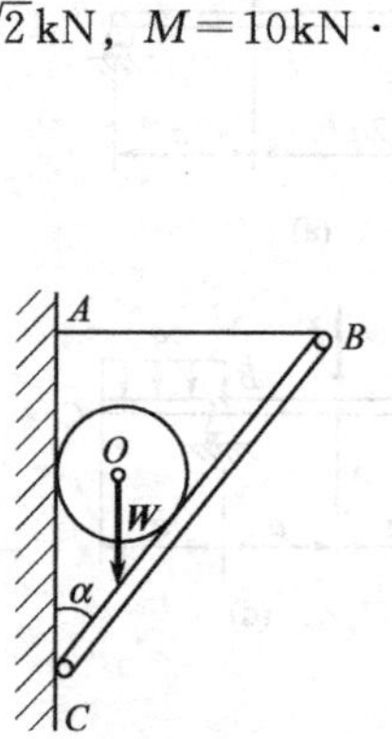

题 3-13 图

3-13　如题 3-13 图所示，均质球重力为 $\boldsymbol{W}$、半径为 r，放在墙与杆 CB 之间，杆长为 l，其与墙的夹角为 α，B 端用水平绳子 AB 拉住，不计杆的重力。求绳子的拉力 $\boldsymbol{F}$，并问 α 为何值时绳子的拉力最小?

3-14　如题 3-14 图所示，已知：$DC=CE=CA=CB=2l$，$R=2r=l$，重物的重力为 $\boldsymbol{P}$，各构件自重不计。求 A、E 支座处约束反力及 BD 杆受力。

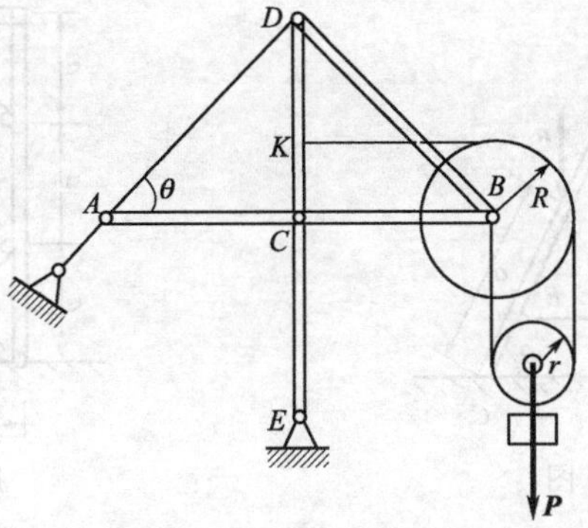

题 3-14 图

3-15　如题 3-15 图所示为用来从四面同时压混凝土立方块的铰接机构。杆 AB、BC 和 CD 各与正方形 $ABCD$ 的三边重合，而杆 1、2、3、4 的长度彼此相等，并沿着正方形的对角线。两相等且反向的力 $\boldsymbol{F}$ 加在 A、D 两点。如力 $\boldsymbol{F}$ 的大小为 50kN，求立方体四面所受的压力 $\boldsymbol{F}_1$、$\boldsymbol{F}_2$、$\boldsymbol{F}_3$ 和 $\boldsymbol{F}_4$，以及杆 AB、BC 和 CD 所受的力。

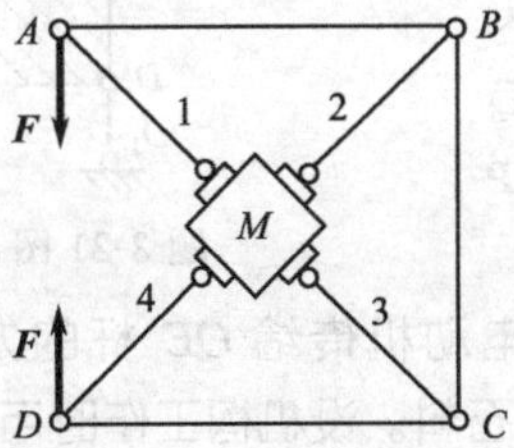

题 3-15 图

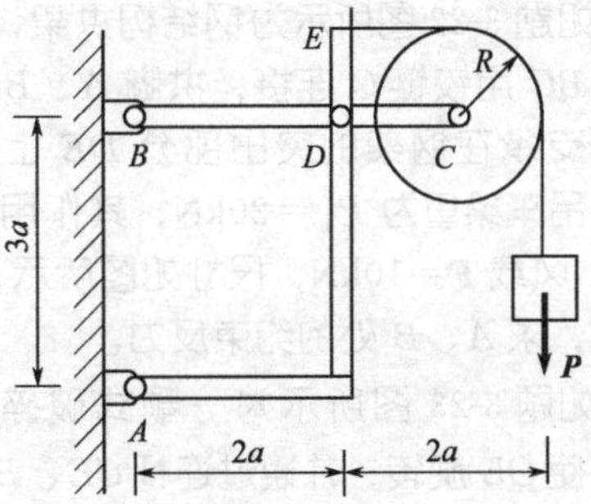

题 3-16 图

3-16　如题 3-16 图所示，已知 a，$\boldsymbol{P}$，R，试求 A、B 两处的约束反力。

3-17　多跨梁在 C 点用铰链连接在梁上，受均布荷载 $q=5\text{kN/m}$ 的作用，尺寸如题 3-17 图所示。求支座 A 和链杆 B、D 的约束反力。

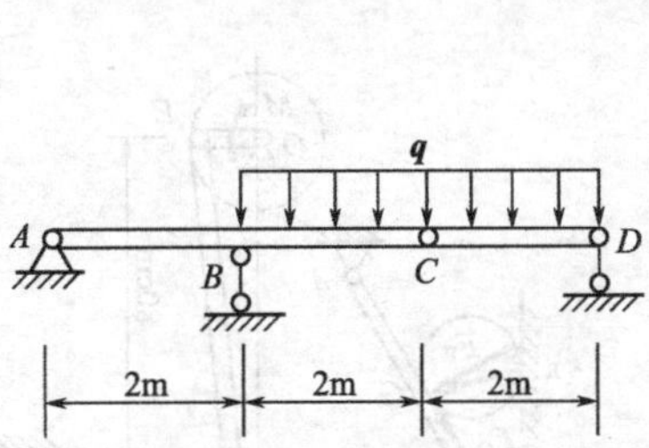

题 3-17 图

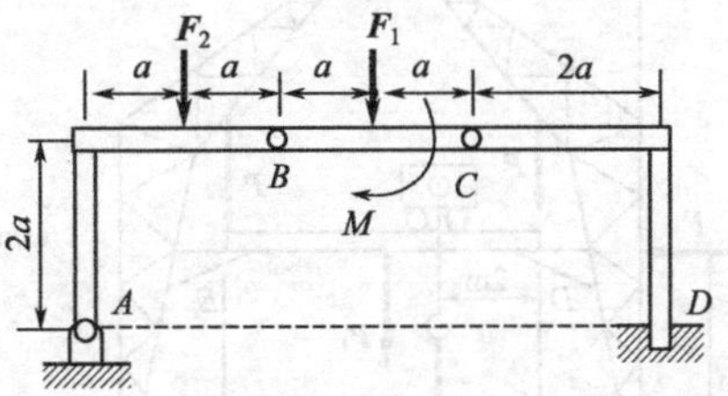

题 3-18 图

3-18　如题 3-18 图所示，一多跨梁，A、B、C 三处铰接，D 处为固定端，若已知：a，$M=Fa$，$F_1=F_2=F$。求 A、D 两处的约束反力。

3-19　梯子的两部分 AB 和 AC 在 A 点铰接，又在 D、E 两点用水平绳子连接。梯子放在光滑水平面上，其一边作用有铅垂力 $\boldsymbol{F}$，尺寸如题 3-19 图所示，不计梯重，求梯子平衡时绳 DE

中的拉力。设 a、l、h、θ 均为已知。

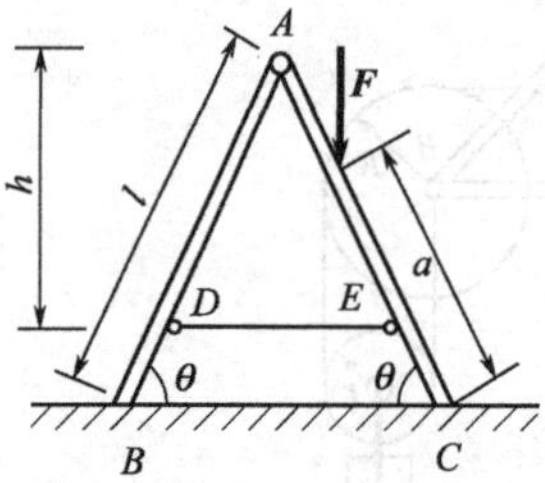

题 3-19 图

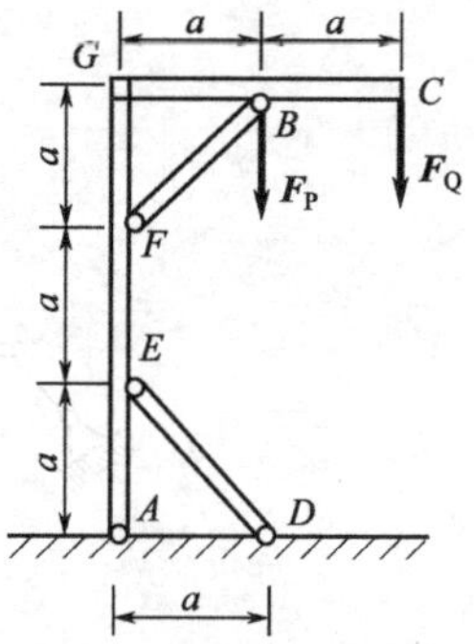

题 3-20 图

3-20　如题 3-20 图所示构架，不计自重，A、B、D、E、F、G 都是铰链，设 $F_P=5\text{kN}$，$F_Q=3\text{kN}$，$a=2\text{m}$。试求铰链 G 的约束反力和杆 ED 所受的力。

3-21　共面的两个相同的正方形板 $ABKF$ 和 $CDKE$ 用铰链 K 连接，并用四根链杆 AA_1、BB_1、CC_1、DD_1 支承，如题 3-21 图所示。忽略板的自重，设 $F_P=50\text{N}$，$F_Q=30\text{N}$，$\theta=60°$，试求各链杆所受的力。

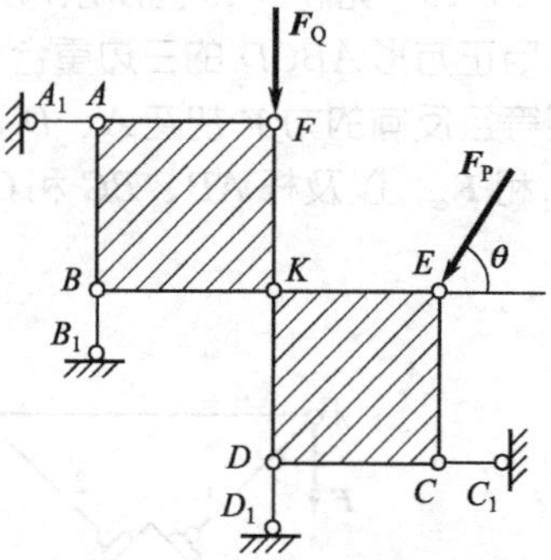

题 3-21 图

3-22　如题 3-22 图所示为钢结构拱架，拱架由两个相同的钢架 AC 和 BC 用铰链 C 连接，拱脚 A、B 用铰链固定于地基上，吊车梁支承在钢架的突出部分 DE 上。设两钢架各重为 $P=60\text{kN}$，吊车梁重为 $P_1=20\text{kN}$，其作用线通过 C 点，载荷 $P_2=10\text{kN}$，风载 $\boldsymbol{F}=10\text{kN}$，尺寸如图所示，$D$、$E$ 两点在力 $\boldsymbol{P}$ 的作用线上，求 A、B 处的约束反力。

3-23　如题 3-23 图所示为一颚式破碎机的设计简图。电动机传给 OE 杆的力矩为 $M=100\text{N}\cdot\text{m}$，使 OE 旋转，并通过连杆 CE、BC 和夹板 AB 压碎石料。设机构工作时与夹板的接触点 G 离 A 轴 40cm，石块对夹板的反力 $\boldsymbol{F}_R$ 可分解为 $\boldsymbol{F}_P$ 和 $\boldsymbol{F}_Q$，且 $F_Q=0.4F_P$，指向如图。已知 $OE=10\text{cm}$，$AB=BC=CD=60\text{cm}$，不计各杆的自重，破碎机在图示位置处于平衡，试计算：(1) 连杆 CE 和 BC 所受的力。(2) 夹板的破碎力 $\boldsymbol{F}_P$ 及支座 A 的约束反力。

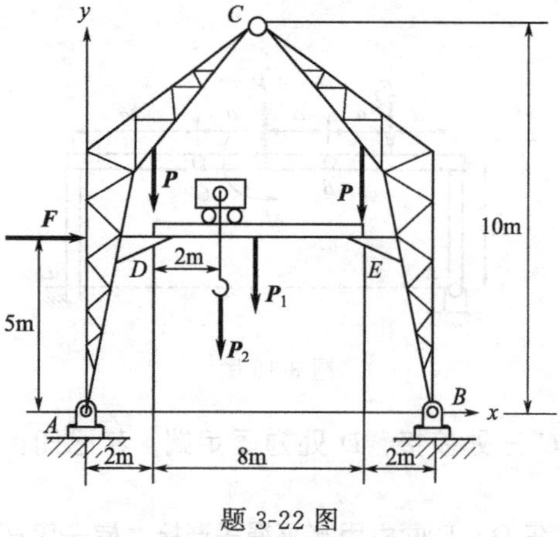

题 3-22 图

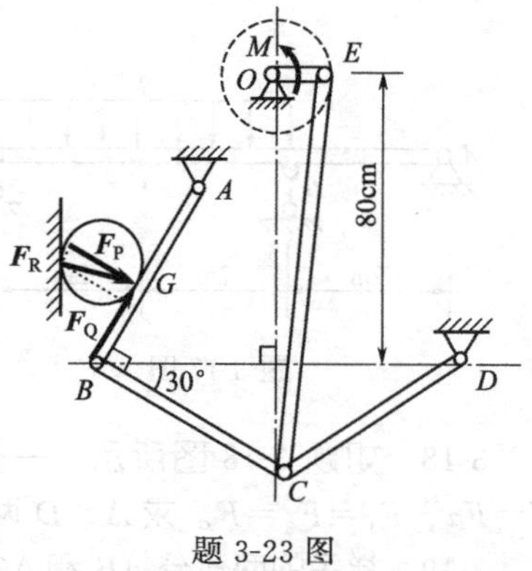

题 3-23 图

3-24　如题 3-24 图所示构架，A、C、D、E 处为铰链连接，BD 杆上的销钉 B 置于 AC 杆

的光滑槽内，力 $F=200\text{N}$，力偶矩 $M=100\text{N}\cdot\text{m}$，不计各构件重力，各尺寸如图，求 A、B、C 处的约束反力。

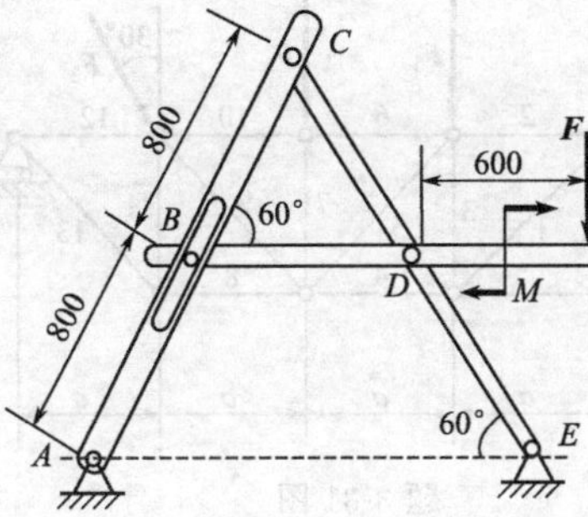

题 3-24 图

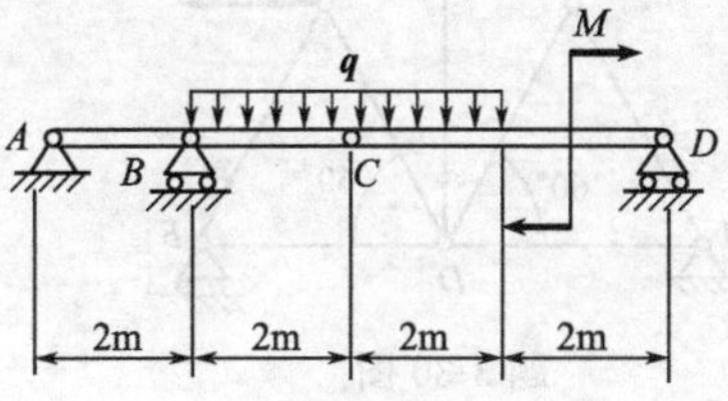

题 3-25 图

3-25　由 AC 和 CD 构成的组合梁通过 C 点铰接，它的支承和受力如题 3-25 图所示。已知均布载荷 $q=10\text{kN/m}$，力偶矩 $M=40\text{kN}\cdot\text{m}$，不计梁自重。求固定铰链支座 A、B、D 和铰链 C 的处的约束反力。

3-26　由直角折杆 ABC、DE 和直杆 CD 及滑轮组成的结构如题 3-26 图所示。AB 杆上作用有水平均布载荷 q。不计各构件的重量，在 D 处作用一铅垂力 $\boldsymbol{F}$，在滑轮上悬吊一重为 $\boldsymbol{P}$ 的货物，滑轮的半径 $r=a$，且 $P=2F$，$CO=OD$。求支座 E 及固定端 A 的约束反力。

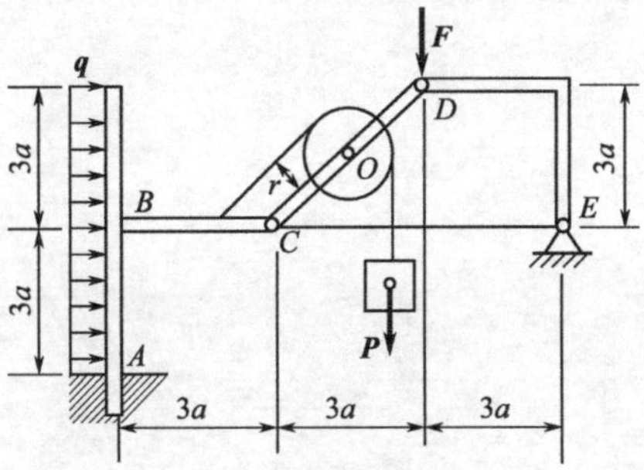

题 3-26 图

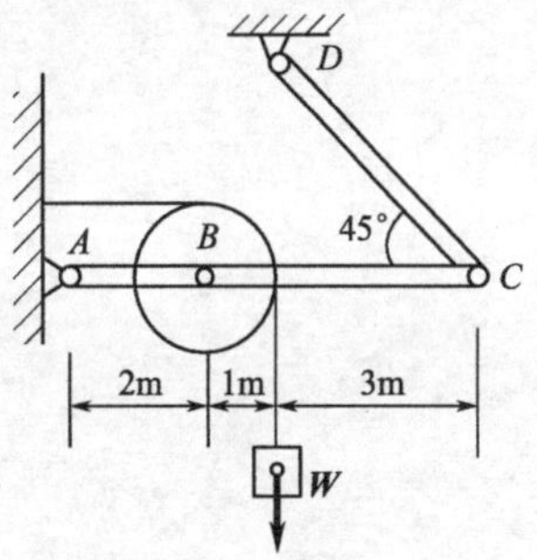

题 3-27 图

3-27　如题 3-27 图所示，构架由杆 AC 和 CD 组成，滑轮上挂一重力为 $W=10\text{kN}$ 的重物，不计各杆和滑轮的重力。求支座 A 处的约束反力及 CD 杆所受的力。

3-28　如题 3-28 图所示结构，已知：$q=10\text{kN/m}$，$F_{\text{P}}=20\text{kN}$，$F_{\text{Q}}=30\text{kN}$。试求固定端 A 的约束反力。

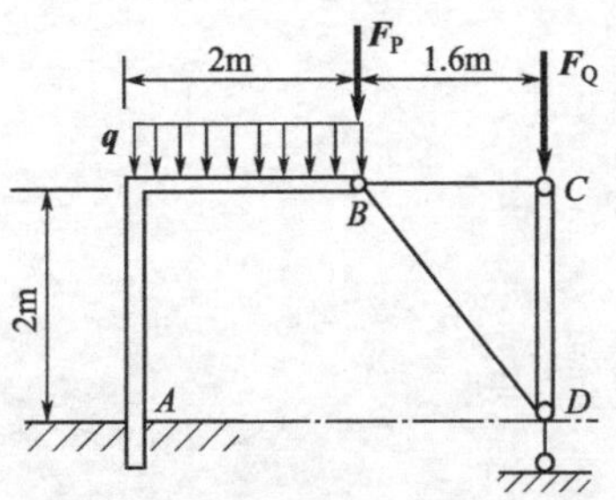

题 3-28 图

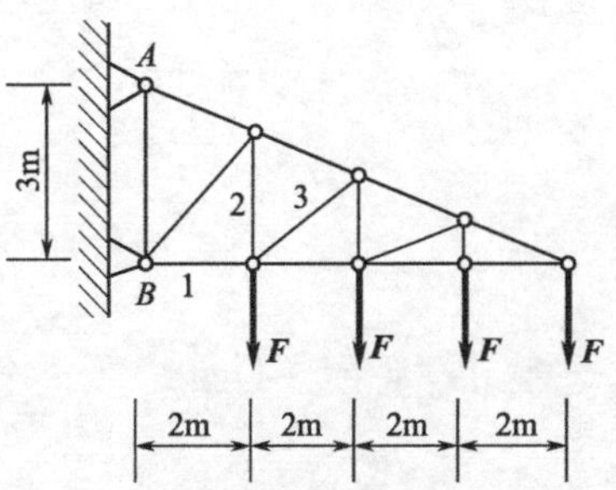

题 3-29 图

3-29　平面悬臂桁架所受的载荷如题 3-29 图所示。求杆 1、2 和 3 的内力。

3-30　平面桁架的支座和载荷如题 3-30 图所示。ABC 为等边三角形，E、G 为两腰中点，

又 $AD=DB$。求杆 CD 的内力。

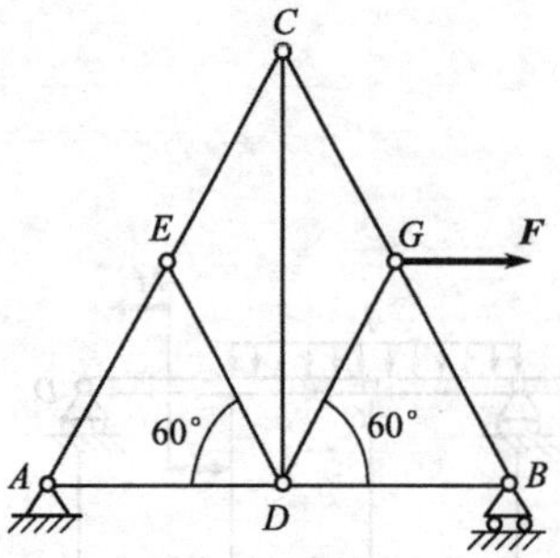

题 3-30 图

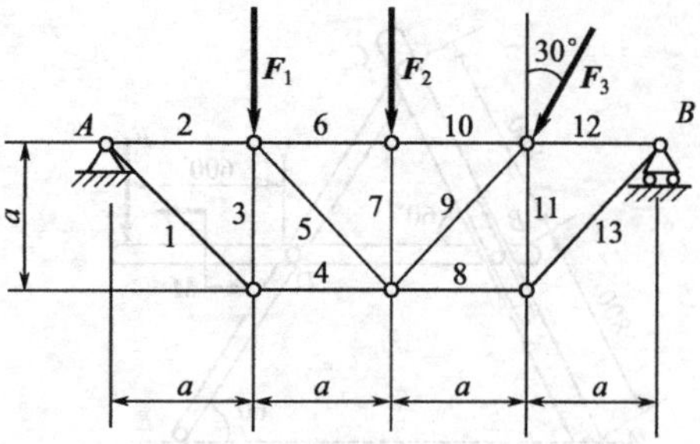

题 3-31 图

3-31　桁架受力如题 3-31 图所示，已知 $F_1=10\text{kN}$，$F_2=F_3=20\text{kN}$。试求桁架 4、5、7、10 各杆的内力。

第4章

摩 擦

本章要求

（1）熟练地确定滑动摩擦力的大小和方向，对滑动摩擦定律有清晰的理解；（2）能熟练地应用解析法求解考虑摩擦时物体的平衡问题；（3）掌握摩擦角的概念、自锁现象和滚动摩擦定律。

重点 （1）静滑动摩擦力和最大静滑动摩擦力、滑动摩擦定律；（2）平衡的临界状态及平衡范围，考虑摩擦时求解物体平衡问题的解析法。

难点 （1）静滑动摩擦力的分析和计算，摩擦角的概念及其应用。

前几章中，我们忽略了相互接触物体间摩擦的影响，把物体之间的接触表面都看作是光滑的，这是实际问题中的一种理想情况。当物体间接触面足够光滑或者润滑较好时，这种假设所产生的误差不大。但当摩擦成为主要因素时，摩擦力不仅不能忽略，而且应该作为重要的因素来考虑。

例如车辆行驶、机器的运转都存在摩擦，夹具利用摩擦加紧工件，制动器利用摩擦刹车，传动带利用摩擦传递轮子间的运动。在此类问题中，摩擦对物体的平衡和运动起着重要作用，这是有利的一面；但摩擦也有其不利的一面，如摩擦使机器中的零件磨损、发热、损耗能量等。

研究摩擦的目的是要掌握其规律，充分利用其有利的一面，尽可能避免其有害的一面，为工程实际服务。

按照接触物体之间是否有相对运动，摩擦分为静摩擦和动摩擦；物体之间可能会相对滑动或相对滚动，摩擦可分为滑动摩擦和滚动摩擦；又根据物体之间是否有良好的润滑剂，滑动摩擦又分为干摩擦和湿摩擦。由于摩擦是一种极其复杂的物理-力学现象，已超出本书的研究范围，这里仅介绍工程中常用的近似理论，另外将重点研究有摩擦存在时物体的平衡问题，对滚动摩擦只作简单介绍。

4.1 滑动摩擦

两个表面粗糙相互接触的物体，当发生相对滑动或具有相对滑动趋势时，在接触面上产生阻碍相对滑动的力，这种阻力称为滑动摩擦力，简称摩擦力，一般以 $\boldsymbol{F}_s$ 表示。在两物体有相对滑动趋势时产生的摩擦力，称为静滑动摩擦力；相对滑动时产生的摩擦力，称为动滑动摩擦力。

由于摩擦力是阻碍两物体间相对滑动的力，因此物体所受滑动摩擦力的方向总是与物体的相对滑动或相对滑动趋势方向相反，它作用于相互接触处，它的大小则需根据不同运动状态来确定，可以分为 3 种情况，即静摩擦力 $\boldsymbol{F}_s$、最大静摩擦力 $\boldsymbol{F}_{smax}$（简写为 $\boldsymbol{F}_{max}$）和动

摩擦力 F_d。

4.1.1　静滑动摩擦力及最大静滑动摩擦力

在粗糙的水平面上放置一重为 G 的物体，该物体在重力 G 和法向约束反力 F_N 的作用下处于静止状态，如图 4-1(a)所示。今在该物体上作用一大小可变化的水平拉力 F，当拉力 F 由零开始逐渐增加时，物体仅有相对滑动趋势，但仍保持静止。可见支承面对物体除法向约束反力 F_N 外，还有一个阻碍物体沿水平面向右滑动的切向约束力，此力即静滑动摩擦力，简称静摩擦力，以 F_s 表示，方向水平向左，如图 4-1(b)所示。它的大小由平衡方程确定。此时有

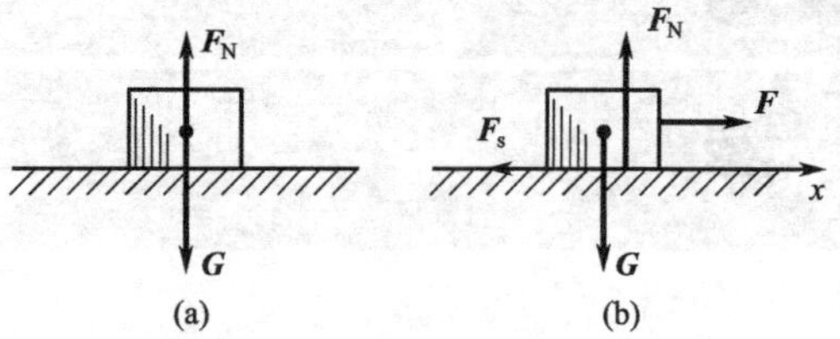

图 4-1

$$\sum F_x=0 \quad F-F_s=0 \quad F_s=F$$

由上式可知，静摩擦力的大小随主动力 F 的增大而增大，这是静摩擦力和一般约束反力共同的性质。

但静摩擦力又与一般约束反力不同，它并不随主动力 F 的增大而无限度地增大。进一步的试验表明，当主动力 F 的大小达到一定数值时，物块处于平衡的临界状态。这时，静摩擦力达到最大值，称为最大静滑动摩擦力，简称最大静摩擦力，以 F_{max} 表示。此后，如果主动力 F 再继续增大，静摩擦力不能再随之增大，物体将失去平衡而滑动。

综上所述可知，静摩擦力的大小随主动力的改变而改变，但介于零与最大值之间，即

$$0 \leqslant F_s \leqslant F_{max} \tag{4-1}$$

大量实验证明，最大静摩擦力的大小与两物体间的正压力（法向约束反力）成正比，即

$$F_{max}=f_s F_N \tag{4-2}$$

这就是静摩擦定律（又称库仑摩擦定律）。其中比例常数 f_s 称为静摩擦因数，无量纲。应该指出，式(4-2) 只是一个近似公式，它远不能完全反映出静摩擦的复杂现象。但由于它比较简单，计算方便，并且所得结果又有足够的准确性，故在工程实际中仍被广泛应用。

静摩擦因数的大小需由实验测定。它与两接触物体的材料及表面状况（如粗糙度、温度和湿度等）有关，而与接触面积的大小无关，其数值可在机械工程手册中查到。

表 4-1 中列出了部分常用材料的摩擦因数。但影响摩擦因数的因素很复杂，如果需用比较准确的数值时，必须在具体条件下进行实验测定。

表 4-1　常用材料的滑动摩擦因数

材料名称	静摩擦因数		动摩擦因数	
	无润滑	有润滑	无润滑	有润滑
钢-钢	0.15	0.1～0.12	0.15	0.05～0.1
钢-软钢	—	—	0.2	0.1～0.2
钢-铸铁	0.3	—	0.18	0.05～0.15
钢-青铜	0.15	0.1～0.15	0.15	0.1～0.15
软钢-铸铁	0.2	—	0.18	0.05～0.15
软钢-青铜	0.2	—	0.18	0.07～0.15
铸铁-铸铁	—	0.18	0.15	0.07～0.12
铸铁-青铜	—	—	0.15～0.2	0.07～0.15

续表

材料名称	静摩擦因数		动摩擦因数	
	无润滑	有润滑	无润滑	有润滑
青铜-青铜	—	0.1	0.2	0.07～0.1
皮革-铸铁	0.3～0.5	0.15	0.6	0.15
橡皮-铸铁	—	—	0.8	0.5
木材-木材	0.4～0.6	0.1	0.2～0.5	0.07～0.15

4.1.2 动滑动摩擦力

继续前面的分析，当静摩擦力达到最大值 F_{max} 时，若主动力 $\boldsymbol{F}$ 再继续增大，接触面之间将出现相对滑动。此时，物体接触面之间仍作用有阻碍相对滑动的阻力，这种阻力称为动滑动摩擦力，简称动摩擦力，以 $\boldsymbol{F}_d$ 表示。实验证明：动摩擦力的大小与两物体间的正压力（即法向反力）成正比，即

$$F_d = f_d F_N \tag{4-3}$$

式中，f_d 是动摩擦因数，它与接触物体的材料和表面情况有关，无量纲。式(4-3) 称为动摩擦定律。

动摩擦力与静摩擦力不同，基本上没有变化范围，一般也由实验测定。通常情况下，动摩擦因数小于静摩擦因数，即 $f_d < f_s$。在精确度要求不高的工程计算中，可认为两者相等。实际上动摩擦因数还与接触物体间相对滑动的速度大小有关。对于不同材料的物体，动摩擦因数随相对滑动的速度变化规律也不同。多数情况下，动摩擦因数随相对滑动速度的增大而稍减小。但当相对滑动速度不大时，动摩擦因数可近似地认为是个常数，参阅表 4-1。

在机器中，往往用降低接触表面的粗糙度或加入润滑剂等方法，使动摩擦因数 f_d 降低，以减小摩擦和磨损。

4.2 摩擦角和自锁现象

4.2.1 摩擦角

当有摩擦时，支承面对平衡物体的约束反力包括法向约束反力 $\boldsymbol{F}_N$ 和切向约束反力 $\boldsymbol{F}_s$（即静摩擦力）。这两个分力的矢量和 $\boldsymbol{F}_{RA} = \boldsymbol{F}_N + \boldsymbol{F}_s$ 称为支承面的全约束反力，它的作用线与接触面的公法线成一夹角 φ，如图 4-2(a)所示。当物块处于平衡的临界状态时，静摩擦力

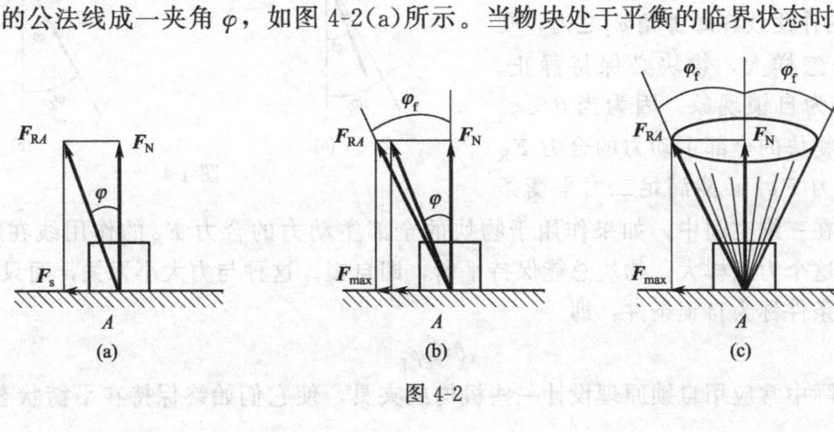

图 4-2

达到由式(4-2)确定的最大值，夹角 φ 也达到最大值 φ_f，如图 4-2(b)所示。全约束反力与法线间的夹角的最大值 φ_f 称为摩擦角。由图可得

$$\tan\varphi_f=\frac{F_{max}}{F_N}=\frac{f_sF_N}{F_N}=f_s \tag{4-4}$$

摩擦角的正切等于静摩擦因数。可见，摩擦角与摩擦因数一样，都是表示材料表面性质的量。

当物块的滑动趋势方向改变时，全约束反力作用线的方位也随之改变；在临界状态下，$\boldsymbol{F}_{RA}$ 的作用线将画出一个以接触点 A 为顶点的锥面，如图 4-2(c)所示，称为摩擦锥。设物块与支承面间沿任何方向的摩擦因数都相同，即摩擦角都相等，则摩擦锥将是一个顶角为 $2\varphi_f$ 的圆锥。摩擦锥是全约束反力 $\boldsymbol{F}_{RA}$ 在三维空间内的作用范围。

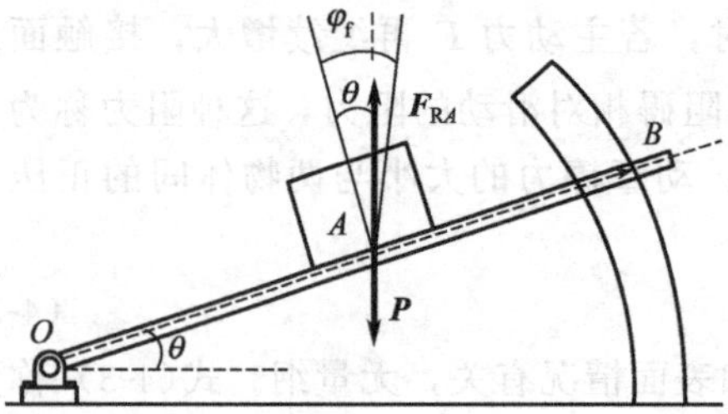

图 4-3

利用摩擦角的概念，可用简单的试验方法，测定静摩擦因数。如图 4-3 所示，把要测定的两种材料分别做成斜面和物块，把物块放在斜面上，并逐渐从零起增大斜面的倾角 θ，直到物块刚开始下滑时为止。这时的 θ 角就是要测定的摩擦角 φ_f，因为当物块处于临界状态时，$\boldsymbol{P}=-\boldsymbol{F}_{RA}$，$\theta=\varphi_f$。由式(4-4)求得摩擦因数，即

$$f_s=\tan\varphi_f=\tan\theta$$

4.2.2 自锁现象

物块平衡时，静摩擦力不一定达到最大值，可在零与最大值 F_{max} 之间变化，所以全约束反力与法线间的夹角 φ 也在零与摩擦角 φ_f 之间变化，即

$$0\leqslant\varphi\leqslant\varphi_f \tag{4-5}$$

由于静摩擦力不可能超过最大值，因此全约束反力的作用线也不可能超出摩擦角以外，即全约束反力必在摩擦角之内。

如图 4-4 所示，设主动力的合力为 F_R，其作用线与法线间的夹角为 θ，现研究 θ 取不同值时，物块平衡的可能性。

(1) $\theta\leqslant\varphi_f$ 时，如图 4-4(a)所示，在这种情况下，作用于物块的全部主动力的合力 $\boldsymbol{F}_R$ 的作用线在摩擦角 φ_f 之内，则无论这个力怎样大，物块必保持静止。这种现象称为自锁现象。因为当 $\theta\leqslant\varphi_f$ 时，作用于物块的全部主动力的合力 $\boldsymbol{F}_R$ 和全约束反力 $\boldsymbol{F}_{RA}$ 必能满足二力平衡条件。同样，在三维空间中，如果作用于物块的全部主动力的合力 $\boldsymbol{F}_R$ 的作用线在摩擦锥之内，则无论这个力怎样大，物块总能保持平衡，即自锁。这种与力大小无关，而只与摩擦角有关的平衡条件称为自锁条件，即

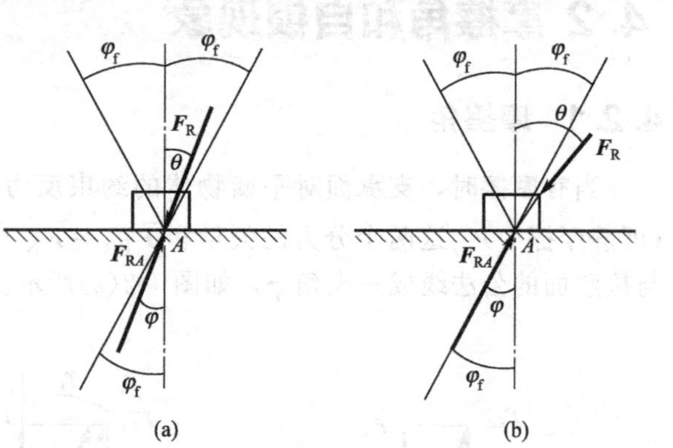

图 4-4

$$\theta\leqslant\varphi_f \tag{4-6}$$

工程实际中常应用自锁原理设计一些机构或夹具，使它们始终保持在平衡状态下工作，

如用千斤顶举起重物、攀登电线杆用的套钩等。

(2) $\theta>\varphi_f$时，如图 4-4(b)所示，在这种情况下，作用于物块的全部主动力的合力 $\boldsymbol{F}_R$ 的作用线在摩擦角 φ_f之外，则无论这个力怎样小，物块一定会滑动。因为在这种情况下，支承面的全约束反力 $\boldsymbol{F}_{RA}$ 和主动力的合力 $\boldsymbol{F}_R$ 不能满足二力平衡条件。应用这个道理，可以设法避免发生自锁现象，例如升降机等。

如图 4-5(a)所示的螺纹，斜面的自锁条件就是螺纹的自锁条件。因为螺纹可以看成为绕在一圆柱体上的斜面，如图 4-5(b)所示。螺纹升角 θ 就是斜面的倾角，如图 4-5(c)所示。螺母相当于斜面上的滑块 A，加于螺母的轴向载荷 $\boldsymbol{P}$，相当于物块 A 的重力。要使螺纹自锁，必须使螺纹的升角 θ 小于或等于摩擦角 φ_f。因此螺纹的自锁条件是

$$\theta\leqslant\varphi_f$$

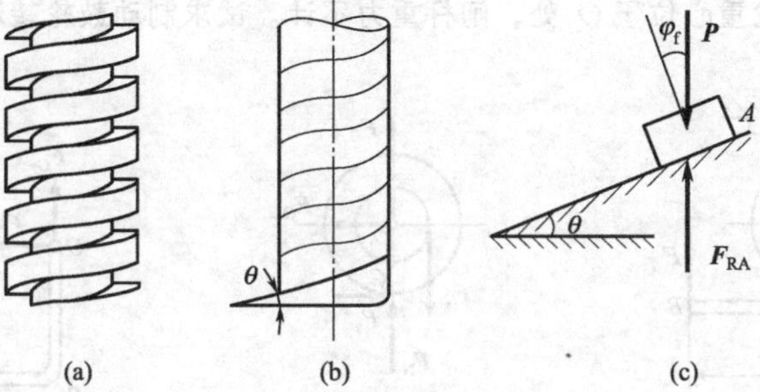

图 4-5

若螺旋千斤顶的螺杆与螺母之间的摩擦因数为 $f_s=0.1$，则

$$\tan\varphi_f=f_s=0.1$$

解得

$$\varphi_f=5°43'$$

为保证螺旋千斤顶自锁，一般取螺纹升角 $\theta=4°\sim4°30'$。

4.3 考虑摩擦时物体的平衡问题

考虑摩擦时的平衡问题，其解题方法、步骤、平衡方程与不考虑摩擦时基本相同。不同的是，在进行受力分析时，应画上摩擦力。求解此类问题时，最重要的一点是判断摩擦力的方向和计算摩擦力的大小。由于摩擦力与一般的未知约束反力不完全相同，因此，此类问题有如下一些特点：①考虑摩擦力 $\boldsymbol{F}_s$，通常增加了未知量的数目。因此，还需列出补充方程，即 $F_s\leqslant f_sF_N$，补充方程的数目与摩擦力的数目相同。②由于物体平衡时摩擦力有一定的范围（即 $0\leqslant F_s\leqslant f_sF_N$），所以有摩擦时平衡问题的解亦有一定的范围，而不是一个确定的值。有时为了计算方便，也先在临界状态下计算，求得结果后再分析、讨论其解的平衡范围。当然，工程中有不少问题只需要分析平衡的临界状态，这时静摩擦力等于其最大值，补充方程只取等号。③摩擦力的方向总是与物体相对运动或相对运动趋势方向相反。当物体未处于临界状态时，摩擦力是未知的，如其指向无法预先判断，可以先假定；当物体达到临界状态时，此时摩擦力与相对滑动趋势方向相反，不可假定。

例 4-1　如图 4-6(a)所示为一提升矿石用的传送带。该装置靠摩擦以速度 $\boldsymbol{v}$ 匀速将矿石传送到上一站点。已知矿石与传送带之间的摩擦因数为 f_s，试问要使矿石不出现滑动的传送带倾斜角度 θ 最大是多少?

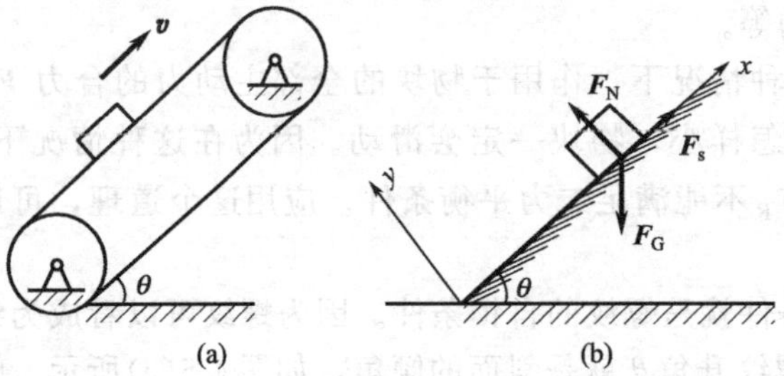

图 4-6

解：取矿石为研究对象，建立直角坐标系。通过受力分析，画出矿石的受力图如图 4-6(b)所示。列平衡方程

$$\sum F_x=0 \qquad F_s-F_G\sin\theta=0$$

$$\sum F_y=0 \qquad F_N-F_G\cos\theta=0$$

补充方程为 $F_s=F_{max}=f_sF_N$

联立求解 $\sin\theta=f_s\cos\theta$

即 $\theta_{max}=\arctan f_s$

上式是满足条件的最大角度方程式，其实 $\arctan f_s$ 也就是前述的摩擦角 φ_f 的值。因此，实际设计时的安装角度应满足 $\theta\leqslant\varphi_f=\arctan f_s$，即主动力 $\boldsymbol{F}_G$ 应落在摩擦角（锥）内。

例 4-2 已知：制动器的构造和主要尺寸如图 4-7 所示。制动块与鼓轮表面间的静摩擦因数为 f_s，物块重 P，鼓轮重心位于 O_1 处，闸杆重力不计。试求制动鼓轮转动所必需的铅直力 $\boldsymbol{F}$。

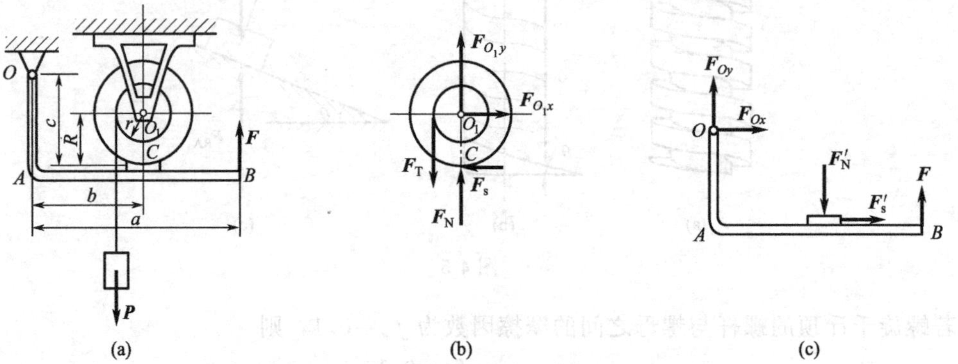

图 4-7

解：首先选取鼓轮为研究对象，受力图如图 4-7(b)所示。鼓轮在绳拉力 $\boldsymbol{F}_T$（$F_T=P$）作用下，有逆时针转动的趋势，因此，闸块除了给鼓轮正压力 $\boldsymbol{F}_N$ 外，还有一个向左的摩擦力 $\boldsymbol{F}_s$。

列平衡方程得

$$\sum M_{O_1}(\boldsymbol{F})=0 \qquad rF_T-RF_s=0 \tag{a}$$

解得

$$F_s=\frac{r}{R}F_T=\frac{r}{R}P \tag{b}$$

其次，取杠杆 OAB 为研究对象，其受力图如图 4-7(c)所示。列平衡方程

$$\sum M_O(\boldsymbol{F})=0 \quad Fa-F'_Nb+F'_sc=0 \tag{c}$$

补充方程

$$F'_s\leqslant f_sF'_N \tag{d}$$

联立式(c)、式(d)所示，解得

$$F'_s\leqslant\frac{f_saF}{b-f_sc} \tag{e}$$

由于 $F_s=F'_s$，解得

$$F\geqslant\frac{rP(b-f_sc)}{f_sRa}$$

例 4-3 如图 4-8(a)所示，重为 G 的物块放在倾角为 α 的固定斜面上，它与斜面间的静摩擦因数为 f_s，摩擦角 $\varphi_f=\arctan f_s$，$\alpha>\varphi_f$。当物块处于平衡时，试求作用在它上的水平力 $\boldsymbol{F}_1$ 的取值范围。

解：解法一（解析法） 先求力 $\boldsymbol{F}_1$ 的最小值。当 $\boldsymbol{F}_1$ 达到最小值时，物体处于将要向下

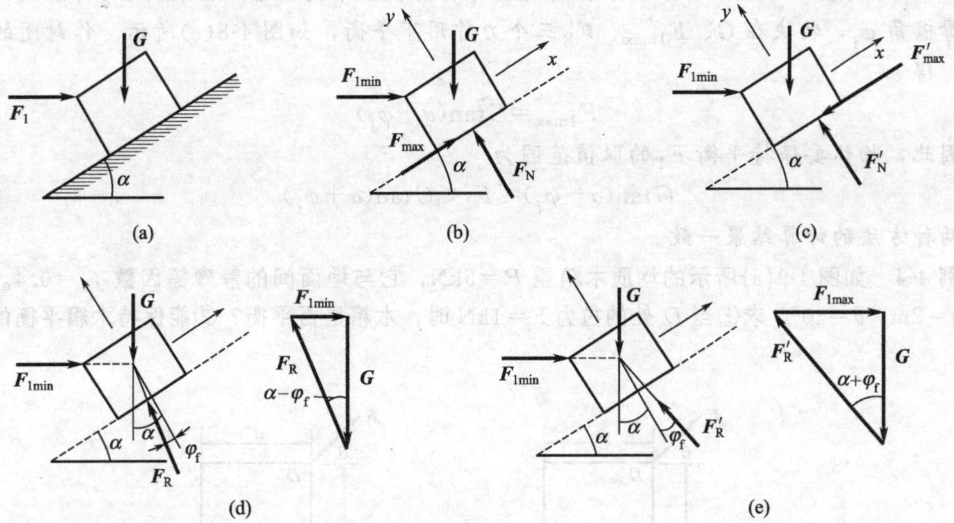

图 4-8

滑动的临界平衡状态，这时静摩擦力的方向应沿斜面向上，并达到了最大值 $F_{\max}$。

选取物块为研究对象，受力图如图 4-8(b)所示。列平衡方程

$$\sum F_x=0 \qquad F_{1\min}\cos\alpha-G\sin\alpha+F_{\max}=0 \tag{a}$$

$$\sum F_y=0 \qquad -F_{1\min}\sin\alpha-G\cos\alpha+F_{\mathrm{N}}=0 \tag{b}$$

补充方程

$$F_{\max}=f_{\mathrm{s}}F_{\mathrm{N}} \tag{c}$$

联立式(a)、式(b)、式(c)，解得

$$F_{1\min}=G\frac{\sin\alpha-f_{\mathrm{s}}\cos\alpha}{\cos\alpha+f_{\mathrm{s}}\sin\alpha} \tag{d}$$

再求力 $\boldsymbol{F}_1$ 的最大值。当 $\boldsymbol{F}_1$ 达到最大值时，物体处于将要向上滑动的临界平衡状态，这时静摩擦力的方向应沿斜面向下，并达到了最大值 $F'_{\max}$。

选取物块为研究对象，受力图如图(c)所示。列平衡方程

$$\sum F_x=0 \qquad F_{1\max}\cos\alpha-G\sin\alpha-F'_{\max}=0 \tag{e}$$

$$\sum F_y=0 \qquad -F_{1\max}\sin\alpha-G\cos\alpha+F'_{\mathrm{N}}=0 \tag{f}$$

补充方程

$$F_{\max}=f_{\mathrm{s}}F'_{\mathrm{N}} \tag{g}$$

联立式(e)、式(f)、式(g)，解得

$$F'_{1\max}=G\frac{\sin\alpha+f_{\mathrm{s}}\cos\alpha}{\cos\alpha-f_{\mathrm{s}}\sin\alpha} \tag{h}$$

因此，物块要保持平衡，F_1 的取值范围为

$$G\frac{\sin\alpha-f_{\mathrm{s}}\cos\alpha}{\cos\alpha+f_{\mathrm{s}}\sin\alpha}\leqslant F_1\leqslant G\frac{\sin\alpha+f_{\mathrm{s}}\cos\alpha}{\cos\alpha-f_{\mathrm{s}}\sin\alpha}$$

若引入摩擦角 φ_{f}，因 $f_{\mathrm{s}}=\tan\varphi_{\mathrm{f}}$，则上式可改写为

$$G\tan(\alpha-\varphi_{\mathrm{f}})\leqslant F_1\leqslant G\tan(\alpha+\varphi_{\mathrm{f}})$$

解法二（几何法）　当 $\boldsymbol{F}_1$ 达到最小值时，物体处于将要向下滑动的临界平衡状态，全反力 $\boldsymbol{F}_{\mathrm{R}}$ 与法线的夹角为摩擦角 φ_{f}，物块在 $\boldsymbol{G}$、$\boldsymbol{F}_{1\min}$、$\boldsymbol{F}_{\mathrm{R}}$ 三个力作用下平衡，如图 4-8(d)所示。作封闭的力三角形，得

$$F_{1\min}=G\tan(\alpha-\varphi_{\mathrm{f}})$$

当 $\boldsymbol{F}_1$ 达到最大值时，物体处于将要向上滑动的临界平衡状态，全反力 $\boldsymbol{F}'_R$ 与法线的夹角也是摩擦角 φ_f，物块在 $\boldsymbol{G}$、$\boldsymbol{F}_{1max}$、$\boldsymbol{F}'_R$ 三个力作用下平衡，如图4-8(e)所示。作封闭的力三角形，得

$$F_{1max}=G\tan(\alpha+\varphi_f)$$

因此，物体要保持平衡 F_1 的取值范围为

$$G\tan(\alpha-\varphi_f)\leqslant F_1\leqslant G\tan(\alpha+\varphi_f)$$

两种方法的计算结果一致。

例 4-4　如图4-9(a)所示的均质木箱重 $P=5\text{kN}$，它与地面间的静摩擦因数 $f_s=0.4$。图中 $h=2a=2\text{m}$，$\theta=30°$。求①当 D 处的拉力 $F=1\text{kN}$ 时，木箱是否平衡？②能保持木箱平衡的最大拉力。

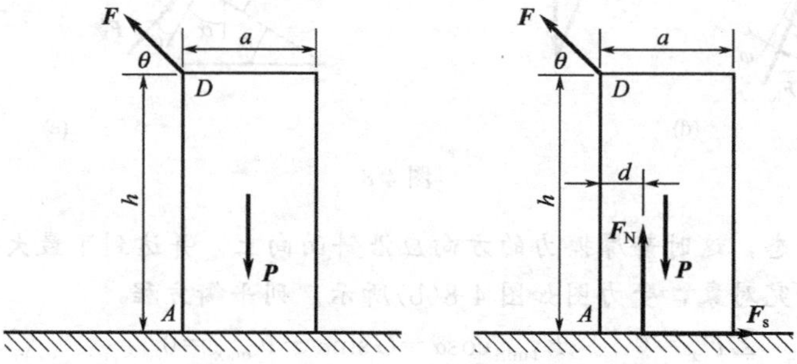

图 4-9

解：欲保持木箱平衡，必须满足两个条件：一是不发生滑动，即要求静摩擦力 $F_s\leqslant F_{max}$；二是木箱不绕 A 点翻倒，这时法向约束力 F_N 的作用线应在木箱内，即 $d>0$。

选取木箱为研究对象，受力图如图4-9(b)所示。列平衡方程

$$\sum F_x=0\qquad F_s-F\cos\theta=0 \tag{a}$$

$$\sum F_y=0\qquad F_N-P+F\sin\theta=0 \tag{b}$$

$$\sum M_A(\boldsymbol{F})=0\quad hF\cos\theta-P\cdot\frac{a}{2}+F_Nd=0 \tag{c}$$

联立式(a)、式(b)、式(c) 求解得

$$F_s=866\text{N},\ F_N=4500\text{N},\ d=0.171\text{m}$$

此时木箱与地面之间的最大静摩擦力

$$F_{max}=f_sF_N=1800\text{N}$$

即 $F_s<F_{max}$，木箱不会滑动；又 $d>0$，木箱无翻倒趋势。所以，木箱保持平衡。

为求保持木箱平衡的最大拉力 F，可分别求出木箱将滑动时的临界拉力 $F_{滑}$ 和木箱将绕 A 点翻倒的临界拉力 $F_{翻}$。二者中取其较小者，即为所求。

木箱将要滑动的条件为　　$F_s=F_{max}=f_sF_N$　　(d)

由式(a)、式(b)、式(d) 联立求解

$$F_{滑}=\frac{f_sP}{\cos\theta+f_s\sin\theta}=1876\text{N}$$

木箱将绕 A 点翻倒的条件为 $d=0$，代入式(c) 得

$$F_{翻}=\frac{Pa}{2h\cos\theta}=1443\text{N}$$

由于 $F_{翻}<F_{滑}$，所以保持木箱平衡的最大拉力为

$$F = F_{翻} = 1443\text{N}$$

这说明，当拉力 F 逐渐增大时，木箱将先翻倒而失去平衡。

总之，考虑摩擦时的平衡问题，基本上可以归结为以下两类。

(1) 判断是否平衡的问题。解这类问题时通常先假设物体处于平衡，根据平衡方程求出物体平衡时需要的摩擦力及相应接触面间的正压力。再根据摩擦定律求出相应于正压力的最大静摩擦力并与之比较。若满足 $F \leqslant F_{max}$ 这一关系式，说明物体接触面能提供足够的摩擦力，因而物体能处于平衡。实际摩擦力就是已求得的摩擦力。否则，若求得物体平衡时需要的摩擦力 $F > F_{max}$，物体就不会平衡。此时，实际摩擦力就是动摩擦力。

判断物体是否平衡时，一般常犯的错误是，尚未弄清楚物体是否处于平衡的临界点，就开始使用摩擦定律公式进行摩擦力的计算。这显然不懂 $F_s \leqslant F_{max}$ 的真正意义。所以也就不清楚：非临界状态的平衡，摩擦力要由平衡方程求得（包括大小和方向）。只有临界状态时，摩擦力的大小才用摩擦定律求得，方向则应根据运动趋势判断出来，不能任意假定。

(2) 求解物体的平衡范围问题。一般先分别确定平衡范围的两个极限值。此时，物体处于平衡的临界状态，摩擦力是最大静摩擦力。通常，两极值之间就是物体的平衡范围。平衡范围既可以是力的变化范围，也可以是求距离或角度——平衡位置的变化范围。

4.4 滚动摩阻简介

由实践可知，使滚子滚动比使它滑动省力。所以在工程中，为了提高效率，减轻劳动强度，常利用物体的滚动代替物体的滑动。例如搬运笨重设备时，若在其底下垫几根圆钢管，这样搬运起来比不垫圆钢管时省力。一半径为 R 的滚子，静止地放置于水平面上如图 4-10(a)所示，设滚子重为 $\boldsymbol{P}$，在其中心作用一水平力 $\boldsymbol{F}$，当力 $\boldsymbol{F}$ 不大时，滚子仍保持静止。若滚子的受力情况如图 4-10(b)所示，则滚子不可能保持平衡。因为静滑动摩擦力 F_s 与力 $\boldsymbol{F}$ 组成一力偶，将使滚子发生滚动。

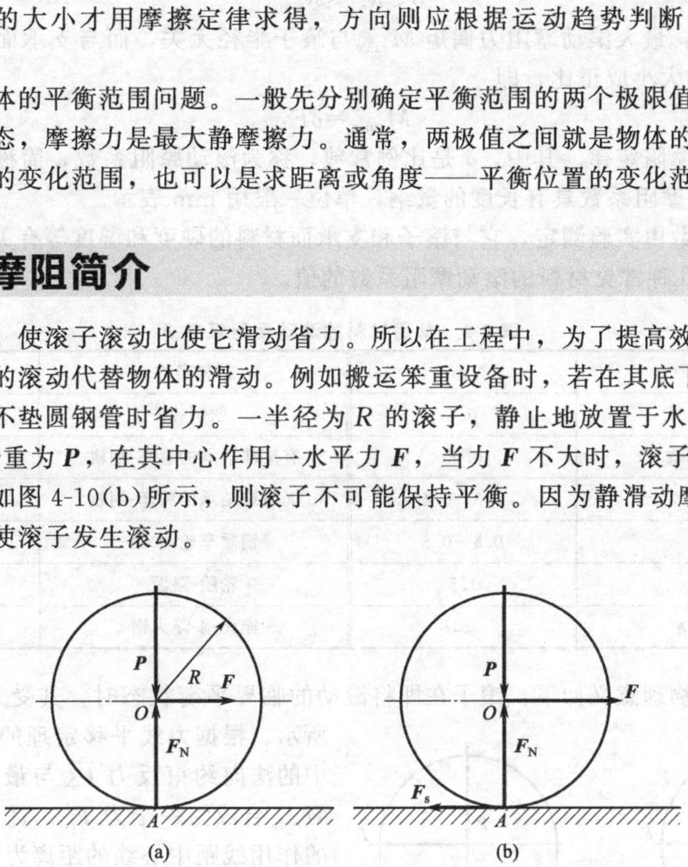

图 4-10

因为滚子和平面实际上并不是刚体，它们在力的作用下都会发生变形，有一个接触面，如图 4-11(a)所示。在接触面上，物体受分布力的作用，这些力向点 A 简化，得到一个力 $\boldsymbol{F}_R$ 和一个力偶，力偶的矩为 M_f，如图 4-11(b)所示。这个力 $\boldsymbol{F}_R$ 可分解为摩擦力 $\boldsymbol{F}_s$ 和法向约束反力 $\boldsymbol{F}_N$，这个矩为 M_f 的力偶称为滚动摩阻力偶（简称滚阻力偶），它与力偶（$\boldsymbol{F}$，$\boldsymbol{F}_s$）平衡，它的转向与滚动的趋向相反，如图 4-11(c)所示。

与静滑动摩擦力相似，滚动摩阻力偶矩 M_f 随着主动力的增加而增大，当力 $\boldsymbol{F}$ 增加到某个值时，滚子处于将滚未滚的临界平衡状态；这时，滚动摩阻力偶矩达到最大值，称为最大滚动摩阻力偶矩，用 M_{max} 表示。若力 $\boldsymbol{F}$ 再增大一点，轮子就会滚动。

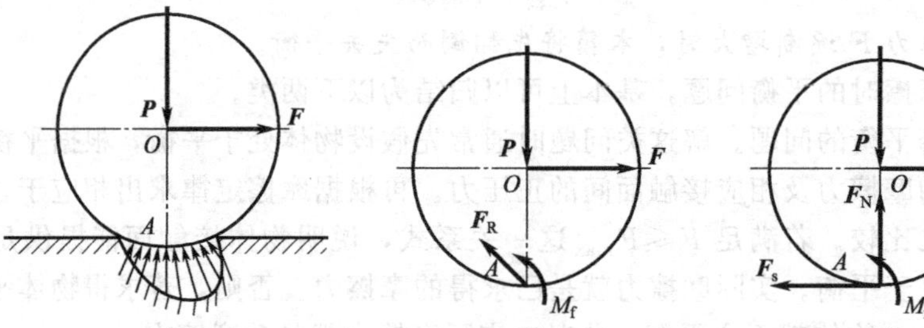

图 4-11

由此可知，滚动摩阻力偶矩 M_f 的大小介于零与最大值之间，即

$$0 \leqslant M_f \leqslant M_{max} \tag{4-7}$$

由实验表明：最大滚动摩阻力偶矩 M_{max} 与滚子半径无关，而与支承面的正压力（法向约束反力）$\boldsymbol{F}_N$ 的大小成正比，即

$$M_{max} = \delta F_N \tag{4-8}$$

这就是滚动摩阻定律。其中，δ 是比例常数，称为滚动摩阻系数，简称滚阻系数。由式(4-8)可知，滚动摩阻系数具有长度的量纲，单位一般用 mm 表示。

滚动摩阻系数由实验测定，它与滚子和支承面材料的硬度和湿度等有关，与滚子的半径无关。表 4-2 是几种常见材料的滚动摩阻系数的值。

表 4-2　常用材料的滚动摩阻系数 δ

材料名称	δ/mm	材料名称	δ/mm
铸铁-铸铁	0.5	软钢-钢	0.5
钢质车轮-钢轨	0.05	有滚珠轴承的料车-钢轨	0.09
木-钢	0.3～0.4	无滚珠轴承的料车-钢轨	0.21
木-木	0.5～0.8	钢质车轮-木面	1.5～2.5
软木-软木	1.5	轮胎-路面	2～10
淬火钢珠-钢	0.01	淬火钢-淬火钢	0.001

滚阻系数的物理意义如下：滚子在即将滚动的临界平衡状态时，其受力图如图 4-12(a)所示。根据力线平移定理的逆过程，可将其中的法向约束反力 $\boldsymbol{F}_N$ 与最大滚动摩阻力偶 M_{max} 合成为一个力 $\boldsymbol{F}_N'$，且 $F_N' = F_N$。力 $\boldsymbol{F}_N'$ 的作用线距中心线的距离为 d，如图 4-12(b)所示。即

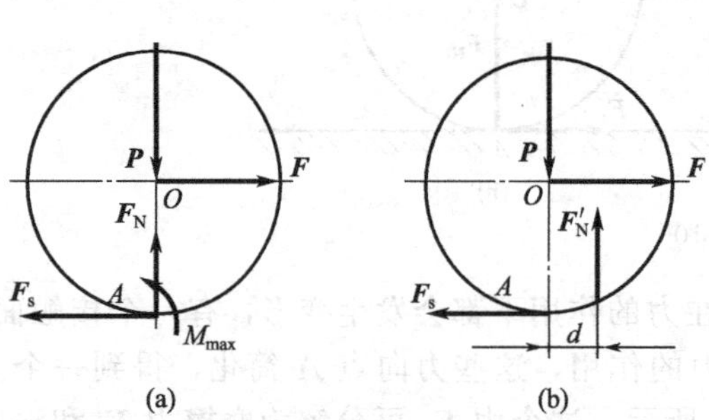

图 4-12

$$d = \frac{M_{max}}{F_N'}$$

与式(4-8)比较，得

$$\delta = d$$

因而，滚动摩阻系数 δ 可看成在即将滚动时，法向约束反力 $\boldsymbol{F}_N'$ 离中心线的最远距离，也就是最大滚阻力偶（$\boldsymbol{F}_N'$，$\boldsymbol{P}$）的力偶臂。故它具有长度的量纲。由于滚动摩阻系数较小，因此，在大多数情况下滚动摩阻是可以忽略不计的。

另外，通过图 4-12(a)，我们可以看出滑动摩擦力在滚动运动中起着重要的作用。物体

滚动时，除 M_{max}存在外，还存在 $\boldsymbol{F}_s$，力 $\boldsymbol{F}_s$阻碍轮子与接触面在接触处的相对滑动，但不阻碍滚动，相反还是轮子产生滚动的条件。只有足够大的 $\boldsymbol{F}_s$与拉力 $\boldsymbol{F}$ 形成足够大的主动力偶才能克服滚动摩阻力偶 M_{max}，使轮子滚动。

接下来，我们再分析一下使轮子滚动比滑动省力的原因。由图 4-12(a)所示可以分别计算出使轮子滚动或滑动所需要的水平拉力 F。

轮子处于临界滚动状态时，由平衡方程 $\sum M_A(\boldsymbol{F})=0$，可以求得

$$F_{滚}=\frac{M_{max}}{R}=\frac{\delta F_N}{R}=\frac{\delta}{R}P$$

轮子处于临界滑动状态时，由平衡方程 $\sum F_x=0$，可以求得

$$F_{滑}=F_{max}=f_sF_N=f_sP$$

一般情况下，$\frac{\delta}{R}\ll f_s$，因而，使轮子滚动比使其滑动省力得多。例如，取轮胎对路面的滚动摩阻系数 $\delta=0.3\text{cm}$，轮子半径 $R=30\text{cm}$，轮胎对路面的静摩擦因数 $f_s=0.7$，则 $\frac{F_{滑}}{F_{滚}}=\frac{f_sR}{\delta}=70$。

在这种情况下，用力 $\boldsymbol{F}$ 拉动圆轮，在未发生滑动前已开始滚动，这种滚动称为无滑动的滚动，或称纯滚动。当圆轮纯滚动时，其上滑动摩擦力 $\boldsymbol{F}_s$显然未达到最大值 $\boldsymbol{F}_{max}$。

例 4-5　重力为 $\boldsymbol{P}$、半径为 R 的轮子，在施加于轮心的平行于斜面的拉力 $\boldsymbol{F}$ 作用下匀速向上滚动，斜面的倾角为 θ，如图 4-13(a)所示。设轮子与斜面间的滚动摩阻系数为 δ，试求力 $\boldsymbol{F}$ 的大小。

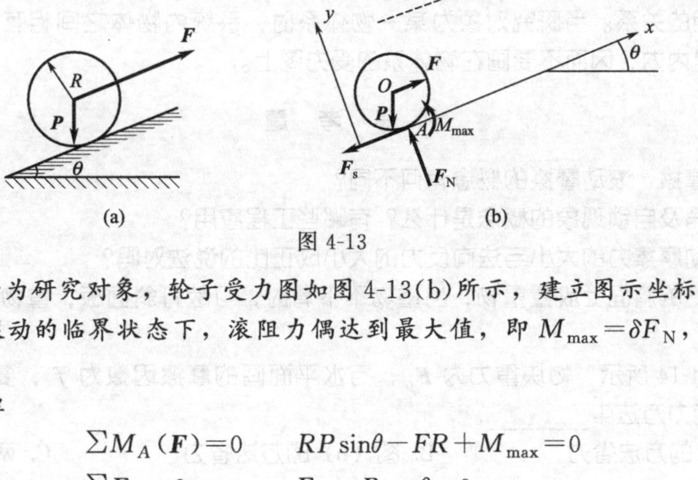

图 4-13

解： 选取轮子为研究对象，轮子受力图如图 4-13(b)所示，建立图示坐标系。

轮子在即将滚动的临界状态下，滚阻力偶达到最大值，即 $M_{max}=\delta F_N$，转向与轮子滚动趋势相反。

列平衡方程得

$$\sum M_A(\boldsymbol{F})=0 \qquad RP\sin\theta-FR+M_{max}=0$$

$$\sum F_y=0 \qquad F_N-P\cos\theta=0$$

临界状态的补充方程

$$M_{max}=\delta F_N$$

联立求解得拉力值

$$F=P\left(\sin\theta+\frac{\delta}{R}\cos\theta\right)$$

学习方法和要点提示

(1) 当物体的接触面处于相对静止时，静摩擦力是在一个有限范围内的未知力，即

$$0\leqslant F_s\leqslant F_{max}=f_sF_N$$

其中，F_s和 F_N是彼此独立的未知量，应由力系的平衡方程确定。只有在即将滑动的临界状态时，最大静滑动摩擦力 $F_{max}=f_sF_N$。静摩擦力的方向与两物体接触处的相对滑动趋势的方向

相反。公式 $F_{max}=f_sF_N$ 只是一个近似、简便的表达式，可用来估算 F_{max}，其精确值应由实验求得。

（2）在画受力图时，只要在某接触处出现滑动摩擦力，必须在该处画出相应的法向约束反力。这两个力也可说是“成对”出现的，初学者容易漏画相应的法向约束反力。当然，在光滑接触处，虽然有法向约束力，也没有相应的摩擦力。

（3）在判断两物体接触处是否处于相对静止并求摩擦力时，可以首先假设接触处为相对静止，根据力系的平衡方程求出摩擦力的大小和方向。对于简单问题，摩擦力的指向可以预先假定，如果求得某摩擦力为负值，表示该摩擦力的真实指向与原先假定的指向相反。然后，把从力系平衡方程中求得的摩擦力 F_s 与最大静滑动摩擦力 F_{max} 进行比较。若 $F_s<F_{max}$，则两物体的接触处为相对静止；若 $F_s=F_{max}$，则两物体的接触处为即将滑动的临界平衡状态；若 $F_s>F_{max}$，则两物体的接触处已产生相对滑动。

（4）当研究物体处于相对静止的平衡问题时，除了写出力系的平衡方程外，还要写出反映摩擦性质的不等式（如 $F_s\leqslant F_{max}$，$\varphi\leqslant\varphi_f$，$M_f\leqslant M_{max}$），并联立求解。有时为了避免采用不等式，可以先考虑平衡的某些临界情况，采用等式（如 $F_s=F_{max}$，$\varphi=\varphi_f$，$M_f=M_{max}$）进行计算。然后，分析有关参数的变化趋势，把结果改写为不等式或某一容许的平衡范围。

（5）如果两物体接触处的相对运动或者相对运动趋势已经确定时，则摩擦力的指向可以相应确定。如果两物体接触处的相对运动或者相对运动趋势不能预先确定时，则要根据可能发生的相对运动或相对运动趋势，分别判断摩擦力的方向，并对可能发生的各种情况（如相对滑动趋势、相对滑动、倾倒等）分别进行分析、计算和比较，最后得出正确解答。

（6）两物体接触处之间相互作用的摩擦力、法向约束反力、全约束反力、滚阻力偶等仍遵守作用与反作用的关系。当研究对象为某一物体系时，系统内物体之间相互作用的上述力（包括摩擦力）也是内力，因而不要画在物体系的受力图上。

思　考　题

4-1　滑动摩擦、滚动摩擦的概念有何不同？

4-2　摩擦角及自锁现象的概念是什么？有哪些工程应用？

4-3　静滑动摩擦力的大小与法向反力的大小成正比的说法对吗？

4-4　在粗糙的斜面上放置重物，当重物不下滑时，可敲打斜面板，重物就会下滑。试解释其原因。

4-5　如图 4-14 所示，物块重力为 $\boldsymbol{F}_G$，与水平面间的摩擦因数为 f_s，要使物块向右移动，则在图示两种施力方法中________。

A. 图（a）的方法省力　　B. 图（b）的方法省力　　C. 两种方法同样省力

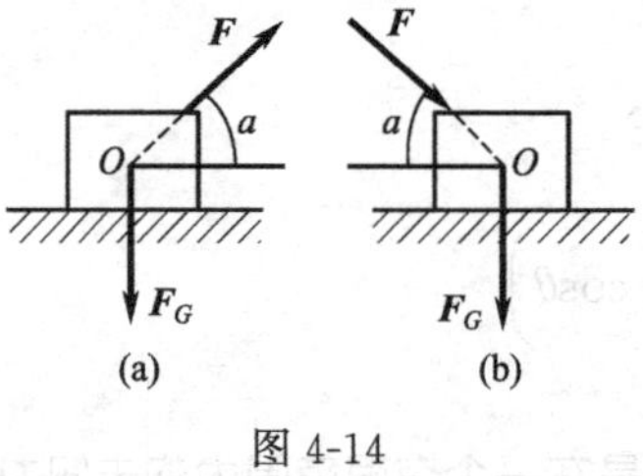

图 4-14

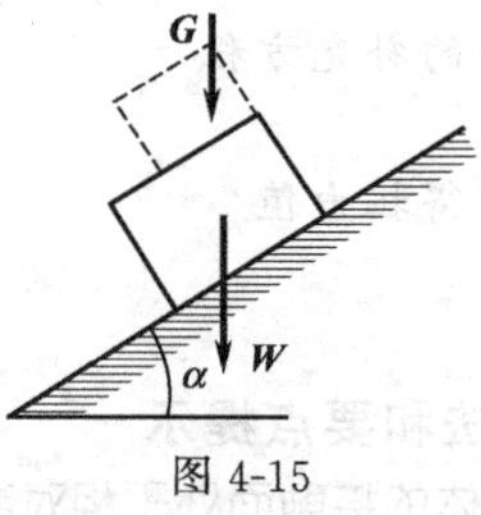

图 4-15

4-6　如图 4-15 所示，重 W 的物块放在倾角为 α 的斜面上，已知摩擦因数 f_s，且 $\tan\alpha<f_s$，问此物块下滑否？若增加其重量或在其上加一重为 G 的物块，能否达到使物块下滑的目的？

4-7　重为 P、半径为 R 的球放在水平面上，球对平面的滑动摩擦因数是 f_s，而滚阻系数为

δ，问：在什么情况下，作用于球心的水平力 $\boldsymbol{F}$ 能使球匀速转动？

4-8　试分析自行车前、后轮的受力情况。

4-9　为什么骑自行车时，车胎气足省力，气不足费力？

4-10　试分析汽车在冰雪路面上启动不起来的原因。

习　题

4-1　如题 4-1 图所示，物块重 $G=100\text{N}$，与水平面间的静摩擦因数 $f_s=0.3$，试问当水平力 $\boldsymbol{F}$ 的大小分别为 10N、30N 和 50N 时，摩擦力各为多大？

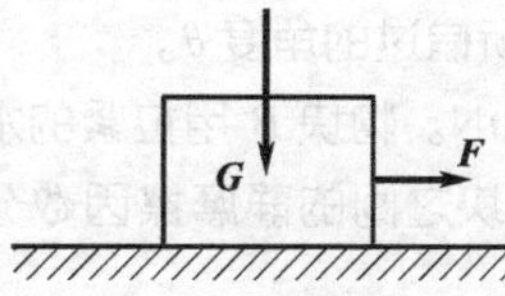

题 4-1 图

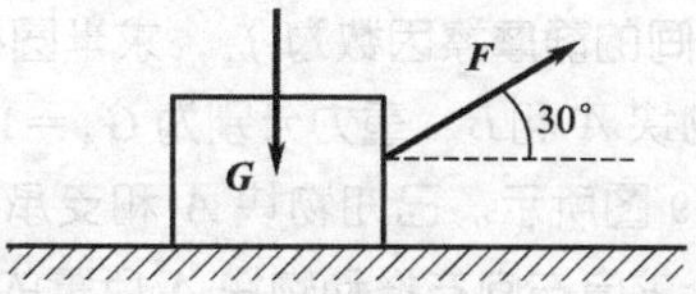

题 4-2 图

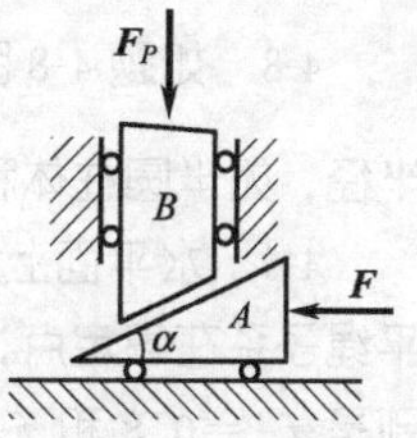

题 4-3 图

4-2　用绳拉一重 $G=500\text{N}$ 的物体，如题 4-2 图所示，拉力 $F=150\text{N}$。(1) 若静摩擦因数 $f_s=0.45$，试判断物体是否平衡并求摩擦力的大小；(2) 若静摩擦因数 $f_s=0.577$，求拉动物体所需的拉力。

4-3　如题 4-3 图所示，尖劈起重装置。尖劈 A 的顶角为 α，在 B 块上受力 $\boldsymbol{F}_P$ 的作用。A 块和 B 块之间的静摩擦因数为 f_s（有滚珠处摩擦力忽略不计）。不计 A、B 块的重力，试求能保持两者平衡的力 $\boldsymbol{F}$ 的范围。

4-4　如题 4-4 图所示匀质梯子，长为 l，重 $P_2=200\text{N}$，今有一人重 $P_1=200\text{N}$，试问此人若要爬到梯顶，而梯子不致滑倒，B 处的静摩擦因数 f_{sB} 至少应该多大？已知 $\theta=\arctan\dfrac{4}{3}$，$f_{sA}=\dfrac{1}{3}$。

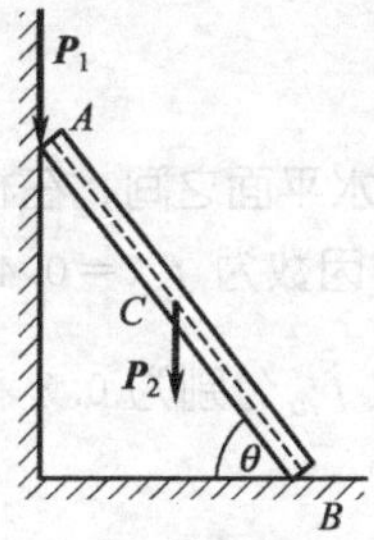

题 4-4 图

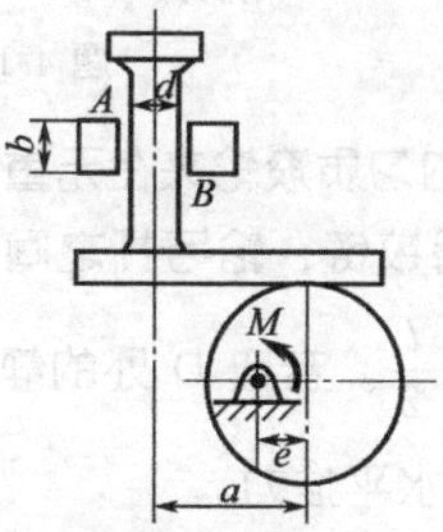

题 4-5 图

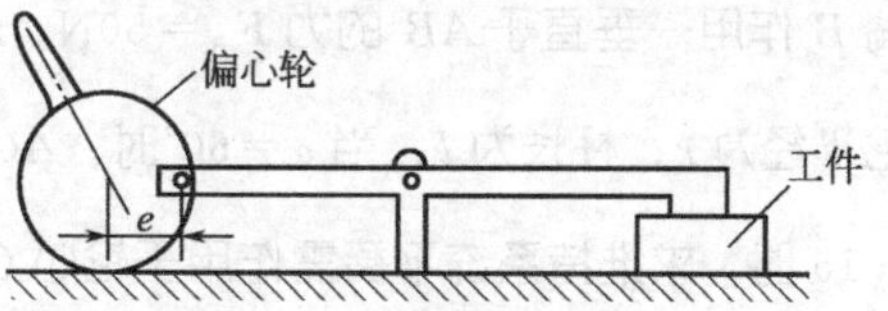

题 4-6 图

4-5　如题 4-5 图所示为凸轮机构。已知推杆（不计自重）与滑道间的静摩擦因数为 f_s，滑道宽度为 b。设凸轮与推杆接触处的摩擦忽略不计。问 a 为多大，推杆才不致被卡住。

4-6　机床上为了迅速装卸工件，常采用如题 4-6 图所示的偏心轮夹具。已知偏心轮直径为 D，偏心轮与台面间的静摩擦因数为 f_s。今欲使偏心轮手柄上的外力去掉后，偏心轮不会自动脱落，求偏心距 e 应为多少？各铰链中的摩擦忽略不计。

4-7　如题 4-7 图所示抽屉 $ABCD$ 宽为 d，长为 b，与侧面导轨之间静摩擦因数均为 f_s。为了使用一个拉手抽屉也能顺利抽出，试问尺寸应如何选择？抽屉重略去不计。

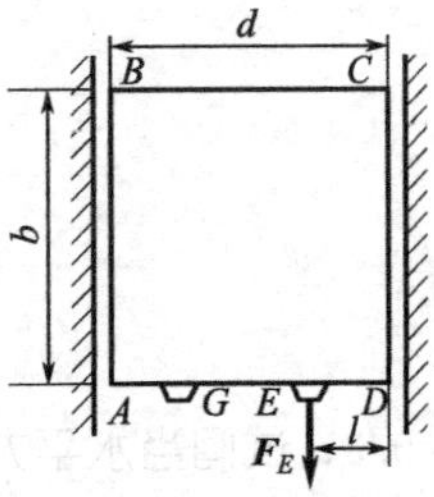

题 4-7 图

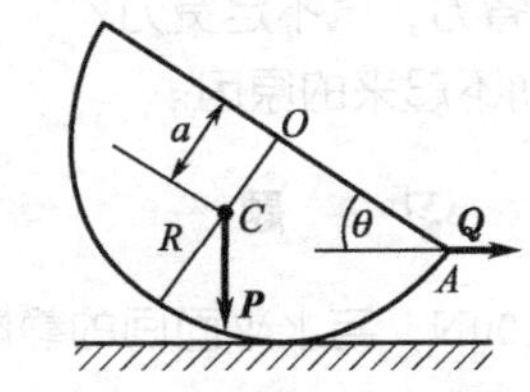

题 4-8 图

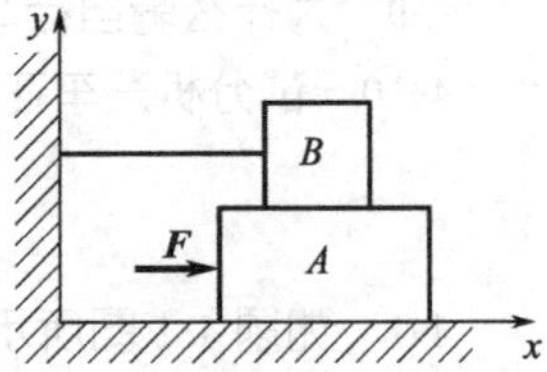

题 4-9 图

4-8　如题 4-8 图所示，半圆柱体重 P，重心 C 到圆心 O 点的距离 $a=\dfrac{4R}{3\pi}$，其中 R 为圆柱体半径，如半圆柱体和水平面间的静摩擦因数为 f_s，求半圆柱体被拉动时所偏过的角度 θ。

4-9　水平面上叠放着物块 A 和 B，重力分别为 $G_A=100\text{N}$ 和 $G_B=80\text{N}$。物块 B 用拉紧的水平绳子系在固定点，如题 4-9 图所示。已知物块 A 和支承面之间、两物块之间的静摩擦因数分别是 $f_{s1}=0.8$ 和 $f_{s2}=0.6$。求自左向右推动物块 A 所需的最小水平力 $\boldsymbol{F}$。

4-10　攀登电线杆时用的套钩如题 4-10 图所示，已知套钩的尺寸 b、电线杆直径 d、静摩擦因数 f_s。试求套钩不致下滑时人的重力 F_G 的作用线与电线杆中心线的距离 l 应该多大。

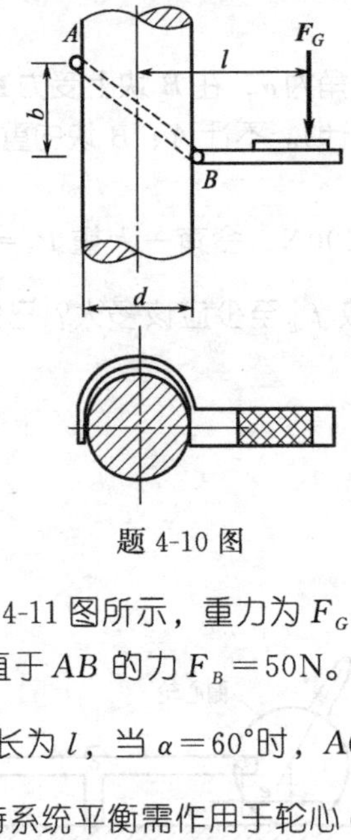

题 4-10 图

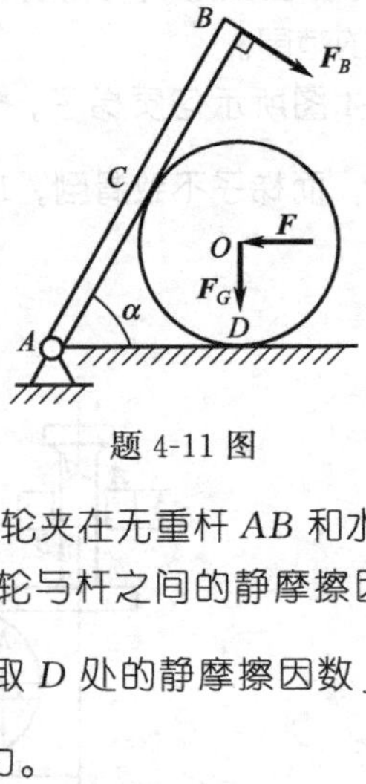

题 4-11 图

4-11　如题 4-11 图所示，重力为 $F_G=100\text{N}$ 的匀质滚轮夹在无重杆 AB 和水平面之间，在杆端 B 作用一垂直于 AB 的力 $F_B=50\text{N}$。A 为光滑铰链，轮与杆之间的静摩擦因数为 $f_{sC}=0.4$。轮半径为 r，杆长为 l，当 $\alpha=60°$时，$AC=CB=\dfrac{l}{2}$。若取 D 处的静摩擦因数 f_{sD} 分别为 0.3 和 0.15 时，求维持系统平衡需作用于轮心 O 的最小水平推力。

4-12　砖夹的宽度为 250mm，曲杆 AGB 与 $GCED$ 在 G 点铰接，如题 4-12 图所示。设砖重 $G=120\text{N}$，提起砖的力 $\boldsymbol{F}$ 作用在砖夹的中心线上，砖夹与砖之间的静摩擦因数为 $f_s=0.5$，试求距离 b 为多大时才能把砖夹起。

4-13　汽车重 $P=15\text{kN}$，车轮的直径为 600mm，轮自重不计，如题 4-13 图所示。问发动机应给予后轮多大的力偶矩，方能使前轮越过高为 80mm 的障碍物？并问此时后轮与地面的静摩擦因数应为多大才不致打滑？

4-14　重力为 W 的轮子放在水平面上，并与垂直墙壁接触，如题 4-14 图。已知接触面的静摩擦因数为 f_s，求使轮子开始转动所需的力偶矩 M 是多少？

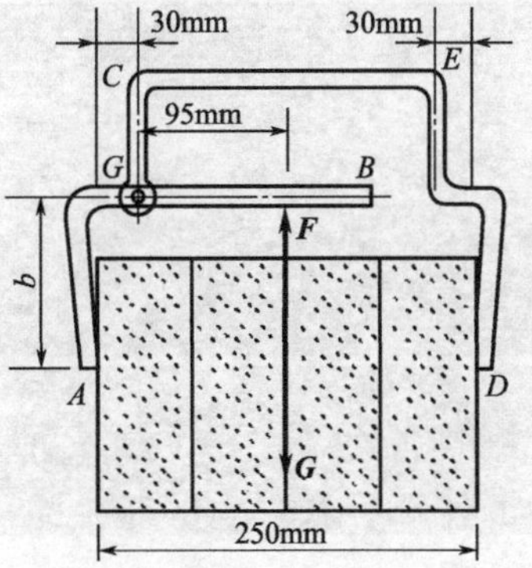

题 4-12 图

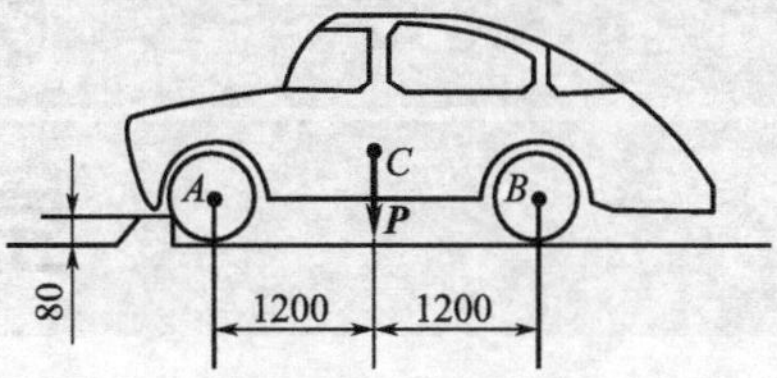

题 4-13 图

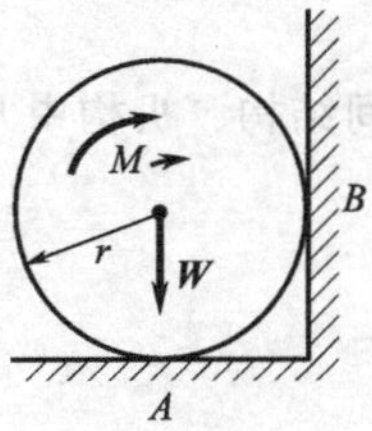

题 4-14 图

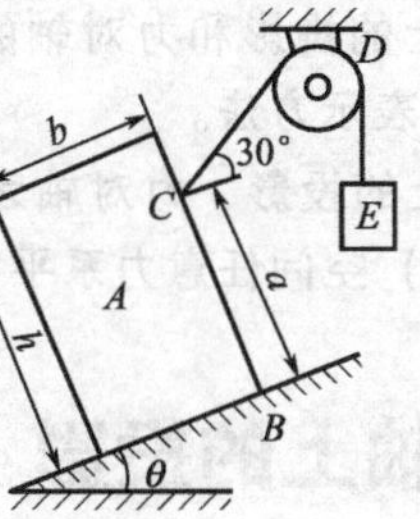

题 4-15 图

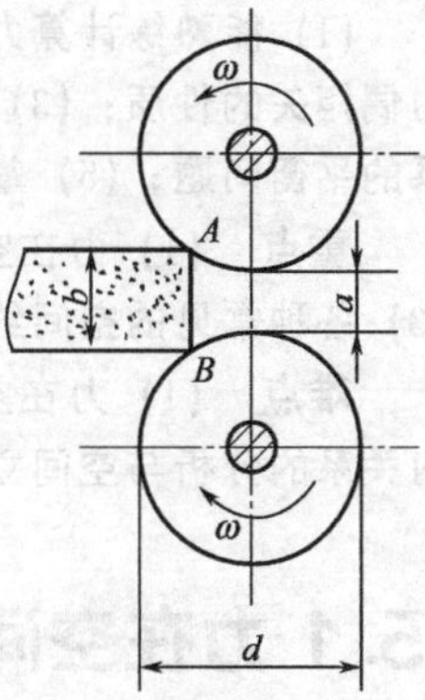

题 4-16 图

4-15　匀质箱体 A 的宽度 $b=1\text{m}$，高 $h=2\text{m}$，重 $P=200\text{kN}$，放在倾角 $\theta=20°$的斜面上。箱体与斜面之间的静摩擦因数 $f_s=0.2$。今在箱体的 C 点系一无重软绳，方向如题 4-15 图所示，绳的另一端绕过滑轮 D 挂一重物 E。已知 $BC=a=1.8\text{m}$。求使箱体处于平衡状态的重物 E 的重力。

4-16　轧压机由两轮构成，两轮的直径均为 $d=500\text{mm}$，轮间的间隙为 $a=5\text{mm}$，两轮转向如题 4-16 图上箭头所示。已知烧红的铁板与铸铁轮间的静摩擦因数 $f_s=0.1$。问能轧压的铁板的厚度 b 是多少?

（提示：欲使机器工作，铁板必须被两轮带动，亦即作用在铁板 A、B 处的法向反作用力和摩擦力的合力必须水平向右。）

4-17　半径为 R 的滑轮 B 上作用有力偶 M_B，轮上绕有细绳拉住半径为 R、重力为 $\boldsymbol{P}$ 的圆柱，如题 4-17 图所示。斜面倾角为 θ，圆柱与斜面间的滚动摩阻系数为 δ。求保持圆柱平衡时，力偶矩 M_B 的最大值与最小值。

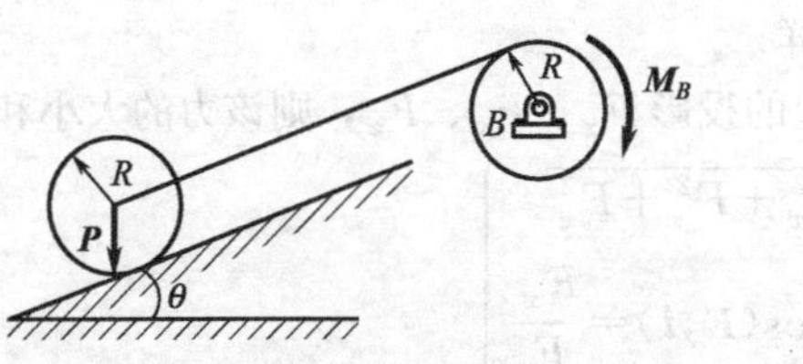

题 4-17 图

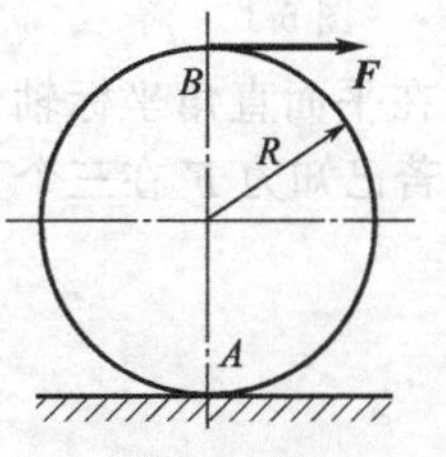

题 4-18 图

4-18　如题 4-18 图所示，一轮半径 R，在其铅直直径上端 B 点作用水平力，其大小为 F，轮与水平面间的滚动摩擦系数为 δ，问水平力使轮只滚不滑时，轮与水平面之间的动摩擦因数应满足什么条件。

第5章

空间力系

本章要求

(1) 能熟练计算力在空间直角坐标轴上的投影和力对轴的矩；(2) 掌握空间力对点之矩和力偶矩矢的性质；(3) 基本掌握空间任意力系的简化；(4) 能较熟练地应用平衡条件求解空间力系的平衡问题；(5) 掌握计算物体重心位置的方法。

重点 (1) 力在空间直角坐标轴上的投影和力对轴的矩；(2) 空间力系平衡方程的应用；(3) 各种常见的空间约束及约束反力的表示方法。

难点 (1) 力在空间直角坐标轴上的投影、力对轴之矩的计算；(2) 空间结构、机构中几何关系的分析与空间立体图的识别；(3) 空间任意力系平衡问题的求解。

5.1 力在空间直角坐标轴上的投影

5.1.1 直接投影法

若已知力 $\boldsymbol{F}$ 与正交坐标系 $Oxyz$ 三轴间的夹角，如图 5-1 所示，则可用直接投影法，即

$$\left.\begin{aligned} F_x &= F\cos(\boldsymbol{F},\boldsymbol{i}) \\ F_y &= F\cos(\boldsymbol{F},\boldsymbol{j}) \\ F_z &= F\cos(\boldsymbol{F},\boldsymbol{k}) \end{aligned}\right\} \tag{5-1a}$$

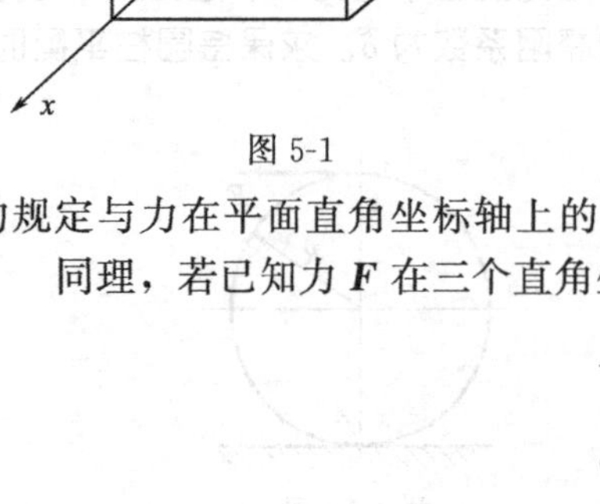

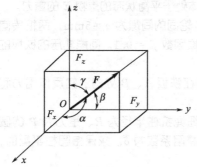

图 5-1

令 $\cos\alpha=\cos(\boldsymbol{F},\ \boldsymbol{i})$，$\cos\beta=\cos(\boldsymbol{F},\ \boldsymbol{j})$，$\cos\gamma=\cos(\boldsymbol{F},\ \boldsymbol{k})$，如图 5-1 所示，则

$$\left.\begin{aligned} F_x &= F\cos\alpha \\ F_y &= F\cos\beta \\ F_z &= F\cos\gamma \end{aligned}\right\} \tag{5-1b}$$

力在空间直角坐标轴上的投影为代数量，其正负号的规定与力在平面直角坐标轴上的投影一样。

同理，若已知力 $\boldsymbol{F}$ 在三个直角坐标轴上的投影 F_x、F_y、F_z，则该力的大小和方向余弦为

$$\left.\begin{aligned} F &= \sqrt{F_x^2+F_y^2+F_z^2} \\ \cos\alpha &= \cos(\boldsymbol{F},\boldsymbol{i})=\frac{F_x}{F} \\ \cos\beta &= \cos(\boldsymbol{F},\boldsymbol{j})=\frac{F_y}{F} \\ \cos\gamma &= \cos(\boldsymbol{F},\boldsymbol{k})=\frac{F_z}{F} \end{aligned}\right\} \tag{5-2}$$

其中，$\cos^2\alpha+\cos^2\beta+\cos^2\gamma=1$。

5.1.2　二次投影法

当力 $\boldsymbol{F}$ 与空间直角坐标轴 Ox、Oy 间的夹角不易确定时，可把力 $\boldsymbol{F}$ 先投影到坐标平面 Oxy 上，得到力在 Oxy 面上的投影 $\boldsymbol{F}_{xy}$，然后再把 $\boldsymbol{F}_{xy}$ 投影到 x 轴、y 轴上，这种方法称为二次投影法（间接投影法）。

如图 5-2 所示，已知夹角 γ 和 φ，则力 $\boldsymbol{F}$ 在空间三个直角坐标轴的投影分别为

$$\left.\begin{aligned}F_x&=F\sin\gamma\cos\varphi\\F_y&=F\sin\gamma\sin\varphi\\F_z&=F\cos\gamma\end{aligned}\right\}\tag{5-3}$$

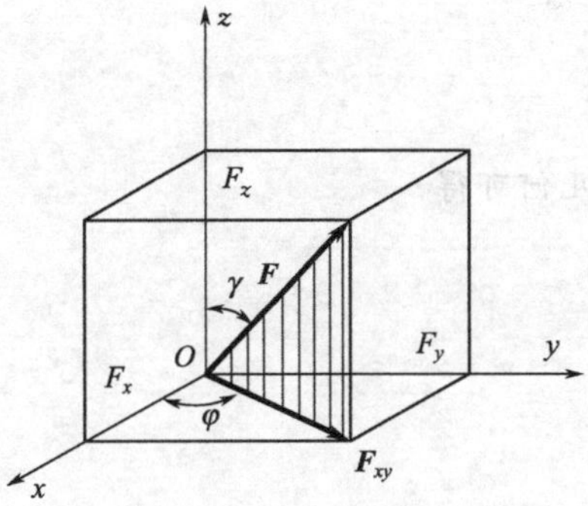

图 5-2

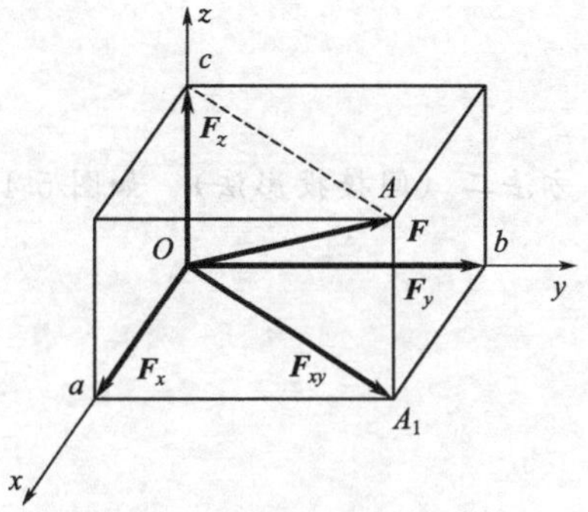

图 5-3

5.1.3　力沿空间直角坐标轴的分解

为了分析空间力对物体的作用，常需将其分解成三个相互垂直的分力。与平面力正交分解的方法一样，但空间力的分解需两次使用力的平行四边形法则。如图 5-3 所示，可先向沿 z 轴和垂直于 z 轴的方向分解得分力 $\boldsymbol{F}_z$ 和 $\boldsymbol{F}_{xy}$，再将力 $\boldsymbol{F}_{xy}$ 在 Oxy 平面内分解为 $\boldsymbol{F}_x$ 和 $\boldsymbol{F}_y$。这样便可得到力 $\boldsymbol{F}$ 沿空间直角坐标轴的三个分力 $\boldsymbol{F}_x$、$\boldsymbol{F}_y$、$\boldsymbol{F}_z$，并且

$$\boldsymbol{F}=\boldsymbol{F}_x+\boldsymbol{F}_y+\boldsymbol{F}_z=F_x\boldsymbol{i}+F_y\boldsymbol{j}+F_z\boldsymbol{k}\tag{5-4}$$

不难看出：此三个正交分力的大小刚好是以力 $\boldsymbol{F}$ 为对角线，以三个直角坐标轴为棱边所作长方体三条相邻的棱长。这种正交分解，又称为力的长方体法则。

与平面力系的情况类似，力 $\boldsymbol{F}$ 沿空间直角坐标轴分解所得分力 $\boldsymbol{F}_x$、$\boldsymbol{F}_y$、$\boldsymbol{F}_z$ 的大小，等于该力在相应轴上的投影的绝对值。注意，分力是矢量，而力在坐标轴上的投影是代数量。

例 5-1　在边长为 a 的正六面体的对角线上作用一力 $\boldsymbol{F}$，如图 5-4(a)所示。试求该力分别在 x、y、z 轴上的投影。

解： 方法一（直接投影法）　如图 5-4(b)所示，由空间几何可得

$$\cos\alpha=\cos\beta=\cos\gamma=\frac{\sqrt{3}}{3}$$

则力在三轴上的投影为

$$F_x=F\cos\alpha=\frac{\sqrt{3}}{3}F$$

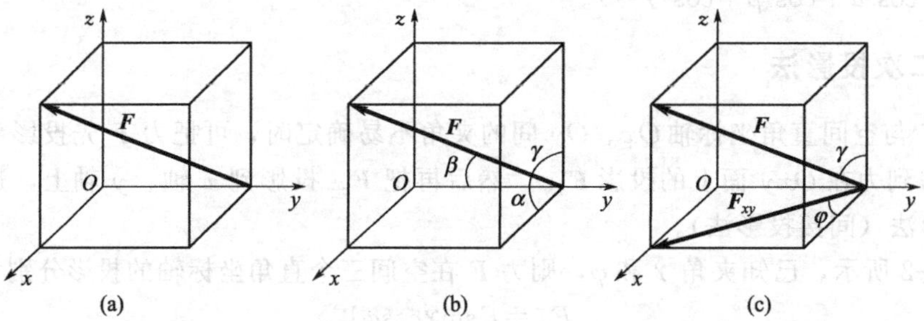

图 5-4

$$F_y = -F\cos\beta = -\frac{\sqrt{3}}{3}F$$

$$F_z = F\cos\gamma = \frac{\sqrt{3}}{3}F$$

方法二（间接投影法）　如图 5-4(c)所示，由空间几何可得

$$\sin\gamma = \frac{\sqrt{2}\,a}{\sqrt{3}\,a} = \frac{\sqrt{6}}{3}$$

$$\cos\gamma = \frac{a}{\sqrt{3}\,a} = \frac{\sqrt{3}}{3}$$

$$\sin\varphi = \cos\varphi = \frac{\sqrt{2}}{2}$$

则力向 z 轴和 Oxy 平面投影分别为

$$F_z = F\cos\gamma = \frac{\sqrt{3}}{3}F$$

$$F_{xy} = F\sin\gamma = \frac{\sqrt{6}}{3}F$$

再将 $\boldsymbol{F}_{xy}$ 向 x、y 轴投影，得

$$F_x = F_{xy}\cos\varphi = \frac{\sqrt{3}}{3}F$$

$$F_y = -F_{xy}\sin\varphi = -\frac{\sqrt{3}}{3}F$$

两种方法结果完全一致。

5.1.4　空间汇交力系的合成与平衡条件

当空间力系中各力的作用线汇交于一点时，称其为空间汇交力系。将平面汇交力系的合成法则扩展到空间，可得：空间汇交力系的合力等于各分力的矢量和，合力的作用线通过汇交点。合力矢为

$$\boldsymbol{F}_R = \boldsymbol{F}_1 + \boldsymbol{F}_2 + \cdots + \boldsymbol{F}_n = \sum_{i=1}^{n}\boldsymbol{F}_i = \sum F_x\boldsymbol{i} + \sum F_y\boldsymbol{j} + \sum F_z\boldsymbol{k} \qquad (5\text{-}5)$$

其中，$\sum F_x$、$\sum F_y$、$\sum F_z$ 为合力 $\boldsymbol{F}_R$ 沿 x、y、z 轴上的投影。由此可得合力的大小和方向余弦为

$$\left.\begin{aligned}
F_R &= \sqrt{(\sum F_x)^2+(\sum F_y)^2+(\sum F_z)^2}\\
\cos(\boldsymbol{F}_R,\boldsymbol{i}) &= \frac{\sum F_x}{F_R}\\
\cos(\boldsymbol{F}_R,\boldsymbol{j}) &= \frac{\sum F_y}{F_R}\\
\cos(\boldsymbol{F}_R,\boldsymbol{k}) &= \frac{\sum F_z}{F_R}
\end{aligned}\right\} \tag{5-6}$$

例 5-2　在刚体上作用有 4 个汇交力，它们在坐标轴上的投影如表 5-1 所示，试求这 4 个力的合力的大小和方向。

表 5-1

投影 \ 力	$\boldsymbol{F}_1$	$\boldsymbol{F}_2$	$\boldsymbol{F}_3$	$\boldsymbol{F}_4$	单位
F_x	1	2	0	2	kN
F_y	10	15	−5	10	kN
F_z	3	4	1	−2	kN

解： 由表 5-1 得

$$\sum F_x=5\text{kN},\ \sum F_y=30\text{kN},\ \sum F_z=6\text{kN}$$

代入式(5-6) 得合力的大小和方向余弦为

$$F_R=31\text{kN}$$

$$\cos(\boldsymbol{F}_R,\boldsymbol{i})=\frac{5}{31},\ \cos(\boldsymbol{F}_R,\boldsymbol{j})=\frac{30}{31},\ \cos(\boldsymbol{F}_R,\boldsymbol{k})=\frac{6}{31}$$

由此得夹角 $\alpha=(\boldsymbol{F}_R,\boldsymbol{i})=80°43'$、$\beta=(\boldsymbol{F}_R,\boldsymbol{j})=14°36'$、$\gamma=(\boldsymbol{F}_R,\boldsymbol{k})=78°50'$。

由于一般空间汇交力系均可合成为一个合力，因此，空间汇交力系平衡的必要和充分条件为：该力系的合力等于零，即

$$\boldsymbol{F}_R=\sum_{i=1}^{n}\boldsymbol{F}_i=0 \tag{5-7}$$

由式(5-5) 和式(5-7) 可知，为使合力 $\boldsymbol{F}_R$ 为零，必须同时满足

$$\left.\begin{aligned}
\sum F_x=0\\
\sum F_y=0\\
\sum F_z=0
\end{aligned}\right\} \tag{5-8}$$

空间汇交力系平衡的必要和充分条件为：该力系中所有各力在三个坐标轴上投影的代数和分别等于零。式(5-8) 称为空间汇交力系的平衡方程。

应用解析法求解空间汇交力系的平衡问题的步骤，与平面汇交力系问题相同，只不过需列出三个平衡方程，可求解三个未知量。

例 5-3　三根杆 AB、AC、AD 铰接于 A 点，其下悬一重力为 $\boldsymbol{G}$ 的物体，如图 5-5 所示。AB 与 AC 互相垂直且长度相等，$\angle OAD=30°$，B、C、D 处均为铰接。若 $G=1000\text{N}$，三根杆的重力不计，试求各杆所受的力。

解： 因各杆的重力不计，所以都是二力杆。先假定各杆都受拉力。

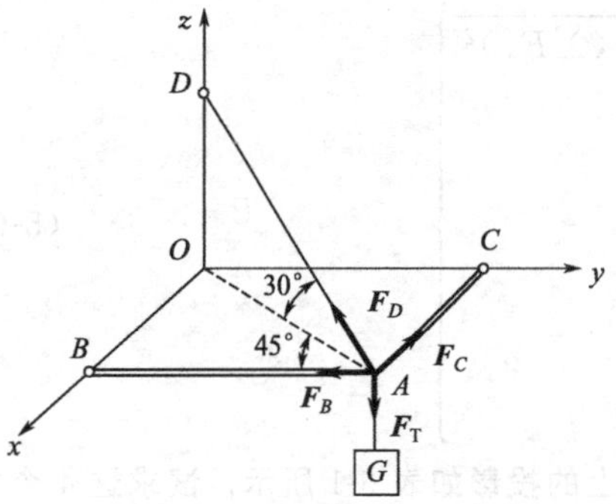

图 5-5

选节点 A 为研究对象，受力图如图 5-5 所示。列平衡方程

$$\sum F_x=0 \qquad -F_C-F_D\cos30°\sin45°=0$$

$$\sum F_y=0 \qquad -F_B-F_D\cos30°\cos45°=0$$

$$\sum F_z=0 \qquad F_D\sin30°-F_T=0$$

其中 $F_T=G$

解得 $F_D=2000\text{N}$，$F_B=F_C=-1225\text{N}$

F_B 与 F_C 均为负值，说明力的实际方向与假定的方向相反，即都是压力。

5.2 力对点之矩矢和力对轴之矩

5.2.1 力对点之矩以矢量表示——力矩矢

对于平面力系，用代数量表示力对点之矩足以概括它的全部要素。但是在空间情况下，不仅要考虑力矩的大小、转向，而且还要注意力与矩心所组成的平面（力矩作用面）的方位。方位不同，即使力矩大小一样，作用效果将完全不同。这三个因素可以用力矩矢 $\boldsymbol{M}_O(\boldsymbol{F})$ 来描述。其中，矢量的模，即 $|\boldsymbol{M}_O(\boldsymbol{F})|=F\cdot h=2A_{\Delta OAB}$。矢量的方位和力矩作用面的法线方向相同，如图 5-6(a)所示。矢量的指向按右手螺旋法则来确定，如图 5-6(b)所示。

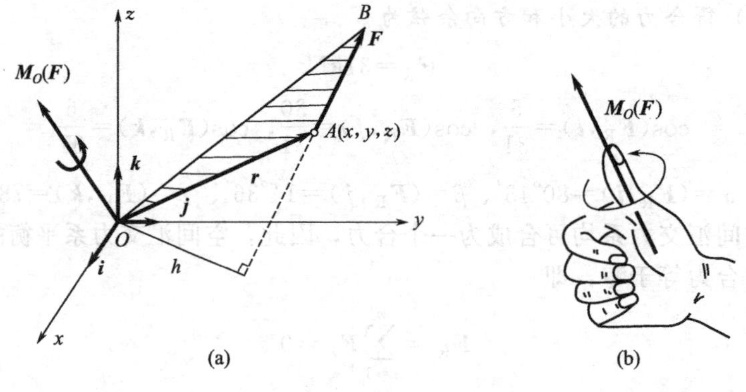

图 5-6

由图 5-6(a)所示可见，以 $\boldsymbol{r}$ 表示力作用点 A 的矢径，则矢积 $\boldsymbol{r}\times\boldsymbol{F}$ 的模等于三角形 OAB 面积的两倍，其方向与力矩矢一致。因此可得

$$\boldsymbol{M}_O(\boldsymbol{F})=\boldsymbol{r}\times\boldsymbol{F} \tag{5-9}$$

式(5-9) 为力对点之矩的矢积表达式，即力对点之矩矢等于矩心到该力作用点的矢径与该力的矢量积。

若以矩心 O 为原点，作空间直角坐标系 $Oxyz$ 如图 5-6(a)所示。设力作用点 A 的坐标为 $A(x, y, z)$，力在三个直角坐标轴上的投影分别为 F_x、F_y、F_z，则矢径 $\boldsymbol{r}$ 和力 $\boldsymbol{F}$ 分别为

$$\boldsymbol{r}=x\boldsymbol{i}+y\boldsymbol{j}+z\boldsymbol{k}$$

$$\boldsymbol{F}=F_x\boldsymbol{i}+F_y\boldsymbol{j}+F_z\boldsymbol{k}$$

代入式(5-9)，并采用行列式形式，得

$$M_O(F)=r\times F=\begin{vmatrix} i & j & k \\ x & y & z \\ F_x & F_y & F_z \end{vmatrix}$$

$$=(yF_z-zF_y)i+(zF_x-xF_z)j+(xF_y-yF_x)k \tag{5-10}$$

由式(5-10) 可知，单位矢量 i，j，k 前面的 3 个系数，应分别表示力矩矢 $M_O(F)$ 在三个坐标轴上的投影，即

$$\left.\begin{aligned} [M_O(F)]_x &= yF_z-zF_y \\ [M_O(F)]_y &= zF_x-xF_z \\ [M_O(F)]_z &= xF_y-yF_x \end{aligned}\right\} \tag{5-11}$$

由于力矩矢量 $M_O(F)$ 的大小和方向都与矩心 O 的位置有关，故力矩矢的矢端必须在矩心，不可任意挪动，这种矢量称为定位矢量。

5.2.2 力对轴之矩

工程中，经常遇到刚体绕定轴转动的情形，为了度量力对绕定轴转动刚体的作用效果，必须了解力对轴之矩的概念。

现计算作用在斜齿轮上的力 F 对 z 轴之矩，如图 5-7(a)所示。将力 F 分解为 F_z 与 F_{xy}，其中分力 F_z 平行于 z 轴，不能使静止的齿轮转动，故它对 z 轴之矩为零；只有垂直 z 轴的分力 F_{xy} 对 z 轴有矩，等于力 F_{xy} 对轮心 C 之矩。一般情况下，可先将空间一力 F，投影到垂直于 z 轴的 Oxy 平面内，得力 F_{xy}；再将力 F_{xy} 对平面与轴的交点 O 取矩，如图 5-7(b)所示。以符号 $M_z(F)$ 表示力对 z 轴之矩，即

$$M_z(F)=M_O(F_{xy})=\pm F_{xy}h=\pm 2A_{\triangle Oab} \tag{5-12}$$

因此，力对轴之矩的定义如下：力对轴之矩是力使刚体绕该轴转动效应的度量，是一个代数量，其绝对值等于该力在垂直于该轴的平面上的投影对于这个平面与该轴交点之矩。其正负号规定如下：从 z 轴正端来看，若力的这个投影使物体绕该轴逆时针转动，则取正号，反之取负号。也可按右手螺旋法则确定其正负号，四指弯向力矩的转向，拇指所指的方向与 z 轴正向一致时为正，反之为负，如图 5-7(c)所示。力对轴之矩的单位为 N·m。

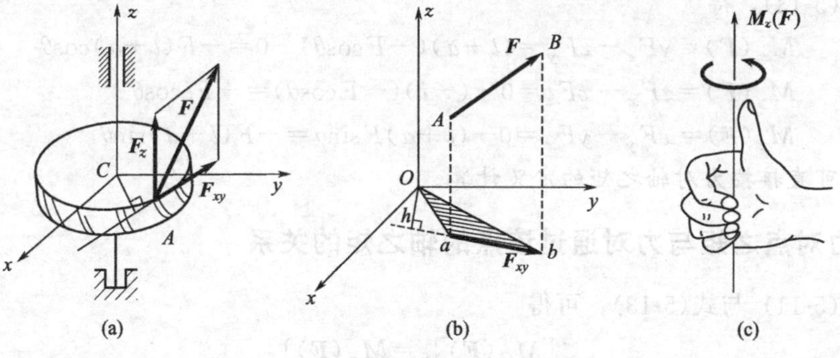

图 5-7

力对轴之矩等于零的情形：(1) 当力与轴相交时，此时 $h=0$；(2) 当力与轴平行时，此时 $|F_{xy}|=0$。这两种情形可以合起来说：当力与轴在同一平面时，力对该轴之矩等于零。

力对轴之矩也可用解析式表示。设力 F 在三个坐标轴上的投影分别为 F_x、F_y、F_z，力作用点 A 的坐标为 (x, y, z)，如图 5-8 所示。根据式(5-12)，得

$$M_z(F)=M_O(F_{xy})=M_O(F_x)+M_O(F_y)$$

$$=xF_y-yF_x$$

同理，可得其余二式。将此三式合写为

$$\left.\begin{aligned}M_x(\boldsymbol{F})&=yF_z-zF_y\\M_y(\boldsymbol{F})&=zF_x-xF_z\\M_z(\boldsymbol{F})&=xF_y-yF_x\end{aligned}\right\}\tag{5-13}$$

以上三式是计算力对轴之矩的解析式。

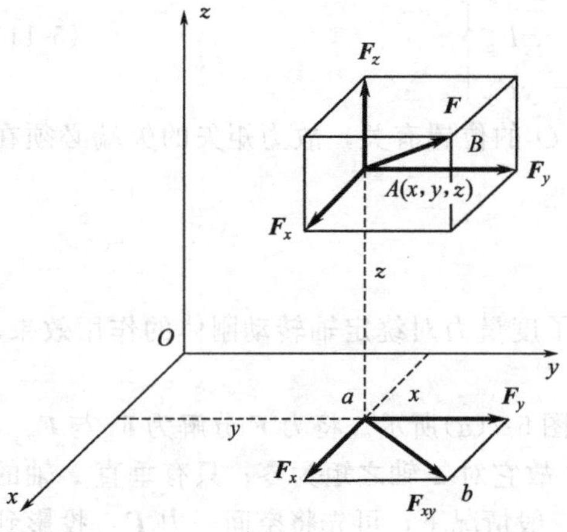

图 5-8

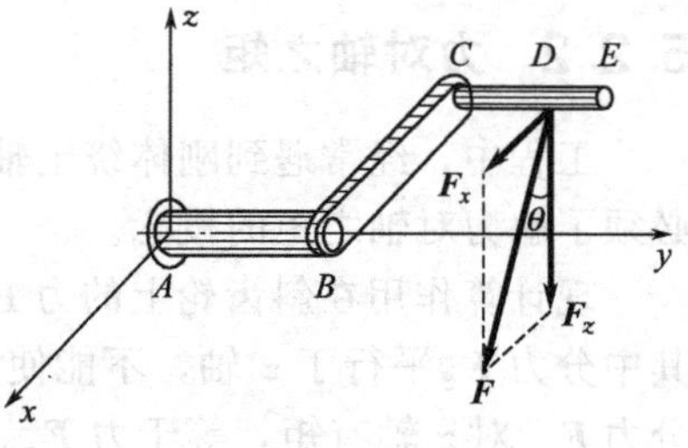

图 5-9

例 5-4　手柄 $ABCE$ 在平面 Axy 内，在 D 处作用一个力 $\boldsymbol{F}$，如图 5-9 所示，它位于垂直于 y 轴的平面内，偏离铅直线的角度为 θ，如果 $CD=a$，杆 BC 平行于 x 轴，杆 CE 平行于 y 轴，AB 和 BC 的长度都等于 l。试求力 $\boldsymbol{F}$ 对 x、y、z 三轴之矩。

解： 力 $\boldsymbol{F}$ 在 x、y、z 三轴上的投影分别为

$$F_x=F\sin\theta，F_y=0，F_z=-F\cos\theta$$

力 $\boldsymbol{F}$ 作用点 D 的坐标为

$$x=-l，y=l+a，z=0$$

代入式(5-13)，得

$$M_x(\boldsymbol{F})=yF_z-zF_y=(l+a)(-F\cos\theta)-0=-F(l+a)\cos\theta$$
$$M_y(\boldsymbol{F})=zF_x-xF_z=0-(-l)(-F\cos\theta)=-Fl\cos\theta$$
$$M_z(\boldsymbol{F})=xF_y-yF_x=0-(l+a)F\sin\theta=-F(l+a)\sin\theta$$

本题亦可直接按力对轴之矩的定义计算。

5.2.3　力对点之矩与力对通过该点的轴之矩的关系

比较式(5-11) 与式(5-13)，可得

$$\left.\begin{aligned}[\boldsymbol{M}_O(\boldsymbol{F})]_x&=M_x(\boldsymbol{F})\\[\boldsymbol{M}_O(\boldsymbol{F})]_y&=M_y(\boldsymbol{F})\\[\boldsymbol{M}_O(\boldsymbol{F})]_z&=M_z(\boldsymbol{F})\end{aligned}\right\}\tag{5-14}$$

式(5-14) 说明：力对点之矩矢在通过该点的某轴上的投影，等于力对该轴之矩。

式(5-14) 建立了力对点之矩与力对轴之矩之间的关系。

如果力对通过点 O 的直角坐标轴 x、y、z 之矩是已知的，则可求得该力对点 O 之矩的大小和方向余弦为

$$\left.\begin{aligned}|\boldsymbol{M}_O(\boldsymbol{F})|&=|\boldsymbol{M}_O|=\sqrt{[M_x(\boldsymbol{F})]^2+[M_y(\boldsymbol{F})]^2+[M_z(\boldsymbol{F})]^2}\\\cos(\boldsymbol{M}_O,\boldsymbol{i})&=\frac{M_x(\boldsymbol{F})}{|\boldsymbol{M}_O(\boldsymbol{F})|}\\\cos(\boldsymbol{M}_O,\boldsymbol{j})&=\frac{M_y(\boldsymbol{F})}{|\boldsymbol{M}_O(\boldsymbol{F})|}\\\cos(\boldsymbol{M}_O,\boldsymbol{k})&=\frac{M_z(\boldsymbol{F})}{|\boldsymbol{M}_O(\boldsymbol{F})|}\end{aligned}\right\}\tag{5-15}$$

5.3 空间力偶

5.3.1 空间力偶矩以矢量表示力偶矩矢

空间力偶对刚体的作用效应，可用力偶矩矢来度量，即用力偶中的两个力对空间某点之矩的矢量和来度量。设有空间力偶（$\boldsymbol{F},\boldsymbol{F}'$），其力偶臂为 d，如图 5-10(a)所示。力偶对空间任一点 O 的矩矢为 $\boldsymbol{M}_O(\boldsymbol{F},\boldsymbol{F}')$，则有

$$\boldsymbol{M}_O(\boldsymbol{F},\boldsymbol{F}')=\boldsymbol{M}_O(\boldsymbol{F})+\boldsymbol{M}_O(\boldsymbol{F}')=\boldsymbol{r}_A\times\boldsymbol{F}+\boldsymbol{r}_B\times\boldsymbol{F}'$$

因为 $\boldsymbol{F}'=-\boldsymbol{F}$，故上式可改写为

$$\boldsymbol{M}_O(\boldsymbol{F},\boldsymbol{F}')=(\boldsymbol{r}_A-\boldsymbol{r}_B)\times\boldsymbol{F}=\boldsymbol{r}_{BA}\times\boldsymbol{F}$$

计算表明，力偶对空间任一点的矩矢与矩心无关，以记号 $\boldsymbol{M}(\boldsymbol{F},\boldsymbol{F}')$ 或 $\boldsymbol{M}$ 表示力偶矩矢，则

$$\boldsymbol{M}=\boldsymbol{r}_{BA}\times\boldsymbol{F}\tag{5-16}$$

由于矢量 $\boldsymbol{M}$ 的大小和方向都与矩心 O 的位置无关，只要保持其大小、方向不变，该矢量可以在空间任意移动，不仅可以沿其方向滑移，而且可以平行搬移，这样的矢量称为自由矢量，如图 5-10(b)所示。

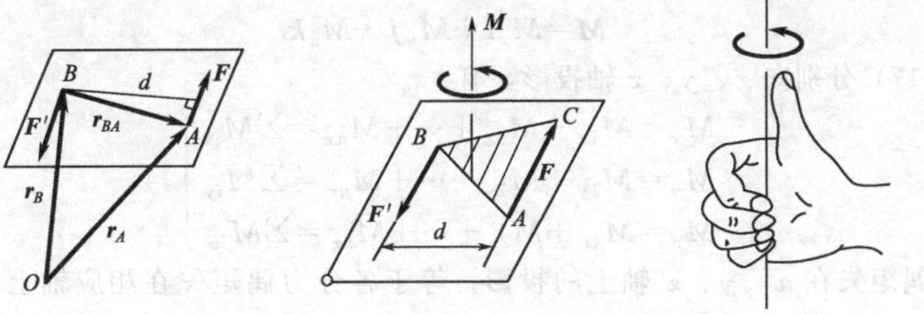

(a)　(b)　(c)

图 5-10

可见，空间力偶对刚体的作用效应决定于下列三个要素：

(1) 矢量的模，即力偶矩大小 $M=F\cdot d=2A_{\triangle ABC}$，见图 5-10(b)所示；

(2) 矢量的方位与力偶作用面相垂直，见图 5-10(b)所示；

(3) 矢量的指向与力偶的转向的关系服从右手螺旋法则，见图 5-10(c)所示。

5.3.2 空间力偶等效定理

由于空间力偶对刚体的作用效果完全由力偶矩矢来确定，而力偶矩矢是自由矢量，因此两个空间力偶不论作用在刚体的什么位置，也不论力的大小、方向及力偶臂的大小，只要力

偶矩矢相等就等效。这就是空间力偶等效定理，即作用在同一刚体上的两个空间力偶，如果其力偶矩矢相等，则它们彼此等效。

这一定理表明：空间力偶可以平移到与其作用面平行的任意平面上而不改变力偶对刚体的作用效应；也可以同时改变力与力偶臂的大小或将力偶在其作用面内任意移动，只要力偶矩矢的大小、方向不变，其作用效应就不变。

5.3.3　空间力偶系的合成与平衡条件

任意多个空间分布的力偶可合成为一个合力偶，其合力偶矩矢等于各分力偶矩矢的矢量和，即

$$\boldsymbol{M}=\boldsymbol{M}_1+\boldsymbol{M}_2+\cdots+\boldsymbol{M}_n=\sum \boldsymbol{M}_i \tag{5-17}$$

证明：如图 5-11(a)所示，由于力偶矩矢是力偶作用效果的度量，而且力偶矩矢是自由矢量，如图 5-11(b)所示。因此当 n 个力偶作用于刚体时，可以将它们移动到同一点，如图 5-11(c)所示，这 n 个力偶的合成当然就是这 n 个力偶矩矢的合成，而矢量的合成符合矢量加法，式(5-17) 自然成立。

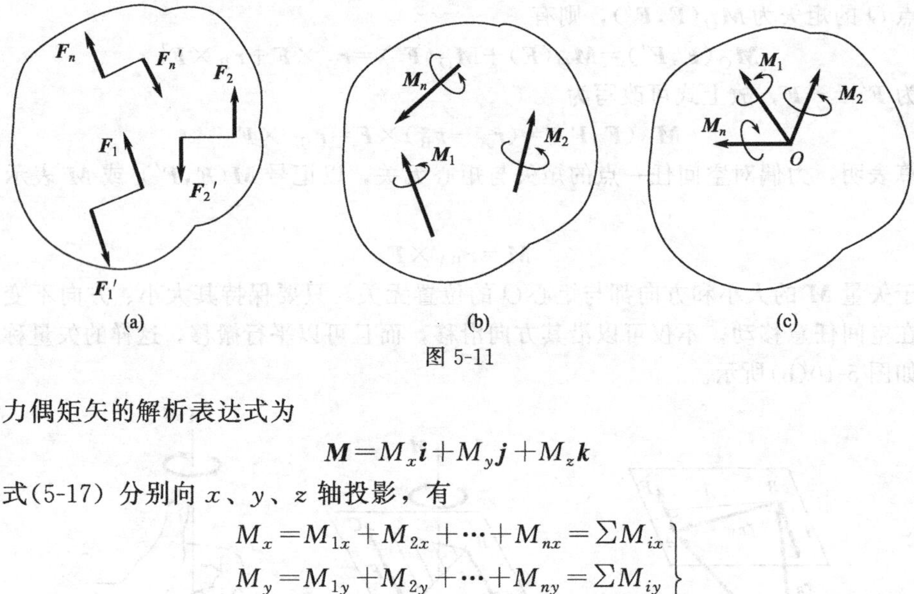

图 5-11

合力偶矩矢的解析表达式为

$$\boldsymbol{M}=M_x\boldsymbol{i}+M_y\boldsymbol{j}+M_z\boldsymbol{k} \tag{5-18}$$

将式(5-17) 分别向 x、y、z 轴投影，有

$$\left.\begin{aligned}M_x&=M_{1x}+M_{2x}+\cdots+M_{nx}=\sum M_{ix}\\M_y&=M_{1y}+M_{2y}+\cdots+M_{ny}=\sum M_{iy}\\M_z&=M_{1z}+M_{2z}+\cdots+M_{nz}=\sum M_{iz}\end{aligned}\right\} \tag{5-19}$$

即合力偶矩矢在 x、y、z 轴上的投影，等于各分力偶矩矢在相应轴上投影的代数和(为便于书写，下标 i 可略去)。

若已知力偶 $\boldsymbol{M}$ 在三个直角坐标轴上的投影分别为 M_x、M_y、M_z，则该力偶矩的大小和方向余弦为

$$\left.\begin{aligned}M&=\sqrt{M_x^2+M_y^2+M_z^2}\\\cos(\boldsymbol{M},\boldsymbol{i})&=\frac{M_x}{|M|}\\\cos(\boldsymbol{M},\boldsymbol{j})&=\frac{M_y}{|M|}\\\cos(\boldsymbol{M},\boldsymbol{k})&=\frac{M_z}{|M|}\end{aligned}\right\} \tag{5-20}$$

由于空间力偶系可以用一个合力偶来代替，因此，空间力偶系平衡的必要和充分条件是：该力偶系的合力偶矩等于零，亦即所有力偶矩矢的矢量和等于零，即

$$\sum_{i=1}^{n} \boldsymbol{M}_i = 0 \tag{5-21}$$

欲使式(5-21) 成立，必须同时满足

$$\left.\begin{array}{l}\sum M_x = 0 \\ \sum M_y = 0 \\ \sum M_z = 0\end{array}\right\} \tag{5-22}$$

式(5-22) 为空间力偶系的平衡方程。即空间力偶系平衡的必要和充分条件为：该力偶系中所有各力偶矩矢在三个坐标轴上投影的代数和分别等于零。上述三个独立的平衡方程可求解三个未知量。

例 5-5　O_1 和 O_2 圆盘与水平轴 AB 固连，O_1 盘面垂直于 z 轴，O_2 盘面垂直于 x 轴，盘面上分别作用有力偶 ($\boldsymbol{F}_1$，$\boldsymbol{F}_1'$)、($\boldsymbol{F}_2$，$\boldsymbol{F}_2'$)，如图 5-12(a)所示。如两盘半径均为 200mm，$F_1 = 3$N，$F_2 = 5$N，$AB = 800$mm，不计构件自重。求轴承 A 和 B 处的约束反力。

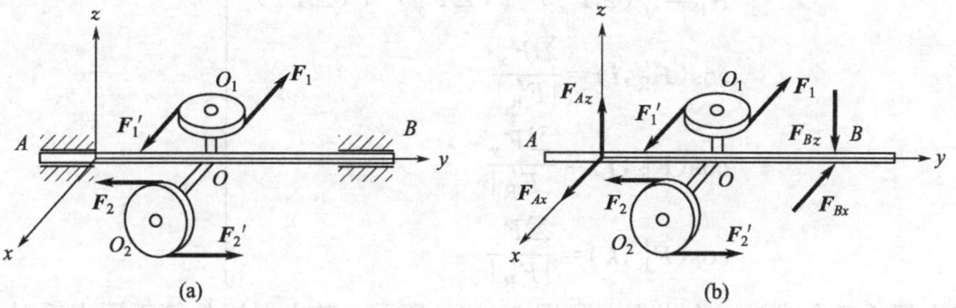

图 5-12

解：取整体为研究对象，由于不考虑构件自重，主动力为两个力偶，根据力偶的性质可知，力偶只能与力偶平衡，所以轴承 A、B 处的约束反力必然形成力偶。画出机构整体的受力图如图 5-12(b)所示。由空间力偶系的平衡方程，有

$$\sum M_x = 0 \quad 400F_2 - 800F_{Bz} = 0$$

$$\sum M_z = 0 \quad 400F_1 + 800F_{Ax} = 0$$

解得　$$F_{Ax} = F_{Bx} = -1.5\text{N}, \ F_{Az} = F_{Bz} = 2.5\text{N}$$

结果中 F_{Ax}、F_{Bx} 为负值表示力的实际方向与受力图中假设力的方向相反。

5.4 空间任意力系向一点简化

当空间力系中各力的作用线在空间任意分布时，称其为空间任意力系。

5.4.1　空间任意力系向一点的简化

刚体上作用空间任意力系 $\boldsymbol{F}_1$，$\boldsymbol{F}_2$，…，$\boldsymbol{F}_n$，如图 5-13(a)所示。应用力线平移定理，依次将各个力向简化中心 O 平移，同时附加一个相应的力偶。这样，原来的空间任意力系被空间汇交力系和空间力偶系两个简单力系等效替换，如图 5-13(b)所示。其中

$$\boldsymbol{F}_1' = \boldsymbol{F}_1，\boldsymbol{F}_2' = \boldsymbol{F}_2，\cdots，\boldsymbol{F}_n' = \boldsymbol{F}_n$$

$$\boldsymbol{M}_1 = \boldsymbol{M}_O(\boldsymbol{F}_1), \boldsymbol{M}_2 = \boldsymbol{M}_O(\boldsymbol{F}_2), \cdots, \boldsymbol{M}_n = \boldsymbol{M}_O(\boldsymbol{F}_n)$$

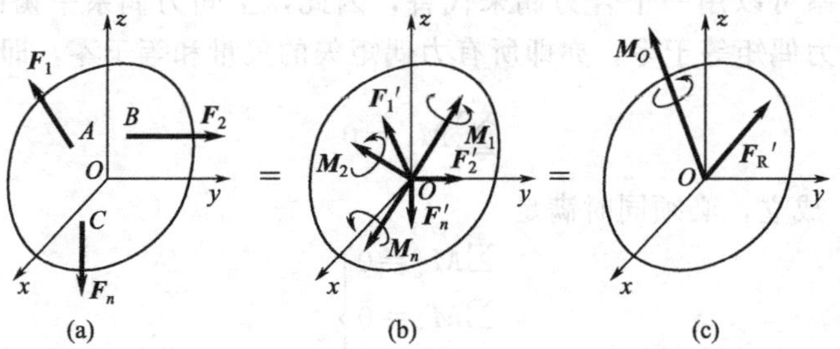

(a) (b) (c)

图 5-13

作用于点 O 的空间汇交力系可合成为一个力 $\boldsymbol{F}'_{\mathrm{R}}$，如图 5-13(c)所示。此力的作用线通过点 O，其大小和方向等于力系的主矢，即

$$\boldsymbol{F}'_{\mathrm{R}}=\sum_{i=1}^{n}\boldsymbol{F}_i=\sum F_x\boldsymbol{i}+\sum F_y\boldsymbol{j}+\sum F_z\boldsymbol{k} \tag{5-23a}$$

并且，有下式成立

$$\left.\begin{aligned}F'_{\mathrm{R}}&=\sqrt{(\sum F_x)^2+(\sum F_y)^2+(\sum F_z)^2}\\ \cos(\boldsymbol{F}'_{\mathrm{R}},\boldsymbol{i})&=\frac{\sum F_x}{|F'_{\mathrm{R}}|}\\ \cos(\boldsymbol{F}'_{\mathrm{R}},\boldsymbol{j})&=\frac{\sum F_y}{|F'_{\mathrm{R}}|}\\ \cos(\boldsymbol{F}'_{\mathrm{R}},\boldsymbol{k})&=\frac{\sum F_z}{|F'_{\mathrm{R}}|}\end{aligned}\right\} \tag{5-23b}$$

空间力偶系可合成为一个力偶，见图 5-13(c)所示。其力偶矩矢等于原力系对点 O 的主矩，即

$$\boldsymbol{M}_O=\sum_{i=1}^{n}\boldsymbol{M}_i=\sum_{i=1}^{n}\boldsymbol{M}_O(\boldsymbol{F}_i)=\sum_{i=1}^{n}(\boldsymbol{r}_i\times\boldsymbol{F}_i) \tag{5-24a}$$

由力矩的解析表达式(5-10)，有

$$\boldsymbol{M}_O=\sum(y_iF_{iz}-z_iF_{iy})\boldsymbol{i}+\sum(z_iF_{ix}-x_iF_{iz})\boldsymbol{j}+\sum(x_iF_{iy}-y_iF_{ix})\boldsymbol{k} \tag{5-24b}$$

空间任意力系向任一点 O 简化，可得一力和一力偶。此力的大小和方向等于该力系的主矢，作用线通过简化中心 O；此力偶的矩矢等于该力系对简化中心的主矩。与平面任意力系一样，主矢与简化中心的位置无关，主矩一般与简化中心的位置有关。

式(5-24b)中，单位矢量 $\boldsymbol{i}$、$\boldsymbol{j}$、$\boldsymbol{k}$ 前的系数，即主矩 $\boldsymbol{M}_O$ 沿 x、y、z 轴的投影，也等于力系各力对 x、y、z 轴之矩的代数和 $\sum M_x(\boldsymbol{F})$、$\sum M_y(\boldsymbol{F})$、$\sum M_z(\boldsymbol{F})$。

下式也同样成立：

$$\left.\begin{aligned}M_O&=\sqrt{[\sum M_x(\boldsymbol{F})]^2+[\sum M_y(\boldsymbol{F})]^2+[\sum M_z(\boldsymbol{F})]^2}\\ \cos(\boldsymbol{M}_O,\boldsymbol{i})&=\frac{\sum M_x(\boldsymbol{F})}{|M_O|}\\ \cos(\boldsymbol{M}_O,\boldsymbol{j})&=\frac{\sum M_y(\boldsymbol{F})}{|M_O|}\\ \cos(\boldsymbol{M}_O,\boldsymbol{k})&=\frac{\sum M_z(\boldsymbol{F})}{|M_O|}\end{aligned}\right\} \tag{5-24c}$$

下面通过作用在飞机上的力系说明空间任意力系简化结果的实际意义。飞机在飞行时受到重力、升力、推力和阻力等组成的空间任意力系的作用。通过其重心 O 作直角坐标系 $Oxyz$，如图 5-14 所示。将力系向飞机的重心 O 简化，可得一力 $\boldsymbol{F}'_{\mathrm{R}}$和一力偶矩矢为 $\boldsymbol{M}_O$ 的力偶。如果将该力和力偶矩矢向上述三坐标轴分解，则得到三个作用于重心 O 的正交分力 $\boldsymbol{F}'_{\mathrm{R}x}$、$\boldsymbol{F}'_{\mathrm{R}y}$、$\boldsymbol{F}'_{\mathrm{R}z}$ 和三个绕坐标轴的力偶矩 $\boldsymbol{M}_{Ox}$、$\boldsymbol{M}_{Oy}$、$\boldsymbol{M}_{Oz}$。可以看出它们的意义见图 5-14。

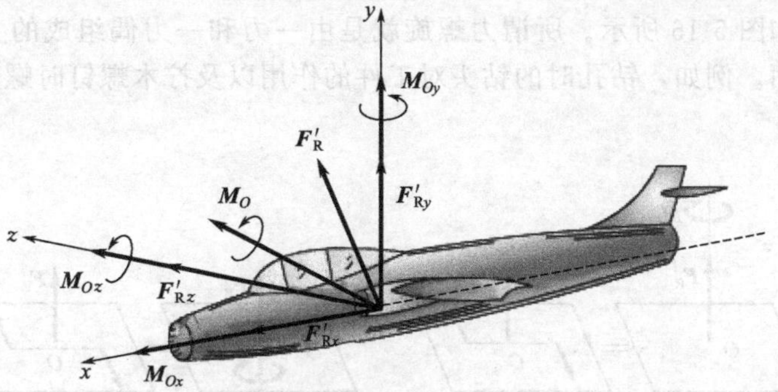

图 5-14

$F'_{\mathrm{R}x}$—有效推进力；$F'_{\mathrm{R}y}$—有效升力；$F'_{\mathrm{R}z}$—侧向力；M_{Ox}—滚转力矩；M_{Oy}—偏航力矩；M_{Oz}—俯仰力矩

5.4.2　空间任意力系的简化结果分析

空间任意力系向一点简化可能出现下列四种情况，即①$\boldsymbol{F}'_{\mathrm{R}}=\boldsymbol{0}$，$\boldsymbol{M}_O\neq\boldsymbol{0}$；②$\boldsymbol{F}'_{\mathrm{R}}\neq\boldsymbol{0}$，$\boldsymbol{M}_O=\boldsymbol{0}$；③$\boldsymbol{F}'_{\mathrm{R}}\neq\boldsymbol{0}$，$\boldsymbol{M}_O\neq\boldsymbol{0}$；④$\boldsymbol{F}'_{\mathrm{R}}=\boldsymbol{0}$，$\boldsymbol{M}_O=\boldsymbol{0}$。现分别加以讨论。

(1) 空间任意力系简化为一合力偶的情形　当空间任意力系向任一点简化时，若主矢 $\boldsymbol{F}'_{\mathrm{R}}=\boldsymbol{0}$，主矩 $\boldsymbol{M}_O\neq\boldsymbol{0}$，这时得一与原力系等效的合力偶，其合力偶矩矢等于原力系对简化中心的主矩。由于力偶矩矢与矩心位置无关，因此在这种情况下，主矩与简化中心的位置无关。

(2) 空间任意力系简化为一合力的情形

① 当空间任意力系向任一点简化时，若主矢 $\boldsymbol{F}'_{\mathrm{R}}\neq\boldsymbol{0}$，而主矩 $\boldsymbol{M}_O=\boldsymbol{0}$，这时得一与原力系等效的合力，合力的作用线通过简化中心 O，其大小和方向等于原力系的主矢。

② 当空间任意力系向任一点简化的结果为主矢 $\boldsymbol{F}'_{\mathrm{R}}\neq\boldsymbol{0}$，又主矩 $\boldsymbol{M}_O\neq\boldsymbol{0}$ 且 $\boldsymbol{F}'_{\mathrm{R}}\perp\boldsymbol{M}_O$，如图 5-15(a)所示。这时，力 $\boldsymbol{F}'_{\mathrm{R}}$和力偶矩矢为 $\boldsymbol{M}_O$ 的力偶（$\boldsymbol{F}''_{\mathrm{R}}$，$\boldsymbol{F}_{\mathrm{R}}$）在同一平面内，如图 5-15(b)所示。可将力 $\boldsymbol{F}'_{\mathrm{R}}$与力偶（$\boldsymbol{F}''_{\mathrm{R}}$，$\boldsymbol{F}_{\mathrm{R}}$）进一步合成，得作用于点 O' 的一个力 $\boldsymbol{F}_{\mathrm{R}}$，如图 5-15(c)所示。此力即为原力系的合力，其大小和方向等于原力系的主矢，合力作用线距简化中心 O 的距离为

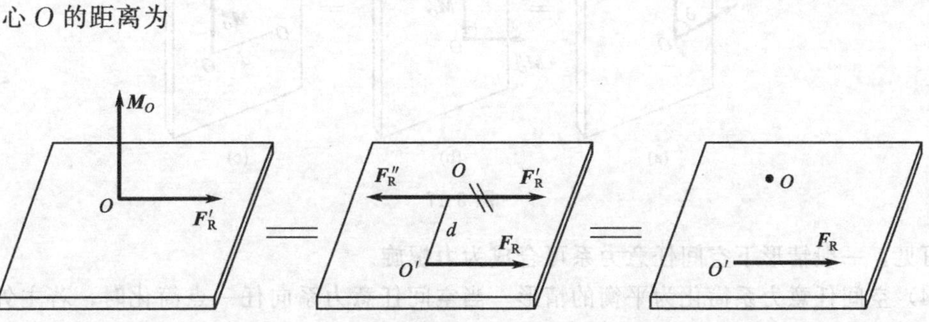

图 5-15

$$d=\frac{|\boldsymbol{M}_O|}{F'_R} \tag{5-25}$$

当空间任意力系简化为一合力时，由于合力与力系等效，因此，合力对空间任一点的矩等于力系中各力对同一点之矩的矢量和。这就是空间力系的合力矩定理。

（3）空间任意力系简化为力螺旋的情形

① 如果空间任意力系向一点简化后，主矢 $\boldsymbol{F}'_R \neq \boldsymbol{0}$，主矩 $\boldsymbol{M}_O \neq \boldsymbol{0}$，且 $\boldsymbol{F}'_R // \boldsymbol{M}_O$，这种结果称为力螺旋，如图 5-16 所示。所谓力螺旋就是由一力和一力偶组成的力系，其中的力垂直于力偶的作用面。例如，钻孔时的钻头对工件的作用以及拧木螺钉时螺丝刀对螺钉的作用都是力螺旋。

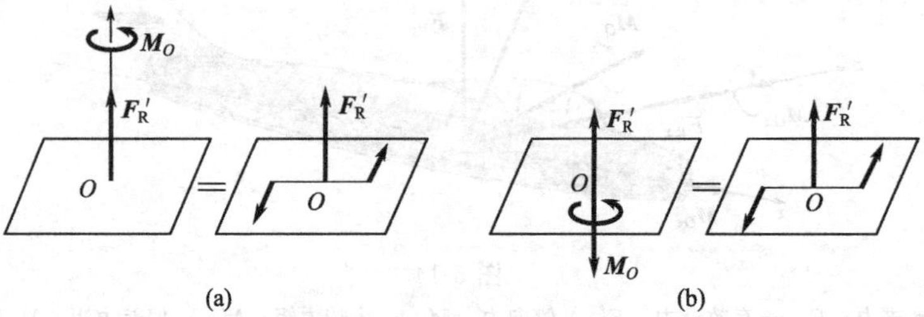

图 5-16

力螺旋是由静力学的两个基本要素——力和力偶组成的最简单的力系，不能再进一步合成。力偶的转向和力的指向符合右手螺旋法则的称为右螺旋，见图 5-16(a)；符合左手螺旋法则的称为左螺旋，见图 5-16(b)。力螺旋中力的作用线称为该力螺旋的中心轴。在上述情形下，中心轴通过简化中心。

② 如果 $\boldsymbol{F}'_R \neq \boldsymbol{0}$，$\boldsymbol{M}_O \neq \boldsymbol{0}$ 且两者既不平行又不垂直，如图 5-17(a)所示。此时可将 $\boldsymbol{M}_O$ 分解为两个分力偶矩矢 $\boldsymbol{M}''_O$ 和 $\boldsymbol{M}'_O$，它们分别垂直于 $\boldsymbol{F}'_R$ 和平行于 $\boldsymbol{F}'_R$，如图 5-17(b)所示，则 $\boldsymbol{M}''_O$ 和 $\boldsymbol{F}'_R$ 可用作用于点 O' 的力 $\boldsymbol{F}_R$ 来代替。由于力偶矩矢是自由矢量，故可将 $\boldsymbol{M}'_O$ 平行移动，使之与 $\boldsymbol{F}_R$ 共线。这样便得一力螺旋，其中心轴不在简化中心 O，而是通过另一点 O'，如图 5-17(c)所示。O、O' 两点间的距离为

$$d=\frac{|\boldsymbol{M}''_O|}{F'_R}=\frac{M_O\sin\theta}{F'_R} \tag{5-26}$$

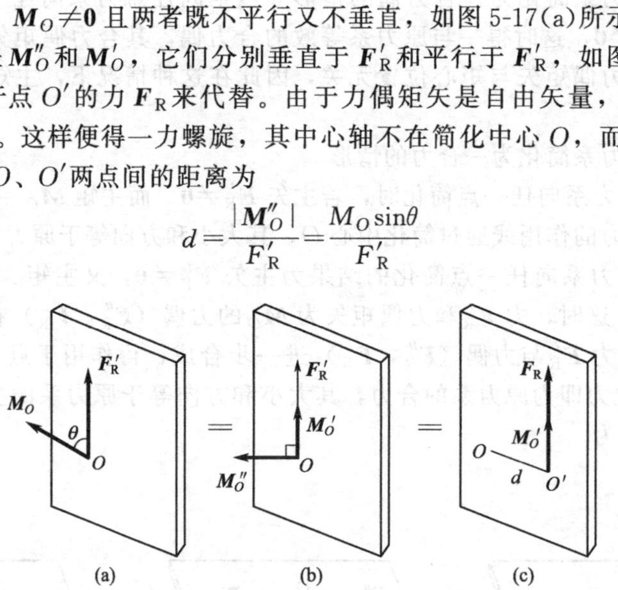

图 5-17

可见，一般情形下空间任意力系可合成为力螺旋。

（4）空间任意力系简化为平衡的情形　当空间任意力系向任一点简化时，若主矢 $\boldsymbol{F}'_R=\boldsymbol{0}$，主矩 $\boldsymbol{M}_O=\boldsymbol{0}$，这是空间任意力系平衡的情形，将在下节详细讨论。

空间任意力系向任一点简化的最终结果见表 5-2。

表 5-2　空间任意力系简化结果

力系向任一点 O 简化的结果			力系简化的最后结果	说　明
主矢	主矩			
$\boldsymbol{F}'_R=\boldsymbol{0}$	$\boldsymbol{M}_O=\boldsymbol{0}$		平衡	平衡力系
	$\boldsymbol{M}_O\neq\boldsymbol{0}$		合力偶	主矩与简化中心的位置无关
$\boldsymbol{F}'_R\neq\boldsymbol{0}$	$\boldsymbol{M}_O=\boldsymbol{0}$		合力	合力作用线通过简化中心
	$\boldsymbol{M}_O\neq\boldsymbol{0}$	$\boldsymbol{F}'_R\perp\boldsymbol{M}_O$	合力	合力作用线离简化中心的距离 $d=\frac{\lvert\boldsymbol{M}_O\rvert}{F'_R}$
		$\boldsymbol{F}'_R/\!/\boldsymbol{M}_O$	力螺旋	力螺旋的中心轴通过简化中心
		$\boldsymbol{F}'_R$与$\boldsymbol{M}_O$成θ角	力螺旋	力螺旋的中心轴离简化中心的距离 $d=\frac{M_O\sin\theta}{F'_R}$

5.5 空间任意力系的平衡

5.5.1　空间任意力系的平衡方程

空间任意力系处于平衡的充分和必要条件是：该力系的主矢和对于任一点的主矩都等于零，即

$$\boldsymbol{F}'_R=\boldsymbol{0}，\boldsymbol{M}_O=\boldsymbol{0}$$

根据式(5-23b) 和式(5-24c)，可将上述条件写成空间任意力系的平衡方程

$$\left.\begin{aligned}&\sum F_x=0\\&\sum F_y=0\\&\sum F_z=0\\&\sum M_x(\boldsymbol{F})=0\\&\sum M_y(\boldsymbol{F})=0\\&\sum M_z(\boldsymbol{F})=0\end{aligned}\right\}\tag{5-27}$$

空间任意力系平衡的充分和必要条件是：所有各力分别在三个坐标轴上投影的代数和等于零，以及所有各力分别对于每一个坐标轴之矩的代数和等于零。

我们可以从空间任意力系的普遍平衡规律中导出特殊情况的平衡规律，例如空间平行力系、空间力偶系、空间汇交力系和平面任意力系等平衡方程。

(1) 空间平行力系的平衡条件　如图 5-18 所示的空间平行力系，若选各力与 z 轴平行，于是各力对 z 轴之矩恒为零。又因各力都垂直于 x 轴和 y 轴，所以各力在这两个轴上的投影也恒为零。也就是，在平衡方程组式(5-27) 中有 $\sum F_x\equiv0$，$\sum F_y\equiv0$，$\sum M_z(\boldsymbol{F})\equiv0$。因此，空间平行力系的平衡方程为

$$\left.\begin{aligned}&\sum F_z=0\\&\sum M_x(\boldsymbol{F})=0\\&\sum M_y(\boldsymbol{F})=0\end{aligned}\right\}\tag{5-28}$$

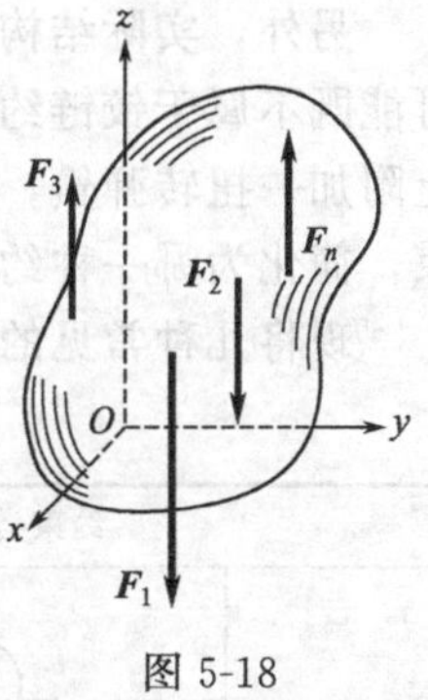

图 5-18

空间平行力系与 x 轴或 y 轴平行时的平衡方程依此类推。

(2) 空间力偶系的平衡条件　对空间力偶系而言，因为力偶在任意轴上的投影恒为零，即

$$\sum F_x \equiv 0,\ \sum F_y \equiv 0,\ \sum F_z \equiv 0$$

因此，空间力偶系的平衡方程为

$$\left.\begin{aligned}\sum M_x(\boldsymbol{F})=0\\ \sum M_y(\boldsymbol{F})=0\\ \sum M_z(\boldsymbol{F})=0\end{aligned}\right\}$$

上式与式(5-22) 表述的内容是一致的。

(3) 空间汇交力系的平衡条件　由于空间汇交力系对汇交点的主矩恒为零，若选取汇交点为坐标原点，则有

$$\sum M_x(\boldsymbol{F})\equiv 0,\quad \sum M_y(\boldsymbol{F})\equiv 0,\quad \sum M_z(\boldsymbol{F})\equiv 0$$

因此，空间汇交力系的平衡方程

$$\left.\begin{aligned}\sum F_x=0\\ \sum F_y=0\\ \sum F_z=0\end{aligned}\right\}$$

上式即第一节中所推导的式(5-8)。

5.5.2 工程实物与空间约束类型的对应分析

将工程实物及其受力抽象成力学模型是力学分析的基础。其中，主动力比较容易获得，这里重点分析介绍空间约束反力。

一般情况下，当刚体受到空间任意力系作用时，在每个约束处，其约束反力的未知量可能有 1 到 6 个。决定每种约束的约束反力个数的基本方法是：观察被约束物体在空间可能的 6 种独立的位移（沿 x、y、z 三轴的移动和绕此三轴的转动）中，有哪几种位移被约束所阻碍。阻碍移动的是约束反力，阻碍转动的是约束反力偶。

分析实际的约束时，有时要忽略一些次要因素，抓住主要因素，作一些合理的简化。例如，导向轴承能阻碍轴沿 y 轴和 z 轴的移动，并能阻碍绕 y 轴和 z 轴的转动，所以有 4 个约束反力 $\boldsymbol{F}_{Ay}$、$\boldsymbol{F}_{Az}$、$\boldsymbol{M}_{Ay}$、$\boldsymbol{M}_{Az}$；而径向轴承限制轴绕 y 轴和 z 轴的转动作用很小，故 $\boldsymbol{M}_{Ay}$、$\boldsymbol{M}_{Az}$ 可忽略不计，所以只有两个约束反力 $\boldsymbol{F}_{Ay}$、$\boldsymbol{F}_{Az}$。

如果刚体只受平面力系的作用，则垂直于该平面的约束反力和绕平面内两轴的约束反力偶都应为零，相应减少了未知量的数目。例如，在空间任意力系作用下，固定端的约束反力共有 6 个，即 $\boldsymbol{F}_{Ax}$、$\boldsymbol{F}_{Ay}$、$\boldsymbol{F}_{Az}$、$\boldsymbol{M}_{Ax}$、$\boldsymbol{M}_{Ay}$、$\boldsymbol{M}_{Az}$；而在 Oyz 平面内受平面任意力系作用时，固定端的约束反力就只有 3 个，即 $\boldsymbol{F}_{Ay}$、$\boldsymbol{F}_{Az}$、$\boldsymbol{M}_{Ax}$。

另外，实际结构中的约束，被约束物体的转动有时不可能完全被限制。因而，很多约束可能既不属于铰链约束，也不属于固定端约束，而是介于二者之间。这时，可以简化为铰链上附加一扭转弹簧，表示被约束物体既不能自由转动，又不是完全不能转动。实际结构的约束，简化为哪一种约束，需要通过试验加以验证。

现将几种常见的约束及其相应的约束反力列表 5-3 所示。

表 5-3　空间约束的类型及其约束反力举例

约束类型		简图	约束力
径向轴承	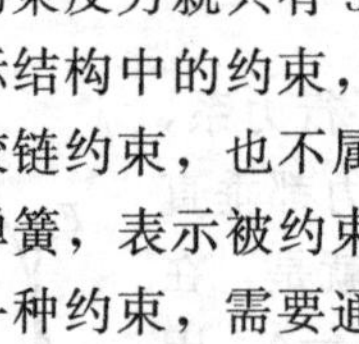	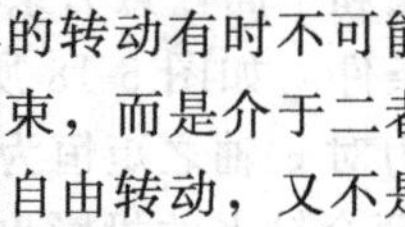	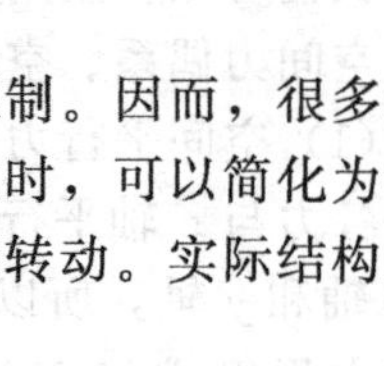

续表

	约束类型	简图	约束力
径向 止推轴承	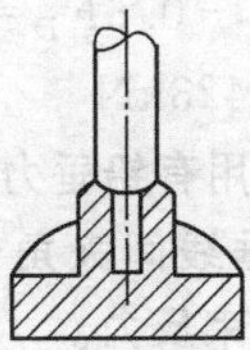	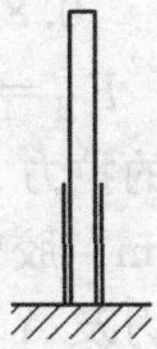	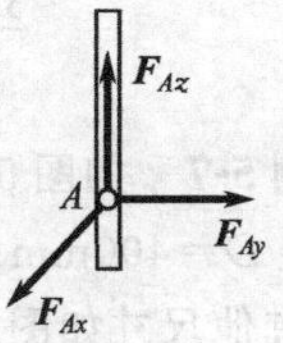
圆柱铰链	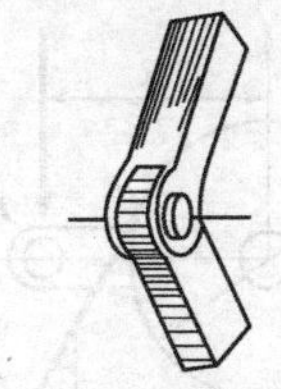	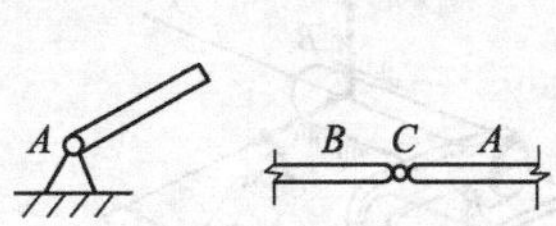	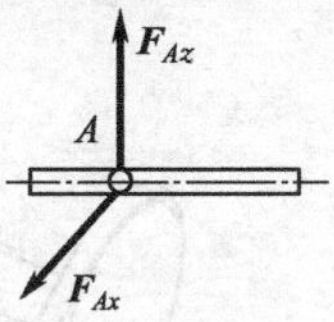
球形铰链	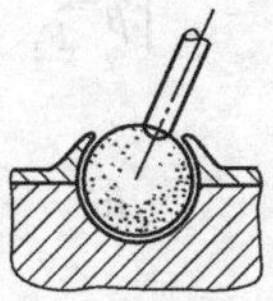	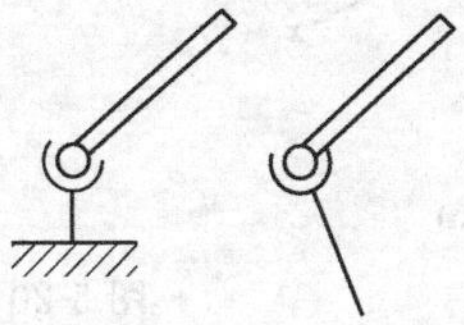	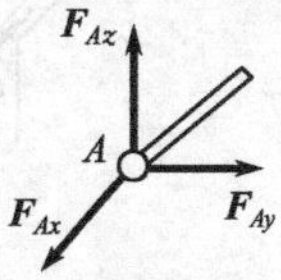
空间 固定端	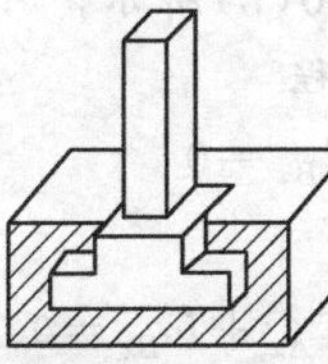	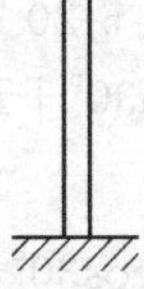	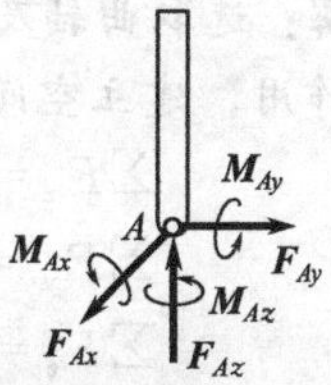

5.5.3　空间平衡问题举例

例 5-6　如图 5-19 所示平板小车的三个轮子和重心 E 的位置，小车自重 $P=8\text{kN}$，载荷 $P_1=10\text{kN}$，作用于点 C。求小车静止时地面对轮子 A、B、D 处的约束反力。

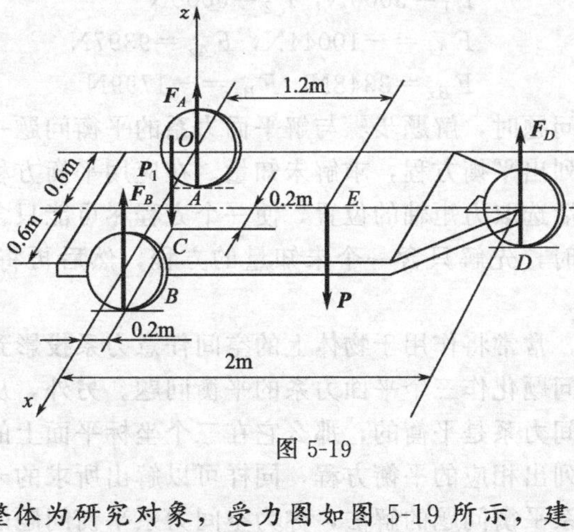

图 5-19

解：以平板小车整体为研究对象，受力图如图 5-19 所示，建立空间直角坐标系，易知此力系为空间平行力系，有三个平衡方程。列出平衡方程

$\sum F_z=0 \qquad -P-P_1+F_A+F_B+F_D=0$

$\sum M_x(\boldsymbol{F})=0 \qquad -0.2P_1-1.2P+2F_D=0$

$\sum M_y(\boldsymbol{F})=0 \qquad 0.8P_1+0.6P-1.2F_B-0.6F_D=0$

解得 $\qquad F_D=5.8\text{kN},\ F_B=7.777\text{kN},\ F_A=4.423\text{kN}$

例5-7 如图5-20(a)所示，胶带的拉力 $F_2=2F_1$，曲柄上作用有铅垂力 $F=2000\text{N}$，胶带轮的直径 $D=400\text{mm}$，曲柄长 $R=300\text{mm}$，胶带1和胶带2与铅垂线间夹角分别为 $\theta=30°$，$\beta=60°$，其他尺寸如图所示。求胶带的拉力及 A、B 处径向轴承的约束反力。

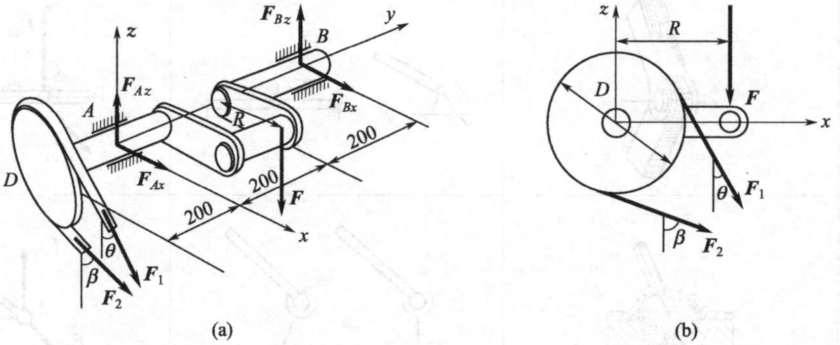

图5-20

解： 选取曲轴及带轮整体为研究对象，受力分析如图5-20(b)所示，可见轴受空间任意力系作用，建立空间直角坐标系如图5-20所示，列出平衡方程

$\sum F_x=0 \qquad F_1\sin30°+F_2\sin60°+F_{Ax}+F_{Bx}=0$

$\sum F_y=0 \qquad 0=0$

$\sum F_z=0 \qquad -F_1\cos30°-F_2\cos60°-F+F_{Az}+F_{Bz}=0$

$\sum M_x(\boldsymbol{F})=0 \qquad 200F_1\cos30°+200F_2\cos60°-200F+400F_{Bz}=0$

$\sum M_y(\boldsymbol{F})=0 \qquad FR+F_1\dfrac{D}{2}-F_2\dfrac{D}{2}=0$

$\sum M_z(\boldsymbol{F})=0 \qquad 200F_1\sin30°+200F_2\sin60°-400F_{Bx}=0$

又有 $\qquad F_2=2F_1$

解得

$F_1=3000\text{N},\ F_2=6000\text{N}$

$F_{Ax}=-10044\text{N},\ F_{Az}=9397\text{N}$

$F_{Bx}=3348\text{N},\ F_{Bz}=-1799\text{N}$

求解空间力系的平衡问题时，解题步骤与解平面力系的平衡问题一样。首先确定研究对象，画出受力图；然后再列出平衡方程，求解未知量。在应用平衡方程求解时，应尽可能灵活选择投影轴的方向并灵活选取力矩轴的位置，使一个方程尽可能只含一个未知量，以简化解题过程。另外，解方程时，先解只含一个未知量的方程，然后再将求得的值代入其他方程，依次求出其他未知量。

另外，在工程计算中，常常将作用于物体上的空间任意力系投影到三个坐标平面上，把一个空间任意力系的平衡问题化作三个平面力系的平衡问题。另外，从空间力系平衡的必要和充分条件可知，只要空间力系是平衡的，那么它在三个坐标平面上的投影所组成的平面力系也必然是平衡的，分别列出相应的平衡方程，同样可以解出所求的未知量。这样将空间力系平衡问题转化为平面力系平衡问题的解法，称为空间力系平衡问题的平面解法。这种方法在解决轮、轴类构件的受力分析问题中应用较多。

例 5-8　如图 5-21 所示，车床主轴支承在轴承 A 与 B 上，其中 A 为向心推力轴承，B 为向心轴承。圆柱直齿轮节圆半径 $r_C=100\text{mm}$，在下方与另一齿轮啮合，压力角 $\alpha=20°$。在轴右端固定一半径 $r_D=50\text{mm}$ 的圆柱体工件。图中 $a=50\text{mm}$，$b=200\text{mm}$，$c=100\text{mm}$。若车外圆时主切削力 $F_z=1400\text{N}$，纵向切削力 $F_y=352\text{N}$，径向切削力 $F_x=466\text{N}$，求车刀切至 H 点时齿轮啮合力 $\boldsymbol{Q}$ 及两个轴承约束反力。

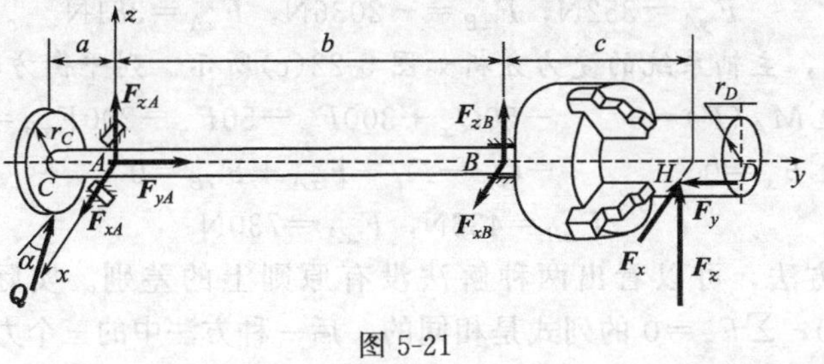

图 5-21

解： 系统受力包括切削力 $\boldsymbol{F}_x$、$\boldsymbol{F}_y$、$\boldsymbol{F}_z$（作用于 H 点），轴承反力 $\boldsymbol{F}_{xA}$、$\boldsymbol{F}_{yA}$、$\boldsymbol{F}_{zA}$（作用于 A 处），轴承反力 $\boldsymbol{F}_{xB}$、$\boldsymbol{F}_{zB}$ 作用于 B 处，齿轮啮合力 $\boldsymbol{Q}$ 作用于齿轮 C 下方并与水平面成 20°。这 9 个力构成空间任意力系，共有 6 个未知量，问题可解。

方法一　选取主轴系统为研究对象，受力分析如图所示，建立坐标系，列出平衡方程

$$\sum F_x=0 \qquad -Q\cos20°-F_x+F_{xA}+F_{xB}=0 \tag{a}$$

$$\sum F_y=0 \qquad -F_y+F_{yA}=0 \tag{b}$$

$$\sum F_z=0 \qquad Q\sin20°+F_z+F_{zA}+F_{zB}=0 \tag{c}$$

$$\sum M_x(\boldsymbol{F})=0 \qquad -50Q\sin20°+300F_z+200F_{zB}=0 \tag{d}$$

$$\sum M_y(\boldsymbol{F})=0 \qquad 100Q\cos20°-50F_z=0 \tag{e}$$

$$\sum M_z(\boldsymbol{F})=0 \qquad -50Q\cos20°+300F_x-50F_y-200F_{xB}=0 \tag{f}$$

由式(b) 得　$F_{yA}=352\text{N}$

由式(e) 得　$Q=745\text{N}$

由式(d) 得　$F_{zB}=-2036\text{N}$

由式(f) 得　$F_{xB}=436\text{N}$

由式(a) 得　$F_{xA}=730\text{N}$

由式(c) 得　$F_{zA}=381\text{N}$

方法二　将作用于主轴上的空间任意力系连同主轴一起投影到三个坐标平面上，如图 5-22 所示。其中，$\boldsymbol{Q}$ 用 $\boldsymbol{Q}_x$、$\boldsymbol{Q}_z$ 二分力代替。

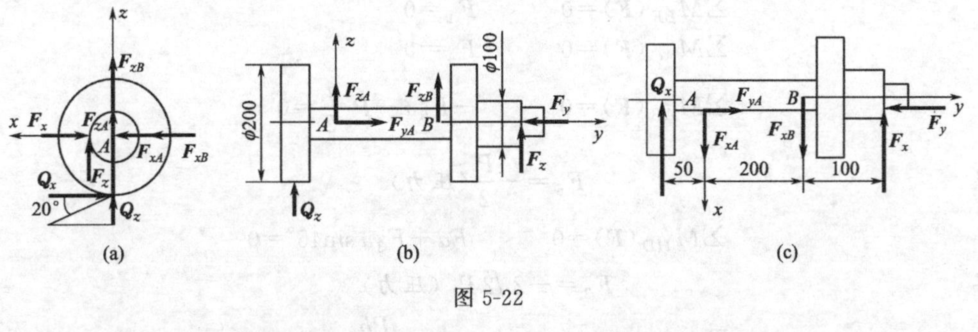

图 5-22

在 Axz 平面内，主轴系统的受力分析如图 5-22(a)所示。列平衡方程

$$\sum M_A(\boldsymbol{F})=0 \qquad 100Q_x-50F_z=0$$

解得
$$Q=745\text{N}$$

在 Ayz 平面内，主轴系统的受力分析如图 5-22(b)所示。列平衡方程

$$\sum M_A(\boldsymbol{F})=0 \qquad -50Q_z+300F_z+200F_{zB}=0$$
$$\sum F_z=0 \qquad Q_z+F_z+F_{zA}+F_{zB}=0$$
$$\sum F_y=0 \qquad -F_y+F_{yA}=0$$

解得
$$F_{yA}=352\text{N},\ F_{zB}=-2036\text{N},\ F_{zA}=381\text{N}$$

在 Axy 平面内，主轴系统的受力分析如图 5-22(c)所示。列平衡方程

$$\sum M_A(\boldsymbol{F})=0 \qquad -50Q_x+300F_x-50F_y-200F_{xB}=0$$
$$\sum F_x=0 \qquad -Q_x-F_x+F_{xA}+F_{xB}=0$$

解得
$$F_{xB}=436\text{N},\ F_{xA}=730\text{N}$$

对比以上两种方法，可以看出两种解法没有原则上的差别。实际上，两种方法中的 $\sum F_x=0$，$\sum F_y=0$，$\sum F_z=0$ 的列式是相同的。后一种方法中的三个力矩方程 $\sum M_A(\boldsymbol{F})=0$ 分别对应于前一种方法中的 $\sum M_y(\boldsymbol{F})=0$，$\sum M_x(\boldsymbol{F})=0$，$\sum M_z(\boldsymbol{F})=0$。平面解法易于掌握，工程上轮轴系统多采用这种方法。

需要指明的是，空间任意力系转化为三个平面任意力系后，虽然可以列出 9 个平衡方程，但由于其中有 3 个方程不是独立的，独立方程仍然只有 6 个，因此也只能解 6 个未知量。

空间任意力系有 6 个独立的平衡方程，可求解 6 个未知量，但其平衡方程不局限于式(5-27)所示的形式。为使解题简便，每个方程中最好只包含一个未知量。为此，选投影轴时应尽量与其余未知力垂直；选取力矩轴时应尽量与其余的未知力平行或相交。投影轴不必相互垂直，力矩轴也不必与投影轴重合，力矩方程的数目可取 3 个至 6 个，只要互相独立即可，现举例如下。

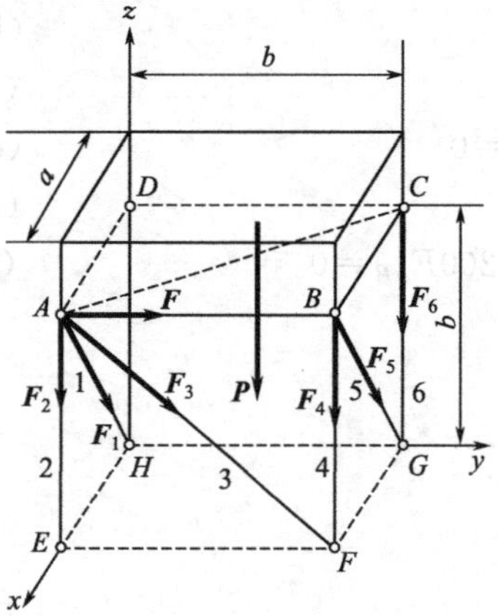

图 5-23

例 5-9　如图 5-23 所示均质长方板由 6 根直杆支持于水平位置，直杆两端各用球铰链与板和地面连接。板宽 a，板长 b，板重为 $\boldsymbol{P}$，在 A 处作用一水平力 $\boldsymbol{F}$，力 $\boldsymbol{F}$ 平行于 y 轴，且 $F=2P$。求各杆的内力。

解： 取均质长方板为研究对象，各支杆均为二力杆，设它们均受拉力。受力分析如图5-23 所示。列出平衡方程

$$\sum M_{AE}(\boldsymbol{F})=0 \qquad F_5=0 \tag{a}$$
$$\sum M_{BF}(\boldsymbol{F})=0 \qquad F_1=0 \tag{b}$$
$$\sum M_{AC}(\boldsymbol{F})=0 \qquad F_4=0 \tag{c}$$
$$\sum M_{AB}(\boldsymbol{F})=0 \qquad -F_6a-P\frac{a}{2}=0 \tag{d}$$

解得
$$F_6=-\frac{P}{2}\text{(压力)}$$

$$\sum M_{HD}(\boldsymbol{F})=0 \qquad Fa+F_3a\sin45^\circ=0 \tag{e}$$

解得
$$F_3=-2\sqrt{2}P\ \text{(压力)}$$

$$\sum M_{GF}(\boldsymbol{F})=0 \qquad -Fb+\frac{Pb}{2}+F_2b=0 \tag{f}$$

解得
$$F_2=1.5P$$

此例中用 6 个力矩方程求得 6 个杆的内力。一般，力矩方程比较灵活，可使一个方程只含一个未知量。当然也可以采用其他形式的平衡方程求解。如用 $\sum F_x=0$ 代替式(b)，同样求得 $F_1=0$；可用 $\sum F_y=0$ 代替式(e)，同样求得 $F_3=-2\sqrt{2}P$。读者还可以试用其他方程求解。但无论怎样列方程，独立平衡方程式的数目只有 6 个。空间任意力系平衡方程的基本形式为式(5-27)，即 3 个投影方程和 3 个力矩方程，它们是相互独立的。其他不同形式的平衡方程还有很多组，也只有 6 个独立方程。由于空间力系情况比较复杂，本书不再讨论其独立性条件，但只要各用一个方程逐个求出各未知力，这 6 个方程一定是独立的。

与平面力系物体系平衡问题一样，当未知量数目不超过独立平衡方程数时，为静定问题，否则为静不定问题。

5.6 平行力系中心与重心

5.6.1 平行力系中心

平行力系中心是平行力系合力通过的一个点。设在刚体上 A、B 两点作用两个平行力 $\boldsymbol{F}_1$、$\boldsymbol{F}_2$，如图 5-24 所示。将其合成，得合力矢为

$$\boldsymbol{F}_R=\boldsymbol{F}_1+\boldsymbol{F}_2$$

由合力矩定理可确定合力作用点 C

$$\frac{F_1}{BC}=\frac{F_2}{AC}=\frac{F_R}{AB}$$

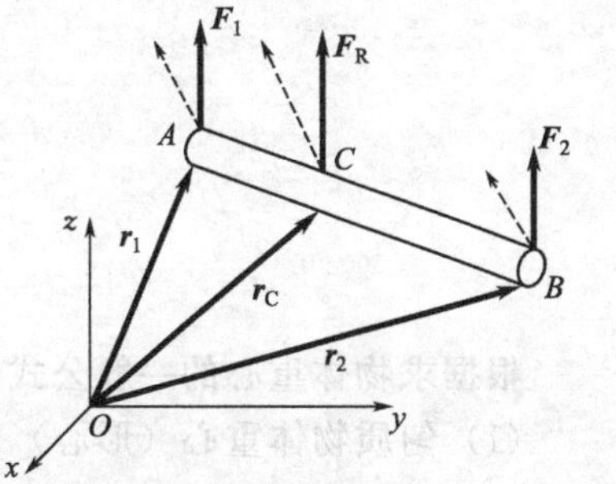

图 5-24

若将原有各力绕其作用点转过同一角度，使它们保持相互平行，则合力 $\boldsymbol{F}_R$ 仍与各力平行，也绕点 C 转过相同的角度，且合力的作用点 C 不变，如图 5-24 所示。上面的分析对反向平行力也适用。对于多个力组成的平行力系，以上的分析方法和结论仍然适用。

取各力作用点矢径如图 5-24 所示，由合力矩定理，得

$$\boldsymbol{r}_C\times\boldsymbol{F}_R=\boldsymbol{r}_1\times\boldsymbol{F}_1+\boldsymbol{r}_2\times\boldsymbol{F}_2$$

设力作用线方向的单位矢量为 $\boldsymbol{F}^0$，则上式变为

$$\boldsymbol{r}_C\times F_R\boldsymbol{F}^0=\boldsymbol{r}_1\times F_1\boldsymbol{F}^0+\boldsymbol{r}_2\times F_2\boldsymbol{F}^0$$

从而得

$$\boldsymbol{r}_C=\frac{F_1\boldsymbol{r}_1+F_2\boldsymbol{r}_2}{F_R}=\frac{F_1\boldsymbol{r}_1+F_2\boldsymbol{r}_2}{F_1+F_2}$$

若有若干个力组成的平行力系，用上述方法可以求得合力大小 $F_R=\sum F_i$，合力方向与各分力方向平行，合力的作用点为

$$\boldsymbol{r}_C=\frac{\sum F_i\boldsymbol{r}_i}{\sum F_i} \tag{5-29}$$

显然，$\boldsymbol{r}_C$ 只与各力的大小及作用点有关，而与平行力系的方向无关。点 C 即为此平行力系的中心。

将式(5-29) 投影到图 5-24 中的直角坐标轴上，得

$$x_C=\frac{\sum F_i x_i}{\sum F_i}\quad y_C=\frac{\sum F_i y_i}{\sum F_i}\quad z_C=\frac{\sum F_i z_i}{\sum F_i} \tag{5-30}$$

5.6.2　重心

工程实际中，常常需要计算物体的重心。例如，为了顺利吊装机械设备，就一定要知道其重心的位置；再如水坝、汽车行驶都涉及确定重心位置的问题。

地球表面附近的物体，都受到地球引力的作用，这一引力称为物体的重力。重力作用在物体的每一个质点上，严格地说，这些小重力实际组成一个空间汇交力系，力系的汇交点在地心处。但由于地球的直径相对于地球上一般物体的尺寸要大很多（可以算出，在地球表面相距 30m 的两点上，重力作用线之间的夹角也不超过 1″）。因此，工程上把物体各质点的重力视为空间平行力系是足够精确的，一般所说的重力，就是这个空间平行力系的合力。

由于平行力系合力作用点的位置仅与各平行力的大小和作用点的位置有关，而与各平行力的方向无关。因此，地球表面上的物体，无论如何放置，其平行分布的重力的合力作用线，都通过物体上一个确定的点，这一点就称为物体的重心。所以，物体的重心就是物体重力合力的作用点。一个物体的重心，相对于物体本身来说就是一个确定的几何点，重心相对于物体的位置是固定不变的。

设物体由若干部分组成，其第 i 部分重力为 $\boldsymbol{P}_i$，重心为（x_i，y_i，z_i），则由式(5-30)可得物体的重心为

$$\left.\begin{aligned} x_C&=\frac{\sum P_i x_i}{\sum P_i}=\frac{\sum P_i x_i}{P}\\ y_C&=\frac{\sum P_i y_i}{\sum P_i}=\frac{\sum P_i y_i}{P}\\ z_C&=\frac{\sum P_i z_i}{\sum P_i}=\frac{\sum P_i z_i}{P}\end{aligned}\right\} \tag{5-31}$$

根据求物体重心的一般公式(5-31)，可以导出其他几种类型物体的重心公式。

(1) 匀质物体重心（形心）的坐标公式　设均质物体的密度为 ρ，体积为 V，重力加速度为 $\boldsymbol{g}$，则其重力 $P=\rho g V$，每一微体积 V_i 的重力为 $P_i=\rho g V_i$，将此关系式带入式(5-29)，并消去 ρ 和 g，可得均质物体重心坐标公式为

$$x_C=\frac{\sum V_i x_i}{V},\ y_C=\frac{\sum V_i y_i}{V},\ z_C=\frac{\sum V_i z_i}{V} \tag{5-32}$$

显然，物体分割的微小单元体越多，则每个微小单元的体积越小，求得重心 C 的位置越准确。

在极限情况下，匀质物体重心的坐标公式可写成积分形式，即

$$x_C=\frac{\int_V x\,\mathrm{d}V}{V},\quad y_C=\frac{\int_V y\,\mathrm{d}V}{V},\quad z_C=\frac{\int_V z\,\mathrm{d}V}{V} \tag{5-33}$$

从式(5-32)、式(5-33) 可以看出，匀质物体的重心位置完全取决于物体的几何形状，与物体的重力无关。由物体几何形状和尺寸所决定的物体几何中心，称为物体的形心。因此，匀质物体的重心也就是该物体的几何形体的形心。

(2) 匀质等厚薄板重心（形心）的坐标公式　设薄板的面积为 A，厚度为 δ，并假设将薄板放在 Oxy 平面内，则根据式(5-32) 可推出匀质等厚薄板重心的坐标公式为

$$x_C=\frac{\sum A_i x_i}{A},\quad y_C=\frac{\sum A_i y_i}{A},\quad z_C=\frac{\sum A_i z_i}{A} \tag{5-34}$$

若匀质等厚薄板为曲面，则重心坐标为

$$x_C=\frac{\int_A x\mathrm{d}A}{A},\quad y_C=\frac{\int_A y\mathrm{d}A}{A},\quad z_C=\frac{\int_A z\mathrm{d}A}{A} \tag{5-35}$$

(3) 匀质等截面细长杆件的重心（形心）的坐标公式

$$x_C=\frac{\int_l x\mathrm{d}l}{l},\quad y_C=\frac{\int_l y\mathrm{d}l}{l},\quad z_C=\frac{\int_l z\mathrm{d}l}{l} \tag{5-36}$$

5.6.3 确定物体重心的方法

以下各种求物体重心的方法，可以结合实际进行合理的选择。

(1) 简单几何形状物体的重心　对于匀质物体，若具有对称面、对称轴或对称中心，则重心必在其对称面、对称轴或对称中心上。若具有多个对称面、对称轴，则重心必在其对称面的交线或对称轴的交点上。如椭球体、椭圆面或三角形的重心都在其几何中心上，平行四边形的重心在其对角线的交点上。表 5-4 列出了常见的几种简单形状物体的重心，其他简单形状物体的重心可从工程手册上查到。

表 5-4　简单形体重心表

图形	重心位置	图形	重心位置
扇形 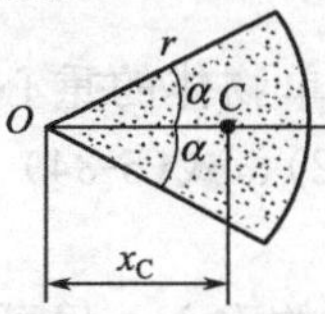	$x_C=\frac{2}{3}\frac{r\sin\alpha}{\alpha}$ 半圆 $x_C=\frac{4r}{3\pi}$	弓形 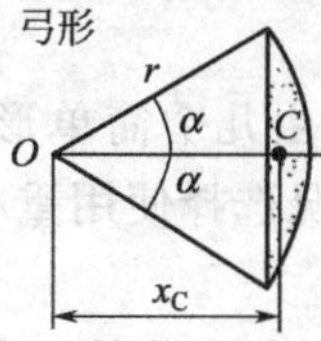	$x_C=\frac{2}{3}\frac{r^3\sin^3\alpha}{A}$ 面积 $A=\frac{r^2(2\alpha-\sin2\alpha)}{2}$
部分圆环 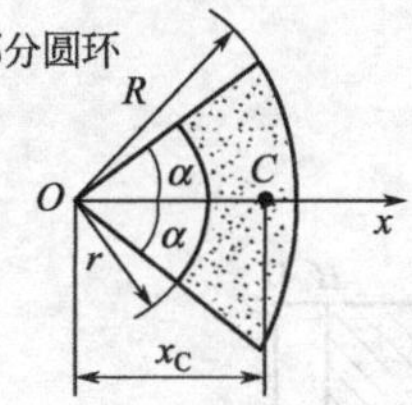	$x_C=\frac{2}{3}\frac{(R^3-r^3)\sin\alpha}{(R^2-r^2)\alpha}$	圆弧 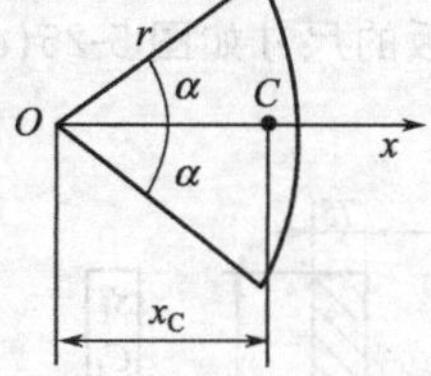	$x_C=\frac{r\sin\alpha}{\alpha}$ 半圆弧 $x_C=\frac{2r}{\pi}$
三角形 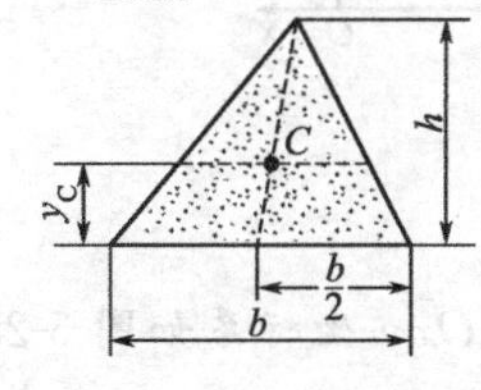	在与中线的交点 $y_C=\frac{1}{3}h$	梯形 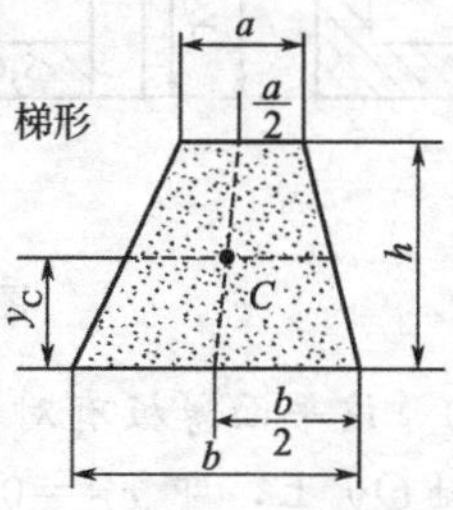	$y_C=\frac{h(2a+b)}{3(a+b)}$
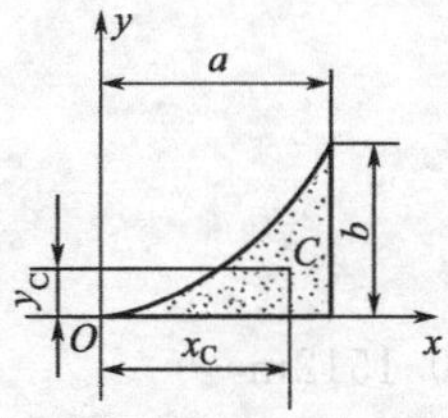	$x_C=\frac{3}{4}a$ $y_C=\frac{3}{10}b$	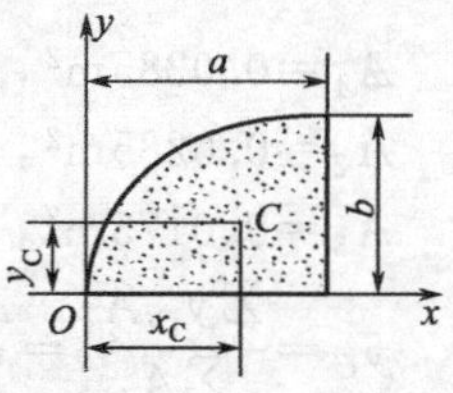	$x_C=\frac{5}{8}a$ $y_C=\frac{2}{5}b$

续表

图形	重心位置	图形	重心位置
锥形筒体 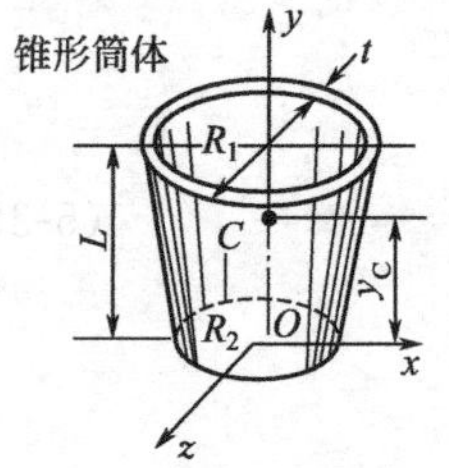	$y_C=\dfrac{4R_1+2R_2-3t}{6(R_1+R_2-t)}L$	正圆锥体 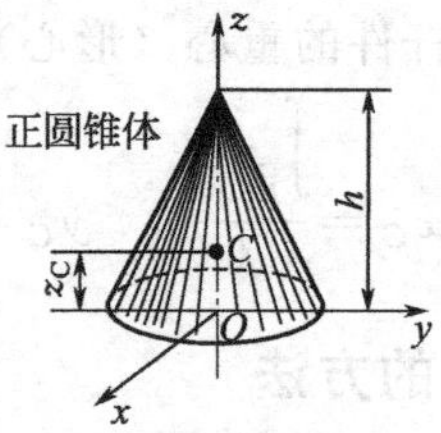	$z_C=\dfrac{1}{4}h$
正角锥体 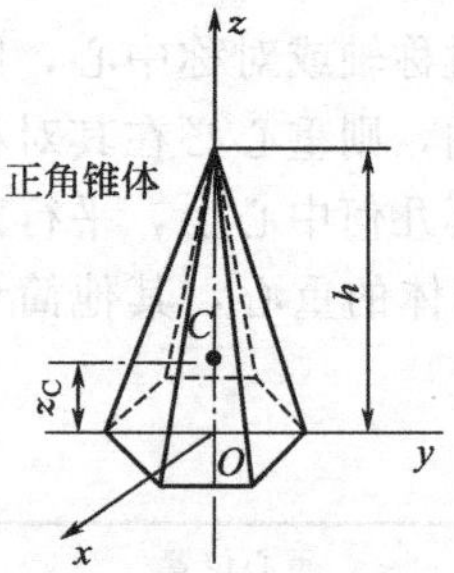	$z_C=\dfrac{1}{4}h$	半球体 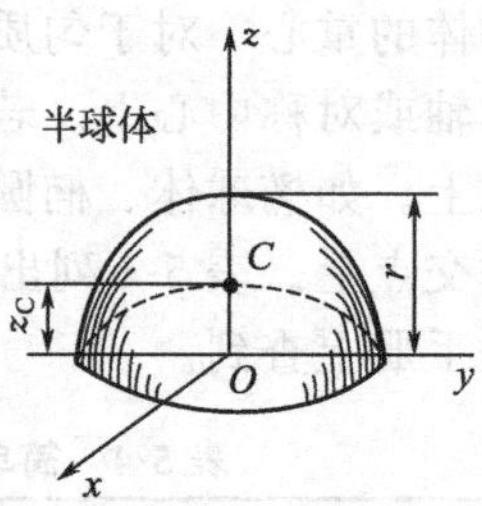	$z_C=\dfrac{3}{8}r$

(2) 组合法

① 分割法。如果一个物体由几个简单形状的物体组合而成，而这些简单物体的重心是已知的，那么可以根据实际情况选择使用重心坐标的求解式(5-31)、式(5-32)、式(5-34) 来求出整个物体的重心。

② 负面积法（负体积法）。若在物体或薄板内切去一部分，则这类物体的重心，仍可应用与分割法相同的公式来求得，只是切去部分的体积或面积应取负值。

例 5-10　匀质平面薄板的尺寸如图 5-25(a)所示，试求其重心坐标。

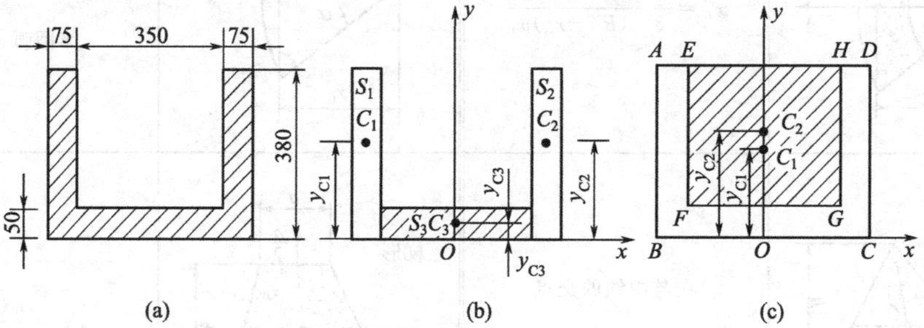

图 5-25

解： 解法一（分割法）　该平面薄板有对称轴，取其为轴 Oy，建立 Oxy 坐标系如图 5-25(b)所示，则重心 C 必在轴 Oy 上，即 $x_C=0$。

计算重心坐标

$$A_1=0.0285\text{m}^2，\ y_{C1}=0.19\text{m}$$
$$A_2=0.0285\text{m}^2，\ y_{C2}=0.19\text{m}$$
$$A_3=0.0175\text{m}^2，\ y_{C3}=0.025\text{m}$$
$$y_C=\frac{\sum y_{Ci}A_i}{\sum A_i}=\frac{A_1y_{C1}+A_2y_{C2}+A_3y_{C3}}{A_1+A_2+A_3}=0.1512\text{m}$$

解法二（负面积法）　建立坐标系，同解法一，且 $x_C=0$。

计算重心坐标

$$A_1=0.19\text{m}^2,\ y_{C1}=0.19\text{m}$$
$$A_2=-0.1155\text{m}^2,\ y_{C2}=0.215\text{m}$$
$$y_C=\frac{\sum y_{Ci}A_i}{\sum A_i}=\frac{A_1y_{C1}+A_2y_{C2}}{A_1+A_2}=0.1512\text{m}$$

两种方法所得结果相同。

(3) 实验法　工程中一些形状复杂或质量分布不均匀的物体很难用计算方法求其重心，此时可用实验方法测定重心位置。

① 悬挂法。对于形状复杂的薄板或具有对称面的薄零件常用此方法，如图 5-26 所示。

② 称重法。对于一些形状复杂或体积较大的物体常用称重法确定其重心位置。这一方法在工程实际中比较常用，现以汽车为例作简要说明。

如图 5-27 所示，首先称出汽车的重量 P，测量出前后轮距 l 和车轮半径 r。我们只需测定重心 C 距地面的高度 z_C 和距后轮的距离 x_C。

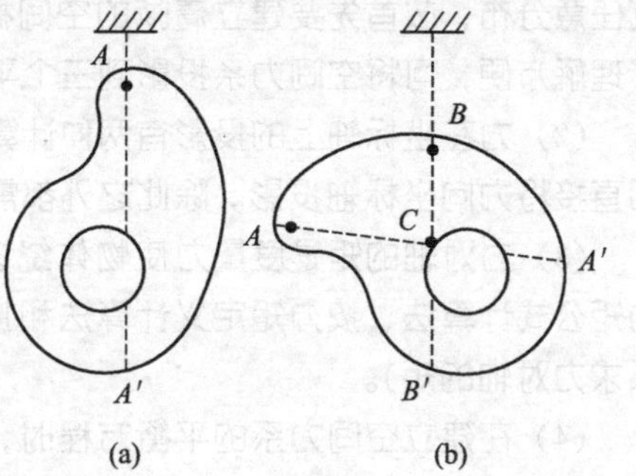

图 5-26

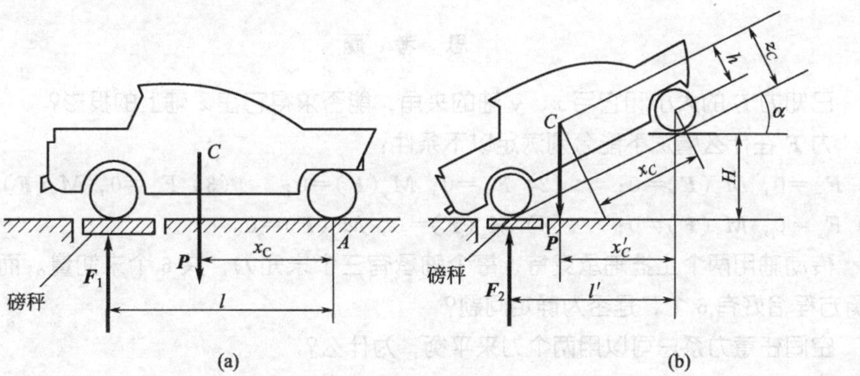

图 5-27

为了测定 x_C，将汽车后轮放在地面上，前轮放在磅秤上，车身保持水平，如图 5-27(a) 所示。这时磅秤上的读数为 F_1。因车身是平衡的，由平衡方程 $\sum M_A(\boldsymbol{F})=0$，有

$$Px_C=F_1l$$

可得

$$x_C=\frac{F_1}{P}l \tag{5-37a}$$

欲测定 z_C，需将车的后轮抬到任意高度 H，如图 5-27(b) 所示。这时磅秤的读数为 F_2。

$$x'_C=\frac{F_2}{P}l' \tag{5-37b}$$

由图中的几何关系知

$$l'=l\cdot\cos\alpha,\ x'_C=x_C\cos\alpha+h\sin\alpha,\ \sin\alpha=\frac{H}{l},\ \cos\alpha=\frac{\sqrt{l^2-H^2}}{l}$$

其中，h 为重心与后轮中心的高度差，则 $h=z_C-r$。

把以上各关系式代入式(5-37b) 中，经整理后得计算高度 z_C 的公式，即

$$z_C=r+\frac{F_2-F_1}{P}\times\frac{1}{H}\sqrt{l^2-H^2} \tag{5-38}$$

式中均为可测定的数据。

学习方法和要点提示

(1) 虽然空间力系的解题方法与平面力系基本相似，但由于空间力系中各力作用线在空间成任意分布，故首先要建立清晰的空间概念，然后才便于进行受力分析和列平衡方程。有时为了理解方便，可将空间力系投影到三个平面上，变成平面力系问题求解。

(2) 力在坐标轴上的投影有两种计算方法：当力与坐标轴的夹角已知时，可用一次投影法，即直接将力向坐标轴投影。除此之外都需要用二次投影法。

(3) 力对轴的矩是度量力使物体绕该轴转动的效应。力对轴的矩一般有三种计算方法：按力矩公式计算法、按力矩定义计算法和按力矩关系计算法（即按力对点的矩和力对轴的矩的关系求力对轴的矩）。

(4) 在建立空间力系的平衡方程时，由于平衡力系在任意轴上的投影和对任意轴的力矩都必须等于零，因而在选择三个投影轴和力矩轴时，三轴可以不相交，也可以不相互垂直，但三轴不能共面，任意两投影轴也不能平行。如果所选投影轴垂直于未知力或它所在的平面，则可减少平衡方程中未知力的数量，便于求解。

思　考　题

5-1　已知力 $\boldsymbol{F}$ 的大小和它与 x、y 轴的夹角，能否求得它在 z 轴上的投影?

5-2　力 $\boldsymbol{F}$ 在什么情况下能分别满足以下条件：

(1) $F_x=0$，$M_x(\boldsymbol{F})=0$；　(2) $F_x=0$，$M_y(\boldsymbol{F})=0$；　(3) $F_x\neq0$，$M_x(\boldsymbol{F})=0$；

(4) $F_x=0$，$M_x(\boldsymbol{F})\neq0$；　(5) $M_x(\boldsymbol{F})=0$，$M_y(\boldsymbol{F})=0$。

5-3　传动轴用两个止推轴承支持，每个轴承有三个未知力，共 6 个未知量。而空间任意力系的平衡方程恰好有 6 个，是否为静定问题?

5-4　空间任意力系总可以用两个力来平衡，为什么?

5-5　某一空间力系对不共线的三个点的主矩都等于零，问此力系是否一定平衡?

5-6　空间任意力系向两个不同的点简化，试问下述情况是否可能：(1) 主矢相等，主矩也相等；(2) 主矢不相等，主矩相等；(3) 主矢相等，主矩不相等；(4) 主矢、主矩都不相等。

5-7　一个空间力系平衡问题可转化为 3 个平面力系问题，为什么不能求得 9 个未知量?

5-8　一匀质等截面直杆的重心在哪里? 若把它弯成半圆形，重心的位置是否改变?

5-9　物体的重心是否一定在物体内?

5-10　位于两相交平面内的两力偶能否等效? 能否组成平衡力系?

习　　题

5-1　已知：$F_1=3\text{kN}$、$F_2=2\text{kN}$、$F_3=1\text{kN}$，3 个力的作用点及方位如题 5-1 图所示。请用两种方法分别计算三个力在 x、y、z 轴上的投影。

5-2　力系中，$F_1=100\text{N}$、$F_2=300\text{N}$、$F_3=200\text{N}$，各力作用线的位置如题 5-2 图所示。求将力系向点 O 简化的结果。

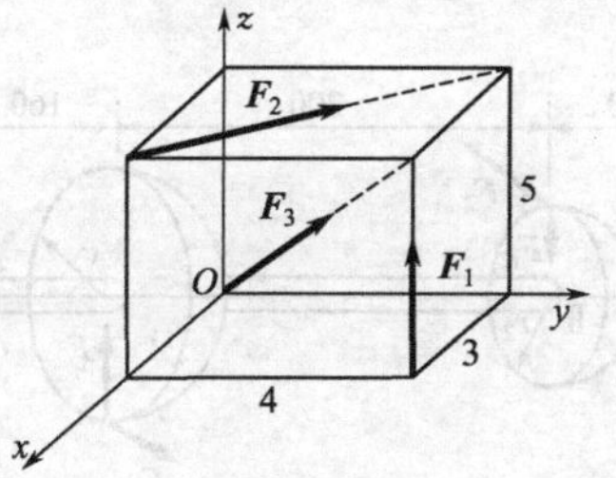

题 5-1 图

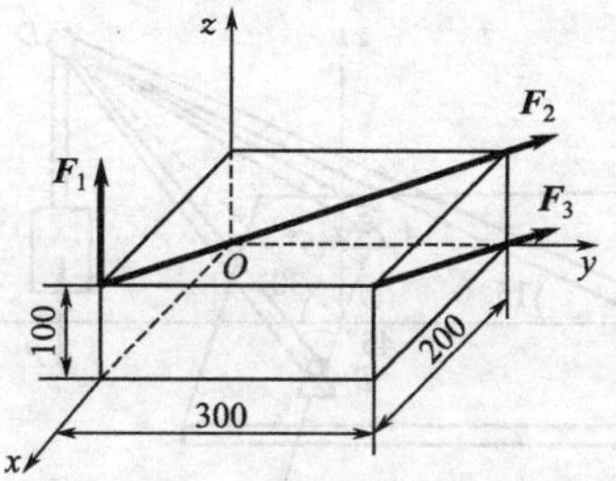

题 5-2 图

5-3　一平行力系由 5 个力组成，力的大小和作用线的位置如题 5-3 图所示。图中小方格的边长为 10mm。求平行力系的合力。

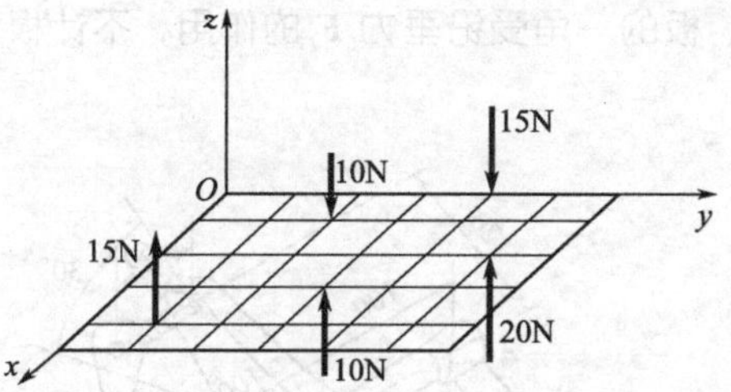

题 5-3 图

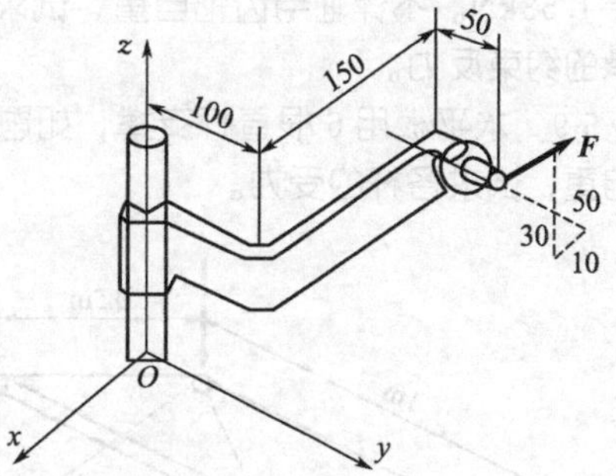

题 5-4 图

5-4　求题 5-4 图所示力 $F=1\text{kN}$ 对于 z 轴的力矩 M_z。

5-5　水平圆盘的半径为 r，外缘 C 处作用有已知力 $\boldsymbol{F}$。力 $\boldsymbol{F}$ 位于圆盘 C 处的切平面内，且与 C 处圆盘切线夹角为 60°，其他尺寸如题 5-5 图所示。求力 $\boldsymbol{F}$ 对 x、y、z 轴的矩。

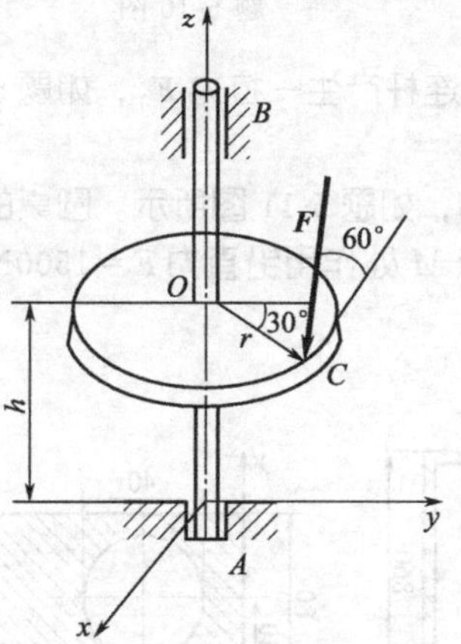

题 5-5 图

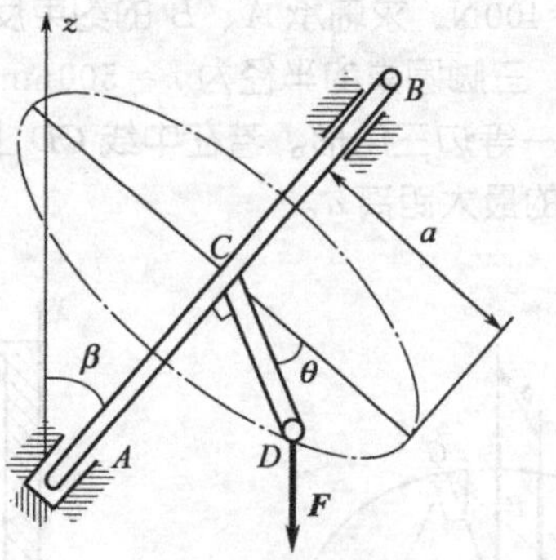

题 5-6 图

5-6　轴 AB 与铅直线成 β 角，悬臂 CD 与轴垂直地固定在轴上，其长为 a，并与铅直面 zAB 成 θ 角，如题 5-6 图所示。如在点 D 作用铅直向下的力 $\boldsymbol{F}$，求此力对轴 AB 的矩。

5-7　空间构架由 3 根无重直杆组成，在 D 端用球铰链连接，如题 5-7 图所示。A、B 和 C 端则用球铰链固定在水平地板上。如果挂在 D 端的物重 $P=10\text{kN}$，求铰链 A、B 和 C 的约束反力。

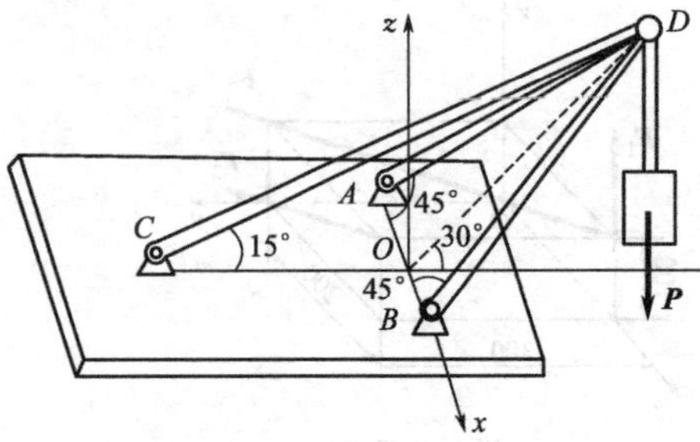

题 5-7 图

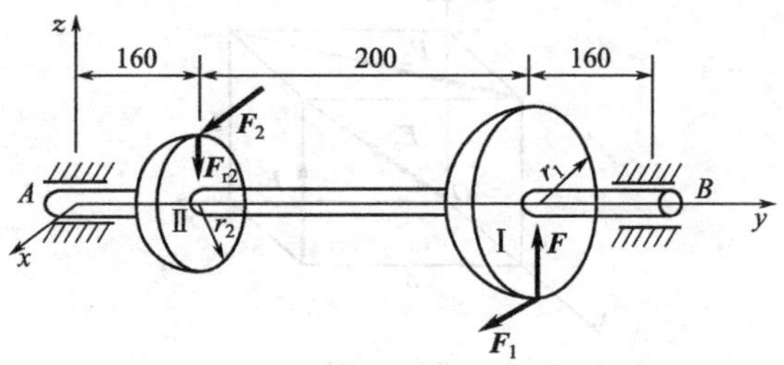

题 5-8 图

5-8　变速箱中间轴装有两直齿圆柱齿轮，如题 5-8 图所示。其分度圆半径 $r_1=100\text{mm}$，$r_2=72\text{mm}$，啮合点分别在两齿轮的最低与最高位置，轮齿压力角 $\alpha=20°$，在齿轮Ⅰ上的圆周力 $F_1=1.58\text{kN}$。不计轴与齿轮自重，试求当轴匀速转动时作用于齿轮Ⅱ上的圆周力 $\boldsymbol{F}_2$ 及 A、B 两轴承的约束反力。

5-9　水平板用 6 根直杆支撑，如题 5-9 图所示，板的一角受铅垂力 $\boldsymbol{F}$ 的作用，不计板和杆的自重，试求各杆的受力。

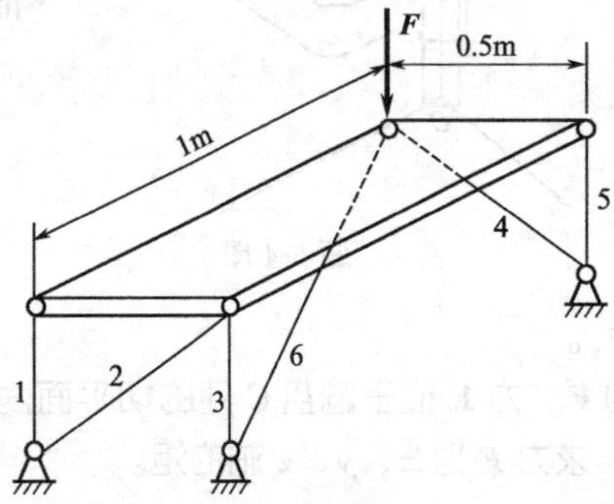

题 5-9 图

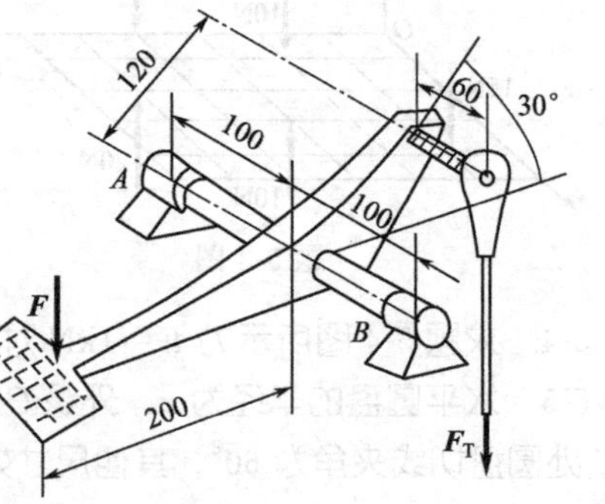

题 5-10 图

5-10　作用在踏板上的垂直力 $\boldsymbol{F}$，使位于垂直位置的连杆产生一拉力 $\boldsymbol{F}_T$，如题 5-10 图所示。已知 $F_T=400\text{N}$，求轴承 A、B 的约束反力。

5-11　三脚圆桌的半径为 $r=500\text{mm}$，重为 $P=600\text{N}$，如题 5-11 图所示。圆桌的三脚 A、B 和 C 形成一等边三角形。若在中线 CD 上距圆心为 a 的点 M 处作用铅直力 $F=1500\text{N}$，求使圆桌不致翻倒的最大距离 a。

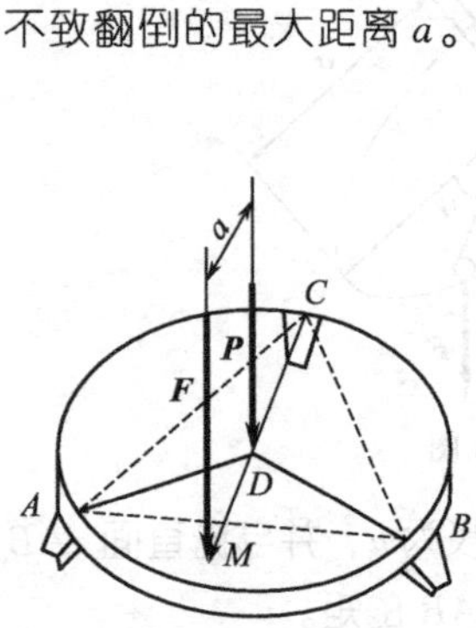

题 5-11 图

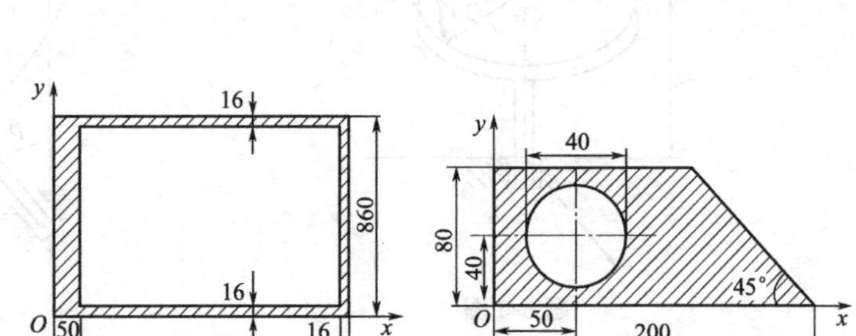

(a)　(b)

题 5-12 图

5-12　试求如题 5-12 图所示各平面薄板的重心位置，图中尺寸单位为 mm。

5-13　试求题 5-13 图所示各平面图形形心的位置，图中尺寸单位为 mm。

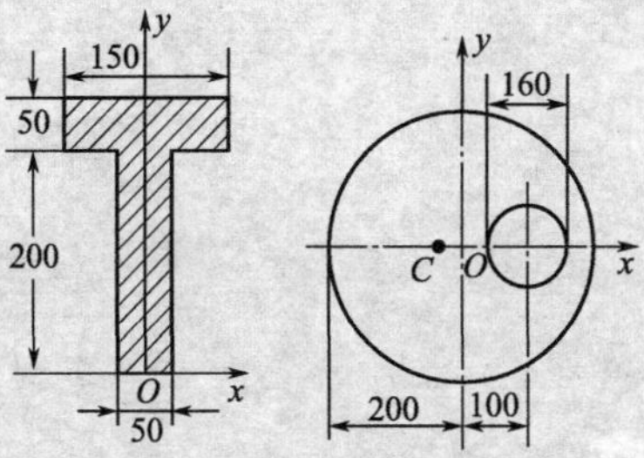

题 5-13 图

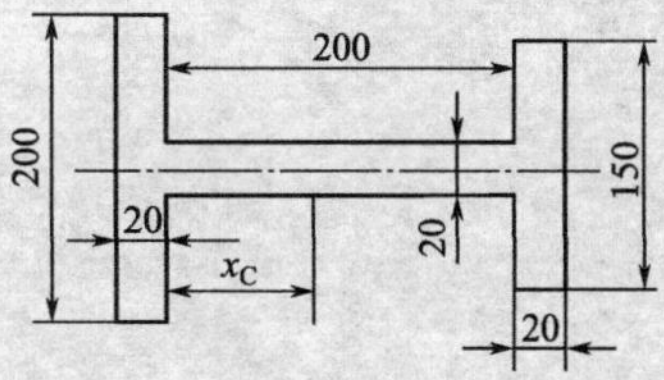

题 5-14 图

5-14　工字钢截面尺寸如题 5-14 图所示，求此截面的几何中心，图中尺寸单位为 mm。

5-15　求题 5-15 图所示匀质混凝土基础重心的位置，图中尺寸单位为 m。

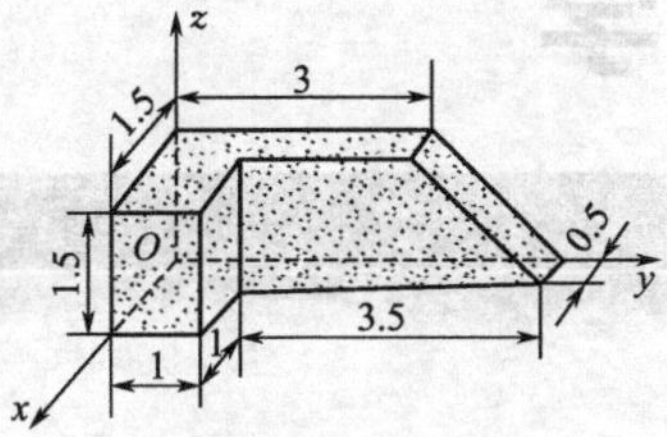

题 5-15 图

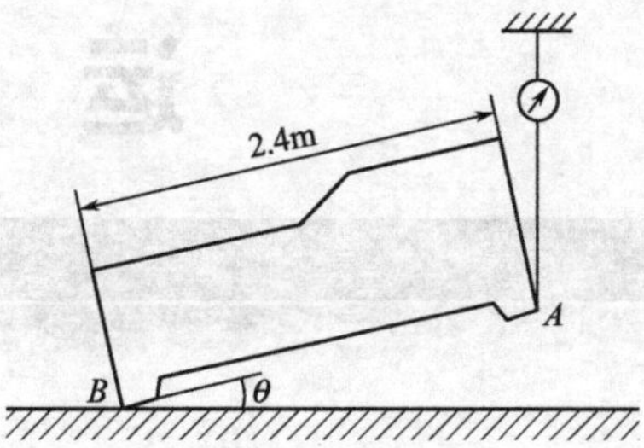

题 5-16 图

5-16　如题 5-16 图所示，机床重为 25kN，当水平放置时（$\theta=0°$），秤上的读数为 17.5kN；当 $\theta=20°$时秤上的读数为 15kN，试确定机床重心的位置。

第2篇

运 动 学

引 言

静力学研究作用在物体上的力系的平衡条件。如果作用在物体上的力系不平衡，物体的运动状态将发生变化。物体的运动规律不仅与受力情况有关，而且与物体本身的质量和原来的运动状态有关。总之，物体在力作用下的运动规律是一个比较复杂的问题。为了学习上的循序渐进，我们暂不考虑影响物体运动的物理因素，而单独研究物体运动的几何性质（轨迹、运动方程、速度、加速度），这部分内容称为运动学。至于物体的运动规律与力、质量等的关系将在动力学中研究。因此，运动学是研究物体运动的几何性质的科学。

学习运动学的目的，首先是为学好动力学打好基础，因为只有掌握了运动分析的方法，才能进一步建立运动和力的关系，进行动力分析。其次，运动学本身在工程技术中也有直接指导实践的意义，如机械设计中常要进行机构的运动分析，以使其能够达到预定的运动要求，这就要直接运用运动学的知识。

物体的运动是在空间、时间里进行的。确定一个物体的运动，就是确定该物体每个瞬时在空间的位置。要想确定物体在空间里的位置，必须明确是相对哪一个物体而言的，后一个物体称为参考体。选用不同的参考体，物体的运动状态就有不同的描述。例如，观察安装在汽车里的座椅的运动，若以汽车为参考体，即站在汽车上看，座椅是静止的；但是若以地面作为参考体，则座椅是随汽车一起运动的。因此，静止与运动只具有相对的意义，在相对意义下才可以描述运动。物体在空间的位置变化总是相对于它周围的物体而言的，这就是运动的相对性。固定联结于参考体上的坐标系称为参考坐标系（参考系）。工程上的运动问题，如不特别指定参考体，都是指相对于地球而言的，参考坐标系被固结于地球上。

表示物体运动过程的时间被看作一个连续的独立变量，并以 t 表示，采用单位为秒（s）。讨论时间时，要区分瞬时和时间间隔这两个概念，瞬时是指某个事件发生的时刻，是非常短暂的一刹那，在时间坐标轴上是以一个点来表示的。而运动过程中的一段时间称为时间间隔，即指两个瞬时之间，在时间坐标轴上是以一段长度表示的。

在运动学中常把研究的物体抽象为点和刚体两种力学模型。所谓点是指不计大小、不计质量但在空间占有位置的几何点；刚体则是由无数点所组成的不变形的系统。当物体的形状和几何尺寸在运动过程中不起主要作用时，物体的运动可以简化为点的运动。

第6章

点的运动

本章要求

(1) 能应用矢量法、直角坐标法和自然法确定点的运动；(2) 能熟练地应用直角坐标法和自然法求点的速度和加速度。

重点 (1) 应用直角坐标法求点的运动方程、速度和加速度；(2) 应用自然法求点沿已知轨迹的运动方程、速度和加速度。

难点 用自然法推导点的切向加速度和法向加速度。

本章以点作为研究对象，确定点的运动，就是确定动点在参考系中每一个瞬时的位置。经常采用的方法有三种。即矢量法、直角坐标法和自然法，以用来研究点相对于某参考系运动时轨迹、速度和加速度之间的关系。

6.1 矢量法

6.1.1 运动方程

为了理论推导方便，在参考体上选一确定点 O 作为坐标原点，由点 O 向动点 M 作矢量 $\boldsymbol{r}$，如图 6-1 所示。称 $\boldsymbol{r}$ 为点 M 相对原点 O 的位置矢量，简称矢径。当动点 M 运动时，矢径 $\boldsymbol{r}$ 大小和方向随时间的变化而变化，矢径 $\boldsymbol{r}$ 是时间的单值连续函数，即

$$\boldsymbol{r}=\boldsymbol{r}(t) \tag{6-1}$$

式(6-1) 称为动点矢量形式的运动方程。

当动点 M 运动时，矢径 $\boldsymbol{r}$ 的末端描绘出一条连续曲线，称为矢端曲线，显然，矢径 $\boldsymbol{r}$ 的矢端曲线就是动点 M 的运动轨迹，如图 6-1 所示。

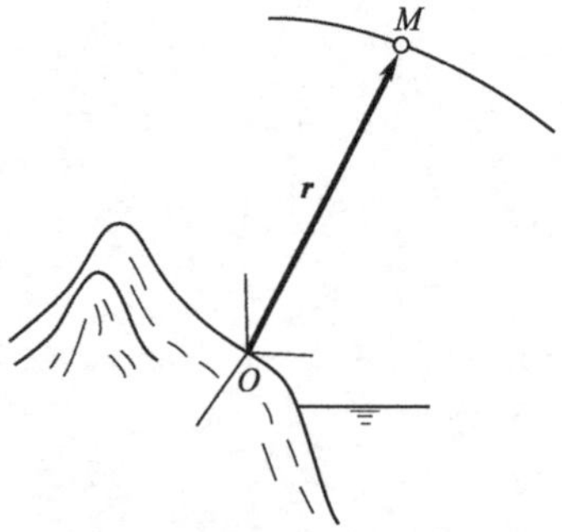

图 6-1

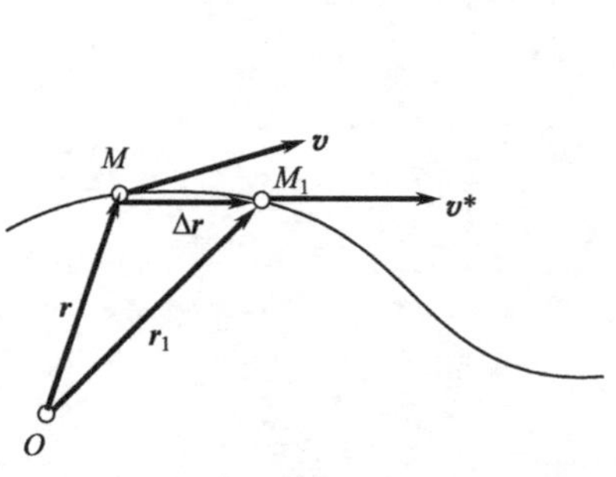

图 6-2

6.1.2　点的速度

设动点 M 的位置在瞬时 t 由矢径 $\boldsymbol{r}=\overline{OM}$ 来决定。而在瞬时 $t+\Delta t$ 由矢径 $\boldsymbol{r}_1=\overline{OM}_1$ 来决定，如图 6-2 所示。连接点 M 和 M_1 得矢量 $\overline{MM_1}=\Delta\boldsymbol{r}$，称为点在 Δt 时间间隔内的位移。

$$\Delta\boldsymbol{r}=\boldsymbol{r}_1-\boldsymbol{r}$$

点的位移与对应时间间隔的比值称为点 M 在此时间间隔内的平均速度。用 $\boldsymbol{v}^*$ 表示

即
$$\boldsymbol{v}^*=\frac{\Delta\boldsymbol{r}}{\Delta t}$$

平均速度 $\boldsymbol{v}^*$ 与 $\Delta\boldsymbol{r}$ 同向。

时间间隔 Δt 取的越短，则平均速度 $\boldsymbol{v}^*$ 越接近点在瞬时 t 的真实速度。因此，当 Δt 趋近于零时，$\dfrac{\Delta\boldsymbol{r}}{\Delta t}$的极限值就称为点 M 在瞬时 t 的速度，以 $\boldsymbol{v}$ 表示

即
$$\boldsymbol{v}=\lim_{\Delta t\to 0}\boldsymbol{v}^*=\lim_{\Delta t\to 0}\frac{\Delta\boldsymbol{r}}{\Delta t}=\frac{\mathrm{d}\boldsymbol{r}}{\mathrm{d}t}$$

则
$$\boldsymbol{v}=\frac{\mathrm{d}\boldsymbol{r}}{\mathrm{d}t}\tag{6-2}$$

点的速度就等于点的矢径 $\boldsymbol{r}$ 对时间的一阶导数，是矢量，它是描述点运动的快慢和方向的物理量。由极限的定义可知，速度的方向沿着轨迹曲线的切线且和该点运动的指向一致。

速度的大小，即速度矢 $\boldsymbol{v}$ 的模，表明点运动的快慢，速度的量纲为［长度］/［时间］，速度的单位为米/秒（m/s）。

6.1.3　点的加速度

设点 M 在瞬时 t 的速度为 $\boldsymbol{v}$，在瞬时 $t+\Delta t$ 的速度为 $\boldsymbol{v}_1$，如图 6-3 所示，由矢量合成，有 $\Delta\boldsymbol{v}=\boldsymbol{v}_1-\boldsymbol{v}$ 称为速度增量。速度增量 $\Delta\boldsymbol{v}$ 与对应时间间隔 Δt 的比值称为点 M 在该时间间隔内的平均加速度，以 $\boldsymbol{a}^*$ 表示。

$$\boldsymbol{a}^*=\frac{\Delta\boldsymbol{v}}{\Delta t}$$

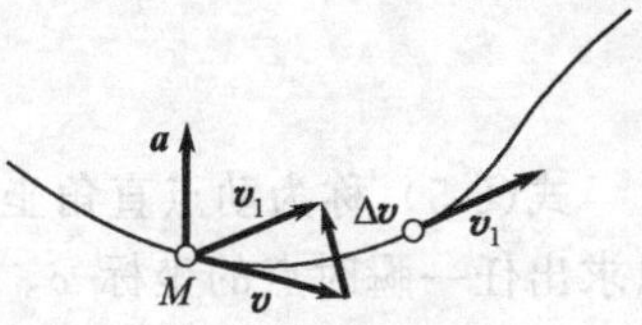

图 6-3

当 Δt 趋近于零时，$\dfrac{\Delta\boldsymbol{v}}{\Delta t}$的极限值称为点 M 在瞬时 t 的加速度，以 $\boldsymbol{a}$ 表示

即
$$\boldsymbol{a}=\lim_{\Delta t\to 0}\boldsymbol{a}^*=\lim_{\Delta t\to 0}\frac{\Delta\boldsymbol{v}}{\Delta t}=\frac{\mathrm{d}\boldsymbol{v}}{\mathrm{d}t}=\frac{\mathrm{d}^2\boldsymbol{r}}{\mathrm{d}t^2}$$

因此
$$\boldsymbol{a}=\frac{\mathrm{d}\boldsymbol{v}}{\mathrm{d}t}=\frac{\mathrm{d}^2\boldsymbol{r}}{\mathrm{d}t^2}\tag{6-3}$$

为了方便书写采用简写方法，即一阶导数用字母上方加“·”，二阶导数用字母上方加“··”表示，即上面的物理量记为

$$\boldsymbol{v}=\dot{\boldsymbol{r}}\qquad \boldsymbol{a}=\dot{\boldsymbol{v}}=\ddot{\boldsymbol{r}}$$

点的加速度就是点的速度矢对时间的变化率。点的加速度也是矢量，它表征了速度的大小和方向随着时间的变化。动点的加速度矢等于该点的速度矢对时间的一阶导数，也等于动点的矢径对时间的二阶导数。

如在空间任意取一点 O，把动点 M 在连续不同瞬时的速度矢 $\boldsymbol{v}$，$\boldsymbol{v}'$，$\boldsymbol{v}''$，…都平行移

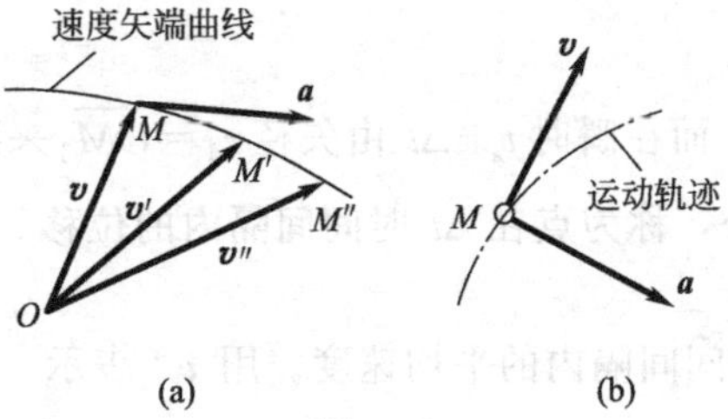

图 6-4

动到点 O，连接各矢量的端点 M，M'，M''，…就构成了矢量 $\boldsymbol{v}$ 端点的连续曲线，称为速度矢端曲线，如图 6-4(a) 所示。点的加速度大小表示速度的变化快慢，加速度的方向应与 $\Delta \boldsymbol{v}$ 的极限方向相同，沿速度矢端曲线的切线方向，恒指向轨迹曲线凹的一侧，如图 6-4(b)所示。

加速度的量纲为［长度］/［时间］^{2}，加速度 $\boldsymbol{a}$ 的单位为米/秒^2（m/s^2）。

6.2 直角坐标法

6.2.1 运动方程

取一固定的直角坐标系 $Oxyz$，则动点 M 在任意瞬时的空间位置既可以用它相对于坐标原点 O 的矢径 $\boldsymbol{r}$ 表示，也可以用它的三个直角坐标 x、y、z 表示，如图 6-5 所示。

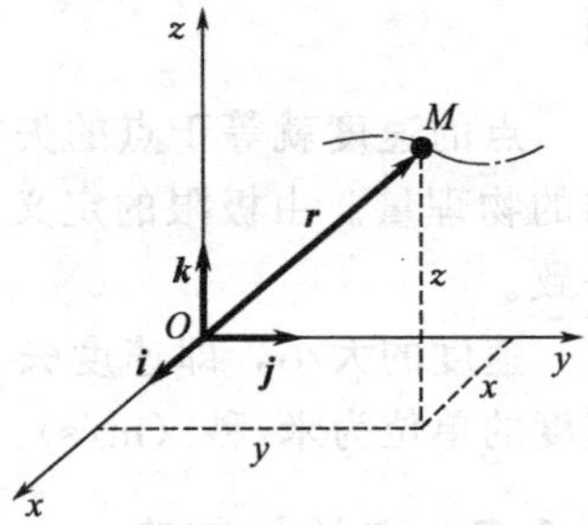

图 6-5

由于矢径的原点与直角坐标系的原点重合，因此有如下关系

$$\boldsymbol{r}=x\boldsymbol{i}+y\boldsymbol{j}+z\boldsymbol{k} \tag{6-4}$$

式中，$\boldsymbol{i}$、$\boldsymbol{j}$、$\boldsymbol{k}$ 分别为沿三个定坐标轴的单位矢量，如图 6-5 所示。由于 $\boldsymbol{r}$ 是时间的单值连续函数，因此 x、y、z 也是时间的单值连续函数，$\boldsymbol{r}(t)=x(t)\boldsymbol{i}+y(t)\boldsymbol{j}+z(t)\boldsymbol{k}$。

利用式(6-4)，可以将运动方程式(6-1) 写为

$$\left.\begin{aligned} x&=f_1(t)\\ y&=f_2(t)\\ z&=f_3(t)\end{aligned}\right\} \tag{6-5}$$

式(6-5) 称为动点直角坐标形式的运动方程。如果知道了点的运动方程式(6-5)，就可以求出任一瞬时点的坐标 x、y、z 的值，也就完全确定了该瞬时动点 M 的位置。

点在空间所走的路径称为点的轨迹。式(6-5) 实际上也是点的轨迹的参数方程，只要给定时间 t 的不同数值，依次得出点的坐标 x、y、z 的相应数值，根据这些数值就可以描出动点的轨迹。

如果需要求点的轨迹方程，只要将动点直角坐标形式的运动方程式(6-5) 消去时间 t 就可以了。

即

$$\left.\begin{aligned} f(x,y,z)&=0\\ g(x,y,z)&=0\end{aligned}\right\} \tag{6-6}$$

在工程实际中，经常遇到点在某平面内运动的情形，此时点的轨迹为一平面曲线。取轨迹所在平面为坐标平面 Oxy，则运动方程就简化为

$$\left.\begin{aligned} x&=f_1(t)\\ y&=f_2(t)\end{aligned}\right\} \tag{6-7}$$

从式(6-7) 中消去时间 t，得轨迹方程

$$f(x,y)=0 \tag{6-8}$$

6.2.2　点的速度

将式(6-4)代入到式(6-2)中，其中$\boldsymbol{i}$、$\boldsymbol{j}$、$\boldsymbol{k}$是直角坐标轴的大小和方向都不变的单位常矢量，则有

$$\boldsymbol{v}=\dot{\boldsymbol{r}}=\dot{x}(t)\boldsymbol{i}+\dot{y}(t)\boldsymbol{j}+\dot{z}(t)\boldsymbol{k} \tag{6-9}$$

设动点M的速度矢$\boldsymbol{v}$在直角坐标轴上的投影为v_x、v_y、v_z，即

$$\boldsymbol{v}=v_x\boldsymbol{i}+v_y\boldsymbol{j}+v_z\boldsymbol{k} \tag{6-10}$$

比较式(6-9)和式(6-10)得速度在直角坐标轴上的投影为

$$v_x=\frac{\mathrm{d}x}{\mathrm{d}t}=\dot{x}(t),\quad v_y=\frac{\mathrm{d}y}{\mathrm{d}t}=\dot{y}(t),\quad v_z=\frac{\mathrm{d}z}{\mathrm{d}t}=\dot{z}(t) \tag{6-11}$$

因此，速度在直角坐标轴上的投影等于动点所对应的坐标对时间的一阶导数。

若已知速度投影，则速度的大小和方向余弦为

$$\left.\begin{array}{l} v=\sqrt{v_x^2+v_y^2+v_z^2} \\ \cos(\boldsymbol{v},\boldsymbol{i})=\dfrac{v_x}{v}\quad \cos(\boldsymbol{v},\boldsymbol{j})=\dfrac{v_y}{v}\quad \cos(\boldsymbol{v},\boldsymbol{k})=\dfrac{v_z}{v}\end{array}\right\} \tag{6-12}$$

6.2.3　点的加速度

同理，由式(6-3)得动点的加速度为

$$\boldsymbol{a}=\frac{\mathrm{d}\boldsymbol{v}}{\mathrm{d}t}=\dot{v}_x\boldsymbol{i}+\dot{v}_y\boldsymbol{j}+\dot{v}_z\boldsymbol{k} \tag{6-13}$$

加速度的解析形式为

$$a=a_x\boldsymbol{i}+a_y\boldsymbol{j}+a_z\boldsymbol{k} \tag{6-14}$$

则加速度在直角坐标轴上的投影为

$$a_x=\frac{\mathrm{d}v_x}{\mathrm{d}t}=\dot{v}_x=\ddot{x}(t),\quad a_y=\frac{\mathrm{d}v_y}{\mathrm{d}t}=\dot{v}_y=\ddot{y}(t),\quad a_z=\frac{\mathrm{d}v_z}{\mathrm{d}t}=\dot{v}_z=\ddot{z}(t) \tag{6-15}$$

加速度在直角坐标轴上的投影等于速度在同一坐标轴上的投影对时间的一阶导数，也等于动点所对应的坐标对时间的二阶导数。

若已知加速度投影，则加速度的大小和方向余弦为

$$\left.\begin{array}{l} a=\sqrt{a_x^2+a_y^2+a_z^2} \\ \cos(\boldsymbol{a},\boldsymbol{i})=\dfrac{a_x}{a},\quad \cos(\boldsymbol{a},\boldsymbol{j})=\dfrac{a_y}{a},\quad \cos(\boldsymbol{a},\boldsymbol{k})=\dfrac{a_z}{a}\end{array}\right\} \tag{6-16}$$

上面是从动点作空间曲线运动来研究的，若点作平面曲线运动，则令坐标$z=0$；若点作直线运动，则令坐标$y=0$、$z=0$。

求解点的运动学问题大体可分为两类：第一类问题是已知动点的运动，求动点的速度和加速度，它是求导的过程。求解时必须把动点放在任意瞬时的一般位置上，并通过几何关系把动点的坐标表示为时间的显函数，得出运动方程，才能进一步求导得出速度和加速度。而绝不能将动点放在特定的位置上，否则求导的结果将总等于零。第二类问题是已知动点的速度或加速度，求动点的运动，它是求解微分方程的过程。这类问题可以运用积分的方法来解决。积分常数可根据动点的初始条件来确定，对于不同的初始条件，将得到不同的运动方程。

例6-1　曲柄连杆机构如图6-6所示，设曲柄OA长为r，绕O轴匀速转动，曲柄与x轴的夹角为$\varphi=\omega t$，ω为常数，连杆AB长为l，滑块B在水平的滑道上运动，试求滑块B的运动方

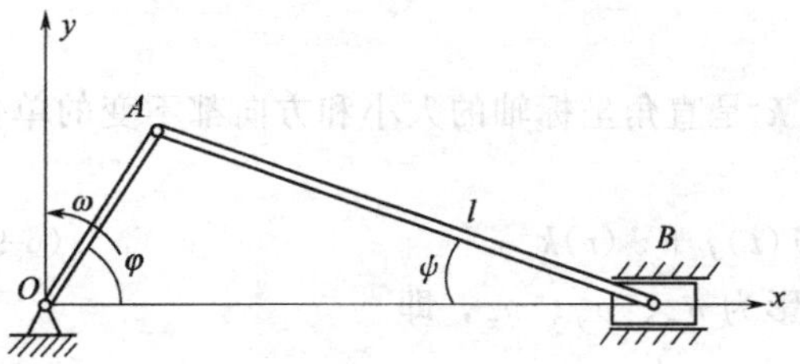

图 6-6

程、速度和加速度。

解： 建立直角坐标系 Oxy，滑块 B 的运动方程为

$$x=r\cos\varphi+l\cos\psi \tag{a}$$

其中由几何关系得　$r\sin\varphi=l\sin\psi$

则有

$$\cos\psi=\sqrt{1-\sin^2\psi}$$
$$=\sqrt{1-\left(\frac{r}{l}\sin\varphi\right)^2} \tag{b}$$

将式(b) 代入式(a) 得滑块 B 的运动方程

$$x=r\cos\varphi+l\sqrt{1-\left(\frac{r}{l}\sin\varphi\right)^2} \tag{c}$$

其中 $\varphi=\omega t$。

将式(c) 对时间 t 求导，得滑块 B 的速度和加速度，即

$$v=\dot{x}=-r\omega\sin\omega t-\frac{r^2\omega\sin2\omega t}{2l\sqrt{1-\left(\frac{r}{l}\sin\omega t\right)^2}}$$

$$a=\dot{v}=-r\omega^2\cos\omega t-\frac{r^2\omega^2\left\{4\cos2\omega t\left[1-\left(\frac{r}{l}\sin\omega t\right)^2\right]+\frac{r^2}{l^2}\sin^2 2\omega t\right\}}{4l\left[1-\left(\frac{r}{l}\sin\omega t\right)^2\right]^{\frac{3}{2}}}$$

例 6-2　已知动点的运动方程为 $x=r\cos\omega t$、$y=r\sin\omega t$、$z=ut$，r、u、ω 为常数，试求动点的轨迹、速度和加速度。

解： 由运动方程消去时间 t 得动点的轨迹方程为

$$x^2+y^2=r^2 \qquad y=r\sin\frac{\omega z}{u}$$

动点的轨迹曲线是沿半径为 r 的柱面上的一条螺旋线，如图 6-7(a)所示。

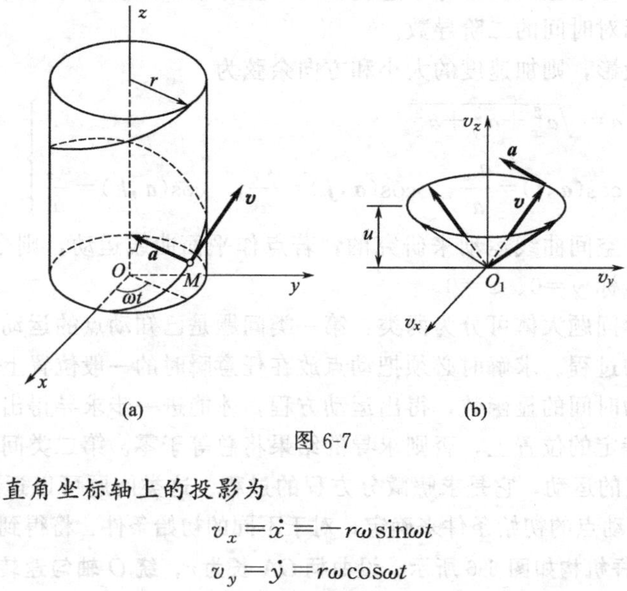

图 6-7

动点的速度在直角坐标轴上的投影为

$$v_x=\dot{x}=-r\omega\sin\omega t$$
$$v_y=\dot{y}=r\omega\cos\omega t$$
$$v_z=\dot{z}=u$$

速度的大小和方向余弦为

$$v=\sqrt{v_x^2+v_y^2+v_z^2}=\sqrt{r^2\omega^2+u^2}$$

$$\cos(\boldsymbol{v},\boldsymbol{i})=\frac{v_x}{v}=\frac{-r\omega\sin\omega t}{\sqrt{r^2\omega^2+u^2}}$$

$$\cos(\boldsymbol{v},\boldsymbol{j})=\frac{v_y}{v}=\frac{r\omega\cos\omega t}{\sqrt{r^2\omega^2+u^2}}$$

$$\cos(\boldsymbol{v},\boldsymbol{k})=\frac{v_z}{v}=\frac{u}{\sqrt{r^2\omega^2+u^2}}$$

由上式可知速度大小为常数，其方向与 z 轴的夹角为常数，故速度矢端轨迹为水平面的圆，如图 6-7(b)所示。

动点的加速度在直角坐标轴上的投影为

$$a_x=\dot{v}_x=-r\omega^2\cos\omega t$$

$$a_y=\dot{v}_y=-r\omega^2\sin\omega t$$

$$a_z=\dot{v}_z=0$$

加速度的大小和方向余弦为

$$a=\sqrt{a_x^2+a_y^2+a_z^2}=r\omega^2$$

$$\cos(\boldsymbol{a},\boldsymbol{i})=\frac{a_x}{a}=\frac{-r\omega^2\cos\omega t}{r\omega^2}=-\cos\omega t$$

$$\cos(\boldsymbol{a},\boldsymbol{j})=\frac{a_y}{a}=\frac{-r\omega^2\sin\omega t}{r\omega^2}=-\sin\omega t$$

$$\cos(\boldsymbol{a},\boldsymbol{k})=\frac{a_z}{a}=\frac{0}{r\omega^2}=0$$

则动点的加速度的方向垂直于 z 轴，并恒指向 z 轴。

例 6-3　液压减震器工作时，其活塞 M 在套筒内作往复直线运动，如图 6-8 所示。设活塞 M 的加速度为 $a=-kv$，v 为活塞 M 的速度，k 为常数，初速度为 v_0，试求活塞 M 的速度和运动方程。

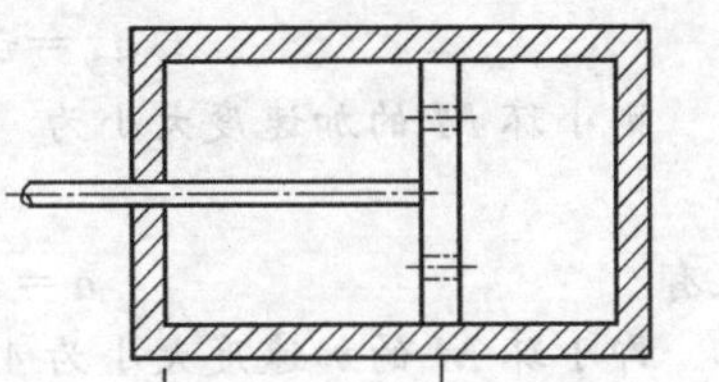

图 6-8

解：因活塞 M 作往复直线运动，因此建立 x 轴表示活塞 M 的运动规律，如图 6-8 所示。活塞 M 的速度、加速度与 x 坐标的关系为

$$a=\dot{v}=\ddot{x}(t)$$

代入已知条件，则有

$$-kv=\frac{\mathrm{d}v}{\mathrm{d}t} \tag{a}$$

将式(a) 进行变量分离，并积分

$$-k\int_0^t \mathrm{d}t=\int_{v_0}^{v}\frac{\mathrm{d}v}{v}$$

得

$$-kt=\ln\frac{v}{v_0}$$

活塞 M 的速度为

$$v=v_0\mathrm{e}^{-kt} \tag{b}$$

再对式(b) 进行变量分离

$$dx = v_0 e^{-kt} dt$$

积分
$$\int_{x_0}^{x} dx = v_0 \int_0^t e^{-kt} dt$$

得活塞 M 的运动方程为

$$x = x_0 + \frac{v_0}{k}(1 - e^{-kt}) \tag{c}$$

例 6-4　杆 AB 绕点 A 转动时，带动小环 M 沿固定圆环运动，如图 6-9(a)所示。已知固定圆环半径为 R，$\varphi = \omega t$（ω 为常量)，试求小环 M 的运动方程、速度和加速度。

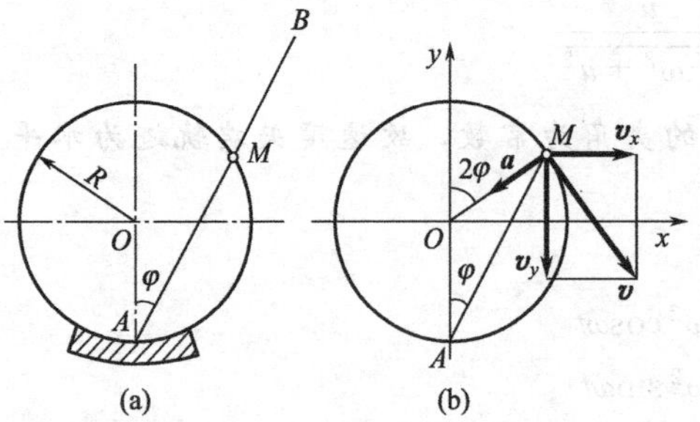

图 6-9

解：以固定圆环的圆心 O 为坐标原点建立如图 6-9(b)所示的平面直角坐标系 Oxy，由图示几何关系可写出小环 M 在任意位置处的运动方程

$$\left.\begin{aligned} x &= R\sin 2\varphi = R\sin 2\omega t \\ y &= R\cos 2\varphi = R\cos 2\omega t \end{aligned}\right\} \tag{a}$$

将式(a)对时间求导，得动点的速度投影

$$\left.\begin{aligned} v_x &= \dot{x} = 2R\omega\cos 2\omega t \\ v_y &= \dot{y} = -2R\omega\sin 2\omega t \end{aligned}\right\} \tag{b}$$

则小环 M 的速度大小为

$$v = \sqrt{v_x^2 + v_y^2} = 2R\omega$$

其方向余弦由下式确定

$$\cos(\boldsymbol{v}, \boldsymbol{i}) = \frac{v_x}{v} = \cos 2\varphi$$

$$\cos(\boldsymbol{v}, \boldsymbol{j}) = \frac{v_y}{v} = -\sin 2\varphi = \cos(90° + 2\varphi)$$

即小环 M 的速度的大小为 $v = 2R\omega$，方向与其矢径 $\boldsymbol{r} = \overrightarrow{OM}$ 垂直。

将式(b)对时间求导，得动点的加速度投影为

$$a_x = \dot{v}_x = \ddot{x} = -4R\omega^2 \sin 2\omega t = -4\omega^2 x$$
$$a_y = \dot{v}_y = \ddot{y} = -4R\omega^2 \cos 2\omega t = -4\omega^2 y$$

则小环 M 的加速度大小为

$$a = \sqrt{a_x^2 + a_y^2} = 4R\omega^2$$

且有
$$\boldsymbol{a} = -4R\omega^2 x\boldsymbol{i} - 4R\omega^2 y\boldsymbol{j} = -4R\omega^2 \boldsymbol{r}$$

即小环 M 的加速度大小为 $4R\omega^2$，方向与其矢径 $\boldsymbol{r}$ 相反，即由点 M 指向点 O。

例 6-5　升降机作加速运动时，其加速度的大小可用 $a = C\left(1 - \sin\frac{\pi t}{2T}\right)$ 表示，式中，C 和 T 均为常数。试求运动开始 ts 后升降机的速度及所走过的路程。已知升降机的初速度为零。

解：设升降机的初始位置为坐标原点，选 Oy 轴向上为正，由题意

$$a_y = \frac{dv_y}{dt} = C\left(1 - \sin\frac{\pi t}{2T}\right)$$

由初始条件：$t = 0$ 时，$v_0 = 0$，对上式积分，得

$$\int_0^v dv_y = \int_0^t C\left(1 - \sin\frac{\pi t}{2T}\right) dt$$

解得升降机运动 ts 后的速度为

$$v_y = \frac{dy}{dt} = C\left[t + \frac{2T}{\pi}\left(\cos\frac{\pi t}{2T} - 1\right)\right]$$

再由初始条件：$t=0$ 时，$y_0=0$，对上式再积分，得

$$\int_0^y \mathrm{d}y=\int_0^t C\left[t+\frac{2T}{\pi}\left(\cos\frac{\pi t}{2T}-1\right)\right]\mathrm{d}t$$

解得升降机 t s 内走过的路程为

$$y=C\left[\frac{t^2}{2}+\frac{2T}{\pi}\left(\frac{2T}{\pi}\sin\frac{\pi t}{2T}-t\right)\right]$$

6.3 自然法

6.3.1 运动方程

运行的列车是在已知的轨道上行驶，而列车的运行状况也是沿其运行的轨迹路线来确定的。这种利用点的已知运动轨迹来描述和分析点的运动的方法称为自然法。如图 6-10 所示，确定动点的位置应在已知的轨迹曲线上选择一个点 O 作为参考点，设定运动的正负方向，由所选取参考点 O 量取 OM 的弧长 s，则弧长 s 为代数量，称它为动点 M 在轨迹上的弧坐标。当动点运动时，弧坐标 s 随时间而发生变化，即弧坐标 s 是时间 t 的单值连续函数，即

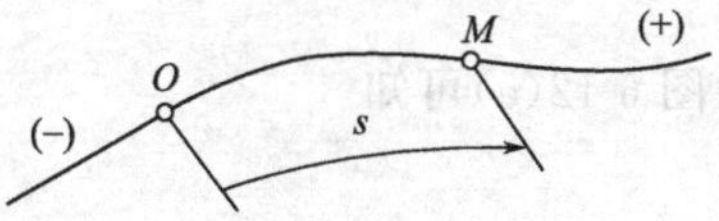

图 6-10

$$s=f(t) \tag{6-17}$$

式(6-17) 称为点沿轨迹的运动方程，或以弧坐标表示的点的运动方程。如果已知点的运动方程，可以确定任一瞬时点的弧坐标 s 的值，也就确定了该瞬时动点在轨迹上的位置。

6.3.2 自然轴系

为了学习速度和加速度，先学习随动点运动的动坐标系——自然轴系。在点的运动轨迹曲线上取极为接近的两点 M 和 M'，其间的弧长为 Δs，这两点矢径的差为 $\Delta \boldsymbol{r}$，如图 6-11 所示。当 $\Delta t\to 0$ 时，$|\Delta \boldsymbol{r}|=|\overline{MM'}|=|\Delta s|$，故矢量

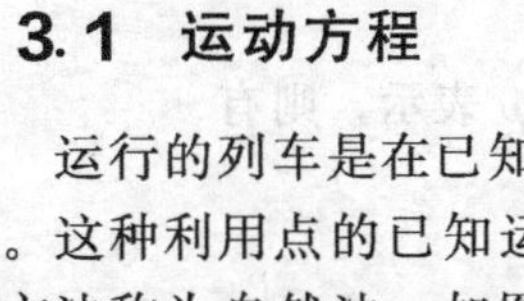

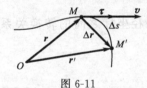

图 6-11

$$\boldsymbol{\tau}=\lim_{\Delta s\to 0}\frac{\Delta \boldsymbol{r}}{\Delta s}=\frac{\mathrm{d}\boldsymbol{r}}{\mathrm{d}s} \tag{6-18}$$

$\boldsymbol{\tau}$ 为沿轨迹切线方向的单位矢量，其指向与弧坐标正向一致。

设点 M 和 M' 的切向单位矢量分别为 $\boldsymbol{\tau}$ 和 $\boldsymbol{\tau}'$，如图 6-12(a)所示。将 $\boldsymbol{\tau}'$ 平移至点 M，则 $\boldsymbol{\tau}$ 和 $\boldsymbol{\tau}'$ 决定一平面。令 M' 无限趋近于点 M，则此平面趋近于某一极限位置，此极限平面称为曲线在点 M 的密切面，如图 6-12(b)所示。过点 M 并与切线垂直的平面称为法平面，法平面与密切面的交线称为主法线。令主法线的单位矢量为 $\boldsymbol{n}$，指向曲线内凹一侧。过点 M 且垂直于切线及主法线的直线称为副法线，其单位矢量为 $\boldsymbol{b}$，指向与 $\boldsymbol{\tau}$、$\boldsymbol{n}$ 构成右手系，即

$$\boldsymbol{b}=\boldsymbol{\tau}\times\boldsymbol{n}$$

以点 M 为原点，以切线、主法线和副法线为坐标轴组成的正交坐标系称为曲线在点 M 的自然坐标系，这三个轴称为自然轴。注意：随着点 M 在轨迹上运动，$\boldsymbol{\tau}$、$\boldsymbol{n}$、$\boldsymbol{b}$ 的方向也在不断变动；自然坐标系是沿曲线而变动的游动坐标系。

在曲线运动中，轨迹的曲率或曲率半径是一个重要的参数，它表示曲线的弯曲程度。如点 M 沿轨迹经过弧长 Δs 到达点 M'，如图 6-12(a)所示，设点 M 处曲线切向单位矢量为 $\boldsymbol{\tau}$，点 M' 处单位矢量为 $\boldsymbol{\tau}'$，而切线经过 Δs 时转过的角度为 $\Delta\varphi$。曲率定义为曲线切线的转角对

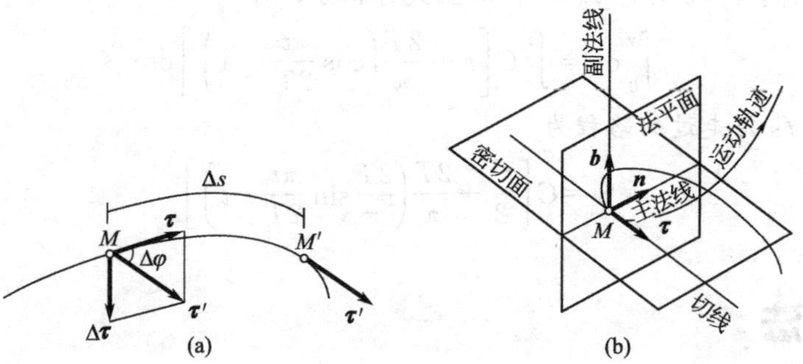

图 6-12

弧长一阶导数的绝对值。曲率的倒数称为曲率半径。如曲率半径以 ρ 表示，则有

$$\frac{1}{\rho}=\lim_{\Delta s\to 0}\left|\frac{\Delta\varphi}{\Delta s}\right|=\left|\frac{\mathrm{d}\varphi}{\mathrm{d}s}\right|$$

由图 6-12(a)可知

$$|\Delta\boldsymbol{\tau}|=2|\boldsymbol{\tau}|\sin\frac{\Delta\varphi}{2}$$

当 $\Delta s\to 0$ 时，$\Delta\varphi\to 0$，$\Delta\boldsymbol{\tau}$ 与 $\boldsymbol{\tau}$ 垂直，且有 $|\boldsymbol{\tau}|=1$，由此可得

$$|\Delta\boldsymbol{\tau}|\doteq\Delta\varphi$$

注意到 Δs 为正时，点沿切向 $\boldsymbol{\tau}$ 的正方向运动，$\Delta\boldsymbol{\tau}$ 指向轨迹内凹一侧；Δs 为负时，$\Delta\boldsymbol{\tau}$ 指向轨迹外凸一侧。因此有

$$\frac{\mathrm{d}\boldsymbol{\tau}}{\mathrm{d}s}=\lim_{\Delta s\to 0}\frac{\Delta\boldsymbol{\tau}}{\Delta s}=\lim_{\Delta s\to 0}\frac{\Delta\varphi}{\Delta s}\boldsymbol{n}=\frac{1}{\rho}\boldsymbol{n}\tag{6-19}$$

式(6-19) 将用于法向加速度的推导。

6.3.3 点的速度

点的速度在弧坐标和自然轴系中的表达式可以由弧坐标与矢径坐标之间的转换关系得到。

$$\mathrm{d}\boldsymbol{r}=\boldsymbol{\tau}\mathrm{d}s$$

从而

$$\boldsymbol{v}=\frac{\mathrm{d}\boldsymbol{r}}{\mathrm{d}t}=\frac{\mathrm{d}s}{\mathrm{d}t}\boldsymbol{\tau}\tag{6-20}$$

由此可得结论：动点速度的方向沿着轨迹在该点的切线方向，它的大小等于动点的弧坐标对时间的一阶导数的绝对值。

弧坐标对时间的导数是一个代数量，以 v 表示

$$v=\frac{\mathrm{d}s}{\mathrm{d}t}=\dot{s}\tag{6-21}$$

当 v 为正值时，s 的值随着时间增加而增大，动点向轨迹的正向运动，$\boldsymbol{v}$ 指向轨迹的正的一方；反之，当 v 为负值时，则 s 的值随时间增加而减小，动点向轨迹的负向运动，$\boldsymbol{v}$ 指向轨迹负的一方。于是，v 的绝对值表示速度的大小，它的正负号表示点沿轨迹运动的方向。因此，点的速度矢可以表示为

$$\boldsymbol{v}=v\boldsymbol{\tau}\tag{6-22}$$

6.3.4 点的切向加速度和法向加速度

将式(6-22) 对时间求一阶导数，注意到 $\boldsymbol{v}$、$\boldsymbol{\tau}$ 都是变量，由矢量法知动点的加速度为

$$\boldsymbol{a}=\frac{\mathrm{d}\boldsymbol{v}}{\mathrm{d}t}=\frac{\mathrm{d}}{\mathrm{d}t}(v\boldsymbol{\tau})=\frac{\mathrm{d}v}{\mathrm{d}t}\boldsymbol{\tau}+v\ \frac{\mathrm{d}\boldsymbol{\tau}}{\mathrm{d}t} \tag{6-23}$$

式(6-23) 加速度应分两项，且两项都是矢量。第一项是反映速度大小变化的加速度，记为 $\boldsymbol{a}_\tau$；第二项是反映速度方向变化的加速度，记为 $\boldsymbol{a}_n$。下面分别求它们的大小和方向。

(1) 反映速度大小变化的加速度 $\boldsymbol{a}_\tau$

因为

$$\boldsymbol{a}_\tau=\frac{\mathrm{d}v}{\mathrm{d}t}\boldsymbol{\tau} \tag{6-24}$$

显然，$\boldsymbol{a}_\tau$ 是一个沿轨迹切线的矢量，称为切向加速度。若 $\frac{\mathrm{d}v}{dt}>0$，$\boldsymbol{a}_\tau$ 指向轨迹的正向；若 $\frac{\mathrm{d}v}{dt}<0$，$\boldsymbol{a}_\tau$ 指向轨迹的负向。

令

$$a_\tau=\dot{v}=\ddot{s} \tag{6-25}$$

a_τ 是一个代数量，是加速度 a 沿轨迹切向的投影。

由此可得结论：切向加速度反映点的速度值对时间的变化率，它的代数值等于速度的代数值对时间的一阶导数，或弧坐标对时间的二阶导数，它的方向沿轨迹切线。

(2) 反映速度方向变化的加速度 $\boldsymbol{a}_\mathrm{n}$

因为

$$\boldsymbol{a}_\mathrm{n}=v\ \frac{\mathrm{d}\boldsymbol{\tau}}{\mathrm{d}t} \tag{6-26}$$

它反映速度方向 $\boldsymbol{\tau}$ 的变化。式(6-26) 可改写为

$$\boldsymbol{a}_\mathrm{n}=v\ \frac{\mathrm{d}\boldsymbol{\tau}}{\mathrm{d}s}\frac{\mathrm{d}s}{\mathrm{d}t}$$

将式(6-19) 及式(6-21) 代入上式，得

$$\boldsymbol{a}_\mathrm{n}=\frac{v^2}{\rho}\boldsymbol{n} \tag{6-27}$$

由此可见，$\boldsymbol{a}_\mathrm{n}$ 的方向与主法线的正向一致，称为法向加速度。于是可得结论：法向加速度反映点的速度方向改变的快慢程度，它的大小等于点的速度平方除以曲率半径，它的方向沿着主法线，指向曲率中心。

正如前面分析的那样，切向加速度表明速度大小的变化率，而法向加速度只反映速度方向的变化。所以，当速度 $\boldsymbol{v}$ 与切向加速度 $\boldsymbol{a}_\tau$ 的指向相同时，即 v 与 a_τ 的符号相同时，速度的绝对值不断增加，动点作加速运动，如图 6-13(a) 所示。当速度 $\boldsymbol{v}$ 与切向加速度 $\boldsymbol{a}_\tau$ 的指向相反时，即 v 与 a_τ 的符号相反时，速度的绝对值不断减小，点作减速运动，如图 6-13(b) 所示。

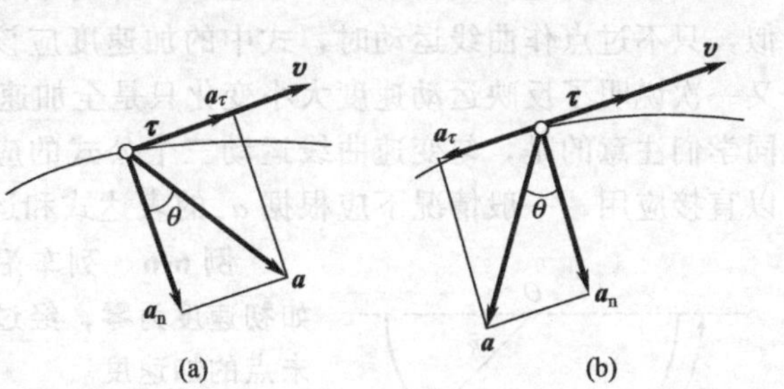

图 6-13

将式(6-24)、式(6-26)、式(6-27) 代入式(6-23) 中，有

$$\boldsymbol{a}=\boldsymbol{a}_\tau+\boldsymbol{a}_\mathrm{n}=a_\tau\boldsymbol{\tau}+a_\mathrm{n}\boldsymbol{n} \tag{6-28}$$

式中

$$a_\tau=\frac{\mathrm{d}v}{\mathrm{d}t}=\frac{\mathrm{d}^2 s}{\mathrm{d}t^2},\quad a_\mathrm{n}=\frac{v^2}{\rho} \tag{6-29}$$

由于 $\boldsymbol{a}_\tau$、$\boldsymbol{a}_\mathrm{n}$ 均在密切面内，因此全加速度 $\boldsymbol{a}$ 也必在密切面内。这表明加速度沿副法线上的分量为零，即

$$\boldsymbol{a}_b=0 \tag{6-30}$$

全加速度的大小可由下式求出

$$a=\sqrt{a_\tau^2+a_n^2} \tag{6-31}$$

全加速度与法线间的夹角的正切为

$$\tan\theta=\frac{a_\tau}{a_n} \tag{6-32}$$

6.3.5 几种特殊运动

下面举一些重要实例，用以加深对上述讨论的印象。

（1）直线运动　此种情况，由于直线轨迹上各点的曲率半径 $\rho=\infty$，因此 $a_n=\dfrac{v^2}{\rho}=0$，从而 $\boldsymbol{a}=\boldsymbol{a}_\tau=\dfrac{dv}{dt}\boldsymbol{\tau}$。这就说明，当点作直线运动时，由于速度方位不变，就只有反映速度大小变化的切向加速度。

（2）匀速曲线运动　此种情况，速度 $v=\dfrac{ds}{dt}=$常量，因此 $a_\tau=\dfrac{dv}{dt}=0$，从而 $\boldsymbol{a}=\boldsymbol{a}_n=\dfrac{v^2}{\rho}\boldsymbol{n}$。这就说明，当点作匀速曲线运动时，由于速度大小不变，动点只改变速度的方向，也就是只有反映速度方向变化的法向加速度。

匀速圆周运动就是此情况的特例。这时 $\rho=R$，$\boldsymbol{a}=\boldsymbol{a}_n=\dfrac{v^2}{R}\boldsymbol{n}$，此时的法向加速度也就称为向心加速度。

（3）匀变速曲线运动　此种情况，$a_\tau=$常量。由于

$$dv=a_\tau dt,\qquad ds=v dt$$

积分得

$$v=v_0+a_\tau t$$

$$s=s_0+v_0t+\frac{1}{2}a_\tau t^2$$

式中，s_0 和 v_0 分别为 $t=0$ 时的弧坐标和初瞬时速度。由上面两式消去 t，又得

$$v^2=v_0^2+2a_\tau(s-s_0)$$

点作匀变速曲线运动时，上述三个公式与高中物理中点作匀变速直线运动的公式完全相似，只不过点作曲线运动时，式中的加速度应该是切向加速度 a_τ，而不是全加速度 a。这又一次说明了反映运动速度大小变化只是全加速度的一个分量——切向加速度。这里还要请同学们注意的是，匀变速曲线运动三个公式的应用是有条件的，只有当 $a_\tau=$常量时，才可以直接应用，一般情况下应根据 a_τ 的表达式和运动的初始条件作积分运算。

例 6-6　列车沿半径为 $R=800$m 的圆弧轨道作匀加速运动。如初速度为零，经过 2min 后，速度达到 54km/h。求列车起点和末点的加速度。

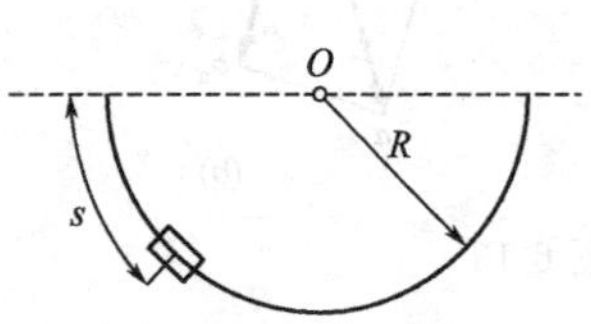

图 6-14

解：由于列车沿圆弧轨道作匀加速运动，取弧坐标如图 6-14 所示。

由于 $a_\tau=$常数，$v_0=0$，于是有方程

$$\frac{dv}{dt}=a_\tau=\text{常量}$$

积分一次得

$$v=a_\tau t$$

当 $t=2\text{min}=120\text{s}$ 时

$$v=54\text{km/h}=15\text{m/s}$$

代入上式得

$$a_\tau=\frac{v}{t}=\frac{15\text{m/s}}{120\text{s}}=0.125\text{m/s}^2$$

在起点，$v=0$，因此 $a_\text{n}=0$

$$a=a_\tau=0.125\text{m/s}^2$$

在末点时速度不等于零，既有切向加速度，又有法向加速度，而

$$a_\tau=0.125\text{m/s}^2$$

$$a_\text{n}=\frac{v^2}{R}=\frac{(15\text{m/s})^2}{800\text{m}}=0.281\text{m/s}^2$$

末点的全加速度为

$$a=\sqrt{a_\tau^2+a_\text{n}^2}=0.308\text{m/s}^2$$

末点的全加速度与法向的夹角 θ 为

$$\tan\theta=\frac{a_\tau}{a_\text{n}}=0.443,\ \theta=23°54'$$

例 6-7　用自然法解例 6-4（图 6-15）。

解：已知动点轨迹是半径为 R 的圆，以点 C 为弧坐标的原点，动点 M 的弧坐标为 s，并规定沿轨迹的顺时针方向为正向。则动点在任意瞬时的运动方程为

$$s=R\times 2\varphi$$

将上式对时间求导得速度

$$v=\dot{s}=2R\omega$$

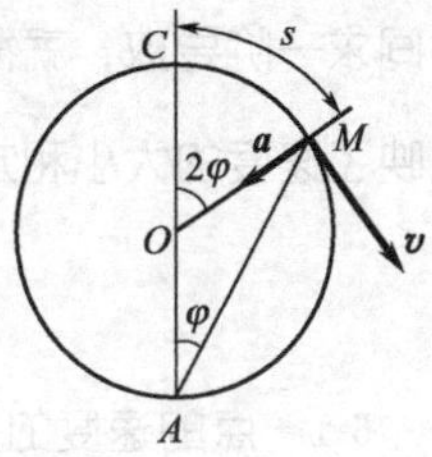

图 6-15

速度的方向沿轨迹的切线方向（即与其矢径 $\boldsymbol{r}$ 垂直）。

由式(6-29) 得加速度

$$a_\tau=\frac{\text{d}v}{\text{d}t}=\frac{\text{d}^2s}{\text{d}t^2}=0,\quad a_\text{n}=\frac{v^2}{\rho}=\frac{(2R\omega)^2}{R}=4R\omega^2$$

$$a=a_\text{n}=4R\omega^2$$

全加速度方向为点 M 的主法线方向，即由点 M 指向点 O。

可见，直角坐标法和自然法求得的结果相同。由于动点的轨迹是圆，因而用自然法求解比用直角坐标法简便。

例 6-8　半径为 R 的圆轮可绕 O 轴转动，其上绕有不可伸长的绳索，绳索的一端挂有重物，如图 6-16 所示。已知重物按 $s=\frac{1}{2}\text{C}t^2$（C 为常数）的规律运动。求轮缘上一点 M 的加速度。

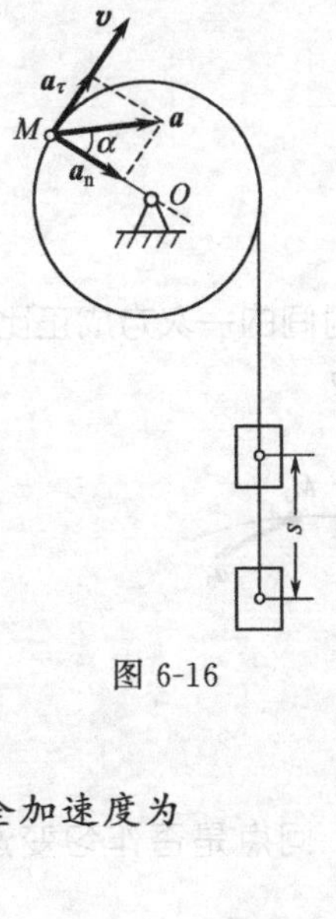

图 6-16

解：设以初始位置为原点，运动的方向为弧的正向，则 M 沿圆周运动的弧坐标显然与重物下降的距离相同，故沿圆周的运动规律也是

$$s=\frac{1}{2}\text{C}t^2$$

速度为
$$v=\frac{\text{d}s}{\text{d}t}=\text{C}t$$

方向沿切线，指向弧的正向。

切向加速度为
$$a_\tau=\frac{\text{d}v}{\text{d}t}=\text{C}$$

法向加速度为
$$a_\text{n}=\frac{v^2}{\rho}=\frac{(\text{C}t)^2}{R}$$

全加速度为
$$a=\sqrt{a_\tau^2+a_\text{n}^2}=\frac{\text{C}\sqrt{R^2+\text{C}^2t^4}}{R}$$

$$\tan\theta=\frac{a_\tau}{a_n}=\frac{R}{Ct^2}$$

学习方法和要点提示

（1）本章大部分内容虽在物理学中已学过，但它是运动学的重要基础，学生仍应认真听讲，进一步了解三种表示点运动基本方法的特点及其运动参数之间的联系。在原有基础上得到提高并更加系统化，为今后学习更复杂的运动打下良好的基础。

（2）研究点的运动有三种基本方法，即矢量法、直角坐标法和自然法。当用三种方法描述同一点的运动时，其结果应该是一样的。矢量法可同时表示运动参数的大小和方向，直观简明，常用于理论推导。自然法表示的运动参数的物理概念清晰，运动也简明，但必须在点的运动轨迹已知时才可用自然法。直角坐标法便于数学表达，但运动参数的物理概念不如自然法简明和清晰，当不易找出点沿轨迹的运动规律时，常用此法。

（3）直角坐标系和自然轴系都是三轴相互垂直的坐标系。直角坐标系固定在参考体上，可用来确定每一瞬时动点的位置；而自然轴系是随动点一起运动，且是不断改变方向的动直角轴系。

（4）用直角坐标法求速度和加速度是将三个坐标分别对时间求一阶和二阶导数，得到速度和加速度在三个轴上的投影，然后再求它的大小和方向。而用自然法求速度，则只需将坐标对时间求一阶导数，就得到了速度的大小和方向。自然法中的加速度物理概念清晰，$\boldsymbol{a}_\tau$ 和 $\boldsymbol{a}_n$ 分别反映了速度的大小和方向改变的快慢程度。需特别注意的是不能将 $\frac{dv}{dt}$ 误认为是动点的全加速度。

思 考 题

6-1 点的速度的大小是常数，加速度是否一定为零？为什么？

6-2 在什么情况下，$\left|\frac{d\boldsymbol{r}}{dt}\right|\neq\frac{d|\boldsymbol{r}|}{dt}$，$\left|\frac{d\boldsymbol{v}}{dt}\right|\neq\frac{d|\boldsymbol{v}|}{dt}$？什么情况时相等？各举例说明。

6-3 点沿曲线运动，如图 6-17 所示，各点给出的速度 $\boldsymbol{v}$ 和加速度 $\boldsymbol{a}$ 哪些是可能的？哪些是不可能的？

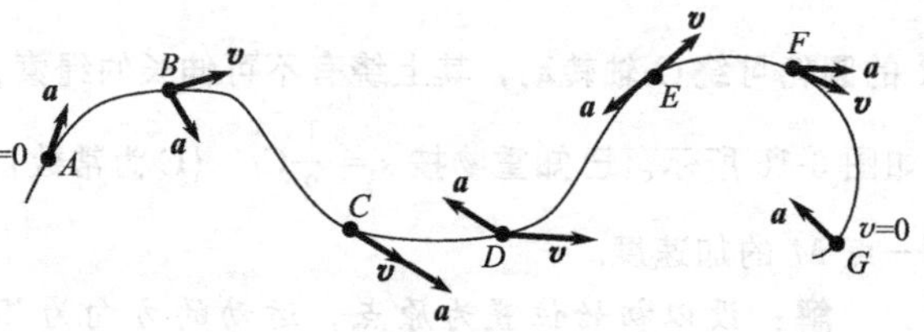

图 6-17

6-4 点 M 沿螺旋线自外向内运动，如图 6-18 所示。它走过的弧长与时间的一次方成正比，问点的加速度是越来越大，还是越来越小？点 M 越跑越快，还是越跑越慢？

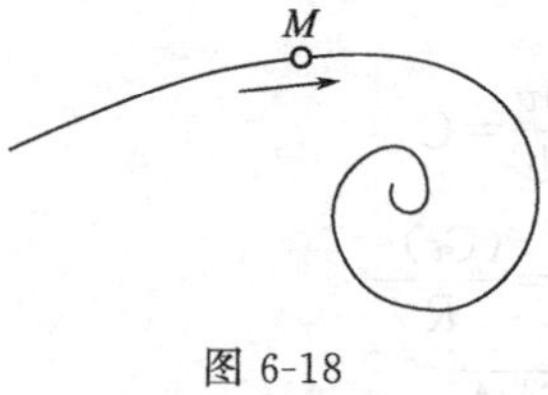

图 6-18

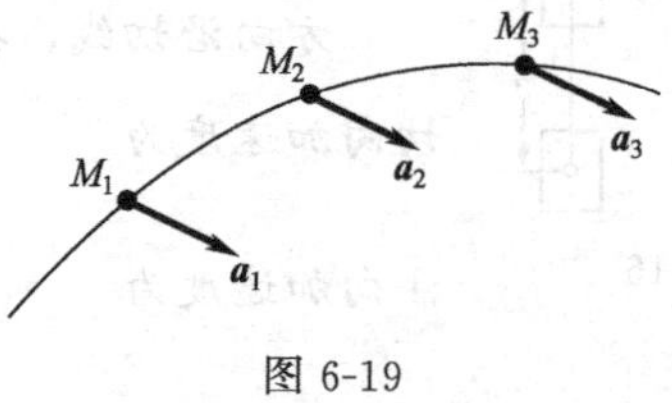

图 6-19

6-5 当点作曲线运动时，点的加速度 $\boldsymbol{a}$ 是恒矢量，如图 6-19 所示。问点是否作匀变速运动?

6-6　作曲线运动的两个动点，初速度相同、运动轨迹相同、运动中两点的法向加速度也相同。判断下述说法是否正确：①任一瞬时两动点的切向加速度必相同；②任一瞬时两动点的速度必相同；③两动点的运动方程必相同。

6-7　动点在平面内运动，已知其运动轨迹 $y=f(x)$ 及其速度在 x 轴方向的分量 $\boldsymbol{v}_x$。判断下述说法是否正确：①动点的速度 $\boldsymbol{v}$ 可完全确定；②动点的加速度在 x 轴方向的分量 $\boldsymbol{a}_x$ 可完全确定；③当 $v_x \neq 0$ 时，一定能确定动点的速度 $\boldsymbol{v}$、切向加速度 $\boldsymbol{a}_\tau$、法向加速度 $\boldsymbol{a}_n$ 及全加速度 $\boldsymbol{a}$。

习　题

6-1　已知点的运动方程，求其轨迹方程，并自起始位置计算弧长，求出点沿轨迹的运动规律。

(1) $\begin{cases} x=4t-2t^2 \\ y=3t-1.5t^2 \end{cases}$　　(2) $\begin{cases} x=5\cos 5t^2 \\ y=5\sin 5t^2 \end{cases}$

(3) $\begin{cases} x=4\cos^2 t \\ y=5\sin^2 t \end{cases}$　　(4) $\begin{cases} x=t^2 \\ y=2t \end{cases}$

6-2　椭圆规的曲柄 OC 可绕定轴 O 转动，其端点 C 与规尺 AB 的中点以铰链相连接，而规尺 A、B 两端分别在相互垂直的滑槽中运动，如题 6-2 图所示。已知 $OC=AC=BC=l$，$MC=a$，$\varphi=\omega t$（ω 为常数）。分别求出 M 点的运动方程、轨迹、速度和加速度。

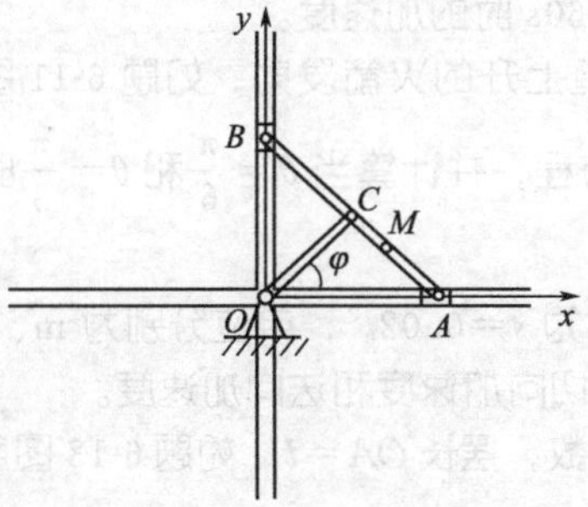

题 6-2 图

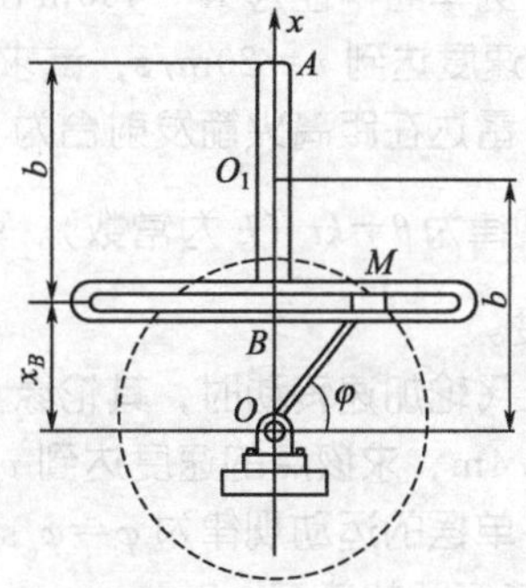

题 6-3 图

6-3　正弦机构如题 6-3 图所示。曲柄 OM 长为 r，绕 O 轴匀速转动，它与水平线间的夹角为 $\varphi=\omega t+\theta$，其中 θ 为 $t=0$ 时的夹角，ω 为一常数。已知动杆上 A、B 两点间距离为 b。求①A、B 点运动方程；②B 点速度和加速度。

6-4　半径为 r 的轮子沿直线轨道纯滚动，设轮子转角 $\varphi=\omega t$（ω 为常值），如题 6-4 图所示。求用直角坐标表示的轮缘上任一点 M 的运动方程，并求该点的速度、切向加速度及法向加速度。

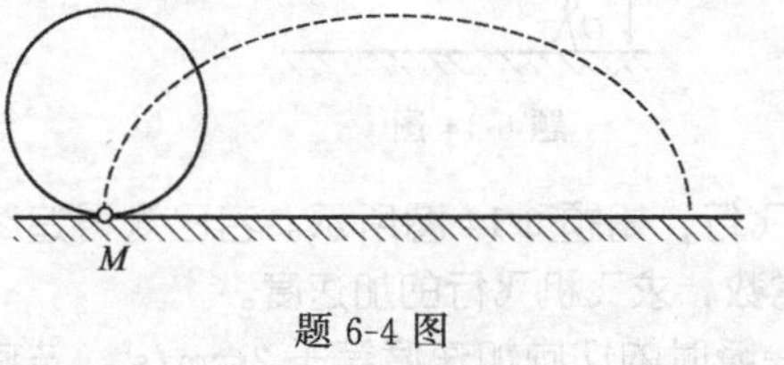

题 6-4 图

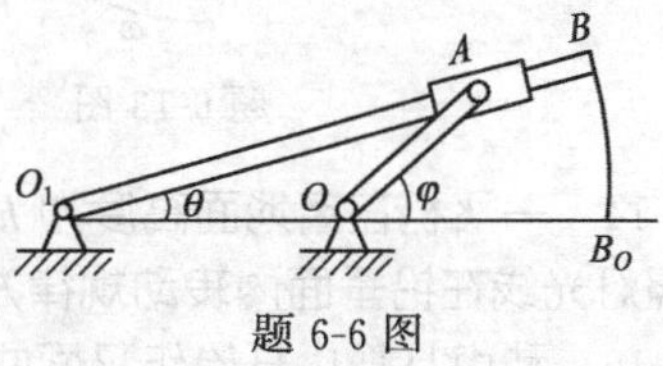

题 6-6 图

6-5　已知点的运动方程为 $x=2\sin 4t$，$y=2\cos 4t$，$z=4t$。单位为 m，求点运动轨迹的曲率半径 ρ。

6-6　曲柄摇杆机构如题 6-6 图所示，曲柄 OA 与水平线夹角的变化规律为 $\varphi=\dfrac{\pi}{4}t^2$，设 $OA=$

$O_1O=10\text{cm}$，$O_1B=24\text{cm}$，求 B 点的运动方程和 $t=1\text{s}$ 时 B 点的速度和加速度。

6-7　飞轮边缘上的点按 $s=4\sin\dfrac{\pi}{4}t$ 的规律运动，飞轮的半径 $r=20\text{cm}$。试求时间 $t=10\text{s}$ 时该点的速度和加速度。

6-8　已知动点的运动方程为 $x=50t$，$y=500-50t^2$，式中 x、y 以 m 计，t 以 s 计，试求 $t=0$ 时，动点的切向加速度、法向加速度及曲率半径 ρ。

6-9　半径为 r 的轮子沿直线轨道无滑动地滚动，如题 6-9 图所示，已知轮心 C 的速度为 $\boldsymbol{v}_C$，试求轮缘上点 M 的速度、加速度、沿轨迹曲线的运动方程及轨迹的曲率半径 ρ。

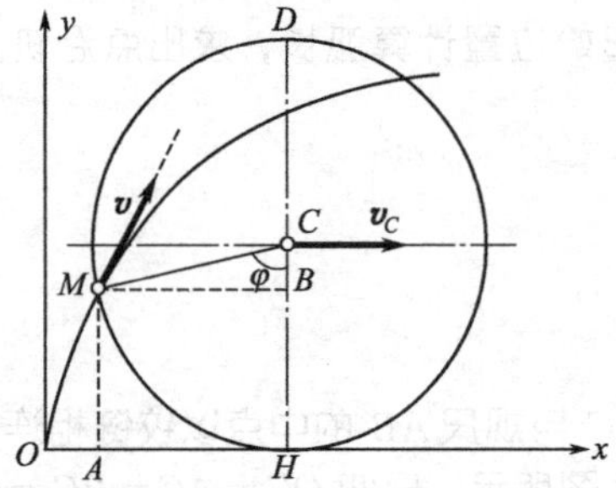

题 6-9 图

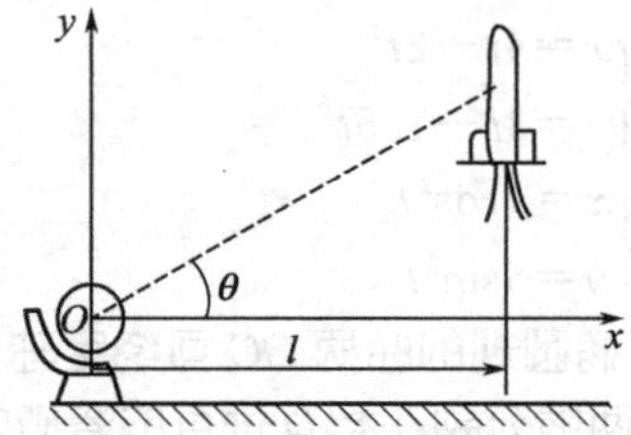

题 6-11 图

6-10　列车沿半径为 $R=400\text{m}$ 的圆弧轨道作匀加速运动，设初速度 $v_0=10\text{m/s}$，经过 $t=60\text{s}$ 后，其速度达到 $v=20\text{m/s}$，试求列车在 $t=0$、$t=60\text{s}$ 时的加速度。

6-11　雷达在距离火箭发射台为 l 的 O 处观察铅直上升的火箭发射，如题 6-11 图所示。测得角 θ 的规律为 $\theta=kt$（k 为常数）。写出火箭的运动方程，并计算当 $\theta=\dfrac{\pi}{6}$ 和 $\theta=\dfrac{\pi}{3}$ 时火箭的速度和加速度。

6-12　飞轮加速转动时，其轮缘上一点的运动规律为 $s=0.02t^3$，单位分别为 m、s，飞轮的半径 $R=0.4\text{m}$，求该点的速度达到 $v=6\text{m/s}$ 时，它的切向加速度和法向加速度。

6-13　单摆的运动规律为 $\varphi=\varphi_0\sin\omega t$，$\varphi_0$、$\omega$ 为常数，摆长 $OA=l$，如题 6-13 图所示。试求摆锤 A 的速度和加速度。

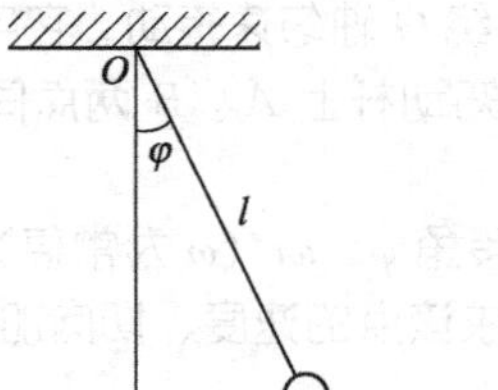

题 6-13 图

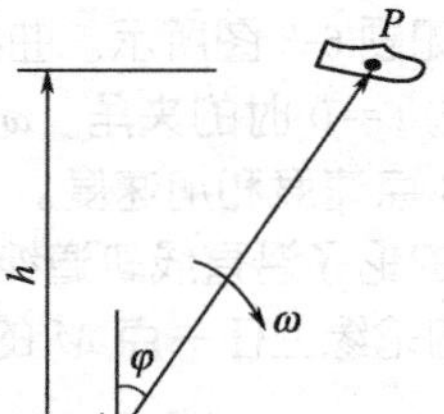

题 6-14 图

6-14　一飞机在离地面高度为 h 处作水平直线飞行，如题 6-14 图所示。若已测得追踪飞机的探照灯光线在铅垂面内转动规律为 $\varphi=\omega t$，ω 为常数，求飞机飞行的加速度。

6-15　动点从静止开始作平面曲线运动，设每一瞬时的切向加速度等于 $2t\text{cm/s}^2$，法向加速度等于 $\dfrac{t^4}{3}\text{cm/s}^2$，求该点的轨迹曲线。

6-16　长为 l 的杆 AB，以等角速度 ω 绕 B 点转动，如题 6-16 图所示。已知 AB 杆的转动方程为 $\varphi=\omega t$，而与杆连接的滑块 B 按规律 $s=a+b\sin\omega t$ 沿水平线作谐振动，其中 a 和 b 均为常数，求点 A 的轨迹。

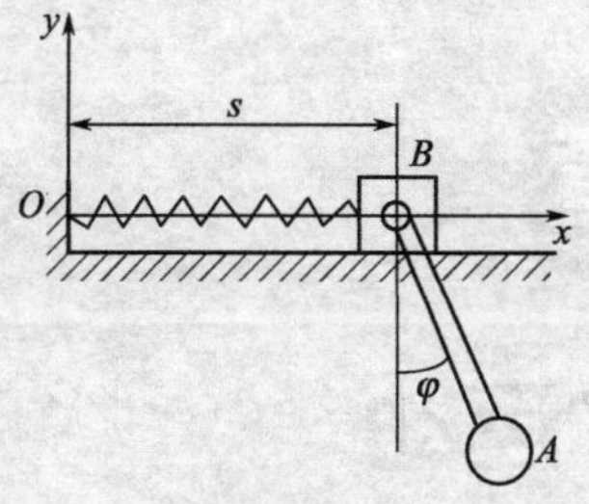

题 6-16 图

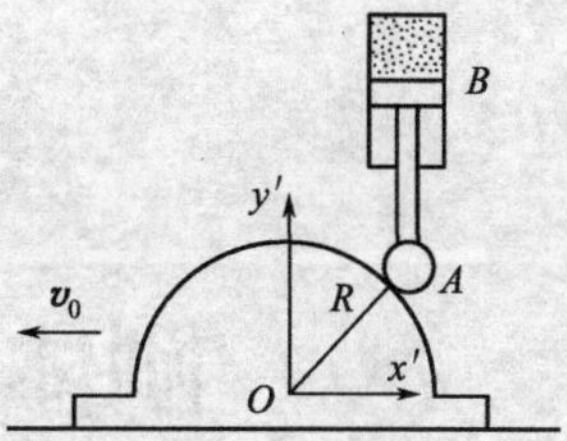

题 6-17 图

6-17　半圆形凸轮以等速 $v_0=0.01\text{m/s}$ 沿水平方向向左运动，从而使活塞杆 AB 沿铅直方向运动，如题 6-17 图所示。当运动开始时，活塞杆 A 端在凸轮的最高点上。如凸轮的半径 $R=80\text{mm}$，求活塞 B 相对于地面和相对于凸轮的运动方程和速度。

第7章

刚体的基本运动

本章要求

(1) 掌握刚体平动、定轴转动的定义以及刚体平动和定轴转动的特征，能正确地判断刚体是否作平动或定轴转动；(2) 掌握刚体定轴转动时的运动方程、角速度和角加速度，熟练应用匀速、匀变速转动的公式；(3) 能熟练计算定轴转动刚体上任一点的速度和加速度；(4) 掌握传动系统中各物体之间的速度、加速度、角速度及角加速度的相互关系。

重点 (1) 刚体平动的定义及其运动特征；(2) 刚体绕定轴转动时的转动方程、角速度与角加速度；(3) 定轴转动刚体上各点的速度和加速度。

难点 (1) 对刚体曲线平动概念的理解及其应用；(2) 已知角加速度函数式及初始条件求其转动方程。

7.1 刚体的平行移动

刚体的平行移动和定轴转动不但是刚体最简单的运动，而且刚体的复杂运动总可以看成这两种运动的复合，所以称为刚体的基本运动。

刚体运动时，如果其上任一直线始终与它最初的位置平行，则这种运动称为刚体的平行移动，简称平动或平移。

刚体平动的例子很多。例如，直线轨道上车厢的运动（如图 7-1 所示）、摆式筛子的运动（如图 7-2 所示）等，都是刚体平动的实例。

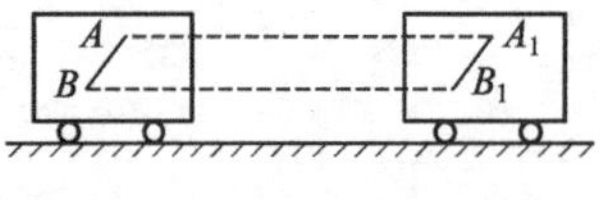

图 7-1

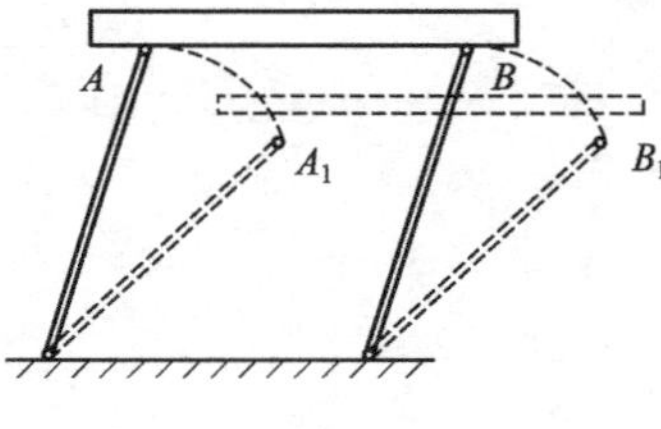

图 7-2

刚体平动时，如果其上各点的轨迹是直线，则称直线平动；如果其上各点的轨迹是曲线则称为曲线平动。上述车厢是作直线平动，而筛子则作曲线平动。

应当指出，判断一个刚体是否作平动，应看其上“任意一条”直线在刚体运动过程中是否“始终”与自己的初始位置平行，而不能取某些“特殊直线”，或以“个别瞬时”的情况作为判别的标准。例如，圆柱体绕其轴转动时，其母线在运动中始终与原来的位置保持平行，但其他直线则不然；圆柱体的半径在个别瞬时与初始位置平行，但在其他瞬时则不然，因此不能说圆柱体绕其轴线转动是作平动。

如图 7-3 所示，在刚体上任取两点 A、B，并以 $\boldsymbol{r}_A$ 和 $\boldsymbol{r}_B$ 分别表示 A、B 的矢径，则两矢端曲线就是两点的轨迹。

$$\boldsymbol{r}_A=\boldsymbol{r}_B+\overrightarrow{BA}$$

式中，$\overrightarrow{BA}$是从 B 点到 A 点所作的矢量。

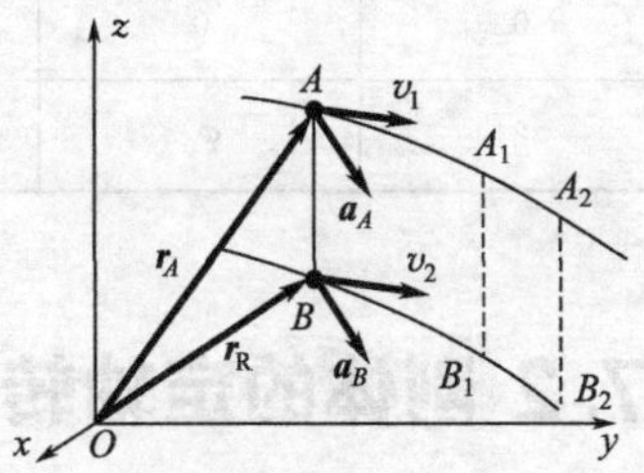

图 7-3

根据刚体不变形的性质和平动的特点，可知矢量$\overrightarrow{BA}$的长度和方向都不改变，所以$\overrightarrow{BA}$是一常矢量。因此，只要把 B 点的轨迹沿$\overrightarrow{BA}$方向平行搬移一段距离 BA，就能与 A 点的轨迹完全重合，这表明作平动刚体上各点的轨迹完全相同。例如图 7-1 中，车厢上各点的轨迹是相互平行的直线；图 7-2 中，筛子上各点的轨迹都是相同的圆弧。

将上式对时间 t 求导数，并注意到$\overrightarrow{BA}$为常矢量，其导数等于零，可得

$$\boldsymbol{v}_A=\boldsymbol{v}_B,\ \boldsymbol{a}_A=\boldsymbol{a}_B$$

由于 A、B 两点是任意选取的，于是可得结论：刚体平动时，其上各点的轨迹形状完全相同；在同一瞬时，各点具有相同的速度和相同的加速度。因此，只要知道平动刚体上任意一点的运动，则刚体上其他各点的运动就随之确定，整个刚体的运动亦被确定。所以，刚体的平动，可以归结为刚体内任意一点（如质心）的运动的研究，即归结为前面所研究过的点的运动学问题。

例 7-1　秋千用两条等长的钢索平行吊起，如图 7-4 所示。钢索长为 l，长度单位为 m。当秋千摆动时，钢索的摆动规律为 $\varphi=\varphi_0\sin\dfrac{\pi}{4}t$，其中时间 t 的单位为 s，转角 φ_0 的单位为 rad，试求当 $t=0$s 和 $t=2$s 时，秋千的中点 M 的速度和加速度。

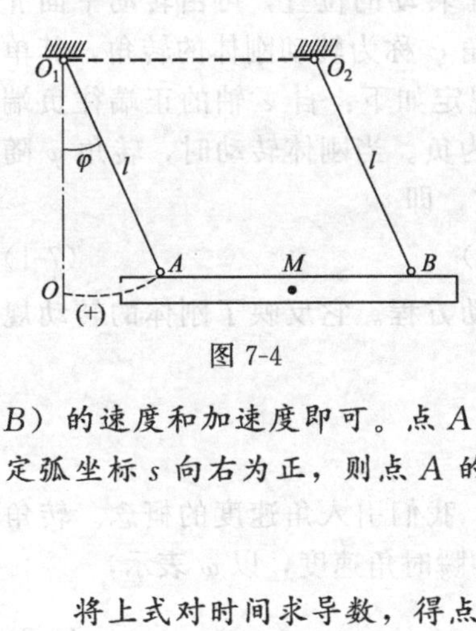

图 7-4

解：由于两条钢索 O_1A 和 O_2B 的长度相等，并且相互平行，于是秋千 AB 在运动中始终平行于直线O_1O_2，故秋千作平动。

为求中点 M 的速度和加速度，只需求出点 A（或点 B）的速度和加速度即可。点 A 在圆弧上运动，圆弧的半径为 l。如以最低点 O 为起点，规定弧坐标 s 向右为正，则点 A 的运动方程为

$$s=\varphi_0 l\sin\frac{\pi}{4}t$$

将上式对时间求导数，得点 A 的速度为

$$v=\frac{\mathrm{d}s}{\mathrm{d}t}=\frac{\pi}{4}l\varphi_0\cos\frac{\pi}{4}t$$

再求一次导数，得切向加速度为

$$a_\tau=\frac{\mathrm{d}v}{\mathrm{d}t}=-\frac{\pi^2}{16}l\varphi_0^2\sin\frac{\pi}{4}t$$

点 A 的法向加速度为

$$a_\mathrm{n}=\frac{v^2}{l}=\frac{\pi^2}{16}l\varphi_0\cos^2\frac{\pi}{4}t$$

代入 $t=0$ 和 $t=2$，就可求得这两瞬时点 A 的速度和加速度，亦即点 M 在这两瞬时的速度和加速度。计算结果如表 7-1 所列。

表 7-1 *M* 在这两瞬时的速度和加速度

t/s	φ/rad	v/(m·s^{-1})	a_τ/(m·s^{-2})	a_n/(m·s^{-2})
0	0	$\frac{\pi}{4}\varphi_0 l$(水平向右)	0	$\frac{\pi^2}{16}\varphi_0 l$(铅直向上)
2	φ_0	0	$-\frac{\pi^2}{16}\varphi_0 l$	0

7.2 刚体的定轴转动

刚体运动时，如体内或其扩展部分有一条直线始终保持不动，这种运动就称为定轴转动，简称转动。该固定不动的直线称为转轴或轴线。显然，刚体转动时，体内不在转轴上的各点都在垂直于转轴的平面内作圆周运动，它们的圆心都在转轴上。

转动是机器中最常见的一种运动，如砂轮机的砂轮，卷扬机的卷筒、齿轮、水轮机和发电机的转子等的运动都是定轴转动。

定轴转动刚体上各点的运动是不同的，因而它不像平动刚体那样可以简单地用一个点的运动来概括。因此，我们既要研究它整体的运动特点，又要研究刚体上每一点的运动。

7.2.1 转动方程

设刚体绕定轴转动如图 7-5 所示，为了确定刚体在任一瞬时的位置，可先过转轴作一固定平面Ⅰ；再过转轴作一与刚体固连，并随刚体一起转动的平面Ⅱ。于是，任一瞬时刚体相对于固定平面Ⅰ转动的位置，可由转动平面Ⅱ和固定平面Ⅰ之间的夹角 φ 来确定。角 φ 称为转动刚体的转角，其单位是 rad，它是一个代数量，其符号规定如下：自 z 轴的正端往负端看，逆时针方向转动的 φ 为正；反之为负。当刚体转动时，转角 φ 随时间 t 变化，是时间 t 的单值连续函数，即

$$\varphi = f(t) \tag{7-1}$$

这个方程称为刚体定轴转动的运动方程。它反映了刚体的转动规律，位置角 φ 的变化又称角位移。

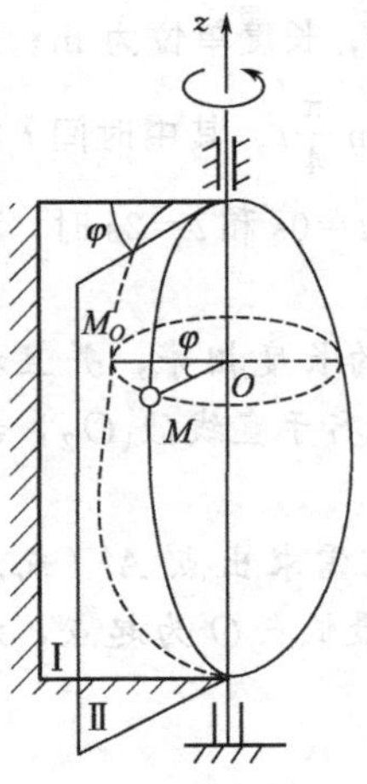

图 7-5

7.2.2 角速度

为了描述刚体转动的快慢和转向，我们引入角速度的概念。转角 φ 对时间的一阶导数，称为转动刚体的瞬时角速度，以 ω 表示，

$$\omega = \frac{d\varphi}{dt} \tag{7-2}$$

如果 $\frac{d\varphi}{dt} > 0$，表示转角的代数值随时间增加而增大，刚体作逆时针方向转动；如果 $\frac{d\varphi}{dt} < 0$，表示转角的代数值随时间减少而减少，刚体作顺时针方向转动。角速度的单位为 rad/s（弧度/秒）。

工程上常用转速来说明转动的快慢，转速以 n 表示，其单位为 r/min（转/分）。n 与 ω 的换算关系为

$$\omega = \frac{2n\pi}{60} = \frac{n\pi}{30}(\text{rad/s}) \tag{7-3}$$

例如某电机转速为 1380r/min。则该电机的角速度

$$\omega=\frac{n\pi}{30}=145\text{rad/s}$$

在粗略的近似计算中，可取 $\pi\approx3$，于是 $\omega\approx0.1n$。

7.2.3 角加速度

刚体转动时，角速度一般随时间而变化，例如：电风扇在启动和停止阶段，角速度逐渐增加或减小。为了反映角速度变化的快慢，我们引入角加速度的概念。角速度对时间的一阶导数，称为刚体的瞬时角加速度，用 ε 表示，即

$$\varepsilon=\frac{d\omega}{dt}=\frac{d^2\varphi}{dt^2} \tag{7-4}$$

角加速度正负号的规定与角速度相同。与判别点作加速或减速运动类似，如果 ε 与 ω 同号，刚体作加速转动；反之，则作减速转动。角加速度的单位为 rad/s^2（弧度/秒²）。

在表示定轴转动的图上，一般以一段圆弧加上一个箭头表示 ω 或 ε 的转向。如图 7-6 所示。

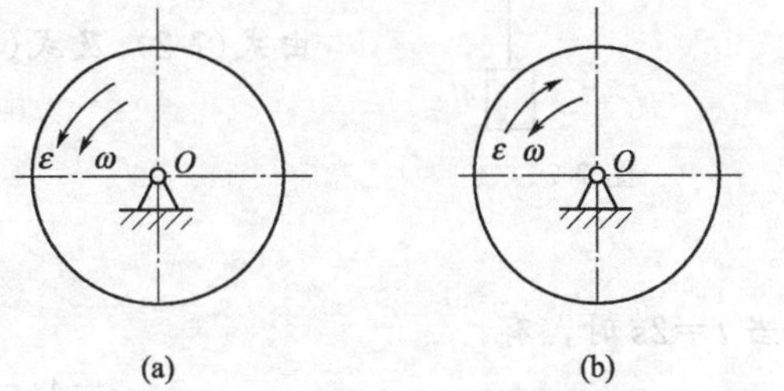

图 7-6

下面讨论两种特殊情况。

(1) 匀速转动　如果刚体的角速度不变，即 ω 为常量，这种转动称为匀速转动。仿照点的匀速运动公式的推导，可得

$$\varphi=\varphi_0+\omega t \tag{7-5}$$

式中，φ_0 为 $t=0$ 时转角的 φ 值。

(2) 匀变速转动　如果刚体的角加速度不变，即 ε 为常量，这种转动称为匀变速转动。仿照点的匀变速运动的公式推导，可得

$$\left.\begin{aligned}\omega&=\omega_0+\varepsilon t\\ \varphi&=\varphi_0+\omega_0 t+\frac{1}{2}\varepsilon t^2\end{aligned}\right\} \tag{7-6}$$

刚体绕定轴转动与点的曲线运动之间，存在着对应关系，为了方便读者学习，现列于表 7-2 中。表中 v_0 是点的初速度，ω_0 是刚体转动的初角速度。

表 7-2　点的曲线运动与刚体的定轴转动对照表

点的曲线运动	刚体的定轴转动
坐标　s	转角　φ
运动方程　$s=f(t)$	转动方程　$\varphi=f(t)$
速度　$v=\frac{ds}{dt}$	角速度　$\omega=\frac{d\varphi}{dt}$
切向加速度　$a_\tau=\frac{dv}{dt}=\frac{d^2s}{dt^2}$	角加速度　$\varepsilon=\frac{d\omega}{dt}=\frac{d^2\varphi}{dt^2}$
匀速运动　$s=s_0+vt$	匀速转动　$\varphi=\varphi_0+\omega t$
匀变速运动 $v=v_0+a_\tau t$ $s=s_0+v_0t+\frac{1}{2}a_\tau t^2$ $v^2-v_0^2=2a_\tau(s-s_0)$	匀变速转动 $\omega=\omega_0+\varepsilon t$ $\varphi=\varphi_0+\omega_0 t+\frac{1}{2}\varepsilon t^2$ $\omega^2-\omega_0^2=2\varepsilon(\varphi-\varphi_0)$

至于一般变速转动问题，由建立转动方程到计算角速度、角加速度，或由角加速度函数式及初始条件反求其转动方程，都要通过微分或积分的运算。其方法与求解点的运动的两类问题相仿。

例 7-2　升降机如图 7-7 所示，其鼓轮绕固定轴 O 逆时针转动。已知启动时的转动方程为 $\varphi=2t^2$rad（t 以 s 计）。试计算 $t=2$s 时鼓轮转过的圈数、角速度和角加速度。

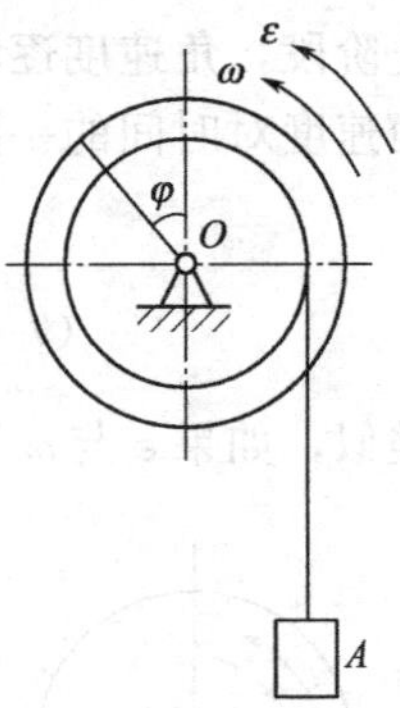

图 7-7

解：由于鼓轮的转动方程已知，可以直接应用公式求解。将 $t=2$s 代入转动方程，则

$$\varphi=2t^2=2\times2^2=8\text{rad}$$

所以，圈数为

$$N=\frac{\varphi}{2\pi}=\frac{8}{2\pi}=1.27\text{ 圈}$$

由式(7-2) 及式(7-4) 可求得角速度和角加速度为

$$\omega=\frac{\mathrm{d}\varphi}{\mathrm{d}t}=\frac{\mathrm{d}}{\mathrm{d}t}(2t^2)=4t$$

$$\varepsilon=\frac{\mathrm{d}\omega}{\mathrm{d}t}=\frac{\mathrm{d}}{\mathrm{d}t}(4t)=4\text{rad/s}^2$$

当 $t=2$s 时，有

$$\omega=4t=4\times2=8\text{rad/s}$$

$$\varepsilon=4\text{rad/s}^2$$

例 7-3　已知涡轮机在启动时，其动轮的转角 φ 与时间 t 的立方成正比，当 $t=3$s 时，动轮的转速 $n=810$r/min。试求动轮的转动方程。

解：根据题意，φ 与 t^3 成正比，设其比例常数为 k，则

$$\varphi=kt^3 \tag{a}$$

根据式(7-2) 有

$$\omega=\frac{\mathrm{d}\varphi}{\mathrm{d}t}=3kt^2 \tag{b}$$

当 $t=3$s 时，$n=810$r/min，由式(7-3) 得

$$\omega=\frac{n\pi}{30}=\frac{810}{30}\pi=27\pi\text{rad/s}$$

代入式(b) 有

$$27\pi=3k(3)^2$$

解得

$$k=\pi$$

将 k 值代入式(a)，得

$$\varphi=\pi t^3$$

即为动轮的转动方程。

7.3 转动刚体内各点的速度和加速度

工程实际中，除了要研究转动刚体整体的运动规律外，还需要研究刚体上某些点的运动规律。例如，带式运输机的传递速度就是带轮边缘上一点的速度；车床的切削速度就是转动工件上与车刀接触点的速度。因此，研究转动刚体上各点的速度和加速度，在工程设计中具有重要的意义。

7.3.1 定轴转动刚体上各点的速度

刚体定轴转动时，除转轴上的点静止不动外，其余各点都在垂直于转轴的平面内作圆周运动。圆心在圆周平面与转轴的交点上，半径等于该点到圆心的距离。如图 7-8 所示，设 M 是刚体内距转轴为 R 的一点，由于 M 点的运动轨迹已知，所以可用自然法来研究它的运动。为此，取刚体转角为零时 M 点的位置 M_0 为弧坐标原点，并以转角的正向为弧坐标的正向，于是 M 点在任一瞬时的弧坐标为

$$s=R\varphi$$

将上式对时间求一阶导数，得

$$\frac{ds}{dt}=R\frac{d\varphi}{dt}$$

上式改写成

$$v=R\omega \tag{7-7}$$

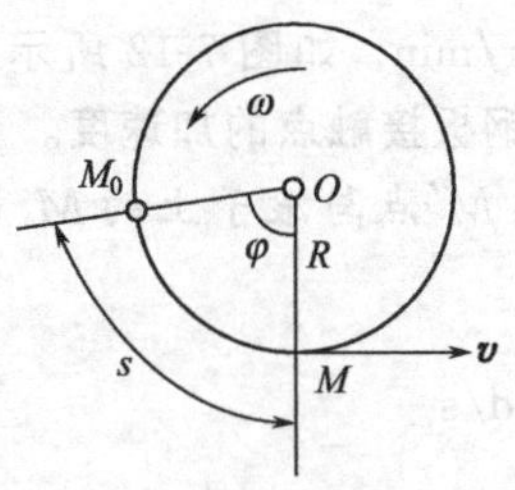

图 7-8

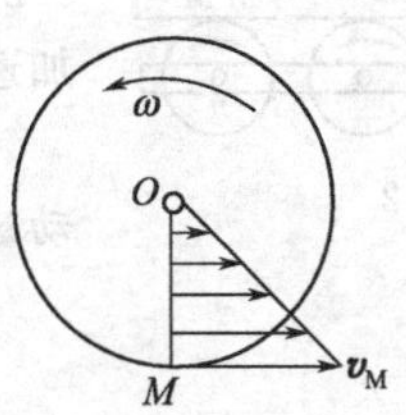

图 7-9

即转动刚体内任一点在任一瞬时的速度的大小，等于该瞬时刚体的角速度与该点到转轴距离的乘积；速度的方向沿该点圆周的切线且指向转动的一方。

由式(7-7) 可知，在任一瞬时，转动刚体内各点速度的大小与各点到转轴的距离成正比。离转轴愈远的点，速度愈大；离转轴愈近的点，速度愈小；转轴上的点，速度为零。刚体内各点速度分布规律如图 7-9 所示。

7.3.2 定轴转动刚体上各点的加速度

由于 M 点作圆周运动，因此加速度应包括切向加速度和法向加速度两部分。切向加速度的大小为

$$a_\tau=\frac{dv}{dt}=R\frac{d\omega}{dt}=R\varepsilon \tag{7-8}$$

法向加速度的大小为

$$a_n=\frac{v^2}{R}=\frac{R^2\omega^2}{R}=R\omega^2 \tag{7-9}$$

即转动刚体内任一点在某瞬时的切向加速度的大小，等于该瞬时刚体的角加速度与该点到转轴距离的乘积，其方向沿该点圆周的切线，指向与 ε 的转向一致；法向加速度的大小，等于该瞬时刚体角速度的平方与该点到转轴距离的乘积，其方向始终指向转轴，如图 7-10 所示。因此，转动刚体上任一点 M 的全加速度的大小和方向为

$$\left.\begin{aligned}a&=\sqrt{a_n^2+a_\tau^2}=R\sqrt{\varepsilon^2+\omega^4}\\ \tan\theta&=\frac{|\boldsymbol{a}_\tau|}{|\boldsymbol{a}_n|}=\frac{|\varepsilon|}{\omega^2}\end{aligned}\right\} \tag{7-10}$$

式中，θ 为全加速度与半径的夹角，偏向由 a_τ 的正负决定。

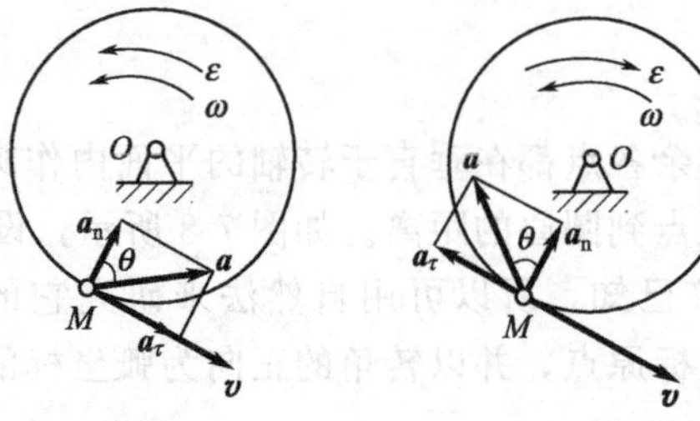

(a) (b)

图 7-10

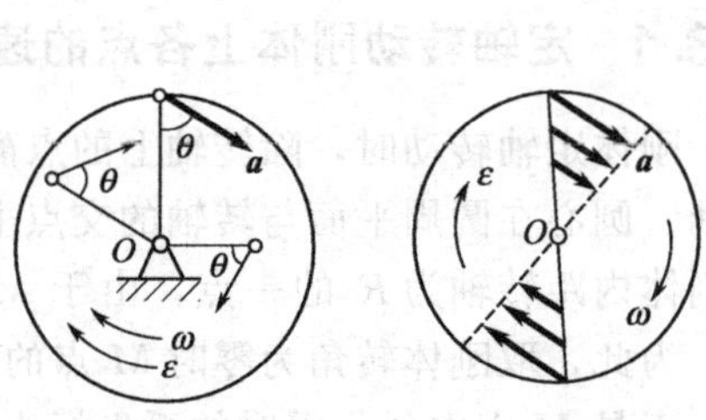

(a) (b)

图 7-11

由式(7-10)可知，在每一瞬时，转动刚体上各点全加速度的大小与各点到转轴的距离成正比。在每一瞬时，各点全加速度与半径的夹角都相同。刚体内各点全加速度的分布规律如图 7-11 所示。

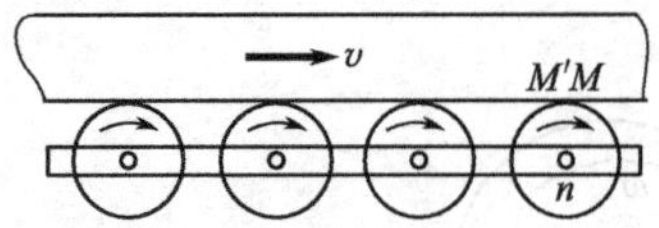

图 7-12

例 7-4 已知钢板与滚子之间无相对滑动，滚子直径为 $d=0.2\text{m}$；转速为 $n=50\text{r/min}$，如图 7-12 所示，求钢板的速度和加速度，并求滚子与钢板接触点的加速度。

解： 设钢板上的 M' 点与滚子上的 M 点相接触，钢板平动速度为

$$\omega=\frac{n\pi}{30}=5.23\text{rad/s}$$

$$v=v_{\mathrm{M'}}=v_{\mathrm{M}}=\frac{d}{2}\omega=0.1\times5.23=0.523\text{m/s}$$

钢板加速度
$$a=\frac{\mathrm{d}v}{\mathrm{d}t}=0$$

滚子上 M 点的加速度

$$a_{\mathrm{M}}^{\tau}=0$$

$$a_{\mathrm{M}}^{n}=R\omega^2=0.1\times5.23^2=2.74\text{m/s}^2$$

例 7-5 物块 B 以匀速 $\boldsymbol{v}_0$ 沿水平方向直线移动。杆 OA 可绕 O 轴转动，杆保持紧靠在物块的侧棱 b 上，如图 7-13 所示。已知物块高度为 h，试求杆 OA 的转动方程、角速度和角加速度。

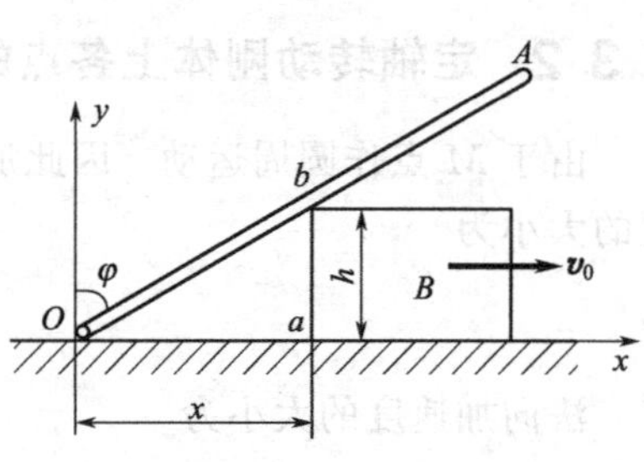

图 7-13

解： 取坐标如图 7-13，x 轴以水平向右为正，φ 角则自 y 轴起顺时针转向为正。取 $x=0$ 的瞬时作为时间的计算起点。在任意瞬时 t，物块侧面 ab 的横坐标为 x。按题意有

$$x=v_0t$$

由三角形 Oab 得

$$\tan\varphi=\frac{x}{h}=\frac{v_0t}{h}$$

故杆 OA 的转动方程为

$$\varphi=\arctan\left(\frac{v_0t}{h}\right)$$

杆的角速度是

$$\frac{\mathrm{d}\varphi}{\mathrm{d}t}=\frac{\dfrac{v_0}{h}}{1+\left(\dfrac{v_0t}{h}\right)^2}$$

即
$$\omega=\frac{hv_0}{h^2+v_0^2t^2}$$

杆的角加速度是

$$\varepsilon=\frac{\mathrm{d}\omega}{\mathrm{d}t}=-\frac{2hv_0^3t}{(h+v_0^2t^2)^2}$$

例 7-6　某电机转子由静止开始作匀加速转动，5s 后转速增加到 1450r/min，求该电动机转子的角加速度 ε 及在这 5s 内转过的圈数 N。

解：(1) 求角加速度 ε。已知电动机转子作匀加速转动，由式(7-6) 得

$$\omega=\omega_0+\varepsilon t \quad 或 \quad \varepsilon=(\omega-\omega_0)/t \tag{a}$$

当 $t=0$ 时，$\omega_0=0$；

当 $t=5\mathrm{s}$ 时，由式(7-3) 得

$$\omega=\frac{n\pi}{30}=\frac{1450\pi}{30}\mathrm{rad/s}$$

将 ω_0、ω 得值代入式(a)，得

$$\varepsilon=\frac{1450\pi}{30\times5}=30.4\mathrm{rad/s^2}$$

(2) 求转过的圈数 N　由式(7-6)，$\varphi=\varphi_0+\omega_0t+\frac{1}{2}\varepsilon t^2$

当 $t=5\mathrm{s}$ 时，有

$$\varphi=\frac{1}{2}\times30.4\times5^2=380\mathrm{rad}$$

所以
$$N=\frac{\varphi}{2\pi}=60.5\mathrm{r}$$

即在这 5s 内转过了 60.5 圈。

7.4 轮系的传动比

工程中，常利用轮系传动提高或降低机械的转速，最常见的有齿轮系和带轮系。

7.4.1 齿轮传动

机械中常用齿轮作为传动部件，例如，为了要将电动机的转动传到机床的主轴，通常用变速箱降低转速，多数变速箱是由齿轮系组成的。

如图 7-14 所示为一对啮合的圆柱齿轮，齿轮传动分为外啮合（图 7-14）和内啮合（图 7-15）两种。

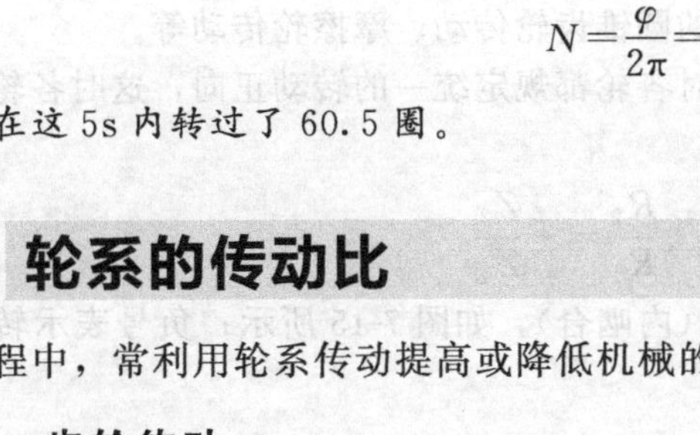

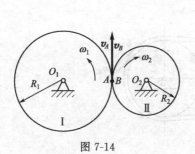

图 7-14

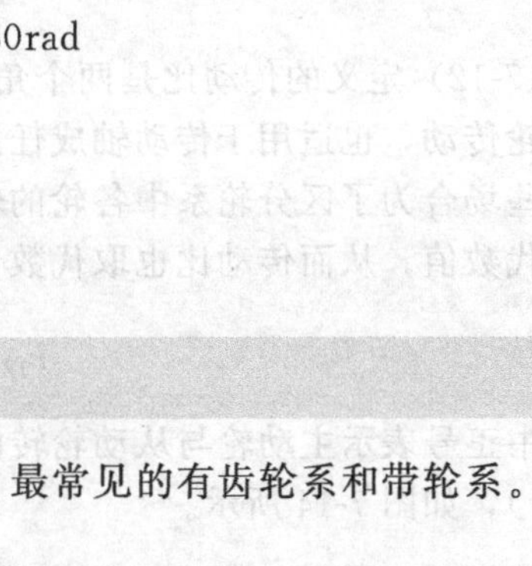

图 7-15

设两个齿轮各绕固定轴 O_1 和 O_2 转动。已知其啮合圆半径各为 R_1 和 R_2；齿数各为 Z_1 和 Z_2；角速度各为 ω_1 和 ω_2。令 A 和 B 分别是两个齿轮啮合圆的接触点，因两圆之间没有相对滑动，故

$$v_A = v_B$$

并且速度方向也相同。但 $v_A = R_1\omega_1$，$v_B = R_2\omega_2$，因此

$$R_1\omega_1 = R_2\omega_2$$

或

$$\frac{\omega_1}{\omega_2} = \frac{R_2}{R_1}$$

由于齿轮在啮合圆上的齿距相等，它们的齿数与半径成正比，故

$$\frac{\omega_1}{\omega_2} = \frac{R_2}{R_1} = \frac{Z_2}{Z_1} \tag{7-11}$$

由此可知：处于啮合中的两个定轴齿轮的角速度与两齿轮的齿数成反比（或与两轮的啮合圆半径成反比）。

设轮Ⅰ是主动轮，轮Ⅱ是从动轮。把主动轮和从动轮的两个角速度的比值称为传动比，用下式表示

$$i_{12} = \frac{\omega_1}{\omega_2}$$

把式(7-11) 代入上式，得计算传动比的基本公式

$$i_{12} = \frac{\omega_1}{\omega_2} = \frac{R_2}{R_1} = \frac{Z_2}{Z_1} \tag{7-12}$$

式(7-12) 定义的传动比是两个角速度大小的比值，与转动方向无关，因此不仅适用于圆柱齿轮传动，也适用于传动轴成任意角度的圆锥齿轮传动、摩擦轮传动等。

有些场合为了区分轮系中各轮的转向，对各轮都规定统一的转动正向，这时各轮的角速度可取代数值，从而传动比也取代数值

$$i_{12} = \frac{\omega_1}{\omega_2} = \pm\frac{R_2}{R_1} = \pm\frac{Z_2}{Z_1}$$

式中正号表示主动轮与从动轮转向相同（内啮合），如图 7-15 所示；负号表示转向相反（外啮合），如图 7-14 所示。

7.4.2　带轮传动

通过皮带使变速箱的轴转动，是机械工程中另一种常用的传动方式——带轮传动。如图 7-16 所示的带轮装置中，主动轮和从动轮的半径分别为 r_1 和 r_2，角速度分别为 ω_1 和 ω_2。如不考虑皮带的厚度，并假定皮带与带轮之间无相对滑动，则应用绕定轴转动的刚体上各点速度的公式，可得到下列关系式

$$r_1\omega_1 = r_2\omega_2$$

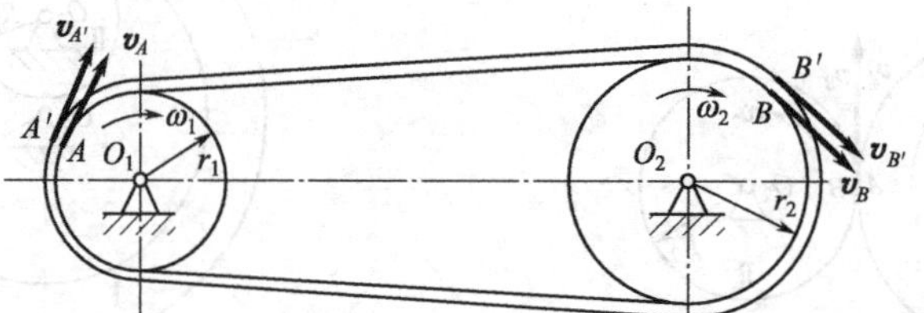

图 7-16

于是带轮的传动比公式为

$$i_{12}=\frac{\omega_1}{\omega_2}=\frac{r_2}{r_1} \tag{7-13}$$

即：两轮的角速度与其半径成反比。

例 7-7　如图 7-17 所示搅拌机，已知驱动轮 O_1 转速 $n=950\mathrm{r/min}$，齿数 $Z_1=20$，从动轮齿数 $Z_2=Z_3=50$，且 $O_2B=O_3A=0.25\mathrm{m}$，$O_2B /\!/ O_3A$。求搅拌杆端点 C 的速度 v_C 和轨迹。

解：从动轮转速

$$n'=\frac{Z_1}{Z_2}n$$

搅拌杆 ABC 平动，所以

$$v_C=v_A=\frac{2\pi n'}{60}O_3A=9.948\mathrm{m/s}$$

点 C 的轨迹是圆心为 O、半径 $OC /\!/ O_3A$ 且 $OC=0.25\mathrm{m}$ 的圆。

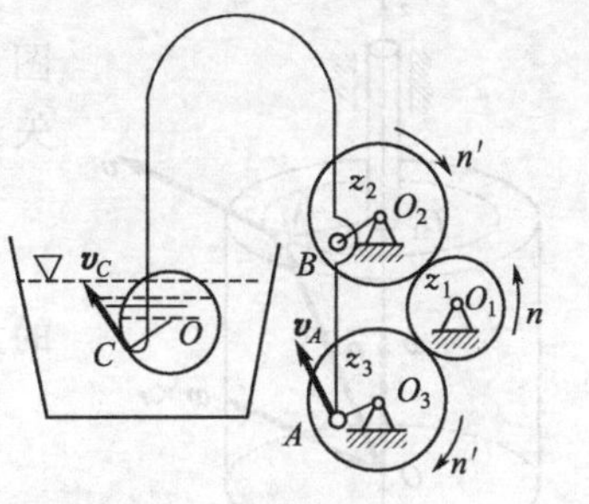

图 7-17

7.5 以矢量表示角速度和角加速度·以矢积表示点的速度和加速度

刚体绕 z 轴作定轴转动，用 $\boldsymbol{\omega}$ 表示角速度矢量，其大小等于角速度的绝对值，即

$$|\boldsymbol{\omega}|=|\omega|=\left|\frac{\mathrm{d}\varphi}{\mathrm{d}t}\right| \tag{7-14}$$

角速度 $\boldsymbol{\omega}$ 沿轴线，它的指向表示刚体的转动方向；如果从角速度矢的末端向始端看，则看到刚体作逆时针方向的转动，如图 7-18(a)所示；或按照右手螺旋法则确定：右手四指指向转动的方向，拇指代表角速度矢 $\boldsymbol{\omega}$ 的方向，如图 7-18(b)所示。至于角速度矢的起点，可在轴线上任意选取，也就是说，角速度矢是滑移矢量。

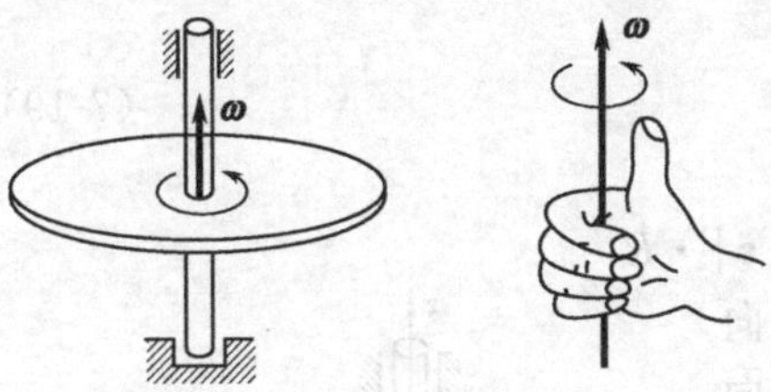

图 7-18

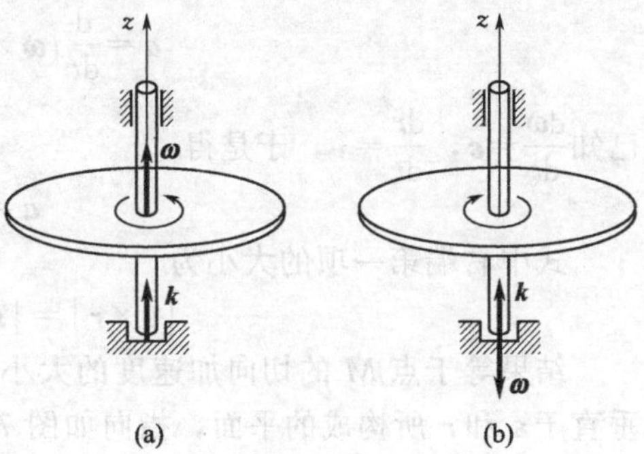

图 7-19

如取转轴为 z 轴，其正向用单位矢量 $\boldsymbol{k}$ 的方向表示，如图 7-19 所示。于是刚体绕定轴转动的角速度矢可写成

$$\boldsymbol{\omega}=\omega\boldsymbol{k} \tag{7-15}$$

式中，ω 是角速度的代数值，它等于 $\dot{\varphi}$。

同样，刚体绕定轴转动的角加速度也可用一个沿轴线的滑移矢量表示

$$\boldsymbol{\varepsilon}=\varepsilon\boldsymbol{k} \tag{7-16}$$

其中，ε 是角加速度的代数值，它等于 $\dot{\omega}$ 或 $\ddot{\varphi}$。于是

$$\boldsymbol{\varepsilon}=\frac{\mathrm{d}\omega}{\mathrm{d}t}\boldsymbol{k}=\frac{\mathrm{d}}{\mathrm{d}t}(\omega\boldsymbol{k})$$

或
$$\boldsymbol{\varepsilon}=\frac{\mathrm{d}\boldsymbol{\omega}}{\mathrm{d}t} \tag{7-17}$$

即角加速度矢 $\boldsymbol{\varepsilon}$ 为角速度矢 $\boldsymbol{\omega}$ 对时间的一阶导数。

根据上述角速度和角加速度的矢量表示法，刚体内任一点的速度可以用矢积表示。

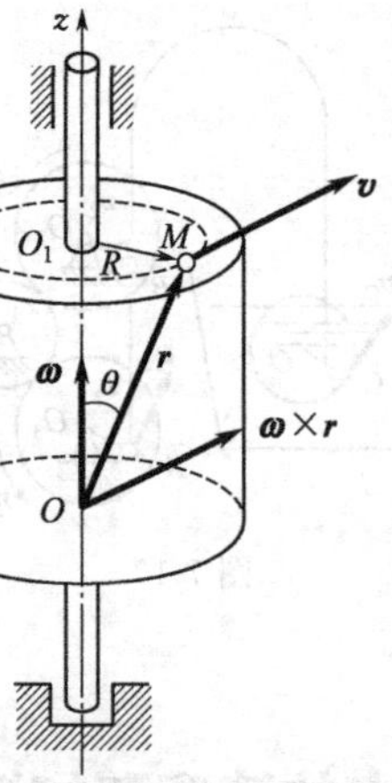

图 7-20

如在轴线上任选一点 O 为原点，点 M 的矢径以 $\boldsymbol{r}$ 表示，如图 7-20 所示。那么，点 M 的速度可以用角速度矢与它的矢径的矢量积表示，即

$$\boldsymbol{v}=\boldsymbol{\omega}\times\boldsymbol{r} \tag{7-18}$$

为了证明这一点，需证明矢积 $\boldsymbol{\omega}\times\boldsymbol{r}$ 确实表示点 M 的速度矢的大小和方向。

根据矢积的定义知，$\boldsymbol{\omega}\times\boldsymbol{r}$ 仍是一个矢量，它的大小是

$$|\boldsymbol{\omega}\times\boldsymbol{r}|=|\boldsymbol{\omega}|\cdot|\boldsymbol{r}|\sin\theta=|\boldsymbol{\omega}|\cdot R=|\boldsymbol{v}|$$

式中，θ 是角速度矢 $\boldsymbol{\omega}$ 与矢径 $\boldsymbol{r}$ 间的夹角。于是证明了矢积 $\boldsymbol{\omega}\times\boldsymbol{r}$ 的大小等于速度的大小。

矢积 $\boldsymbol{\omega}\times\boldsymbol{r}$ 的方向垂直于 $\boldsymbol{\omega}$ 和 $\boldsymbol{r}$ 所组成的平面（即图 7-20 中三角形 OMO_1 平面），从矢量 $\boldsymbol{v}$ 的末端向始端看，则见 $\boldsymbol{\omega}$ 按逆时针方向转过角 θ 与 $\boldsymbol{r}$ 重合，由图容易看出，矢积 $\boldsymbol{\omega}\times\boldsymbol{r}$ 的方向正好与点 M 的速度方向相同。

于是可得结论：绕定轴转动的刚体上任一点的速度矢等于刚体的角速度矢与该点矢径的矢积。

绕定轴转动刚体上任一点的加速度矢也可用矢积表示。

因为点 M 的加速度为

$$\boldsymbol{a}=\frac{\mathrm{d}\boldsymbol{v}}{\mathrm{d}t}$$

把速度的矢积表达式(7-16) 代入，得

$$\boldsymbol{a}=\frac{\mathrm{d}}{\mathrm{d}t}(\boldsymbol{\omega}\times\boldsymbol{r})=\frac{\mathrm{d}\boldsymbol{\omega}}{\mathrm{d}t}\times\boldsymbol{r}+\boldsymbol{\omega}\times\frac{\mathrm{d}\boldsymbol{r}}{\mathrm{d}t}$$

已知 $\frac{\mathrm{d}\boldsymbol{\omega}}{\mathrm{d}t}=\boldsymbol{\varepsilon}$，$\frac{\mathrm{d}\boldsymbol{r}}{\mathrm{d}t}=\boldsymbol{v}$，于是得

$$\boldsymbol{a}=\boldsymbol{\varepsilon}\times\boldsymbol{r}+\boldsymbol{\omega}\times\boldsymbol{v} \tag{7-19}$$

式中右端第一项的大小为

$$|\boldsymbol{\varepsilon}\times\boldsymbol{r}|=|\boldsymbol{\varepsilon}|\cdot|\boldsymbol{r}|\sin\theta=|\boldsymbol{\varepsilon}|\cdot R$$

结果等于点 M 的切向加速度的大小。而 $\boldsymbol{\varepsilon}\times\boldsymbol{r}$ 的方向垂直于 $\boldsymbol{\varepsilon}$ 和 $\boldsymbol{r}$ 所构成的平面，指向如图 7-21 所示，这方向恰好与点 M 的切向加速度的方向一致，因此矢积 $\boldsymbol{\varepsilon}\times\boldsymbol{r}$ 等于切向加速度 $\boldsymbol{a}_\tau$，即

$$\boldsymbol{a}_\tau=\boldsymbol{\varepsilon}\times\boldsymbol{r} \tag{7-20}$$

同理可知，式(7-19) 右端的第二项等于点 M 的法向加速度，即

$$\boldsymbol{a}_\mathrm{n}=\boldsymbol{\omega}\times\boldsymbol{v} \tag{7-21}$$

于是可得结论：转动刚体内任一点的切向加速度等于刚体的角加速度矢与该点矢径的矢积；法向加速度等于刚体的角速度矢与该点的速度矢的矢积。

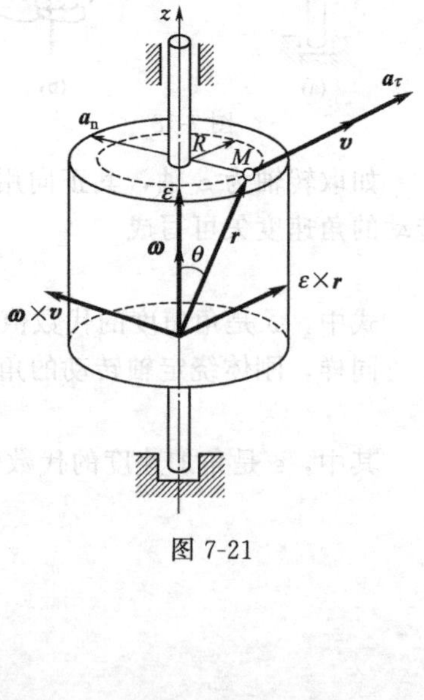

图 7-21

例 7-8　刚体绕定轴转动，已知转轴通过坐标原点 O，

角速度矢为 $\boldsymbol{\omega}=5\sin\frac{\pi t}{2}\boldsymbol{i}+5\cos\frac{\pi t}{2}\boldsymbol{j}+5\sqrt{3}\boldsymbol{k}$。求当 $t=1\text{s}$ 时，刚体上点 $M(0,\ 2,\ 3)$ 的速度矢及加速度矢。

解：

$$\boldsymbol{v}=\boldsymbol{\omega}\times\boldsymbol{r}=\begin{vmatrix}\boldsymbol{i} & \boldsymbol{j} & \boldsymbol{k}\\ 5\sin\frac{\pi t}{2} & 5\cos\frac{\pi t}{2} & 5\sqrt{3}\\ 0 & 2 & 3\end{vmatrix}=-10\sqrt{3}\boldsymbol{i}-15\boldsymbol{j}+10\boldsymbol{k}$$

$$\boldsymbol{a}=\boldsymbol{\varepsilon}\times\boldsymbol{r}+\boldsymbol{\omega}\times\boldsymbol{v}=\frac{\mathrm{d}\boldsymbol{\omega}}{\mathrm{d}t}\times\boldsymbol{r}+\boldsymbol{\omega}\times\boldsymbol{v}=\left(-\frac{15}{2}\pi+75\sqrt{3}\right)\boldsymbol{i}-200\boldsymbol{j}-75\boldsymbol{k}$$

例 7-9　某定轴转动刚体的转轴通过点 $M_0(2,\ 1,\ 3)$，其角速度矢 $\boldsymbol{\omega}$ 的方向余弦为 0.6，0.48，0.64，角速度的大小为 $\omega=25\text{rad/s}$。求刚体上点 $M(10,\ 7,\ 11)$ 的速度矢。

解： 设原坐标系为 $Ox'y'z'$，取新坐标系以 M_0 为原点，记为 M_0xyz，且 x、y、z 三轴分别平行于原坐标系的 x'、y'、z' 轴。在新坐标系中有

$$\boldsymbol{\omega}=\omega\times(0.6\boldsymbol{i}+0.48\boldsymbol{j}+0.64\boldsymbol{k})=15\boldsymbol{i}+12\boldsymbol{j}+16\boldsymbol{k}$$

点 M 在新坐标系中的矢径为 $\boldsymbol{r}=(10-2)\boldsymbol{i}+(7-1)\boldsymbol{j}+(11-3)\boldsymbol{k}$，于是有

$$\boldsymbol{v}=\boldsymbol{\omega}\times\boldsymbol{r}=\begin{vmatrix}\boldsymbol{i} & \boldsymbol{j} & \boldsymbol{k}\\ 15 & 12 & 16\\ 8 & 6 & 8\end{vmatrix}=8\boldsymbol{j}-6\boldsymbol{k}$$

学习方法和要点提示

(1) 宜以复习、总结的方式进一步掌握本章内容，为今后学习刚体更复杂的运动打好基础。

(2) 要善于判断刚体作平动还是定轴转动或是其他复杂运动。刚体平动时，其上任意一直线始终平行于它的最初位置，各点轨迹形状相同；刚体定轴转动时，则有一固定转动轴，各点作半径不同的圆周运动；否则，则是其他复杂的运动。

(3) 已知刚体的运动规律（包括自行建立的运动方程），可用数学求导运算求刚体的角速度和角加速度；反之，已知刚体的角加速度和初始条件，可根据数学积分运算求刚体的角速度和转动方程。

(4) 已知刚体的转动规律，角速度和角加速度，可求解刚体上任一点的速度和加速度；反之，已知刚体上某点的速度或加速度，也可以根据公式求得刚体的角速度和角加速度。

思　考　题

7-1　火车在拐弯时所作的运动是不是平动？在刚体运动过程中，若其上有一条直线始终平行于它的初始位置，这种刚体的运动就是平动对吗？

7-2　匀速转动的飞轮，若其半径增加一倍，则其边缘上的点的速度和加速度也都增大一倍，对吗？若飞轮的转速增大一倍，则其边缘上点的速度和加速度是否也增加一倍？

7-3　有人认为：“刚体绕定轴转动时，角加速度为正，表示加速转动，角加速度为负，则表示减速转动。”对吗？为什么？

7-4　“刚体作平动时，各点的轨迹一定是直线或平面曲线；刚体作定轴转动时，各点的轨迹一定是圆。”这种说法对吗？

7-5　各点都作圆周运动的刚体一定是定轴转动吗？

7-6　两个作定轴转动的刚体，若其角加速度始终相等，则其转动方程相同，对吗？

7-7　刚体作定轴转动，其上某点 A 到转轴的距离为 R。为求出刚体上任意点在某一瞬时的速度和加速度的大小，下述哪组条件是充分的？

（1）已知点 A 的速度及该点的全加速度方向。

（2）已知点 A 的切向加速度及法向加速度。

（3）已知点 A 的切向加速度及该点的全加速度方向。

（4）已知点 A 的法向加速度及该点的速度。

（5）已知点 A 的法向加速度及该点全加速度方向。

习　题

7-1　如题 7-1 图所示，两平行曲柄 AB、CD 分别绕水平轴 A、C 摆动，带动托架 DBE，因而可以提升重物。已知某瞬时曲柄的角速度 $\omega=4\text{rad/s}$，角加速度 $\varepsilon=2\text{rad/s}^2$，曲柄长 $r=20\text{cm}$，求物体重心 G 的轨迹、速度和加速度。

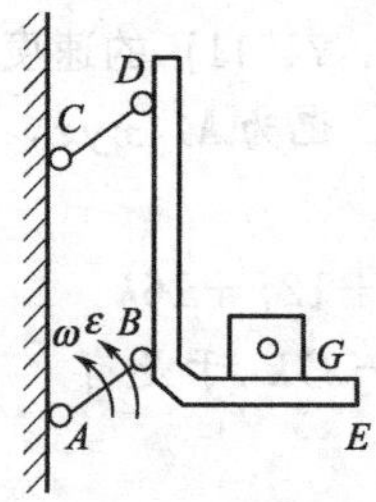

题 7-1 图

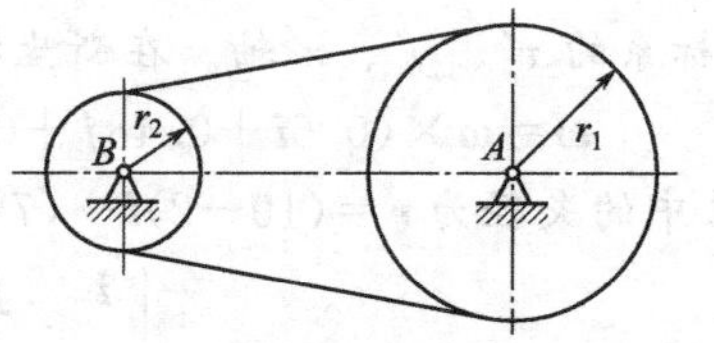

题 7-2 图

7-2　如题 7-2 图所示，发电机的胶带轮 B 由蒸汽机的胶带轮 A 上的胶带带动。两胶带轮的半径分别为：$r_1=75\text{cm}$，$r_2=30\text{cm}$。当蒸汽机开动后，其等角加速度为 $0.4\pi\text{rad/s}^2$，如不计带轮与胶带之间的相对滑动，经过多少秒后发电机作 300r/min 的转动？

7-3　某机构中转动件的角速度 ω 被设计成转动的角位移 φ 的线性函数，比例系数为 k，且当 $t=0$ 时，$\varphi=0$，角速度为 ω_0。求经 t 秒后，该传动件的转角 φ、角速度 ω 和角加速度 ε。

7-4　如题 7-4 图所示，曲柄滑杆机构中，滑杆上有一圆弧形滑道，其半径 $R=100\text{mm}$，圆心 O_1 在导杆 BC 上。曲柄长 $OA=100\text{mm}$，以等角速度 $\omega=4\ \text{rad/s}$ 绕 O 轴转动。求导杆 BC 的运动规律以及当曲柄与水平线的交角 $\varphi=30°$时，导杆 BC 的速度与加速度。

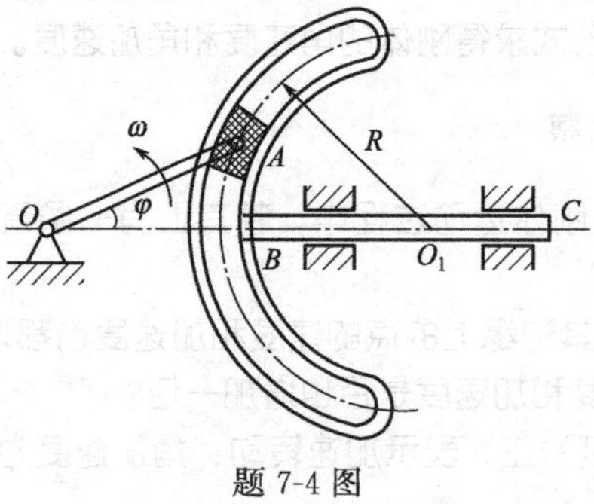

题 7-4 图

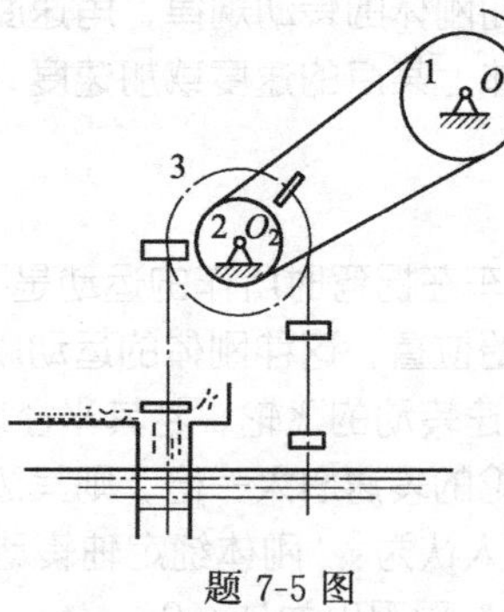

题 7-5 图

7-5　水车传动机构如题 7-5 图所示，链轮 1 是主动轮，其齿数 $Z_1=12$，转速 $n=50\text{r/min}$，链轮 2 是从动轮，其齿数 $Z_2=8$。链轮 3 与链轮 2 固结在同一轴上，链轮 3 的半径 $R=500\text{mm}$；水管直径 $d=75\text{mm}$。求水车每小时能出多少吨水？（水的密度 $\gamma=1\text{t/m}^3$）

7-6　如题 7-6 图所示，计算机的磁带从卷筒 A 绕过滑轮 C、D 卷到卷筒 B 上。已知在某瞬时磁带上的 P_1 点的法向加速度为 40m/s^2，P_2 点的切向加速度为 30m/s^2，轮 C 的半径为 100mm，轮 D 的半径为 50mm。求该瞬时磁带的速度和 P_1、P_2点的全加速度。

7-7　如题 7-7 图所示，一升降装置由半径为 $R=50\text{cm}$ 的鼓轮带动，被升降物体的运动方程为 $x=5t^2$，其中 t 以 s 计，x 以 m 计。求鼓轮的角速度和角加速度，并求在任意瞬时鼓轮上一点的加速度大小。

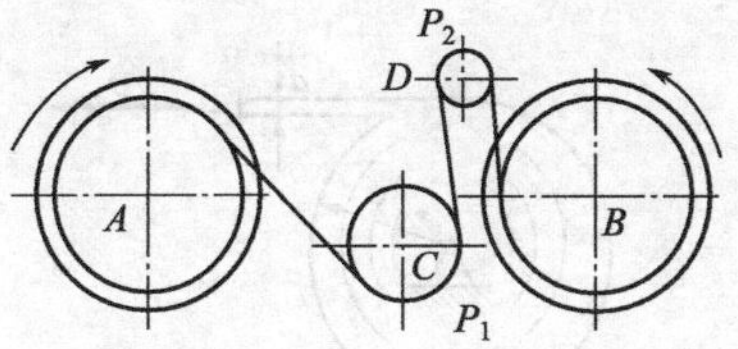

题 7-6 图

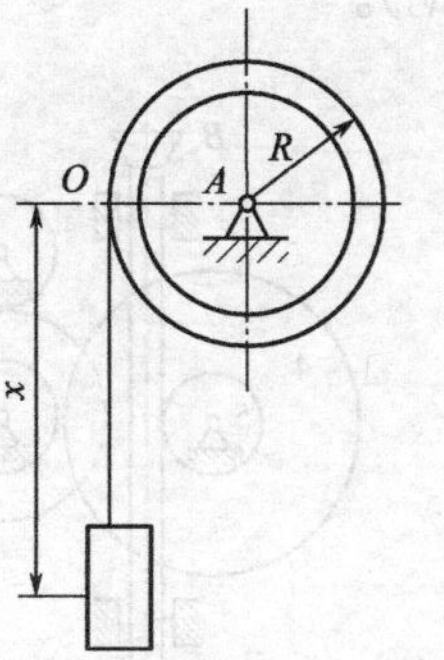

题 7-7 图

7-8　如题 7-8 图所示，为一搅拌器传动机构的简图。已知蜗轮齿数 $Z_2=45$，蜗杆的头数 $Z_1=2$，锥齿轮齿数 $Z_3=16$、$Z_4=40$。如果搅拌器所需的转速为 $n=25\text{r/min}$。试确定蜗杆转速 n_1。

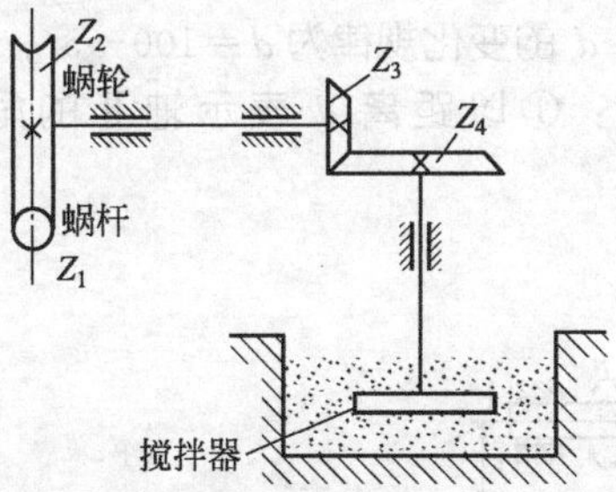

题 7-8 图

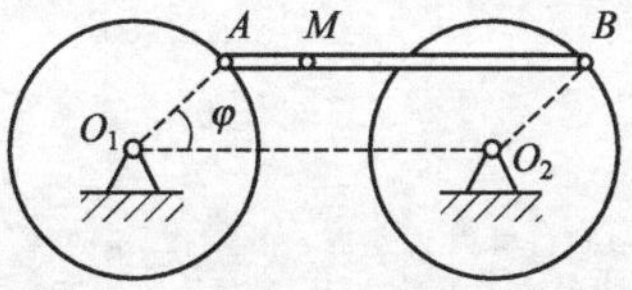

题 7-10 图

7-9　飞轮由静止开始转动，在 10min 内转速均匀增加到 120r/min。以这种转速转动若干时间后，再在 6min 内匀减速而停止。设总共转过 3600r，求转动总时间 t。

7-10　已知题 7-10 图所示机构的尺寸如下：$O_1A=O_2B=r=0.2\text{m}$。如轮 O_1 按 $\varphi=15\pi t\,\text{rad}$ 的规律转动，求当 $t=0.5\text{s}$ 时，杆 AB 上点 M 的速度和加速度。

7-11　如题 7-11 图所示，曲柄 CB 以等角速度 ω_0 绕 C 轴转动，其转动方程 $\varphi=\omega_0 t$。滑块 B 带动摇杆 OA 绕轴 O 转动，设 $OC=h$，$CB=r$。求摇杆的转动方程。

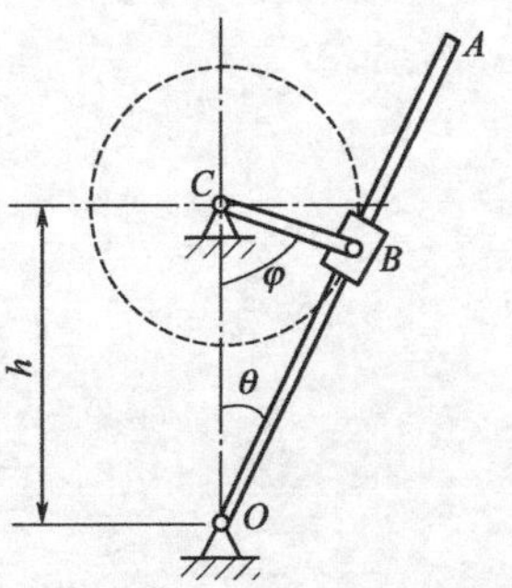

题 7-11 图

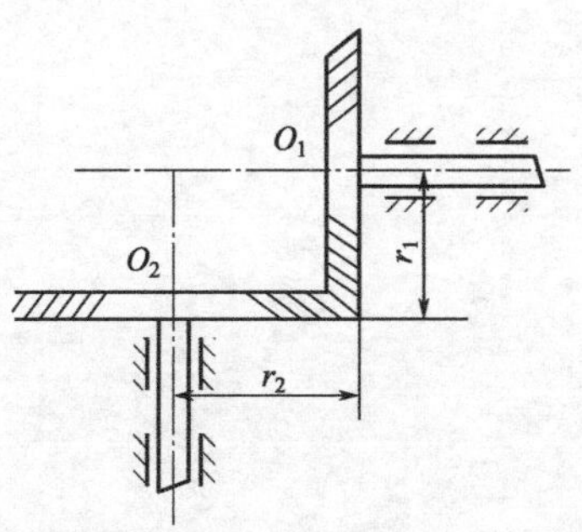

题 7-12 图

7-12　如题 7-12 图所示，半径 $r_1=10\text{cm}$ 的锥齿轮 O_1 带动齿轮 O_2 以等角加速 2rad/s^2 转动。

间经过多少时间锥齿轮 O_1 能从静止达到相当于 $n_1=4320\text{r/min}$ 的角速度。已知 $r_2=15\text{cm}$。

7-13　如题 7-13 图所示仪表机构中，齿轮 1、2、3 和 4 的齿数分别为 $Z_1=6$、$Z_2=24$、$Z_3=8$ 和 $Z_4=32$，齿轮 5 的半径 $r=4\text{cm}$。如齿条 BC 移动 1cm，求指针 A 所转过的角度 φ（指针和轮 1 一起转动）。

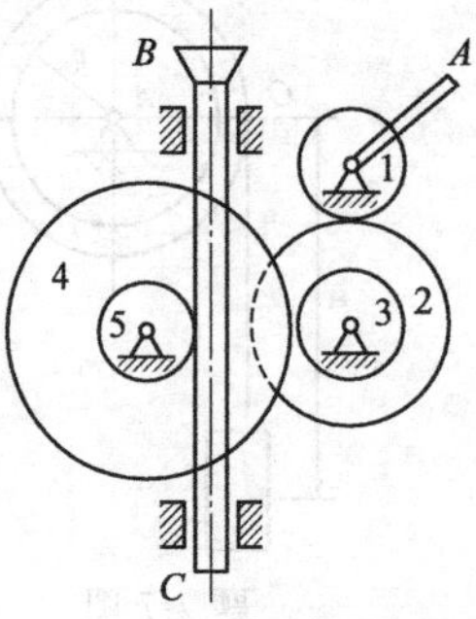

题 7-13 图

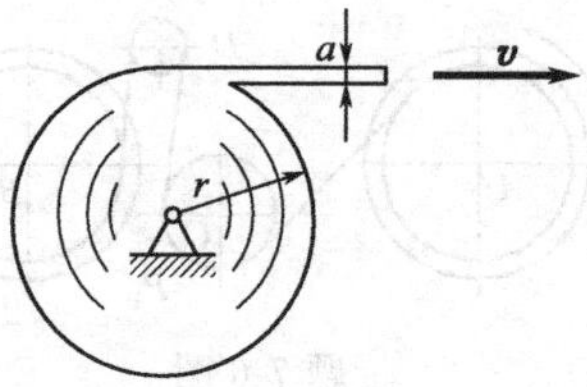

题 7-14 图

7-14　如题 7-14 图所示，纸盘由厚度为 a 的纸条卷成，令纸盘的中心不动，而以等速 v 拉纸条。求纸盘的角加速度（以半径 r 的函数表示）。

7-15　如题 7-15 图所示，摩擦传动机构的主动轴 Ⅰ 的转速为 $n=600\text{r/min}$。轴 Ⅰ 的轮盘与轴 Ⅱ 的轮盘接触，接触点按箭头 A 所示的方向移动。距离 d 的变化规律为 $d=100-5t$，其中 d 以 mm 计，t 以 s 计。已知 $r=50\text{mm}$，$R=150\text{mm}$。求：① 以距离 d 表示轴 Ⅱ 的角加速度；② 当 $d=r$ 时，轮 B 边缘上一点的全加速度。

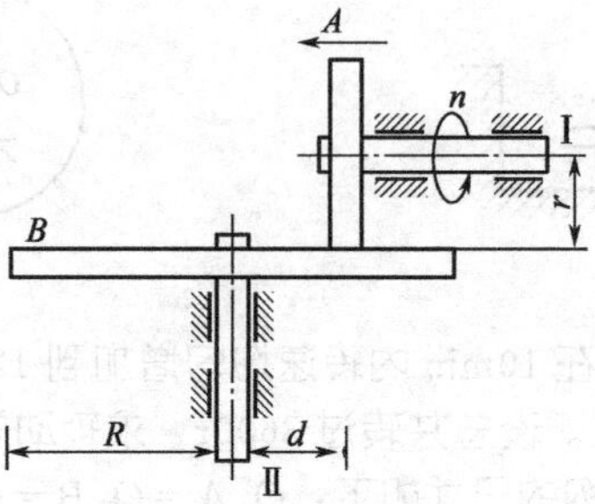

题 7-15 图

第8章

点的合成运动

本章要求

(1) 掌握三种运动、三种速度和三种加速度的定义，理解运动的合成与分解以及运动相对性的概念；(2) 对具体问题能够恰当地选取动点、动系和定系，熟练进行运动分析以及速度分析和计算；(3) 较熟练地进行加速度分析和计算，特别要掌握牵连速度、牵连加速度和科氏加速度的概念和计算。

重点 (1) 运动的合成与分解的概念；(2) 点的速度合成定理及其应用；(3) 点的加速度合成定理及其应用。

难点 (1) 动点和动系的选择，相对运动轨迹的判断；(2) 牵连速度、牵连加速度、科氏加速度的概念和计算。

8.1 绝对运动·相对运动·牵连运动

同一物体的运动，相对不同的参考系而言，其运动是不同的。例如，观察沿直线轨道前进的拖拉机后轮上一点 M 的运动，如图 8-1 所示。如以地面为参考系，该点轨迹为旋轮线，但以车厢为参考系，则该点轨迹是一个圆。因此 M 点的旋轮线运动可以看成该点相对于车厢的运动和随同车厢的运动所组成。点的这种由几个运动组合而成的运动称为点的合成运动。

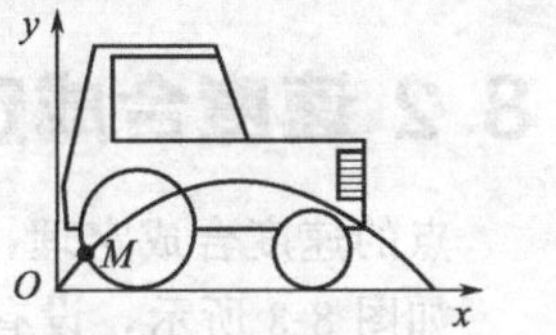

图 8-1

既然点的运动可以合成，当然也可以分解。我们常把点的比较复杂的运动看成几个简单运动的组合，先研究这些简单运动，然后再把它们合成。这就得到研究点的运动的一种重要方法——运动的分解与合成。

在工程上，习惯将固连于地面上的坐标系称为定参考系，简称定系，用 $Oxyz$ 坐标系表示；把固连在相对于地面运动的参考体上的坐标系称为动参考系，简称动系，用 $O'x'y'z'$ 坐标系表示。

用点的合成运动理论分析点的运动时，必须选定两个参考系，区分三种运动：①动点相对于定参考系的运动，称为绝对运动；②动点相对于动参考系的运动，称为相对运动；③动参考系相对于定参考系的运动，称为牵连运动。图 8-1 中将动坐标系固连在拖拉机车厢上，则轮缘上动点 M 相对于地面的运动即旋轮线运动是绝对运动，动点 M 相对于车厢的圆周运动是相对运动。而车厢相对于地面的直线平动是牵连运动。由此可见，动点的绝对运动是它的相对运动和牵连运动的合成运动。

在分析这三种运动时，必须明确：①站在什么地方看物体的运动；②看哪个物体的运动。由上述定义可知动点的绝对运动和相对运动都是指点的运动，它可能是作直线运动或曲线运动，而牵连运动则是指动系所在的刚体的运动，它可能是平动、转动或其他较复杂的运动。

动点在绝对运动中的轨迹、速度和加速度，分别称为动点的绝对轨迹、绝对速度和绝对加速度。用 $\boldsymbol{v}_a$ 和 $\boldsymbol{a}_a$ 表示绝对速度和绝对加速度。动点在相对运动中的轨迹、速度和加速度分别称为动点的相对轨迹、相对速度和相对加速度，用 $\boldsymbol{v}_r$ 和 $\boldsymbol{a}_r$ 表示相对速度和相对加速度。由于动参考系的运动是刚体运动，在一般情况下，刚体上各点的速度和加速度是不同的，但是动参考系上对动点运动有直接影响的是参考系上与动点相重合的那点，这个点称为牵连点。因此定义，在动参考系上与动点相重合的那点的速度和加速度称为动点的牵连速度和牵连加速度。用 $\boldsymbol{v}_e$ 和 $\boldsymbol{a}_e$ 表示牵连速度和牵连加速度。

由于相对运动的存在，与动点重合的动系上的点是变化的，而且由于动系运动时其上各点的运动情况通常是不相同的，因此，动点的牵连速度和牵连加速度，不仅与动系的运动有关，而且与动点在动系上的位置有关。如图 8-2 所示的牛头刨床的急回机构，曲柄 OA 的一端 A 与滑块用铰链连接，当曲柄 OA 绕固定轴 O 转动时，滑块 A 在摇杆 O_1B 上滑动，并带动摇杆 O_1B 以角速度 ω_1 绕 O_1 轴摆动。取滑块为动点，动点相对于摇杆 O_1B 的运动为直线运动，相对速度和相对加速度都沿摇杆 O_1B 方向。牵连速度和牵连加速度是摇杆 O_1B 上与滑块重合的那一点的速度和加速度。因此有

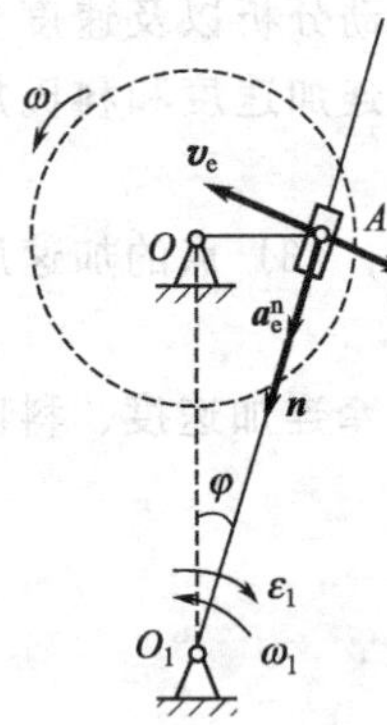

图 8-2

$$v_e = O_1A \cdot \omega_1$$

$$a_e^n = O_1A \cdot \omega_1^2$$

$$a_e^\tau = O_1A \cdot \varepsilon_1$$

8.2 速度合成定理

点的速度合成定理，建立了点的绝对速度、相对速度和牵连速度三者之间的关系。

如图 8-3 所示，设有一动点 M 按一定规律沿着固连于动坐标系的曲线 AB 运动，而曲线 AB 又随同动坐标系相对于定坐标系 $Oxyz$ 运动。

在某瞬时 t，动点 M 与曲线 AB 上的 M_0 点相重合。经过 Δt 时间间隔后，曲线 AB 随同动坐标系一起运动到 $A'B'$ 位置。曲线 AB 上原来与动点 M 相重合的那一点 M_0 则随动系运动到 M_1 点。而动点 M 既随同动系运动由 M 点到达 $A'B'$ 上的 M_1 点，同时又相对动系运动，由点 M_1 到 M' 点。显然曲线 M_1M' 即为动点的相对轨迹，曲线 MM' 即为动点的绝对轨迹。

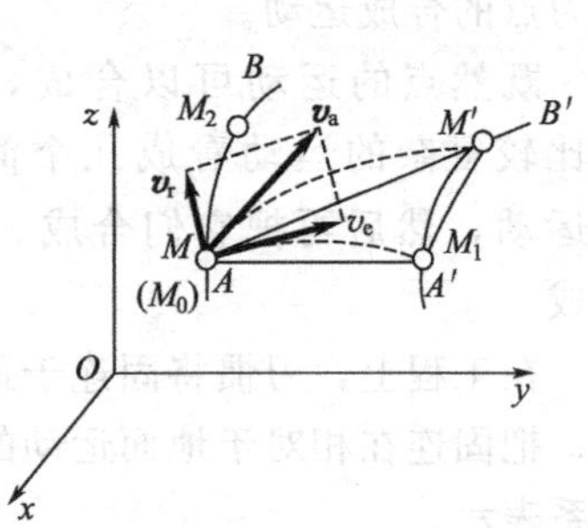

图 8-3

作矢量 $\overrightarrow{MM'}$、$\overrightarrow{MM_1}$、$\overrightarrow{M_1M'}$。$\overrightarrow{MM'}$ 为动点的绝对位移，$\overrightarrow{MM_1}$ 是在瞬时 t 动系上与动点相重合的一点（点 M_0）在 Δt 时间内的位移，为动点的牵连位移。$\overrightarrow{M_1M'}$ 为动点的相对位移。由矢量合成关系得

$$\overrightarrow{MM'} = \overrightarrow{MM_1} + \overrightarrow{M_1M'} \tag{8-1}$$

将上式除以 Δt，再取极限得

$$\lim_{\Delta t\to 0}\frac{\overrightarrow{MM'}}{\Delta t}=\lim_{\Delta t\to 0}\frac{\overrightarrow{MM_1}}{\Delta t}+\lim_{\Delta t\to 0}\frac{\overrightarrow{M_1M'}}{\Delta t} \tag{8-2}$$

式中，$\lim\limits_{\Delta t\to 0}\frac{\overrightarrow{MM'}}{\Delta t}=\boldsymbol{v}_\mathrm{a}$，方向沿曲线 MM' 在 M 处的切线方向；$\lim\limits_{\Delta t\to 0}\frac{\overrightarrow{MM_1}}{\Delta t}=\boldsymbol{v}_\mathrm{e}$，方向沿曲线 MM_1 在 M 处的切线方向。

又因为当 $\Delta t\to 0$ 时，曲线 $A'B'$ 趋近于曲线 AB，故有

$$\lim_{\Delta t\to 0}\frac{\overrightarrow{M_1M'}}{\Delta t}=\lim_{\Delta t\to 0}\frac{\overrightarrow{MM_2}}{\Delta t}=\boldsymbol{v}_\mathrm{r}$$

方向沿曲线 MM_2 在 M 处的切线方向。

因而可得

$$\boldsymbol{v}_\mathrm{a}=\boldsymbol{v}_\mathrm{e}+\boldsymbol{v}_\mathrm{r} \tag{8-3}$$

式(8-3) 表明：在任一瞬间，动点的绝对速度等于它的牵连速度与相对速度的矢量和，这就是点的速度合成定理。按矢量合成的平行四边形规则，绝对速度应是由牵连速度与相对速度所构成的平行四边形的对角线。这个平行四边形称为速度平行四边形，且该矢量等式共有三个矢量，每个矢量有大小和方向两个要素，共有 6 个量，若已知其中 4 个，即可求解。

另外应注意，在分析速度时，牵连速度 $\boldsymbol{v}_\mathrm{e}$ 是指牵连点的速度。显然牵连点是在动系上，动点与牵连点仅在该瞬时互相重合，由于动点的相对运动，在不同瞬时，动点在动系上的位置将变化，就有不同的牵连点。因而确定动点的牵连速度时，首先要确定该瞬时动点的牵连点，然后根据动系的运动确定牵连速度的大小和方向。

还应注意，讨论速度合成定理时，并未限制动坐标系做什么样的运动，因此，这个定理适用于牵连运动是任何运动的情况，即动坐标系可以做平动、转动或其他任何较复杂的运动。

下面举例说明点的速度合成定理的应用。

例 8-1　牛头刨床的急回机构如图 8-4 所示。曲柄 OA 的一端与套筒 A 用铰链连接，当曲柄 OA 以匀角速度 ω 绕固定轴 O 转动时，套筒 A 在摇杆 O_1B 上滑动，并带动摇杆 O_1B 绕 O_1 轴摆动。设曲柄长 $OA=r$，两定轴间的距离 $OO_1=l$。试求当曲柄 OA 在水平位置时摇杆 O_1B 的角速度 ω_1。

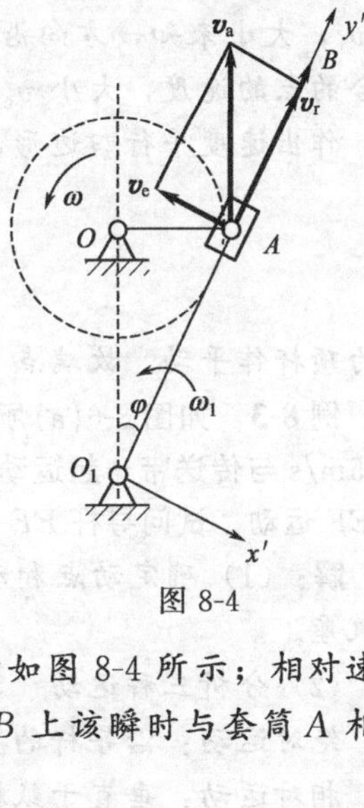

图 8-4

解：(1) 确定动点和动系　当 OA 绕 O 轴转动时，通过套筒 A 带动摇杆 O_1B 绕 O_1 轴摆动。选套筒 A 为动点，动系 $O_1x'y'$ 固连在摇杆 O_1B 上，定系固连在地面上。

(2) 分析三种运动

绝对运动：是以 O 为圆心，以 $OA=r$ 为半径的圆周运动；

相对运动：沿摇杆 O_1B 直线运动；

牵连运动：摇杆 O_1B 绕定轴 O_1 的转动。

(3) 速度分析及计算　根据速度合成定理有

$$\boldsymbol{v}_\mathrm{a}=\boldsymbol{v}_\mathrm{e}+\boldsymbol{v}_\mathrm{r}$$

式中，绝对速度 $\boldsymbol{v}_\mathrm{a}$，大小为 $v_\mathrm{a}=r\omega$，方向垂直于 OA，指向如图 8-4 所示；相对速度 $\boldsymbol{v}_\mathrm{r}$，大小未知，方向沿 O_1B，指向待定；牵连速度 $\boldsymbol{v}_\mathrm{e}$ 是摇杆 O_1B 上该瞬时与套筒 A 相重合一点 A_0 的速度，大小未知，方向垂直于 O_1B，指向待定。

根据已知条件作出速度平行四边形并定出 $\boldsymbol{v}_\mathrm{e}$ 与 $\boldsymbol{v}_\mathrm{r}$ 的指向（图 8-4）。

令 $\angle OO_1A=\varphi$，则

$$v_\mathrm{e}=v_\mathrm{a}\sin\varphi=r\omega\sin\varphi$$

$$\sin\varphi=\frac{OA}{O_1A}=\frac{r}{\sqrt{r^2+l^2}}$$

$$v_e=\frac{r^2\omega}{\sqrt{r^2+l^2}}$$

方向如图 8-4 所示。

$$v_e=O_1A\cdot\omega_1=\sqrt{r^2+l^2}\,\omega_1$$

所以
$$\frac{r^2\omega}{\sqrt{r^2+l^2}}=\sqrt{r^2+l^2}\,\omega_1$$

$$\omega_1=\frac{r^2\omega}{r^2+l^2}$$

ω_1的转向由牵连速度 $\boldsymbol{v}_e$的指向确定，为逆时针方向，如图 8-4 所示。

例 8-2　图 8-5 所示气阀中的凸轮机构，顶杆 AB 沿铅垂导向套筒 D 运动，其端点 A 由弹簧压在凸轮表面上，当凸轮绕 O 轴匀速转动时，推动顶杆上下运动，已知凸轮的角速度为 ω，$OA=b$，该瞬时凸轮轮廓曲线在 A 点的法线 n 同 AO 的夹角为 θ，求此瞬时顶杆的速度。

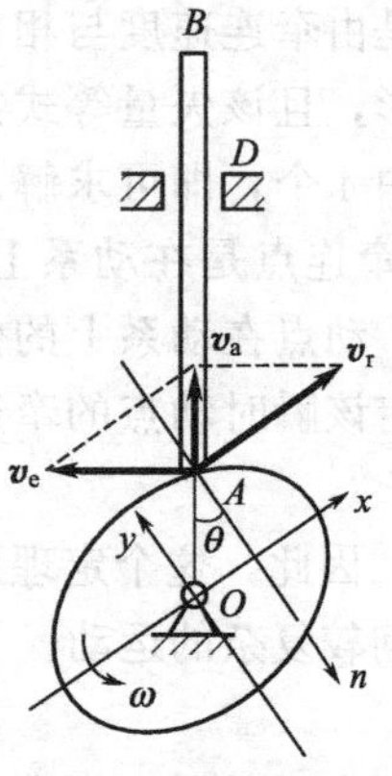

图 8-5

解：(1) 确定动点和动系　传动是通过顶杆端点 A 来实现的，故顶杆上的 A 点为动点。动系固连在凸轮上，定系固连在机架上。

(2) 分析三种运动

绝对运动：动点 A 作上下直线运动；

相对运动：动点 A 沿凸轮轮廓线的滑动；

牵连运动：凸轮绕 O 轴的转动。

(3) 速度分析计算　根据速度合成定理有

$$\boldsymbol{v}_a=\boldsymbol{v}_e+\boldsymbol{v}_r$$

式中，绝对速度 $\boldsymbol{v}_a=\boldsymbol{v}_A$，大小未知，方向沿铅垂线 AB；相对速度 $\boldsymbol{v}_r$，大小未知，方向沿凸轮轮廓线在 A 点的切线；牵连速度 $\boldsymbol{v}_e$是凸轮上该瞬时与 A 相重合的点的速度，大小 $v_e=b\omega$，方向垂直于 OA，指向左。

作出速度平行四边形，由直角三角形可得

$$v_a=v_e\cdot\tan\theta=b\omega\tan\theta$$

$$v_r=\frac{v_e}{\cos\theta}=\frac{b\omega}{\cos\theta}$$

因为顶杆作平动，故端点 A 的运动速度即为顶杆的运动速度。

例 8-3　如图 8-6(a) 所示为裁纸板的简图。纸板 $ABCD$ 放在传送带上，并以匀速度 $v_1=0.05\text{m/s}$ 与传送带一起运动，裁纸刀 K 联结在导杆 EF 上，并以匀速度 $v_2=0.13\text{m/s}$ 沿固定导杆 EF 运动，试问导杆 EF 的安装角 θ 应取何值才能使切割下的纸板成矩形。

解：(1) 确定动点和动系　取裁纸刀 K 为动点，动系固连于纸板 $ABCD$ 上，定系固连于机座。

(2) 分析三种运动

绝对运动：沿导杆的直线运动；

相对运动：垂直于纸板的运动方向的直线运动；

牵连运动：随纸板一起作水平向左的平动。

(3) 速度分析计算　根据速度合成定理有

$$\boldsymbol{v}_a=\boldsymbol{v}_e+\boldsymbol{v}_r$$

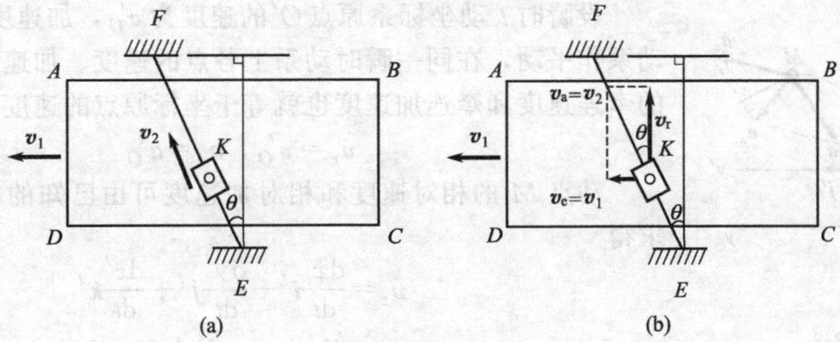

图 8-6

式中，绝对速度 $v_a=v_2$，方向沿杆 EF 向左上。相对速度 v_r 大小未知，方向垂直于纸板的运动方向。牵连速度 $v_e=v_1$，方向水平向左，如图 8-6(b)所示。

由几何关系可得

$$\sin\theta=\frac{v_e}{v_a}=\frac{v_1}{v_2}=0.385$$

故导杆的安装角 $\theta=22.6°$

例 8-4　矿砂从传送带 A 落入到另一传送带 B 上，如图 8-7(a)所示。站在地面上观察矿砂下落的速度为 $v_1=4\text{m/s}$，方向与铅直线成 30°角。已知传送带 B 水平传动速度 $v_2=3\text{m/s}$。求矿砂相对于传送带 B 的速度。

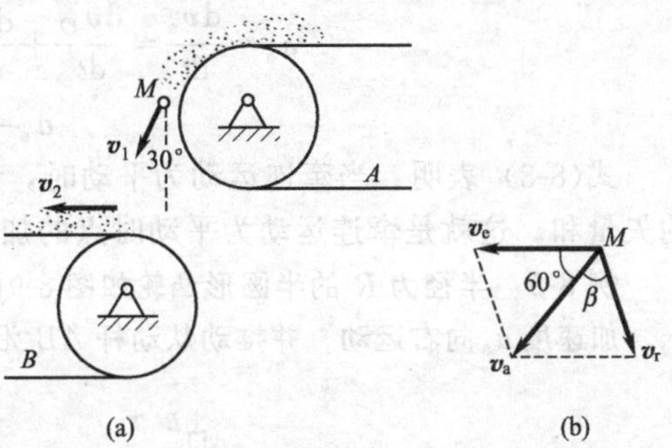

图 8-7

解： 以矿砂 M 为动点，动系固定在传送带 B 上。矿砂相对地面的速度 v_1 为绝对速度；牵连速度应为动参考系上与动点相重合的那一点的速度。可设想动参考系为无限大，由于它作平动，各点速度都等于 v_2。于是 v_2 等于动点 M 的牵连速度。

由速度合成定理知，三种速度构成平行四边形，绝对速度必须是对角线，因此作出的速度平行四边形如图 8-7(b)所示。根据几何关系求得

$$v_r=\sqrt{v_e^2+v_a^2-2v_e v_a\cos60°}=3.6\text{m/s}$$

v_r 与 v_a 间的夹角

$$\beta=\arcsin\left(\frac{v_e}{v_r}\sin60°\right)=46°12'$$

8.3 牵连运动为平动时点的加速度合成定理

在证明点的速度合成定理时，我们对牵连运动未加任何限制，因此该定理对任何形式的牵连运动都适用。但加速度合成关系与速度合成不同，它与动系的运动形式有关。下面先讨论牵连运动为平动时点的加速度合成定理。

如图 8-8 所示，设动系 $O'x'y'z'$ 相对于定系 $Oxyz$ 作平动，而动点 M 相对于动系作曲线运动，其相对运动方程为

$$\left.\begin{aligned}x'&=f_1(t)\\y'&=f_2(t)\\z'&=f_3(t)\end{aligned}\right\}\tag{8-4}$$

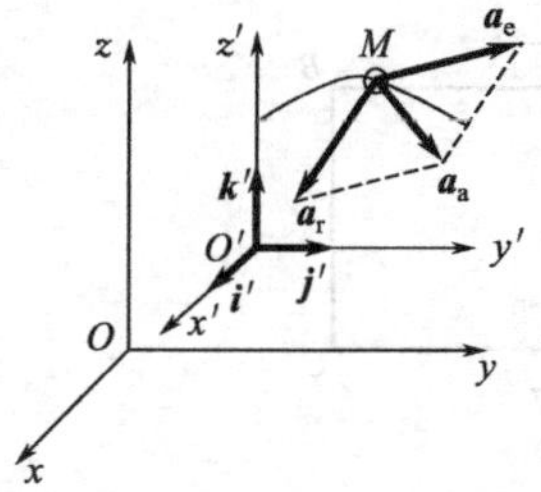

图 8-8

设瞬时 t 动坐标系原点 O' 的速度为 v'_O，加速度为 a'_O。因为动系作平动，在同一瞬时动系上各点的速度、加速度相同。动点的牵连速度和牵连加速度也就等于坐标原点的速度和加速度，即

$$v_e = v'_O，\ a_e = a'_O$$

动点 M 的相对速度和相对加速度可由已知的相对运动方程求得

$$v_r = \frac{dx'}{dt}i' + \frac{dy'}{dt}j' + \frac{dz'}{dt}k' \tag{8-5}$$

$$a_r = \frac{d^2x'}{dt^2}i' + \frac{d^2y'}{dt^2}j' + \frac{d^2z'}{dt^2}k' \tag{8-6}$$

其中，x'、y'、z' 为动点在动系中的坐标，i'、j'、k' 为动系各轴 $O'x'$、$O'y'$、$O'z'$ 的单位矢量。根据点的速度合成定理

$$v_a = v_e + v_r$$

有

$$v_a = v'_O + \frac{dx'}{dt}i' + \frac{dy'}{dt}j' + \frac{dz'}{dt}k' \tag{8-7}$$

将上式对时间求导数，即得动点的绝对加速度 a_a。同时由于动系为平动，单位矢量 i'、j'、k' 均为常矢量。故

$$a_a = \frac{dv_a}{dt} = \frac{dv'_O}{dt} + \frac{d^2x'}{dt^2}i' + \frac{d^2y'}{dt^2}j' + \frac{d^2z'}{dt^2}k'$$

$$a_a = a_e + a_r \tag{8-8}$$

式(8-8) 表明：当牵连运动为平动时，动点的绝对加速度等于牵连加速度与相对加速度的矢量和。这就是牵连运动为平动时点的加速度合成定理。

例 8-5　半径为 R 的半圆形凸轮如图 8-9(a)所示，当 $O'A$ 与铅垂线成 φ 角时，凸轮以速度 v_0、加速度 a_0 向右运动，并推动从动杆 AB 沿垂直方向上升，求此瞬时 AB 杆的速度和加速度。

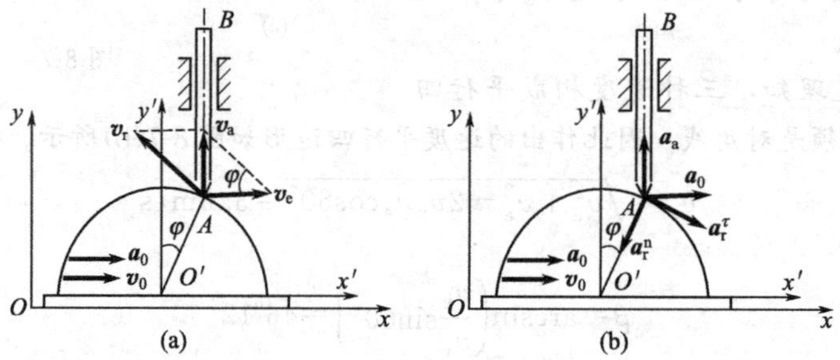

图 8-9

解：(1) 确定动点和动系　因为从动杆的端点 A 和凸轮作相对运动，故取杆的端点 A 为动点，动系 $O'x'y'$ 固连在凸轮上。

(2) 分析三种运动

绝对运动：铅垂直线的运动；

相对运动：沿凸轮表面的圆周运动；

牵连运动：凸轮的平动。

(3) 速度分析及计算　根据速度合成定理有

$$v_a = v_e + v_r$$

式中，v_a 的大小未知，方向沿铅垂直线向上；v_r 的大小未知，方向沿凸轮圆周上 A 点的切线，指向待定；v_e 的大小为 $v_e = v_0$，方向沿水平直线向右。

作速度平行四边形如图 8-9(a)所示。由图中几何关系求得

$$v_a = v_e \tan\varphi = v_0 \tan\varphi$$

$$v_r = \frac{v_e}{\cos\varphi} = \frac{v_0}{\cos\varphi}$$

(4) 加速度分析计算　根据牵连运动为平动的加速度合成定理有

$$\boldsymbol{a}_a = \boldsymbol{a}_e + \boldsymbol{a}_r$$

式中，绝对加速度 $\boldsymbol{a}_a = \boldsymbol{a}_A$，大小未知，方向铅直，指向假设向上；相对加速度 $\boldsymbol{a}_r$，由于相对运动轨迹为圆弧，故相对加速度分为两项即 $\boldsymbol{a}_r^\tau$、$\boldsymbol{a}_r^n$，其中 $\boldsymbol{a}_r^\tau$ 大小未知，方向切于凸轮在 A 点的圆弧，指向如图中假设。

$\boldsymbol{a}_r^n$ 的大小为

$$a_r^n = \frac{v_r^2}{R} = \frac{v_0^2}{R\cos^2\varphi}$$

方向过 A 点指向凸轮半圆中心 O'。

牵连加速度 $\boldsymbol{a}_e$ 的大小

$$a_e = a_0$$

方向水平直线向右。

故动点 A 的绝对加速度又可写为

$$\boldsymbol{a}_a = \boldsymbol{a}_e + \boldsymbol{a}_r^\tau + \boldsymbol{a}_r^n$$

作出各加速度的矢量如图 8-9(b)所示。根据解析法，取 $O'A$ 为投影轴，将上式向 $O'A$ 轴上投影得

$$a_a \cos\varphi = a_0 \sin\varphi - a_r^n$$

$$a_a = \frac{a_0 \sin\varphi - a_r^n}{\cos\varphi} = a_0 \tan\varphi - \frac{v_0^2 / R\cos^2\varphi}{\cos\varphi} = a_0 \tan\varphi - \frac{v_0^2}{R\cos^3\varphi}$$

从动杆 AB 作平动，故 $\boldsymbol{v}_A = \boldsymbol{v}_a$，$\boldsymbol{a}_A = \boldsymbol{a}_a$，即为该瞬时 AB 杆的速度和加速度。

例 8-6　铰接四边形机构如图 8-10(a)所示，$O_1A = O_2B = 10\text{cm}$，又 $O_1O_2 = AB$，并且杆 O_1A 以等角速度 $\omega = 2\text{rad/s}$ 绕 O_1 轴转动。杆 AB 上有一套筒，此套筒与杆 CD 相铰接。机构的各部件都在同一铅直面内。求当 $\varphi = 60°$ 时，CD 杆的速度和加速度。

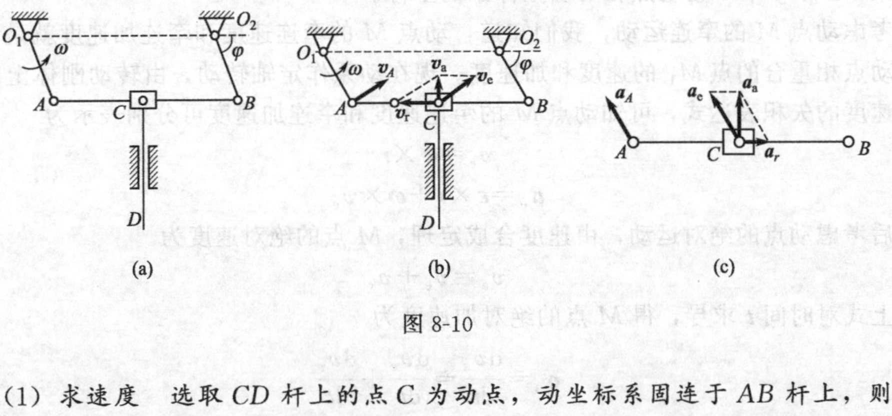

图 8-10

解：(1) 求速度　选取 CD 杆上的点 C 为动点，动坐标系固连于 AB 杆上，则动点 C 的绝对运动是铅垂直线运动，相对运动为水平直线运动，牵连运动为 AB 杆的平动。

由于 $\boldsymbol{v}_a \perp AB$，$\boldsymbol{v}_e \perp O_1A$，则动点 C 的速度合成图如图 8-10(b)所示。

$$v_e = v_A = O_1A \cdot \omega = 0.2\text{m/s}$$

由速度合成定理

$$\boldsymbol{v}_a = \boldsymbol{v}_e + \boldsymbol{v}_r$$

解得

$$v_a = v_A \cos\varphi = 0.1\text{m/s}$$

(2) 求加速度　动点、动坐标系的选择不变，则动点 C 的加速度合成图如图 8-10(c)所示。

由加速度合成定理

$$\boldsymbol{a}_a = \boldsymbol{a}_e + \boldsymbol{a}_r$$

沿铅垂方向投影得

$$a_a = a_e \sin\varphi$$

式中

$$a_A = O_1A \cdot \omega^2 = 0.4\text{m/s}^2$$

$$a_e = a_A$$

解出杆 CD 的加速度为

$$a_a = a_A \sin\varphi = 0.3464\text{m/s}^2$$

8.4 牵连运动为定轴转动时点的加速度合成定理

现在研究牵连运动为定轴转动时的加速度合成定理。

如图 8-11 所示，动点 M 沿动系 $O'x'y'z'$ 的相对轨迹曲线 AB 运动，而动坐标系 $O'x'y'z'$ 又绕定系 $Oxyz$ 的 z 轴转动，其角速度矢量为 $\boldsymbol{\omega}$，角加速度矢量为 $\boldsymbol{\varepsilon}$。设动系原点与定系原点重合，这样做使讨论的问题仍具有一般性。动点 M 对定系原点 O 的矢径为 $\boldsymbol{r}$，动系上与动点相重合的点 M_1 对定系原点 O 的矢径也是 $\boldsymbol{r}$。

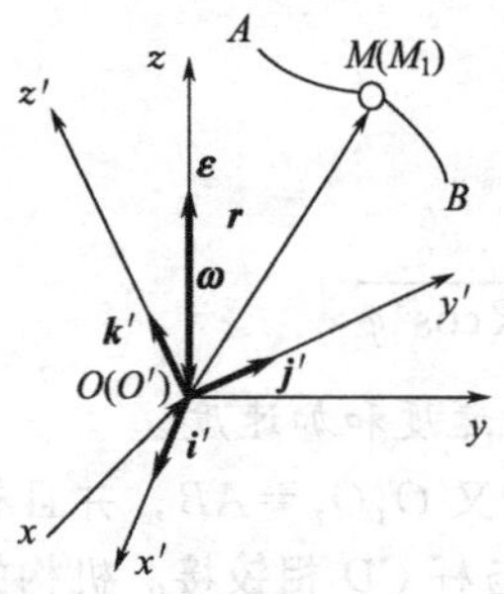

图 8-11

先考虑动点 M 的相对运动。动点 M 的相对速度和相对加速度分别为

$$\boldsymbol{v}_r = \frac{dx'}{dt}\boldsymbol{i}' + \frac{dy'}{dt}\boldsymbol{j}' + \frac{dz'}{dt}\boldsymbol{k}'$$

$$\boldsymbol{a}_r = \frac{d^2x'}{dt^2}\boldsymbol{i}' + \frac{d^2y'}{dt^2}\boldsymbol{j}' + \frac{d^2z'}{dt^2}\boldsymbol{k}'$$

式中，x'、y'、z'为动点相对动坐标系的坐标。

再考虑动点 M 的牵连运动，我们知道，动点 M 的牵连速度和牵连加速度就是动系上该瞬时与动点相重合的点 M_1 的速度和加速度。现在动系作定轴转动，由转动刚体上的点的速度和加速度的矢积表达式，可知动点 M 的牵连速度和牵连加速度可分别表示为

$$\boldsymbol{v}_e = \boldsymbol{\omega} \times \boldsymbol{r} \tag{8-9}$$

$$\boldsymbol{a}_e = \boldsymbol{\varepsilon} \times \boldsymbol{r} + \boldsymbol{\omega} \times \boldsymbol{v}_e \tag{8-10}$$

最后考虑动点的绝对运动，由速度合成定理，M 点的绝对速度为

$$\boldsymbol{v}_a = \boldsymbol{v}_e + \boldsymbol{v}_r$$

将上式对时间 t 求导，得 M 点的绝对加速度为

$$\boldsymbol{a}_a = \frac{d\boldsymbol{v}_a}{dt} = \frac{d\boldsymbol{v}_e}{dt} + \frac{d\boldsymbol{v}_r}{dt} \tag{8-11}$$

现分别研究上式右边两项，第一项为

$$\frac{\mathrm{d}\boldsymbol{v}_{\mathrm{e}}}{\mathrm{d}t}=\frac{\mathrm{d}}{\mathrm{d}t}(\boldsymbol{\omega}\times\boldsymbol{r})=\frac{\mathrm{d}\boldsymbol{\omega}}{\mathrm{d}t}\times\boldsymbol{r}+\boldsymbol{\omega}\times\frac{\mathrm{d}\boldsymbol{r}}{\mathrm{d}t} \tag{8-12}$$

式中$\frac{\mathrm{d}\boldsymbol{\omega}}{\mathrm{d}t}=\boldsymbol{\varepsilon}$，$\frac{\mathrm{d}\boldsymbol{r}}{\mathrm{d}t}=\boldsymbol{v}_{\mathrm{a}}=\boldsymbol{v}_{\mathrm{e}}+\boldsymbol{v}_{\mathrm{r}}$代入式(8-11) 得

$$\frac{\mathrm{d}\boldsymbol{v}_{\mathrm{e}}}{\mathrm{d}t}=\boldsymbol{\varepsilon}\times\boldsymbol{r}+\boldsymbol{\omega}\times\boldsymbol{v}_{\mathrm{e}}+\boldsymbol{\omega}\times\boldsymbol{v}_{\mathrm{r}}=\boldsymbol{a}_{\mathrm{e}}+\boldsymbol{\omega}\times\boldsymbol{v}_{\mathrm{r}} \tag{8-13}$$

第二项为
$$\frac{\mathrm{d}\boldsymbol{v}_{\mathrm{r}}}{\mathrm{d}t}=\frac{\mathrm{d}}{\mathrm{d}t}\left(\frac{\mathrm{d}x'}{\mathrm{d}t}\boldsymbol{i}'+\frac{\mathrm{d}y'}{\mathrm{d}t}\boldsymbol{j}'+\frac{\mathrm{d}z'}{\mathrm{d}t}\boldsymbol{k}'\right)$$

注意，现在是将 $\boldsymbol{v}_{\mathrm{r}}$对定系求导，因动系作定轴转动，故沿动系的单位矢量 $\boldsymbol{i}'$、$\boldsymbol{j}'$、$\boldsymbol{k}'$的方向对定系来说是随时间变化的，是变矢量。

$$\frac{\mathrm{d}\boldsymbol{v}_{\mathrm{r}}}{\mathrm{d}t}=\left(\frac{\mathrm{d}^2x'}{\mathrm{d}t^2}\boldsymbol{i}'+\frac{\mathrm{d}^2y'}{\mathrm{d}t^2}\boldsymbol{j}'+\frac{\mathrm{d}^2z'}{\mathrm{d}t^2}\boldsymbol{k}'\right)+\left(\frac{\mathrm{d}x'}{\mathrm{d}t}\times\frac{\mathrm{d}\boldsymbol{i}'}{\mathrm{d}t}+\frac{\mathrm{d}y'}{\mathrm{d}t}\times\frac{\mathrm{d}\boldsymbol{j}'}{\mathrm{d}t}+\frac{\mathrm{d}z'}{\mathrm{d}t}\times\frac{\mathrm{d}\boldsymbol{k}'}{\mathrm{d}t}\right) \tag{8-14}$$

上式中的前三项即为相对加速度 $\boldsymbol{a}_{\mathrm{r}}$，为了确定第二个括弧内的各项，先分析动系中单位矢量 $\boldsymbol{i}'$、$\boldsymbol{j}'$、$\boldsymbol{k}'$对时间的一阶导数。以$\frac{\mathrm{d}\boldsymbol{k}'}{\mathrm{d}t}$为例说明。

$\frac{\mathrm{d}\boldsymbol{k}'}{\mathrm{d}t}$可看成是矢径为 $\boldsymbol{k}'$的一点，也就是 $\boldsymbol{k}'$的端点的速度（图 8-11），由定轴转动刚体内任一点速度的矢积表达式知

$$\frac{\mathrm{d}\boldsymbol{k}'}{\mathrm{d}t}=\boldsymbol{\omega}\times\boldsymbol{k}'$$

同理
$$\frac{\mathrm{d}\boldsymbol{i}'}{\mathrm{d}t}=\boldsymbol{\omega}\times\boldsymbol{i}',\quad \frac{\mathrm{d}\boldsymbol{j}'}{\mathrm{d}t}=\boldsymbol{\omega}\times\boldsymbol{j}'$$

所以
$$\begin{aligned}\frac{\mathrm{d}x'}{\mathrm{d}t}\times\frac{\mathrm{d}\boldsymbol{i}'}{\mathrm{d}t}+\frac{\mathrm{d}y'}{\mathrm{d}t}\times\frac{\mathrm{d}\boldsymbol{j}'}{\mathrm{d}t}+\frac{\mathrm{d}z'}{\mathrm{d}t}\times\frac{\mathrm{d}\boldsymbol{k}'}{\mathrm{d}t}&=\frac{\mathrm{d}x'}{\mathrm{d}t}(\boldsymbol{\omega}\times\boldsymbol{i}')+\frac{\mathrm{d}y'}{\mathrm{d}t}(\boldsymbol{\omega}\times\boldsymbol{j}')+\frac{\mathrm{d}z'}{\mathrm{d}t}(\boldsymbol{\omega}\times\boldsymbol{k}')\\&=\boldsymbol{\omega}\times\left(\frac{\mathrm{d}x'}{\mathrm{d}t}\boldsymbol{i}'+\frac{\mathrm{d}y'}{\mathrm{d}t}\boldsymbol{j}'+\frac{\mathrm{d}z'}{\mathrm{d}t}\boldsymbol{k}'\right)=\boldsymbol{\omega}\times\boldsymbol{v}_{\mathrm{r}}\end{aligned}$$

代入式(8-14) 可得

$$\frac{\mathrm{d}\boldsymbol{v}_{\mathrm{r}}}{\mathrm{d}t}=\boldsymbol{a}_{\mathrm{r}}+\boldsymbol{\omega}\times\boldsymbol{v}_{\mathrm{r}} \tag{8-15}$$

将式(8-12)、式(8-15) 代入式(8-11) 可得

$$\boldsymbol{a}_{\mathrm{a}}=\boldsymbol{a}_{\mathrm{e}}+\boldsymbol{a}_{\mathrm{r}}+2\boldsymbol{\omega}\times\boldsymbol{v}_{\mathrm{r}}$$

式中右端最后一项 $2\boldsymbol{\omega}\times\boldsymbol{v}_{\mathrm{r}}$称为科氏加速度，用 $\boldsymbol{a}_{\mathrm{k}}$表示，即

$$\boldsymbol{a}_{\mathrm{k}}=2\boldsymbol{\omega}\times\boldsymbol{v}_{\mathrm{r}}$$

故
$$\boldsymbol{a}_{\mathrm{a}}=\boldsymbol{a}_{\mathrm{e}}+\boldsymbol{a}_{\mathrm{r}}+\boldsymbol{a}_{\mathrm{k}} \tag{8-16}$$

式(8-21) 表明，牵连运动为定轴转动时，动点的绝对加速度等于牵连加速度、相对加速度和科氏加速度三者的矢量和。这就是牵连运动为定轴转动时点的加速度合成定理。

现在来讨论科氏加速度的大小和方向。

设 $\boldsymbol{\omega}$ 与 $\boldsymbol{v}_{\mathrm{r}}$的夹角为 θ，则由矢积的定义知，科氏加速度的大小为

$$a_{\mathrm{k}}=2\omega v_{\mathrm{r}}\sin\theta \tag{8-17}$$

方向垂直于 $\boldsymbol{\omega}$ 与 $\boldsymbol{v}_{\mathrm{r}}$所决定的平面，指向按右手法则确定如图 8-12(a)所示。

下面讨论两种特殊情况：

(1) 当 $\boldsymbol{\omega}/\!/\boldsymbol{v}_{\mathrm{r}}$时，即相对速度 $\boldsymbol{v}_{\mathrm{r}}$与转轴平行，$\theta=0°$或 $180°$，$\sin\theta=0$，则 $a_{\mathrm{k}}=0$；

(2) 当 $\boldsymbol{\omega}\perp\boldsymbol{v}_{\mathrm{r}}$时，即相对速度 $\boldsymbol{v}_{\mathrm{r}}$在垂直于转轴的平面内，$\theta=90°$，$\sin\theta=1$，则 $a_{\mathrm{k}}=$

$2\omega v_r$。此时，$\boldsymbol{\omega}$、$\boldsymbol{v}_r$、$\boldsymbol{a}_k$三者互相垂直，若把 $\boldsymbol{v}_r$顺着 $\boldsymbol{\omega}$ 的转向转过 90°，即为 $\boldsymbol{a}_k$的方向，如图 8-12(b)所示。

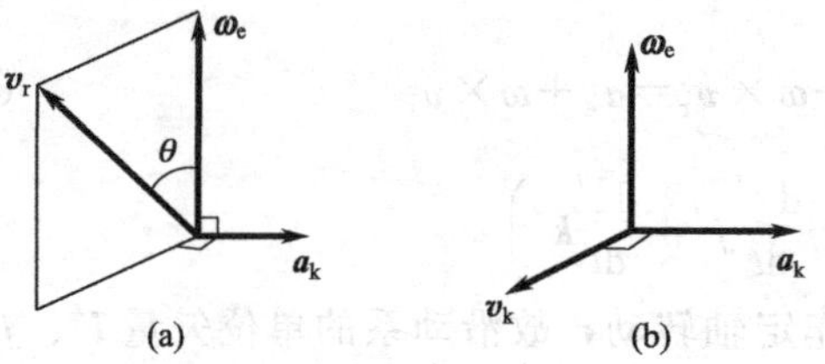

图 8-12

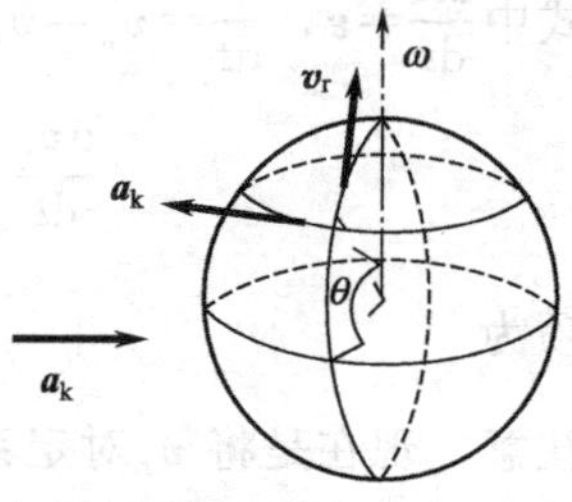

图 8-13

现在用科氏加速度来说明自然界中的一些现象。

当地球上的物体相对于地球运动，而地球又绕地轴自转时，只要物体相对于地球运动的方向不与地轴平行，物体就会有科氏加速度。在一般问题中，地球自转的影响可忽略不计，但在某些情况下却必须考虑。例如，在北半球沿经线流动的河流的右岸易被冲刷，而在南半球则相反。这种现象可用科氏加速度来解释。如河流沿经线在北半球往北流，则河水的科氏加速度 $\boldsymbol{a}_k$指向左侧，如图 8-13 所示。由牛顿第二定律知，这是由于河的右岸对河水作用有向左的力。根据作用与反作用定律，河水对右岸必有反作用力，这个力称为科氏惯性力。由于这个力长年累月地作用在右岸，就使右岸出现被冲刷的痕迹。

例 8-7　试求例 8-2 中气阀凸轮机构顶杆 AB 的加速度。已知凸轮的角速度为 ω，$OA=b$，该瞬间凸轮轮廓曲线在 A 点的法线 n 同 AO 的夹角为 θ，曲率半径为 ρ，如图 8-14(a)所示。

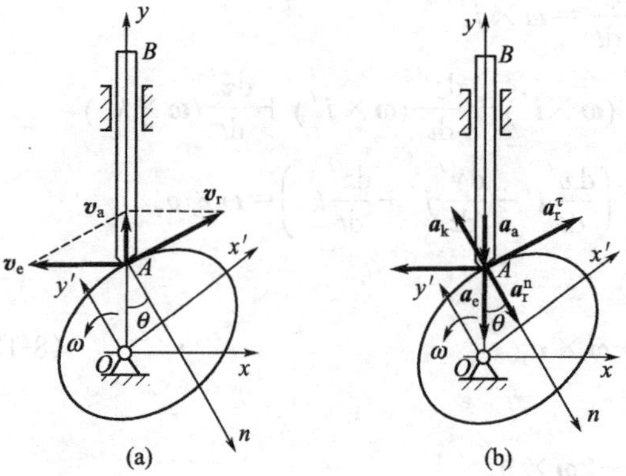

图 8-14

解：(1) 确定动点和动系　取顶杆上的 A 点为动点，动系 $Ox'y'$ 固连在凸轮上，定系固连在机架上。

(2) 三种运动分析　同例 8-2。

(3) 速度分析计算　同例 8-2，速度矢量图如图 8-14(a)所示。

其中
$$v_r=\frac{b\omega}{\cos\theta}$$

(4) 加速度分析及计算　因为相对运动是曲线运动，相对加速度 $\boldsymbol{a}_r$有切向分量 $\boldsymbol{a}_r^\tau$、法向分量 $\boldsymbol{a}_r^n$。$\boldsymbol{a}_r^\tau$大小未知，方向沿凸轮表面曲线在 A 点的切线，指向待定。$\boldsymbol{a}_r^n$大小为

$$a_r^n=\frac{v_r^2}{\rho}=\frac{b^2\omega^2}{\rho\cos^2\theta}$$

方向沿凸轮在 A 点的法线，指向曲率中心。

牵连运动是匀速转动，牵连加速度只有法向分量，其大小为

$$a_e=a_e^n=b\omega^2$$

方向沿 AO 指向凸轮转动中心 O。

绝对运动是铅垂直线运动，绝对加速度大小未知，方向铅直，指向假设向上。

科氏加速度 $\boldsymbol{a}_k$的大小为

$$a_k=2\omega v_r\sin 90°=2\omega v_r=\frac{2b\omega^2}{\cos\theta}$$

方向为 $\boldsymbol{v}_r$顺着 $\boldsymbol{\omega}$ 的转向转过 90°。

作出各加速度矢量，如图 8-14(b)所示。

将以上各个加速度分量带入牵连运动为定轴转动的加速度合成定理

$$\boldsymbol{a}_a=\boldsymbol{a}_e+\boldsymbol{a}_r^{\tau}+\boldsymbol{a}_r^{n}+\boldsymbol{a}_k$$

并向 n 轴上投影得

$$-a_a\cos\theta=a_r^n+a_e\cos\theta-a_k$$

$$a_a=-\frac{1}{\cos\theta}\left(\frac{b^2\omega^2}{\rho\cos^2\theta}+b\omega^2\cos\theta-\frac{2b\omega^2}{\cos\theta}\right)=-r\omega^2\left(1+\frac{b}{\rho}\sec^3\theta-2\sec^2\theta\right)$$

负号说明 a_a的指向与图中假设相反，应铅直向下。

所求的顶杆的加速度，在凸轮轮廓曲线和顶杆的压紧弹簧的设计计算中有其实际意义。

例 8-8　半径为 r 的转子相对于支撑框架以角速度ω_1绕水平轴Ⅰ-Ⅰ转动，此轴连同框架又以角速度ω_2相对于机架绕铅垂轴Ⅱ-Ⅱ转动，试求转子边缘上 A、B、C、D 四点在图 8-15(a)所示瞬时的科氏加速度，其中 A、B 两点在Ⅱ-Ⅱ轴线上，OC 连线垂直于Ⅰ-Ⅰ和Ⅱ-Ⅱ轴所组成的平面，OD 连线与Ⅱ-Ⅱ轴成 60°角。

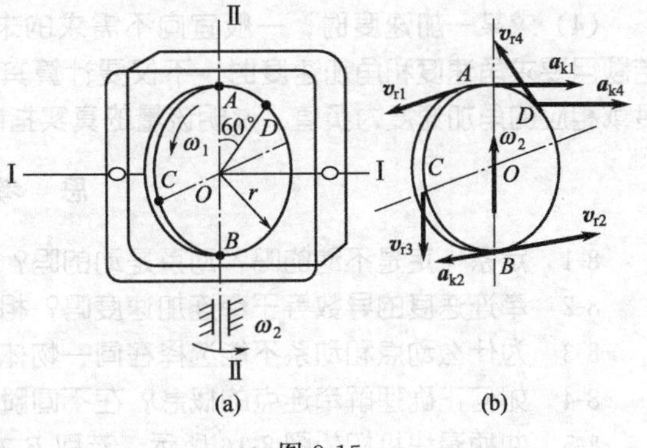

图 8-15

解：(1) *确定动点和动系*　分别取 A、B、C、D 为动点，动系固连于框架上，定系固连于机架。

(2) *分析三种运动*　牵连运动是以 ω_2 绕Ⅱ-Ⅱ轴的转动，各点的相对运动都是匀速圆周运动，相对运动的轨迹为以 r 为半径的圆。

(3) *求各点的科氏加速度*　如图 8-15(b)所示。

A 点：$v_{r1}=r\omega_1$，牵连运动的角速度为 ω_2，且 $\boldsymbol{\omega}_2\perp\boldsymbol{v}_{r1}$，故

$$a_{k1}=2\omega_2v_{r1}=2r\omega_1\omega_2$$

方向为 $\boldsymbol{v}_{r1}$按 $\boldsymbol{\omega}_2$的转向转过 90°，垂直于转子盘面向右。

B 点：$v_{r2}=r\omega_1$，且 $\boldsymbol{\omega}_2\perp\boldsymbol{v}_{r2}$，故 $\boldsymbol{a}_k$的大小为

$$a_{k2}=2\omega_2v_{r2}=2r\omega_1\omega_2$$

方向垂直于转子盘面向左。

C 点：由于 $\boldsymbol{\omega}_2/\!/\boldsymbol{v}_{r3}$，故 $\boldsymbol{a}_{k3}=0$。

D 点：$v_{r4}=r\omega_1$，$\boldsymbol{\omega}_2$与 $\boldsymbol{v}_{r4}$之间夹角等于 30°，故

$$a_{k4}=2\omega_2v_{r4}\sin30°=r\omega_1\omega_2$$

方向按右手定则确定，即垂直于转子盘面向右。

学习方法和要点提示

(1) 要明确一个动点，两个参考系，三种运动。一个动点就是指所研究的对象。两个参考系是指动系和定系。一般情况下取与地球固连的参考系为定系（或将定系固定在与地球没有相对运动的物体上）。动系是相对于定系有运动的参考系（一般指相对于地面运动的参考系）。动系常常是固定在相对于地面运动的物体上。三种运动是指动点的绝对运动、相对运动以及牵连运动。绝对运动和相对运动都是指点的运动，它们的轨迹可能是直线或曲线。牵连运动不是点的运动，而是刚体的运动，是动系相对于定系的运动。这里要特别注意的是动点的牵连速度和牵连加速度，不能笼统地把它们说成是动系相对于定系的速度和加速度，因为只有当动系作平移

时，才有其上各点的速度、加速度相等。若动系作其他各种运动（转动或其他复杂运动）时，其上各点的速度和加速度是不相等的。因此，动点的牵连速度和牵连加速度，是指牵连点的速度和加速度。

（2）关于科氏加速度产生的原因与求解。科氏加速度是牵连运动为转动时，相对运动与牵连运动相互影响而产生的。动系的转动，改变了相对速度相对于定系的方向；同时，相对运动也改变了牵连运动的大小和方向。应当注意，科氏加速度 $2\boldsymbol{\omega}\times\boldsymbol{v}_r$ 的矢积顺序不能改变，其方向可用右手法则来判断。

（3）加速度矢量的合成关系式，不能认为是加速度矢量的“平衡”关系式。用几何法作加速度矢量多边形时，不能误认为是“自行封闭”。当矢量较多时，一般采用投影法，它的投影式是根据合矢量投影定理（合矢量在某轴上的投影等于原有分矢量在该轴上的投影代数和）而写出的，不能认为是加速度的投影“平衡”方程。

（4）求某一加速度时，一般宜向不需求的未知量垂线方向投影，这样可避免解联立方程。若题目要求角速度和角加速度时，不仅要计算其大小，也要指明其转向。如果求得的切向加速度或相应的角加速度为负值，说明该量的真实指向或转向与原假设的方向或转向相反。

思考题

8-1　定系一定是不动的吗？动系是动的吗？

8-2　牵连速度的导数等于牵连加速度吗？相对速度的导数等于相对加速度吗？为什么？

8-3　为什么动点和动系不能选择在同一物体上？

8-4　如何正确理解牵连点的概念？在不同瞬时牵连运动表示动系上同一点的运动吗？

8-5　曲柄滑块机构如图 8-16 所示，若取 B 为动点，动系固结于曲柄 OA 上，动点 B 的牵连速度如何？如何画出速度的平行四边形？

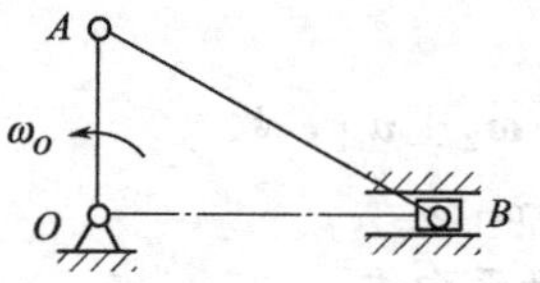

图 8-16

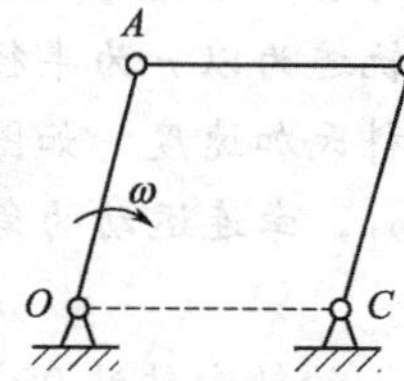

图 8-17

8-6　四连杆机构如图 8-17 所示，曲柄 OA 与 BC 平行，$OA=BC=r$，问销钉 B 相对于曲柄 OA 的速度为多少？

习　题

8-1　汽车 A 以 $v_1=40\text{km/h}$ 沿直线道路行驶，汽车 B 以 $v_2=40\sqrt{2}\,\text{km/h}$ 沿另一岔道行驶，如题 8-1 图所示。求在 B 车上观察到 A 车的速度。

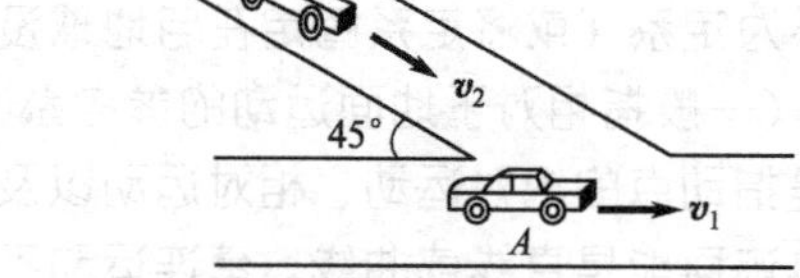

题 8-1 图

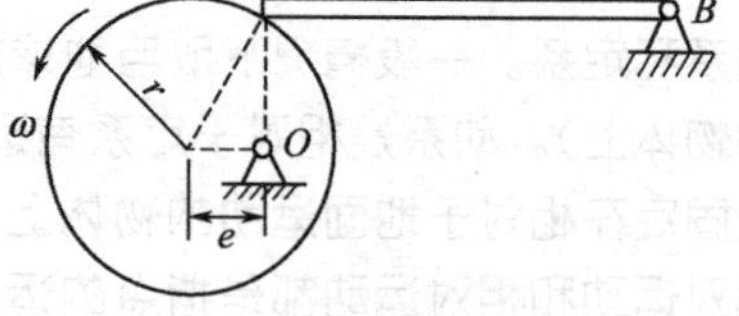

题 8-2 图

8-2　如题 8-2 图所示半径为 r、偏心距为 e 的圆形凸轮以匀角速度 ω 绕固定轴 O 转动，杆

AB 长为 l，其 A 端置于凸轮上，B 端以铰链支承，在图示瞬时 AB 杆恰处于水平位置，试求此时 AB 杆的角速度。

8-3　曲柄滑道连杆机构如题 8-3 图所示，已知 $r=\sqrt{3}\,\mathrm{cm}$，$\omega=2\mathrm{rad/s}$，$\varphi=60°$，求曲柄 OA 分别在 $\theta=0°$、30°、60°时 BC 的速度。

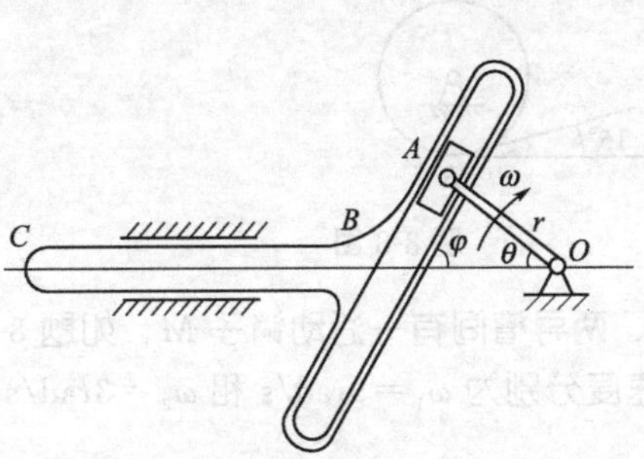

题 8-3 图

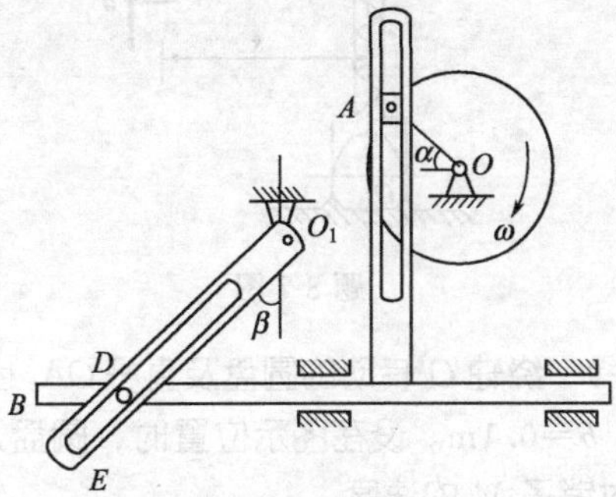

题 8-4 图

8-4　如题 8-4 图所示圆盘以匀角速度 ω 转动，通过盘面上的销钉 A 带动滑道连杆 BC 运动，再通过连杆上的销钉 D 带动摆杆 O_1E 摆动。已知 $OA=r$，在图示位置时 $O_1D=l$，$\alpha=\beta=45°$，试求此瞬时摆杆 O_1E 的角速度。

8-5　车床主轴的转速 $n=30\mathrm{r/min}$，工件的直径 $d=40\mathrm{mm}$，如题 8-5 图所示。如车刀横向走刀速度为 $v=10\mathrm{mm/s}$，求车刀相对工件的速度。

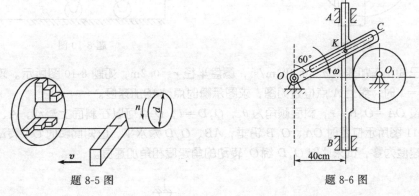

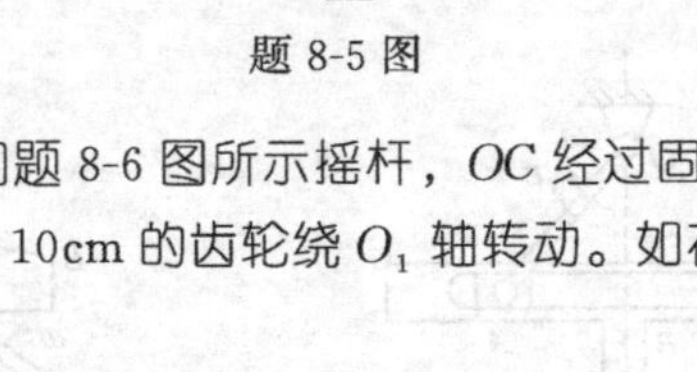

题 8-5 图

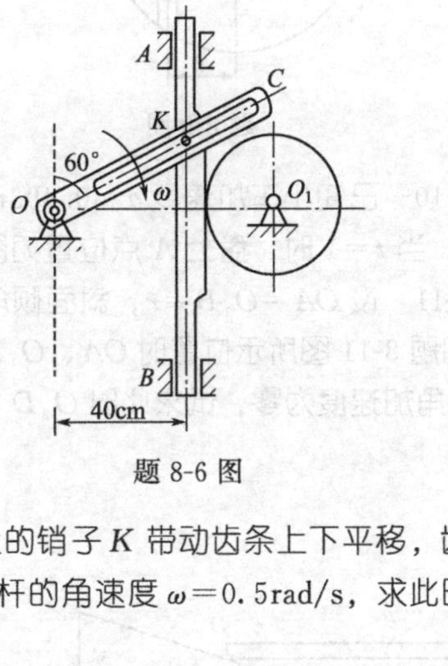

题 8-6 图

8-6　如题 8-6 图所示摇杆，OC 经过固定在齿条 AB 上的销子 K 带动齿条上下平移，齿条又带动半径为 10cm 的齿轮绕 O_1 轴转动。如在图示位置时摇杆的角速度 $\omega=0.5\mathrm{rad/s}$，求此时齿轮的角速度。

8-7　塔式起重机如题 8-7 图所示，悬臂水平，并以 $\frac{\pi}{2}\mathrm{r/min}$ 绕铅直轴匀速转动，跑车按 $s=10-\frac{1}{3}\cos 3t$ 水平运动（s 以 m 计，t 以 s 计）。设悬挂重物以匀速 $u=0.5\mathrm{m/s}$ 铅直向上运动，求当 $t=\frac{\pi}{6}\mathrm{s}$ 时重物的速度值。

8-8　如题 8-8 图所示，矿砂从传送带 A 落到另一传送带 B 的绝对速度为 $v_1=4\mathrm{m/s}$，其方向与铅垂线成 30°角。传送带 B 与水平面成 15°角，其速度 $v_2=2\mathrm{m/s}$。求此时矿砂对于传送带 B 的相对速度；又问当传送带 B 的速度为多大时，矿砂的相对速度才能与它垂直。

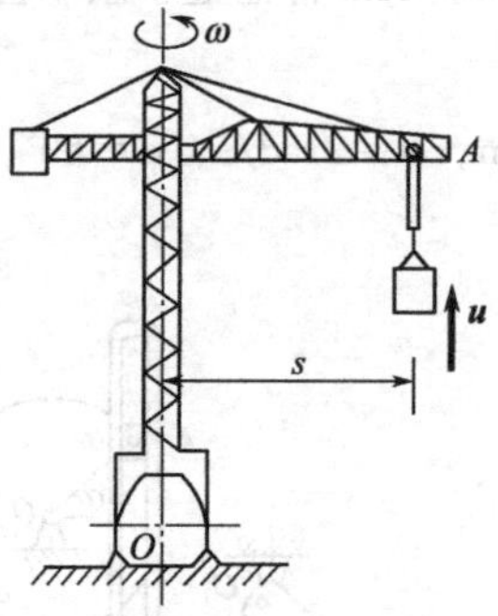

题 8-7 图

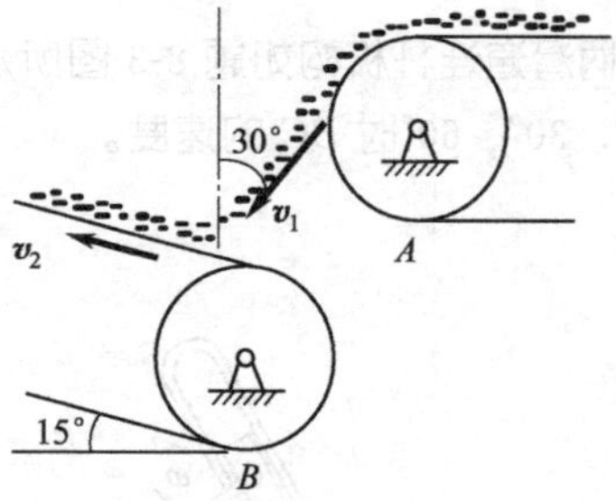

题 8-8 图

8-9　绕轴 O 转动的圆盘及直杆 OA 上均有一导槽，两导槽间有一活动销子 M，如题 8-9 图所示，$b=0.1\text{m}$。设在图示位置时，圆盘及直杆的角速度分别为 $\omega_1=9\text{rad/s}$ 和 $\omega_2=3\text{rad/s}$。求此瞬时销子 M 的速度。

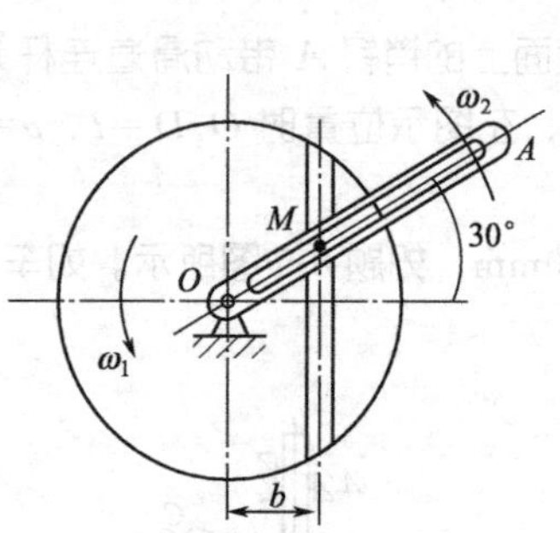

题 8-9 图

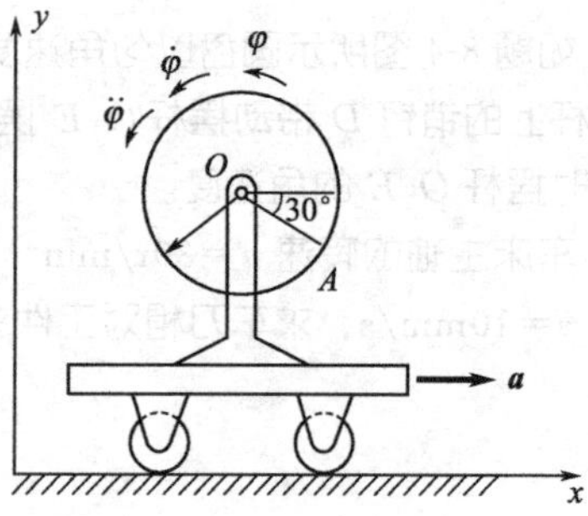

题 8-10 图

8-10　已知小车加速度 $a=0.493\text{m/s}^2$，圆盘半径 $r=0.2\text{m}$，如题 8-10 图所示。转动规律为 $\varphi=t^2$，当 $t=1$ 时，盘上 A 点位置如图，求图示瞬时点 A 的加速度。

8-11　设 $OA=O_1B=r$，斜面倾角为 θ_1，$O_2D=l$，D 点可以在斜面上滑动，A、B 铰链连接。如题 8-11 图所示位置时 OA、O_1B 铅垂，AB、O_2D 为水平，已知此瞬时 OA 转动的角速度为 ω，角加速度为零，试求此时 O_2D 绕 O_2 转动的角速度和角加速度。

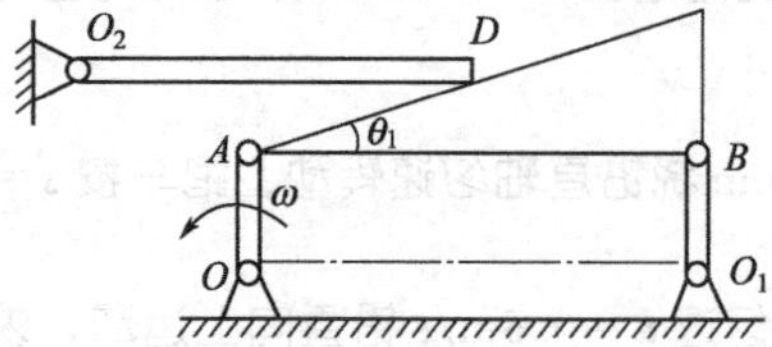

题 8-11 图

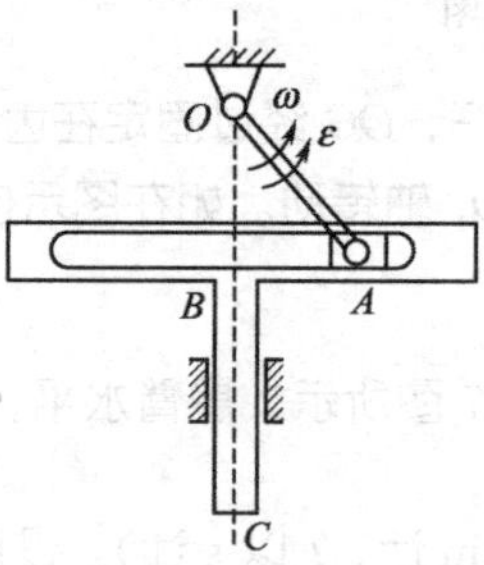

题 8-12 图

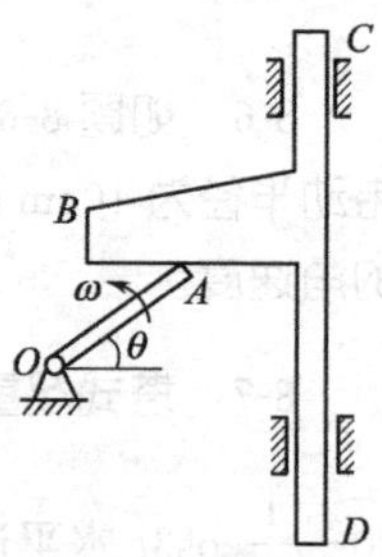

题 8-13 图

8-12　曲柄滑道机构如题 8-12 图所示，曲柄长 $OA=10\text{cm}$，并绕 O 轴转动。在某瞬时，其角速度 $\omega=1\text{rad/s}$，角加速度 $\varepsilon=1\text{rad/s}^2$，$\angle AOB=30°$，求导杆上点 C 的加速度和滑块 A 在滑道上的相对加速度。

8-13　曲柄 OA 长 40cm，以等角速度 $\omega=0.5\text{rad/s}$ 绕 O 轴逆时针方向转动，如题 8-13 图所

示。由曲柄 A 端推动水平板 B，而使滑杆 CD 沿铅直方向上升。试求曲柄与水平线间的夹角 $\theta=30°$时，滑杆 CD 的速度和加速度。

8-14　如题 8-14 图所示直角曲杆 OAB 绕 O 轴转动，使套在其上的小环 M 沿固定直杆 OC 滑动。已知：$OA=0.1\text{m}$，OA 与 AB 垂直，曲杆的角速度 $\omega=0.5\text{rad/s}$，角加速度为零。求当 $\theta=60°$时，小环 M 的速度和加速度。

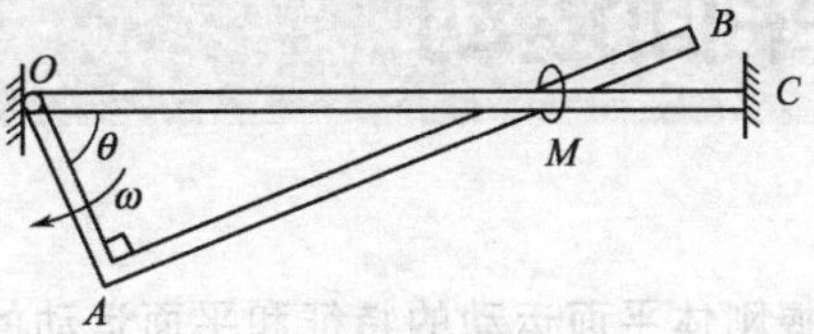

题 8-14 图

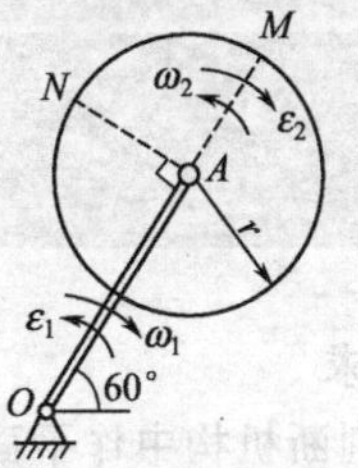

题 8-15 图

8-15　如题 8-15 图所示曲柄 OA 长为 $2r$，绕固定轴 O 转动；圆盘半径为 r，绕 A 轴转动。已知 $r=10\text{cm}$，在图示位置，曲柄 OA 的角速度 $\omega_1=4\text{rad/s}$，角加速度 $\varepsilon_1=3\text{rad/s}^2$，圆盘相对 OA 的角速度 $\omega_2=6\text{rad/s}$，角加速度 $\varepsilon_2=4\text{rad/s}^2$。试求圆盘上 M 点和 N 点的速度和加速度。

第9章

刚体的平面运动

本章要求

(1) 能判断机构中作平面运动的刚体，掌握刚体平面运动的特征和平面运动的合成与分解；(2) 熟练应用基点法、速度投影法和速度瞬心法求平面图形上任一点的速度和平面图形的角速度；(3) 较熟练地应用基点法求平面图形上任一点的加速度和平面图形的角加速度。

重点 (1) 用基点法求平面图形上任一点的速度和加速度；(2) 在速度分析中，根据具体情况灵活选用速度投影法和速度瞬心法。

难点 (1) 对平面运动分解的理解；(2) 复杂的平面运动机构中点的加速度分析和计算；(3) 刚体的平面运动与点的合成运动综合应用问题。

9.1 刚体平面运动的分解

前面讨论的刚体的平动与定轴转动是最常见的简单刚体运动。刚体还有更复杂的运动形式，其中，刚体的平面运动是工程机械中较为常见的一种刚体运动。它可以看作是平动与转动的合成，也可以看作绕不断运动的轴的转动。

9.1.1 平面运动的概念

在工程实际中，有很多零件的运动，例如曲柄连杆机构中连杆的运动如图 9-1 所示，行星齿轮机构中行星轮的运动如图 9-2 所示，这些刚体的运动既不是平动，也不是定轴转动，但它们有一个共同特点，即在运动中，刚体上的任意点与某一固定平面之间的距离始终保持不变，这种运动称为平面运动。

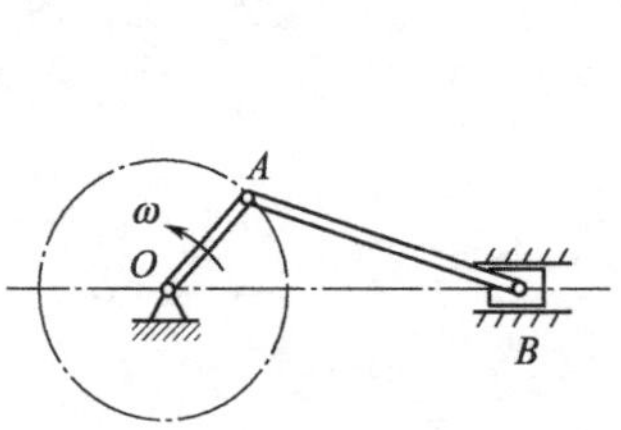

图 9-1

图 9-2

9.1.2 平面运动的简化

设图 9-3 中的平面Ⅰ为固定平面，作平面Ⅱ平行于平面Ⅰ，且与刚体相交成一平面图形 S。

由平面运动的定义可知，刚体运动时，平面图形 S 必在平面Ⅱ内运动。在刚体内任取一条垂直于平面图形 S 的直线 A_1A_2，它与平面图形的交点为 A。显然，刚体运动时，A_1A_2 直线始终垂直于平面Ⅱ，做平行于自身的运动，即 A_1A_2 直线做平动。因此，直线 A_1A_2 上各点的运动轨迹、速度和加速度完全相同，A 点的运动即可代表直线 A_1A_2 上所有点的运动。同理，过平面图形 S 作无数条垂线，这无数条垂线与平面图形有无数个交点。这无数个交点代表了相应的无数条垂线的运动。即平面图形 S 内各点的运动即代表整个刚体的运动。于是，刚体的平面运动，可简化为平面图形 S 在其自身平面内的运动。因此，今后研究刚体的平面运动，只需研究一个平面图形在其自身平面内的运动即可。

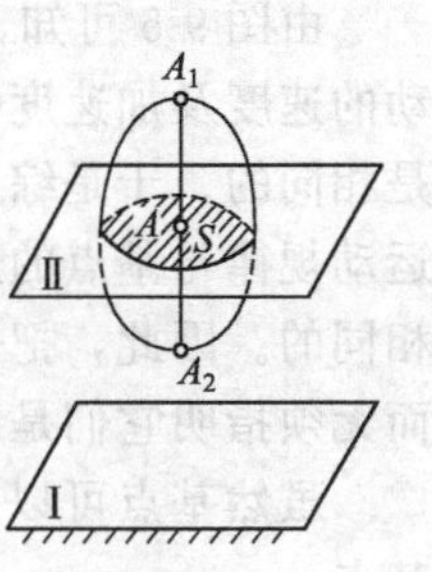

图 9-3

9.1.3　刚体平面运动方程

如图 9-4 所示，平面图形在其平面上的位置完全可由平面图形内任意线段 $O'M$ 的位置来确定，而要确定此线段在平面内的位置，只需确定线段上任一点 O' 的位置和线段 $O'M$ 与固定坐标轴 Ox 间的夹角 φ 即可。

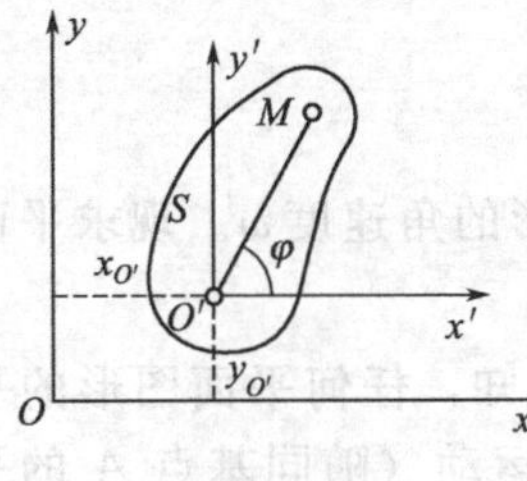

图 9-4

显然，当平面图形在自身平面内运动时，$x_{O'}$、$y_{O'}$ 和 φ 都是随时间而变的，是时间 t 的单值连续函数，即

$$\left.\begin{aligned} x_{O'} &= f_1(t) \\ y_{O'} &= f_2(t) \\ \varphi &= f_3(t) \end{aligned}\right\} \tag{9-1}$$

式(9-1) 称为刚体平面运动的运动方程。刚体的平面运动是随 O' 点的平动与绕 O' 点的转动的合成，或者说，刚体的平面运动可分解为平动与转动。

9.1.4　刚体平面运动的分解过程

对于任意的平面运动，可在平面图形上任取一点 A，称为基点。如图 9-5 所示，设一平面图形 S 在图示平面内作平面运动。在图形 S 上任意取点 A 和 B，并作两点的连线 AB，则直线 AB 的位置可以代表平面图形的位置。设平面图形 S 在 Δt 时间内从位置Ⅰ运动到位置Ⅱ，以直线 AB 及 $A'B'$ 分别表示图形在位置Ⅰ和位置Ⅱ，要把直线 AB 移到位置 $A'B'$ 需分两步完成：第一步是以 A 点为基点，先使直线随着 A 点的运动轨迹平移到位置 $A'B''$，然后再绕 A' 点转到位置 $A'B'$，其转过的角位移为 $\Delta\varphi_1$。图形 S 的运动情况也可以选 B 点作为基点来分析，即先使直线 AB 随 B 点的运动轨迹平移到 $A''B'$，然后再绕 B' 点转到位置 $A'B'$，其转过的角位移为 $\Delta\varphi_2$。由此可见，平面运动可分解成平动和转动，即平面运动可以看作是随同某基点的平动与绕某基点的转动的合成运动。

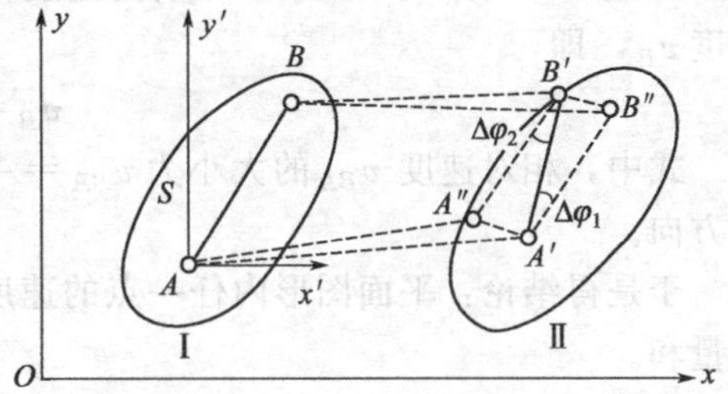

图 9-5

如果在某基点上放一平动的动坐标系 $Ax'y'$，即动坐标系的坐标轴永远保持原来的方位，则在动坐标系中观察到的运动是 $A'B''$ 转到 $A'B'$，即转过 $\Delta\varphi_1$。因此，从复合运动的观点来看，刚体的平面运动可分解为牵连运动为平动（动系作平动）和相对运动为转动的合成运动。

由图 9-5 可知，选择不同的基点 A 和 B，则平动的位移 AA' 和 BB' 显然不同，因此，平动的速度及加速度也不相同；但对于绕不同基点转过的角位移 $\Delta\varphi_1$ 和 $\Delta\varphi_2$ 的大小及转向总是相同的。于是综上所述，平面运动平动部分的运动规律与基点的选择有关，而转动部分的运动规律与基点的选择无关。即在同一瞬时，图形绕任一基点转动的角速度和角加速度都是相同的。因此，把平面运动中的角速度和角加速度直接称为平面图形的角速度和角加速度，而无须指明它们是对哪个基点而言的。

虽然基点可以任意选取，但在解决实际问题时，通常是选取运动情况已知的点作为基点。

9.2 平面图形上各点的速度分析

分析平面图形上各点的速度可以采用不同的方法，如基点法、速度投影法和速度瞬心法。

9.2.1 基点法

如图 9-6 所示，若已知某瞬时平面图形上 A 点的速度 $\boldsymbol{v}_A$ 和图形的角速度 ω。现求平面图形上任意点 B 的速度 $\boldsymbol{v}_B$。

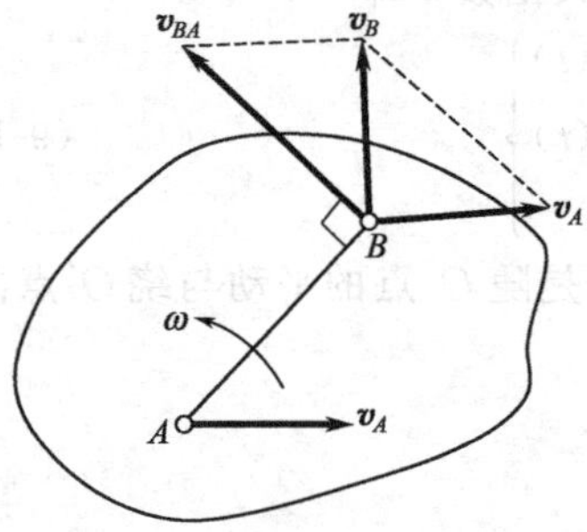

图 9-6

取 A 点为基点。由上节分析可知，任何平面图形的平面运动可分解为两个运动，即牵连运动（随同基点 A 的平动）和相对运动（绕基点 A 的转动）。因此，平面图形内任一点 B 的运动也是两个运动的合成，可用速度合成定理来求它的速度，这种方法称为基点法。即

$$\boldsymbol{v}_a = \boldsymbol{v}_e + \boldsymbol{v}_r$$

因为牵连运动是随同基点 A 的平动，所以牵连速度 $\boldsymbol{v}_e = \boldsymbol{v}_A$；相对运动为转动，故相对速度 $\boldsymbol{v}_r$ 就是 B 点绕 A 点转动的速度，用 $\boldsymbol{v}_{BA}$ 来表示，即 $\boldsymbol{v}_r = \boldsymbol{v}_{BA}$。由此，得 B 点的速度 $\boldsymbol{v}_B$，即

$$\boldsymbol{v}_B = \boldsymbol{v}_A + \boldsymbol{v}_{BA} \tag{9-2}$$

式中，相对速度 $\boldsymbol{v}_{BA}$ 的大小为 $v_{BA} = AB \cdot \omega$，$\boldsymbol{v}_{BA}$ 的方向与 AB 垂直，且指向图形转动的方向。

于是得结论：平面图形内任一点的速度等于基点的速度与该点随图形绕基点转动速度的矢量和。

上式 3 种速度，每个速度矢都有大小和方向两个量，一共 6 个量，只要知道其中任意 4 个量，即可求另外两个量。在平面图形的运动中，点的相对速度 $\boldsymbol{v}_{BA}$ 的方向总是已知的，它垂直于线段 AB。因此，只需知道任何其他 3 个量，便可作出速度平行四边形。

例 9-1 如图 9-7 所示，椭圆规尺的 A 端以速度 $\boldsymbol{v}_A$ 沿 x 轴的负向运动，$AB=l$。求：B 端的速度以及规尺 AB 的角速度。

解：(1) AB 作平面运动，因为滑块 A 的速度为已知，故选 A 为基点。

(2)
$$\boldsymbol{v}_B = \boldsymbol{v}_A + \boldsymbol{v}_{BA}$$

	$\boldsymbol{v}_B$	$\boldsymbol{v}_A$	$\boldsymbol{v}_{BA}$
大小	?	v_A	?
方向	√	√	√

$$v_B = v_A \cot\varphi$$

$$v_{BA}=\frac{v_A}{\sin\varphi}$$

$$\omega_{AB}=\frac{v_{BA}}{l}=\frac{v_A}{l\sin\varphi}$$

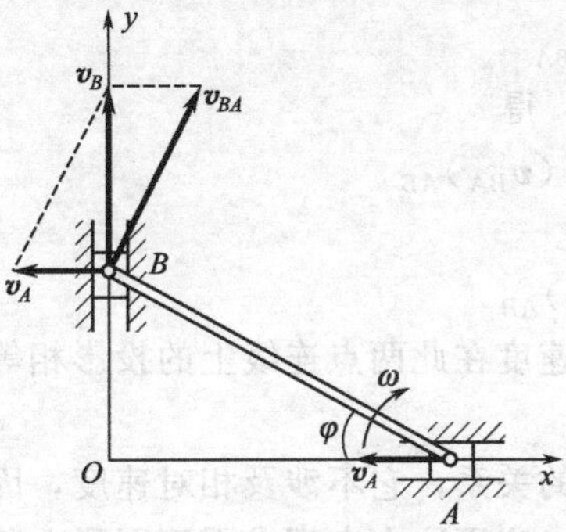

图 9-7

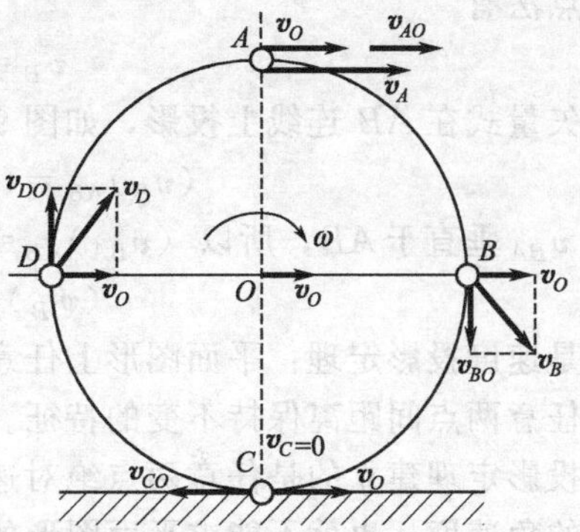

图 9-8

例 9-2　如图 9-8 所示，半径为 R 的车轮沿直线轨道作无滑动的滚动。已知轮轴以匀速 v_O 前进。求轮缘上 A、B、C 和 D 各点的速度。

解： 这是单个刚体的平面运动问题。

因为轮心的速度已知，故选轮心 O 为基点。根据基点法，轮缘上任一点 M 的速度可表示为

$$\boldsymbol{v}_M=\boldsymbol{v}_O+\boldsymbol{v}_{MO}$$

其中 v_O 为已知，A、B、C 和 D 各点相对于基点 O 的速度是未知量，即车轮的角速度 ω 是未知的。若能知道车轮上另一点的速度，则可求出其角速度 ω。已知车轮沿水平直线轨道作纯滚动，因此，车轮与地面的接触点 C 的速度为零，即

$$\boldsymbol{v}_C=\boldsymbol{v}_O+\boldsymbol{v}_{CO}=0$$

或

$$\boldsymbol{v}_{CO}=-\boldsymbol{v}_O$$

写成投影式有

$$v_{CO}=v_O=R\omega$$

则

$$\omega=\frac{v_O}{R}$$

由图 9-8 可知，ω 为顺时针转向。其余各点的速度

$$v_A=v_O+v_{AO}=v_O+R\omega$$

$$v_B=\sqrt{v_O^2+v_{BO}^2}=\sqrt{v_O^2+(R\omega)^2}=\sqrt{2}\,v_O$$

$$v_D=\sqrt{v_O^2+v_{DO}^2}=\sqrt{v_O^2+(R\omega)^2}=\sqrt{2}\,v_O$$

各点速度方向如图 9-8 所示。

总结以上各例的解题步骤如下。

(1) 分析题中各物体的运动，哪些物体作平动，哪些物体作转动，哪些物体作平面运动。

(2) 研究作平面运动的物体上哪一点的速度大小和方向是已知的，哪一点的速度的某一要素（一般是速度方向）是已知的。

(3) 选定基点（设为 A），而另一点（设为 B），可应用公式 $\boldsymbol{v}_B=\boldsymbol{v}_A+\boldsymbol{v}_{BA}$ 作速度平行四边形。必须注意，作图时要使 $\boldsymbol{v}_B$ 成为平行四边形的对角线。

(4) 利用几何关系，求解平行四边形中的未知量。

(5) 如果需要再研究另一个作平面运动的物体，可按上述步骤继续进行。

9.2.2 速度投影法

由基点法有

$$\boldsymbol{v}_B=\boldsymbol{v}_A+\boldsymbol{v}_{BA}$$

将此矢量式在 AB 连线上投影，如图 9-6 所示，得

$$(\boldsymbol{v}_B)_{AB}=(\boldsymbol{v}_A)_{AB}+(\boldsymbol{v}_{BA})_{AB}$$

由于 $\boldsymbol{v}_{BA}$ 垂直于 AB，所以 $(\boldsymbol{v}_{BA})_{AB}=0$，因此

$$(\boldsymbol{v}_B)_{AB}=(\boldsymbol{v}_A)_{AB} \tag{9-3}$$

这就是速度投影定理：平面图形上任意两点的速度在此两点连线上的投影相等。它反映了刚体上任意两点间距离保持不变的特征。

速度投影定理建立的是任意两点绝对速度之间的关系，它不涉及相对速度，因而不涉及平面图形的角速度，也就不能求平面图形的角速度。应用这个定理求平面图形上某些点的速度，有时非常方便。

例 9-3 图 9-9 所示的平面机构中，曲柄 OA 长 100mm，以角速度 $\omega=2\text{rad/s}$ 转动，连杆 AB 带动摇杆 CD，并拖动轮 E 沿水平面滚动。已知 $CD=3CB$，图示位置时 A、B、E 三点恰在一水平线上，且 $CD\perp ED$，OA 铅垂。求此瞬时点 E 的速度。

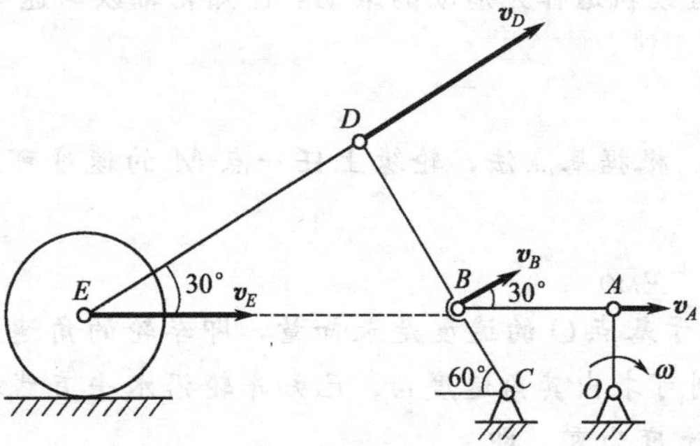

图 9-9

解： (1) AB 作平面运动　由速度投影定理，杆 AB 上点 A、B 的速度在 AB 连线上投影相等，即

$$(\boldsymbol{v}_B)_{AB}=(\boldsymbol{v}_A)_{AB}$$

$$v_B\cos30^\circ=OA\cdot\omega$$

$$v_B=\frac{OA\cdot\omega}{\cos30^\circ}=0.2309\text{m/s}$$

(2) CD 作定轴转动，转动轴为 C

$$v_D=\frac{v_B}{CB}CD=3v_B=0.6928\text{m/s}$$

(3) DE 作平面运动　轮 E 沿水平面滚动，轮心 E 的速度方向为水平，由速度投影定理，D、E 两点的速度关系为

$$(\boldsymbol{v}_E)_{DE}=(\boldsymbol{v}_D)_{DE}$$

$$v_E\cos30^\circ=v_D$$

$$v_E=\frac{v_D}{\cos30^\circ}=0.8\text{m/s}$$

9.2.3 速度瞬心法

(1) 定理　利用基点法求平面图形上任意点的速度时，如果设想选取速度为零的点作为基点，则计算将大大简化。一般情况下，在每一瞬时，平面图形上都唯一地存在一个速度为零的点。

设有一平面图形 S，如图 9-10 所示。取图形上的 A 点为基点，它的速度为 $\boldsymbol{v}_A$，图形的角速度为 ω，转向如图所示。图形上任一点 M 的速度可按下式计算

$$\boldsymbol{v}_M=\boldsymbol{v}_A+\boldsymbol{v}_{MA}$$

如果点 M 在 $\boldsymbol{v}_A$ 的垂线 AN 上，由图可知，$\boldsymbol{v}_A$ 和 $\boldsymbol{v}_{MA}$ 在同一直线上，且方向相反，故 $\boldsymbol{v}_M$ 的大小为

$$v_M=v_A-AM\cdot\omega$$

由上式可知，随着点 M 在垂线 AN 上的位置不同，v_M 的大小不同，因此只要角速度 ω 不等于零，总能找到一点 C，这点的瞬时速度等于零。

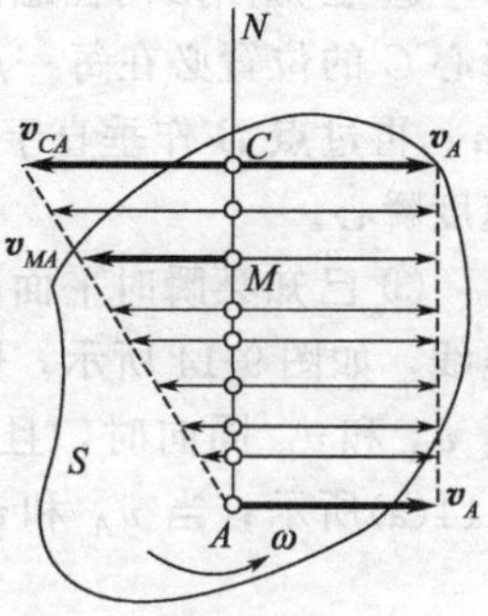

图 9-10

令
$$v_C=0\Rightarrow AC=\frac{v_A}{\omega}$$

则 C 点速度为零，定理得到证明。一般情况下，每一瞬时，平面图形上都唯一地存在一个速度为零的点，称为瞬时速度中心，简称速度瞬心。

（2）平面图形内各点的速度及其分布　如图 9-11 所示，轮子作纯滚动。如果取速度瞬心 C 为基点，由于基点的速度 $v_C=0$，因此，平面图形上任一点的速度等于该点绕速度瞬心的瞬时转动速度。则车轮上 A、B、O 点的速度分别为

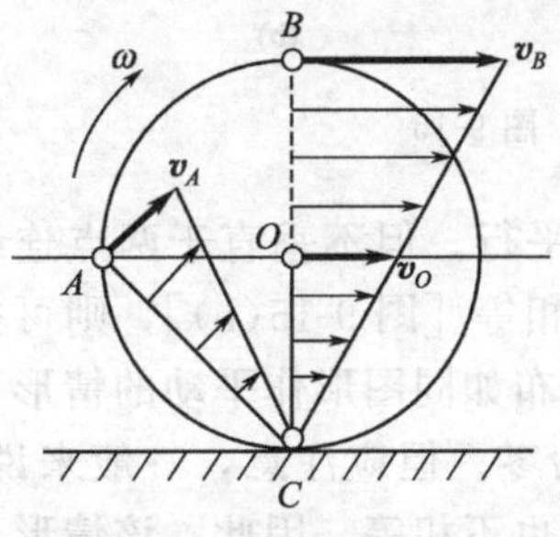

图 9-11

$$v_A=v_C+v_{AC}=v_{AC}=AC\cdot\omega$$
$$v_B=v_C+v_{BC}=v_{BC}=BC\cdot\omega$$
$$v_O=v_C+v_{OC}=v_{OC}=OC\cdot\omega$$

由此可见，平面图形内任一点的速度等于该点随图形绕速度瞬心转动的速度。图形上各点速度的大小与该点到速度瞬心的距离成正比；速度方向垂直于该点到速度瞬心的连线，指向图形转动的一方。

刚体作平面运动时，一般情况下在每一瞬时，图形内必有一点为速度瞬心。但是，在不同的瞬时，速度瞬心在图形内的位置是不同的。综上所述，如果已知平面图形在某一瞬时的速度瞬心位置和角速度，则在该瞬时，图形内任一点的速度可以完全确定。因此，如何确定速度瞬心是解题的关键。

（3）速度瞬心的确定方法　确定速度瞬心位置的方法有以下几种。

① 平面图形沿一固定表面作纯滚动，如图 9-12 所示。图形与固定平面的接触点 C 就是图形的速度瞬心，因为在这一瞬时，点 C 相对于固定面的速度为零，所以它的绝对速度等于零。车轮滚动的过程中，轮缘上的各点相继与地面接触而成为车轮在不同时刻的速度瞬心。

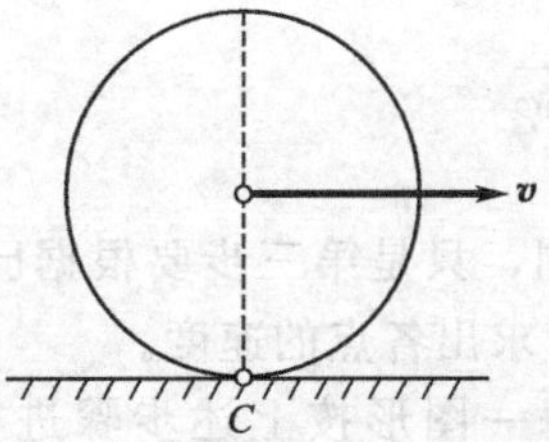

图 9-12

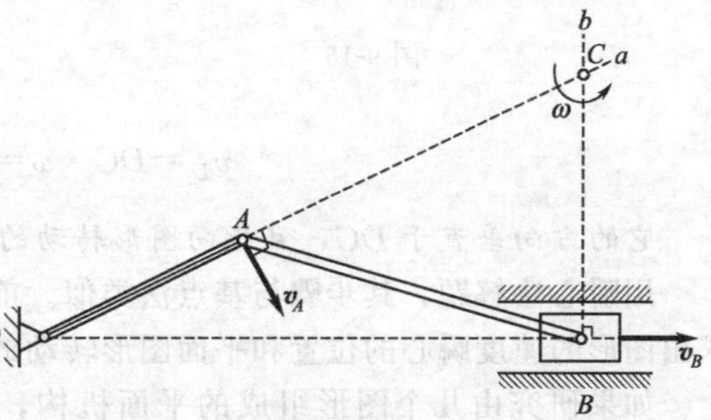

图 9-13

② 已知图形内任意两点 A、B 的速度方向如图 9-13 所示，且此两速度互不平行。速度瞬心 C 的位置必在每一点速度的垂线上。因此在图中，通过点 A 作垂直于 $\boldsymbol{v}_A$ 方向的直线 Aa；再过点 B 作垂直于 $\boldsymbol{v}_B$ 方向的直线 Bb，设两条直线交于点 C，则点 C 即为平面图形的速度瞬心。

③ 已知某瞬时平面图形上任意两点 A、B 的速度方位相互平行，且都垂直于该两点的连线，如图 9-14 所示，则速度瞬心必定在 AB 连线与速度矢 $\boldsymbol{v}_A$ 和 $\boldsymbol{v}_B$ 端点连线的交点 C 上。当 $\boldsymbol{v}_A$ 和 $\boldsymbol{v}_B$ 同向时，且此两个速度大小不等。图形的速度瞬心在 AB 的延长线上，如图 9-14(a)所示；当 $\boldsymbol{v}_A$ 和 $\boldsymbol{v}_B$ 反向时，图形的速度瞬心在 A、B 两点之间，如图 9-14(b)所示。

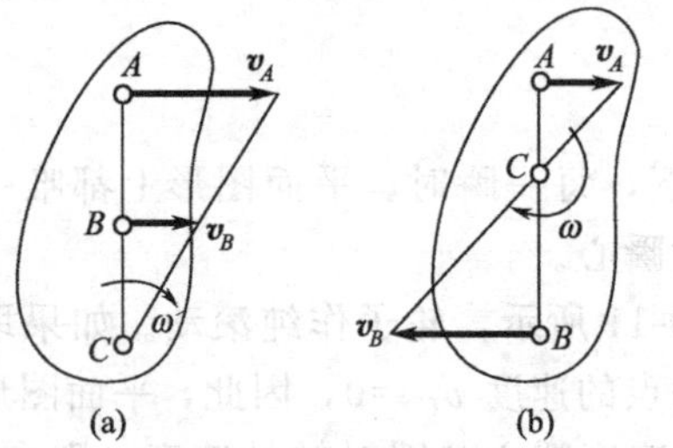

图 9-14

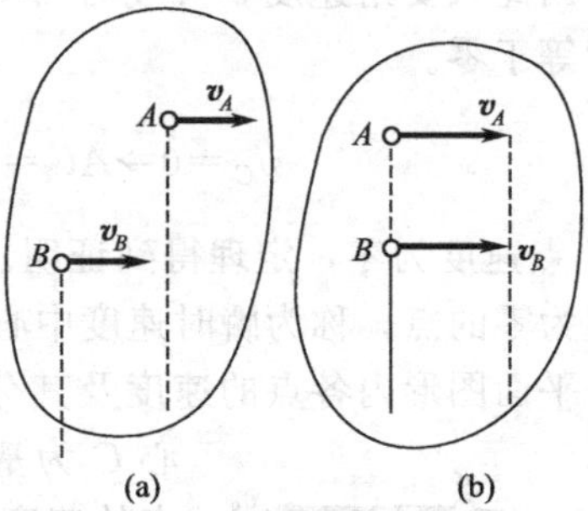

图 9-15

④ 已知某瞬时，平面图形上任意两点 A、B 的速度矢相互平行，但不垂直于两点连线[图 9-15(a)]，或已知两点速度垂直于两点连线，且两速度大小相等[图 9-15(b)]，则可推知图形的速度瞬心在无穷远处。在该瞬时，图形上各点的速度分布如同图形作平动的情形一样，故称为瞬时平动。其上各点的瞬时速度彼此相等，角速度为零。但应注意，一般来说，在该瞬时各点的加速度并不相等，且在此瞬时之后，各点的速度也不相等，因此，该情形与前面章节所讲的刚体平动有本质的区别。

例 9-4 用瞬心法解例 9-1（图 9-16）。

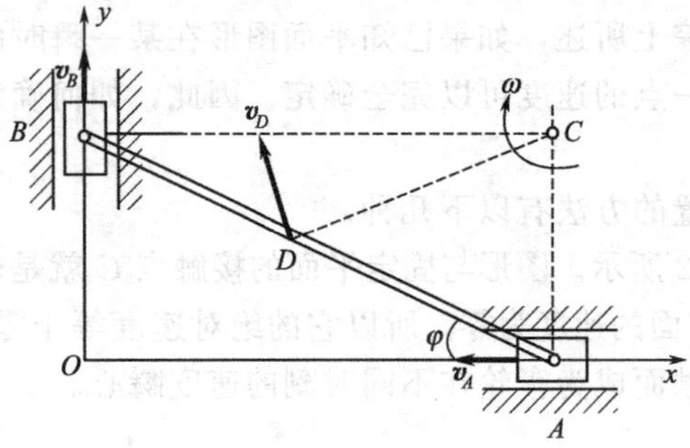

图 9-16

解： 分别作 A、B 两点速度的垂线，两条直线的交点 C 就是杆 AB 的速度瞬心，如图 9-16所示。图形的角速度为

$$\omega=\frac{v_A}{AC}=\frac{v_A}{l\sin\varphi}$$

点 B 的速度为 $v_B=BC\cdot\omega=\dfrac{BC}{AC}v_A=v_A\cot\varphi$

以上结果与例 9-1 求得完全一样。

用瞬心法也可以求图形内任一点的速度。例如杆 AB 中点 D 的速度

$$v_D=DC\cdot\omega=\frac{l}{2}\frac{v_A}{l\sin\varphi}=\frac{v_A}{2\sin\varphi}$$

它的方向垂直于 DC，且指向图形转动的一方。

用瞬心法解题，其步骤与基点法类似。前两步完全相同，只是第三步要根据已知条件，求出图形的速度瞬心的位置和平面图形转动的角速度，最后求出各点的速度。

如果研究由几个图形组成的平面机构，则可依次对每一图形按上述步骤进行，直到求出所需的全部未知量为止。应该注意，每一个平面图形有它自己的速度瞬心和角速度，因此，每求出一个瞬心和角速度，应明确标出它是哪一个图形的瞬心和角速度，不要混淆。

例 9-5　如图 9-17(a)所示为小型精压机的传动机构。$OA=O_1B=r=0.1\text{m}$，$EB=BD=AD=l=0.4\text{m}$。在图示瞬时，$OA\perp AD$，$O_1B\perp ED$，O_1D 在水平位置，OD 和 EF 在铅直位置。已知曲柄 OA 的转速 $n=120\text{r/min}$，求此时压头 F 的速度。

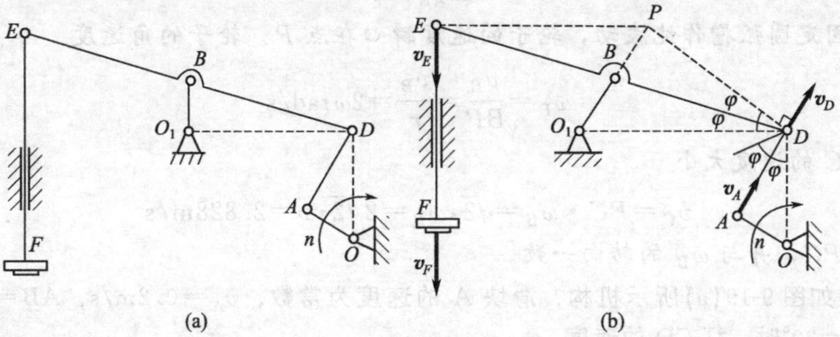

图 9-17

解：(1) 运动分析　由题意知，杆 EF 作铅直方向的平动，点 B 绕 O_1 作圆周运动。根据点 E 和点 B 的速度方向，可得杆 ED 的速度瞬心在点 P，如图 9-17(b)所示。

(2) 速度分析和计算　如图 9-17(b)所示几何关系，$\angle PEB=\angle PDB=\angle ADO$，$EP=PD$，故点 D 与点 E 的速度大小相等，即

$$v_D=v_E$$

AD 杆作平面运动，根据速度投影定理得

$$v_D=v_A=OA\,\frac{2\pi n}{60}=0.4\pi\text{m/s}$$

压头 F 的速度　$$v_F=v_E=v_D=\frac{v_A}{\cos\varphi}=\frac{v_A\sqrt{r^2+l^2}}{l}=1.295\text{m/s}$$

例 9-6　如图 9-18(a)所示，曲柄 OA 以恒定的角速度 $\omega=2\text{rad/s}$ 绕 O 轴转动，并借助连杆 AB 驱动半径为 r 的轮子在半径为 R 的圆弧槽中作无滑动的滚动。已知，$OA=AB=R=2r=1\text{m}$，在图示瞬时，曲柄 OA 处于铅垂位置，且 $OA\perp AB$。试求该瞬时轮缘上点 C 的速度。

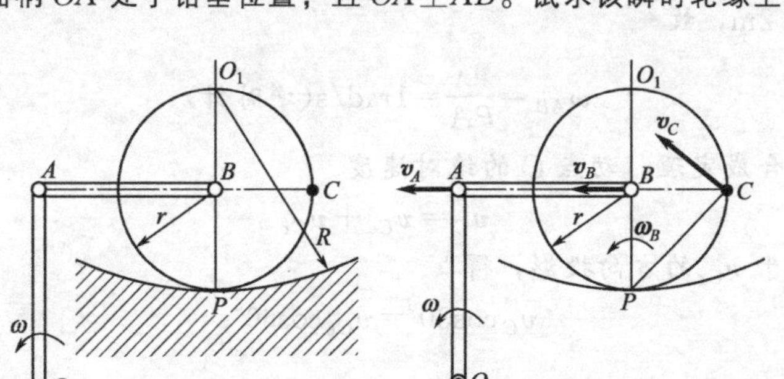

图 9-18

解：本例是包括轮子和杆两种结构类型的综合题，轮子和杆 AB 均作平面运动。为了求轮缘上点 C 的速度，不能直接取速度是已知的 A 点为基点，因为点 A 和点 C 不在同一个刚体上。但是，可通过连杆与轮子的铰接点 B 建立点 A 与点 C 之间的运动关系。

(1) 运动分析 杆 OA 作定轴转动，杆 AB 和轮子均作平面运动。

(2) 速度分析 由于点 A 和点 B 的速度 $\boldsymbol{v}_A$ 和 $\boldsymbol{v}_B$ 在图示瞬时都沿 BA 方向，故连杆 AB 作瞬时平动，如图 9-18(b)所示，连杆 AB 的端点 A 和 B 在该瞬时速度相等，即

$$v_A = v_B = R\omega = 2\text{m/s}$$

且杆 AB 的角速度

$$\omega_{AB} = 0$$

由于轮子沿固定圆弧槽作纯滚动，轮子的速度瞬心在点 P。轮子的角速度

$$\omega_B = \frac{v_B}{BP} = \frac{v_B}{r} = 2\omega\,\text{rad/s}$$

故轮缘上点 C 的速度大小

$$v_C = PC \cdot \omega_B = \sqrt{2}\,r\omega_B = 2\sqrt{2}\,r\omega = 2.828\text{m/s}$$

方向垂直于 PC，并与 ω_B 的转向一致。

例 9-7 如图 9-19(a)所示机构，滑块 A 的速度为常数，$v_A = 0.2\text{m/s}$，$AB = 0.4\text{m}$。求当 $AC = CB$，$\varphi = 30°$时，杆 CD 的速度。

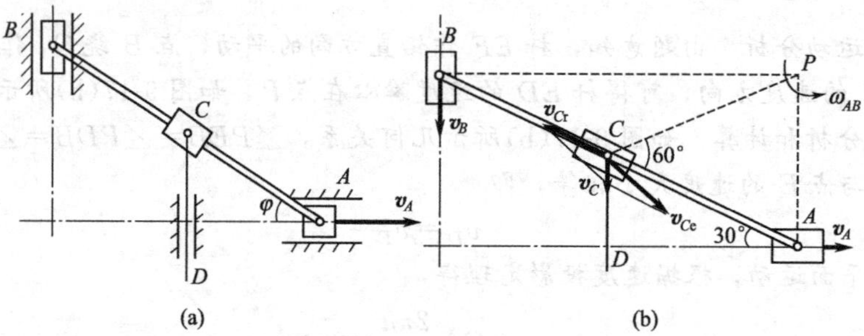

图 9-19

解：(1) 运动分析 杆 AB 作平面运动，杆 CD 作平动。选取滑块 C 为动点，动系固连于杆 AB 上，则动点的绝对运动为铅垂直线运动，动点的相对运动是沿杆 AB 的直线运动，牵连运动为杆 AB 的平面运动。

(2) 速度分析与计算 杆 AB 的速度瞬心在点 P，如图 9-19(b)所示。由图知，$PA = PC = AC = CB = 0.2\text{m}$，故

$$\omega_{AB} = \frac{v_A}{PA} = 1\text{rad/s}(逆时针)$$

根据点的速度合成定理，动点 C 的绝对速度

$$\boldsymbol{v}_C = \boldsymbol{v}_{Ce} + \boldsymbol{v}_{Cr}$$

将上式向垂直于 $\boldsymbol{v}_{Cr}$的方向投影，得

$$v_C\cos30° = v_{Ce}\cos60° \tag{a}$$

故杆 CD 的速度

$$v_{CD} = v_C = \frac{v_{Ce}\cos60°}{\cos30°} = \frac{PC\omega_{AB}}{\sqrt{3}} = 0.1155\text{m/s}$$

将式(a) 向垂直于 v_{Ce}的方向投影，得

$$v_{Cr} = v_C = 0.1155\text{m/s}$$

综上所述，求平面图形内点的速度时，解题步骤及注意事项如下。

(1) 根据题目的已知条件、要求，综合分析，选择一种最简单的求解方法。

① 基点法是最基本的方法。使用基点法时，一般取运动状态已知或能求出其速度的点为基点，要特别注意取某些结合点为基点。要写出矢量式：$\boldsymbol{v}_B=\boldsymbol{v}_A+\boldsymbol{v}_{BA}$，判断是否可解。若可解，须正确作出速度平行四边形，再利用几何关系求出未知量。

② 速度投影法是最为简捷的一种方法，但条件是必须知道平面图形上一点速度的大小和方向，以及所求点的速度方向，一般多用于机构中的连杆。但该方法不能求解平面图形的转动角速度。

③ 当平面图形的速度瞬心容易确定，几何尺寸计算比较简单，或平面图形上要求多个点的速度时，可优先采用速度瞬心法。一般先确定图形的速度瞬心，求出平面图形的角速度，最后求出图形内各所求点的速度。

(2) 若需要再研究另一个作平面运动的刚体，可按上述步骤继续进行。

(3) 当求解刚体平面运动和点的合成运动的综合问题时，首先应分析机构的运动状态和组合形式，判断哪一机构作平面运动，它与其他运动构件的接触点有无相对运动，然后应用“刚体平面运动”和“点的合成运动”的理论求解。

9.3 平面图形上各点的加速度分析

现讨论平面图形内各点的加速度。

如图 9-20 所示，设某瞬时，平面图形某一点 A 的加速度为 $\boldsymbol{a}_A$，图形的角速度为 ω，角加速度为 ε，求图形内任一点 B 的加速度 $\boldsymbol{a}_B$。取基点为 A，建立一随基点 A 平动的坐标系，则牵连运动为平动，相对运动为 B 点绕基点 A 的转动。因此，可用牵连运动为平动时点的加速度合成定理来求解 B 点的加速度。即

$$\boldsymbol{a}_{\mathrm{a}}=\boldsymbol{a}_{\mathrm{e}}+\boldsymbol{a}_{\mathrm{r}} \tag{9-4a}$$

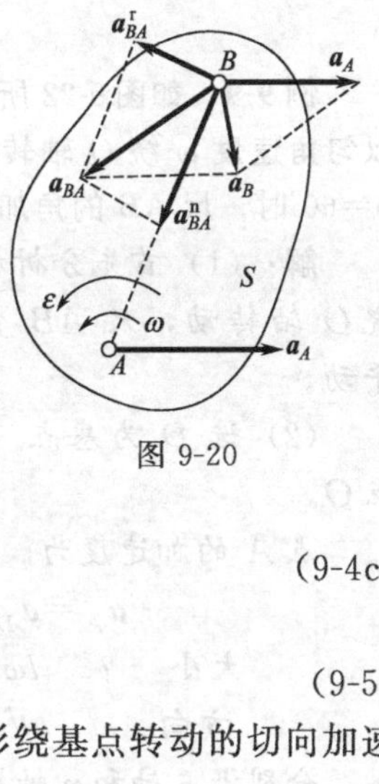

图 9-20

由于牵连运动是随同基点 A 的平动，故牵连加速度 $\boldsymbol{a}_{\mathrm{e}}$ 就等于基点 A 的加速度 $\boldsymbol{a}_A$，即

$$\boldsymbol{a}_{\mathrm{e}}=\boldsymbol{a}_A \tag{9-4b}$$

B 点的相对加速度 $\boldsymbol{a}_{\mathrm{r}}$ 是平面图形绕基点 A 转动的加速度，以 $\boldsymbol{a}_{BA}$ 表示，则

$$\boldsymbol{a}_{\mathrm{r}}=\boldsymbol{a}_{BA}=\boldsymbol{a}_{BA}^{\tau}+\boldsymbol{a}_{BA}^{\mathrm{n}} \tag{9-4c}$$

将式(9-4b)、式(9-4c) 代入式(9-4a)，得

$$\boldsymbol{a}_B=\boldsymbol{a}_A+\boldsymbol{a}_{BA}^{\tau}+\boldsymbol{a}_{BA}^{\mathrm{n}} \tag{9-5}$$

即：平面图形内任一点的加速度等于基点的加速度与该点随图形绕基点转动的切向加速度和法向加速度的矢量和。这种求加速度的方法称为基点法。

式(9-4) 为平面内的矢量等式，通常可向两个相交的坐标轴投影，得到两个代数方程，用以求解两个未知量。

例 9-8　如图 9-21 所示，在外啮合行星齿轮机构中，杆 $O_1O=l$，以匀角速度 ω_1 绕 O_1 转动。大齿轮Ⅱ固定，行星轮Ⅰ半径为 r，在轮Ⅱ上只滚不滑。设 A 和 B 是行星轮缘上的两点，点 A 在 O_1O 的延长线上，而点 B 在垂直于 O_1O 的半径上。求点 A 和 B 的加速度。

解： 轮Ⅰ作平面运动，其中心 O 的速度和加速度分别为

$$v_O=l\omega_1,\quad a_O=l\omega_1^2$$

选点 O 为基点，由题意知，轮Ⅰ的瞬心在两轮的接触点 C 上。设轮Ⅰ的角速度为 ω，则

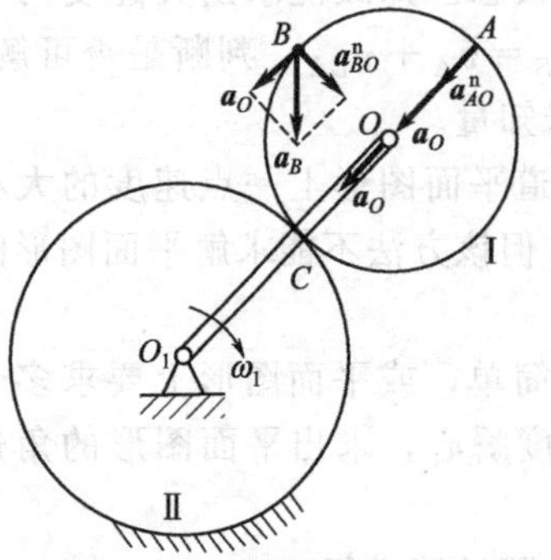

图 9-21

$$\omega=\frac{v_O}{r}=\frac{\omega_1 l}{r}$$

因为ω_1是恒量，所以ω也是恒量，则轮Ⅰ的角加速度为零，则有

$$a^{\tau}_{AO}=a^{\tau}_{BO}=0$$

A、B两点相对于基点O的法向加速度分别沿半径OA和OB，指向中心O，它们的大小为

$$a^n_{AO}=a^n_{BO}=r\omega^2=\frac{l^2}{r}\omega_1^2$$

由式(9-4)得点A的加速度方向沿OA指向中心O，大小为

$$a_A=a_O+a^n_{AO}=l\omega_1^2+\frac{l^2}{r}\omega_1^2=l\omega_1^2\left(1+\frac{l}{r}\right)$$

点B的加速度大小为

$$a_B=\sqrt{a_O^2+(a^n_{BO})^2}=l\omega_1^2\sqrt{1+\left(\frac{l}{r}\right)^2}$$

方向由与半径OB的夹角θ确定，即

$$\theta=\arctan\frac{a_O}{a^n_{BO}}=\arctan\frac{l\omega_1^2}{\frac{l^2}{r}\omega_1^2}=\arctan\frac{r}{l}$$

例 9-9 如图 9-22 所示，在椭圆规机构中，曲柄OD以匀角速度ω绕O轴转动。OD=AD=BD=l。求当$\varphi=60°$时，尺AB的角加速度和点A的加速度。

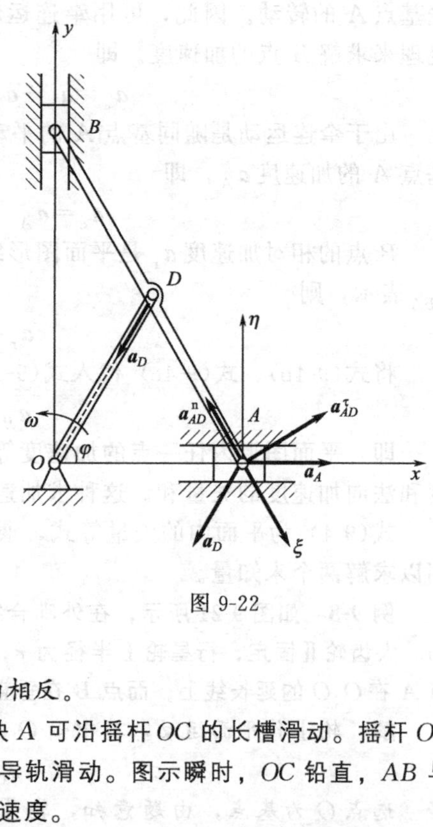

图 9-22

解：(1) 首先分析机构各部分的运动 曲柄OD绕O轴转动，尺AB作平面运动，滑块A、B作平动。

(2) 选D为基点 $a_D=l\omega^2$，方向沿OD指向点O。

点A的加速度为

$$\boldsymbol{a}_A=\boldsymbol{a}_D+\boldsymbol{a}^{\tau}_{AD}+\boldsymbol{a}^n_{AD}$$

大小	?	$l\omega^2$	?	$l\omega^2$
方向	√	√	√	√

分别沿ξ轴和η轴投影

$$a_A\cos\varphi=a_D\cos(\pi-2\varphi)-a^n_{AD}$$
$$0=-a_D\sin\varphi+a^{\tau}_{AD}\cos\varphi+a^n_{AD}\sin\varphi$$

解得 $a_A=-l\omega^2$，$a^{\tau}_{AD}=0$，$\varepsilon_{AB}=\frac{a^{\tau}_{AD}}{AD}=0$

由于a_A为负值，故$\boldsymbol{a}_A$的实际方向与原假设方向相反。

例 9-10 如图 9-23(a)所示平面机构，AB=l，滑块A可沿摇杆OC的长槽滑动。摇杆OC以匀角速度ω绕轴O转动，滑块B以匀速$v=l\omega$沿水平导轨滑动。图示瞬时，OC铅直，AB与水平线OB夹角为30°。求此瞬时AB杆的角速度及角加速度。

解：杆AB作平面运动，点A又在摇杆OC内有相对运动，这是一种应用平面运动和

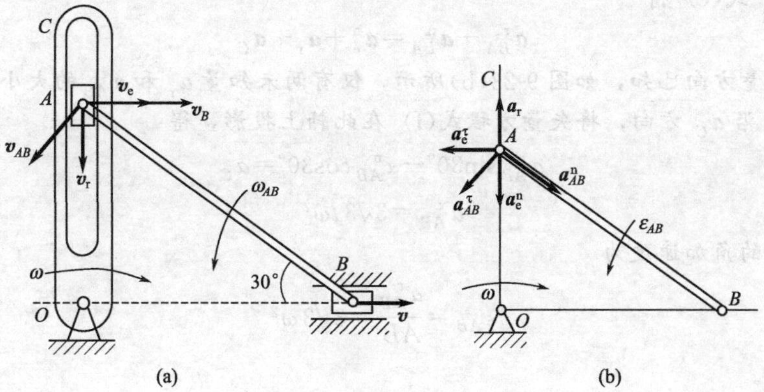

图 9-23

合成运动理论联合求解的问题，而且是一种含两个运动输入量 ω 和 v 的较复杂的机构运动问题。

杆 AB 作平面运动，以 B 点为基点，则有

$$\boldsymbol{v}_A=\boldsymbol{v}_B+\boldsymbol{v}_{BA} \tag{a}$$

点 A 在杆 OC 内滑动，因此需用点的合成运动方法。取点 A 为动点，动系固结在杆 OC 上，则有

$$\boldsymbol{v}_a=\boldsymbol{v}_e+\boldsymbol{v}_r \tag{b}$$

其中绝对速度 $\boldsymbol{v}_a=\boldsymbol{v}_A$，而牵连速度 $\boldsymbol{v}_e=OA\cdot\omega=\dfrac{l\omega}{2}$，相对速度 $\boldsymbol{v}_r$ 大小未知，各速度矢方向如图所示。

由式(a)和式(b) 得

$$\boldsymbol{v}_B+\boldsymbol{v}_{BA}=\boldsymbol{v}_e+\boldsymbol{v}_r \tag{c}$$

其中，$\boldsymbol{v}_B=\boldsymbol{v}$ 为已知，$\boldsymbol{v}_e$ 已求得，且 $\boldsymbol{v}_{AB}$ 和 $\boldsymbol{v}_r$ 方向已知，仅有 $\boldsymbol{v}_{AB}$ 与 $\boldsymbol{v}_r$ 两个量的大小未知，故可解。将此矢量方程沿 $\boldsymbol{v}_B$ 方向投影，得

$$v_B-v_{BA}\sin30°=v_e$$

故

$$v_{BA}=2(v_B-v_e)=l\omega$$

AB 杆的角速度方向如图所示，大小为

$$\omega_{AB}=\frac{v_{BA}}{AB}=\omega$$

将式(c)沿 $\boldsymbol{v}_r$ 方向投影，得

$$v_{BA}\cos30°=v_r$$

故

$$v_r=\frac{\sqrt{3}}{2}l\omega$$

以 B 点为基点，则点 A 的加速度为

$$\boldsymbol{a}_A=\boldsymbol{a}_B+\boldsymbol{a}_{BA}^{\tau}+\boldsymbol{a}_{BA}^{n} \tag{d}$$

由于 $\boldsymbol{v}_B$ 为常量，所以 $a_B=0$，而

$$a_{BA}^{n}=AB\cdot\omega_{AB}^2=l\omega^2$$

仍取 A 点为动点，动系固结于 OC 上，则

$$\boldsymbol{a}_a=\boldsymbol{a}_e^{n}+\boldsymbol{a}_e^{\tau}+\boldsymbol{a}_r+\boldsymbol{a}_C \tag{e}$$

式中，$\boldsymbol{a}_a=\boldsymbol{a}_A$，$\boldsymbol{a}_e^{\tau}=0$，$\boldsymbol{a}_e^{n}=OA\cdot\omega^2=\dfrac{l\omega^2}{2}$，$\boldsymbol{a}_C=2\boldsymbol{a}v_r=\sqrt{3}\,l\omega^2$

由式(d)、式(e) 得

$$\boldsymbol{a}_{BA}^{\tau}+\boldsymbol{a}_{BA}^{n}=\boldsymbol{a}_{e}^{n}+\boldsymbol{a}_{r}+\boldsymbol{a}_{C} \tag{f}$$

其中各矢量方向已知，如图 9-23(b)所示，仅有两未知量 $\boldsymbol{a}_r$ 和 $\boldsymbol{a}_{AB}^{\tau}$ 的大小待求。取投影轴垂直于 $\boldsymbol{a}_r$，沿 $\boldsymbol{a}_C$ 方向，将矢量方程式(f) 在此轴上投影，得

$$a_{AB}^{\tau}\sin30°-a_{AB}^{n}\cos30°=a_C$$

故

$$a_{AB}^{\tau}=3\sqrt{3}\,l\omega^2$$

由此得杆 AB 的角加速度为

$$\varepsilon_{AB}=\frac{a_{AB}^{\tau}}{AB}=3\sqrt{3}\,\omega^2$$

方向如图所示。

例 9-11 如图 9-24(a)所示，已知 $OA=AB=OB=OO_1=20\text{cm}$，$OA$ 杆以匀角速度 $\omega=2\text{rad/s}$ 转动，滑块 B 作水平运动，且滑块上的销钉可在摇杆 O_1C 的槽内滑动。设 $O_1C=50\text{cm}$，试求图示位置时 C 点的速度和 O_1C 杆的角加速度。

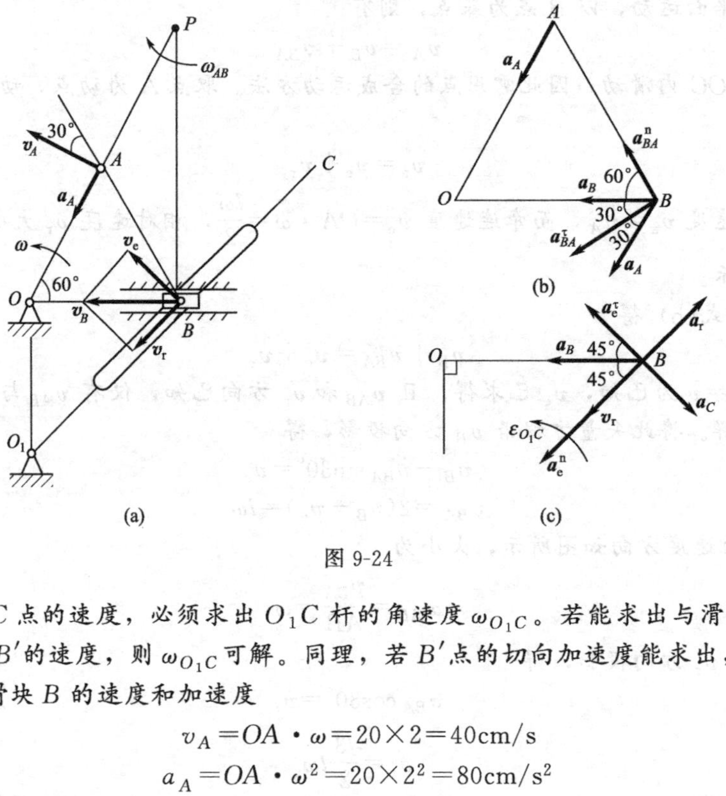

图 9-24

解：为求 C 点的速度，必须求出 O_1C 杆的角速度 ω_{O_1C}。若能求出与滑块 B 相重合的 O_1C 杆上的点 B' 的速度，则 ω_{O_1C} 可解。同理，若 B' 点的切向加速度能求出，则 ε_{O_1C} 可解。因此，首先求滑块 B 的速度和加速度

$$v_A=OA\cdot\omega=20\times2=40\text{cm/s}$$

$$a_A=OA\cdot\omega^2=20\times2^2=80\text{cm/s}^2$$

由速度投影定理得

$$v_A\cos30°=v_B\cos60°$$

故

$$v_B=\frac{\cos30°}{\cos60°}v_A=40\sqrt{3}\,\text{cm/s}$$

AB 杆作平面运动，AB 杆的速度瞬心为 P，如图 9-24(a)所示，且 $AB=AP$，故

$$\omega_{AB}=\frac{v_A}{AP}=\frac{40}{20}=2\text{rad/s}$$

以 A 为基点，研究 B 点的加速度，其矢量关系如表 9-1 所示。

表 9-1

方向及大小	$a_B = a_A + a_{BA}^{\tau} + a_{BA}^{n}$			
	a_B	a_A	a_{BA}^{τ}	a_{BA}^{n}
大小	未知	已知	未知	$AB\omega_{AB}^2$
方向	水平	已知	$\perp AB$	指向 A 点

表 9-1 中矢量关系如图 9-24(b)所示，且

$$a_{BA}^{n} = AB \cdot \omega_{AB}^2 = 20 \times 2^2 = 80\text{cm/s}^2$$

将各矢量向 AB 上投影得

$$a_B \cos 60° = a_{BA}^{n} - a_A \sin 30°$$

得

$$a_B = 80\text{cm/s}^2$$

再以 B 点为动点，动系固结在 O_1C 上，研究 B 点的速度和加速度。速度矢量关系如表 9-2 所示。

表 9-2

方向及大小	$v_B = v_e + v_r$		
	v_B	v_e	v_r
大小	$40\sqrt{3}$	未知	未知
方向	水平	$\perp O_1C$	沿 O_1C

作速度平行四边形如图 9-24(a)所示，则

$$v_e = v_r = v_a \cos 45° = 40\sqrt{3} \times \frac{\sqrt{2}}{2} = 20\sqrt{6}\ \text{cm/s}$$

$$\omega_{O_1C} = \frac{v_e}{BO_1} = \frac{20\sqrt{6}}{20\sqrt{2}} = \sqrt{3}\ \text{rad/s}$$

故

$$v_C = O_1C\omega_{O_1C} = 50\sqrt{3}\ \text{cm/s}$$

根据牵连运动为定轴转动的加速度合成定理得表 9-3。

表 9-3

方向及大小	$a_B = a_e^n + a_e^{\tau} + a_r + a_C$				
	a_B	a_e^n	a_e^{τ}	a_r	a_C
大小	80	$O_1B\omega_{O_1C}^2$	未知	未知	$2\omega_{O_1C}v_r$
方向	水平	指向 O 点	$\perp O_1B$	沿 O_1C	图示

加速度矢量关系如图 9-24(c)所示，且

$$a_e^n = O_1B \cdot \omega_{O_1C}^2 = 20\sqrt{2} \times (\sqrt{3})^2 = 60\sqrt{2}\ \text{cm/s}^2$$

$$a_C = 2\omega_{O_1C}v_r = 2 \times \sqrt{3} \times 20\sqrt{6} = 120\sqrt{2}\ \text{cm/s}^2$$

将各矢量向 v_e 方向投影得

$$a_B \cos 45° = a_e^{\tau} - a_C$$

故

$$a_e^{\tau} = a_C + a_B \cos 45° = 120\sqrt{2} + 80\frac{\sqrt{2}}{2} = 160\sqrt{2}\ \text{cm/s}^2$$

$$\varepsilon_{O_1C}=\frac{a_e^{\tau}}{O_1B}=\frac{160\sqrt{2}}{20\sqrt{2}}=8\text{rad/s}^2$$

学习方法和要点提示

（1）刚体的平面运动可以看成是刚体随同基点的平动与绕基点的转动的合成，研究刚体平面运动的方法就是将运动进行分解与合成。此方法可用下式表示：

刚体平面运动＝随基点的平动＋绕基点的转动

（绝对运动）　（牵连运动）　（相对运动）

基点是平面图形上安放平动坐标系的那个点，它是平面运动刚体上与平动坐标系之间唯一的一个连接点。如果基点已经选定，则刚体的平面运动分解为随基点（或平动坐标系）的平动和绕基点（平动坐标系的原点）的转动。

（2）上述平动部分与基点的选择有关，是指选择不同的基点，动参考系平动的运动形式不同，因而平动的速度和加速度与基点的选择有关；上述转动部分与基点的选择无关，是指在一定时间内，平面图形转过的角度与转向对选任何点为基点时都一样，因而绕基点转动的角速度和角加速度与基点选择无关。

（3）平面图形对于平动坐标系的相对角速度和相对角加速度，等于平面图形对于定系的绝对角速度和绝对角加速度，因为平动坐标系的角速度和角加速度都等于零。今后，我们都统一称为平面运动刚体或平面图形的角速度和角加速度。

（4）在平面机构中，各平面运动刚体在不同瞬时，一般都具有不同的速度瞬心，一般都具有不同的角速度和角加速度，读者对此应严加区别，而不能彼此混淆。

思　考　题

9-1　“瞬心不在平面运动刚体上，则该刚体无瞬心”，这句话对吗？

9-2　有人认为：“瞬心 C 的速度为零，则 C 点的加速度也为零”，对吗？

9-3　确定平面运动刚体上各点的速度方法有：基点法、速度投影法、速度瞬心法。什么情况下速度投影法较为方便？什么情况下速度瞬心法较为方便？

9-4　如图 9-25 所示，车轮沿曲面滚动。已知轮心 O 在某一瞬时的速度 $\boldsymbol{v}_O$ 和加速度 $\boldsymbol{a}_O$。车轮的角加速度是否等于 $\frac{a_O\cos\beta}{R}$？速度瞬心 C 点的加速度大小和方向如何确定？

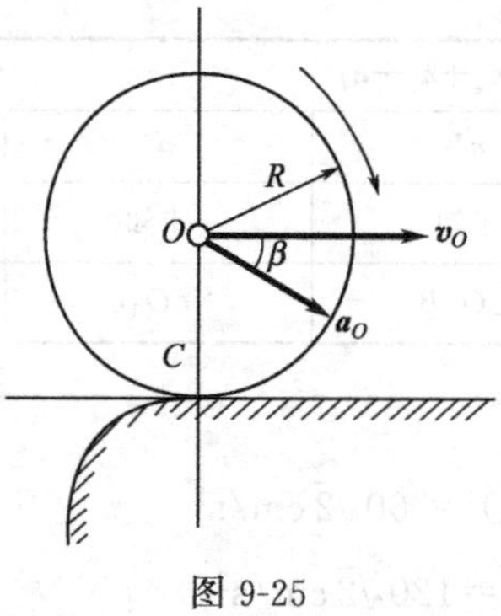

图 9-25

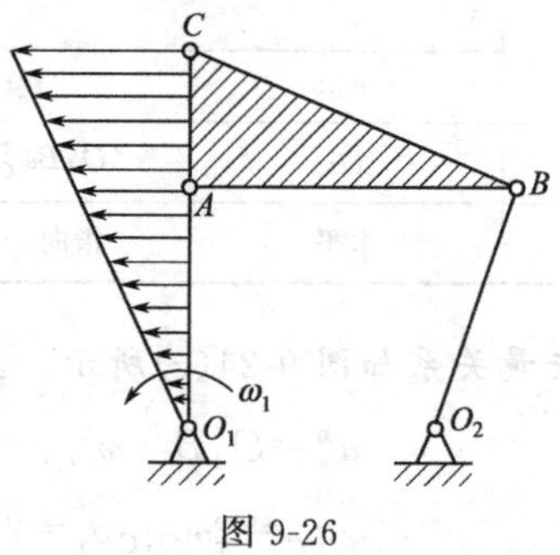

图 9-26

9-5　如图 9-26 所示，O_1A 杆的角速度为 ω_1，板 ABC 和杆 O_1A 铰接。问图中 O_1A 和 AC 上各点的速度分布规律对不对？

9-6　求图 9-27 所示作平面运动的各构件在图示位置时的瞬心，并确定其角速度的转向及点 M 的速度方向。

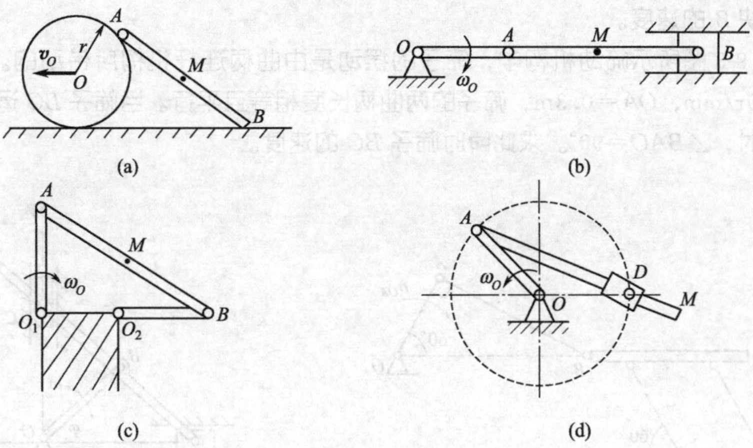

图 9-27

9-7　平面图形在其平面内运动，某瞬时其上有两点的加速度矢相同。试判断下述说法是否正确：

① 其上各点速度在该瞬时一定相等；

② 其上各点加速度在该瞬时一定相等。

9-8　在图 9-28 所示瞬时，已知杆 O_1A 与 O_2B 平行且相等，问 ω_1 与 ω_2，ε_1 与 ε_2 是否相等？

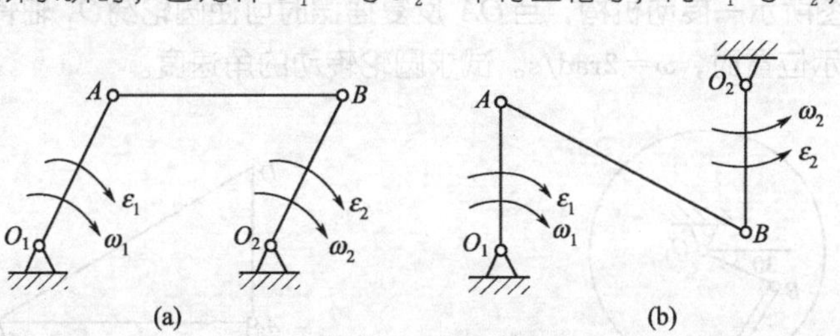

图 9-28

习　　题

9-1　如题 9-1 图所示平面机构中，曲柄 $OA=R$，以角速度 ω_O 绕 O 轴转动。齿条 AB 与半径为 $r=\dfrac{R}{2}$ 的齿轮相啮合，并由曲柄销 A 带动。求当齿条与曲柄的夹角 $\theta=60°$时，齿轮的角速度。

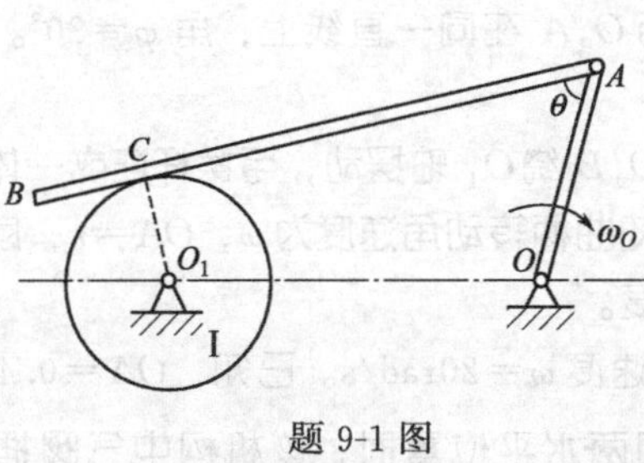

题 9-1 图

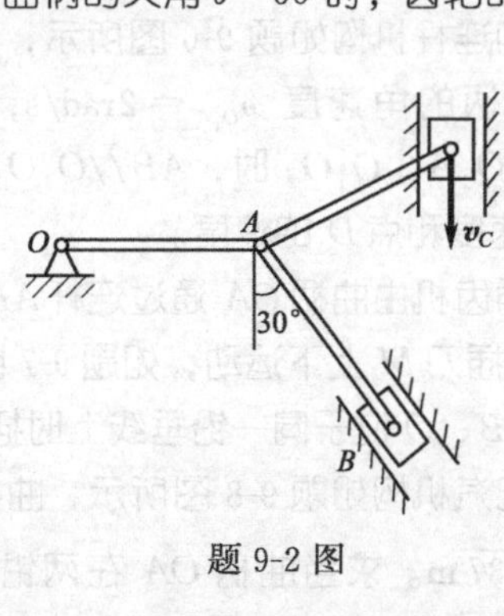

题 9-2 图

9-2　如题 9-2 图所示机构中，滑块 C 可沿铅直导槽运动，通过连杆 AC 带动摆杆 OA 绕 O 轴转动，$OA=25\text{cm}$；再通过连杆 AB 推动滑块 B 沿导槽运动。在图示位置，OA 杆成水平方向，而杆 AB 的方向与滑块 B 的导槽方向一致，与铅垂线成 30°角。设此时 $v_C=0.5\text{m/s}$，试求杆 OA

的角速度和滑块 B 的速度。

9-3　如题 9-3 图所示筛动机构中，筛子的摆动是由曲柄连杆机构所带动的。已知曲柄 OA 的转速 $n_{OA}=40\mathrm{r/min}$，$OA=0.3\mathrm{m}$，筛子的两曲柄长度相等且平行。当筛子 BC 运动到与点 O 在同一水平线上时，$\angle BAO=90°$。求此瞬时筛子 BC 的速度。

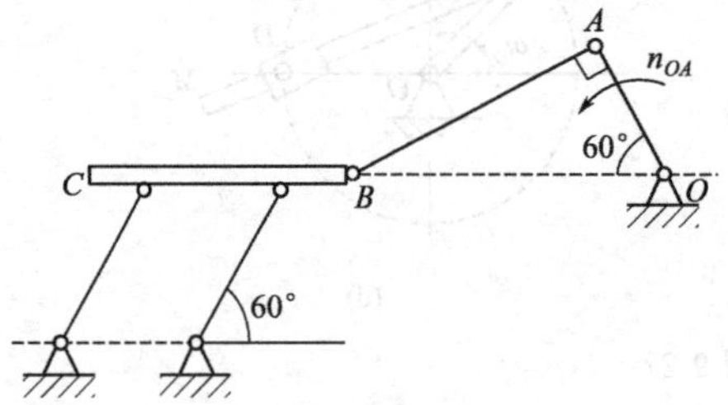

题 9-3 图

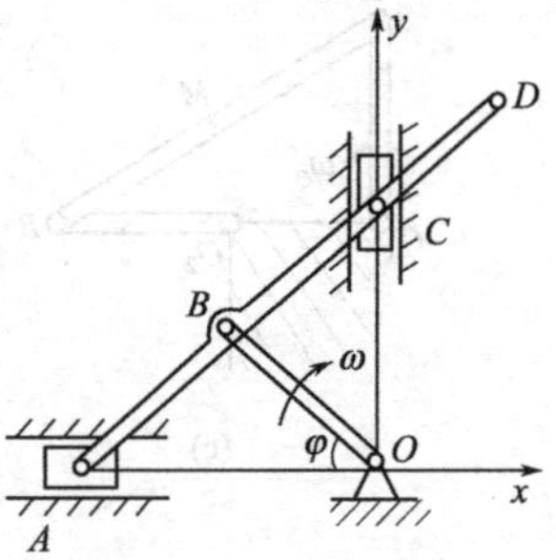

题 9-4 图

9-4　如题 9-4 图所示，杆 OB 以角速度 $\omega=2\mathrm{rad/s}$ 匀速绕 O 轴转动，并带动杆 AD，杆 AD 上 A 点沿水平槽运动，C 点沿铅垂槽运动，已知 $AB=OB=BC=DC=12\mathrm{cm}$。求当 $\varphi=45°$ 时杆上 D 点的速度。

9-5　如题 9-5 图所示一传动机构，当 OA 反复摇摆时可使圆轮绕 O_1 轴转动。设 $OA=15\mathrm{cm}$，$O_1B=10\mathrm{cm}$，在图示位置时，$\omega=2\mathrm{rad/s}$。试求圆轮转动的角速度。

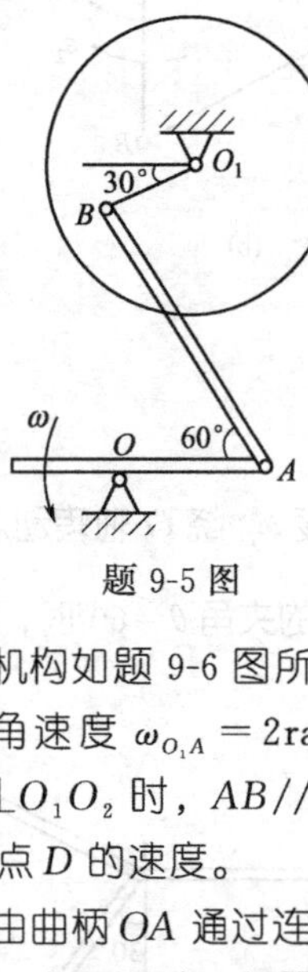

题 9-5 图

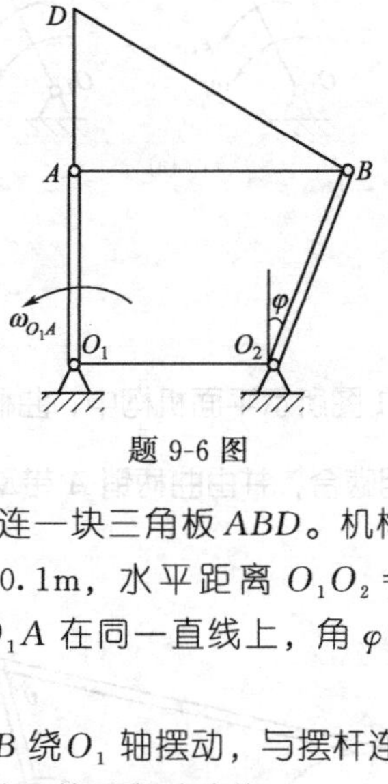

题 9-6 图

9-6　四连杆机构如题 9-6 图所示，连杆 AB 上固连一块三角板 ABD。机构由曲柄 O_1A 带动。已知曲柄的角速度 $\omega_{O_1A}=2\mathrm{rad/s}$，曲柄 $O_1A=0.1\mathrm{m}$，水平距离 $O_1O_2=0.05\mathrm{m}$，$AD=0.05\mathrm{m}$，当 $O_1A\perp O_1O_2$ 时，$AB//O_1O_2$，且 AD 与 O_1A 在同一直线上，角 $\varphi=30°$。求三角板 ABD 的角速度和点 D 的速度。

9-7　插齿机由曲柄 OA 通过连杆 AB 带动摆杆 O_1B 绕 O_1 轴摆动，与摆杆连成一体的扇齿轮带动齿条使插刀 M 上下运动，如题 9-7 图所示。已知曲柄转动角速度为 ω，$OA=r$，扇齿轮半径为 b。求当 B、O 位于同一铅垂线上时插刀 M 的速度。

9-8　配汽机构如题 9-8 图所示，曲柄 OA 的角速度 $\omega=20\mathrm{rad/s}$。已知，$OA=0.4\mathrm{m}$，$AC=BC=0.2\sqrt{37}\mathrm{m}$。求当曲柄 OA 在两铅垂线位置和两水平位置时，该机构中气阀推杆 DE 的速度。

9-9　铸工筛砂子的筛子由曲柄 O_1A 通过连杆 AB 带动，如题 9-9 图所示。已知，$O_1A=5\mathrm{cm}$，转速 $n=400\mathrm{r/min}$，$O_2C=O_3D=60\mathrm{cm}$。求图示位置时筛子的速度和 O_2C 的角速度。

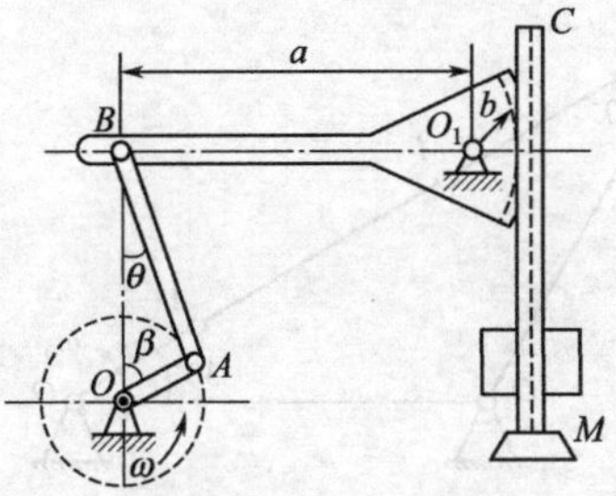

题 9-7 图

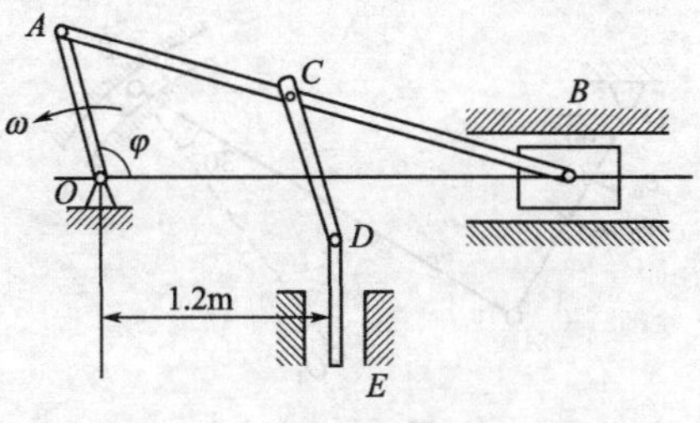

题 9-8 图

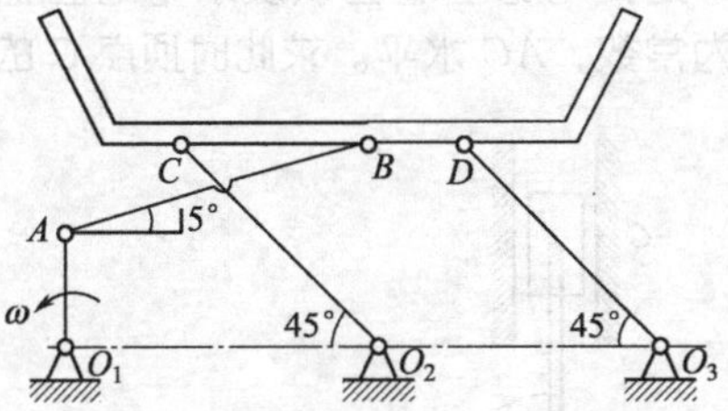

题 9-9 图

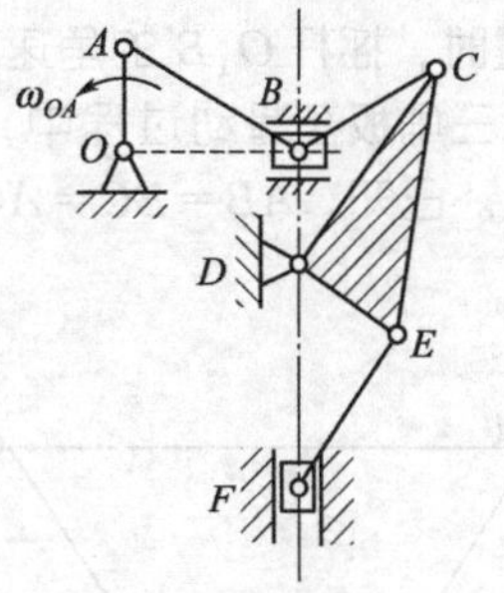

题 9-10 图

9-10　如题 9-10 图所示机构中，已知曲柄 $OA=BD=DE=10\text{cm}$，$EF=10\sqrt{3}\ \text{cm}$，$\omega_{OA}=4\text{rad/s}$。在图示位置时，曲柄 OA 与水平线 OB 垂直，且 B、D、F 在同一铅垂线上，又 DE 垂直于 EF。求杆 EF 的角速度和点 F 的速度。

9-11　曲柄 $OA=20\text{cm}$，绕 O 轴以等角速度 $\omega_O=10\text{rad/s}$ 转动，此曲柄带动连杆 AB，而连杆 AB 的 B 滑块沿铅直方向运动，如题 9-11 图所示。如连杆长 $AB=100\text{cm}$。求当曲柄与连杆相互垂直并与水平线之间各成 45°角时，连杆 AB 的角速度、角加速度和滑块 B 的加速度。

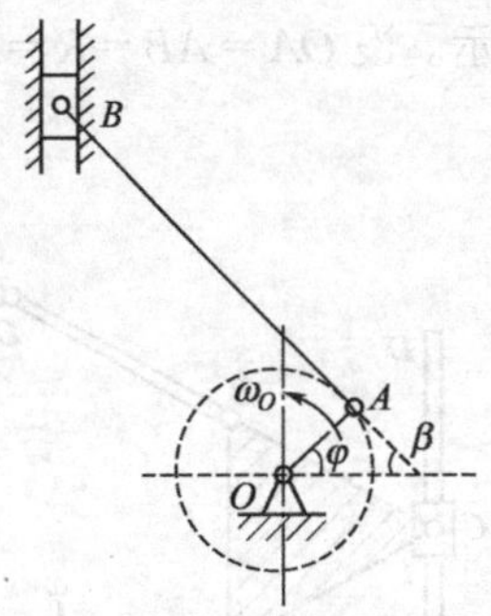

题 9-11 图

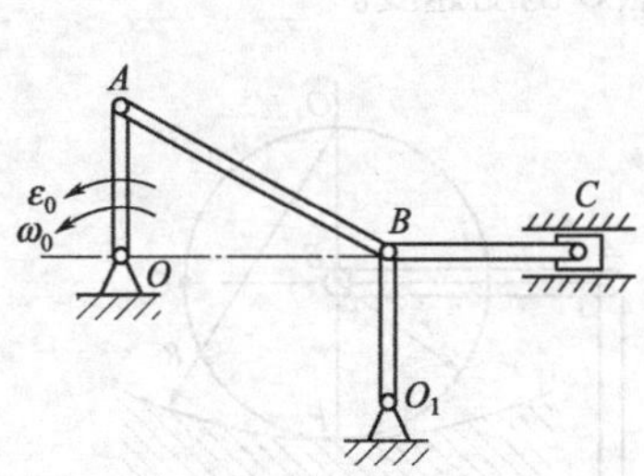

题 9-12 图

9-12　如题 9-12 图所示机构中，已知曲柄 OA 以等角加速度 $\varepsilon_0=5\text{rad/s}^2$ 转动，并在此瞬时其角速度为 $\omega_0=10\text{rad/s}$，$OA=20\text{cm}$，$O_1B=100\text{cm}$，$AB=120\text{cm}$。试求当曲柄 OA 与 O_1B 为铅直位置时，B 点与 C 点的加速度。

9-13　曲柄连杆机构如题 9-13 图所示，曲柄 OA 绕 O 轴转动，其角速度为 ω_0，角加速度为 ε_0。在某瞬时曲柄与水平线间成 60°角，而连杆 AB 与曲柄 OA 垂直。滑块 B 在圆形槽内滑动，此时半径 O_1B 与连杆 AB 间成 30°角，若 $OA=a$，$AB=2\sqrt{3}a$，$O_1B=2a$，求该瞬时滑块 B 的切向和法向加速度。

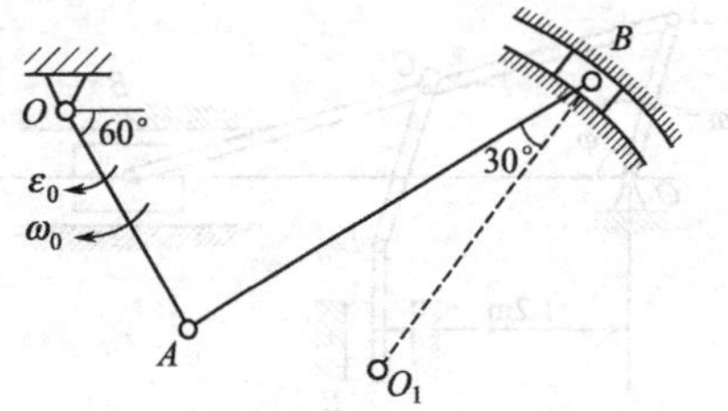

题 9-13 图

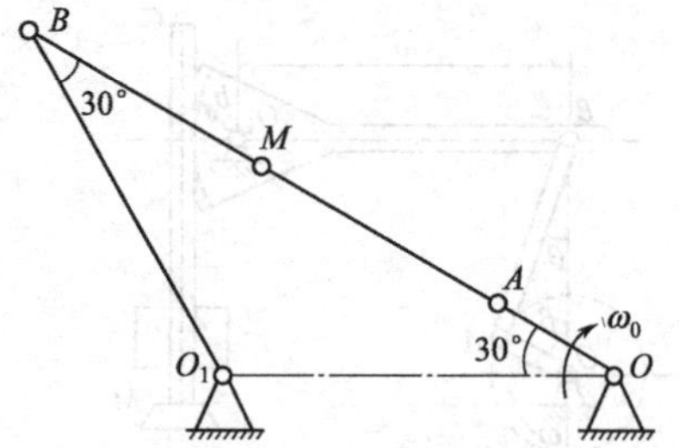

题 9-14 图

9-14　四连杆机构如题 9-14 图所示，曲柄 $OA=r$，以匀角速度 ω_0 转动，连杆 $AB=4r$。求在图示位置时，摇杆 O_1B 的角速度与角加速度、连杆中点 M 的加速度。

9-15　三角板在滑动过程中，其顶点 A 和 B 始终与铅垂墙面以及水平地面相接触，如题 9-15图所示。已知，$AB=BC=AC=b$，$v_B=v_0$ 为常数，AC 水平。求此时顶点 C 的加速度。

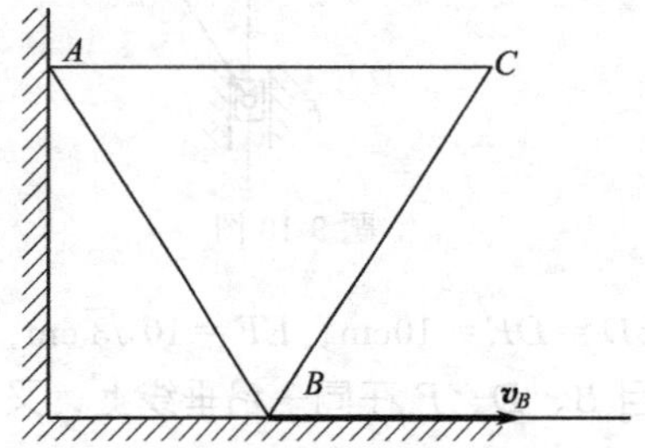

题 9-15 图

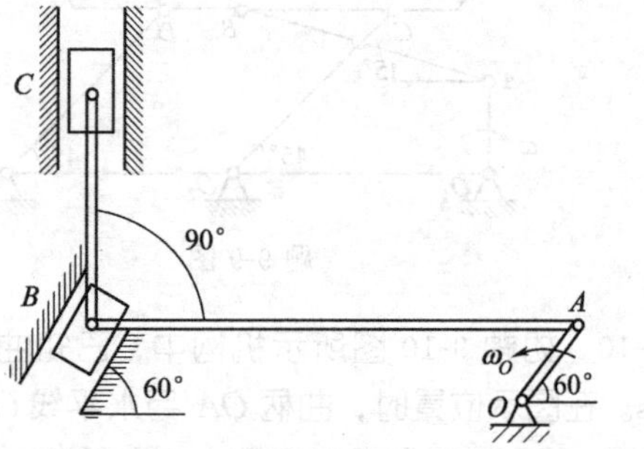

题 9-16 图

9-16　如题 9-16 图所示机构，曲柄 $OA=r$，绕 O 轴以等角速度 ω_O 转动，$AB=6r$，$BC=3\sqrt{3}r$。求图示位置时，滑块 C 的速度和加速度。

9-17　曲柄 OA 以恒定的角速度 $\omega=2\text{rad/s}$ 绕轴 O 转动，并借助连杆 AB 驱动半径为 r 的轮子在半径为 R 的圆弧槽中作无滑动的滚动，如题 9-17 图所示。设 $OA=AB=R=2r=1\text{m}$，求图示瞬时点 B 和点 C 的加速度。

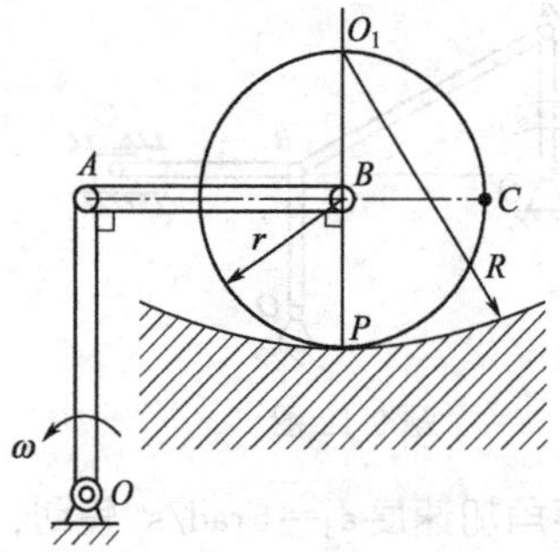

题 9-17 图

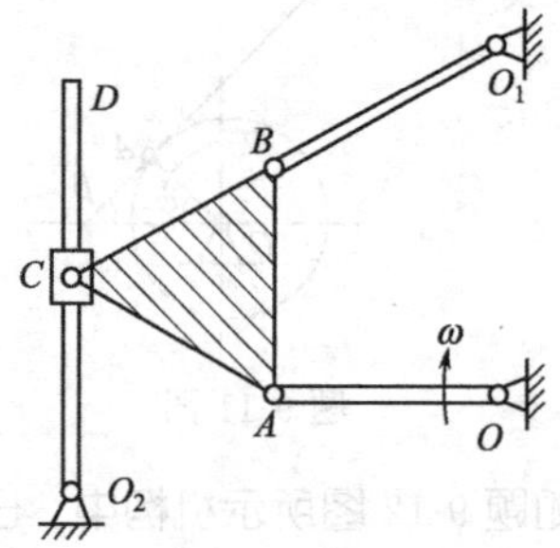

题 9-18 图

9-18　在题 9-18 图所示机构中，曲柄 OA 以等角速度 $\omega=2\text{rad/s}$ 绕轴 O 转动，并带动等边三角形板 ABC 作平面运动。板上 B 点与杆 O_1B 铰接，而套筒可在绕 O_2 轴转动的杆 O_2D 上滑动。已知，$OA=AB=O_2C=100\text{cm}$，当 OA 水平、AB 与 O_2D 铅直、O_1B 与 BC 在同一直线上时，求杆 O_2D 的角速度。

9-19　如题 9-19 图所示平面机构，杆 AB 以不变的速度 $\boldsymbol{v}$ 沿水平方向运动，套筒 B 与杆 AB

的端点铰接，并套在绕 O 轴转动的杆 OC 上，可沿该杆滑动。已知 AB 和 OE 两平行线间的垂直距离为 b。求在图示位置，即 $OD=BD$，$\varphi=60°$，$\beta=30°$时，杆 OC 的角速度和角加速度，滑块 E 的速度和加速度。

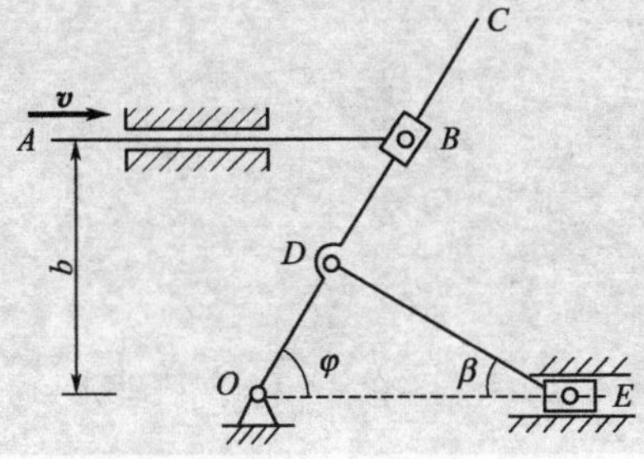

题 9-19 图

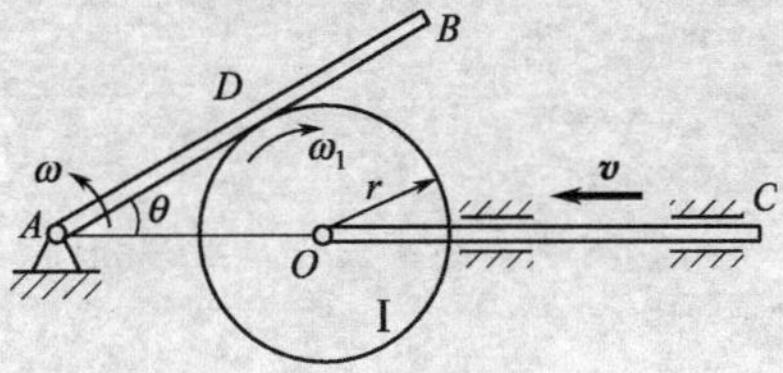

题 9-20 图

9-20　如题 9-20 图所示机构，杆 OC 与轮Ⅰ在轮心 O 处铰接，并以匀速度 $\boldsymbol{v}$ 水平向左平动。起始点 O 与点 A 相距 l，AB 杆可绕 A 轴定轴转动，与轮Ⅰ在 D 点接触，接触处有足够大的摩擦使之不打滑，轮Ⅰ的半径为 r。求当 $\theta=30°$时，轮Ⅰ的角速度 ω_1 和 AB 杆的角速度。

第3篇

动 力 学

引 言

动力学主要研究运动的变化与造成此变化的各种因素之间的关系。换句话说，动力学主要研究物体的机械运动与作用力之间的关系。

静力学主要研究了力系的简化和合成，以及物体在力系作用下的平衡问题，而没有考虑物体受不平衡力系作用时的运动问题。运动学则是从几何角度纯粹描述物体的运动，完全不考虑导致运动的原因。动力学将对物体的机械运动进行全面的分析，研究由于力的作用，物体系统的运动怎样随着时间而改变，从而建立物体机械运动的普遍规律。

动力学中物体的抽象模型有质点和质点系两种。质点是具有一定质量而忽略几何形状和大小的点。例如刚体作平动时，由于刚体内部各点的运动状况完全相同，就可以不考虑刚体的形状和大小。

在实际问题中，并不是所有物体都可以抽象为质点，如果物体的形状和大小在所研究的问题中不可忽略时，则物体就应抽象为质点系。质点系是指有限多或无限多个相互联系着的质点所组成的系统。固体、流体、建筑物、机器、星系等等都是质点系。刚体可以看成是由无数个彼此距离保持不变的质点构成的，故称为不变质点系。机构、流体等则称为可变质点系。

动力学是以牛顿定律为基础发展而成的，它的基本内容包括质点动力学基本方程、动力学普遍定理（动量定理、动量矩定理和动能定理）以及由这三个定理推导出来的一些其他定理。

动力学可分为质点动力学、质点系动力学、刚体动力学和达朗贝尔原理等。

第10章

质点动力学

本章要求

(1) 要求在物理学的基础上，对质点动力学的基本概念（如惯性、质量、动约束力等）和基本定律有进一步的理解；(2) 静力学只进行受力分析，运动学只进行运动分析，而动力学必须对研究对象同时进行受力分析和运动分析，在此基础上建立质点运动微分方程。掌握质点动力学两类基本问题的求解方法。

重点　(1) 通过对质点进行受力分析和运动分析，建立质点的运动微分方程；(2) 质点动力学两类基本问题的求解方法。

难点　善于根据力的不同性质（常力或是时间、距离、速度等的函数），灵活地把加速度改写为相应的形式（如 $a_x=\frac{\mathrm{d}v_x}{\mathrm{d}t}$，$a_x=\frac{\mathrm{d}v_x}{\mathrm{d}t}\frac{\mathrm{d}x}{\mathrm{d}x}=\frac{\mathrm{d}v_x}{\mathrm{d}x}\frac{\mathrm{d}x}{\mathrm{d}t}=v_x\frac{\mathrm{d}v_x}{\mathrm{d}x}$等），便于分离变量，进行积分。

10.1 动力学基本定律

质点是物体最简单、最基本的模型，是构成复杂物体系统的基础。质点动力学基本方程给出了质点受力与其运动变化之间的联系。

牛顿在总结前人研究的基础上于 1687 年在其巨著《自然哲学之数学原理》一书中，完整地提出了牛顿三定律，这三条定律描述了动力学最基本的规律。

第一定律（惯性定律）　质点若不受力的作用，则保持其运动状态不变，即保持静止或作匀速直线运动。说明任何质点都具有保持其原有运动状态不变的性质，这种性质称为惯性。不受力作用的质点或受平衡力系作用的质点，不是处于静止状态，就是保持其原有的速度不变。

第二定律（力与加速度关系定律）　质点因受力作用而产生的加速度，其方向与力的方向相同，其大小与力的大小成正比而与质量成反比。

第二定律可以表示为

$$\boldsymbol{a}=\frac{\boldsymbol{F}}{m} \tag{10-1}$$

上式中，m 为质点的质量，$\boldsymbol{a}$ 为质点的加速度，$\boldsymbol{F}$ 为质点的受力。它说明了作用于质点的力、质点的速度变化与质点质量之间的关系。

古典力学认为，质点的质量是常量，力的测定不因参考坐标系的变化而变化。但质点的加速度却随着参考坐标系的改变而改变。因此，第二定律不可能适用于所有参考坐标系。一般凡使牛顿定律成立的参考坐标系称为惯性参考系。

式(10-1) 可写成

$$ma = F \tag{10-2}$$

即：质点的质量与加速度的乘积等于作用于质点的力的大小，加速度的方向与力的方向相同。

式(10-1) 表明，质点的质量越大，其运动状态就越不容易改变，也就是质点的惯性越大。因此，质量是质点惯性的度量。

在地球表面，任何质点都受到重力 $\boldsymbol{P}$ 的作用，在重力作用下得到的加速度称为重力加速度，用 $\boldsymbol{g}$ 表示。根据牛顿第二定律有

$$\boldsymbol{P} = m\boldsymbol{g} \text{ 或 } \boldsymbol{g} = \frac{\boldsymbol{P}}{m}$$

根据国际计量委员会规定的标准，重力加速度的数值为

$$g = 9.78049(1 + 0.0052884\sin^2\varphi - 0.0000059\sin^2 2\varphi)$$

φ 为质点所处位置的纬度，国际计量标准取 $g = 9.80665\text{m/s}^2$，一般取 $g = 9.8\text{m/s}^2$。

由牛顿第二定律可知，同一质点受一不变力的作用，在任何情况下所产生的加速度都具有相同的值。但是这一结论是有局限性的，当质点运动速度接近光速时，作用在该质点上的力所产生的加速度就与质点原来运动速度有关，此类问题需用相对论力学解决。

在国际单位制（SI）中，长度、质量和时间的单位是基本单位，分别取为 m（米）、kg（千克）和 s（秒），力的单位是导出单位。质量为 1kg 的质点，获得 1m/s^2 的加速度时，作用于该质点的力为 1N［牛（顿）］，即

$$1\text{N} = 1\text{kg} \times 1\text{m/s}^2$$

第三定律（作用与反作用定律） 任何两个质点之间相互作用的力，总是大小相等、方向相反、沿同一直线同时并分别作用在这两个质点上。

第三定律给出了质点系中各个质点相互作用的定量关系。它不仅适用于平衡的质点，也适用于作任何运动的质点。

第二定律是针对单个力而言的，对力系作用下质点的运动如何研究呢？根据牛顿在其《自然哲学之数学原理》一书中的叙述，可以得出以下定律。

第四定律（力的独立作用定律） 几个力同时作用于一个质点所引起的加速度，等于每个力单独作用于这个质点时所引起的加速度的矢量和。

力的独立作用定律可以将质点受单个力作用的情况推广到受 n 个力同时作用的情况。在多个力作用下，牛顿第二定律可写成如下形式。

$$m\sum_{i=1}^{n}\frac{\mathrm{d}\boldsymbol{v}_i}{\mathrm{d}t} = \sum_{i=1}^{n}\boldsymbol{F}_i \tag{10-3}$$

式(10-3) 表明，多个力同时作用于一个质点时，如用它们的合力来代替，仍能产生相同的加速度。

上述四个定理构成了动力学的基础，在此基础上建立起来的力学体系称为古典力学（又称为经典力学）。在古典力学中，假想存在绝对静止的坐标系，牛顿定律在绝对静止的坐标系中成立。但任何物质都是运动的，静止是相对的，不存在绝对精确的惯性参考系。但这并不影响牛顿定律的实用价值，对运动速度远小于光速的宏观物体，古典力学给出的结果仍是充分准确的。

在一般工程问题中，把固连于地球的坐标系作为惯性参考系；地球自转的影响不能忽略不计时，取以地心为原点，三个坐标轴分别指向三个恒星的日心坐标系为惯性参考系；研究天体运动时，取太阳中心为原点，三个轴指向三个恒星的星心坐标系为惯性参考系。本书中，如不特别指明，均取固连于地球的坐标系为近似的惯性参考系，将所选的惯性参考系看

成固定坐标系。

10.2 质点运动微分方程

设质点 A 的质量为 m，受力 $\boldsymbol{F}$ 作用，对固定点 O 的矢径为 $\boldsymbol{r}$，如图 10-1 所示，由运动学可知加速度

$$\boldsymbol{a}=\frac{\mathrm{d}^2\boldsymbol{r}}{\mathrm{d}t^2}=\ddot{\boldsymbol{r}}$$

则式(10-2) 可写成

$$m\boldsymbol{a}=m\ddot{\boldsymbol{r}}=\boldsymbol{F} \tag{10-4}$$

当质点 A 受到 n 个力 $\boldsymbol{F}_1$、$\boldsymbol{F}_2$、…、$\boldsymbol{F}_n$ 作用时，由牛顿第二定律，有

$$m\frac{\mathrm{d}^2\boldsymbol{r}}{\mathrm{d}t^2}=\sum\boldsymbol{F}_i \tag{10-5}$$

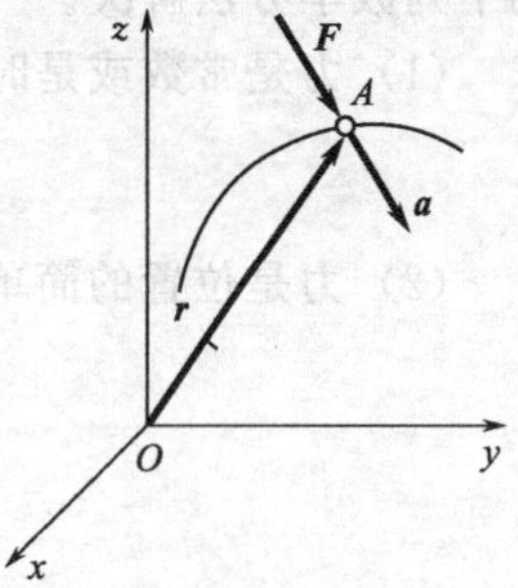

图 10-1

式(10-5) 就是质点运动微分方程的矢量形式，在计算实际问题时，需应用它的投影形式。

10.2.1 质点运动微分方程在直角坐标轴上的投影

设矢径 $\boldsymbol{r}$ 在直角坐标轴上的投影分别为 x、y、z，力 $\boldsymbol{F}_i$ 在轴上的投影分别为 F_{ix}、F_{iy}、F_{iz}，则式(10-5) 在直角坐标轴上的投影形式为

$$\left.\begin{aligned} m\frac{\mathrm{d}^2x}{\mathrm{d}t^2}&=\sum F_{ix}\\ m\frac{\mathrm{d}^2y}{\mathrm{d}t^2}&=\sum F_{iy}\\ m\frac{\mathrm{d}^2z}{\mathrm{d}t^2}&=\sum F_{iz}\end{aligned}\right\} \tag{10-6}$$

10.2.2 质点运动微分方程在自然轴上的投影

将式(10-5) 投影到自然轴系的各轴上，得到质点运动微分方程的自然轴投影形式，即

$$\left.\begin{aligned} m\frac{\mathrm{d}v}{\mathrm{d}t}&=\sum F_{i\tau}\\ m\frac{v^2}{\rho}&=\sum F_{i\mathrm{n}}\\ 0&=\sum F_{i\mathrm{b}}\end{aligned}\right\} \tag{10-7}$$

式(10-7) 中 $F_{i\tau}$、$F_{i\mathrm{n}}$、$F_{i\mathrm{b}}$ 分别是作用于质点上的各力在切线、主法线和副法线上的投影，ρ 为质点运动轨迹的曲率半径。

质点运动微分方程的矢量形式［式(10-5)］，也可以向极坐标系、柱坐标系和球坐标系投影，从而得到相应的投影形式。

10.2.3 质点动力学基本问题

由质点动力学基本方程及运动微分方程求解质点动力学问题，可分为两类：第一类是已知质点的运动，求作用于质点上的力；第二类是已知作用于质点上的力，求质点的运动。

第一类问题已知质点的运动规律，通过一次导数运算得到速度、二次导数运算得到加速

度，代入质点运动微分方程即可求解，在数学上不会遇到困难。

第二类问题已知质点的受力，如果是求加速度，也无困难，只需代入公式(10-4) 通过矢量运算即可得出结果。但如果求速度或运动方程，则需求解微分方程，对此，需按作用力的函数规律进行积分，并根据具体问题的初始条件确定积分常数。

作用于质点的力，一般情况下可能表示为时间、质点位置坐标或速度的函数，可分别采用下列数学方法解决。

(1) 力是常数或是时间的简单函数

$$\int_{v_0}^{v} m\,\mathrm{d}v = \int_{0}^{t} F(t)\,\mathrm{d}t$$

(2) 力是位置的简单函数，利用循环求导变换

$$\frac{\mathrm{d}v}{\mathrm{d}t} = \frac{\mathrm{d}v}{\mathrm{d}x}\frac{\mathrm{d}x}{\mathrm{d}t} = v\,\frac{\mathrm{d}v}{\mathrm{d}x}$$

$$\int_{v_0}^{v} mv\,\mathrm{d}v = \int_{x_0}^{x} F(x)\,\mathrm{d}x$$

(3) 力是速度的简单函数，分离变量积分

$$\int_{v_0}^{v} \frac{m}{F(v)}\mathrm{d}v = \int_{0}^{t}\mathrm{d}t$$

例 10-1 设质量为 m 的质点 M 在平面 Oxy 内运动，如图 10-2 所示，已知其运动方程为 $x=a\cos\omega t$，$y=b\sin\omega t$，求作用在质点上的力 $\boldsymbol{F}$。

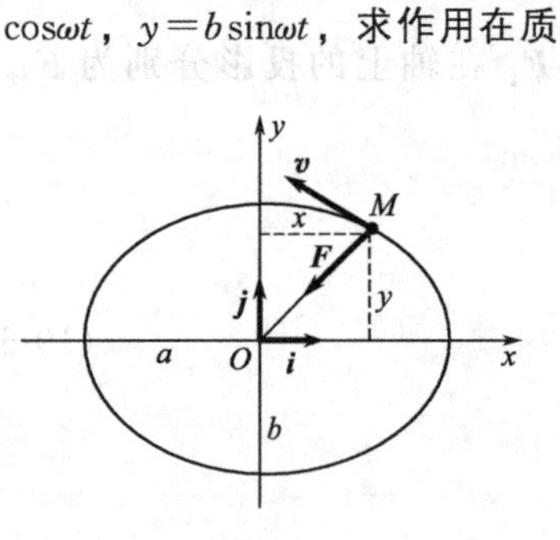

图 10-2

解：以质点 M 为研究对象。

运动分析：由运动方程消去时间 t，得

$$\frac{x^2}{a^2}+\frac{y^2}{b^2}=1$$

质点作椭圆运动。将运动方程对时间求二阶导数得

$$\ddot{x}=-a\omega^2\cos\omega t$$

$$\ddot{y}=-b\omega^2\sin\omega t$$

代入质点运动微分方程，即可求得主动力的投影为

$$F_x=m\ddot{x}=-ma\omega^2\cos\omega t$$

$$F_y=m\ddot{y}=-mb\omega^2\sin\omega t$$

$$\begin{aligned} F &= F_x i+\boldsymbol{F}_y\boldsymbol{j}=-ma\omega^2\cos\omega t\boldsymbol{i}-mb\omega^2\sin\omega t\boldsymbol{j}=-m\omega^2(a\cos\omega t\boldsymbol{i}+b\sin\omega t\boldsymbol{j}) \\ &= -m\omega^2(x\boldsymbol{i}+y\boldsymbol{j})=-m\omega^2\boldsymbol{r} \end{aligned}$$

力 $\boldsymbol{F}$ 与矢径 $\boldsymbol{r}$ 共线反向，其大小正比于矢径 $\boldsymbol{r}$ 的模，方向恒指向椭圆中心。这种力称为有心力。

例 10-2 质量为 1kg 的小球 M，用两绳系住，两绳的另一端分别连接在固定点 A、B，如图 10-3 所示。已知小球以速度 $v=2.5\mathrm{m/s}$ 在水平面内作匀速圆周运动，圆的半径 $r=0.5\mathrm{m}$，求两绳的拉力。

解：以小球为研究对象，某瞬时小球受力如图。小球在水平面内作匀速圆周运动。

$$a_\tau=0$$

$$a_\mathrm{n}=\frac{v^2}{r}=12.5\mathrm{m/s^2}$$

方向指向 O 点。

建立自然坐标系得

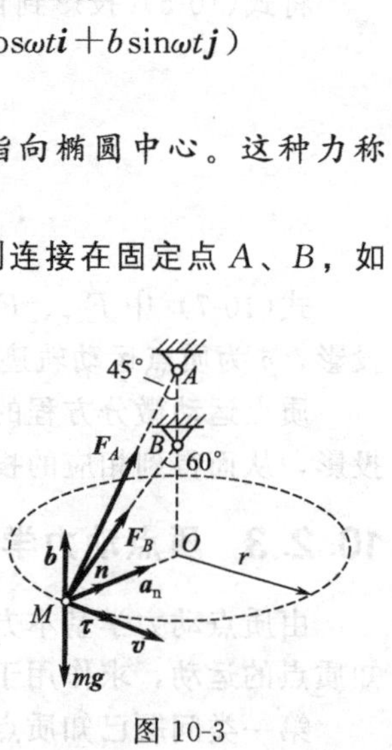

图 10-3

$$m\frac{v^2}{r}=F_A\sin45°+F_B\sin60° \quad \text{(a)}$$

$$0=-mg+F_A\cos45°+F_B\cos60° \quad \text{(b)}$$

解得
$$F_A=8.65\text{N},\ F_B=7.38\text{N}$$

分析：由式(a)、式(b) 可得

$$F_A=\frac{\sqrt{2}}{\sqrt{3}-1}(9.8\sqrt{3}-2v^2),\ F_B=\frac{2}{\sqrt{3}-1}(2v^2-9.8)$$

由 $F_A>0$ 可得 $v<\sqrt{4.9\sqrt{3}}=2.91\text{m/s}$

由 $F_B>0$ 可得 $v>\sqrt{4.9}=2.21\text{m/s}$

因此，只有当 $2.21\text{m/s}<v<2.91\text{m/s}$ 时，两绳才同时受力，否则将只有其中一绳受力。

例 10-3　垂直于地面向上发射一物体，求该物体在地球引力作用下的运动速度，并求第二宇宙速度。不计空气阻力及地球自转的影响。

解：设物体的质量为 m，地球质量为 M，地球半径为 R。以物体为研究对象，将其视为质点，建立坐标系如图 10-4 所示。质点在任一位置受地球引力的大小为

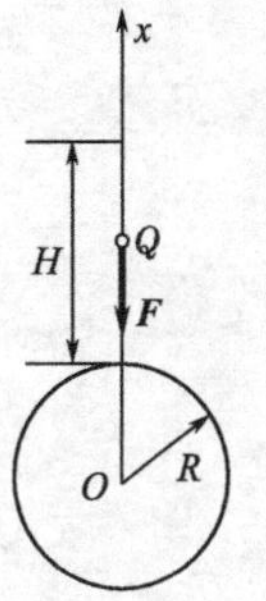

图 10-4

$$\boldsymbol{F}=G_0\frac{mM}{x^2}$$

由于
$$mg=G_0\frac{mM}{R^2}$$

所以
$$G_0=\frac{gR^2}{M}$$

由直角坐标形式的质点运动微分方程得

$$m\frac{\mathrm{d}^2x}{\mathrm{d}t^2}=-\boldsymbol{F}=-\frac{mgR^2}{x^2}$$

由于
$$\frac{\mathrm{d}^2x}{\mathrm{d}t^2}=\frac{\mathrm{d}v_x}{\mathrm{d}t}=\frac{\mathrm{d}v_x}{\mathrm{d}x}\frac{\mathrm{d}x}{\mathrm{d}t}=v_x\frac{\mathrm{d}v_x}{\mathrm{d}x}$$

将上式改写为
$$mv_x\frac{\mathrm{d}v_x}{\mathrm{d}x}=-\frac{mgR^2}{x^2}$$

分离变量得
$$mv_x\mathrm{d}v_x=-mgR^2\frac{\mathrm{d}x}{x^2}$$

设物体在地面发射的初速度为 v_0，在空中任一位置 x 处的速度为 v，对上式积分

$$\int_{v_0}^{v}mv_x\mathrm{d}v_x=\int_R^x-mgR^2\frac{\mathrm{d}x}{x^2}$$

得
$$\frac{1}{2}mv^2-\frac{1}{2}mv_0^2=mgR^2\left(\frac{1}{x}-\frac{1}{R}\right)$$

所以物体在任意位置的速度为

$$v=\sqrt{(v_0^2-2gR)+\frac{2gR^2}{x}}$$

可见物体的速度将随 x 的增加而减小。

若 $v_0^2<2gR$，则物体在某一位置 $x=R+H$ 时速度将为零，此后物体将回落。H 为以初速度 v_0 向上发射物体所能达到的最大高度。

将 $x=R+H$ 及 $v=0$ 代入上式，可得

$$H=\frac{Rv_0^2}{2gR-v_0^2}$$

若 $v_0^2>2gR$，则不论 x 为多大，甚至为无限大时，速度 v 均不会减小为零，因此欲使物体向上发射一去不复返时必须具有的最小速度为

$$v_0=\sqrt{2gR}$$

若取 $g=9.8\text{m/s}^2$，$R=6370\text{km}$，代入上式可得

$$v_0=11.2\text{km/s}$$

这就是物体脱离地球引力范围所需的最小初速度，称为第二宇宙速度。

例 10-4　一人站在高度 $h=2\text{m}$ 的河岸上，用缆绳拉动质量 $m=40\text{kg}$ 的小船，如图 10-5(a)所示。设人施加的力大小不变，$F=150\text{N}$。开始时小船静止并位于 B 点，$OB=b=7\text{m}$。试求小船被拉至 C 点时所具有的速度。$OC=c=3\text{m}$，水的阻力忽略不计。

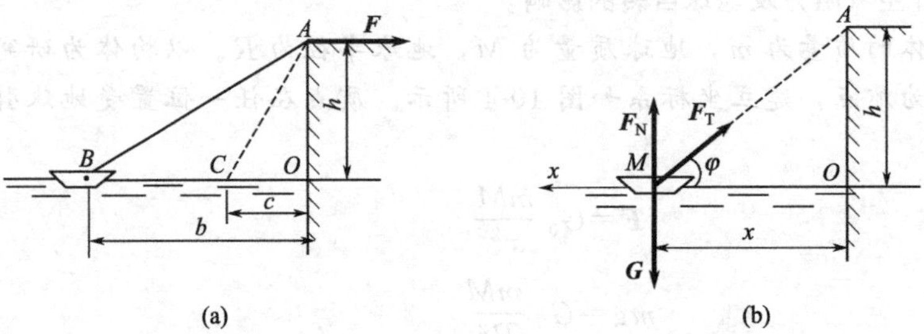

图 10-5

解：取小船为研究对象，不考虑小船尺寸，将其视为质点，受力如图 10-5(b)所示。取坐标原点在 O 点，坐标轴 Ox 水平向左，可得初始条件：

当 $t=0$ 时　　$x_0=b$，$v_0=0$　　(a)

应用式(10-6)，列出小船的运动微分方程，并注意力 $\boldsymbol{F}_{\mathrm{T}}$ 在 x 轴上的投影取负值，故

$$m\frac{\mathrm{d}v}{\mathrm{d}t}=-F_{\mathrm{T}}\cos\varphi=-F\frac{x}{\sqrt{x^2+h^2}} \tag{b}$$

利用 $\dfrac{\mathrm{d}v}{\mathrm{d}t}=\dfrac{\mathrm{d}v}{\mathrm{d}x}\dfrac{\mathrm{d}x}{\mathrm{d}t}=v\dfrac{\mathrm{d}v}{\mathrm{d}x}$，则上式可分离变量

$$mv\mathrm{d}v=-F\frac{x\mathrm{d}x}{\sqrt{x^2+h^2}} \tag{c}$$

积分后可得

$$\frac{mv^2}{2}=-F\sqrt{x^2+h^2}+C \tag{d}$$

根据初始条件式(a) 可求出

$$C=F\sqrt{b^2+h^2}=F\overline{AB}^2 \tag{e}$$

于是

$$\frac{mv^2}{2}=F(\sqrt{b^2+h^2}-\sqrt{x^2+h^2})=F(\overline{AB}^2-\overline{AM}^2)$$

$$v=-\sqrt{\frac{2F}{m}(\sqrt{b^2+h^2}-\sqrt{x^2+h^2})}=-\sqrt{\frac{2F}{m}(\overline{AB}^2-\overline{AM}^2)} \tag{f}$$

因为速度 v 方向向右，所以计算时 v 应取负值。

将 $x=c$ 代入，得到所求的速度

$$v=-\sqrt{\frac{2F}{m}(\sqrt{b^2+h^2}-\sqrt{c^2+h^2})}=-\sqrt{\frac{2F}{m}(\overline{AB}^2-\overline{AC}^2)}$$

代入数值后，得到

$$v=-\sqrt{\frac{2\times150}{40}(\sqrt{53}-\sqrt{13})}=-5.25\text{m/s}$$

例 10-5　在重力作用下以仰角 α、初速度为 v_0 抛射出一物体，如图 10-6(a)所示。假设空气阻力与速度成正比，方向与速度方向相反，即 $\boldsymbol{F}=-C\boldsymbol{v}$，$C$ 为阻力系数。试求抛射体的运动方程。

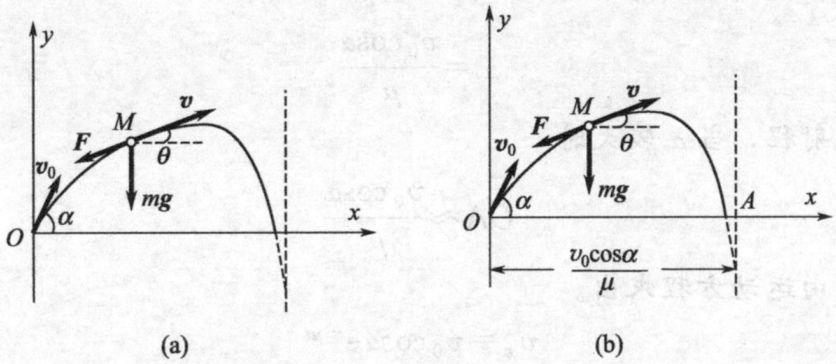

图 10-6

解： 以物体为研究对象，将其视为质点，建立直角坐标系。在任一位置质点受力如图 10-6(a)所示。由直角坐标形式的质点运动微分方程得

$$m\frac{\mathrm{d}^2x}{\mathrm{d}t^2}=-F\cos\theta=-Cv\cos\theta$$

$$m\frac{\mathrm{d}^2y}{\mathrm{d}t^2}=-F\sin\theta-mg=-Cv\sin\theta-mg \tag{a}$$

因为

$$\frac{\mathrm{d}x}{\mathrm{d}t}=v_x=v\cos\theta$$

$$\frac{\mathrm{d}y}{\mathrm{d}t}=v_y=v\sin\theta \tag{b}$$

将式(b) 代入式(a)，并令 $\mu=\dfrac{C}{m}$，得

$$\frac{\mathrm{d}^2x}{\mathrm{d}t^2}+\mu\frac{\mathrm{d}x}{\mathrm{d}t}=0$$

$$\frac{\mathrm{d}^2y}{\mathrm{d}t^2}+\mu\frac{\mathrm{d}y}{\mathrm{d}t}=-g$$

这是两个独立的二阶常系数微分方程，由常微分方程理论可知，它们的解为

$$x=C_1+C_2\mathrm{e}^{-\mu t}$$

$$y=D_1+D_2\mathrm{e}^{-\mu t}-\frac{g}{\mu}t \tag{c}$$

求导得

$$v_x=-C_2\mu\mathrm{e}^{-\mu t}$$

$$v_y=-D_2\mu\mathrm{e}^{-\mu t}-\frac{g}{\mu} \tag{d}$$

其中，C_1、C_2、D_1、D_2 为积分常数，由运动初始条件确定。

当 $t=0$ 时，$x_0=0$，$y_0=0$；$v_{x0}=v_0\cos\alpha$，$v_{y0}=v_0\sin\alpha$，代入式(c)、式(d)可得

$$C_1=-C_2=\frac{v_0\cos\alpha}{\mu}，D_1=-D_2=\frac{v_0\sin\alpha+g/\mu}{\mu}$$

于是质点的运动方程为

$$x=\frac{v_0\cos\alpha}{\mu}(1-e^{-\mu t})$$

$$y=\frac{v_0\sin\alpha+g/\mu}{\mu}(1-e^{-\mu t})-\frac{gt}{\mu}$$

上式即为轨迹的参数方程，轨迹如图 10-6(b)所示。

由第一式可知轨迹渐近线为

$$x=\frac{v_0\cos\alpha}{\mu}$$

对于抛射体的射程，当 α 较大时

$$OA\approx\frac{v_0\cos\alpha}{\mu}$$

当 α 较小时，由运动方程求出。

质点的速度为

$$v_x=v_0\cos\alpha\, e^{-\mu t}$$

$$v_y=\left(v_0\sin\alpha+\frac{g}{\mu}\right)e^{-\mu t}-\frac{g}{\mu}=\left(v_0\sin\alpha+\frac{mg}{C}\right)e^{-\frac{Ct}{m}}-\frac{mg}{C}$$

由上式可见，质点的速度在水平方向的投影 v_x 不是常量，而是随着时间的增加而不断减小，当 $t\to\infty$ 时，$v_x\to0$；质点的速度在 y 轴上的投影 v_y，随着时间的增加，大小和方向都将变化，当 $t\to\infty$ 时，$v_y\to g/\mu$，方向铅垂向下。因此，质点的运动经过一段时间后将铅直向下作匀速运动。

学习方法和要点提示

（1）不要认为在物理上已初步学过本章内容，因而麻痹大意。质点动力学的基本定律是质点和质点系（包括刚体）动力学的基础。动力学的很多定理和结论都是在质点动力学基本定律的基础上推导出来的。经验证明，在以后求解动力学复杂问题时出现错误，有些原因就是对本章内容缺乏深入理解和灵活运用。本章的内容将贯穿到整个动力学。

（2）在质点动力学两类基本问题中，对于第一类问题，可以运用运动分析或微分运算，求得作用在质点上的力。在动力学中的约束反力不仅与主动力有关，还与质点的加速度有关，这是动力学问题与静力学问题的明显区别。对于第二类问题，一般要进行积分运算，应根据力的性质，把加速度灵活地改写成相应形式，便于分离变量进行积分。如果仅已知质点的质量和作用力，还不能决定质点的运动。还应根据已知质点运动的初始条件，确定不定积分的积分常数或定积分的上下限。还有些问题是属于混合问题，即已知某些运动和力，求另一些运动和力。

（3）在普通物理学中，质点受力多为常力，这时质点的加速度也多为常数，学生对匀变速运动的公式应用较多且较熟悉。但是，在理论力学中，力多为变量，因而加速度也多为变量，一般应通过积分求速度或位移等。因此，在求解动力学问题时，千万不要盲目套用匀变速运动的公式，更不要把加速度认为都是常量。

思　考　题

10-1　三个质量相同的质点，在某瞬时的速度分别如图 10-7 所示，若对它们作用了大小相等、方向相同的力 $\boldsymbol{F}$，问质点的运动情况是否相同？

10-2　某人用枪瞄准了空中一悬挂的靶体，如在子弹射出的同时靶体开始自由下落，不计空气阻力，问子弹能否击中靶体？

10-3　一小车在力 $\boldsymbol{F}$ 作用下沿 x 轴正向运动，其初速度为 $v_0>0$，如力 $\boldsymbol{F}$ 的方向与 x 轴正向一致，大小随时间减小，则小车的速度也是随时间逐渐减小的，对否？

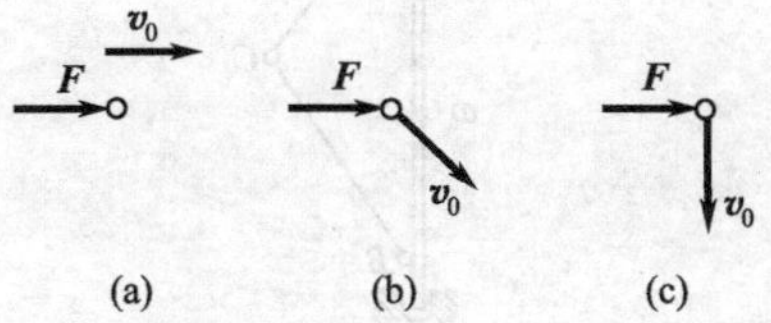

图 10-7

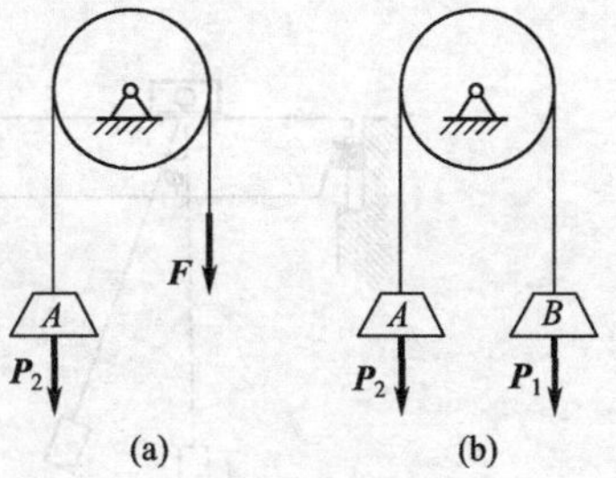

图 10-8

10-4　绳子的拉力 $F=2\text{kN}$，物重 $P_1=2\text{kN}$、$P_2=1\text{kN}$，如图 10-8 所示。若滑轮质量不计，问在图 10-8 中（a)、(b)所示两种情况下，重物 A 的加速度是否相同？两根绳子的张力是否相同？

10-5　同一地点、同一坐标系内，以相同大小的初速度斜抛两质量相同的小球，若不计空气阻力，则它们落地时速度的大小是否相同？

10-6　质点受到的力越大，其运动的速度是否一定也越大？

10-7　若不计空气阻力，自由下落的石块与以一定初速度水平抛出的石块相比，哪一个下落的加速度较大？为什么？

10-8　设空气阻力与抛射体的速度平方成正比，试写出物体铅直向上、铅垂向下及倾斜抛射三种情况下的运动微分方程。

习　　题

10-1　一质量为 m 的物体放在匀速转动的水平转台上，它与转轴的距离为 r，如题 10-1 图所示。设物体与转台表面的静摩擦系数为 f，求当物体不致因转台旋转而滑出时，水平转台的最大转速。

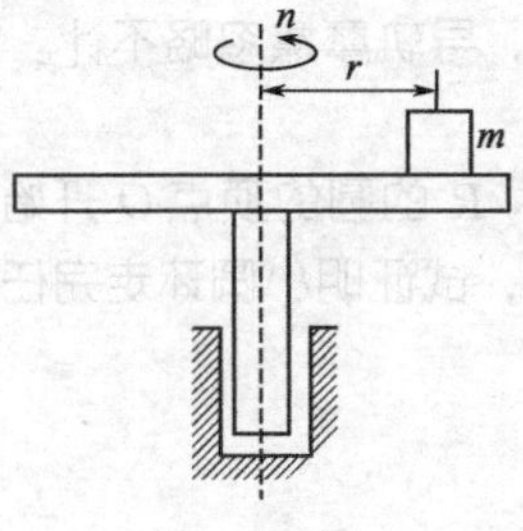

题 10-1 图

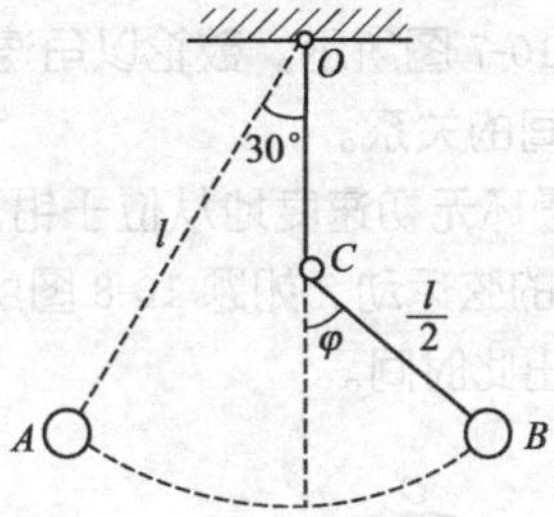

题 10-2 图

10-2　单摆的摆绳长为 l，摆锤质量为 m，单摆由偏离铅垂线 30°的位置 OA 无初速度地释放，如题 10-2 图所示。当摆到铅垂位置时，绳的中点被木钉 C 挡住，只有下半段继续摆动。求当摆绳升到与铅垂线成 φ 角时，摆锤的速度和摆绳的拉力。

10-3　在桥式起重机的小车上用长度为 $l=5\text{m}$ 的钢丝绳悬吊着质量 $m=10\text{t}$ 的重物，如题 10-3 图所示。小车以匀速 $v_0=1\text{m/s}$ 向右运动时，钢丝绳保持铅直方向。当小车紧急刹车时，重物因惯性而绕悬挂点 O 摆动。试求刚开始摆动的瞬时钢丝绳的拉力 $\boldsymbol{F}$ 及最大摆角 φ。

10-4　两根长度为 l 的细长杆，两端用光滑铰链分别与铅直轴和质量为 m 的小球 C 铰接，杆的质量不计，如题 10-4 图所示。$AB=2b$，整个系统以匀角速度 ω 绕铅直轴转动，试求两杆所受的内力。

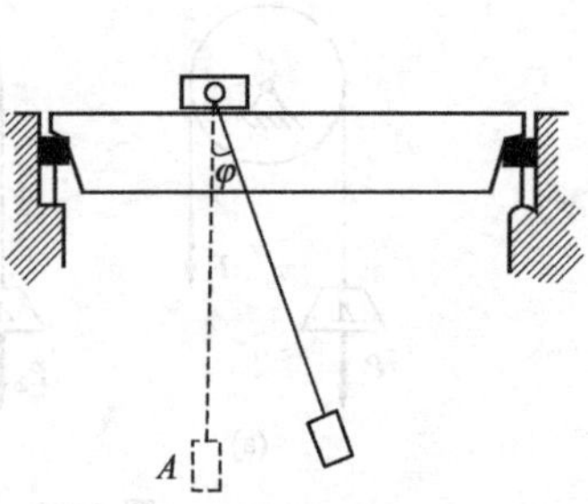

题 10-3 图

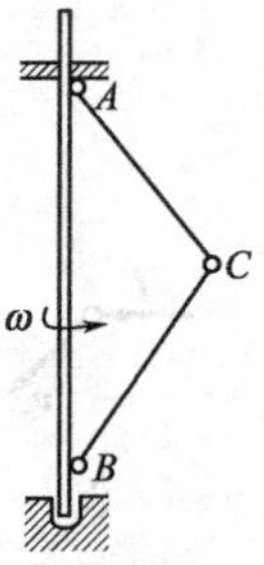

题 10-4 图

10-5　半径为 R 的偏心轮以角速度 ω 绕 O 轴匀速转动，圆心在 C 点，偏心距 $OC=e$，推动导杆沿铅直轨道运动，如题 10-5 图所示。导杆顶部放置一质量为 m 的物块，运动初始时 OC 处于水平位置。试求：①物块对导杆的最大压力；②为使物块不脱离导杆，偏心轮的角速度。

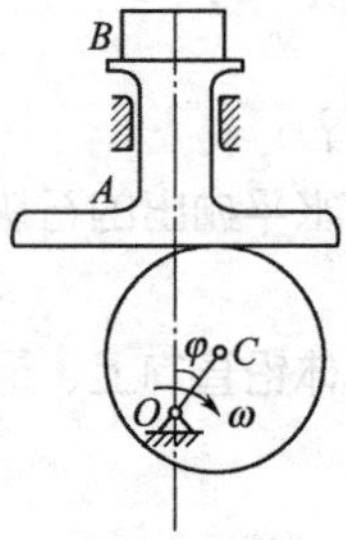

题 10-5 图

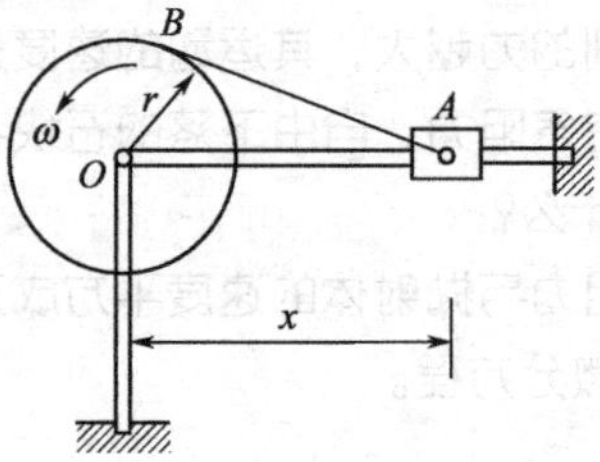

题 10-7 图

10-6　为使列车对铁轨的压力垂直于路基，在铁轨的曲线部分外轨比内轨要适当提高。设铁轨的曲率半径 $\rho=300\text{m}$，列车的速度为 $v=12\text{m/s}$，两根轨道的间距 $b=1.6\text{m}$，求铁路外轨高于内轨的高度 h。

10-7　质量为 m 的滑块 A，因绳子的牵引力而沿水平轨道滑动，绳子的另一端缠在半径为 r 的鼓轮上，如题 10-7 图所示。鼓轮以角速度 ω 匀速转动，导轨摩擦忽略不计。求绳子拉力 $\boldsymbol{F}$ 的大小与距离 x 之间的关系。

10-8　一小圆环无初速度地从位于铅垂面内、半径为 R 的圆的顶点 O 开始运动，在重力作用下沿通过 O 点的弦运动，如题 10-8 图所示。不计摩擦，试证明小圆环走完任何一条弦所需的时间相同，并求出此时间。

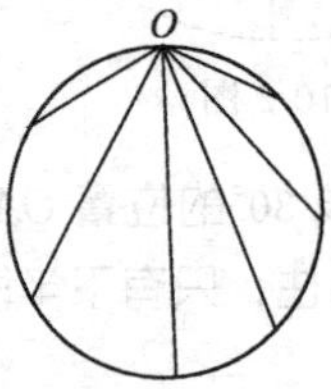

题 10-8 图

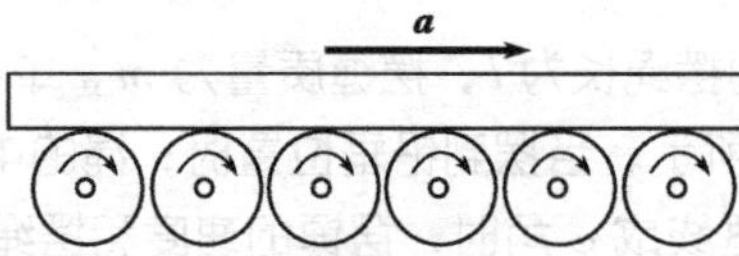

题 10-9 图

10-9　钢厂的运输滚道如题 10-9 图所示。当钢材放到转动着的辊子上时，就被辊子带动而向右运动。设钢材与辊子间的摩擦系数 $f=0.2$。试计算钢材放到辊子上时所获得的加速度 $\boldsymbol{a}$。又问钢材是否以此加速度一直向右运动?

10-10　一重力为 $\boldsymbol{G}$ 的物块 A，沿与水平面成 θ 角的棱柱的斜面下滑，两者间的滑动摩擦系数为 f，棱柱沿水平面以加速度 $\boldsymbol{a}$ 向右运动，如题 10-10 图所示。试求物块相对于棱柱的加速度和物块对棱柱斜面的压力。

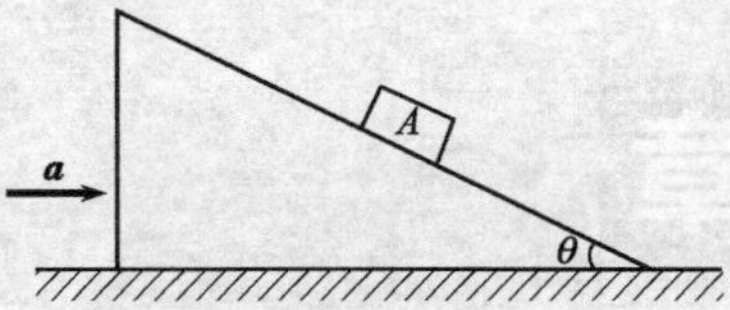

题 10-10 图

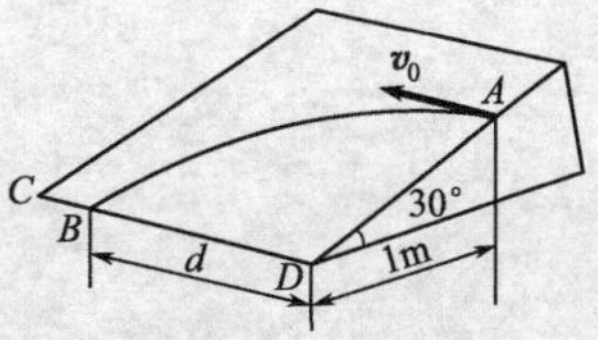

题 10-12 图

10-11　一质量 $m=10\text{kg}$ 的物块，在变力 $F=100(1-t)$ 作用下运动，初速度为 $v_0=0.2\text{m/s}$，运动初始时力的方向与速度方向相同。问经过多少时间后物体速度为零，此前走了多少路程?（F 的单位为 N）

10-12　质量为 m 的小球从光滑斜面上的 A 点以平行于 CD 边的初速度 $v_0=5\text{m/s}$ 开始运动，斜面的倾角为 30°，如题 10-12 图所示。试求当小球运动到 CD 边上的 B 点时所需要的时间 t 和距离 d。

10-13　质量 $m_1=1.2\text{t}$ 的卡车装载着 $m_2=1\text{t}$ 的物块，从静止开始匀加速度启动，如题 10-13 图所示。物块与车厢地板间的静摩擦系数 $f=0.2$，物块开始时距车尾 $l=2\text{m}$，卡车开动 2s 后物块从车尾滑下。已知行驶时阻力恒为卡车和物块总重力的 0.01 倍，试求卡车启动后 2s 内的平均牵引力。

题 10-13 图

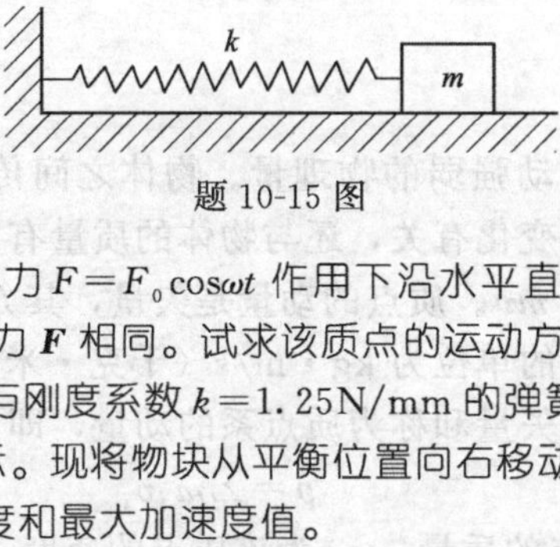

题 10-15 图

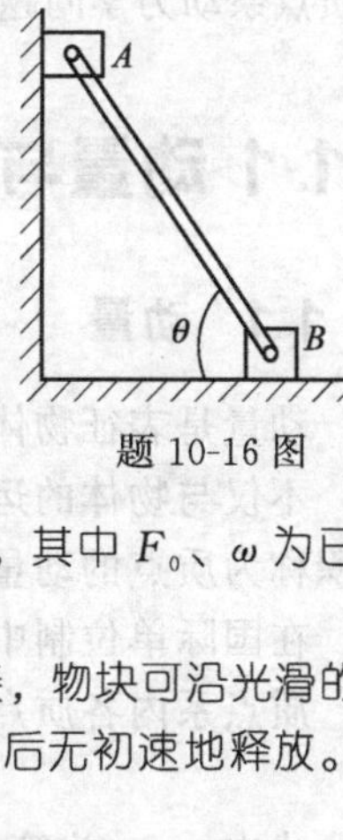

题 10-16 图

10-14　质量为 m 的质点在水平力 $F=F_0\cos\omega t$ 作用下沿水平直线运动，其中 F_0、ω 为已知常数。质点的初速度为 $\boldsymbol{v}_0$，方向与力 $\boldsymbol{F}$ 相同。试求该质点的运动方程。

10-15　质量为 $m=2\text{kg}$ 的物块与刚度系数 $k=1.25\text{N/mm}$ 的弹簧相连接，物块可沿光滑的水平面作直线运动，如题 10-15 图所示。现将物块从平衡位置向右移动 60mm 后无初速地释放。试求物块的运动规律、周期、最大速度和最大加速度值。

10-16　质量均为 m 的两个物块 A、B 由无重直杆光滑铰接，放置于光滑的水平面和铅垂面上，如题 10-16 图所示。当 $\theta=60°$时无初速度释放，求此瞬时直杆 AB 所受的力。

第11章

动量定理

本章要求

(1) 正确理解质点及质点系的动量、力的冲量、质心等概念，熟练计算质点系的动量；(2) 能熟练应用动量定理、质心运动定理求解动力学问题。

重点 质点系动量定理、质心运动定理。

难点 求流体的动压力。

对于质点系，都可对各个质点列出运动微分方程，但联立求解起来很复杂。动量、动量矩和动能定理从不同侧面揭示了质点和质点系总体的运动变化与其作用力之间的关系，可用来求解质点系动力学问题。动量、动量矩和动能定理统称为动力学普遍定理。本章介绍动量定理。

11.1 动量与冲量

11.1.1 动量

动量是表征物体机械运动强弱的物理量。物体之间传递机械运动时所产生的相互作用力，不仅与物体的运动速度变化有关，还与物体的质量有关。据此，把质点的质量与速度的乘积称为质点的动量，记为 $m\boldsymbol{v}$。质点的动量是矢量，其方向与速度方向相同。

在国际单位制中，动量的单位为 kg · m/s（千克 · 米/秒）。

质点系内各质点动量的矢量和称为质点系的动量，即

$$\boldsymbol{p}=\sum m_i\boldsymbol{v}_i \tag{11-1}$$

式中，m_i 为第 i 个质点的质量，$\boldsymbol{v}_i$ 为该质点的速度。

如质点系中任一质点 i 的矢径为 $\boldsymbol{r}_i$，则其速度 $\boldsymbol{v}_i=\dfrac{\mathrm{d}\boldsymbol{r}_i}{\mathrm{d}t}$，有

$$\boldsymbol{p}=\sum m_i\boldsymbol{v}_i=\sum m_i\frac{\mathrm{d}\boldsymbol{r}_i}{\mathrm{d}t}=\frac{\mathrm{d}}{\mathrm{d}t}\sum m_i\boldsymbol{r}_i$$

令 $m=\sum m_i$ 为质点系总质量，质点系质量中心（质心）C 的矢径为

$$\boldsymbol{r}_C=\frac{\sum m_i\boldsymbol{r}_i}{m} \tag{11-2}$$

$$\boldsymbol{p}=\frac{\mathrm{d}}{\mathrm{d}t}\sum m_i\boldsymbol{r}_i=\frac{\mathrm{d}}{\mathrm{d}t}(m\boldsymbol{r}_C)=m\boldsymbol{v}_C \tag{11-3}$$

其中 $\boldsymbol{v}_C=\dfrac{\mathrm{d}\boldsymbol{r}_C}{\mathrm{d}t}$为质点系质心 C 的速度。式(11-3) 表明，质点系的总动量等于质心速度与其总质量的乘积，同时，上式也表明质点系动量是描述质心运动的一个物理量。

式(11-3) 为计算质点系特别是刚体的动量提供了简便的方法。例如，均质轮作滚动，轮质量为 m，质心速度为 $\boldsymbol{v}_c$，则轮总动量为 $m\boldsymbol{v}_c$。又如均质轮绕轮心作定轴转动，则不管轮转得多快，轮有多大，但因质心在转轴上，因而其动量总为零。

例 11-1　如图 11-1 所示，椭圆规尺由曲柄 OA、规尺 BD 以及滑块 B 和 D 组成。曲柄长为 l，质量为 m_1；规尺长为 $2l$，质量为 $2m_1$；两滑块质量均为 m_2；曲柄与规尺均视作均质杆。图中 $BA=AD=l$。又知曲柄以角速度 ω 作逆时针方向匀速转动。求当曲柄 OA 与水平线夹角为 φ 时，机构的总动量。

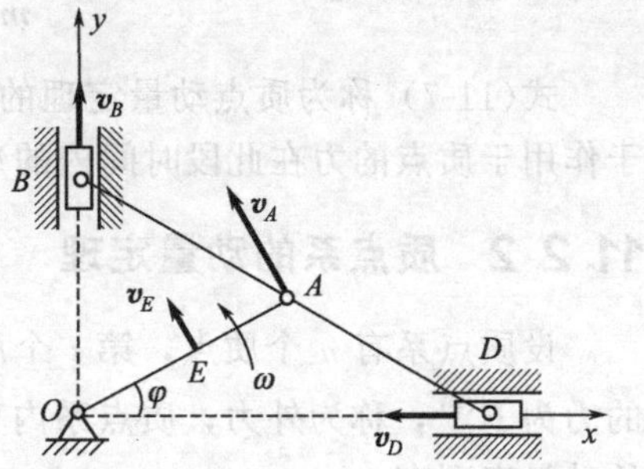

图 11-1

解：若将两滑块与规尺作为一质点系，机构由曲柄和该质点系组成，则计算将简化。

$$\boldsymbol{p}=\boldsymbol{p}_{OA}+\boldsymbol{p}_{BD}$$

曲柄 OA 的质心在中点 E 处，其总动量大小为

$$p_{OA}=m_1v_E=\frac{1}{2}m_1l\omega$$

$\boldsymbol{p}_{OA}$ 的方向与质心 E 的速度 $\boldsymbol{v}_E$ 方向相同。

由两滑块与规尺所组成的质点系，由已知条件知，其质心在规尺中点 A 处，该质点系总动量大小为

$$p_{BD}=(2m_1+2m_2)l\omega$$

$\boldsymbol{p}_{BD}$ 的方向与 A 点的速度 $\boldsymbol{v}_A$ 方向相同。

由于 $\boldsymbol{v}_E$ 与 $\boldsymbol{v}_A$ 方向均垂直于 OA，且指向相同，故 $\boldsymbol{p}_{OA}$ 与 $\boldsymbol{p}_{BD}$ 同向。于是机构的总动量大小为

$$p=\frac{1}{2}m_1l\omega+(2m_1+2m_2)l\omega=\frac{1}{2}(5m_1+4m_2)l\omega$$

$\boldsymbol{p}$ 的方向垂直于 OA。

11.1.2　冲量

物体在力的作用下引起的运动状态变化，不仅与力的大小和方向有关，还与力作用时间的长短有关。也就是说，力对物体的作用时间愈长，则物体运动状态改变也愈大。如果作用力是常量，我们用力与作用时间的乘积称为常力的冲量。以 $\boldsymbol{F}$ 表示此常力，作用时间为 t，则此力的冲量为

$$\boldsymbol{I}=\boldsymbol{F}t \tag{11-4}$$

冲量是矢量，它的方向与力的方向相同。

如果作用力 $\boldsymbol{F}$ 是变量，在微小时间间隔 $\mathrm{d}t$ 内，力 $\boldsymbol{F}$ 的冲量称为元冲量，即

$$\mathrm{d}\boldsymbol{I}=\boldsymbol{F}\mathrm{d}t$$

变力 $\boldsymbol{F}$ 在时间 $t_1\sim t_2$ 内的冲量为

$$\boldsymbol{I}=\int_{t_1}^{t_2}\boldsymbol{F}(t)\mathrm{d}t \tag{11-5}$$

在国际单位制中，冲量的单位为 N·s（牛·秒）

11.2 质点与质点系的动量定理

11.2.1　质点的动量定理

由公式(10-1)，可有

$$\mathrm{d}(m\boldsymbol{v})=\boldsymbol{F}\mathrm{d}t \tag{11-6}$$

式(11-6) 称为质点动量定理的微分形式，即质点动量的增量等于作用于质点上的力的元冲量。

如在 $t_1 \sim t_2$ 时间间隔内，速度由 $\boldsymbol{v}_1$ 变为 $\boldsymbol{v}_2$，对上式积分则有

$$m\boldsymbol{v}_2-m\boldsymbol{v}_1=\int_{t_1}^{t_2}\boldsymbol{F}\mathrm{d}t=\boldsymbol{I} \tag{11-7}$$

式(11-7) 称为质点动量定理的积分形式，即在某一时间间隔内，质点动量的变化量等于作用于质点的力在此段时间内的冲量。

11.2.2　质点系的动量定理

设质点系有 n 个质点，第 i 个质点的质量为 m_i，速度为 $\boldsymbol{v}_i$；外界物体对该质点系作用的力为 $\boldsymbol{F}_i^{(\mathrm{e})}$，称为外力，质点系内其他质点对该质点作用的力为 $\boldsymbol{F}_i^{(\mathrm{i})}$，称为内力。根据质点的动量定理有

$$\mathrm{d}(m_i\boldsymbol{v}_i)=(\boldsymbol{F}_i^{(\mathrm{e})}+\boldsymbol{F}_i^{(\mathrm{i})})\mathrm{d}t=\boldsymbol{F}_i^{(\mathrm{e})}\mathrm{d}t+\boldsymbol{F}_i^{(\mathrm{i})}\mathrm{d}t$$

这样的方程有 n 个。将 n 个方程两端分别相加，得

$$\sum\mathrm{d}(m_i\boldsymbol{v}_i)=\sum\boldsymbol{F}_i^{(\mathrm{e})}\mathrm{d}t+\sum\boldsymbol{F}_i^{(\mathrm{i})}\mathrm{d}t$$

因为质点系内各个质点相互作用的内力总是大小相等，方向相反地成对出现，相互抵消，因此，内力冲量的矢量和等于零，即

$$\sum\boldsymbol{F}_i^{(\mathrm{i})}\mathrm{d}t=\boldsymbol{0}$$

又

$$\sum\mathrm{d}(m_i\boldsymbol{v}_i)=\sum\boldsymbol{F}_i^{(\mathrm{e})}\mathrm{d}t+\sum\boldsymbol{F}_i^{(\mathrm{i})}\mathrm{d}t$$

是质点系动量的增量，于量得质点系动量定理的微分形式为

$$\mathrm{d}\boldsymbol{p}=\sum\boldsymbol{F}_i^{(\mathrm{e})}\mathrm{d}t=\sum\mathrm{d}\boldsymbol{I}_i^{(\mathrm{e})} \tag{11-8}$$

即质点系动量的增量等于作用于质点系的外力元冲量的矢量和。

式(11-8) 也可写成

$$\frac{\mathrm{d}\boldsymbol{p}}{\mathrm{d}t}=\sum\boldsymbol{F}_i^{(\mathrm{e})} \tag{11-9}$$

即质点系的动量对时间的一阶导数等于作用于质点系的外力的矢量和（或外力的主矢）。

设质点系的动量在 t_1 时刻为 $\boldsymbol{p}_1$，在 t_2 时刻为 $\boldsymbol{p}_2$，将式(11-8) 积分，得

$$\int_{\boldsymbol{p}_1}^{\boldsymbol{p}_2}\mathrm{d}\boldsymbol{p}=\sum\int_{t_1}^{t_2}\boldsymbol{F}_i^{(\mathrm{e})}\mathrm{d}t$$

或

$$\boldsymbol{p}_2-\boldsymbol{p}_1=\sum\boldsymbol{I}_i^{(\mathrm{e})} \tag{11-10}$$

式(11-10) 称为质点系动量定理的积分形式，即在某一时间间隔内，质点系动量的改变量等于在这段时间内作用于质点系外力冲量的矢量和。

由质点系动量定理可见，内力不能改变质点系的动量。

动量定理是矢量式，在应用时常取投影式，如式(11-9) 和式(11-10) 在直角坐标系的投影式为

$$\left.\begin{aligned}\frac{\mathrm{d}p_x}{\mathrm{d}t}&=\sum F_x^{(\mathrm{e})}\\\frac{\mathrm{d}p_y}{\mathrm{d}t}&=\sum F_y^{(\mathrm{e})}\\\frac{\mathrm{d}p_z}{\mathrm{d}t}&=\sum F_z^{(\mathrm{e})}\end{aligned}\right\} \tag{11-11}$$

和
$$\left.\begin{aligned}p_{2x}-p_{1x}&=\sum I_x^{(e)}\\ p_{2y}-p_{1y}&=\sum I_y^{(e)}\\ p_{2z}-p_{1z}&=\sum I_z^{(e)}\end{aligned}\right\}\tag{11-12}$$

例 11-2　锤的重力为 300N，从高度 $H=1.5\text{m}$ 处自由落到工件上，如图 11-2 所示。已知工件因受锤击而变形所经时间 $\tau=0.01\text{s}$，求锤对工件的平均击打力。

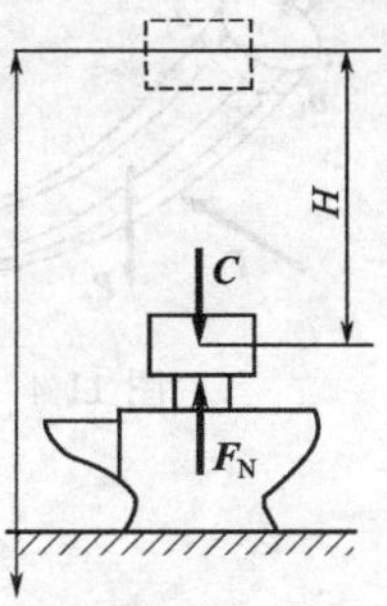

图 11-2

解： 取锤为研究对象。作用在锤上的力有重力 $\boldsymbol{G}$ 和与工件接触时的反力。锻件的反力是变力，在极短时间 τ 内迅速变化，我们用平均反力 $\boldsymbol{F}_\text{N}$ 来代替。

设锤自由下落 H 高度的时间为 t，由运动学知

$$t=\sqrt{\frac{2H}{g}}$$

取铅垂坐标轴 y 向下为正，根据动量定理有

$$mv_{2y}-mv_{1y}=I_y$$

按题意，在锤自由下落到工件变形完成这一过程中，上式应为

$$0-0=G(t+\tau)-F_\text{N}\tau$$

代入数值得

$$F_\text{N}=G\left(1+\frac{1}{\tau}\sqrt{\frac{2H}{g}}\right)=300\left(1+\frac{1}{0.001}\sqrt{\frac{2\times1.5}{9.8}}\right)=16.9\text{kN}$$

锤对工件的平均打击力与反力是作用与反作用关系，也是 16.9kN，与锤的重力 $G=300\text{N}$ 比较，是它的 56 倍，可见这个力是相当大的。

例 11-3　电动机的外壳固定在水平基础上，定子和机壳的质量为 m_1，转子质量为 m_2，如图 11-3 所示。设定子的质心位于转轴的中心 O_1，但由于制造误差，转子的质心 O_2 到 O_1 的距离为 e。已知转子匀速转动，角速度为 ω。求基础的水平及铅直约束力。

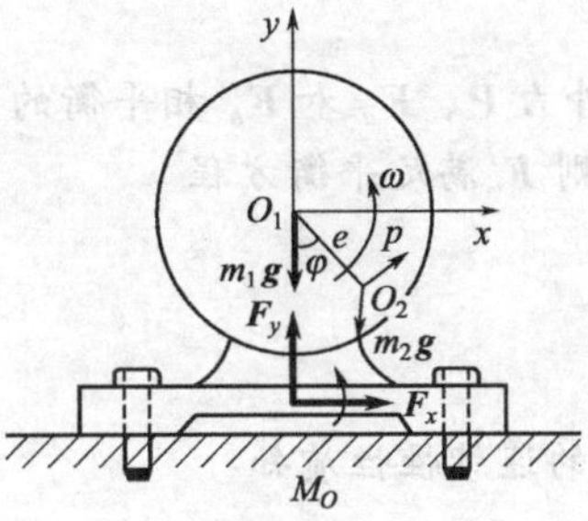

图 11-3

解： 取电动机外壳与转子组成质点系。外力有重力 $m_1\boldsymbol{g}$、$m_2\boldsymbol{g}$，基础的约束力 $\boldsymbol{F}_x$、$\boldsymbol{F}_y$ 和约束力偶 M_O。机壳不动，质点系的动量就是转子的动量，其大小为

$$p=m_2e\omega$$

方向如图所示。设 $t=0$ 时，O_1O_2 铅垂，有 $\varphi=\omega t$。由动量定理的投影式(11-11)，得

$$\frac{\mathrm{d}p_x}{\mathrm{d}t}=F_x$$

$$\frac{\mathrm{d}p_y}{\mathrm{d}t}=F_y-m_1g-m_2g$$

而

$$p_x=m_2e\omega\cos\omega t$$

$$p_y=m_2e\omega\sin\omega t$$

代入上式，解得基础约束力

$$F_x=-m_2e\omega^2\sin\omega t$$

$$F_y=(m_1+m_2)g+m_2e\omega^2\cos\omega t$$

电机不转时，基础只有向上的约束力 $(m_1+m_2)g$，称为静约束力；电机转动时的基础约束力称为动约束力。动约束力与静约束力的差值是由于系统运动而产生的，可称为附加动

约束力。本例中，由于转子偏心而引起的水平方向的附加动约束力 $-m_2e\omega^2\sin\omega t$ 和铅垂方向的附加动约束力 $m_2e\omega^2\cos\omega t$ 都是简谐变力，将会引起电机和基础的振动。

关于力偶可利用后几章学的动量矩定理或达朗贝尔原理等求解。

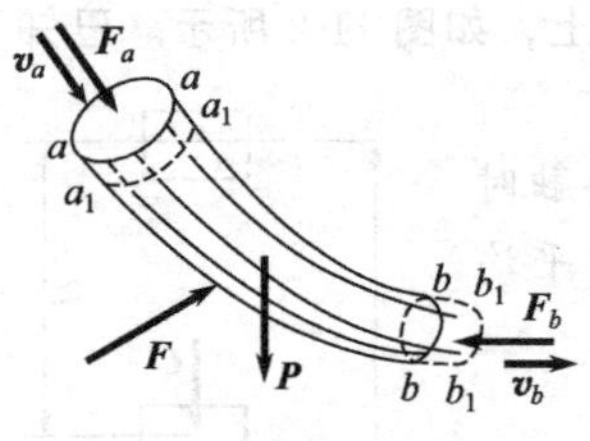

图 11-4

例 11-4　如图 11-4 所示，流体在变截面弯管中流动。设流体不可压缩，且是定常流动。求管壁的附加动约束力。

解：从管中取出所研究的两个截面 aa 与 bb 之间的流体作为质点系。经过时间 $\mathrm{d}t$，这一部分流体流到两个截面 a_1a_1 与 b_1b_1 之间。令 q_V 为流体在单位时间内流过截面的体积流量，ρ 为密度，则质点系在时间 $\mathrm{d}t$ 内流过截面的质量为

$$\mathrm{d}m=q_V\rho\mathrm{d}t$$

在时间间隔 $\mathrm{d}t$ 内质点系动量的变化为

$$\boldsymbol{p}-\boldsymbol{p}_0=\boldsymbol{p}_{a_1b_1}-\boldsymbol{p}_{ab}=(\boldsymbol{p}_{bb_1}+\boldsymbol{p}_{a_1b})-(\boldsymbol{p}'_{a_1b}+\boldsymbol{p}_{aa_1})$$

因为流动是定常的，有 $\boldsymbol{p}_{a_1b}=\boldsymbol{p}'_{a_1b}$，于是

$$\boldsymbol{p}-\boldsymbol{p}_0=\boldsymbol{p}_{bb_1}-\boldsymbol{p}_{aa_1}$$

时间间隔 $\mathrm{d}t$ 为极小，可认为在截面 aa 与 a_1a_1 之间各质点的速度相同，设为 $\boldsymbol{v}_a$，截面 b_1b_1 与 bb 之间各质点的速度相同，设为 $\boldsymbol{v}_b$，于是得

$$\boldsymbol{p}-\boldsymbol{p}_0=q_V\rho\mathrm{d}t(\boldsymbol{v}_b-\boldsymbol{v}_a)$$

作用于质点系的外力有：均匀分布于体积 $aabb$ 的重力 $\boldsymbol{P}$，管壁对于此质点系的作用力 $\boldsymbol{F}$，以及两截面 aa 和 bb 上受到的相邻流体的压力 $\boldsymbol{F}_a$ 和 $\boldsymbol{F}_b$。

对此质点系应用动量定理，则有

$$q_V\rho\mathrm{d}t(\boldsymbol{v}_b-\boldsymbol{v}_a)=(\boldsymbol{P}+\boldsymbol{F}_a+\boldsymbol{F}_b+\boldsymbol{F})\mathrm{d}t$$

消去时间 $\mathrm{d}t$，得

$$q_V\rho(\boldsymbol{v}_b-\boldsymbol{v}_a)=\boldsymbol{P}+\boldsymbol{F}_a+\boldsymbol{F}_b+\boldsymbol{F}$$

若将管壁对于流体约束力 $\boldsymbol{F}$ 分为 $\boldsymbol{F}'$ 和 $\boldsymbol{F}''$ 两部分：$\boldsymbol{F}'$ 为与外力 $\boldsymbol{P}$、$\boldsymbol{F}_a$ 和 $\boldsymbol{F}_b$ 相平衡的管壁静约束力，$\boldsymbol{F}''$ 为由于流体动量变化而产生的附加动约束力。则 $\boldsymbol{F}'$ 满足平衡方程

$$\boldsymbol{P}+\boldsymbol{F}_a+\boldsymbol{F}_b+\boldsymbol{F}'=0$$

而附加动约束力为

$$q_V\rho\mathrm{d}t(\boldsymbol{v}_b-\boldsymbol{v}_a)=\boldsymbol{F}''$$

设截面 aa 和 bb 的面积分别为 A_a 和 A_b。由不可压缩流体的连续性性质知

$$q_V=A_av_a=A_bv_b$$

因此，只要知道流速和管道尺寸，即可求得附加动约束力。流体对管壁的附加动作用力大小等于此附加动约束力，但方向相反。

11.2.3　质点系动量守恒定律

如果作用于质点系的外力的主矢恒等于零，根据式(11-9) 或式(11-10)，质点系的动量保持不变，即

$$\boldsymbol{p}_2=\boldsymbol{p}_1=\text{恒矢量}$$

如果作用于质点系的外力主矢在某一坐标轴上的投影恒等于零，则根据式(11-11) 或式(11-12)，质点系的动量在该坐标轴上的投影保持不变。例如 $\sum F_x^{(e)}=0$，则

$$p_{2x}=p_{1x}=\text{恒量}$$

以上结论称为质点系动量守恒定律。

例 11-5　已知运载火箭（最后一级）的质量 $m_1=3000\text{kg}$，人造卫星的质量 $m_2=1327\text{kg}$，

由水平方向进入轨道时，两者的共同速度为 $v=8\text{km/s}$。此时，从运载火箭头部自动向前发射出人造卫星，使卫星速度变为 $v_2=8.1\text{km/s}$。略去阻力影响，求此时运载火箭的速度 v_1。

解：取运载火箭和人造卫星为质点系。系统所受外力只有引力 $\boldsymbol{G}_1$ 和 $\boldsymbol{G}_2$。此二力在水平方向的投影为零，因此，质点系在水平方向动量守恒，即

$$(m_1+m_2)v=m_1v_1+m_2v_2$$

故得
$$v_1=\frac{(m_1+m_2)v-m_2v_2}{m_1}=\frac{(3000+1327)\times 8-1327\times 8.2}{3000}=7.96\text{km/s}$$

可见，运载火箭的速度在发射人造卫星后变小了。

11.3 质心运动定理

11.3.1 质量中心（质心）

质点系在外力作用下，其运动状态与各质点的质量及其相互的位置都有关系，即与质点系的质量分布状况有关。由式(11-2)，即

$$\boldsymbol{r}_c=\frac{\sum m_i\boldsymbol{r}_i}{\sum m_i}$$

所定义的质心位置反映出质点系质量分布的一种特征。计算质心位置时，常用上式在直角坐标系的投影形式，即

$$\left.\begin{aligned}x_c&=\frac{\sum m_ix_i}{\sum m_i}=\frac{\sum m_ix_i}{m}\\ y_c&=\frac{\sum m_iy_i}{\sum m_i}=\frac{\sum m_iy_i}{m}\\ z_c&=\frac{\sum m_iz_i}{\sum m_i}=\frac{\sum m_iz_i}{m}\end{aligned}\right\}\tag{11-13}$$

11.3.2 质心运动定理

由质点系的动量计算公式(11-3)，动量定理的微分形式可写成

$$\frac{\mathrm{d}\boldsymbol{p}}{\mathrm{d}t}=\frac{\mathrm{d}(m\boldsymbol{v}_c)}{\mathrm{d}t}=\sum\boldsymbol{F}_i^{(e)}$$

$$m\frac{\mathrm{d}\boldsymbol{v}_c}{\mathrm{d}t}=\sum\boldsymbol{F}_i^{(e)}$$

或
$$m\boldsymbol{a}_c=\sum\boldsymbol{F}_i^{(e)}\tag{11-14}$$

式(11-14) 称为质心运动定理，即质点系的质量与质心加速度的乘积等于作用于质点系外力的矢量和（外力的主矢）。由于该定理是由动量定理导出的，因此，它实际上是动量定理的另一种形式。又因为质心运动定理在形式上与动力学基本方程相似，因此，质心运动定理也可作如下叙述：若假想把整个质点系的全部质量集中于质心，作用于质点系的外力也作用于质心，质点系质心的运动，可视为一个质点的运动。

由质心运动定理可知，质点系的内力不影响质心的运动，只有外力才能改变质心的运动。例如汽车在绝对光滑的路面上是无法行驶的，尽管汽车发动机输出动力，使车轮转动，但它是内力，无法使汽车质心运动，只有依靠车轮与地面的摩擦力，才能推动汽车向前。

质心运动定理是矢量式，在直角坐标轴上的投影式为

$$\left.\begin{aligned}ma_{cx}&=\sum F_x^{(e)}\\ma_{cy}&=\sum F_y^{(e)}\\ma_{cz}&=\sum F_z^{(e)}\end{aligned}\right\}\tag{11-15}$$

在自然轴上的投影式为

$$\left.\begin{aligned}ma_c^\tau&=\sum F_\tau^{(e)}\\ma_c^n&=\sum F_n^{(e)}\\ma_c^b&=\sum F_b^{(e)}=0\end{aligned}\right\}\tag{11-16}$$

例 11-6 均质杆 OA 长 $2l$，重 G，可绕水平固定轴 O 在铅垂面内转动，如图 11-5 所示。在图示位置，杆与水平线间夹角为 φ，杆的角速度和角加速度分别为 ω 和 ε。试求此时转轴 O 处的约束反力。

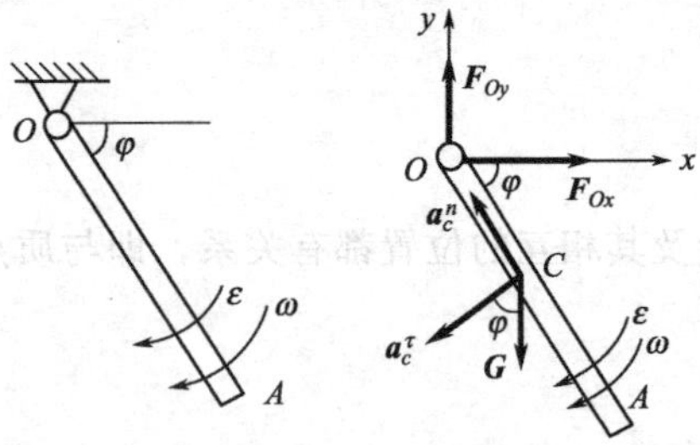

图 11-5

解： 取杆为研究对象，则杆上的外力有 $\boldsymbol{G}$、$\boldsymbol{F}_{Ox}$ 和 $\boldsymbol{F}_{Oy}$。取坐标系如图 11-5 所示，则质心的加速度为

$$a_{cx}=-a_c^\tau\sin\varphi-a_c^n\cos\varphi=-l\varepsilon\sin\varphi-l\omega^2\cos\varphi$$

$$a_{cy}=-a_c^\tau\cos\varphi+a_c^n\sin\varphi=-l\varepsilon\cos\varphi+l\omega^2\sin\varphi$$

由质心运动定理有

$$\frac{G}{g}a_{cx}=\sum F_x=F_{Ox}$$

$$\frac{G}{g}a_{cy}=\sum F_y=F_{Oy}-G$$

将 a_{cx} 和 a_{cy} 代入上式得

$$\frac{G}{g}(-l\varepsilon\sin\varphi-\varphi l\omega^2\cos\varphi)=F_{Ox}$$

$$\frac{G}{g}(-l\varepsilon\cos\varphi+l\omega^2\sin\varphi)=F_{Oy}-G$$

解得

$$F_{Ox}=-l\frac{G}{g}(\varepsilon\sin\varphi+\omega^2\cos\varphi)$$

$$F_{Oy}=G-\frac{G}{g}l(\varepsilon\cos\varphi-\omega^2\sin\varphi)$$

11.3.3 质心运动守恒定律

由质心运动定理可知：若作用于质点系的外力矢量和恒等于零，则质心作静止或作匀速直线运动；若开始时静止，则质心位置始终保持不变。如果作用于质点系的所有外力在某轴上的投影代数和恒等于零，则质心速度在该轴上的投影保持不变，若开始时速度投影等于零，则质心沿该轴的坐标保持不变。以上结论，称为质心运动守恒定律。

例 11-7 如图 11-6 所示，在静止的小船上，一人自船头走到船尾。设船的质量为 m_1，人的质量为 m_2，船长 $2a$，不考虑水的阻力，求船的位移。

解： 将船与人视作一质点系。作用于该质点系的外力有人与船的重力及水对船的浮力，显然各力在水平 x 轴上投影均为零。于是根据质心运动守恒定律可知，质点系的质心的横坐标 x_C 保持不变。

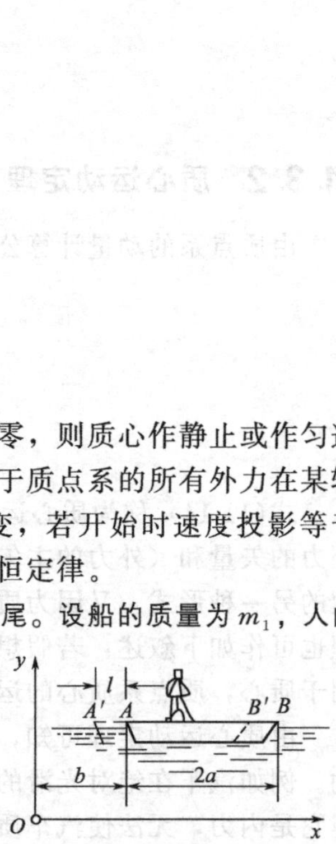

图 11-6

当人在 A 处，船处于 AB 位置时，系统的质心坐标为

$$x_{c1}=\frac{m_1(b+a)+m_2b}{m_1+m_2}$$

当人走到船尾时，设船向左移动的距离为 l，这时船在 $A'B'$，人在 B'，系统的质心坐标为

$$x_{c2}=\frac{m_1(b+a-l)+m_2(b+2a-l)}{m_1+m_2}$$

由于 $x_{c1}=x_{c2}=$常量，于是得到

$$\frac{m_1(b+a)+m_2b}{m_1+m_2}=\frac{m_1(b+a-l)+m_2(b+2a-l)}{m_1+m_2}$$

由此求得船向左移动的距离为

$$l=2a\frac{m_2}{m_1+m_2}$$

学习方法和要点提示

(1) 深刻理解动量、冲量和质心等概念，能熟练计算质点系的动量和质心的加速度。掌握动量定理、质心运动定理的特点和适用要求，明确相关守恒定律的条件，明确矢量表达式与其投影式的关系。

(2) 明确质点系内力的影响。内力不影响动量的变化，不影响质心的运动，但可影响质点系内各质点间的相对运动，因而，动量定理及质心运动定理都不能求质点系的内力。

(3) 动量是物体机械运动强弱的一种度量。由于质点系动量等于质点系内各质点动量的矢量和，所以质点系的动量不一定大于单个质点的动量，也可能等于零。质点系动量的计算，若质点系是由有限个质点组成的，则可按公式(11-1) 直接计算，也可按公式(11-3) 计算；若质点系是由无限个质点组成的，则可全部或部分按公式(11-3) 计算。

(4) 动量定理表明了动量的变化与外力（或外力冲量）之间的矢量关系；质心运动定理是质点系动量定理的另一种形式，它表明了质心的运动与外力系主矢间的关系，用来研究质心的运动规律。

(5) 动量定理与质心运动定理都可求解动力学的两类问题，即已知运动求力和已知力求运动，当然也可求这两类问题的交叉混合。这两个定理都是矢量形式，应用时常采用投影形式，但其投影轴应是固定轴。

(6) 冲量表示力在作用时间内对物体作用的累积效应。力的大小和方向一般都随时间变化，应用动量定理可以根据动量的变化计算力的冲量，也可以计算在作用时间内作用力的平均值。

(7) 管道中流体附加动压力问题，是动量定理在连续介质中的典型应用。

思　考　题

11-1　有两相同重力的物体 A 与 B，设在同一时间间隔内，使 A 水平移动 s，使 B 垂直移动 s，问此两物体的重力在此时间间隔内的冲量是否相同？

11-2　质点系中质点越多，其动量是否也越大？求图 11-7 所示各均质物体的动量。设各物

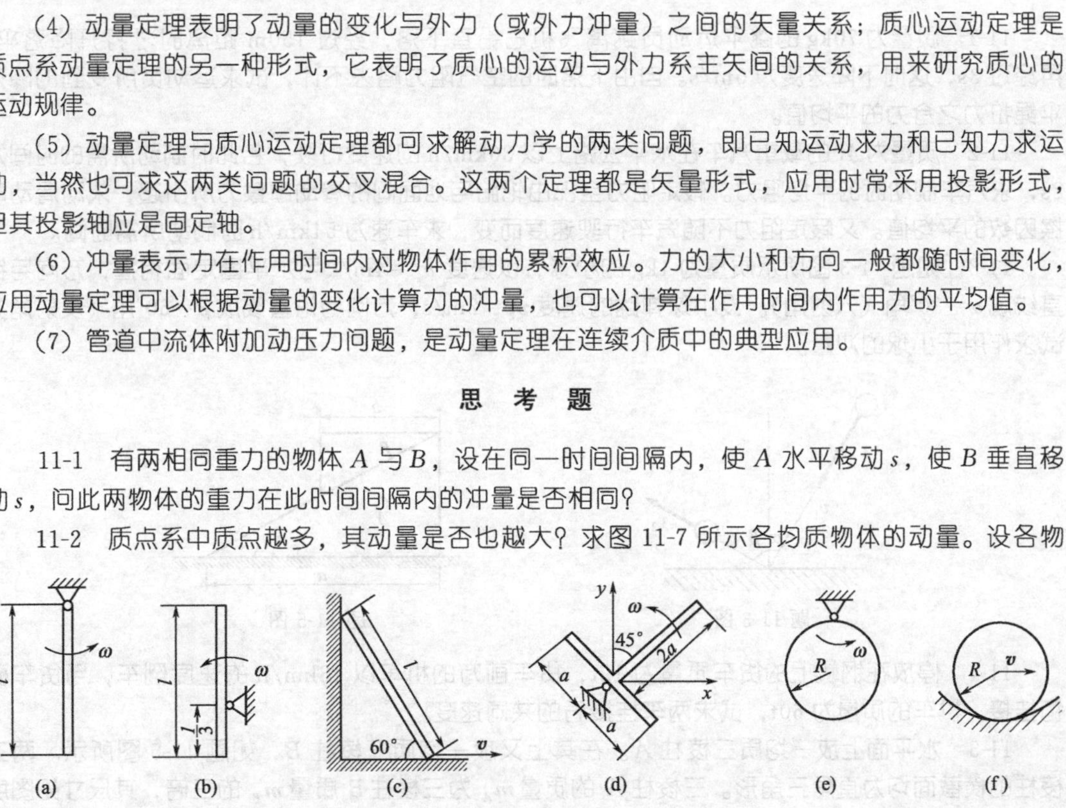

图 11-7

体质量均为 m。

11-3　有 3 根相同的均质杆悬空放置，质心皆在同一水平线上。其中一杆水平，一杆铅直，另一杆倾斜。若同时自由释放此三杆，则三杆的质心的运动规律是否相同?

11-4　两个相同的均质圆盘放在光滑面上，在两圆盘的不同位置上（图 11-8），各作用一大小和方向相同的水平力 $\boldsymbol{F}$ 和 $\boldsymbol{F}'$，使圆盘由静止开始运动。试问哪个圆盘的质心运动得快? 为什么?

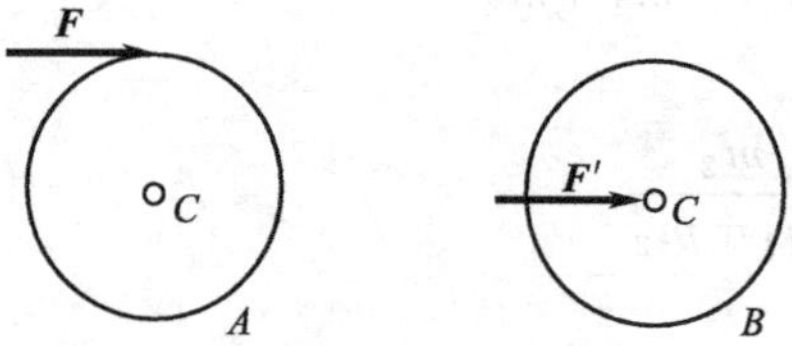

图 11-8

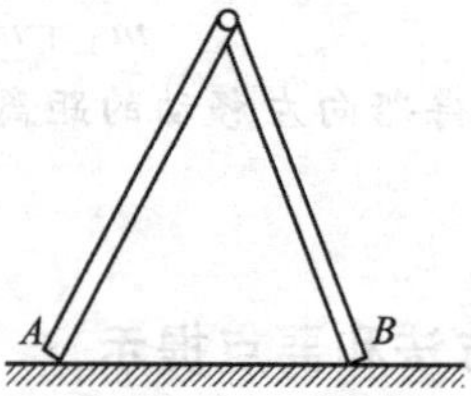

图 11-9

11-5　在地面的上空停着一气球，气球下面吊一软梯，并站着一人，当这人沿着软梯往上爬时，气球是否运动?

11-6　两均质杆 AC 和 BC，长度相同，质量分别为 m_1 和 m_2，两杆在点 C 由铰链连接，初始时维持在铅垂面内不动，如图 11-9 所示。设地面绝对光滑，两杆被释放后将分开倒向地面。问 m_1 与 m_2 相等或不相等时，C 点的运动轨迹是否相同?

11-7　刚体受一力系作用，不论各力作用点如何，此刚体质心的加速度都一样吗?

习　题

11-1　质量为 70kg 的跳伞运动员跳离飞机后铅直下落，经过 150m 距离时才打开降落伞。再经过 3s，这时下降速度为 5m/s。自由下落时的空气阻力略去不计，试求运动员所受到的降落伞绳拉力之合力的平均值。

11-2　质量为 4t 的载重汽车在水平公路上以 36km/h 的速度行驶，若此时制动所需的时间为 2s，求汽车制动时的平均阻力。假定阻力全部由轮胎与地面间的滑动摩擦力所引起，求动滑动摩擦因数的平均值。又假定阻力不随汽车行驶速度而变，求车速为 54km/h 时制动所需时间。

11-3　如题 11-3 图所示质量为 1kg 的小球，以速度 $v_1=4\text{m/s}$ 与水平固定面相撞，方向与铅直线成 $\alpha=30°$ 角（入射角）。设小球弹跳的速度 $v_2=2\text{m/s}$，方向与铅直线成 $\beta=60°$ 角（反射角）。试求作用于小球的冲量。

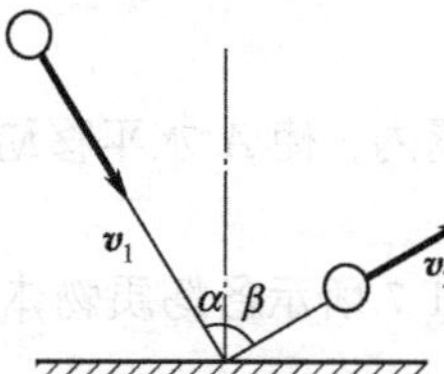

题 11-3 图

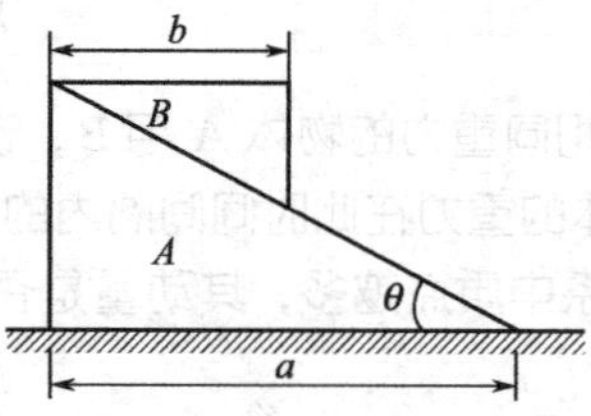

题 11-5 图

11-4　停放在钢轨上的货车质量为 12t，货车前方的机车以 18km/h 的速度倒车，与货车碰钩挂接。机车的质量为 60t，试求两车挂接后的共同速度。

11-5　水平面上放一均质三棱柱 A。在其上又放一均质三棱柱 B，如题 11-5 图所示。两三棱柱的横截面均为直角三角形。三棱柱 A 的质量 m_A 为三棱柱 B 质量 m_B 的三倍，其尺寸如图所示。设各处摩擦不计，初始时系统静止。求当三棱柱 B 沿三棱柱 A 滑下接触到水平面时，三棱

柱 A 移动的距离。

11-6　如题 11-6 图所示，质量为 m 的滑块，可以在水平光滑槽中运动，具有刚度系数为 k 的弹簧一端与滑块相连接，另一端固定。杆 AB 长度为 l，质量忽略不计，A 端与滑块铰接，B 端装有质量为 m_1 的小球，在铅垂平面内可绕点 A 旋转。设在力偶 M 作用下转动角速度 ω 为常数。求滑块 A 的运动微分方程。

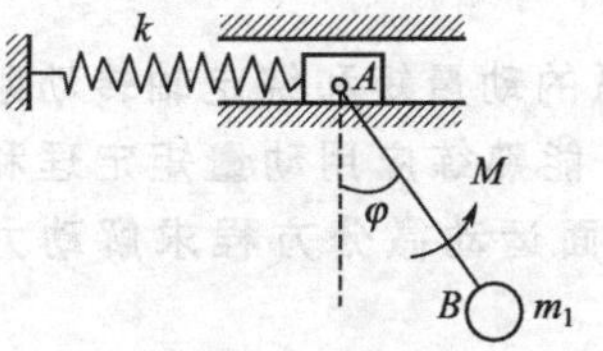

题 11-6 图

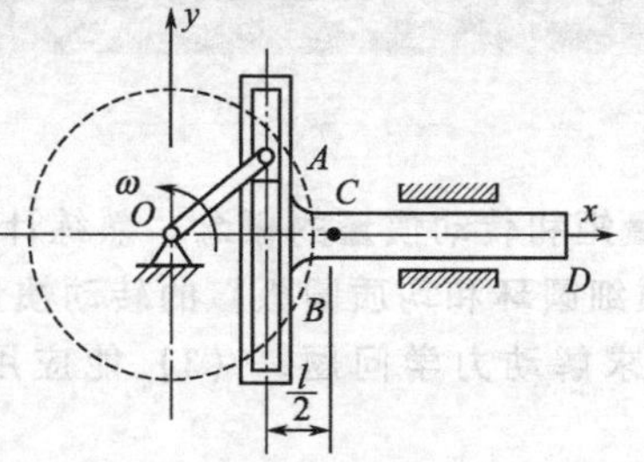

题 11-7 图

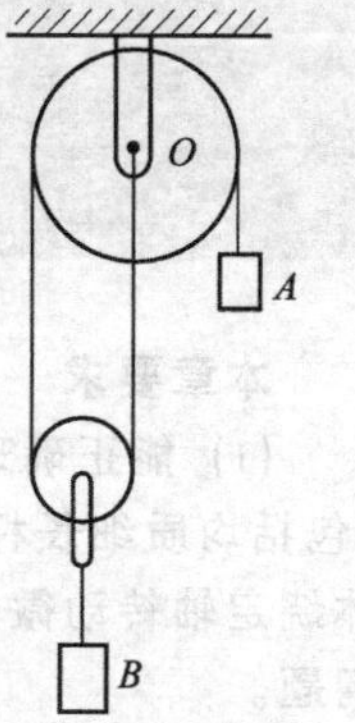

题 11-8 图

11-7　在题 11-7 图所示曲柄滑槽机构中，长为 l 的曲柄以匀角速度 ω 绕 O 轴转动，运动开始时 $\varphi=0$。已知均质曲柄的质量为 m_1，滑块 A 的质量为 m_2，导杆 BD 的质量为 m_3，点 C 为其质心，且 $BC=\dfrac{l}{2}$。求：①机构质量中心的运动方程；②作用在 O 轴的最大水平力。

11-8　滑轮系统如题 11-8 图所示，两重物 A 和 B 重力分别为 $\boldsymbol{P}_1$ 和 $\boldsymbol{P}_2$。如 A 以加速度 $\boldsymbol{a}$ 下降，不计滑轮质量，求支座 O 的约束反力。

11-9　如题 11-9 图所示，水力采煤是利用在高压下从水枪中喷射出的强大水流冲击煤壁而落煤的，已知水枪的水柱直径为 30mm，水速为 50m/s。求水柱给煤壁的动反力。

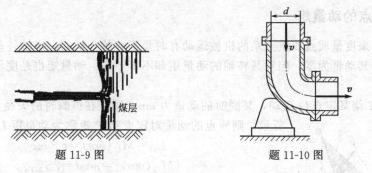

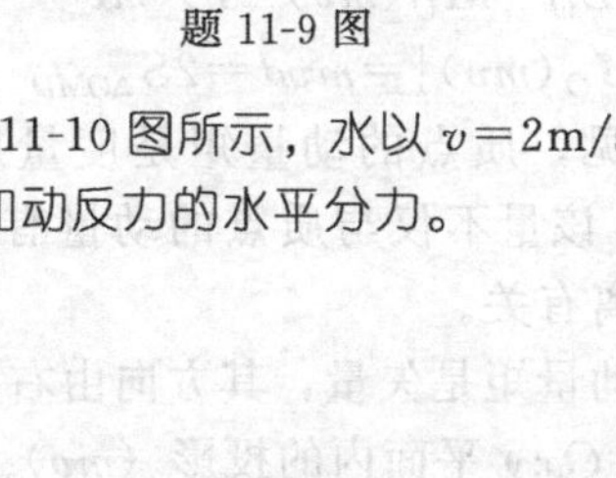

题 11-9 图

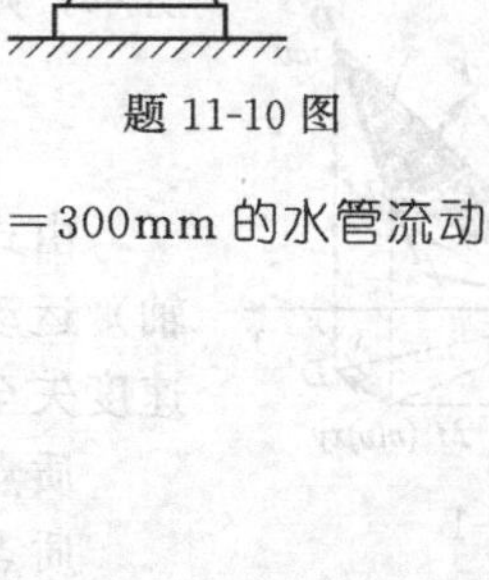

题 11-10 图

11-10　如题 11-10 图所示，水以 $v=2$m/s 的速度沿 $d=300$mm 的水管流动。求在弯头处支座上所受到的附加动反力的水平分力。

第12章

动量矩定理

本章要求

(1) 能正确理解动量矩和转动惯量的概念，熟练计算质点系的动量矩和绕定轴转动刚体(包括均质细长杆、均质细圆环和均质圆板) 的转动惯量；(2) 能熟练应用动量矩定理和刚体绕定轴转动微分方程求解动力学问题；(3) 能应用刚体平面运动微分方程求解动力学问题。

重点 (1) 质点系的动量矩和转动惯量；(2) 质点系的动量矩定理、刚体绕定轴转动微分方程及其应用。

难点 刚体平面运动微分方程的应用。

质点系的动量及动量定理，描述了质点系质心的运动状态及其变化规律。本章阐述的质点系的动量矩及动量矩定理则在一定程度上描述了质点系相对于定点或质心的运动状态及其变化规律。

12.1 质点和质点系的动量矩

12.1.1 质点的动量矩

仅用动量来度量质点或质点系的机械运动有时是不够的。例如，定轴转动的刚体，若转轴过质心，则其动量为零。但对其转轴的动量矩却不等于零。动量矩也是度量机械运动强弱的一个物理量。

设质点 M 绕某定点 O 运动，某瞬时的动量为 $m\boldsymbol{v}$，质点在该瞬时的矢径为 $\boldsymbol{r}$，如图 12-1 所示，则质点的动量对定点 O 之矩称为动量矩 $\boldsymbol{L}_O$

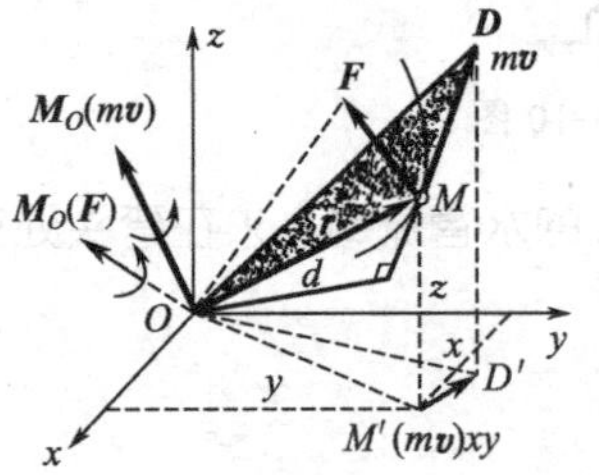

图 12-1

$$\boldsymbol{L}_O=\boldsymbol{M}_O(m\boldsymbol{v})=\boldsymbol{r}\times m\boldsymbol{v} \tag{12-1}$$

$$|\boldsymbol{M}_O(m\boldsymbol{v})|=mvd=2S_{\Delta OMD}$$

由式(12-1) 可见，质点的动量矩是度量质点绕某点（某轴）运动强弱的量，该量不仅与质点的动量有关，还与质点的速度矢至 O 点的距离有关。

质点对 O 点的动量矩是矢量，其方向由右手法则确定。

质点动量 $m\boldsymbol{v}$ 在 Oxy 平面内的投影 $(m\boldsymbol{v})_{xy}$ 对于点 O 的矩，定义为质点动量对于 z 轴的矩，简称质点对 z 轴的动量矩。质点对轴的动量矩是代数量，和力对点与力对轴之矩相似，有质点对点 O 的动量矩矢在 z 轴上的投影，等于质点对 z 轴的动量矩，即

$$[\boldsymbol{M}_O(m\boldsymbol{v})]_z=M_z(m\boldsymbol{v}) \tag{12-2}$$

在国际单位制中动量矩的单位为 $kg \cdot m^2/s$。

12.1.2　质点系的动量矩

质点系对某点 O（或某轴）的动量矩等于各质点对同一点（或轴）的动量矩的矢量和，即

$$\boldsymbol{L}_O = \sum \boldsymbol{M}_O(m_i \boldsymbol{v}_i) \tag{12-3}$$

$$L_z = \sum M_z(m_i \boldsymbol{v}_i) \tag{12-4}$$

利用式(12-2)，得

$$[\boldsymbol{L}_O]_z = L_z \tag{12-5}$$

即质点系对某点 O 的动量矩矢在通过该点的 z 轴上的投影等于质点系对于该轴的动量矩。

刚体平动时，可将全部质量集中于质心，作为一个质点来计算其动量矩。

刚体绕定轴转动时，如图 12-2 所示，则刚体对 z 轴的动量矩为

$$L_z = \sum M_z(m_i \boldsymbol{v}_i) = \sum m_i v_i r_i = \sum m_i \omega r_i r_i = \omega \sum m_i r_i^2$$

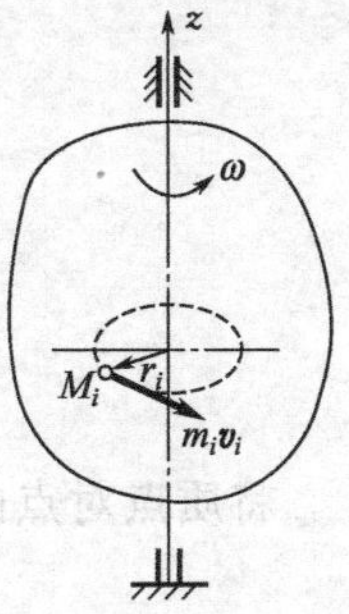

图 12-2

令 $\sum m_i r_i^2 = J_z$，称为刚体对于 z 轴的转动惯量。于是得

$$L_z = J_z \omega \tag{12-6}$$

即：绕定轴转动刚体对其转轴的动量矩等于刚体对转轴的转动惯量与转动角速度的乘积。

例 12-1　已知滑轮 A 的质量为 m_1，半径为 R_1，转动惯量 J_1；滑轮 B 的质量为 m_2，半径为 R_2，转动惯量 J_2，且 $R_1 = 2R_2$；物体 C 的质量为 m_3，如图 12-3 所示。求系统对 O 轴的动量矩。

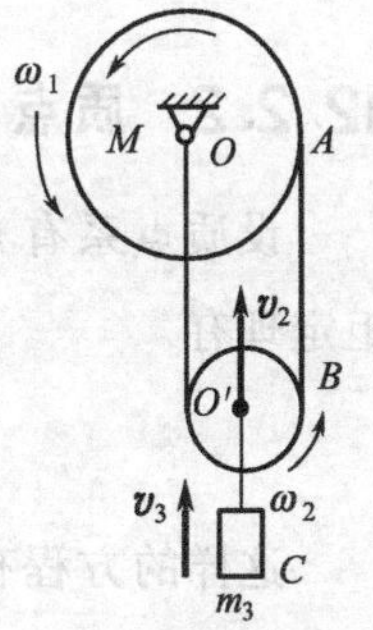

图 12-3

解：系统对 O 轴的动量矩为

$$L_O = L_{OA} + L_{OB} + L_{OC} = J_1\omega_1 + (J_2\omega_2 + m_2 v_2 R_2) + m_3 v_3 R_2$$

其中 $$v_3 = v_2 = R_2\omega_2 = \frac{1}{2}R_1\omega_1 = \frac{1}{2}\times 2R_2\omega_1 = R_2\omega_1$$

所以 $$L_O = \left(\frac{J_1}{R_2^2} + \frac{J_2}{R_2^2} + m_2 + m_3\right) R_2 v_3$$

12.2 质点与质点系的动量矩定理

12.2.1　质点的动量矩定理

设质点对定点 O 的动量矩为 $\boldsymbol{M}_O(m\boldsymbol{v})$，作用力 $\boldsymbol{F}$ 对同一点的矩为 $\boldsymbol{M}_O(\boldsymbol{F})$，如图 12-1 所示。

将动量矩对时间求一次导数，得

$$\frac{\mathrm{d}}{\mathrm{d}t}\boldsymbol{M}_O(m\boldsymbol{v}) = \frac{\mathrm{d}}{\mathrm{d}t}(\boldsymbol{r}\times m\boldsymbol{v}) = \frac{\mathrm{d}\boldsymbol{r}}{\mathrm{d}t}\times m\boldsymbol{v} + \boldsymbol{r}\times\frac{\mathrm{d}}{\mathrm{d}t}(m\boldsymbol{v})$$

根据质点动量定理 $$\frac{\mathrm{d}}{\mathrm{d}t}(m\boldsymbol{v}) = \boldsymbol{F}$$

且 O 为定点，有
$$\frac{\mathrm{d}\boldsymbol{r}}{\mathrm{d}t}=\boldsymbol{v}$$

因为
$$\boldsymbol{v}\times m\boldsymbol{v}=0,\ \boldsymbol{r}\times\boldsymbol{F}=\boldsymbol{M}_O(\boldsymbol{F})$$

于是得
$$\frac{\mathrm{d}}{\mathrm{d}t}\boldsymbol{M}_O(m\boldsymbol{v})=\boldsymbol{M}_O(\boldsymbol{F}) \tag{12-7}$$

式(12-7) 称为质点的动量矩定理，即：质点对某定点的动量矩对时间的一阶导数，等于作用在质点上的力对同点之矩。

式(12-7) 在直角坐标轴上的投影式为

$$\frac{\mathrm{d}}{\mathrm{d}t}[\boldsymbol{M}_O(m\boldsymbol{v})]_x=M_x(\boldsymbol{F})$$
$$\frac{\mathrm{d}}{\mathrm{d}t}[\boldsymbol{M}_O(m\boldsymbol{v})]_y=M_y(\boldsymbol{F})$$
$$\frac{\mathrm{d}}{\mathrm{d}t}[\boldsymbol{M}_O(m\boldsymbol{v})]_z=M_z(\boldsymbol{F})$$

将质点对点的动量矩与对轴的动量矩的关系式(12-2) 代入上式，可得

$$\left.\begin{aligned}\frac{\mathrm{d}}{\mathrm{d}t}M_x(m\boldsymbol{v})=M_x(\boldsymbol{F})\\ \frac{\mathrm{d}}{\mathrm{d}t}M_y(m\boldsymbol{v})=M_y(\boldsymbol{F})\\ \frac{\mathrm{d}}{\mathrm{d}t}M_z(m\boldsymbol{v})=M_z(\boldsymbol{F})\end{aligned}\right\} \tag{12-8}$$

12.2.2 质点系的动量矩定理

设质点系有 n 个质点，作用于第 i 个质点的力有外力 $\boldsymbol{F}_i^{(e)}$ 和内力 $\boldsymbol{F}_i^{(i)}$，根据质点的动量矩定理有

$$\frac{\mathrm{d}}{\mathrm{d}t}\boldsymbol{M}_O(m_i\boldsymbol{v}_i)=\boldsymbol{M}_O(F_i^{(e)})+\boldsymbol{M}_O(F_i^{(i)})$$

这样的方程有 n 个，相加得

$$\sum\frac{\mathrm{d}}{\mathrm{d}t}\boldsymbol{M}_O(m_i\boldsymbol{v}_i)=\sum\boldsymbol{M}_O(F_i^{(e)})+\sum\boldsymbol{M}_O(F_i^{(i)})$$

由于质点系中各质点的内力总是大小相等、方向相反地成对出现，因此有

$$\sum\boldsymbol{M}_O(\boldsymbol{F}_i^{(i)})=\boldsymbol{0}$$

又因为
$$\sum\frac{\mathrm{d}}{\mathrm{d}t}\boldsymbol{M}_O(m_i\boldsymbol{v}_i)=\frac{\mathrm{d}}{\mathrm{d}t}\sum\boldsymbol{M}_O(m_i\boldsymbol{v}_i)=\frac{\mathrm{d}}{\mathrm{d}t}\boldsymbol{L}_O$$

于是得质点系的动量矩定理

$$\frac{\mathrm{d}\boldsymbol{L}_O}{\mathrm{d}t}=\sum\boldsymbol{M}_O(\boldsymbol{F}_i^{(e)})$$

可简写成
$$\frac{\mathrm{d}\boldsymbol{L}_O}{\mathrm{d}t}=\sum\boldsymbol{M}_O(\boldsymbol{F}) \tag{12-9}$$

即质点系对某定点 O 的动量矩对时间的一阶导数，等于作用于质点系的外力对同点之矩的矢量和（外力对点 O 的主矩）。

质点系动量矩定理在直角坐标系的投影式

$$\left.\begin{aligned}\frac{\mathrm{d}L_x}{\mathrm{d}t}&=\sum M_x(\boldsymbol{F})\\\frac{\mathrm{d}L_y}{\mathrm{d}t}&=\sum M_y(\boldsymbol{F})\\\frac{\mathrm{d}L_z}{\mathrm{d}t}&=\sum M_z(\boldsymbol{F})\end{aligned}\right\}\tag{12-10}$$

动量矩定理从动量的改变和力矩两者之间的关系建立了物体的运动状态与作用力之间的关系，常用于解决有关转动的动力学问题。另外，上述动量矩定理的表达形式只适用于对固定点或固定轴。

例 12-2　塔轮绕 O 轴转动，质量为 m，对 O 轴转动惯量为 J_O，两半径分别为 R 和 r，不可伸长的绳索吊挂质量为 m_1、m_2 的两物体，如图 12-4 所示。若在塔轮上施加外力矩 M，试求 m_1 的加速度 a。

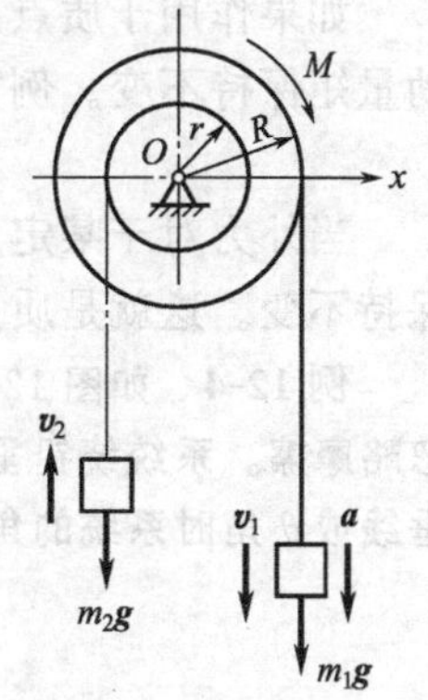

图 12-4

解： 取整体为研究对象，作用于系统上的外力有：外力矩 M，重力 $m_1\boldsymbol{g}$、$m_2\boldsymbol{g}$ 以及塔轮的重力 $m\boldsymbol{g}$ 为已知。O 处的约束反力为未知。由于塔轮的重力和 O 处的约束反力通过轮轴 O，因此如以 O 轴为转轴应用动量矩定理时，方程中将不含有这两个力。

设 m_1 下降的速度为 $\boldsymbol{v}_1$，则 m_2 上升的速度 $\boldsymbol{v}_2=\dfrac{r}{R}\boldsymbol{v}_1$，塔轮的角速度 $\omega=\dfrac{v_1}{R}$。应用动量矩定理

$$L_O=m_1v_1R+m_2\frac{r}{R}v_1r+J_O\frac{v_1}{R}$$

$$\sum M_O(\boldsymbol{F})=M+m_1gR-m_2gr$$

由
$$\frac{\mathrm{d}L_O}{\mathrm{d}t}=\sum M_O(\boldsymbol{F})$$

有
$$\left(m_1R+m_2\frac{r^2}{R}+\frac{J_O}{R}\right)\frac{\mathrm{d}v_1}{\mathrm{d}t}=M+(m_1R-m_2r)g$$

$$a=\frac{\mathrm{d}v_1}{\mathrm{d}t}=\frac{M+(m_1R-m_2r)g}{m_1R+m_2\dfrac{r^2}{R}+\dfrac{J_O}{R}}$$

例 12-3　在如图 12-5 所示机构中，已知鼓轮的半径为 R，重力为 G，对 O 轴的转动惯量为 J，作用在鼓轮上的力矩为 M。小车重力为 W，轨道的倾角为 φ。设绳的质量和各处摩擦均忽略不计，求小车的加速度 a。

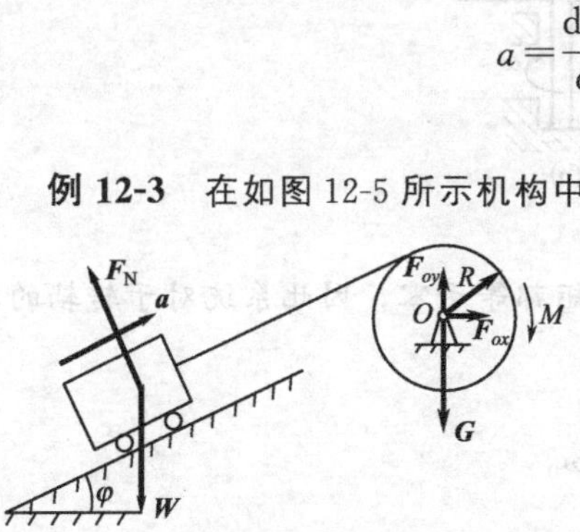

图 12-5

解： 取小车与鼓轮组成质点系，视小车为质点。此质点系对轴 O 的动量矩为

$$L_O=J\omega+\frac{W}{g}vR$$

作用于质点系的外力除力矩 M、重力 $\boldsymbol{G}$ 和 $\boldsymbol{W}$ 外，还有轴承 O 的反力 $\boldsymbol{F}_{Ox}$ 和 $\boldsymbol{F}_{Oy}$，轨道对小车的约束反力 $\boldsymbol{F}_{\mathrm{N}}$。这些外力对 O 轴的力矩为

$$M_O=M-WR\sin\varphi$$

由动量矩定理得

$$\frac{\mathrm{d}}{\mathrm{d}t}\left(J\omega+\frac{WvR}{g}\right)=M-WR\sin\varphi$$

因 $\omega=\frac{v}{R}$，$\frac{\mathrm{d}v}{\mathrm{d}t}=a$，于是解得

$$a=\frac{M-WR\sin\varphi}{Jg+WR^2}Rg$$

12.2.3 动量矩守恒定律

如果作用于质点系的力对某定点 O 的主矩恒等于零，则由式(12-9) 知，质点系对该点的动量矩保持不变，即

$$L_O=\text{常矢量} \tag{12-11}$$

如果作用于质点系的力对于某定轴的力矩等于零，则由式(12-10) 知，质点系对该轴的动量矩保持不变。例如 $M_z(\boldsymbol{F})=0$，则

$$L_z=\text{常量} \tag{12-12}$$

当外力对于某定点（或某定轴）的主矩等于零时，质点系对于该点（或该轴）的动量矩保持不变。这就是质点系动量矩守恒定律。

例 12-4 如图 12-6(a)所示，小球 A、B 以细绳相连，质量均为 m，其余构件质量均不计，忽略摩擦。系统绕铅垂轴 z 自由转动，初始时系统的角速度为 ω_0，当细绳拉断后，求各杆与铅垂线成 θ 角时系统的角速度 ω。

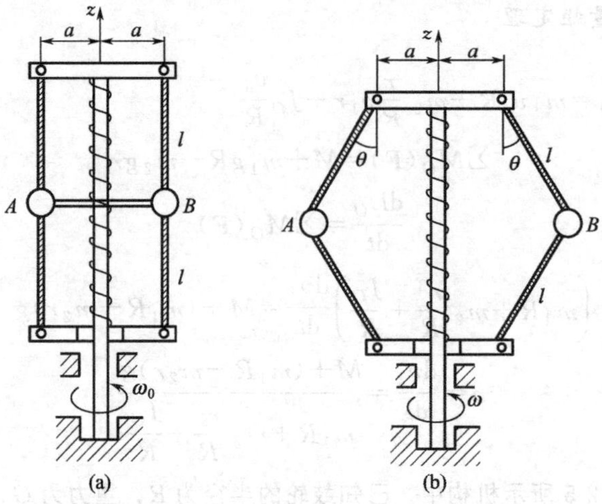

图 12-6

解： 此系统所受的重力和轴承的约束力对于转轴的矩都等于零，因此系统对于转轴的动量矩守恒。

当 $\theta=0$ 时，动量矩

$$L_{z_1}=2ma\omega_0 a=2ma^2\omega_0$$

当 $\theta\neq0$ 时，动量矩

$$L_{z_2}=2m(a+l\sin\theta)^2\omega$$

由 $L_{z1}=L_{z2}$，得

$$\omega=\frac{a^2\omega_0}{(a+l\sin\theta)^2}$$

作用线始终通过某定点 O 的力称为有心力，O 点称为力心。如太阳对行星的引力、地球对人造卫星的引力等都是有心力。显然，有心力对力心的矩恒等于零。因此，在有心力作

用下的质点，对于力心的动量矩守恒。

12.3 刚体绕定轴转动的微分方程

设定轴转动刚体上作用有主动力 $\boldsymbol{F}_1$、$\boldsymbol{F}_2$、…、$\boldsymbol{F}_n$ 和轴承约束反力 $\boldsymbol{F}_{N1}$、$\boldsymbol{F}_{N2}$，如图 12-7所示。刚体对于 z 轴的转动惯量为 J_z，角速度为 ω，对于 z 轴的动量矩为 $J_z\omega$。

如果不计轴承中的摩擦，轴承约束反力对于 z 轴的力矩等于零，根据质点系对 z 轴的动量矩定理有

$$\frac{\mathrm{d}(J_z\omega)}{\mathrm{d}t}=\sum M_z(\boldsymbol{F}_i)$$

或

$$J_z\frac{\mathrm{d}\omega}{\mathrm{d}t}=\sum M_z(\boldsymbol{F}_i) \tag{12-13a}$$

上式可写成

$$J_z\varepsilon=\sum M_z(\boldsymbol{F}_i) \tag{12-13b}$$

$$J_z\frac{\mathrm{d}^2\varphi}{\mathrm{d}t^2}=\sum M_z(\boldsymbol{F}_i) \tag{12-13c}$$

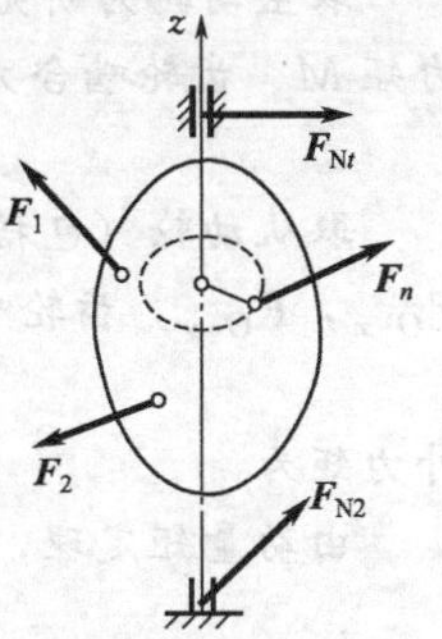

图 12-7

以上各式均称为刚体绕定轴转动微分方程。刚体对定轴的转动惯量与角加速度的乘积，等于作用于刚体上的外力对该轴之矩的代数和。

由式(12-13) 可见，刚体绕定轴转动时，其主动力对转轴的矩使刚体转动状态发生改变。力矩大，转动角加速度就大；如力矩相同，刚体转动惯量越大，则角加速度越小，反之，角加速度越大。

定轴转动刚体的动量矩 $L_z=J_z\omega$ 与平动刚体的动量 $\boldsymbol{p}=m\boldsymbol{v}$，以及刚体绕定轴转动的微分方程 $J_z\varepsilon=\sum M_z(\boldsymbol{F}_i)$ 与平动刚体的运动微分方程 $m\boldsymbol{a}=\sum \boldsymbol{F}_i$，两相对照不难发现，有关转动的物理量（如 ω、ε、$\sum M_i$）与有关平动的物理量（如 $\boldsymbol{v}$、$\boldsymbol{a}$、$\sum \boldsymbol{F}_i$）之间有着对应关系，而转动惯量 J_z 恰好与质量 m 相对应。可见，刚体转动惯量与质量相仿，也是刚体惯性的度量。质量是刚体平动时惯性的度量，转动惯量是刚体转动时惯性的度量，表现了刚体转动状态改变的难易程度。

用刚体定轴转动微分方程解题时应注意：选取研究对象时每次只能取一根轴；受力分析时，可不必分析轴承的约束反力，因为其反力在方程中不出现，因而也就不能求出约束反力；进行运动分析时，要注意运动形式，运用相应的运动学知识求解。

例 12-5　绞车提升一质量为 m 的物体，如图 12-8 所示，主动轴上作用有不变的力矩 M，已知主动轴和从动轴对转轴的转动惯量分别为 J_1、J_2。两齿轮的传动比 $i_{12}=\dfrac{r_2}{r_1}$，齿轮啮合角为 α；鼓轮半径为 R，略去轴承摩擦力及吊索重力。求提升重物的加速度。

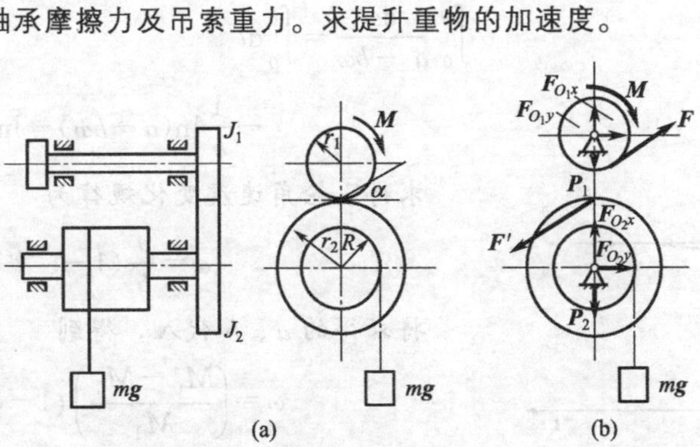

图 12-8

解：分别取主动轮及从动轮（包括吊重）为研究对象，设各以 ω_1 和 ω_2 转动。两齿轮啮合点切向加速度相等，即 $r_1\varepsilon_1=r_2\varepsilon_2$，可得

$$\varepsilon_1=\frac{r_2}{r_1}\varepsilon_2=i_{12}\varepsilon_2$$

提升重物的加速度与鼓轮轮缘切向加速度相同，即

$$a=R\varepsilon_2$$

取主动轮为研究对象，作用在主动轮上的外力有：轮自重 $\boldsymbol{P}_1$，轴承反力 $\boldsymbol{F}_{O_1x}$、$\boldsymbol{F}_{O_1y}$、力矩 M、齿轮啮合力 $\boldsymbol{F}$。对主动轮转轴取矩

$$Fr_1\cos\alpha-M=J_1(-\varepsilon_1)$$

取从动轮（包括重物）为研究对象，作用的外力有轮自重 $\boldsymbol{P}_2$，挂重 mg，轴承反力 $\boldsymbol{F}_{O_2x}$，$\boldsymbol{F}_{O_2y}$，齿轮啮合力 $\boldsymbol{F}'$。系统对转轴的动量矩为

$$L_{O_2}=J_2\omega_2+mvR$$

外力矩为

$$M=F'\cos\alpha\cdot r_2-mgR$$

由动量矩定理，可得

$$\frac{\mathrm{d}}{\mathrm{d}t}(J_2\omega_2+mvR)=F'\cos\alpha\cdot r_2-mgR$$

即

$$J_2\varepsilon_2+maR=F'\cos\alpha\cdot r_2-mgR$$

可解得重物加速度为

$$a=(Mi_{12}-mgR)R/(mR^2+i_{12}J_1+J_2)$$

例 12-6　转动惯量为 J 的飞轮自静止开始由直流电机带动。电机的力矩与转速间的关系可近似地表示为 $M=M_0\left(1-\frac{\omega}{\omega_1}\right)$，式中 M_0 为启动时（$\omega=0$）的力矩，ω_1 为空载时（$M=0$）的角速度，两者为已知常量。设飞轮还受到力矩 M_1 的不变阻力偶的作用，试求飞轮角速度的变化规律。

解：外力矩为已知，需求刚体的转动规律

列出飞轮的转动微分方程

$$J\frac{\mathrm{d}\omega}{\mathrm{d}t}=M_0\left(1-\frac{\omega}{\omega_1}\right)-M_1$$

记

$$a=\frac{M_0-M_1}{J},\ b=\frac{M_0}{J\omega_1}$$

则

$$\frac{\mathrm{d}\omega}{\mathrm{d}t}=a-b\omega$$

分离变量后

$$\frac{\mathrm{d}\omega}{a-b\omega}=\mathrm{d}t$$

$$\int_0^{\omega}\frac{\mathrm{d}\omega}{a-b\omega}=\int_0^{t}\mathrm{d}t$$

$$-\frac{1}{b}\ln(a-b\omega)-\ln a=t$$

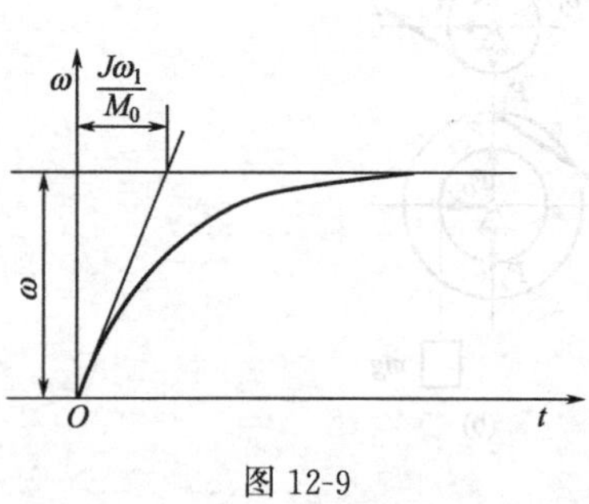

图 12-9

求得飞轮角速度变化规律为

$$\omega=\frac{a}{b}(1-\mathrm{e}^{-bt})$$

将求得的 a、b 代入，得到

$$\omega=\left(\frac{M_0-M_1}{M_1}\right)(1-\mathrm{e}^{-\frac{M_0t}{J\omega_1}})$$

ω 随时间而变化的曲线如图 12-9 所示。ω 随时间而

增加并趋近于其极限值 ω^*

$$\omega^* = \lim_{t\to\infty}\omega = \omega_1\left(\frac{M_0 - M_2}{M_0}\right)$$

12.4 刚体对轴的转动惯量

刚体的转动惯量是刚体转动时惯性的度量，刚体对任意轴 z 的转动惯量定义为

$$J_z = \sum m_i r_i^2 \tag{12-14}$$

由式(12-14) 可见，转动惯量的大小不仅与质量大小有关，而且与质量的分布情况有关。在国际单位制中其单位为 $\mathrm{kg \cdot m^2}$。

工程上，有些设备需要增加转动惯量，如冲床和剪床等，由于工作时受到的冲击，为了使运动平稳，常在转轴上安装一个大飞轮，并使飞轮的质量大部分分布在轮缘，如图 12-10 所示，这样因飞轮转动时惯性大，机器受到冲击时，角加速度小，可使机器保持比较稳定的运动状态。又如，仪表中的某些零件必须有较高的灵敏度，即当外载荷稍有一点变化，角速度即刻发生改变，这就要求使用轻金属以减小质量，并尽可能使质量集中在转轴附近，以使转动惯量尽可能地小。

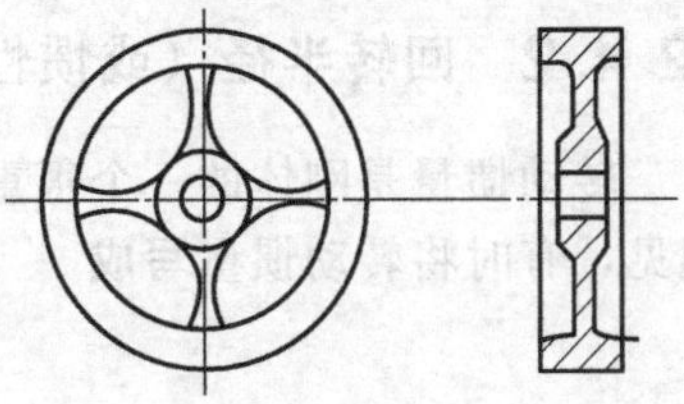

图 12-10

12.4.1 简单形状物体的转动惯量计算

(1) 均质细长杆对过质心 C 且与杆轴线垂直的 z 轴的转动惯量，见图 12-11。

设杆长 l，杆的质量为 m，取杆上一微段 $\mathrm{d}x$，其质量 $\mathrm{d}m = \frac{m}{l}\mathrm{d}x$，则此杆对 z 轴的转动惯量为

$$J_z = \int_{-l/2}^{l/2} \frac{m}{l} x^2 \mathrm{d}x = \frac{1}{12} m l^2$$

同理可得细长杆对于通过杆端 A 且与 z 轴平行的 z_1 轴的转动惯量为

$$J_{z_1} = \int_0^l \frac{m}{l} x^2 \mathrm{d}x = \frac{1}{3} m l^2$$

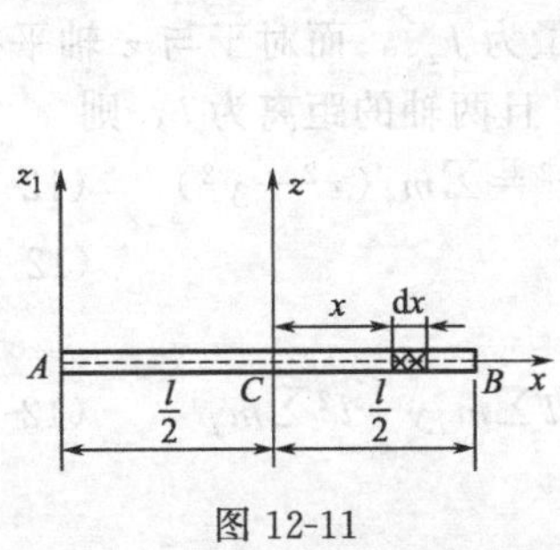

图 12-11

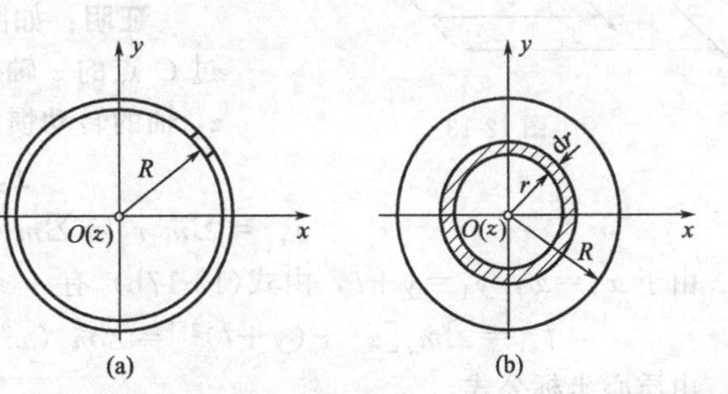

图 12-12

(2) 均质细圆环对通过中心 O 且与圆环平面垂直的 z 轴的转动惯量。

将圆环分割成许多微小段如图 12-12(a)所示，任意小段的质量为 Δm_i，它对 z 轴的转动惯量为 $\Delta m_i R^2$，于是整个细圆环对于 z 轴的转动惯量为

$$J_z = \sum \Delta m_i R^2 = R^2 \sum \Delta m_i = mR^2$$

(3) 均质薄圆板对通过中心 O 且与圆板平面垂直的 z 轴的转动惯量。

将圆板分成无数同心的薄圆环，如图 12-12(b)所示，任一圆环的半径为 r，宽度为 $\mathrm{d}r$，则薄圆环的质量为 $\mathrm{d}m=\frac{m}{\pi R^2}2\pi r\,\mathrm{d}r=\frac{2m}{R^2}r\,\mathrm{d}r$，此圆环对 z 轴的转动惯量为 $r^2\mathrm{d}m=\frac{2m}{R^2}r^3\mathrm{d}r$，于是整个圆板对于 z 轴的转动惯量为

$$J_z=\int_O^R\frac{2m}{R^2}r^3\mathrm{d}r=\frac{2m}{R^2}\int_O^R r^3\mathrm{d}r=\frac{1}{2}mR^2$$

以上均属平面情形，它们对于过 O 点且与平面垂直轴的转动惯量有时称为对 O 点的转动惯量，并记为 J_O。

12.4.2 回转半径（或惯性半径）

转动惯量是刚体的一个很重要的物理特性，它反映了刚体绕转轴转动时的惯性。为方便起见，有时将转动惯量写成

$$J_z=m\rho^2 \tag{12-15}$$

或

$$\rho=\sqrt{\frac{J_z}{m}} \tag{12-16}$$

ρ 称为回转半径（或惯性半径）

式(12-15) 说明，如果把刚体的总质量全部集中于离转轴为 ρ 的一点，则该质点对转轴的转动惯量等于刚体的转动惯量。

转动惯量的计算方法，原则上根据公式(12-14) 计算，对于简单、规则形状的刚体可用积分法计算，一些常见的简单规则形状的刚体，可查阅有关机械工程手册；对于组合体可用组合法计算；对于复杂形状的刚体，通常用实验的方法求得。

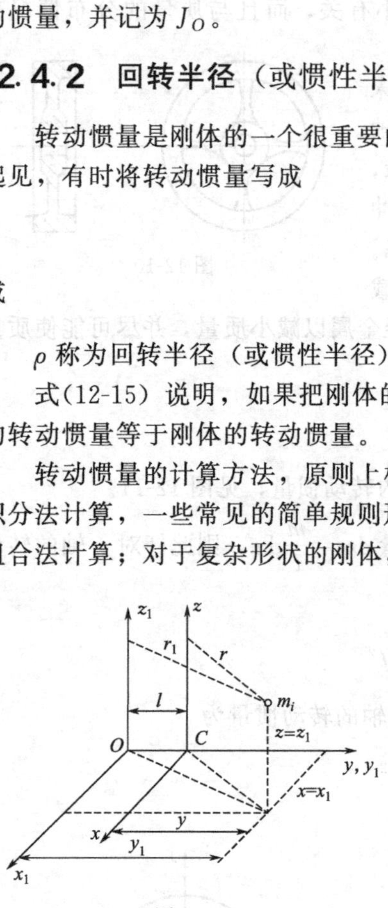

图 12-13

12.4.3 平行轴定理

定理：刚体对任一轴的转动惯量，等于刚体对通过质心并与该轴平行轴的转动惯量，加上刚体的总质量与两轴间距离平方的乘积，即

$$J_{z_1}=J_{zC}+ml^2 \tag{12-17}$$

证明：如图 12-13 所示，C 为质心，设刚体对于通过 C 点的 z 轴的转动惯量为 J_{zC}，而对于与 z 轴平行的 z_1 轴的转动惯量为 J_{z_1}，且两轴的距离为 l，则

$$J_{zC}=\sum m_i r^2=\sum m_i(x^2+y^2) \tag{12-17a}$$

$$J_{z_1}=\sum m_i r_1^2=\sum m_i(x_1^2+y_1^2) \tag{12-17b}$$

由于 $x_1=x$，$y_1=y+l$，由式(12-17b) 有

$$J_{z_1}=\sum m_i[x^2+(y+l)^2]=\sum m_i(x^2+y^2)+2l\sum m_i y+l^2\sum m_i \tag{12-17c}$$

由质心坐标公式

$$y_c=\frac{\sum m_i y}{\sum m_i}$$

注意到 $y_c=0$，则 $\sum m_i y=0$，代回式(12-17c) 并注意到式(12-17a) 得到

$$J_{z_1}=J_{zC}+ml^2$$

由平行轴定理知，在相互平行的各轴中，刚体对于通过质心轴的转动惯量最小。

常见的简单形状物体的转动惯量如表 12-1 所列。

表 12-1　简单形状物体的转动惯量

物体形状	转动惯量	回转半径
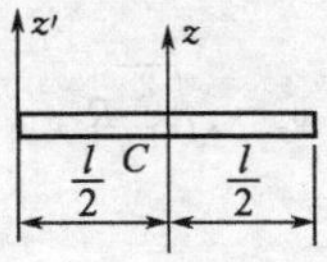	$J_z=\frac{m}{12}l^2$ $J_{z'}=\frac{m}{3}l^2$	$\rho_z=\frac{l}{2\sqrt{3}}$ $\rho_{z'}=\frac{l}{\sqrt{3}}$
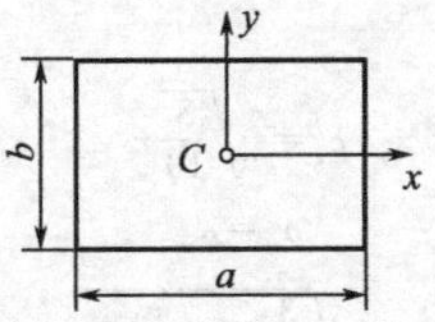	$J_z=\frac{m}{12}(a^2+b^2)$ $J_x=\frac{m}{12}a^2$ $J_y=\frac{m}{12}b^2$	$\rho_z=\sqrt{\frac{1}{12}(a^2+b^2)}$ $\rho_x=\sqrt{\frac{1}{12}}a$ $\rho_y=\sqrt{\frac{1}{12}}b$
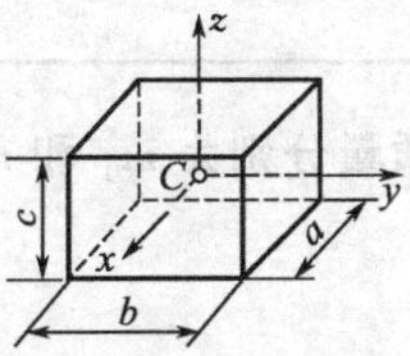	$J_z=\frac{m}{12}(a^2+b^2)$ $J_x=\frac{m}{12}(a^2+c^2)$ $J_y=\frac{m}{12}(b^2+c^2)$	$\rho_z=\sqrt{\frac{1}{12}(a^2+b^2)}$ $\rho_x=\sqrt{\frac{1}{12}(a^2+c^2)}$ $\rho_y=\sqrt{\frac{1}{12}(b^2+c^2)}$
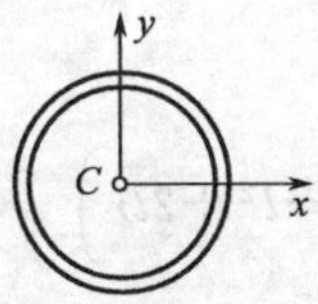	$J_x=J_y=\frac{1}{2}mR^2$ $J_z=mR^2$	$\rho_x=\rho_y=\frac{R}{\sqrt{2}}$ $\rho_z=R$
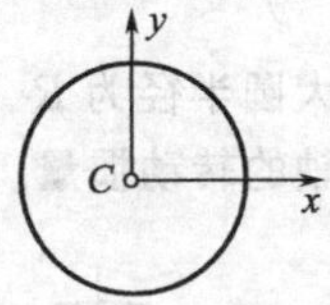	$J_x=J_y=\frac{1}{4}mR^2$ $J_z=\frac{1}{2}mR^2$	$\rho_x=\rho_y=\frac{R}{2}$ $\rho_z=\frac{R}{\sqrt{2}}$
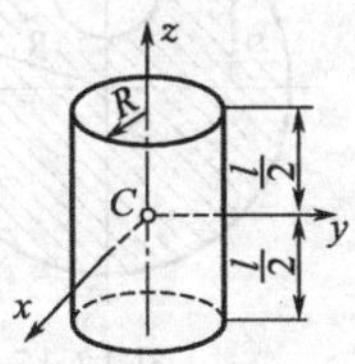	$J_z=\frac{1}{2}mR^2$ $J_x=J_y$ $=\frac{m}{12}(3R^2+l^2)$	$\rho_z=\frac{R}{\sqrt{2}}$ $\rho_x=\rho_y$ $=\sqrt{\frac{1}{12}(3R^2+l^2)}$
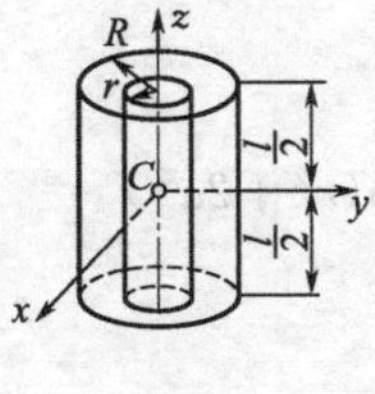	$J_x=J_y=\frac{m}{12}[l^2+3(R^2+r^2)]$ $J_z=\frac{m}{2}(R^2+r^2)$	$\rho_x=\rho_y=\sqrt{\frac{l^2+3(R^2+r^2)}{12}}$ $\rho_z=\sqrt{\frac{1}{2}(R^2+r^2)}$

续表

物体形状	转动惯量	回转半径
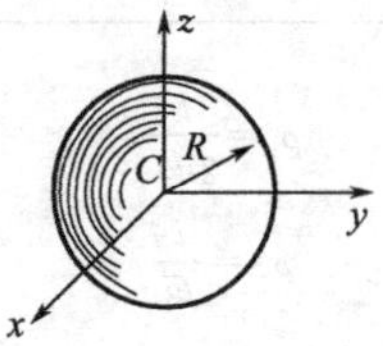	$J_z=\frac{2}{5}mR^2$	$\rho_z=\sqrt{\frac{2}{5}}R$
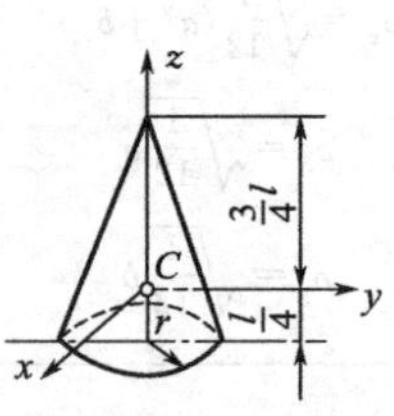	$J_z=\frac{3}{10}mr^2$ $J_x=J_y$ $=\frac{3}{80}m(4r^2+l^2)$	$\rho_z=\sqrt{\frac{3}{10}}r$ $\rho_x=\rho_y$ $=\sqrt{\frac{3}{80}(4r^2+l^2)}$

例 12-7　单摆简化为如图 12-14 所示，已知均质杆和均质圆盘的质量分别为 m_1 和 m_2，杆长为 l，圆盘半径为 r。求摆对于通过 O 点且与书面垂直轴的转动惯量。

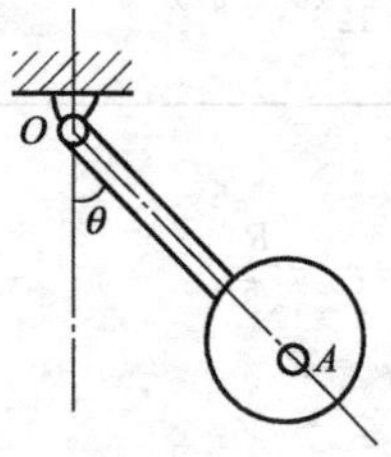

图 12-14

解：摆对 O 轴的转动惯量

$$J_O=J_{O杆}+J_{O盘}$$

式中

$$J_{O杆}=\frac{1}{3}m_1l^2$$

$$J_{O盘}=\frac{1}{2}m_2r^2+m_2(l+r)^2=m_2\left(\frac{3}{2}r^2+l^2+2lr\right)$$

于是得

$$J_O=\frac{1}{3}m_1l^2+m_2\left(\frac{3}{2}r^2+l^2+2lr\right)$$

例 12-8　均质等厚度零件如图 12-15 所示，设单位面积的质量为 ρ，大圆半径为 R，挖去的小圆半径为 r，两圆心的距离为 a，求零件对过 O 点并垂直于零件平面的轴的转动惯量。

解：零件对 O 轴的转动惯量为

$$J_O=J_{OR}-J_{Or}$$

其中大圆对 O 轴的转动惯量为

$$J_{OR}=\frac{1}{2}mR^2$$

且

$$m=\pi R^2\rho$$

根据平行轴定理，小圆对 O 轴的转动惯量为

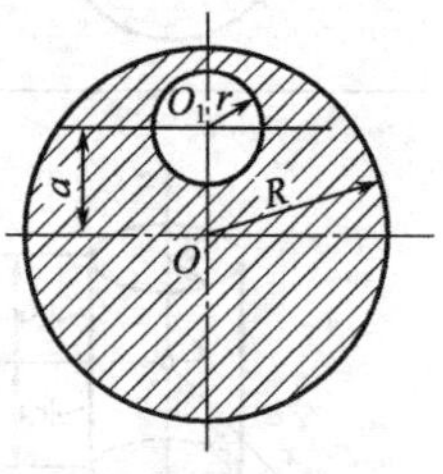

图 12-15

$$J_{Or}=\frac{1}{2}m_1r^2+m_1a^2$$

且

$$m_1=\pi r^2\rho$$

于是

$$J_O=\frac{1}{2}\pi R^2\rho R^2-\left(\frac{1}{2}\pi r^2\rho r^2+\pi r^2\rho a^2\right)=\frac{1}{2}\pi R^4\rho-\frac{1}{2}\pi r^2\rho(r^2+2a^2)$$

$$=\frac{\pi\rho}{2}[R^4-r^2(r^2+2a^2)]$$

12.5 刚体平面运动微分方程

12.5.1 质点系相对于质心的动量矩定理

前面阐述的质点系动量矩定理只适用于惯性坐标系中的固定点或固定轴，相对于一般的动点或动轴，动量矩定理的形式比较复杂。然而相对于质点系的质心或通过质心的转轴，动量矩定理仍可推导如下。

以质心 C 为原点，取一平动参考系 $Cx'y'z'$ 如图 12-16所示。在此平动坐标系内，任一质点 m_i 的相对矢径为 $\boldsymbol{r}_i'$、相对速度为 $\boldsymbol{v}_{ir}$、绝对速度为 $\boldsymbol{v}_i$。由于质点系对某一点的动量矩一般总是指它在绝对运动中对该点的动量矩，因此质点系对其质心的动量矩为

$$\boldsymbol{L}_C=\sum\boldsymbol{M}_C(m_i\boldsymbol{v}_i)=\sum\boldsymbol{r}_i'\times m_i\boldsymbol{v}_i \qquad (12\text{-}18)$$

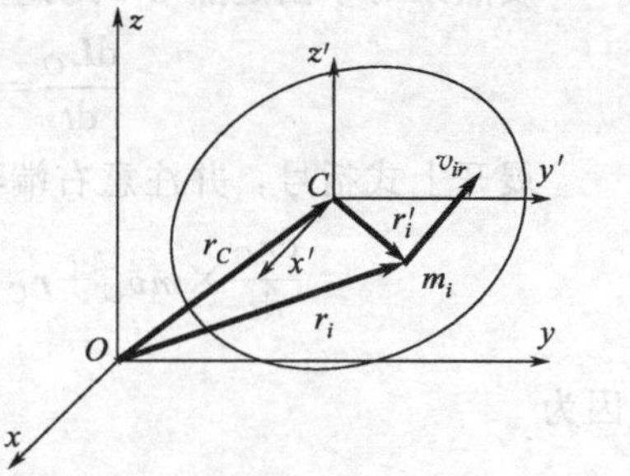

图 12-16

以点 m_i 为动点，以平动坐标系 $Cx'y'z'$ 为动系，则有

$$\boldsymbol{v}_i=\boldsymbol{v}_C+\boldsymbol{v}_{ir}$$

将其代入式(12-18)，有

$$\boldsymbol{L}_C=\sum m_i\boldsymbol{r}_i'\times(\boldsymbol{v}_C+\boldsymbol{v}_{ir})=\sum m_i\boldsymbol{r}_i'\times\boldsymbol{v}_C+\sum m_i\boldsymbol{r}_i'\times\boldsymbol{v}_{ir}$$

因为 $\boldsymbol{r}_C'=0$，所以有 $\sum m_i\boldsymbol{r}_i'=\sum m_i\boldsymbol{r}_C'=0$

于是有

$$\boldsymbol{L}_C=\sum\boldsymbol{M}_C(m_i\boldsymbol{v}_{ir})=\sum\boldsymbol{r}_i'\times m_i\boldsymbol{v}_{ir} \qquad (12\text{-}19)$$

这表明，以质点的相对速度或绝对速度计算质点系对于质心的动量矩，其结果是相等的。即：质点系相对于质心的动量矩也等于质点系内各质点相对于质心平动坐标系的动量对质心 C 之矩的矢量和。

在证明式(12-19) 时应用了质心的特殊性质，因此式(12-19) 仅对质心成立。

对一般的点，欲求质点系对该点的动量矩，通常用质点系中各质点在绝对运动中的动量对该点取矩再求矢量和。这是由于对一般的点，质点系在绝对运动中和在以该点为基点的平动坐标系的相对运动中计算的对该点的动量矩是不等的。

质点 m_i 对固定点 O 的矢径为 $\boldsymbol{r}_i$，绝对速度为 $\boldsymbol{v}_i$，则质点系对定点 O 的动量矩为

$$\boldsymbol{L}_O=\sum\boldsymbol{M}_O(m_i\boldsymbol{v}_i)=\sum\boldsymbol{r}_i\times m_i\boldsymbol{v}_i$$

由图 12-16 可见

$$\boldsymbol{r}_i=\boldsymbol{r}_C+\boldsymbol{r}_i'$$

于是

$$\boldsymbol{L}_C=\sum(\boldsymbol{r}_C+\boldsymbol{r}_i')\times \mathrm{m_i}\boldsymbol{v}_i=\boldsymbol{r}_C\times\sum m_i\boldsymbol{v}_i+\sum\boldsymbol{r}_i'\times m_i\boldsymbol{v}_i$$

根据点的速度合成定理，有

$$\boldsymbol{v}_i=\boldsymbol{v}_C+\boldsymbol{v}_{ir}$$

由质点系动量计算式(11-1) 和式(11-3)，有

$$\sum m_i\boldsymbol{v}_i=m\boldsymbol{v}_C$$

其中 m 为质点系总质量，v_C 为其质心 C 的速度。将上两式代入，则质点系对于定点 O 的动量矩可写成

$$\boldsymbol{L}_O=\boldsymbol{r}_C\times m\boldsymbol{v}_C+\sum\boldsymbol{r}_i'\times m_i\boldsymbol{v}_C+\sum\boldsymbol{r}_i'\times m_i\boldsymbol{v}_{ir}$$

上式最后一项就是 $\boldsymbol{L}_C$，而由质心坐标公式有

$$\sum m_i \boldsymbol{r}'_i = m\boldsymbol{r}'_C$$

其中 $\boldsymbol{r}'_C$ 为质心 C 对于动系 $Cx'y'z'$ 的矢径。此处 C 为此动系的原点，显然 $\boldsymbol{r}'_C=0$，即 $\sum m_i\boldsymbol{r}'_i=0$，于是上式中间一项为零，而

$$\boldsymbol{L}_O=\boldsymbol{r}_C\times m\boldsymbol{v}_C+\boldsymbol{L}_C \tag{12-20}$$

式(12-20) 表明质点系对任一点 O 的动量矩，等于质点系随质心平动时对点 O 的动量矩与质点系相对于质心动量矩的矢量和。

质点系对于固定点 O 的动量矩定理可写成

$$\frac{\mathrm{d}\boldsymbol{L}_O}{\mathrm{d}t}=\frac{\mathrm{d}}{\mathrm{d}t}(\boldsymbol{r}_C\times m\boldsymbol{v}_C+\boldsymbol{L}_C)=\sum\boldsymbol{r}_i\times\boldsymbol{F}_i^{(e)}$$

展开上式括号，并注意右端项中 $\boldsymbol{r}_i=\boldsymbol{r}_c+\boldsymbol{r}'_i$，于是上式可写成

$$\frac{\mathrm{d}\boldsymbol{r}_C}{\mathrm{d}t}\times m\boldsymbol{v}_C+\boldsymbol{r}_C\times\frac{\mathrm{d}}{\mathrm{d}t}m\boldsymbol{v}_C+\frac{\mathrm{d}\boldsymbol{L}_C}{\mathrm{d}t}=\sum\boldsymbol{r}_C\times\boldsymbol{F}_i^{(e)}+\sum\boldsymbol{r}'_i\times\boldsymbol{F}_i^{(e)}$$

因为

$$\frac{\mathrm{d}\boldsymbol{r}_C}{\mathrm{d}t}=\boldsymbol{v}_C,\quad\frac{\mathrm{d}\boldsymbol{v}_C}{\mathrm{d}t}=\boldsymbol{a}_C$$

$$\boldsymbol{v}_C\times\boldsymbol{v}_C=0,\quad m\boldsymbol{a}_C=\sum\boldsymbol{F}_i^{(e)}$$

于是上式成为

$$\frac{\mathrm{d}\boldsymbol{L}_C}{\mathrm{d}t}=\sum\boldsymbol{r}'_i\times\boldsymbol{F}_i^{(e)}$$

上式右端是外力对质心的主矩，于是得

$$\frac{\mathrm{d}\boldsymbol{L}_C}{\mathrm{d}t}=\sum\boldsymbol{M}_C(\boldsymbol{F}_i^{(e)}) \tag{12-21}$$

即质点系相对于质心的动量矩对时间的导数，等于作用于质点系的外力对质心的主矩。此结论称为质点系对质心的动量矩定理。该定理在形式上与质点系对固定点的动量矩定理完全一致，因此与对定点的动量矩定理有关的陈述也适用于对质心的动量矩定理，例如应用时可使用投影式及动量矩守恒定律等。

12.5.2 刚体平面运动微分方程

刚体平面运动的几何位置，可由基点的位置和刚体绕基点的转角确定。取质心 C 为基点，如图 12-17 所示，其坐标为 x_C，y_C。设 D 为刚体上的任一点，CD 与 x 轴的夹角为 φ，则刚体的位置可由 x_C，y_C 和 φ 确定。刚体的运动可分解为随质心的平动和绕质心的转动两部分。

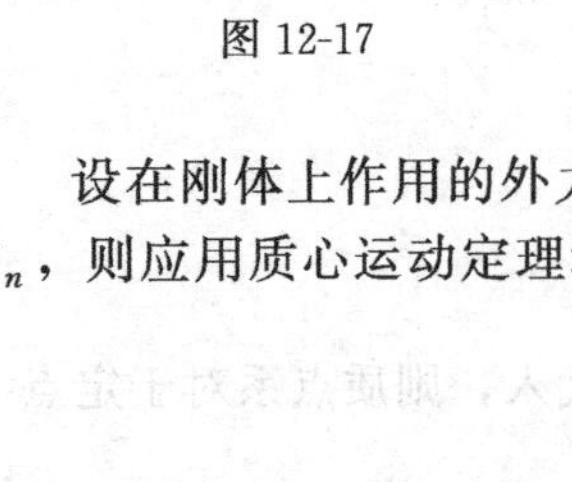

图 12-17

图 12-17 中 $Cx'y'$ 为固连于质心 C 的平动参考系，刚体相对于此动参考系的运动就是绕质心 C 的转动，则刚体对质心的动量矩为

$$L_C=J_C\omega \tag{12-22}$$

其中 J_C 为刚体对通过质心 C 且与运动平面垂直轴的转动惯量，ω 为其角速度。

设在刚体上作用的外力可向质心所在的运动平面简化为一平面力系 $\boldsymbol{F}_1$，$\boldsymbol{F}_2$，$\boldsymbol{F}_3$，…，$\boldsymbol{F}_n$，则应用质心运动定理和相对于质心的动量矩定理，得

$$\left.\begin{aligned}m\boldsymbol{a}_C&=\sum\boldsymbol{F}^{(e)}\\ \frac{\mathrm{d}}{\mathrm{d}t}J_C\omega&=J_C\varepsilon=\sum M_C(\boldsymbol{F}^{(e)})\end{aligned}\right\} \tag{12-23}$$

其中 m 为刚体质量，$\boldsymbol{a}_C$ 为质心加速度，$\varepsilon=\dfrac{\mathrm{d}\omega}{\mathrm{d}t}$ 为刚体角加速度。

上式也可写成

$$\left.\begin{aligned} m\frac{d^2\boldsymbol{r}_C}{dt^2}&=\sum\boldsymbol{F}^{(e)}\\ J_C\frac{d^2\varphi}{dt^2}&=\sum M_C(\boldsymbol{F}^{(e)})\end{aligned}\right\}\tag{12-24}$$

以上两式称为刚体平面运动微分方程。

应用时常取它们在直角坐标系或自然轴系上的投影式

$$\left\{\begin{aligned} ma_{Cx}&=\sum F_x\\ ma_{Cy}&=\sum F_y\\ J_C\varepsilon&=\sum M_C(\boldsymbol{F}^{(e)})\end{aligned}\right\}\tag{12-25}$$

$$\left.\begin{aligned} ma_C^{\tau}&=\sum F_{\tau}\\ ma_C^{n}&=\sum F_{n}\\ J_C\varepsilon&=\sum M_C(\boldsymbol{F}^{(e)})\end{aligned}\right\}\tag{12-26}$$

式(12-24)、式(12-25) 也称为刚体平面运动微分方程，它由三个独立的方程组成，可求解三个未知量。

刚体平面运动微分方程中的 C 点必须是刚体的质心，对一般的动点，式(12-23)～式(12-26) 一般不成立。

例 12-9　一均质圆柱，质量为 m，半径为 r，无初速度地放在倾角为 θ 的斜面上，如图 12-18(a)所示。不计滚动阻力，求其质心的加速度。

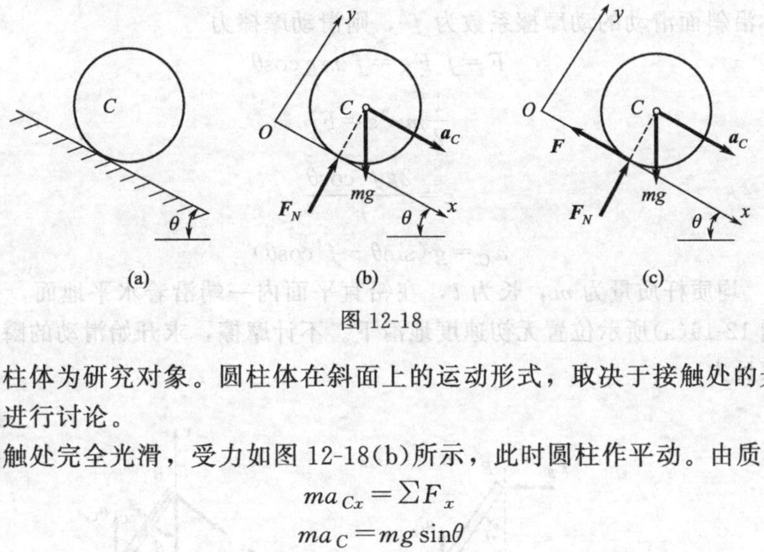

图 12-18

解　以圆柱体为研究对象。圆柱体在斜面上的运动形式，取决于接触处的光滑程度，下面分三种情况进行讨论。

(1) 设接触处完全光滑，受力如图 12-18(b)所示，此时圆柱作平动。由质心运动定理

$$ma_{Cx}=\sum F_x$$

即

$$ma_C=mg\sin\theta$$

得圆柱质心的加速度

$$a_C=g\sin\theta$$

(2) 设接触处足够粗糙，此时圆柱作纯滚动，受力如图 12-18(c)所示，此时圆柱作纯滚动。

由

$$ma_{Cx}=\sum F_x$$
$$ma_{Cy}=\sum F_y$$
$$J_C\varepsilon=\sum M_C(\boldsymbol{F}^{(e)})$$

可列出圆柱的平面运动微分方程

$$ma_C=mg\sin\theta-F$$

$$0=F_N-mg\cos\theta$$

$$\frac{1}{2}mr^2\varepsilon=Fr$$

由纯滚动条件有

$$a_C=r\varepsilon$$

解得

$$a_C=\frac{2}{3}g\sin\theta$$

$$F=\frac{1}{2}ma_C=\frac{1}{3}mg\sin\theta$$

由于圆柱作纯滚动，故

$$F\leqslant F_{\max}=fF_N=fmg\cos\theta$$

所以

$$fmg\cos\theta\geqslant\frac{1}{3}mg\sin\theta$$

可得

$$f\geqslant\frac{1}{3}\tan\theta$$

这就是圆柱体在斜面上作纯滚动的条件。

(3) 设不满足圆柱体在斜面上作纯滚动的条件　此时圆柱体在斜面上既滚动又滑动，在这种情况下，$a_C\neq r\varepsilon$。

即

$$f<\frac{1}{3}\tan\theta$$

设圆柱体沿斜面滑动的动摩擦系数为 f'，则滑动摩擦力

$$F=f'F_N=f'mg\cos\theta$$

由于

$$\frac{1}{2}mr^2\varepsilon=Fr$$

于是

$$\varepsilon=\frac{2gf'\cos\theta}{r}$$

$$a_C=g(\sin\theta-f'\cos\theta)$$

例 12-10　均质杆质量为 m，长为 l，在铅直平面内一端沿着水平地面，另一端沿着铅垂墙壁，从图 12-19(a)所示位置无初速度地滑下。不计摩擦，求开始滑动的瞬时，地面和墙壁对杆的约束反力。

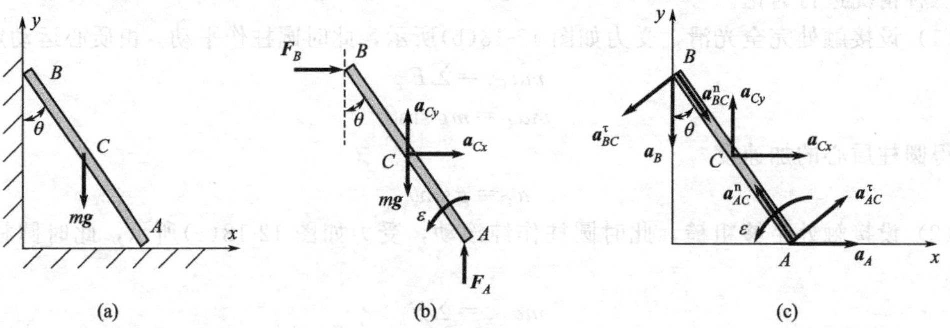

图 12-19

解　以杆 AB 为研究对象，分析受力如图 12-19(b)所示。

杆作平面运动，设质心 C 的加速度为 $\boldsymbol{a}_{Cx}$、$\boldsymbol{a}_{Cy}$，角加速度为 ε。

由刚体平面运动微分方程，可得

$$ma_{Cx}=F_B \tag{a}$$

$$ma_{Cy}=F_A-mg \tag{b}$$

$$J_C\varepsilon=F_A\frac{l}{2}\sin\theta-F_B\frac{l}{2}\cos\theta \tag{c}$$

AB 杆运动分析如图 12-19(c)所示。

以 C 点为基点，则 A 点的加速度为

$$\boldsymbol{a}_A=\boldsymbol{a}_C+\boldsymbol{a}_{AC}^{\tau}+\boldsymbol{a}_{AC}^{n}$$

在运动开始时，$\omega=0$，故 $a_{AC}^{n}=0$，将上式投影到 y 轴上，得

$$0=a_{Cy}+a_{AC}^{\tau}\sin\theta$$

$$a_{Cy}=-a_{AC}^{\tau}\sin\theta=-\frac{l}{2}\varepsilon\sin\theta \tag{d}$$

再以 C 点为基点，则 B 点的加速度为

$$\boldsymbol{a}_B=\boldsymbol{a}_C+\boldsymbol{a}_{BC}^{\tau}+\boldsymbol{a}_{BC}^{n}$$

同理，$a_{BC}^{n}=0$，将上式投影到 x 轴上，得

$$0=a_{Cx}-a_{BC}^{\tau}\cos\theta$$

$$a_{Cx}=a_{BC}^{\tau}\cos\theta=\frac{l}{2}\varepsilon\cos\theta \tag{e}$$

联立求解式(a)～式(e)，并注意到

$$J_C=\frac{1}{12}ml^2$$

可得

$$F_A=mg\left(1-\frac{3}{4}\sin^2\theta\right)$$

$$F_B=\frac{3}{4}mg\sin\theta\cos\theta$$

$$\varepsilon=\frac{3g}{2l}\sin\theta$$

注：亦可由坐标法求出式(d)、式(e)：

$$x_C=\frac{l}{2}\sin\theta,\quad y_C=\frac{l}{2}\cos\theta$$

$$\dot{x}_C=\frac{l}{2}\cos\theta\cdot\dot{\theta},\quad \dot{y}_C=-\frac{l}{2}\sin\theta\cdot\dot{\theta}$$

$$\ddot{x}_C=-\frac{l}{2}\sin\theta\cdot\dot{\theta}^2+\frac{l}{2}\cos\theta\cdot\ddot{\theta},\quad \ddot{y}_C=-\frac{l}{2}\cos\theta\cdot\dot{\theta}^2-\frac{l}{2}\sin\theta\cdot\ddot{\theta}$$

运动开始时，$\dot{\theta}=0$，故

$$a_{Cx}=\ddot{x}_C=\frac{l}{2}\varepsilon\cos\theta$$

$$a_{Cy}=\ddot{y}_C=-\frac{l}{2}\varepsilon\sin\theta$$

学习方法和要点提示

(1) 刚体转动时，物体机械运动的强弱是用动量矩来度量的。动量矩的概念较为抽象，应注意与力矩相对比，逐步加深对动量矩概念的正确理解。注意动量矩定理、刚体定轴转动微分方程、刚体平面运动微分方程的适用条件。掌握应用这些定理解决有关转动的动力学问题。

(2) 质量是质点惯性大小的度量，而转动惯量是刚体绕定轴转动惯性大小的度量，两者都是表示物体惯性的重要物理量。转动惯量只有对刚体才有实用意义，故不宜将转动惯量概念推广到一般的质点系。同一刚体对不同转轴的转动惯量是不同的，故涉及转动惯量及惯性半径时，必须明确是对哪一轴的。在应用转动惯量的平行轴定理时，公式右端第一项是表示通过质心并与计算轴相平行的质心轴的转动惯量，而不是对任一平行轴的。

(3) 质点系对固定点 O 的动量矩 $\boldsymbol{L}_O$，一般不等于质点系质心的动量 $m\boldsymbol{v}_c$ 对该点之矩，即

$$\boldsymbol{L}_O \neq \boldsymbol{r}_c \times m\boldsymbol{v}_c$$

(4) 动量定理建立了质点系动量主矢的变化与外力主矢之间的关系，而质心运动定理则来研究质点系质心的运动。但质心的运动不能完全反映质点系的运动，动量定理也不能反映质点系相对于质心的运动，动量矩定理正是研究质点系转动的问题，它建立了质点系动量矩变化与外力主矩之间的关系。刚体定轴转动微分方程是动量矩定理的特殊情况，刚休平面运动微分方程则是质心运动定理与相对于质心的动量矩定理的综合应用。

(5) 应用动量矩定理时，必须取固定点或质心为矩心，对一般的动点，定理的表达式较复杂。

(6) 动量矩定理一般不采用积分形式，因为矢径 $\boldsymbol{r}$ 与冲量 I 是变量，冲量矩不易积分。

思　考　题

12-1　刚体绕定轴转动时，当角速度很大时，所受的合外力矩是否一定很大？当角速度为零时，合外力矩是否也为零？角速度的转向是否一定与合外力矩的转向相同？

12-2　图示 12-20 中质量为 m 的连杆可绕 O 轴摆动，其角速度为 ω。连杆质心 C 到支点 O 的距离为 $OC=l$。用下式计算连杆对 O 点的动量矩：

$$L_O = \text{动量} \times \text{距离} = (mv_c)l = m(l\omega)l = ml^2\omega$$

这样计算对吗？为什么？

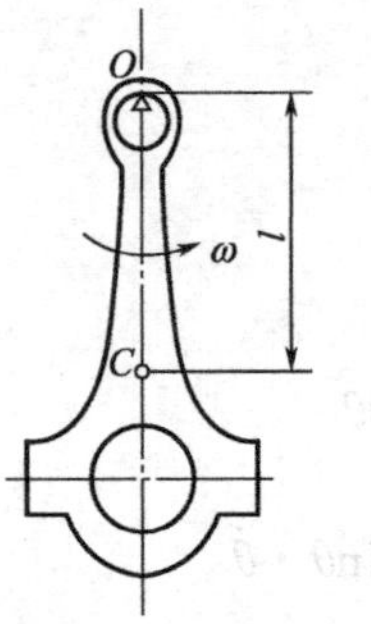

图 12-20

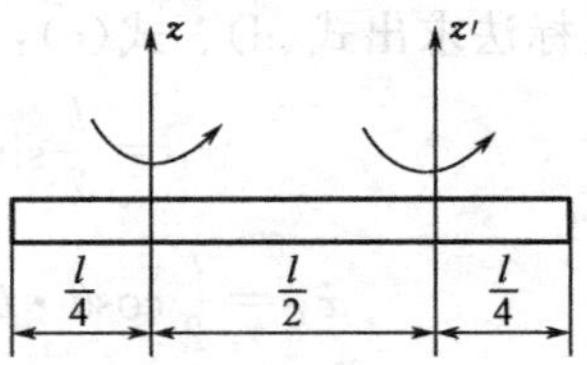

图 12-21

12-3　什么是回转半径？它是否等于刚体质心到转轴的垂直距离？

12-4　如图 12-21 所示，有一直杆长 l，质量为 m，绕 z 轴的转动惯量为 $J_z=\frac{7}{48}ml^2$，现通过平行轴定理求绕 z' 轴的转动惯量，列出算式 $J'_z=J_z+m\left(\frac{l}{2}\right)^2=\frac{19}{48}ml^2$，此答案是否正确？

12-5　试求图 11-7 中 (a)、(b)、(d)、(e)所示各物体对转轴的动量矩。

12-6　如图 12-22 所示，在铅垂面内，杆 OA 可绕 O 自由转动，均质圆盘可绕其质心轴 A 自由转动。如杆水平时系统静止，问自由释放后圆盘作什么运动？

12-7　如图 12-23 所示为两个完全相同的滑轮，一个绳端受拉力 $\boldsymbol{F}$，另一个吊重量 $\boldsymbol{G}$，且 $G=F$。试判断这两个滑轮产生的角加速度是否相同，为什么？

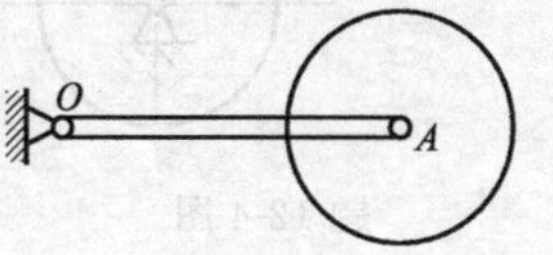

图 12-22

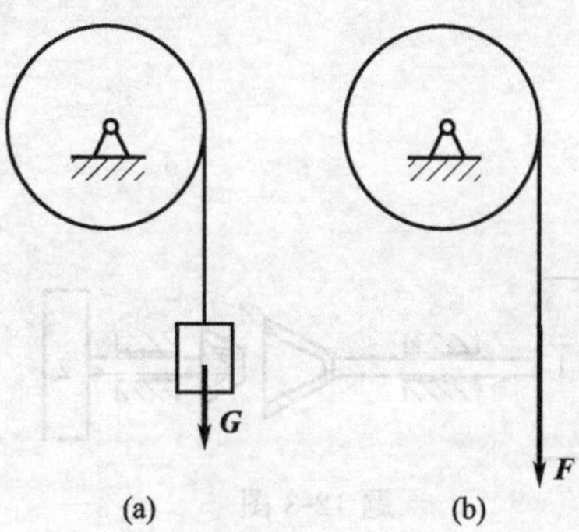

图 12-23

12-8　质量为 m 的圆盘，平放在光滑的水平面上，其受力情况如图 12-24 所示。设开始时圆盘静止，图中 $r=\dfrac{R}{2}$。试说明各圆盘将如何运动。

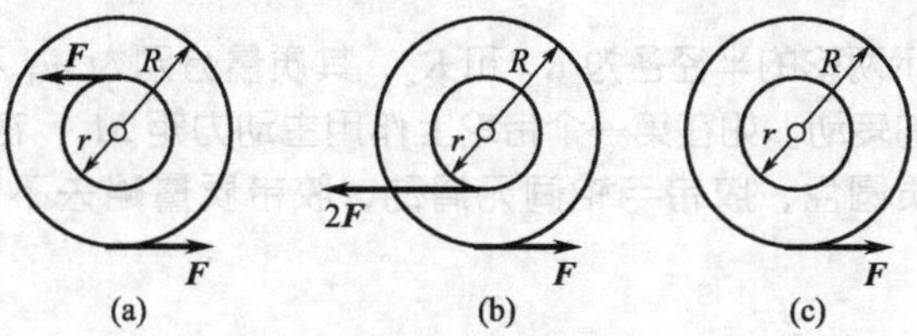

图 12-24

习　题

12-1　起重机卷筒直径 $d=600\text{mm}$，卷筒对转轴的转动惯量 $J=0.05\text{kg}\cdot\text{m}^2$，如题 12-1 图所示。被提升重物质量 $m=40\text{kg}$。设卷筒受到的主动力矩 $M=200\text{N}\cdot\text{m}$，试求重物的加速度和绳索的拉力。

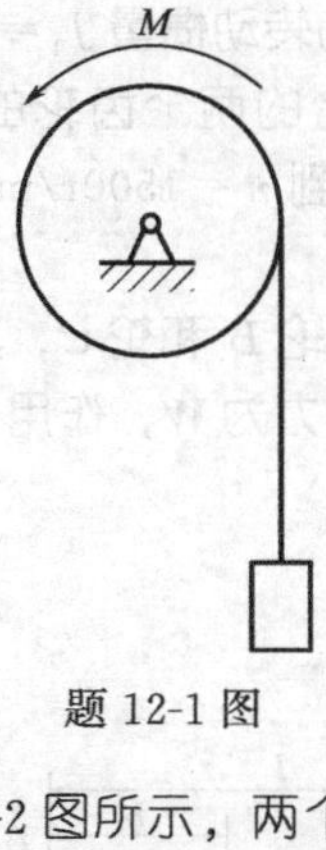

题 12-1 图

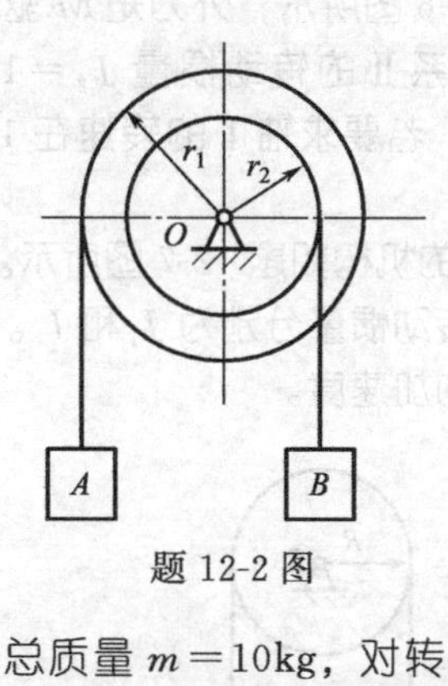

题 12-2 图

12-2　如题 12-2 图所示，两个滑轮固连在一起，总质量 $m=10\text{kg}$，对转轴的回转半径 $\rho=300\text{mm}$，两滑轮半径分别为 $r_1=400\text{mm}$，$r_2=200\text{mm}$，两绳下端悬挂质量各为 $m_1=9\text{kg}$，$m_2=12\text{kg}$ 的物块 A 与 B。假设系统从静止开始运动，求滑轮转过一整圈时的角加速度和角速度。

12-3　如题 12-3 图所示 A 为离合器，开始时轮 2 静止，轮 1 具有角速度 ω_0。当离合器接合后，依靠摩擦使轮 2 启动。已知轮子 1 和 2 的转动惯量分别为 J_1 和 J_2。求：①当离合器接合后，两轮共同转动的角速度；②若经过 t 秒两转速相同，求离合器应有多大的摩擦力矩。

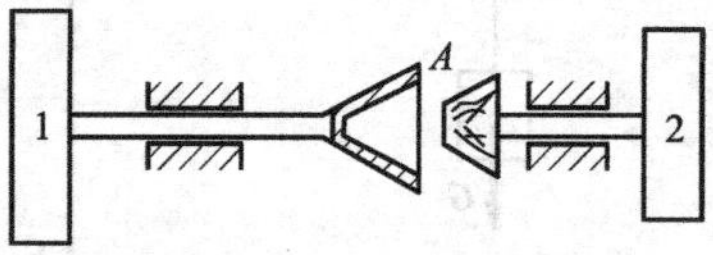

题 12-3 图

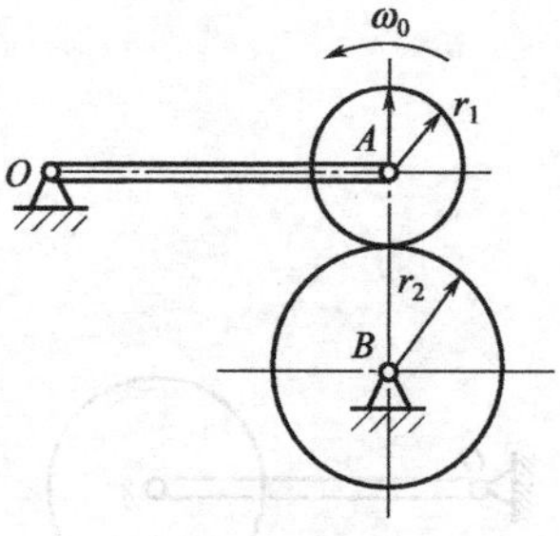

题 12-4 图

12-4　如题 12-4 图所示，圆轮 A 质量为 m_1，半径为 r_1，可绕 OA 杆转动；圆轮 B 质量为 m_2，半径为 r_2，可绕其轴转动。现将轮 A 放置在轮 B 上，两轮开始接触时，轮 A 的角速度为 ω_0，轮 B 处于静止；放置后，轮 A 的重量由轮 B 支持。略去轴承的摩擦和杆 OA 的重力，两轮可视为均质圆盘，并设两轮间动摩擦因数为 μ。问自轮 A 放在轮 B 上起到两轮间没有相对滑动时止，需要多少时间?

12-5　题 12-5 图所示两轮的半径各为 R_1 和 R_2，其质量分别为 m_1 和 m_2，两轮以胶带相连接，各绕两平行的固定轴转动。如在第一个带轮上作用主动力矩 M_1，在第二个带轮上作用阻力矩 M_2。带轮可视为均质圆盘，胶带与轮间无滑动，胶带质量略去不计。求第一个带轮的角速度。

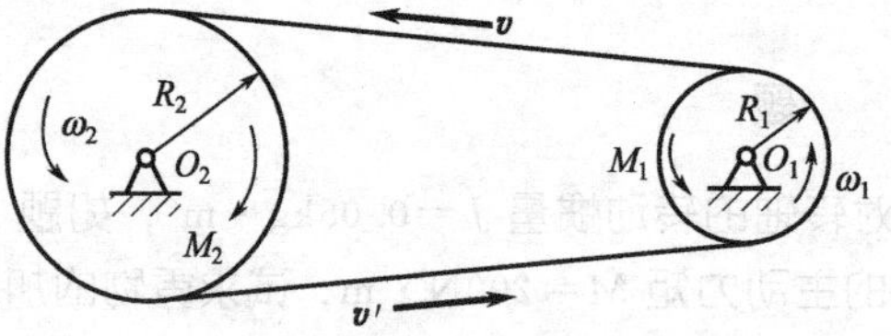

题 12-5 图

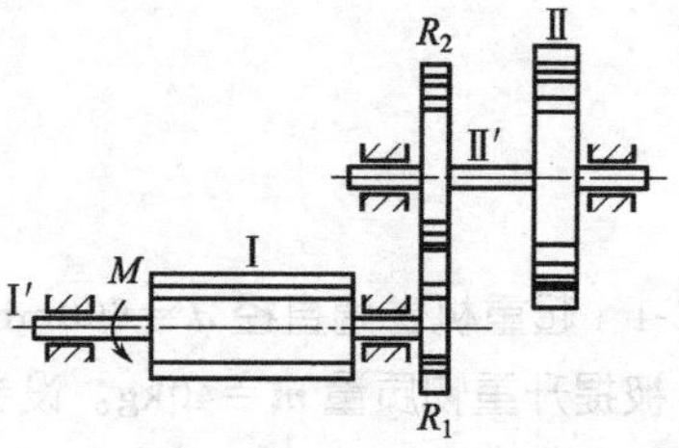

题 12-6 图

12-6　如题 12-6 图所示，外力矩 M 驱动转轴Ⅰ，轴系Ⅰ的转动惯量 $J_1=10\text{kg}\cdot\text{m}^2$，轴Ⅰ经齿轮带动轴Ⅱ，轴系Ⅱ的转动惯量 $J_2=15\text{kg}\cdot\text{m}^2$；相互啮合的两个齿轮的半径分别为 $R_1=10\text{cm}$，$R_2=20\text{cm}$，若要求轴Ⅰ的转速在 10s 内由静止匀加速到 $n=1500\text{r/min}$，则驱动力矩 M 应多大?

12-7　卷扬机的机构如题 12-7 图所示。可绕固定轴转动的轮 B 和轮 C，其半径分别为 R 和 r，对自身转轴的转动惯量分别为 J_1 和 J_2。被提升重物 A 的重力为 $\boldsymbol{W}$，作用于轮 C 的主动力矩为 M，求重物 A 的加速度。

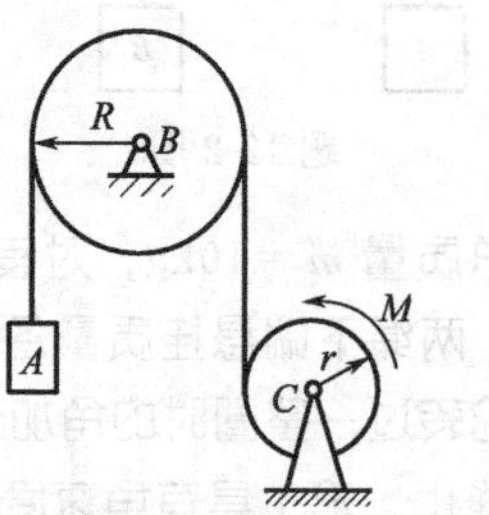

题 12-7 图

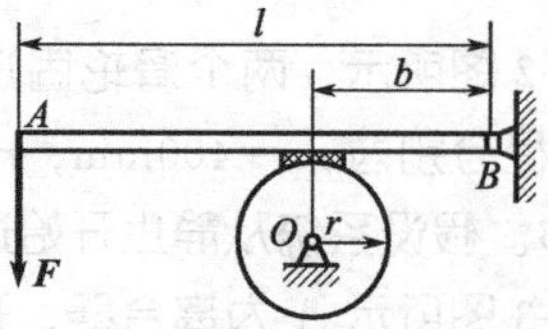

题 12-8 图

12-8　题 12-8 图所示质量为 m 的匀质圆盘半径为 r，以角速度 ω 绕固定轴 O 转动。现在对

水平制动杆的 A 端作用大小不变的铅直力 $\boldsymbol{F}$。设制动块与圆盘间的动摩擦因数为 f，长度 l、b 已知，杆重不计。问圆盘需再转几圈方能停止。

12-9　题 12-9 图所示匀质钢圆盘直径为 50mm，厚度为 5mm，其上除直径为 5mm 的中心孔外，还有 3 个均匀分布的直径为 150mm 的孔。钢的密度为 $\rho=7.85\mathrm{t/m^3}$，试计算圆盘对 $c-c$ 轴线的转动惯量。

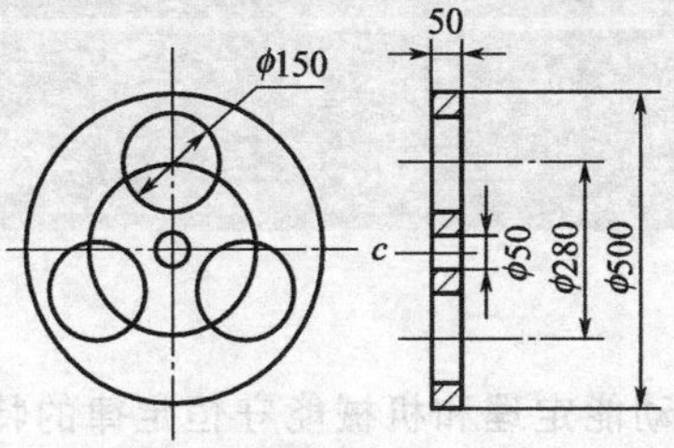

题 12-9 图

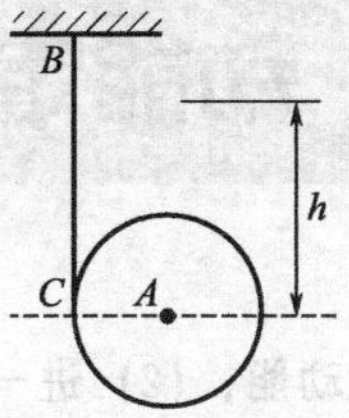

题 12-10 图

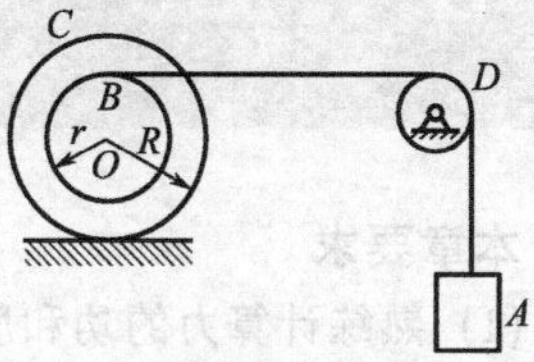

题 12-11 图

12-10　均质圆柱 A 的质量为 m，在外圆上绕以细绳，绳的一端 B 固定不动，如题 12-10 图所示。当 BC 铅垂时圆柱下降，其初速度为零。求当圆柱的轴心降落了 h 时轴心的速度和绳子的张力。

12-11　重物 A 质量为 m_1，系在绳子上，绳子跨过不计质量的固定滑轮 D，并绕在鼓轮 B 上如题 12-11 图所示。由于重物下降，带动轮 C 沿水平轨道只滚不滑。设鼓轮半径为 r，轮 C 的半径为 R，两者固连在一起，总质量为 m_2，对于其水平轴 O 的回转半径为 ρ。求重物 A 的加速度。

第13章

动能定理

本章要求

(1) 熟练计算力的功和质点系的动能；(2) 进一步认识动能定理和机械能守恒定律的特点；(3) 能熟练应用该定理和定律求解动力学问题；(4) 能够综合应用动力学普遍定理求解较为复杂的动力学问题。

重点 力的功，质点系的动能，质点系动能定理及其应用。

难点 (1) 变力做功的计算；(2) 复杂质点系动能的计算；(3) 动力学普遍定理的综合应用。

动量定理建立了质点系动量与冲量之间的关系，动量矩定理建立了质点系动量矩与力矩之间的关系，而动能定理是要建立质点系动能和功的关系。在动力学中将动量定理、动量矩定理、动能定理以及由这三个基本定理所推导出的其他一些定理，统称为动力学普遍定理。在这三个基本定理中，动量、动量矩和动能是用来描述运动特征的量；冲量、力矩和功是用来描述力作用效果的量。

13.1 力的功

功是度量力的作用的物理量。质点 M 在大小和方向都不变的力 $\boldsymbol{F}$ 作用下，向右作直线运动。在某段时间内质点的位移 $\boldsymbol{s}=\overrightarrow{M_1M_2}$，如图 13-1所示。力 $\boldsymbol{F}$ 在这段路程内所累积的作用效应用力的功来度量，以 W 记之，定义为

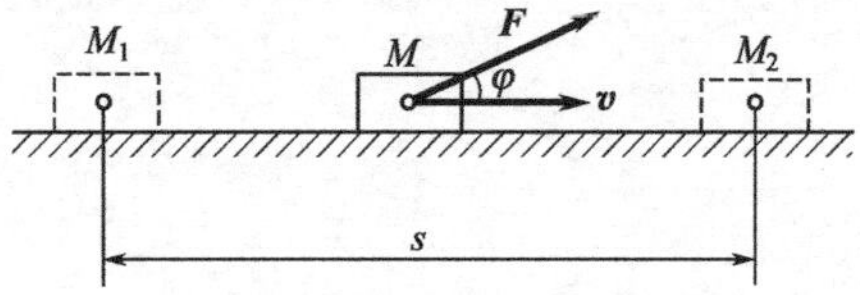

图 13-1

$$W=\boldsymbol{F}\cdot\boldsymbol{s} \tag{13-1}$$

即常力在直线路程上所做的功等于力矢与位移矢的数量积。式(13-1) 也可写成

$$W=Fs\cos\varphi \tag{13-2}$$

式中，φ 为力 $\boldsymbol{F}$ 与直线位移方向之间的夹角。功是代数量，在国际单位中，功的单位为 J（焦耳）。

$$1\text{J}=1\text{N}\cdot\text{m}=1\text{kg}\cdot\text{m}^2/\text{s}^2$$

由式(13-2) 可知：当 $\varphi<90°$、$\varphi=90°$、$\varphi>90°$时，功分别为正值、零和负值。

在工程实际中，作用于质点上的力可能是常力也可能是变力，质点运动的轨迹可能是直线也可能是曲线，为此有必要找到一种适合于计算质点在任意力作用下沿任意曲线运动时的功的表达式。

质点 M 在变力 $\boldsymbol{F}$ 作用下沿曲线运动，如图 13-2 所示。力 $\boldsymbol{F}$ 在元位移 d$\boldsymbol{r}$ 上可视为常力，经过的元弧长 ds 可视为直线，d$\boldsymbol{r}$ 可视为沿点 M 的切线。在元位移中力作的功称为元功，

记为 δW，于是有

$$\delta W = \boldsymbol{F} \cdot \mathrm{d}\boldsymbol{r}$$

即力的元功等于力矢与元位移的数量积。力的元功也可写成

$$\delta W = F\cos\varphi \mathrm{d}s \tag{13-3}$$

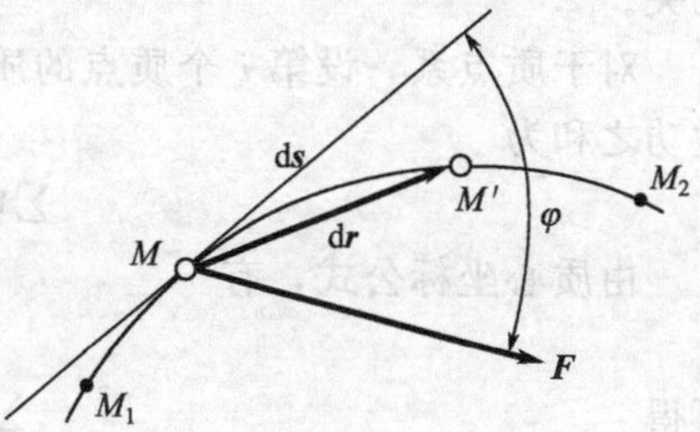

图 13-2

力在全路程上做的功等于元功之和，即

$$W = \int_0^s F\cos\varphi \mathrm{d}s \tag{13-4}$$

上式也可写成数量积形式

$$W = \int_0^s \boldsymbol{F} \cdot \mathrm{d}\boldsymbol{r} \tag{13-5}$$

在直角坐标系中，$\boldsymbol{i}$，$\boldsymbol{j}$，$\boldsymbol{k}$ 分别为三坐标轴 x、y、z 的单位矢量，则

$$\boldsymbol{F} = F_x\boldsymbol{i} + F_y\boldsymbol{j} + F_z\boldsymbol{k},\ \mathrm{d}\boldsymbol{r} = \mathrm{d}x\boldsymbol{i} + \mathrm{d}y\boldsymbol{j} + \mathrm{d}z\boldsymbol{k}$$

将上述二式代入式(13-5)，可得到作用力从 M_1 到 M_2 的过程中所做的功

$$W_{12} = \int_{M_1}^{M_2} (F_x \mathrm{d}x + F_y \mathrm{d}y + F_z \mathrm{d}z) \tag{13-6}$$

现在进而讨论功率的概念。力在单位时间内所做的功称为力的功率。设力 $\boldsymbol{F}$ 在瞬时 t 到 $t+\Delta t$ 这一时间间隔内所做的功是 ΔW，于是力的平均功率为

$$P^* = \frac{\Delta W}{\Delta t}$$

令 $\Delta t \to 0$，就得到力在瞬时 t 的瞬时功率为

$$P = \lim_{\Delta t \to 0} \frac{\Delta W}{\Delta t} = \frac{\mathrm{d}W}{\mathrm{d}t} \tag{13-7}$$

根据元功表达式(13-3)，考虑到 $\frac{\mathrm{d}s}{\mathrm{d}t} = v$，式(13-7) 又可写成

$$P = Fv\cos\varphi = \boldsymbol{F} \cdot \boldsymbol{v} \tag{13-8}$$

即力的功率等于力矢与作用点速度矢的数量积，也等于力在作用点速度方向的投影与速度大小的乘积。

可见，功率也是代数量，其正负号取决于力矢 $\boldsymbol{F}$ 与速度矢 $\boldsymbol{v}$ 之间的夹角 φ。

在国际单位制中，功率的单位为瓦特（W），即

$$1\mathrm{W} = 1\mathrm{J/s} = 1\mathrm{N \cdot m/s} = 1\mathrm{kg \cdot m^2/s^3}$$

下面推导几种常见力的功。

13.1.1 重力的功

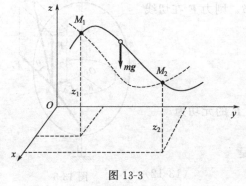

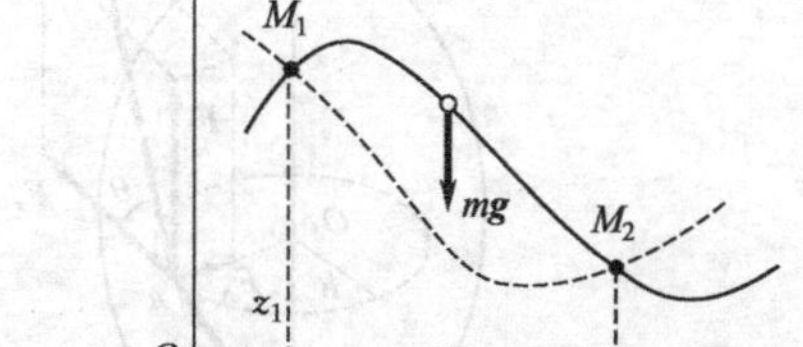

图 13-3

设质量为 m 的质点由 M_1 运动到 M_2，如图 13-3 所示。其重力为 $\boldsymbol{P} = m\boldsymbol{g}$，在直角坐标轴上的投影为

$$F_x = 0,\ F_y = 0,\ F_z = -mg$$

由式(13-6) 可得重力做功为

$$W_{12} = \int_{z_1}^{z_2} -mg\mathrm{d}z = mg(z_1 - z_2) \tag{13-9}$$

可见，重力做功仅与质点运动的开始和末了位置的高度差 $z_1 - z_2$ 有关，与质点的运动轨迹

无关。

对于质点系，设第 i 个质点的质量为 m_i，运动始末的高度差为 $z_{i1}-z_{i2}$，则全部重力做功之和为

$$\sum W_{12}=\sum m_i g(z_{i1}-z_{i2})$$

由质心坐标公式，有

$$mz_C=\sum m_i z_i$$

可得

$$\sum W_{12}=mg(z_{C1}-z_{C2}) \tag{13-10}$$

式中，m 为质点系的质量，$z_{C1}-z_{C2}$ 为质点系运动始末质心的高度差。质心下移，重力作正功；质心上移，重力作负功。质点系重力做功与质心的运动轨迹无关。

13.1.2　弹性力的功

有一根刚度系数为 k、原长为 l_0 的弹簧，一端固定，另一端与质点相连接，质点的运动轨迹为曲线 $\widehat{A_1A_2}$，如图 13-4 所示。在弹簧的弹性极限内，弹性力的大小与其变形量成正比，即

$$\boldsymbol{F}=-k(r-l_0)\frac{\boldsymbol{r}}{r}$$

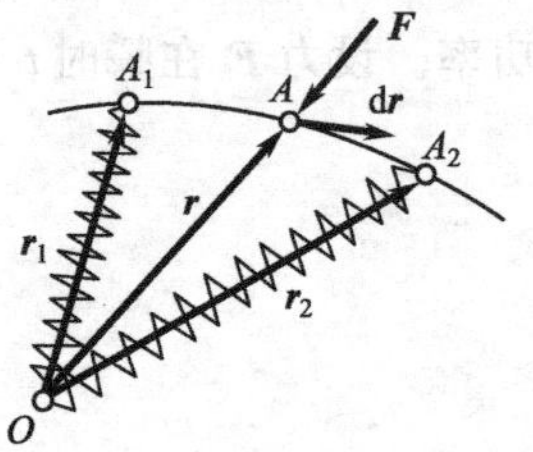

图 13-4

弹性力 $\boldsymbol{F}$ 的元功为

$$\delta W=\boldsymbol{F}\cdot d\boldsymbol{r}=-k(r-l_0)\left(\frac{\boldsymbol{r}\cdot d\boldsymbol{r}}{r}\right)$$

因为 $$\boldsymbol{r}\cdot d\boldsymbol{r}=\frac{1}{2}d(\boldsymbol{r}\cdot\boldsymbol{r})=\frac{1}{2}dr^2=r\,dr=r\,d(r-l_0)$$

所以 $$\delta W=-k(r-l_0)d(r-l_0)$$

将上式代入式(13-5)，得

$$W=\int_{A_1}^{A_2}\delta W=\int_{A_1}^{A_2}\boldsymbol{F}\cdot d\boldsymbol{r}=-\frac{k}{2}\int_{r_1}^{r_2}d(r-l_0)^2=\frac{k}{2}[(r_1-l_0)^2-(r_2-l_0)^2]$$

考虑到 $\delta_1=r_1-l_0$ 与 $\delta_2=r_2-l_0$ 分别为质点 A 在位置 A_1 与 A_2 时弹簧的变形，故上式可写成

$$W=\frac{1}{2}k(\delta_1^2-\delta_2^2) \tag{13-11}$$

可见，弹性力的功等于弹簧初始变形与末尾变形的平方差与弹簧刚度系数乘积的一半。

13.1.3　定轴转动刚体上作用力的功

如图 13-5 所示刚体绕 z 轴转动，刚体上的 A 点作用一力 $\boldsymbol{F}$，设力 $\boldsymbol{F}$ 与力作用点 A 处的轨迹切线之间的夹角为 θ，则力 $\boldsymbol{F}$ 在切线上的投影为

$$F_\tau=F\cos\theta$$

刚体定轴转动时，转角 φ 与弧长 s 的关系为

$$ds=R\,d\varphi$$

式中 R 为力 $\boldsymbol{F}$ 作用点 A 到轴的垂直距离，力 $\boldsymbol{F}$ 的元功为

$$\delta W=\boldsymbol{F}\cdot d\boldsymbol{r}=F_\tau ds=F_\tau R\,d\varphi$$

因为 $F_\tau R$ 等于力 $\boldsymbol{F}$ 对转轴 z 的力矩 M_z，于是

$$\delta W=M_z\,d\varphi \tag{13-12}$$

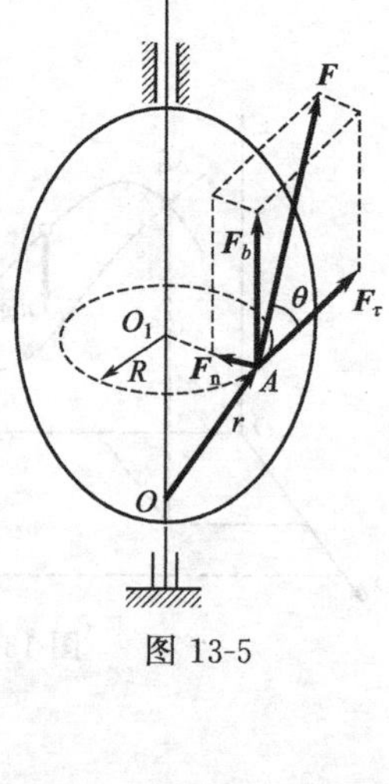

图 13-5

力 $\boldsymbol{F}$ 在刚体从角 φ_1 到 φ_2 转动过程中做的功为

$$W_{12}=\int_{\varphi_1}^{\varphi_2} M_z \mathrm{d}\varphi \tag{13-13}$$

若刚体上作用一个力偶，则力偶所做的功仍可用上式计算，其中 M_z 为力偶对转轴 z 的矩，也等于力偶矩矢 M 在 z 轴上的投影。

当 M_z 为常量时，则式(13-13) 变为

$$W_{12}=M_z(\varphi_2-\varphi_1)=M_z\Delta\varphi \tag{13-14}$$

13.1.4　质点系内力的功

质点系的内力总是成对出现的，彼此大小相等、方向相反、作用在同一条直线上。因此，质点系所有内力的矢量和恒等于零。但是，质点系所有内力的功之和却不一定等于零。例如，人从地面上跳起、汽车加速、炸弹爆炸等都是靠内力做功。

现在推导内力做功的表达式。设质点系内有两个质点 A_1 和 A_2，彼此间的相互吸引力为 $\boldsymbol{F}_1$ 和 $\boldsymbol{F}_2$，质点的微小位移为 $\mathrm{d}\boldsymbol{r}_1$ 和 $\mathrm{d}\boldsymbol{r}_2$，如图 13-6 所示。则内力 $\boldsymbol{F}_1$ 和 $\boldsymbol{F}_2$ 的元功之和为

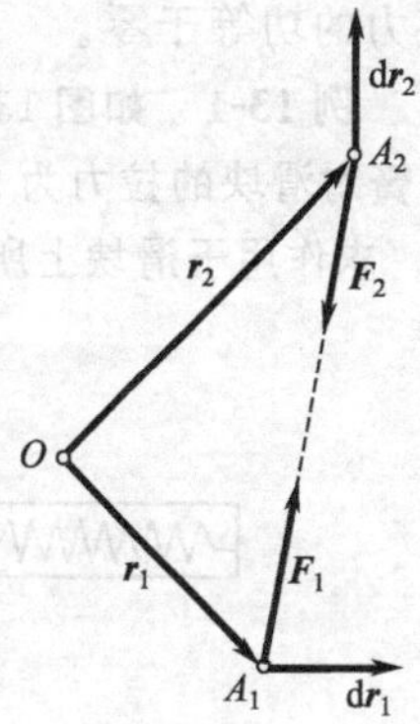

图 13-6

$$\begin{aligned}\sum\delta W&=\boldsymbol{F}_1\cdot\mathrm{d}\boldsymbol{r}_1+\boldsymbol{F}_2\cdot\mathrm{d}\boldsymbol{r}_2=\boldsymbol{F}_1\cdot\mathrm{d}\boldsymbol{r}_1-\boldsymbol{F}_1\cdot\mathrm{d}\boldsymbol{r}_2\\&=\boldsymbol{F}_1\cdot\mathrm{d}(\boldsymbol{r}_1-\boldsymbol{r}_2)=\boldsymbol{F}_1\cdot\mathrm{d}(\overrightarrow{A_2A_1})\end{aligned}$$

在 $\mathrm{d}(\overrightarrow{A_2A_1})$ 中包含有方向变化和长度变化，前一变化量垂直于 $\boldsymbol{F}_1$，它与 $\boldsymbol{F}_1$ 的矢量积为零；后一变化量与 $\boldsymbol{F}_1$ 共线，它与 $\boldsymbol{F}_1$ 的矢量积为 $-F_1\mathrm{d}(A_2A_1)$。所以

$$\sum\delta W=-F_1\mathrm{d}(A_2A_1) \tag{13-15}$$

式中，$\mathrm{d}(A_2A_1)$ 代表两质点间的距离 A_2A_1 的变化量。

在一般质点系中，任意两个质点之间的距离是可变的，因此，质点系内力的功的总和不一定等于零。弹性力就是一个例子，当弹簧的长度改变时，弹簧内力的功不为零。

但是，由于刚体内任意两点间的距离始终保持不变，所以刚体内力的功的总和恒等于零。

13.1.5　约束反力的功之和等于零的理想情况

约束反力做功等于零的约束称为理想约束。在理想约束条件下，质点系动能的改变只与主动力做功有关。下面通过实例加以说明。

(1) 光滑接触面、轴承、销钉和活动铰链支座，如图 13-7 所示。上述约束的约束反力总是和被约束物体的元位移 $\mathrm{d}\boldsymbol{r}$ 垂直，所以这些约束反力的功恒等于零。

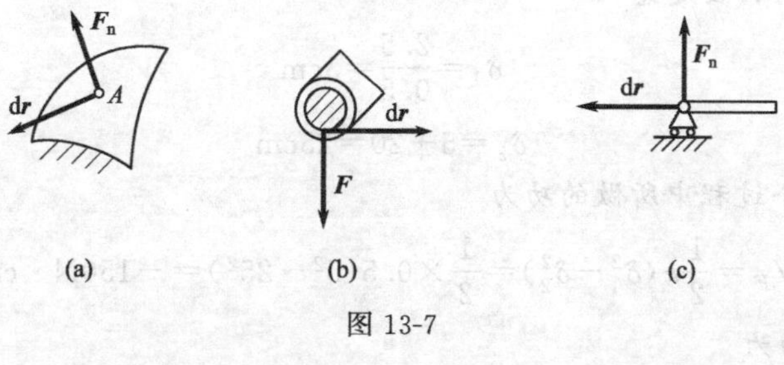

图 13-7

(2) 不可伸长的柔索。由于柔索仅在拉紧时才受力，而任何一段拉直的绳索就承受拉力

来说，都和刚杆一样，因而其内力的元功之和等于零。如果柔索绕过某个光滑物体的表面，则因柔索不可伸长，柔索上各点沿物体表面的位移大小相等。与此同时，柔索中各处的拉力大小并不因绕过光滑物体而改变。所以，这段柔索的内力的元功之和等于零。

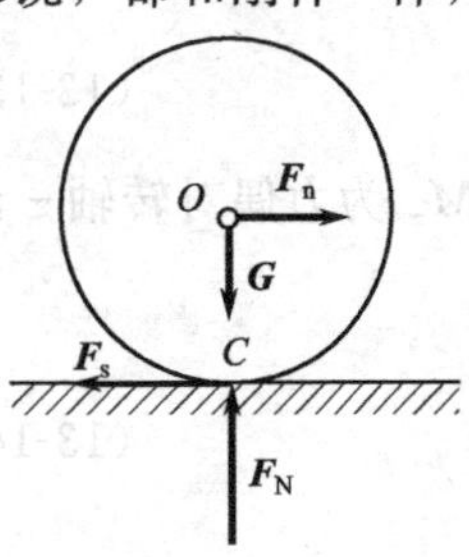

图 13-8

（3）光滑活动铰链。当由铰链相连的两个物体一起运动时，两点的位移相同，因此这两内力的做功之和为零。

（4）刚体沿固定支承面作纯滚动时摩擦力作的功。如图 13-8 所示刚体沿固定支承面作纯滚动时，出现的是静滑动摩擦力，其元功为

$$\delta W=\boldsymbol{F}_s\cdot\boldsymbol{v}_C\mathrm{d}t$$

因为 C 是刚体的速度瞬心，所以 $v_C=0$，即：刚体沿固定支承面作纯滚动时，滑动摩擦力的功等于零。

例 13-1　如图 13-9(a)所示滑块重 $P=9.8\text{N}$，弹簧刚度系数 $k=0.5\text{N/cm}$，滑块在 A 位置时弹簧对滑块的拉力为 2.5N，滑块在 20N 的绳子拉力作用下沿光滑水平槽从位置 A 运动到位置 B，求作用于滑块上所有力的功的和。

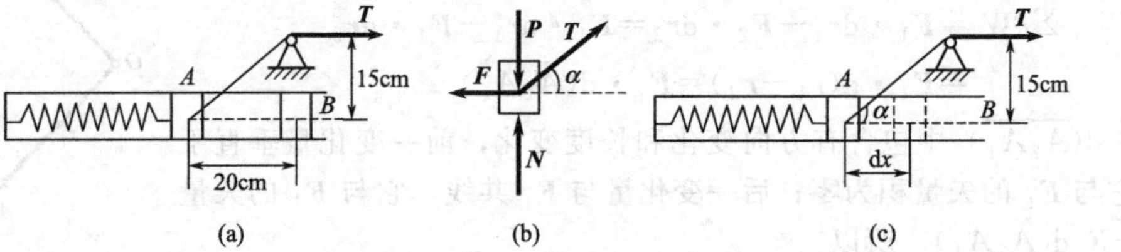

图 13-9

解：滑块在任一瞬时受力如图 13-9(b)所示。由于 $\boldsymbol{P}$ 与 $\boldsymbol{N}$ 始终垂直于滑块位移，因此，它们所做的功为零。所以只需计算力 $\boldsymbol{T}$ 与力 $\boldsymbol{F}$ 的功，先计算力 $\boldsymbol{T}$ 的功。

在运动过程中，力 $\boldsymbol{T}$ 的大小不变，但方向在变，如图 13-9(c)所示。因此力 $\boldsymbol{T}$ 的元功为

$$\delta W_T=T\cos\alpha\,\mathrm{d}x$$

$$\cos\alpha=\frac{20-x}{\sqrt{(20-x)^2+15^2}}$$

力 $\boldsymbol{T}$ 在整个过程中所做的功为

$$W_T=\int_0^{20}T\cos\alpha\,\mathrm{d}x=\int_0^{20}20\frac{20-x}{\sqrt{(20-x)^2+15^2}}\mathrm{d}x=200\text{N}\cdot\text{cm}$$

再计算力 $\boldsymbol{F}$ 的功，由题意

$$\delta_1=\frac{2.5}{0.5}=5\text{cm}$$

$$\delta_2=5+20=25\text{cm}$$

因此力 $\boldsymbol{F}$ 在整个过程中所做的功为

$$W_F=\frac{1}{2}k(\delta_1^2-\delta_2^2)=\frac{1}{2}\times0.5(5^2-25^2)=-150\text{N}\cdot\text{cm}$$

因此所有力的功为

$$W=W_T+W_F=200-150=50\text{N}\cdot\text{cm}$$

13.2 质点和质点系的动能

13.2.1 质点的动能

设质点的质量为 m，以速度 v 运动，则该质点的动能为

$$T=\frac{1}{2}mv^2$$

显然，动能恒为正值。在国际单位制中动能的单位为焦耳（J）。

动能和动量都是表征机械运动的量，动能与质点速度的平方成正比，是标量；动量与质点的速度成正比，是矢量。它们是机械运动两种不同的度量。

13.2.2 质点系的动能

质点系的动能等于质点系中所有质点的动能之和，记为

$$T=\frac{1}{2}m_1v_1^2+\frac{1}{2}m_2v_2^2+\cdots+\frac{1}{2}m_nv_n^2=\sum\frac{1}{2}m_iv_i^2 \tag{13-16}$$

在实际问题中，刚体是由无数质点组成的质点系，刚体的运动形式不同，各质点的速度分布必然不同，刚体动能的表达式也就有所区别。

(1) 平动刚体的动能　刚体平动时，同一瞬时刚体上各点的速度都相同，可以其质心速度 $\boldsymbol{v}_C$ 表示，于是可得平动刚体的动能为

$$T=\frac{1}{2}\sum m_iv_i^2=\frac{1}{2}\sum m_iv_C^2=\frac{1}{2}v_C^2\sum m_i$$

即

$$T=\frac{1}{2}Mv_C^2 \tag{13-17}$$

式中，$M=\sum m_i$ 是刚体的质量。

(2) 定轴转动刚体的动能　设刚体以匀角速度 ω 绕固定轴 z 转动，如图 13-10 所示。刚体上任意一质点 i 的质量为 m_i，到转轴的距离为 r_i，则该质点的速度为

$$v_i=r_i\omega$$

于是绕定轴转动刚体的动能为

$$T=\sum\frac{1}{2}m_iv_i^2=\sum\left(\frac{1}{2}m_ir_i^2\omega^2\right)=\frac{1}{2}\omega^2\sum m_ir_i^2$$

其中 $\sum m_ir_i^2=J_z$，为刚体对转轴 z 的转动惯量，于是得

$$T=\frac{1}{2}J_z\omega^2 \tag{13-18}$$

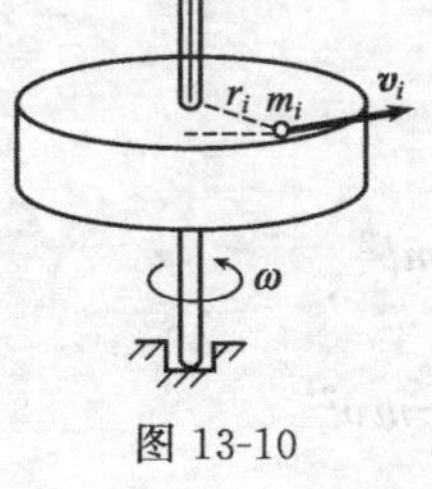

图 13-10

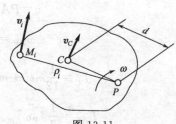

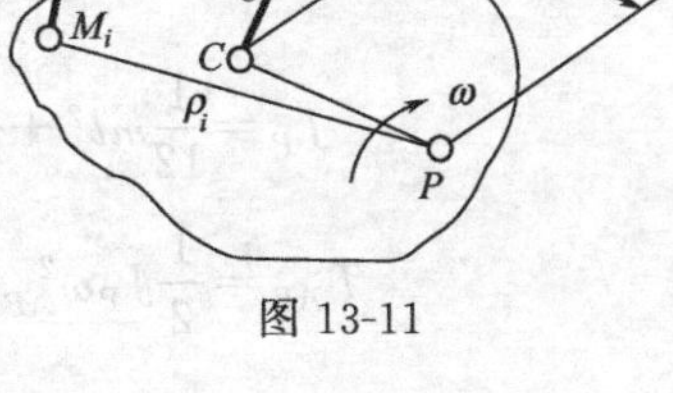

图 13-11

(3) 平面运动刚体的动能　设平面运动刚体的瞬时角速度为 ω，质心在 C 点、速度瞬心在 P 点，如图 13-11 所示。我们将通过速度瞬心 P 并垂直于运动平面的轴线称为瞬时转轴。刚体上任意一点 M_i 到瞬时转轴的垂直距离记作 ρ_i，则该质点的速度为

$$v_i=\rho_i\omega$$

于是

$$T=\frac{1}{2}\sum m_i(\rho_i\omega)^2=\frac{1}{2}\left(\sum m_i\rho_i^2\right)\omega^2$$

即

$$T=\frac{1}{2}J_P\omega^2 \tag{13-19}$$

式中，$J_P=\sum m_i\rho_i^2$ 为刚体对瞬时转轴的转动惯量。一般而言，速度瞬心是随时间而变的，所以瞬时转轴相对于刚体的位置并不固定，故 J_P 值一般是随着时间而变化的。

设质心 C 到速度瞬心 P 的距离为 d，刚体的质量为 m，根据计算转动惯量的平行轴定理有

$$J_P=J_C+md^2$$

代入动能计算公式(13-19) 中，得

$$T=\frac{1}{2}J_P\omega^2=\frac{1}{2}(J_C+md^2)\omega^2=\frac{1}{2}J_C\omega^2+\frac{1}{2}m(d\omega)^2$$

因为 $d\omega=v_C$，为刚体质心的速度，于是得

$$T=\frac{1}{2}mv_C^2+\frac{1}{2}J_C\omega^2 \tag{13-20}$$

式(13-20) 表明：平面运动刚体的动能等于刚体随质心平动的动能与绕质心轴转动的动能之和。

例 13-2　均质细杆长为 l，质量为 m，上端 B 靠在光滑的墙上，下端 A 用铰与质量为 M 半径为 R 且放在粗糙地面上的圆柱中心相连，如图 13-12 所示。在图示位置圆柱作纯滚动，中心速度为 v，杆与水平线的夹角 $\theta=45°$，求该瞬时系统的动能。

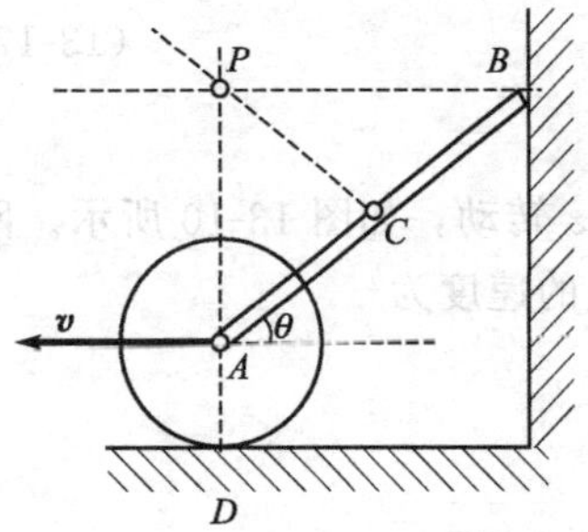

图 13-12

解：系统的动能等于同瞬时圆柱的动能与均质细长杆的动能之和，即

$$T_{总}=T_A+T_{AB}$$

圆柱的纯滚动为平面运动，其动能计算如下

$$T_A=\frac{1}{2}Mv_A^2+\frac{1}{2}J_A\omega^2$$

其中

$$J_A=\frac{1}{2}MR^2,\ v_A=R\omega$$

所以

$$T_A=\frac{3}{4}Mv_A^2=\frac{3}{4}Mv^2$$

均质杆 AB 作平面运动，此瞬时其瞬心为 P。

$$v=PA\cdot\omega_{AB}$$

$$\omega_{AB}=\frac{v}{l\sin\theta}$$

$$J_P=\frac{1}{12}ml^2+m\left(\frac{l}{2}\right)^2=\frac{1}{3}ml^2$$

$$T_{AB}=\frac{1}{2}J_P\omega_{AB}^2=\frac{mv^2}{6\sin^2\theta}=\frac{1}{3}mv^2$$

$$T_{总}=\frac{3}{4}Mv^2+\frac{1}{3}mv^2=\frac{1}{12}(9M+4m)v^2$$

例 13-3　滑块 A 以速度 v_A 在滑道内滑动，其上铰接一质量为 m，长为 l 的均质杆 AB，杆以角速度 ω 绕 A 点转动，如图 13-13 所示。试求当杆 AB 与铅垂线的夹角为 φ 时，杆 AB 的动能。

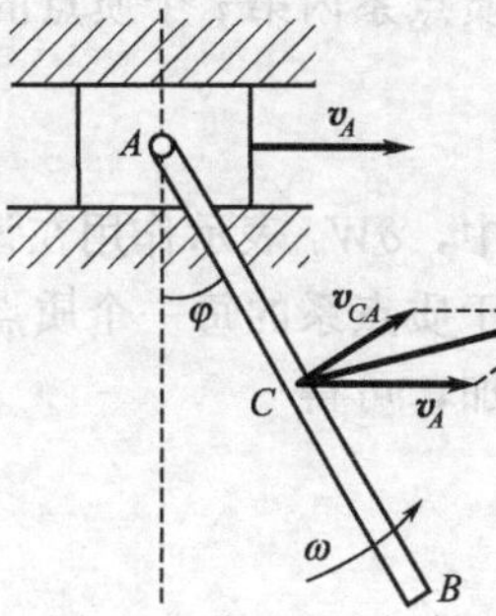

图 13-13

解：AB 杆作平面运动，其质心 C 的速度为

$$\boldsymbol{v}_C=\boldsymbol{v}_A+\boldsymbol{v}_{CA}$$

速度合成矢量图如图 13-13。由余弦定理

$$\begin{aligned}v_C^2&=v_A^2+v_{CA}^2-2v_Av_{CA}\cos(180°-\varphi)\\&=v_A^2+\left(\frac{1}{2}l\omega\right)^2+2v_A\frac{1}{2}l\omega\cos\varphi\\&=v_A^2+\frac{1}{4}l^2\omega^2+l\omega v_A\cos\varphi\end{aligned}$$

则杆的动能

$$\begin{aligned}T&=\frac{1}{2}mv_C^2+\frac{1}{2}J_C\omega^2=\frac{1}{2}m\left(v_A^2+\frac{1}{4}l^2\omega^2+l\omega v_A\cos\varphi\right)+\frac{1}{2}\left(\frac{1}{12}ml^2\right)\omega^2\\&=\frac{1}{2}m\left(v_A^2+\frac{1}{3}l^2\omega^2+l\omega v_A\cos\varphi\right)\end{aligned}$$

13.3 动能定理

13.3.1 质点的动能定理

由质点运动微分方程的矢量表达式

$$m\frac{\mathrm{d}\boldsymbol{v}}{\mathrm{d}t}=\boldsymbol{F}$$

方程两边同时点乘元位移 $\mathrm{d}\boldsymbol{r}$，得

$$m\frac{\mathrm{d}\boldsymbol{v}}{\mathrm{d}t}\cdot\mathrm{d}\boldsymbol{r}=\boldsymbol{F}\cdot\mathrm{d}\boldsymbol{r}$$

因为$\frac{\mathrm{d}\boldsymbol{r}}{\mathrm{d}t}=\boldsymbol{v}$，所以 $\mathrm{d}\boldsymbol{r}=\boldsymbol{v}\mathrm{d}t$，于是上式可写成

$$m\boldsymbol{v}\cdot\mathrm{d}\boldsymbol{v}=\boldsymbol{F}\cdot\mathrm{d}\boldsymbol{r}$$

$$\mathrm{d}\left(\frac{1}{2}mv^2\right)=\delta W \tag{13-21}$$

上式称为质点动能定理的微分形式：质点动能的增量等于作用在质点上力的元功。

积分上式，得

$$\int_{v_1}^{v_2}\mathrm{d}\left(\frac{1}{2}mv^2\right)=W_{12}$$

也可表示成

$$\frac{1}{2}mv_2^2-\frac{1}{2}mv_1^2=W_{12} \tag{13-22}$$

这就是质点动能定理的积分形式，即在质点运动的某个过程中，质点动能的改变量等于作用于质点上的力所做的功。

由质点动能定理的微分形式［式(13-21)］或质点动能定理的积分形式［式(13-22)］可

见，力作正功，质点的动能增加；力作负功，质点的动能减小。

13.3.2　质点系的动能定理

设质点系内第 i 个质点的质量为 m_i，速度为 $\boldsymbol{v}_i$，根据质点动能定理的微分形式，有

$$\mathrm{d}\left(\frac{1}{2}m_iv_i^2\right)=\delta W_i$$

式中，δW_i 表示作用在该质点上的力所作的元功。

对于质点系的每一个质点，都可以列出上述形式的动能定理，若将每一个质点的动能定理都相加，可得

$$\sum\mathrm{d}\left(\frac{1}{2}m_iv_i^2\right)=\sum\delta W_i$$

或

$$\mathrm{d}\left[\sum\left(\frac{1}{2}m_iv_i^2\right)\right]=\sum\delta W_i$$

式中，$\sum\left(\frac{1}{2}m_iv_i^2\right)$是质点系的动能，于是上式可写成

$$\mathrm{d}T=\sum\delta W_i \tag{13-23}$$

式(13-23) 为质点系动能定理的微分形式，即质点系动能的微分，等于作用在质点系上全部力所作的元功之和。

将式(13-23) 两边积分，得

$$T_2-T_1=\sum W_i \tag{13-24}$$

式(13-24) 为质点系动能定理的积分形式，即质点系在某一运动过程中动能的改变量，等于作用于质点系的全部力在这一过程中所做的功之和。

例 13-4　一长为 l、密度为 ρ 的链条放置在光滑的水平桌面上，有长为 b 的一段悬挂下垂，如图 13-14 所示。初始链条静止，在自重的作用下运动。求当末端滑离桌面时，链条的速度。

解：链条在初始及终了两状态的动能分别为

$$T_1=0,\ T_2=\frac{1}{2}\rho lv_2^2$$

在运动过程中所有的力所做的功为

$$W_{12}=\rho gb(l-b)+\rho g(l-b)\frac{1}{2}(l-b)=\frac{1}{2}\rho g(l^2-b^2)$$

由 $T_2-T_1=\sum W_{12}$ 解得

$$v_2=\sqrt{\frac{g(l^2-b^2)}{l}}$$

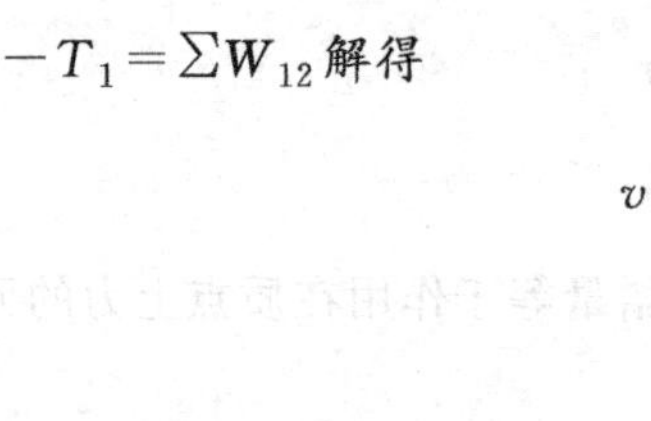

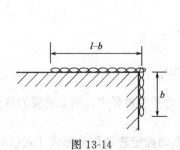

图 13-14

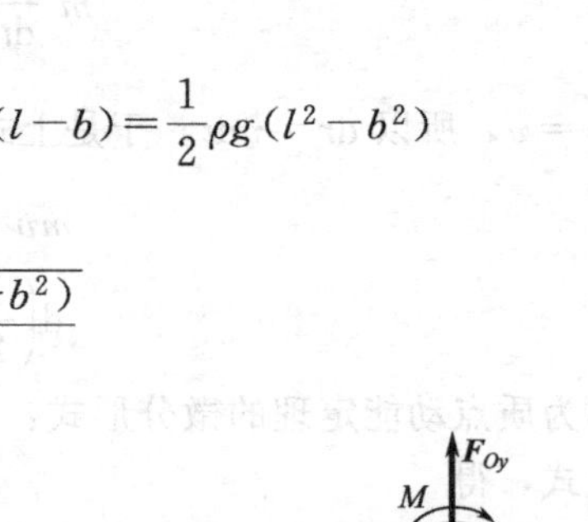

图 13-15

例 13-5　卷扬机鼓轮在常力偶 M 作用下将圆柱上拉，如图 13-15 所示。已知鼓轮的半径为 R_1，质量为 m_1，质量分布在轮缘上；圆柱的半径为 R_2，质量为 m_2，质量均匀分布。设斜坡的倾角为 α，圆柱只滚不滑。系统从静止开始运动，求圆柱中心 C 经过路程 s 时的速度。

解： 以系统为研究对象，受力如图 13-15。系统在运动过程中所有力所做的功为

$$\sum W_{12}=M\frac{s}{R_1}-m_2 g\sin\alpha\cdot s$$

系统在初始及终了两状态的动能分别为

$$T_1=0$$

$$T_2=\frac{1}{2}J_1\omega_1^2+\frac{1}{2}m_2v_C^2+\frac{1}{2}J_C\omega_2^2$$

其中
$$J_1=m_1R_1^2,\ J_C=\frac{1}{2}m_2R_2^2,\ \omega_1=\frac{v_C}{R_1},\ \omega_2=\frac{v_C}{R_2}$$

于是
$$T_2=\frac{v_C^2}{4}(2m_1+3m_2)$$

由 $T_2-T_1=\sum W_{12}$ 得

$$\frac{v_C^2}{4}(2m_1+3m_2)-0=M\frac{s}{R_1}-m_2 g\sin\alpha\cdot s$$

解之得
$$v_C=2\sqrt{\frac{(M-m_2gR_1\sin\alpha)s}{R_1(2m_1+3m_2)}}$$

例 13-6　在对称连杆的 A 点，作用一铅垂方向的常力 $\boldsymbol{F}$，开始时系统静止，如图 13-16(a) 所示。设连杆长均为 l，质量均为 m，均质圆盘质量为 m_1，且作纯滚动。求连杆 OA 运动到水平位置时的角速度。

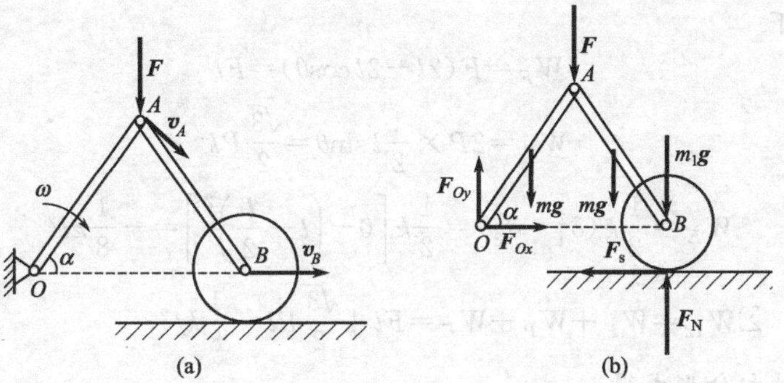

图 13-16

解： 系统初瞬时的动能为

$$T_1=0$$

设连杆 OA 运动到水平位置时的角速度为 ω，由于 $OA=AB$，所以杆 AB 的角速度也为 ω。且此时 B 端为杆 AB 的速度瞬心。

因此，轮心 B 的速度为零，即 $v_B=0$。

系统此时的动能为

$$T_2=\frac{1}{2}J_O\omega^2+\frac{1}{2}J_B\omega^2+\frac{3}{4}mv_B^2=\frac{1}{2}\left(\frac{1}{3}ml^2\right)\omega^2+\frac{1}{2}\left(\frac{1}{3}ml^2\right)\omega^2+0=\frac{1}{3}ml^2\omega^2$$

系统受力如图 13-16(b) 所示。在运动过程中所有的力所做的功为

$$\sum W_{12}=2\left(mg\,\frac{l}{2}\sin\alpha\right)+Fl\sin\alpha=(mg+F)l\sin\alpha$$

由 $T_2-T_1=\sum W_{12}$ 得

$$\frac{1}{3}ml^2\omega^2-0=(mg+F)l\sin\alpha$$

解得
$$\omega=\sqrt{\frac{3(mg+F)\sin\alpha}{lm}}$$

例 13-7 两根完全相同的均质细杆 AB 和 BC 用铰链 B 连接在一起，而杆 BC 则用铰链 C 连接在 C 点上，每根杆重 $P=10\text{N}$，长 $l=1\text{m}$，一弹簧常数 $k=120\text{N/m}$ 的弹簧连接在两杆的中心，如图 13-17 所示。假设两杆与光滑地面的夹角 $\theta=60°$ 时弹簧不伸长，$F=10\text{N}$ 的力作用在 A 点，该系统由静止释放，试求 $\theta=0°$ 时 AB 杆的角速度。

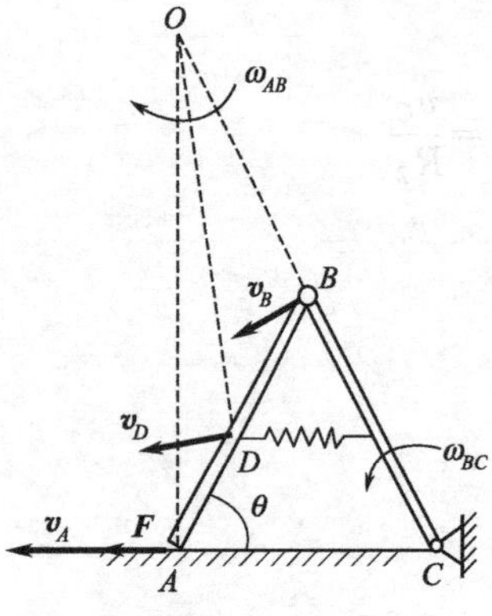

图 13-17

解： AB 杆作平面运动，BC 杆作定轴转动，找出 AB 杆的速度瞬心在 O 点。由几何关系知 $OB=BC=l$，因此有

$$v_B=OB\cdot\omega_{AB}=BC\cdot\omega_{BC}$$

得
$$\omega_{AB}=\omega_{BC}=\omega$$

同时还可以得出以下结论：

当 $\theta=0°$ 时 O 点与 A 点重合，即此时 A 为 AB 杆的速度瞬心，所以

$$T_1=0$$

$$T_2=\frac{1}{2}J_A\omega_{AB}^2+\frac{1}{2}J_C\omega_{BC}^2=\frac{1}{3}\frac{P}{g}l^2\omega^2$$

因为系统属于理想约束，所以约束反力不做功，做功的力有主动力 $\boldsymbol{F}$、重力 $\boldsymbol{P}$ 和弹簧力，分别求得如下

主动力做功
$$W_F=F(2l-2l\cos\theta)=Fl$$

重力做功
$$W_P=2P\times\frac{1}{2}l\sin\theta=\frac{\sqrt{3}}{2}Pl$$

弹簧力做功
$$W_E=\frac{1}{2}k(\delta_1^2-\delta_2^2)=\frac{1}{2}k\left[0-\left(l-\frac{l}{2}\right)^2\right]=-\frac{1}{8}kl^2$$

外力所做总功
$$\sum W_{12}=W_F+W_P+W_E=Fl+\frac{\sqrt{3}}{2}Pl-\frac{1}{8}kl^2$$

由动能定理的积分形式得

$$\frac{1}{3}\frac{P}{g}l^2\omega^2=Fl+\frac{\sqrt{3}}{2}Pl-\frac{1}{8}kl^2$$

$$\omega=\sqrt{\left(P+\frac{\sqrt{3}}{2}W-\frac{1}{8}kl\right)\bigg/\frac{1}{3}\frac{W}{g}l}=3.28\text{rad/s}$$

例 13-8 重物 A 和 B 通过动滑轮 D 和定滑轮 C 而运动，如图 13-18(a)所示。如果重物 A 开始时向下的速度为 v_0。重物 A 和 B 的质量均为 m，滑轮 D 和 C 的质量均为 M，且为均质圆盘。重物 B 与水平面间的动摩擦系数为 f'。绳索不可伸长，其质量忽略不计。试问重物 A 下落多大距离，其速度增大一倍。

解： 取系统分析，则运动初瞬时的动能为

$$T_A=\frac{1}{2}mv_0^2$$

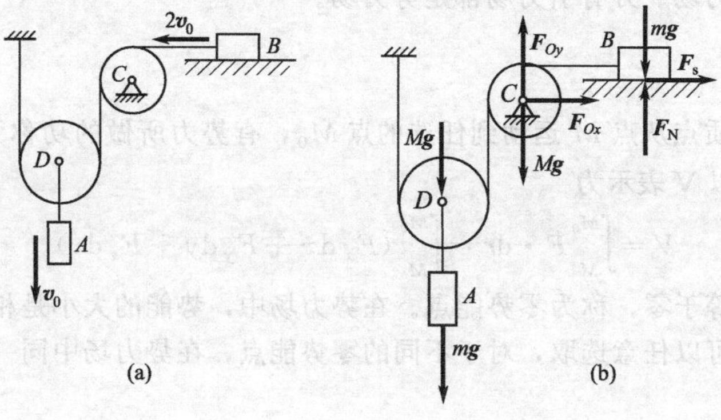

图 13-18

$$T_B=\frac{1}{2}m(2v_0)^2=2mv_0^2$$

$$T_C=\frac{1}{2}J_C\omega_C^2=\frac{1}{2}\left(\frac{1}{2}Mr_C^2\right)\left(\frac{2v_0}{r_C}\right)^2=Mv_0^2$$

$$T_D=\frac{1}{2}Mv_D^2+\frac{1}{2}J_D\omega_D^2=\frac{1}{2}Mv_0^2+\frac{1}{2}\left(\frac{1}{2}Mr_D^2\right)\left(\frac{v_0}{r_D}\right)^2=\frac{3}{4}Mv_0^2$$

$$T_1=T_A+T_B+T_C+T_D=\frac{7M+10m}{4}v_0^2$$

速度增大一倍时的动能为

$$T_2=(7M+10m)v_0^2$$

系统受力如图 13-18(b)所示，设重物 A 下降 h 高度时，其速度增大一倍。在此过程中，所有的力所做的功为

$$\sum W_{12}=mgh+Mgh-f'mg\cdot 2h=[M+(1-2f')m]hg$$

由 $T_2-T_1=\sum W_{12}$ 得

$$\frac{3}{4}(7M+10m)v_0^2=[M+(1-2f')m]hg$$

解得

$$h=\frac{3v_0^2(7M+10m)}{4g[M+(1-2f')m]}$$

13.4 势力场·势能·机械能守恒定律

13.4.1 势力场

如果一物体在某空间任一位置都受到一个大小和方向完全由所在位置确定的力作用，则这部分空间称为力场。例如：物体在地球表面的任何位置都要受到一个确定的重力的作用，我们称地球表面的空间为重力场。又如：星球在太阳周围的任何位置都要受到太阳引力的作用，引力的大小和方向决定于此星球相对于太阳的位置，我们称太阳周围的空间为太阳引力场。

如果物体在某力场内运动，作用于物体的力所做的功只与力作用点的初始位置和终了位置有关，而与该点的轨迹形状无关，这种力场称为势力场（保守力场）。在势力场中，物体受到的力称为有势力或保守力。

重力场、弹性力场、万有引力场都是势力场。

13.4.2　势能

在势力场中，质点从点 M 运动到任选的点 M_0，有势力所做的功称为质点在点 M 相对于点 M_0 的势能，以 V 表示为

$$V=\int_M^{M_0}\boldsymbol{F}\cdot\mathrm{d}\boldsymbol{r}=\int_M^{M_0}(F_x\mathrm{d}x+F_y\mathrm{d}y+F_z\mathrm{d}z)\tag{13-25}$$

点 M_0 的势能等于零，称为零势能点。在势力场中，势能的大小是相对于零势能点而言的。零势能点 M_0 可以任意选取，对于不同的零势能点，在势力场中同一位置的势能可有不同的数值。

几种常见势能的计算如下。

(1) 重力场中的势能　重力场中，以铅垂轴为 z 轴，取 M_0 为零势能点，如图 13-19 所示。则点 M 的势能 V 等于重力 $m\boldsymbol{g}$ 由 M 到 M_0 处所做的功，即

$$V=\int_z^{z_0}-mg\mathrm{d}z=mg(z-z_0)\tag{13-26}$$

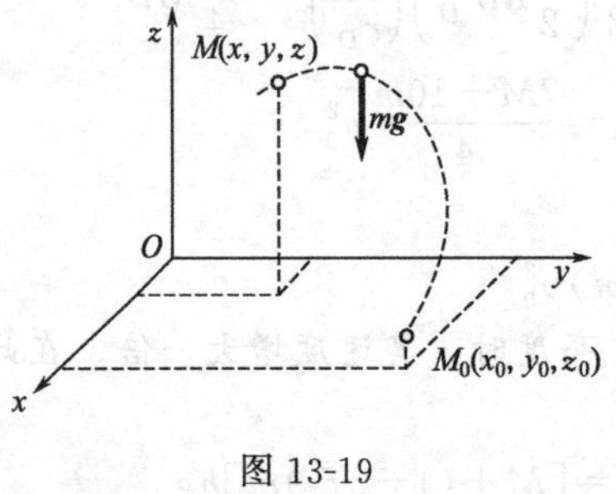

图 13-19

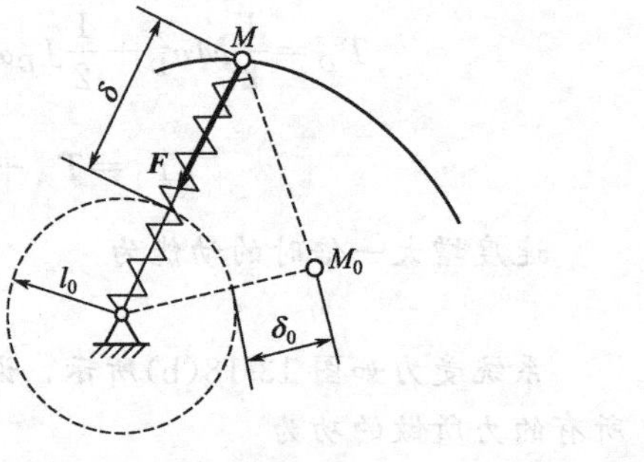

图 13-20

(2) 弹性力场中的势能　设弹簧的一端固定，另一端与物体相连，弹簧的刚度系数为 k，如图 13-20 所示。令弹簧变形量为 δ_0 处为零势能点，则变形量为 δ 处的弹簧势能 V 为

$$V=\frac{k}{2}(\delta^2-\delta_0^2)\tag{13-27}$$

若取弹簧自然位置为零势能点，则有 $\delta_0=0$，于是得

$$V=\frac{k}{2}\delta^2$$

(3) 万有引力场中的势能　设质量为 m_1 的质点受质量为 m_2 的物体的万有引力 $\boldsymbol{F}$ 作用，如图 13-21 所示。取 A_0 点为零势能点，则质点在点 A 的势能 V 为

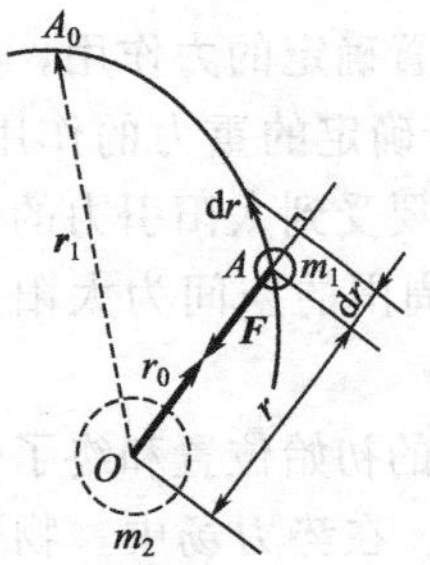

图 13-21

$$V=\int_A^{A_0}\boldsymbol{F}\cdot\mathrm{d}\boldsymbol{r}=\int_A^{A_0}\frac{fm_1m_2}{r^2}\boldsymbol{r}_0\cdot\mathrm{d}\boldsymbol{r}$$

式中，f 为万有引力常数；$\boldsymbol{r}_0$ 为质点矢径方向的单位矢量。由图 13-21 可知，$\boldsymbol{r}_0\cdot\mathrm{d}\boldsymbol{r}=\mathrm{d}r$，是矢径 $\boldsymbol{r}$ 长度方向的增量。设 $\boldsymbol{r}_1$ 是零势能点的矢径，于是

$$V=\int_r^{r_1}-\frac{fm_1m_2}{r^2}\mathrm{d}r=fm_1m_2\left(\frac{1}{r_1}-\frac{1}{r}\right)\tag{13-28}$$

若取无穷远处为零势能点，即 $r_1\to\infty$，于是得

$$V=-\frac{fm_1m_2}{r}$$

如质点系受到多个有势力的作用，各有势力可有各自的零势能点。质点系的“零势能位置”是各质点都处于其零势能点的一组位置。质点系从某位置到其“零势能位置”的运动过程中，各有势力做功的代数和称为此质点系在该位置的势能。

例如质点系在重力场中，取各质点的 z 坐标为 z_{10}，z_{20}，…，z_{n0}时为零势能位置，则质点系各质点 z 坐标为z_1，z_2，…，z_n 时的势能为

$$V=\sum m_i g(z_i-z_{i0})$$

参考质点系重力做功的推导方法，质点系重力势能可写为

$$V=\sum mg(z_C-z_{C0}) \tag{13-29}$$

式中，m 为质点系的质量；z_C 为质点系质心的 z 坐标；z_{C0}为质点系零势能位置质心的 z 坐标。

再如一质量为 m、长为 l 的均质杆AB，A 端铰支、B 端由无重弹簧拉住，并于水平位置平衡，如图 13-22 所示。此时弹簧已有伸长量为 δ_0，刚度系数为 k，由平衡方程$\sum M_A(\boldsymbol{F})=0$，有

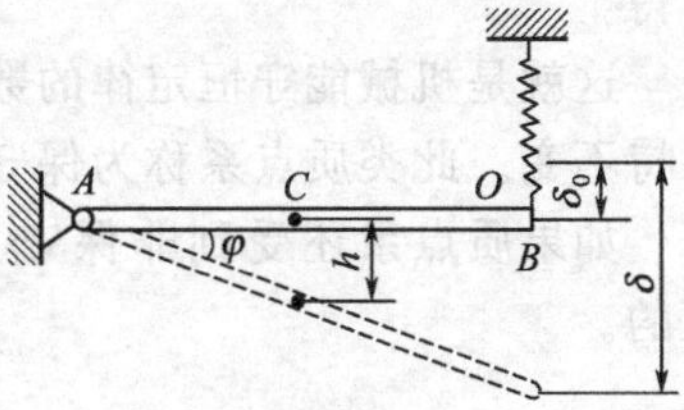

图 13-22

$$k\delta_0 l=mg\ \frac{l}{2}\text{或}\ \delta_0=\frac{mg}{2k}$$

此系统所受重力及弹性力都是有势力。如重力以杆的水平位置处为零势能位置，弹簧以自然位置 O 为零势能位置，则杆于微小摆角 φ 处

重力势能为
$$-mg\varphi\ \frac{l}{2}$$

弹簧势能为
$$\frac{1}{2}k(\delta_0+\varphi l)^2$$

由 $\delta_0=\dfrac{mg}{2k}$，总势能为

$$V'=\frac{1}{2}k(\delta_0+\varphi l)^2-\frac{1}{2}mg\varphi l=\frac{1}{2}k\varphi^2 l^2+\frac{m^2g^2}{8k}$$

如取杆的平衡位置为系统的零势能位置，杆于微小摆角 φ 处，系统相对于零势能位置的势能为

$$V=\frac{1}{2}k(\delta^2-\delta_0^2)-mgh=\frac{1}{2}k(\delta_0^2+2\delta_0\varphi l+\varphi^2 l^2-\delta_0^2)-mg\ \frac{\varphi l}{2}$$

由于 $\delta_0=\dfrac{mg}{2k}$，可得
$$V=\frac{1}{2}k\varphi^2 l^2$$

可见，对于不同的零势能位置，系统的势能是不相等的。对于常见的重力场或弹性力场，以其平衡位置为零势能点，往往会更方便。

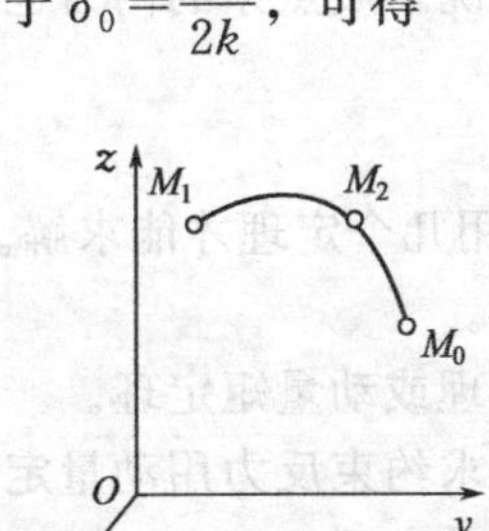

图 13-23

质点系在势力场中运动，有势力的功可通过势能计算。设某个有势力的作用点在质点系的运动过程中从点 M_1 到点 M_2，如图 13-23所示。该力所做的功为 W_{12}。若取 M_0 为零势能点，则从点 M_1 到点 M_0 和从点 M_2 到点 M_0 有势力所做的功分别为 M_1 和 M_2 位置的势能 V_1 和 V_2。因有势力的功与轨迹形状无关，而由

M_1 经 M_2 到达 M_0 时，有势力的功为

$$W_{10}=W_{12}+W_{20}$$

由于 $W_{10}=V_1$，$W_{20}=V_2$，于是得

$$W_{12}=V_1-V_2 \tag{13-30}$$

即有势力所做的功等于质点系在运动过程的初始与终了位置的势能差。

13.4.3 机械能守恒定律

系统在某瞬时所具有的动能与势能的总和称为机械能。设质点系在运动过程的初始和终了瞬时的动能分别为 T_1 和 T_2，所受力在这过程中所做的功为 W_{12}，根据动能定理

$$T_2-T_1=W_{12}$$

如系统运动中只有有势力做功，而有势力的功可用势能计算，即

$$T_2-T_1=W_{12}=V_1-V_2$$

可得

$$T_1+V_1=T_2+V_2 \tag{13-31}$$

这就是机械能守恒定律的数学表达式，即质点系只在有势力的作用下运动时，其机械能保持不变。此类质点系称为保守系统。

如果质点系还受到非保守力的作用，称为非保守系统。非保守系统的机械能是不守恒的。

13.5 动力学普遍定理的综合应用

质点和质点系的普遍定理包括动量定理、动量矩定理和动能定理。它们从不同角度研究了质点或质点系的运动量（动量、动量矩、动能）的变化与力的作用量（冲量、力矩、功）的关系。但每一定理又只反映了这种关系的一个方面，即每一定理只能求解质点系动力学某一方面的问题。

这些定理可分为两种类型，第一类是动量定理和动量矩定理，它们是矢量形式，因质点系的内力不能改变系统的动量和动量矩，应用时只需考虑质点系所受的外力。质心运动定理也是矢量形式，常用来分析质点系受力与质心运动的关系。它与相对于质心的动量矩定理联合共同描述了质点系机械运动的总体情况，特别是联合用于刚体，可建立起刚体运动的基本方程，如平面运动微分方程。

第二类是动能定理，它是标量形式，在很多实际问题中约束反力不做功，因而在动能定理的方程中不会出现约束反力，这会使问题大大简化。当有一段运动过程时，用动能定理的积分形式来求速度或角速度往往比较方便。如果所列方程是函数形式的（适用于任意瞬时），将其对时间求导，便可得到加速度或角加速度。但应注意，在有些情况下质点系的内力也要做功，应用时要具体分析。

动力学普遍定理综合应用有两方面含义：

① 对同一个问题可用不同的定理求解；② 对一个问题需联合使用几个定理才能求解。

下面就只用一个定理就能求解的题目，如何选择定理，说明如下。

（1）与路程有关的问题用动能定理，与时间有关的问题用动量定理或动量矩定理。

（2）已知主动力求质点系的运动用动能定理，已知质点系的运动求约束反力用动量定理或质心运动定理或动量矩定理，已知外力求质点系质心运动用质心运动定理。

（3）如果问题是要求速度或角速度，则要视已知条件而定。

若质点系所受外力的主矢为零或在某轴上的投影为零，则可用动量守恒定律求解。

若质点系所受外力对某固定轴的矩的代数和为零，则可用对该轴动量矩守恒定律求解。

若质点系仅受有势力的作用或非有势力不做功，则用机械能守恒定律求解。

若作用在质点系上的非有势力做功，则用动能定理求解。

(4) 如果问题是要求加速度或角加速度，可用动能定理求出速度（或角速度），然后再对时间求导，求出加速度（或角加速度）。也可用动量定理或动量矩定理求解。

(5) 对于定轴转动问题，可用定轴转动的微分方程求解。对于刚体的平面运动问题，可用平面运动微分方程求解。

有时一个问题，几个定理都可以求解，此时可选择最合适的定理，用最简单的方法求解。对于复杂的动力学问题，不外乎是上述几种情况的组合，可以根据各定理的特点联合应用。下面举例说明。

例 13-9　均质杆质量为 m、长为 l，可绕距端点 $\frac{1}{3}l$ 的转轴 O 转动，如图 13-24(a)所示。试求杆由水平位置静止开始转动到任一位置时的角速度、角加速度以及轴承 O 的约束反力。

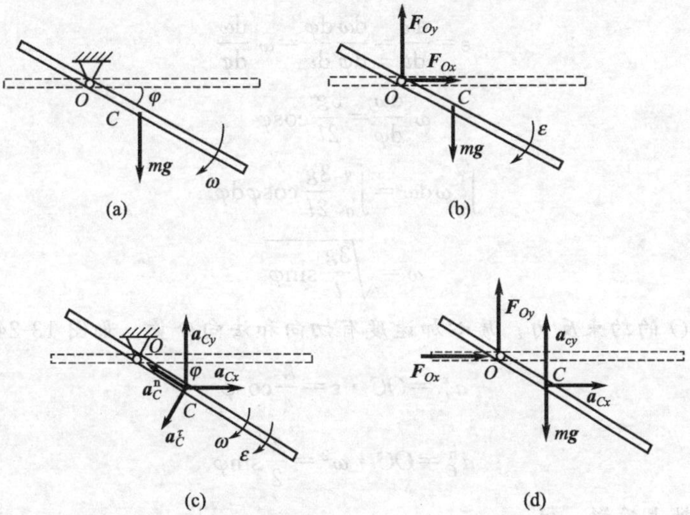

图 13-24

解： 本题已知主动力求运动和约束反力。

(1) 用动能定理求杆的角速度和角加速度　以杆为研究对象。由于杆由水平位置静止开始运动，故开始的动能为零，即

$$T_1=0$$

杆作定轴转动，转动到任一位置时的动能为

$$T_2=\frac{1}{2}J_O\omega^2=\frac{1}{2}\left[\frac{1}{12}ml^2+m\left(\frac{l}{2}-\frac{l}{3}\right)^2\right]\omega^2=\frac{1}{18}ml^2\omega^2$$

在此过程中所有的力所做的功为

$$\sum W_{12}=mgh=\frac{1}{6}mgl\sin\varphi$$

由 $T_2-T_1=\sum W_{12}$ 得

$$\frac{1}{18}ml^2\omega^2-0=\frac{1}{6}mgl\sin\varphi$$

$$\omega^2=\frac{3g}{l}\sin\varphi$$

$$\omega=\sqrt{\frac{3g}{l}\sin\varphi}$$

将前式两边对时间求导，得

$$2\omega\ \frac{d\omega}{dt}=\frac{3g}{l}\cos\varphi\ \frac{d\varphi}{dt}$$

$$\varepsilon=\frac{3g}{2l}\cos\varphi$$

(2) 用微分方程求杆质心的加速度　杆的受力如图 13-24(b)所示，由定轴转动微分方程

$$J_O\varepsilon=\sum M_O(\boldsymbol{F})$$

得
$$\frac{1}{9}ml^2\varepsilon=mg\frac{l}{6}\cos\varphi$$

即
$$\varepsilon=\frac{3g}{2l}\cos\varphi$$

又因为
$$\varepsilon=\frac{d\omega}{dt}=\frac{d\omega}{d\varphi}\frac{d\varphi}{dt}=\omega\ \frac{d\omega}{d\varphi}$$

所以
$$\omega\ \frac{d\omega}{d\varphi}=\frac{3g}{2l}\cos\varphi$$

$$\int_0^\omega \omega\, d\omega=\int_0^\omega \frac{3g}{2l}\cos\varphi d\varphi$$

即
$$\omega=\sqrt{\frac{3g}{l}\sin\varphi}$$

现在求轴承 O 的约束反力。质心加速度有切向和法向分量，如图 13-24(c)所示。

$$a_C^\tau=OC\cdot\varepsilon=\frac{g}{4}\cos\varphi$$

$$a_C^n=OC\cdot\omega^2=\frac{g}{2}\sin\varphi$$

将其向直角坐标轴上投影，得

$$a_{Cx}=-a_C^\tau\sin\varphi-a_C^n\cos\varphi=-\frac{3g}{4}\sin\varphi\cos\varphi$$

$$a_{Cy}=-a_C^\tau\cos\varphi+a_C^n\sin\varphi=-\frac{3g}{4}(1-3\sin^2\varphi)$$

(3) 用质心运动定理求约束反力　杆的受力及质心加速度分析如图 13-24(d)所示。由质心运动定理

$$ma_{Cx}=\sum F_x$$
$$ma_{Cy}=\sum F_y$$

得
$$-\frac{3mg}{4}\sin\varphi\cos\varphi=F_{Ox}$$

$$-\frac{3mg}{4}(1-3\sin^2\varphi)=F_{Oy}-mg$$

解得
$$F_{Ox}=-\frac{3mg}{8}\sin2\varphi$$

$$F_{Oy}=\frac{mg}{4}(1+9\sin^2\varphi)$$

例 13-10　物块 A 和 B 的质量分别为 m_1、m_2，且 $m_1 > m_2$，分别系在绳索的两端，绳跨过一定滑轮，如图 13-25(a)所示。滑轮的质量为 m，并可看成是半径为 r 的均质圆盘。假设不计绳的质量和轴承摩擦，绳与滑轮之间无相对滑动，试求物块 A 的加速度和轴承 O 的约束反力。

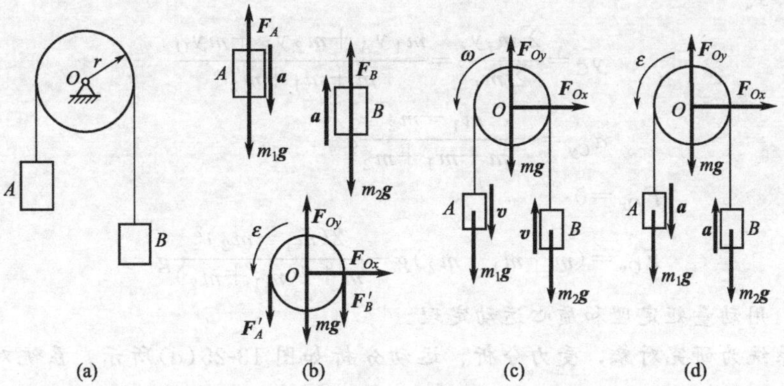

图 13-25

解法一：分别以物块 A、B 和滑轮为研究对象，受力如图 13-25(b)所示。分别由动力学基本方程和定轴转动微分方程，得

$$m_1 a = m_1 g - F_A$$

$$m_2 a = F_B - m_2 g$$

$$\frac{1}{2} m r^2 \cdot \varepsilon = (F'_A - F'_B) r$$

$$0 = F_{Ox}$$

$$0 = F_{Oy} - F'_A - F'_B - mg$$

注意到 $a = r\varepsilon$，由以上方程联立求解得

$$a = \frac{2(m_1 - m_2)}{m + 2(m_1 + m_2)} g$$

$$F_{Ox} = 0$$

$$F_{Oy} = (m + m_1 + m_2) g - \frac{2(m_1 - m_2)^2}{m + 2(m_1 + m_2)} g$$

解法二：用动能定理和质心运动定理

以整个系统为研究对象，受力分析、运动分析如图 13-25(c)所示。系统动能为

$$T = \frac{1}{2} m_1 v^2 + \frac{1}{2} m_2 v^2 + \frac{1}{2}\left(\frac{1}{2} m r^2\right)\left(\frac{v}{r}\right)^2 = \frac{1}{4}(m + 2m_1 + 2m_2) v^2$$

$$\mathrm{d}T = \frac{1}{2}(m + 2m_1 + 2m_2) v \mathrm{d}v$$

所有力的元功的代数和为

$$\sum \delta W_i = (m_1 - m_2) g \mathrm{d}s = (m_1 - m_2) g v \mathrm{d}t$$

由微分形式的动能定理得

$$\frac{1}{2}(m + 2m_1 + 2m_2) v \mathrm{d}v = (m_1 - m_2) g v \mathrm{d}t$$

于是可得

$$a = \frac{2(m_1 - m_2)}{m + 2(m_1 + m_2)} g$$

由
$$ma_{Cx}=\sum F_x$$
$$ma_{Cy}=\sum F_y$$
得
$$(m+m_1+m_2)a_{Cy}=F_{Oy}-(m+m_1+m_2)g$$
由质心坐标公式
$$y_C=\frac{\sum m_i y_i}{\sum m_i}=\frac{m_1 y_A+m_2 y_B+m y_O}{m+m_1+m_2}$$
$$a_{Cy}=-\frac{m_1-m_2}{m+m_1+m_2}a$$
于是可得
$$F_{Ox}=0$$
$$F_{Oy}=(m+m_1+m_2)g-\frac{2(m_1-m_2)^2}{m+2(m_1+m_2)}g$$

解法三：用动量矩定理和质心运动定理

以整个系统为研究对象，受力分析、运动分析如图 13-25(d)所示。系统对定轴的动量矩为
$$L_O=m_1vr+m_2vr+\left(\frac{1}{2}mr^2\right)\omega=\frac{1}{2}(m+2m_1+2m_2)vr$$
由$\frac{\mathrm{d}}{\mathrm{d}t}L_O=\sum M_O(\boldsymbol{F})$ 得
$$\frac{1}{2}(m+2m_1+2m_2)r\frac{\mathrm{d}v}{\mathrm{d}t}=(m_1-m_2)gr$$
$$a=\frac{\mathrm{d}v}{\mathrm{d}t}=\frac{2(m_1-m_2)}{m+2(m_1+m_2)}g$$
然后按解法二的方法即可求得轴承 O 的约束反力。

例 13-11　均质圆盘可绕 O 轴在铅垂面内转动，圆盘的质量为 m，半径为 R，如图 13-26(a)所示。在圆盘的质心 C 上连接一刚性系数为 k 的水平弹簧，弹簧的另一端固定在 A 点，$CA=2R$ 为弹簧的原长，圆盘在常力偶 M 的作用下，由最低位置无初速地绕 O 轴向上转。试求圆盘到达最高位置时，轴承 O 的约束反力。

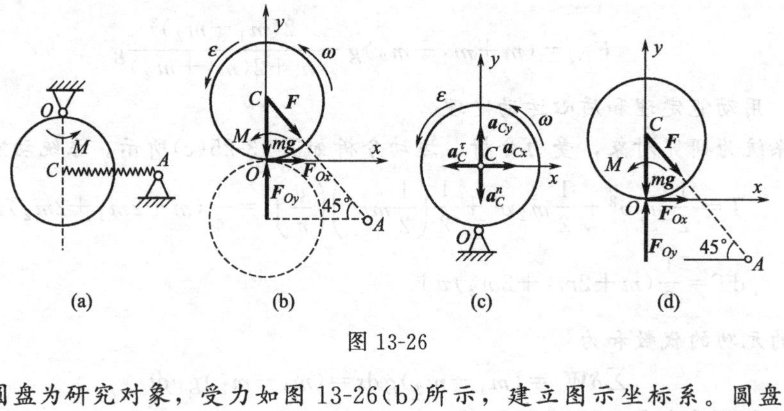

图 13-26

解：以圆盘为研究对象，受力如图 13-26(b)所示，建立图示坐标系。圆盘绕 O 轴的转动惯量为
$$J_O=\frac{1}{2}mR^2+mR^2=\frac{3}{2}mR^2$$
系统初始时静止，初始动能为
$$T_1=0$$

末动能为
$$T_2=\frac{1}{2}J_O\omega^2=\frac{3}{4}mR^2\omega$$

约束反力不做功，主动力所做的功为

$$W_{12}=M\pi-2mgR+\frac{k}{2}[0-(2\sqrt{2}R-2R)^2]=M\pi-2mgR-0.3431kR^2$$

由 $T_2-T_1=\sum W_{12}$ 得

$$\frac{3}{4}mR^2\omega^2=M\pi-2mgR-0.3431kR^2$$

解得
$$\omega=\sqrt{\frac{4}{3mR^2}(M\pi-2mgR-0.3431kR^2)}$$

再由定轴转动微分方程得

$$\frac{3}{2}mR^2\varepsilon=M-k(2\sqrt{2}R-2R)R\frac{\sqrt{2}}{2}$$

解得
$$\varepsilon=\frac{2(M-0.5859kR^2)}{3mR^2}$$

如图 13-26(c)所示，质心 C 的加速度在 x、y 轴上的投影分别为

$$a_{Cx}=-R\varepsilon=-\frac{2(M-0.5859kR^2)}{3mR}$$

$$a_{Cy}=-R\omega^2=-\frac{4}{3mR}(M\pi-2mgR-0.3431kR^2)$$

如图 13-26(d)所示，由质心运动微分方程得

$$ma_{Cx}=F_{Ox}+F\cos45°$$
$$ma_{Cy}=F_{Oy}-mg-F\sin45°$$

代入加速度解得

$$F_{Ox}=-\frac{2M}{3R}-0.1953kR$$

$$F_{Oy}=3.667mg+1.043kR-4.189\frac{M}{R}$$

例 13-12　均质细杆长为 l、质量为 m，静止直立于光滑水平面上，如图 13-27(a)所示。当杆受微小干扰而倒下时，求杆刚刚到达地面时的角速度和地面约束反力。

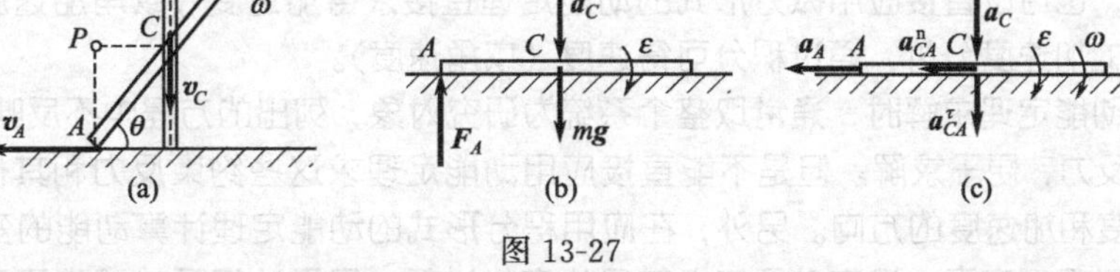

图 13-27

解：由于地面光滑，直杆沿水平方向不受力，倒下过程中质心将铅直下落。杆运动到任一位置（与水平方向夹角为 θ）时的角速度为

$$\omega=\frac{v_C}{CP}=\frac{2v_C}{l\cos\theta}$$

初始时直杆静止，所以

$$T_1=0$$

此瞬时杆的动能为

$$T_2=\frac{1}{2}mv_C^2+\frac{1}{2}J_C\omega^2=\frac{1}{2}m\left(1+\frac{1}{3\cos^2\theta}\right)v_C^2$$

此过程只有重力做功，大小为

$$W_{12}=mg\ \frac{l}{2}(1-\sin\theta)$$

由 $T_2-T_1=\sum W_{12}$ 得

$$\frac{1}{2}m\left(1+\frac{1}{3\cos^2\theta}\right)v_C^2=mg\ \frac{l}{2}(1-\sin\theta)$$

当 $\theta=0°$ 时，解得

$$v_C=\frac{1}{2}\sqrt{3gl}\text{，}\omega=\sqrt{\frac{3g}{l}}$$

杆刚刚达到地面时受力及加速度如图 13-27(b)所示，由刚体平面运动微分方程，得

$$mg-F_A=ma_C \tag{a}$$

$$F_A\ \frac{l}{2}=J_C\varepsilon=\frac{1}{12}ml^2\varepsilon \tag{b}$$

杆作平面运动，以 A 为基点如图 13-27(c)所示，则 C 点的加速度为

$$\boldsymbol{a}_C=\boldsymbol{a}_A+\boldsymbol{a}_{CA}^{\tau}+\boldsymbol{a}_{CA}^{n}$$

沿铅垂方向投影，得

$$a_C=a_{CA}^{\tau}=\frac{l}{2}\varepsilon \tag{c}$$

联立求解方程式(a)、式(b)、式(c)，得　　$F_A=\dfrac{1}{4}mg$

学习方法和要点提示

(1) 要在物理学的基础上，更全面和熟练地计算力的功以及质点系和刚体的动能，能进一步掌握动能定理的特点和应用场合，并能较熟练地综合应用动力学普遍定理求解较复杂的质点系动力学问题。

(2) 动能定理是一个标量方程，只能求解一个未知数。应用动能定理可以求质点系的运动(如位移、速度和加速度等）和做功的力（包括外力和内力)。在涉及包含质点系的质量、速度、力和路程的动力学问题中，往往可用积分形式的动能定理求解上述某一个待求的未知量。如果求得质点系在任意瞬时作直线运动的速度（或转动的角速度)，通过它对时间的导数可得加速度(或角加速度)，也可以直接应用微分形式的动能定理直接求得加速度（或角加速度)，这样可以避免进行复杂的加速度分析，通过积分可得速度（或角速度)。

(3) 应用动能定理求解时，通常取整个系统为研究对象，列出的方程中不反映理想约束中所有的未知约束反力，便于求解。但是不能直接应用动能定理求这些约束反力和其他不做功的力，也不能确定速度和加速度的方向。另外，在应用积分形式的动能定理计算动能的变化量 T_1-T_2 时，只要运动过程能实现，没有必要考虑其具体变化过程，只需计算开始和末了两瞬时的动能。但是对于不能实现的运动过程，不能不加分析而乱用动能定理，这正是初学者容易犯的错误。由于动能和力的功通常比较容易计算，又不出现理想约束的约束反力和不做功的力，所以应用动能定理往往可以方便地求出所需的运动和力。

(4) 应用动能定理求解的关键，是正确计算质点系的动能和作用力的功。计算动能的难点是计算具有复杂运动的质点系的动能，其关键是对该质点系进行正确的运动分析，找出有关运

动量的关系。计算力的功的难点是计算变力在曲线运动中的功，其关键是正确写出其元功的表达式。

（5）机械能守恒定律只适用于做功的力都是有势力的情况，它建立了保守系统的动能与势能之间的转化关系，对于非有势力做功的非保守系统不能用机械能守恒定律而应采用动能定理求解。

（6）计算势能时应明确选择相应的零势能点。质点系同时受重力和弹性力作用时，可以选择同一位置（如系统的平衡位置）为两势力场的零势能点，也可以选择两个不同的位置分别为两个势力场的零势能点。不论如何选择，都不会影响最后的计算结果。虽然质点系的势能与零势能点的选择有关，但任意两位置势能之差是常量，与零势能点的选择无关。

（7）关于动力学普遍定理的综合应用。

① 有些动力学问题可用不同的定理求解，这时可以比较其繁简而选用某一个定理。对于需求运动（如速度、加速度等）的动力学问题，有时用几个定理都可以求解，而往往用动能定理比较方便。对于转动问题宜采用动量矩定理或刚体定轴转速微分方程，而对于移动问题宜采用动量定理或质心运动定理。对于平面运动刚体宜采用刚体平面运动微分方程。力是距离的函数时宜采用动能定理，力是时间的函数时宜采用动量定理，力是常量时两个定理都可使用。

② 对于需求力的动力学问题，几个普遍定理各有其局限性。普遍定理中的力有两种分类方法，一种是分为内力和外力，另一种是分为主动力和约束反力。由于内力不改变整个质点系的动量和动量矩，在动量定理和动量矩定理中不出现研究对象中的内力，故在这两个定理中把力分为内力和外力，显然用这两个定理不能直接求出这些内力。因为内力可能要做功，可用动能定理求出做功的内力和做功的其他力，也可取有关的分离体求内力。另外，主动力和约束反力都有可能是外力或内力。由于在理想约束条件下约束反力不做功或做功之和等于零，用动能定理经常把作用力分为主动力和约束反力并可避免出现这些约束反力，这是应用动能定理的优点，但是不能用这个定理求出这些约束反力，必须另选其他定理求解。如果需求固定支座的约束反力，宜首先采用质心运动定理或动量定理反映出所需求的约束反力，然后可根据题意选用其他定理求解。

③ 在较复杂的动力学问题中，如果同时需求运动和力，或者虽然只求运动，但系统的自由度大于 1 时，往往只用一个定理不能求解而应综合应用动力学普遍定理求解，同时还要利用题中的附加条件（如运动学和静力学的关系）增列补充方程。

④ 经过受力分析后，可判断系统的运动是否属于某种运动守恒问题，如动量守恒、质心运动守恒、动量矩守恒等。若是守恒问题可根据相应的守恒定律直接求得所需的运动（如速度、角速度、位移、转角等）。

思 考 题

13-1　一般来说，用动能定理时，是否要考虑系统约束反力作的功？能否求出系统的约束反力？

13-2　对非保守系统，是否一定不能用机械能守恒定律？为什么？

13-3　力做功的计算公式 $W_{12}=\int_{M_1}^{M_2}(F_x\mathrm{d}x+F_y\mathrm{d}y+F_z\mathrm{d}z)$，能否理解为计算功的投影式？如果 x、y、z 轴不垂直，该式对吗？

13-4　从某一高度以大小相同的速度同时抛出三个质量相同的小球，但抛出方向各不相同，不计空气阻力，这三个小球落到同一水平面时，三个小球的速度大小是否相同？三个小球重力的功是否相同？三个小球落地的时间是否相同？

13-5　物块 A 的质量为 m，从高为 h 的平、凹、凸三种不同形状的光滑面的顶点由静止下滑，如图 13-28 所示，在图示三种情况下，物块 A 滑到底部时的速度是否相同？为什么？

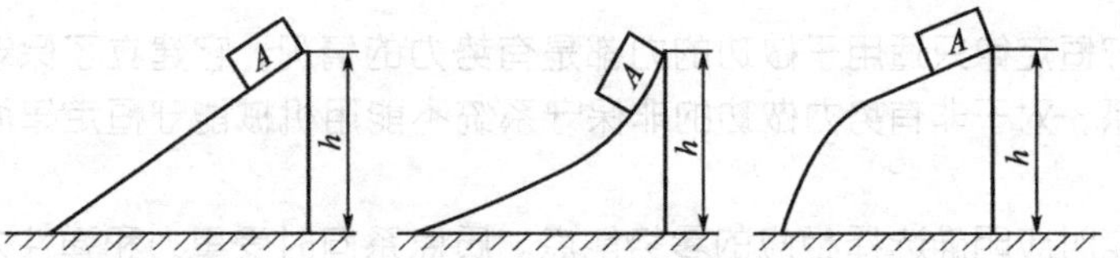

图 13-28

13-6　人们开始走动或起跑时，什么力使人的质心加速运动？什么力使人的动能增加？产生加速度的力一定做功吗？

13-7　甲将弹簧由原长拉伸 0.03m，乙继甲之后再将弹簧继续拉伸 0.02m。问：甲乙二人谁作的功多些？

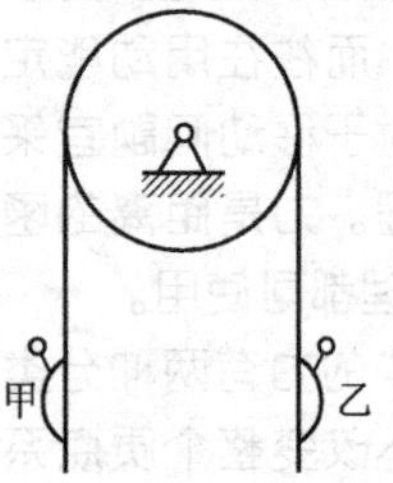

图 13-29

13-8　甲乙二人重量相同，沿绕过无重滑轮的细绳，由静止起同时向上爬升，如图 13-29 所示。如甲比乙更努力向上爬，问：

A. 谁先到达顶点；

B. 谁的动能大；

C. 谁作的功多；

D. 如何对甲乙二人分别应用动能定理。

13-9　“动量守恒就意味着速度守恒，速度守恒就意味着动能守恒，因此动量守恒时动能必守恒。”上述说法对吗？为什么？

13-10　跳高运动员在起跳后，具有动能和势能，问：

A. 这些能量是由于地面对人脚的作用力做功而产生的吗？

B. 什么力使跳高运动员的质心向上运动？

习　题

13-1　弹簧的刚度系数为 k，其一端固定在铅垂平面内圆环的顶点，另一端与可沿光滑圆环滑动的小套环 A 相连，如题 13-1 图所示。设小套环重 G，弹簧的原长等于圆环的半径。试求下列各情形中重力和弹性力所做的功。

①小套环 A 由 A_1 到 A_2；②小套环 A 由 A_2 到 A_3；③小套环 A 由 A_3 到 A_4；④小套环 A 由 A_2 到 A_4。

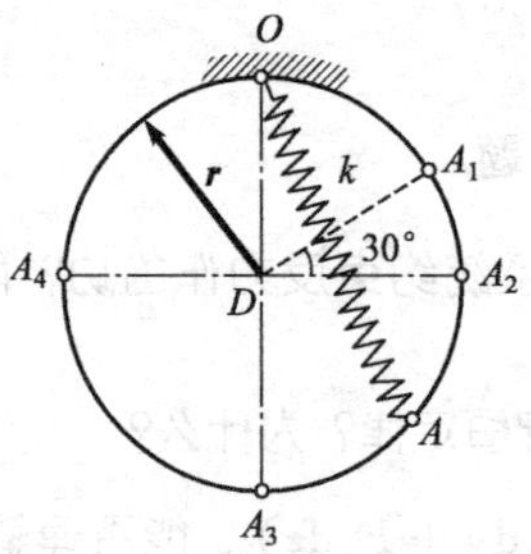

题 13-1 图

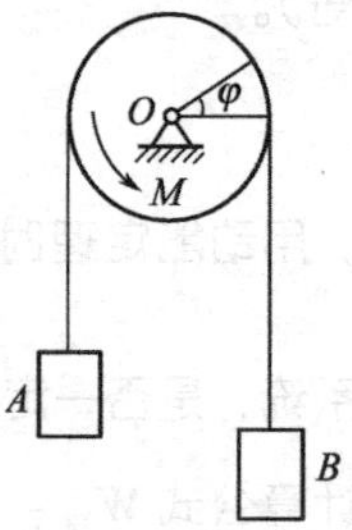

题 13-2 图

13-2　圆盘的半径 $r=0.5\text{m}$，可绕水平轴 O 转动。在绕过圆盘的绳子上吊有两物块 A、B，质量分别为 $m_A=3\text{kg}$、$m_B=2\text{kg}$，绳子与圆盘之间无相对滑动，如题 13-2 图所示。在圆盘上作用一力偶，力偶矩按 $M=4\varphi$ 的规律变化（M 以 N·m 计，φ 以 rad 计）。试求由 $\varphi=0$ 到 $\varphi=2\pi$ 时，力偶 M 与物块 A、B 的重力所做的功之总和。

13-3　手推车在水平力 $\boldsymbol{F}_1$ 和铅直力 $\boldsymbol{F}_2$ 的推动下，沿倾斜角为 30°的斜面上行 6m，如题13-3图所示。已知 $F_1=150\text{N}$，$F_2=200\text{N}$，求此二力做功之和。

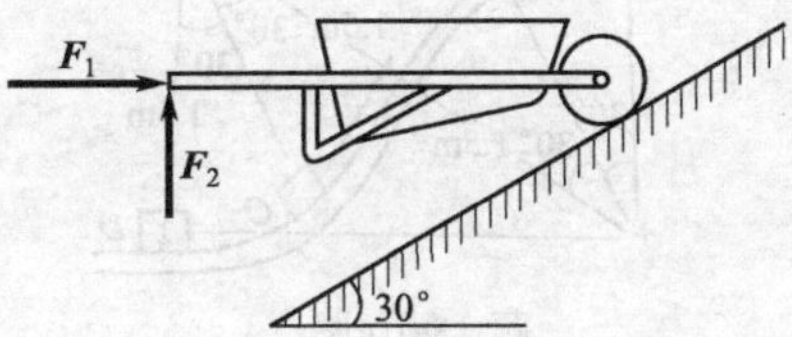

题 13-3 图

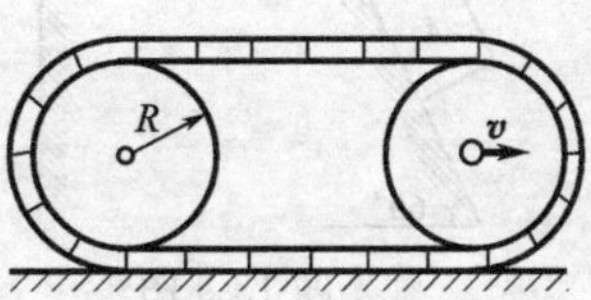

题 13-4 图

13-4　如题 13-4 图所示，坦克履带质量为 m，两个车轮的质量均为 m_1。车轮可视为均质圆盘，半径为 R，两车轮轴间距为 πR。设坦克前进的速度为 $\boldsymbol{v}$，试计算此质点系的动能。

13-5　在外啮合的行星齿轮机构中，齿轮 1 由曲柄 OA 带动沿齿轮 2 作纯滚动，如题 13-5 图所示。已知齿轮 1、2 的质量分别为 m_1 和 m_2，并可视为半径分别为 r_1 和 r_2 的均质圆盘，曲柄 OA 的质量为 m，可视为均质细杆。求当曲柄角速度为 ω 时整个系统的动能。

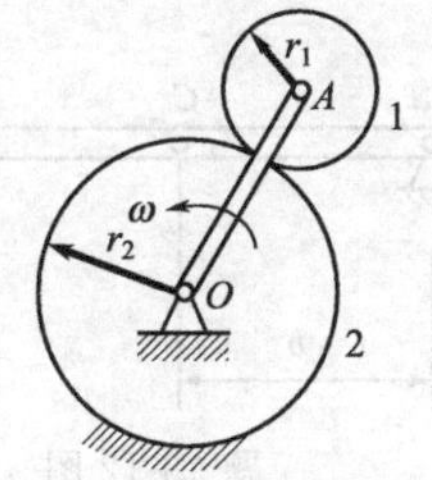

题 13-5 图

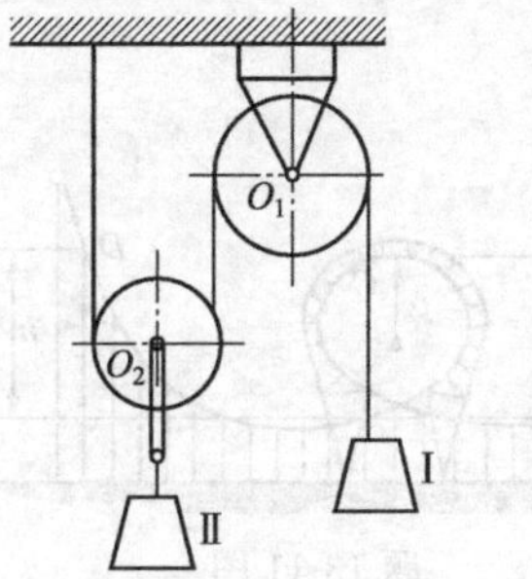

题 13-6 图

13-6　如题 13-6 图所示滑轮组，悬挂两个重物，其中重物Ⅰ的质量为 m_1，重物Ⅱ的质量为 m_2。定滑轮 O_1 的半径为 r_1，质量为 m_3；动滑轮 O_2 的半径为 r_2，质量为 m_4。两轮均可视为均质圆盘。绳重与摩擦忽略不计，并设 $m_2>2m_1-m_4$。求重物Ⅱ由静止下降距离 h 时的速度。

13-7　力偶矩 M 为常量，作用在绞车的鼓轮上，使轮转动，如题 13-7 图所示。轮的半径为 r_1，质量为 m_1，缠绕在鼓轮上的绳子系一质量为 m_2 的重物，使其沿倾角为 θ 的斜面上升。重物与斜面间的滑动摩擦系数为 f'，绳子质量不计，鼓轮可视为均质圆柱。在开始时，此系统处于静止，求鼓轮转过 φ 角时的角速度和角加速度。

题 13-7 图

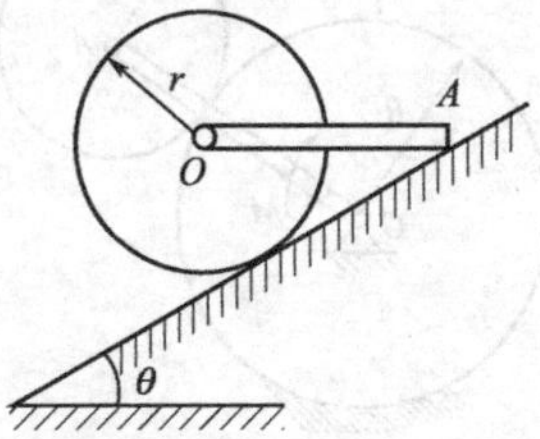

题 13-8 图

13-8　均质圆柱重 G_1，由静止开始沿与水平面成倾角 θ 的斜面作纯滚动，同时带动重 G_2 的手柄移动，如题 13-8 图所示。若忽略手柄 A 端的摩擦，求圆柱中心 O 经过路程 s 时的速度和加速度。

13-9　滑块 A 的质量为 20kg，滑块 B 的质量为 10kg，滑块 A 与斜面间的动摩擦系数 $f'=0.2$，如题 13-9 图所示。求将滑块 A 由静止释放沿斜面下滑 2m 时的速度是多少？

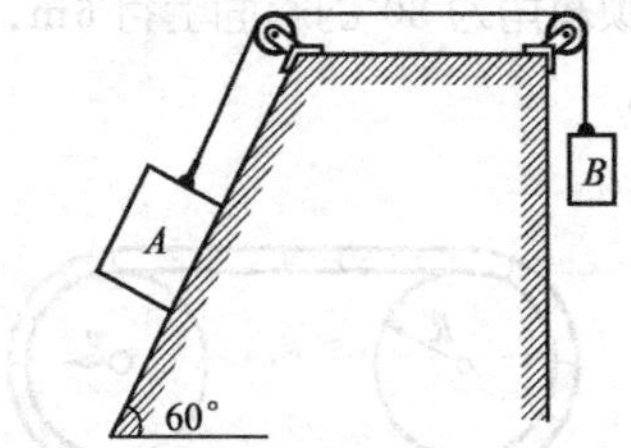

题 13-9 图

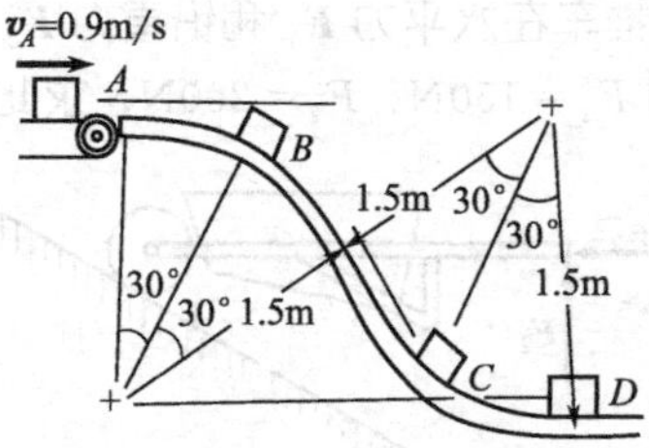

题 13-10 图

13-10　行李输送带如题 13-10 图所示，已知行李的质量 $m=25\text{kg}$，以 $v_A=0.9\text{m/s}$ 的速率由输送带传递到斜道上，摩擦力与行李的大小忽略不计。求：①行李在斜道上点 B、C、D 处的速率？②行李在斜道 B、C 处的法向力？

13-11　质量 $m=200\text{kg}$ 的过山车，在 B 点以恰好通过环形顶点 C，并且不脱离轨道的速度发射，C 点的曲率半径为 $\rho_C=25\text{m}$，如题 13-11 图所示。求它能够到达斜面 D 的最大高度。

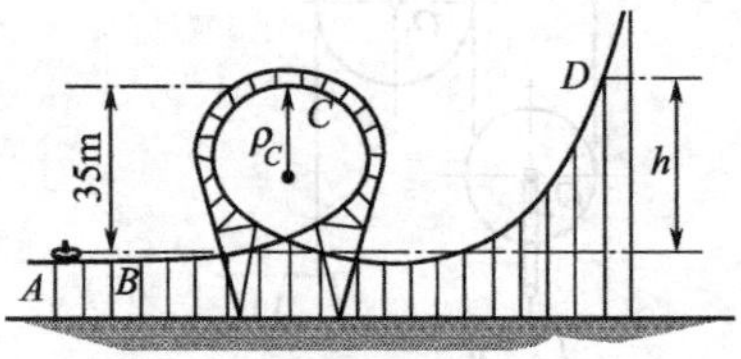

题 13-11 图

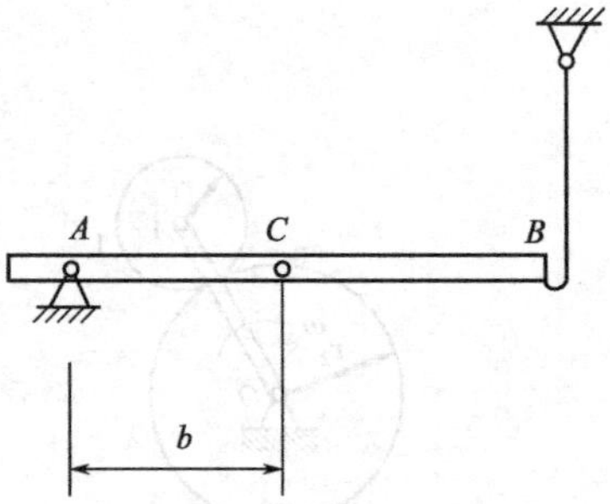

题 13-12 图

13-12　均质细杆 AB 水平放置，杆的 A 端用铰链固定，B 端搭在一挂钩上，如题 13-12 图所示。已知细杆 AB 的质量为 m，长度为 l，C 点为细杆 AB 的质心。如 B 端脱落，当杆 AB 转到铅垂位置时，问 b 值多大能使杆有最大角速度。

13-13　行星齿轮机构位于水平面内，动齿轮Ⅱ质量为 m_1，半径为 r，可视为均质圆盘；曲柄 OA 质量为 m_2，可视为均质细杆，定齿轮半径为 R，如题 13-13 图所示。今在曲柄上作用一个转矩为 M 的不变力偶，使轮系由静止而运动，求曲柄转过 φ 角后的角速度和角加速度。

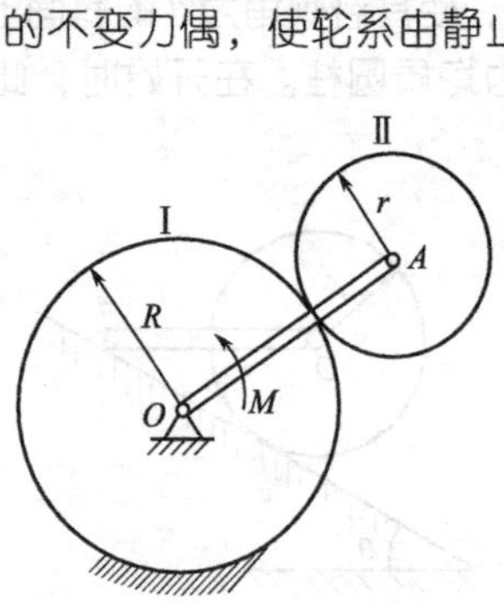

题 13-13 图

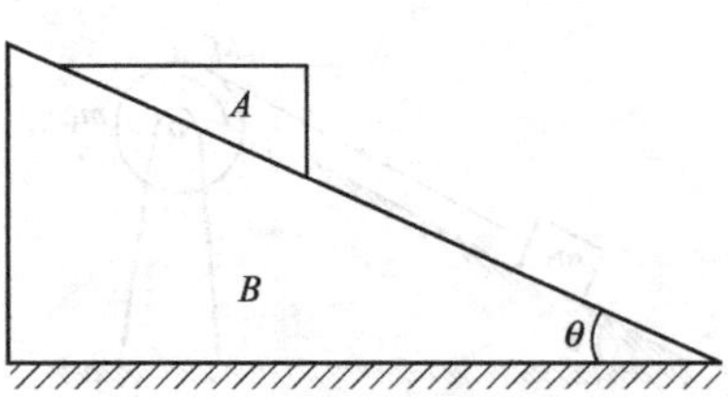

题 13-14 图

13-14　三棱柱 A 沿三棱柱 B 的斜面滑动，质量分别为 m_1 和 m_2，三棱柱 B 的斜面与水平面成 θ 角，如题 13-14 图所示。系统开始时静止，摩擦忽略不计。求运动时三棱柱 B 的加速度。

13-15　半径为 R、质量为 m_1 的圆轮 A 和 B 可视为均质圆盘，绕在两轮上的绳索中间系着质量为 m_2 的物块 C，且放在光滑的水平面上，如题 13-15 图所示。今在轮 A 上作用一个不变的力偶 M，求轮 A 与物块 C 之间绳索的拉力。

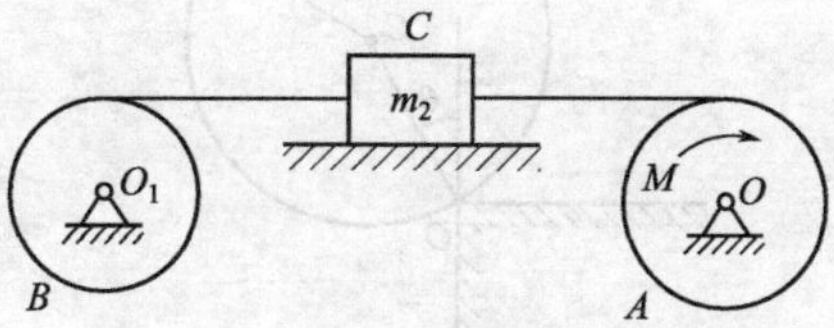

题 13-15 图

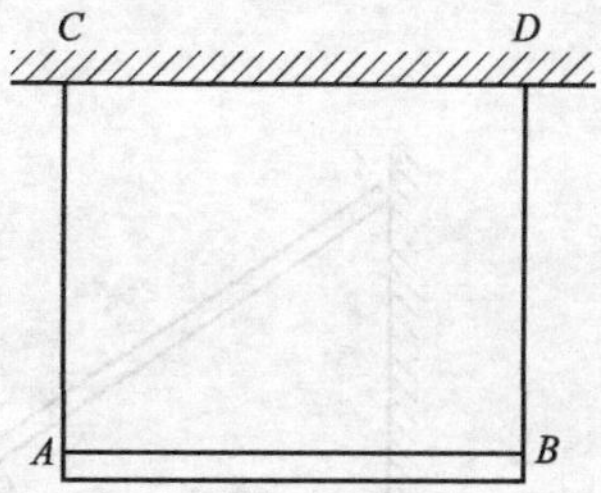

题 13-16 图

13-16　均质细杆 AB 的质量 $m=4\text{kg}$，其两端悬挂在两条平行的细绳上，细杆处于水平位置，如题 13-16 图所示。如果突然将其中的一根细绳剪断，求此瞬时另一细绳的拉力。

13-17　质量为 m_1 的物块 A 与质量为 m_2 的物块 B 用细绳相连，细绳跨过安装在三棱柱 D 上的定滑轮 C，物块 A 沿三棱柱的斜面下滑，斜面与水平面成 θ 角，如题 13-17 图所示。滑轮与细绳的质量及各处摩擦忽略不计，求三棱柱 D 作用在地面台阶 E 处的水平压力。

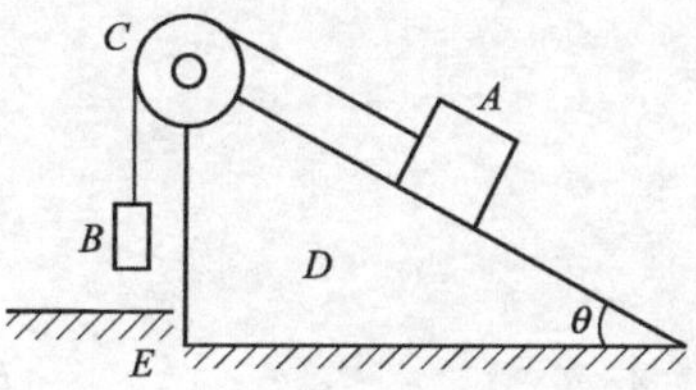

题 13-17 图

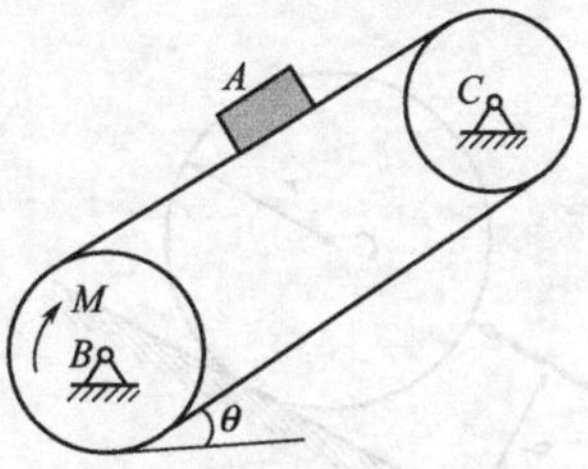

题 13-18 图

13-18　在皮带输送机的滚轮 B 上作用一不变的力偶 M，使机构由静止开始运动，如题13-18 图所示。已知被输送的物块 A 重为 P；滚轮 B 和 C 的半径均为 r，重均为 P_1，可视为均质圆柱体，且忽略 B 轮上部皮带的拉力，求下部皮带的拉力。

13-19　均质圆盘 A 的质量为 m_1，用一跨过可视为均质圆盘的滑轮 B 的细绳与质量为 m_2 的物块 C 相连，圆盘 A 在倾角为 θ 的斜面上作纯滚动，如题 13-19 图所示。圆盘 A 与滑轮 B 的质量相等，半径相同。求圆盘 A 质心的加速度和细绳的拉力。

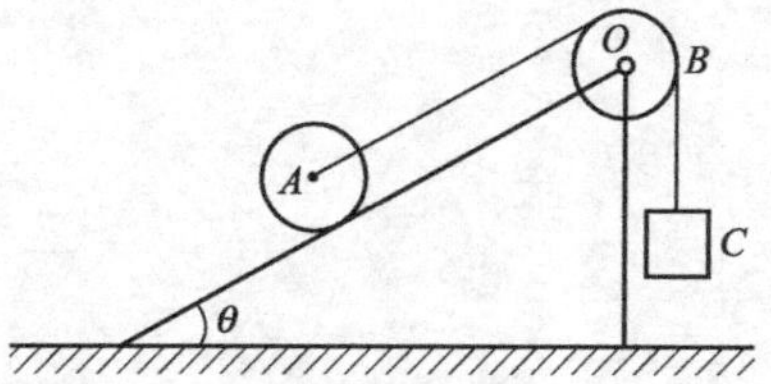

题 13-19 图

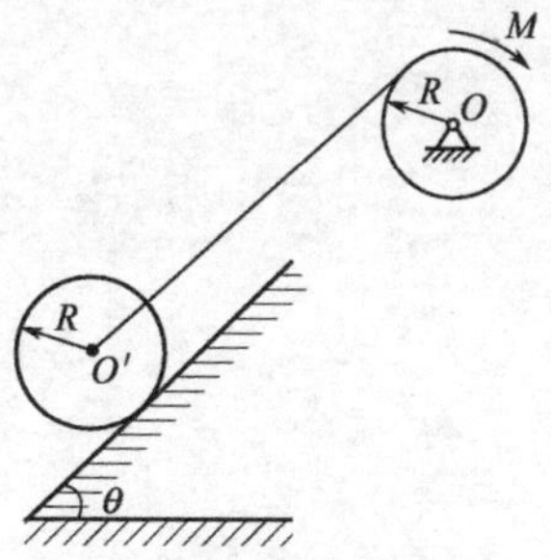

题 13-20 图

13-20　在题 13-20 图所示机构中，沿斜面作纯滚动的圆柱体 O' 和鼓轮 O 为均质物体，质量均为 m，半径均为 R。绳子不可伸长，质量忽略不计。粗糙斜面的倾角为 θ，不计滚动摩阻。如在鼓轮上作用一个不变力偶 M，求：①鼓轮的角加速度；②轴承 O 的水平约束反力。

13-21　长度为 l、质量为 m 的均质细杆 AB 由铅垂位置开始滑动，A 端沿墙壁向下滑，B 端沿地面向右滑，不计摩擦，如题 13-21 图所示。求细杆 AB 在任意位置 φ 时的角速度 ω、角加速度 ε 和 A、B 处的约束反力。

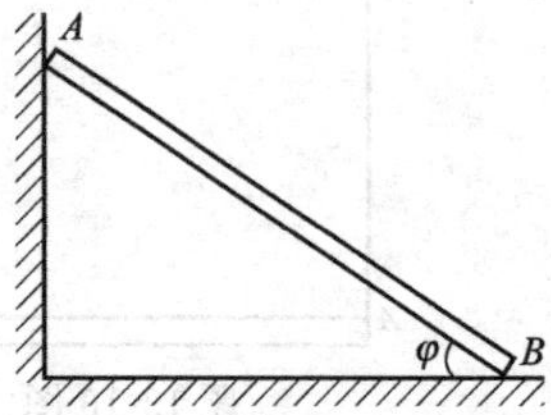

题 13-21 图

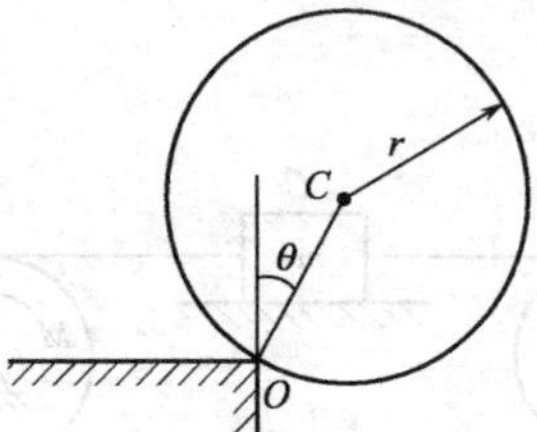

题 13-22 图

13-22　均质圆柱体 C 自桌角 O 滚离桌面，如题 13-22 图所示。当 $\theta=0°$ 时，其初速度为零；当 $\theta=30°$ 时，开始滑动。试求圆柱体与桌面之间的摩擦系数 f。

13-23　半径为 r、质量为 m 的均质圆柱体，放在倾角为 30°的斜面上，如题 13-23 图所示。圆柱体与斜面间的滑动摩擦系数为 f'。求：①平行于斜面的力 $\boldsymbol{F}$ 应作用在何处，此圆柱体才能沿斜面上滑而不转动；②在此条件下，斜面对圆柱体的约束反力。

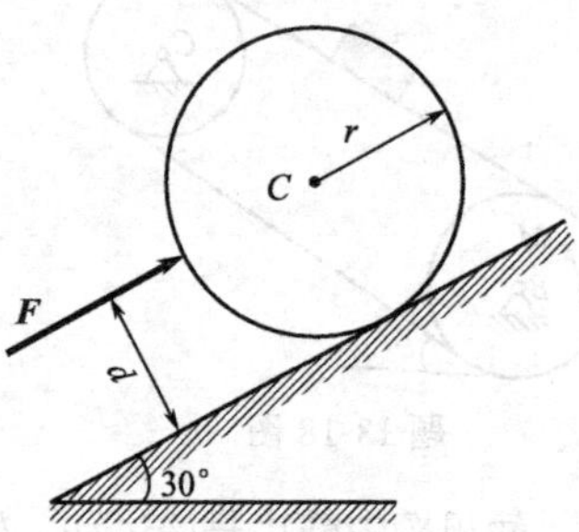

题 13-23 图

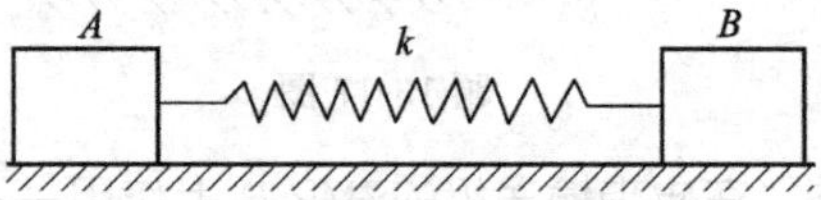

题 13-24 图

13-24　弹簧的两端分别连接质量为 m_1、m_2 的物块 A、B，平放在光滑的水平面上，如题 13-24 图所示。弹簧的自然长度为 l_0，其刚度系数为 k。现将弹簧拉长至 l，然后无初速地释放。问弹簧首次恢复到自然长度时，A、B 两物块的速度各为多少？

第14章

达朗贝尔原理

本章要求

(1) 正确理解惯性力的概念；(2) 掌握质点系惯性力简化的方法，能正确计算平动、定轴转动和平面运动刚体的惯性力系主矢和主矩；(3) 能熟练应用达朗贝尔原理求解动力学问题。

重点 (1) 惯性力的概念，平动、定轴转动和平面运动刚体的惯性力系的简化；(2) 用达朗贝尔原理求解动力学问题。

难点 惯性力系的简化。

达朗贝尔原理是研究动力学问题的一个新的普遍方法，是将动力学问题在形式上化为静力学问题来求解的方法，因此又称为动静法。

本章引入惯性力的概念，推出质点和质点系的达朗贝尔原理，给出惯性力系的简化结果，用平衡方程的形式求解一些动力学问题。

14.1 惯性力 · 质点的达朗贝尔原理

设一质点的质量为 m，受到的力为 $\boldsymbol{F}$，产生的加速度为 $\boldsymbol{a}$，则有 $\boldsymbol{F}=m\boldsymbol{a}$。由于质点具有惯性，力图维持其惯性运动，因而对施力物体产生反作用力 $\boldsymbol{F}_{\mathrm{I}}$，$\boldsymbol{F}_{\mathrm{I}}=-m\boldsymbol{a}$，我们把 $\boldsymbol{F}_{\mathrm{I}}$ 称为质点的惯性力。

若质点受到的主动力为 $\boldsymbol{F}$，约束反力为 $\boldsymbol{F}_{\mathrm{N}}$，如图 14-1 所示，由牛顿第二定律，有

$$\boldsymbol{F}+\boldsymbol{F}_{\mathrm{N}}=m\boldsymbol{a}$$

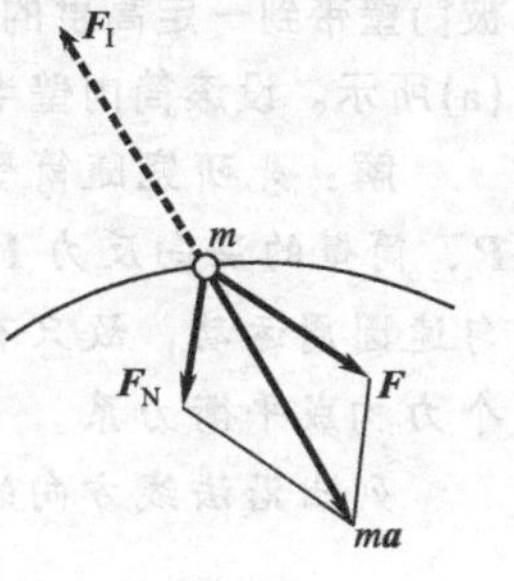

图 14-1

将上式移项变为

$$\boldsymbol{F}+\boldsymbol{F}_{\mathrm{N}}-m\boldsymbol{a}=0$$

令

$$\boldsymbol{F}_{\mathrm{I}}=-m\boldsymbol{a} \tag{14-1}$$

有

$$\boldsymbol{F}+\boldsymbol{F}_{\mathrm{N}}+\boldsymbol{F}_{\mathrm{I}}=0 \tag{14-2}$$

式(14-2) 可表示为：作用在质点的主动力、约束反力和虚加的惯性力在形式上组成平衡力系。这就是质点的达朗贝尔原理

式(14-1) 可向直角坐标系或自然轴系投影。向自然轴系的切向和法向投影为

$$\left.\begin{aligned} F_{\mathrm{I}}^{\tau}&=-ma_{\tau}=-m\frac{\mathrm{d}v}{\mathrm{d}t} \\ F_{\mathrm{I}}^{\mathrm{n}}&=-ma_{\mathrm{n}}=-m\frac{v^2}{\rho} \end{aligned}\right\} \tag{14-3}$$

即：惯性力可分为切向惯性力和法向惯性力，法向惯性力的方向总是背离轨迹的曲率中心，故又称离心惯性力（离心力）。

应该注意，质点本身并非处于平衡状态，惯性力也并非是作用于质点上，而是作用于施力物体上。

例 14-1　列车沿水平轨道向右作匀加速运动，车厢内悬挂的一单摆向左偏斜，与铅垂线成 α 角，相对于车厢静止，如图 14-2 所示。试求车厢的加速度 $\boldsymbol{a}$。

解：以单摆为研究对象，设它的质量为 m，它受到两个力作用：重力 $m\boldsymbol{g}$ 和悬线拉力 $\boldsymbol{F}$，有向右的加速度 $\boldsymbol{a}$。根据动静法，再向单摆虚加它的惯性力 $\boldsymbol{F}_\text{I}$，它的方向与 $\boldsymbol{a}$ 相反，大小等于 ma。于是摆锤在 $m\boldsymbol{g}$、$\boldsymbol{F}$、$\boldsymbol{F}_\text{I}$ 三个力作用下平衡。取与悬线垂直方向为 x 轴，如图 14-2所示。

列出平衡方程　$$\sum F_x=0,\ mg\sin\alpha-F_\text{I}\cos\alpha=0$$

所以有　$$\tan\alpha=\frac{F_\text{I}}{mg}=\frac{ma}{mg}=\frac{a}{g}$$

即

$$a=g\tan\alpha$$

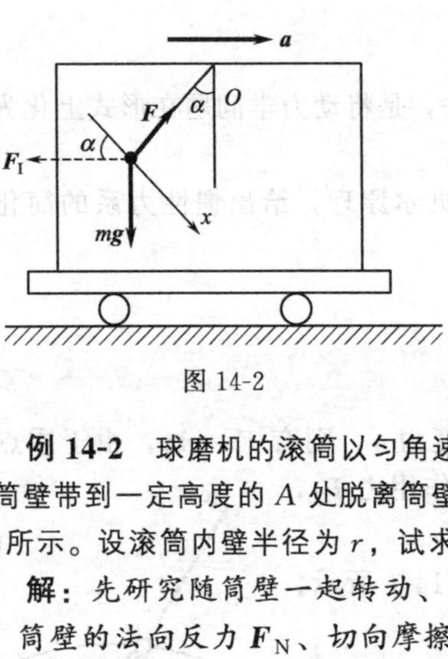

图 14-2

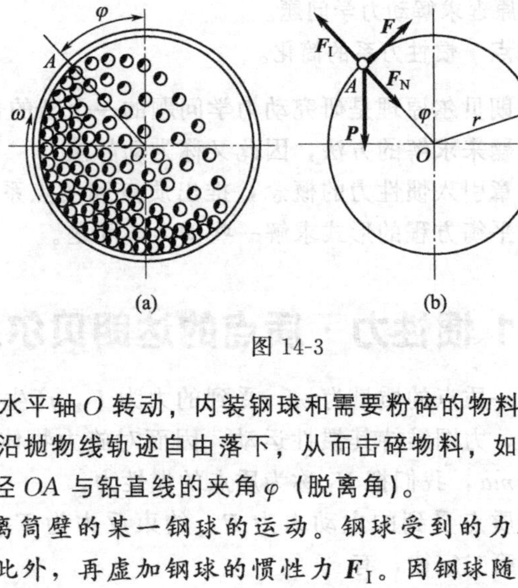

图 14-3

例 14-2　球磨机的滚筒以匀角速度 ω 绕水平轴 O 转动，内装钢球和需要粉碎的物料。钢球被筒壁带到一定高度的 A 处脱离筒壁，然后沿抛物线轨迹自由落下，从而击碎物料，如图 14-3(a)所示。设滚筒内壁半径为 r，试求脱离半径 OA 与铅直线的夹角 φ（脱离角）。

解：先研究随筒壁一起转动、尚未脱离筒壁的某一钢球的运动。钢球受到的力有重力 $\boldsymbol{P}$、筒壁的法向反力 $\boldsymbol{F}_\text{N}$、切向摩擦力 $\boldsymbol{F}$。此外，再虚加钢球的惯性力 $\boldsymbol{F}_\text{I}$。因钢球随筒壁作匀速圆周运动，故只有法向惯性力，其值为 $F_\text{I}=mr\omega^2$，方向背离中心 O。由动静法，这四个力构成平衡力系。

列出沿法线方向的平衡方程

$$\sum F_\text{n}=0\qquad F_\text{N}+P\cos\varphi-F_\text{I}=0$$

由此可得　$$F_\text{N}=P\left(\frac{r\omega^2}{g}-\cos\varphi\right)$$

由此可见，随着钢球的上升（即随着 φ 角的减小），反力 $\boldsymbol{F}_\text{N}$ 的值将逐渐减小。在钢球即将脱离筒壁的瞬时，有条件 $F_\text{N}=0$。代入上式后，得到脱离角

$$\varphi=\arccos\frac{r\omega^2}{g}$$

若要使钢球始终不脱离筒壁，即应有 $\varphi=0$，则所对应角速度

$$\omega_1=\sqrt{\frac{g}{r}}$$

对于球磨机，要求钢球应在适当的角度脱离筒壁，故要求 $\omega<\omega_1$。而对于离心浇铸机，

为了使金属熔液在旋转着的铸型内紧贴内壁，则要求 $\omega > \omega_1$。

14.2 质点系的达朗贝尔原理

设质点系由 n 个质点组成，其中任一质点 i 的质量为 m_i，加速度为 $\boldsymbol{a}_i$，把作用于此质点上的所有力分为主动力的合力 $\boldsymbol{F}_i$、约束反力的合力 $\boldsymbol{F}_{Ni}$，对这个质点假想地加上它的惯性力 $\boldsymbol{F}_{Ii} = -m_i\boldsymbol{a}_i$，由质点的达朗贝尔原理，有

$$\boldsymbol{F}_i + \boldsymbol{F}_{Ni} + \boldsymbol{F}_{Ii} = 0 \quad (i = 1, 2, \cdots, n) \tag{14-4}$$

即：质点系中的每个质点上作用的主动力、约束反力和它的惯性力在形式上组成平衡力系。这就是质点系的达朗贝尔原理。

把作用于第 i 个质点上所有力分为外力的合力 $\boldsymbol{F}_i^{(e)}$，内力的合力 $\boldsymbol{F}_i^{(i)}$，则式(14-4) 可改写为

$$\boldsymbol{F}_i^{(e)} + \boldsymbol{F}_i^{(i)} + \boldsymbol{F}_{Ii} = \boldsymbol{0}$$

这就是说，质点系中每个质点上作用的外力、内力和它的惯性力在形式上组成平衡力系。由 n 个这样“平衡力系”组成的力系当然也是“平衡力系”。

由静力学知，力系平衡，则主矢、主矩应分别为零，即

$$\sum \boldsymbol{F}_i^{(e)} + \sum \boldsymbol{F}_i^{(i)} + \sum \boldsymbol{F}_{Ii} = \boldsymbol{0}$$

$$\sum M_O(\boldsymbol{F}_i^{(e)}) + \sum M_O(\boldsymbol{F}_i^{(i)}) + \sum M_O(\boldsymbol{F}_{Ii}) = \boldsymbol{0}$$

由于质点系的内力总是成对出现，且等值、反向、共线，因此有

$$\sum \boldsymbol{F}_i^{(i)} = \boldsymbol{0} \text{ 和 } \sum M_O(\boldsymbol{F}_i^{(i)}) = \boldsymbol{0}$$

于是有

$$\left.\begin{aligned} &\sum \boldsymbol{F}_i^{(e)} + \sum \boldsymbol{F}_{Ii} = \boldsymbol{0} \\ &\sum M_O(\boldsymbol{F}_i^{(e)}) + \sum M_O(\boldsymbol{F}_{Ii}) = \boldsymbol{0} \end{aligned}\right\} \tag{14-5}$$

即：作用在质点系上的外力与虚加在每个质点上的惯性力在形式上组成平衡力系，这是质点系的达朗贝尔原理的另一表示形式。

14.3 刚体惯性力系的简化

用质点系达朗贝尔原理求解质点系动力学问题时，需要对质点系内的每个质点加上各自的惯性力，这些惯性力也构成一个力系，称为惯性力系。利用静力学的力系简化理论，求出惯性力系的主矢和主矩，代替具体求解时对每一个质点所加的惯性力，将给解题带来方便。

以 $\boldsymbol{F}_{IR}$ 表示惯性力系的主矢，由 (14-5) 中第 1 式，并应用质心运动定理，有

$$\boldsymbol{F}_{IR} = \sum \boldsymbol{F}_{Ii} = -\sum \boldsymbol{F}_i^{(e)} = -m\boldsymbol{a}_C \tag{14-6}$$

以 M_{IO} 表示惯性力系的主矩，由 (14-5) 中第 2 式，并应用动量矩定理，有

$$\boldsymbol{M}_{IO} = \sum \boldsymbol{M}_O(\boldsymbol{F}_{Ii}) = -\sum \boldsymbol{M}_O(\boldsymbol{F}_i^{(e)}) = -\frac{\mathrm{d}\boldsymbol{L}_O}{\mathrm{d}t} \tag{14-7}$$

以上两式对任何质点系作任意运动均成立。

下面只讨论刚体平动、定轴转动和平面运动时惯性力系的简化。

由静力学中任意力系简化理论知，主矢的大小和方向与简化位置无关，因此，不管刚体是平动、定轴转动，还是平面运动，其惯性力系简化的主矢均为

$$F_{IR} = -ma_C \tag{14-8}$$

由静力学中任意力系简化理论知，主矩的大小和方向与简化位置一般有关，下面分别对刚体平动、定轴转动及平面运动时其惯性力系简化的主矩进行讨论。

14.3.1　刚体平动

由前面所学内容知，平动刚体对任意点的动量矩为

$$L_O = r_C \times m v_C$$

对质心的动量矩 $L_C \equiv 0$，所以刚体平动时选质心 C 为简化中心，则有

$$M_{IC} = 0$$

因此，刚体平动时，惯性力对任意点 O 的主矩一般不为零。若选质心为简化中心，其主矩为零，简化为一合力。

由此得：平动刚体的惯性力系可以简化为通过质心的合力，其大小等于刚体的质量与加速度的乘积，合力的方向与加速度方向反向。

14.3.2　刚体定轴转动

这里只限于研究刚体具有垂直于转轴 z 的质量对称平面 N 的情况，这也是工程实际中最常见的一种重要情况。设任一平行于 z 轴的直线与钢体相交截得线段 A_iA_i'，当然该线段对称于平面 N。如图 14-4(a)所示，当钢体转动时，该线段始终与转轴平行，即线段作平行移动。因此，整个线段上各质点的惯性力可合成一个力 F_{Ii}，作用于线段与对称平面的交点 M_i，按式(14-8)

$$F_{Ii} = -m_i a_i$$

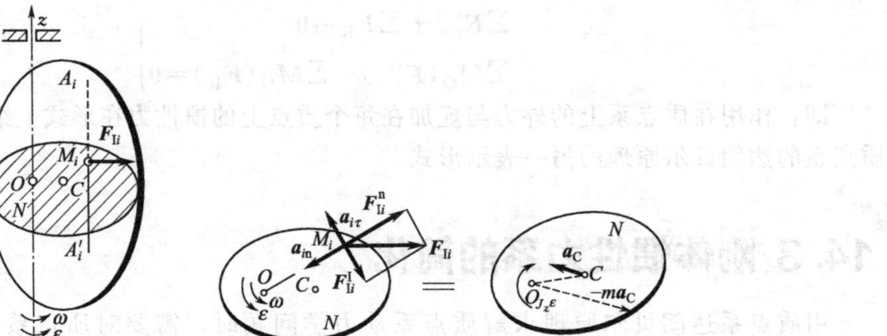

图 14-4

这里 m_i 为整个线段 A_iA_i' 的质量，a_i 为线段上任一质点的加速度。这样，就将整个惯性力系从空间力系转化为对称平面内的平面力系。再将该平面力系向对称平面的转动中心 O 简化，可得一个力 F_{IR} 和一个其矩为 M_{IO} 的力偶。

显然，惯性力系的主矢 F_{IR} 可按式(14-8) 求得。而 M_{IO} 应等于惯性力系对 O 点的主矩。设在某一瞬时，刚体的转动角速度为 ω，角加速度为 ε，M_i 点的转动半径为 r_i，M_i 点的加速度 a_i 分为两个加速度：切向加速度 $a_i^\tau = r_i\varepsilon$，法向加速度 $a_i^n = r_i\omega^2$。惯性力 F_{Ii} 也分解为相应的两个分量 F_{Ii}^τ 和 F_{Ii}^n，其大小分别为 $F_{Ii}^\tau = m_i r_i \varepsilon$，$F_{Ii}^n = m_i r_i \omega^2$，如图 14-4(b)所示。于是

$$M_{IO} = \sum M_O(F_{Ii}) = \sum M_O(F_{Ii}^\tau) + \sum M_O(F_{Ii}^n) = -\sum(m_i r_i \varepsilon) r_i = -(\sum m_i r_i^2)\varepsilon$$

即
$$M_{IO}=-J_z\varepsilon \tag{14-9}$$

这样得出结论：刚体定轴转动时，如果刚体有质量对称面且该面与转动轴垂直，若取此平面与转轴的交点为简化中心，则惯性力系向简化中心简化可得一个力和一个力偶。该力大小等于刚体质量与质心加速度的乘积，方向与质心加速度方向相反，作用线通过转动中心；这个力偶的矩等于刚体对转轴的转动惯量与角加速度的乘积，作用在该对称面内，转向与角加速度的转向相反。

应该注意：上述结论是在一定条件下得出的。若刚体没有质量对称平面，或转轴与对称面不垂直，则可取转轴 z 上任一点 O 为简化中心，这时，刚体惯性力系简化为作用于 O 点的一个力 $\boldsymbol{F}_{IR}$（$=-m\boldsymbol{a}_C$）和一个力偶。不过，此力偶的矩除了沿 z 轴的分量 M_{Iz}（$=-J_z\varepsilon$）外，还有垂直于 z 轴的分量。

14.3.3　刚体作平面运动（平行于质量对称面）

设刚体作平面运动，通过刚体质心 C 的平面图形是刚体的质量对称面，且质心就在此平面内运动。与定轴转动情况类似，刚体上与对称面垂直的任一直线上各点的运动相同，可用该直线与该平面的交点来表示。这样，就可把由刚体各质点的惯性力所组成的空间力系转化成对称平面内的平面力系。

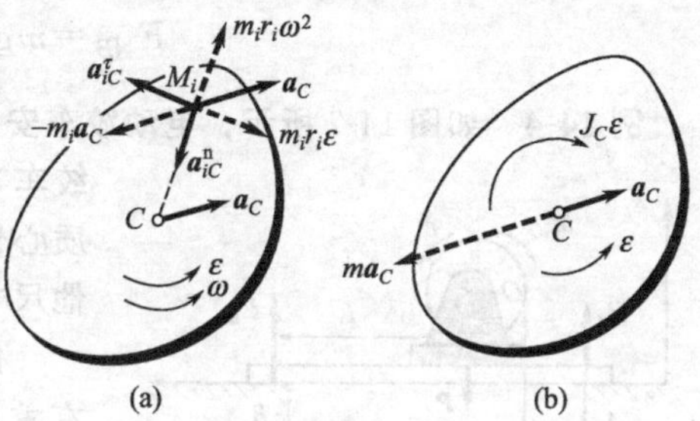

图 14-5

如图 14-5(a)所示，设刚体的转动角速度为 ω，角加速度为 ε，质心加速度为 $\boldsymbol{a}_C$。选质心 C 为基点，此时平面图形上各点的惯性力可分解为随质心平动的牵连惯性力（大小等于 m_ia_C）和绕质心转动的相对惯性力（切向分量 $m_ir_i\varepsilon$ 和法向分量 $m_ir_i\omega^2$），前一组惯性力合成为作用在质心的一个力

$$\boldsymbol{F}_{IR}=-m\boldsymbol{a}_C$$

后一组力合成为一力偶，其矩为

$$M_{IC}=-J_C\varepsilon$$

式中 J_C 是刚体对于通过质心 C 并垂直于质量对称面的轴的转动惯量。

于是得出结论：有质量对称平面的刚体，平行于此平面运动时，刚体的惯性力系可简化为在此平面内的一个力和一个力偶。这个力通过质心，其大小等于刚体的质量与质心加速度的乘积，其方向与质心加速度的方向相反；这个力偶的矩等于刚体对过质心且垂直于质量对称面的轴的转动惯量与角加速度的乘积，转向与角加速度转向相反，如图 14-5(b)所示。

例 14-3　汽车连同货物的总质量为 $m=5.5\text{t}$，其质心离前、后轮的水平距离为 $l_1=2.6\text{m}$，$l_2=1.4\text{m}$，离地面的高度为 $h=2\text{m}$，如图 14-6 所示，汽车紧急制动时前、后轮停止转动，沿路面滑行。设轮胎与路面的动摩擦系数 $f=0.6$，求汽车所获得的减速度值 a，以及地面的法向反力 $\boldsymbol{F}_{NA}$、$\boldsymbol{F}_{NB}$。

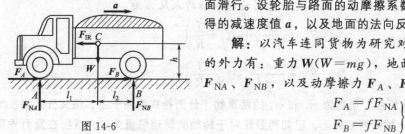

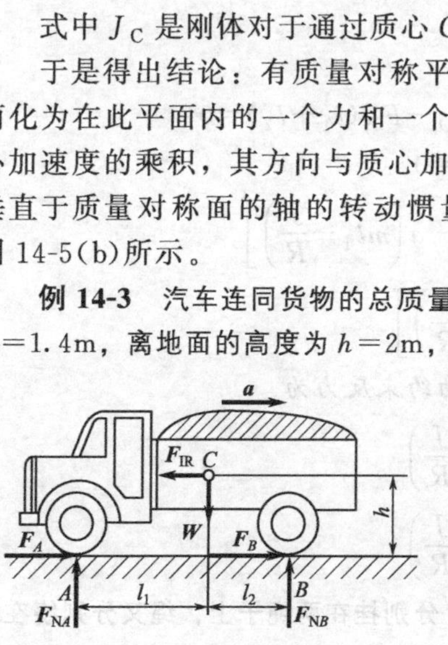

图 14-6

解： 以汽车连同货物为研究对象。汽车制动时受到的外力有：重力 $\boldsymbol{W}(W=mg)$，地面对前后轮的法向反力 $\boldsymbol{F}_{NA}$、$\boldsymbol{F}_{NB}$，以及动摩擦力 $\boldsymbol{F}_A$、$\boldsymbol{F}_B$，而且

$$\left.\begin{aligned}F_A&=fF_{NA}\\F_B&=fF_{NB}\end{aligned}\right\}\tag{a}$$

略去车内机器及车轮的相对运动，则汽车可视作平动刚体。设其加速度方向向后，大小为 a。根据动静法，在其质心 C 点虚加惯性力 $\boldsymbol{F}_{\mathrm{IR}}$，方向向前，大小为

$$F_{\mathrm{IR}}=ma \tag{b}$$

于是，问题在形式上转化为上述各力的静力学问题。列出平衡方程

$$\sum F_{xi}=0 \quad F_A+F_B-F_{\mathrm{IR}}=0 \tag{c}$$

$$\sum F_{yi}=0 \quad F_{\mathrm{NA}}+F_{\mathrm{NB}}-mg=0 \tag{d}$$

$$\sum M_{Bi}=0 \quad mgl_2+F_{\mathrm{IR}}h-F_{\mathrm{NA}}(l_1+l_2)=0 \tag{e}$$

将式(a) 和式(b) 代入式(c) 后，由式(c)、式(d) 两式解得

$$a=fg=5.884\mathrm{m/s^2}$$

利用此式，由式(e) 求得

$$F_{\mathrm{NA}}=mg\frac{l_1+fh}{l_1+l_2}=35.06\mathrm{kN}$$

代入式(d) 得到

$$F_{\mathrm{NB}}=mg\frac{l_1-fh}{l_1+l_2}=18.88\mathrm{kN}$$

例 14-4　如图 14-7 所示，电动绞车安装在梁上，梁的两端搁在支座上，绞车与梁共重为 $\boldsymbol{P}$，绞车半径为 R，与电机转子固结在一起，转动惯量为 J，质心位于 O 处。绞车以加速度 $\boldsymbol{a}$ 提升质量为 m 的重物，其他尺寸如图。求支座 A、B 受到的附加动约束反力。

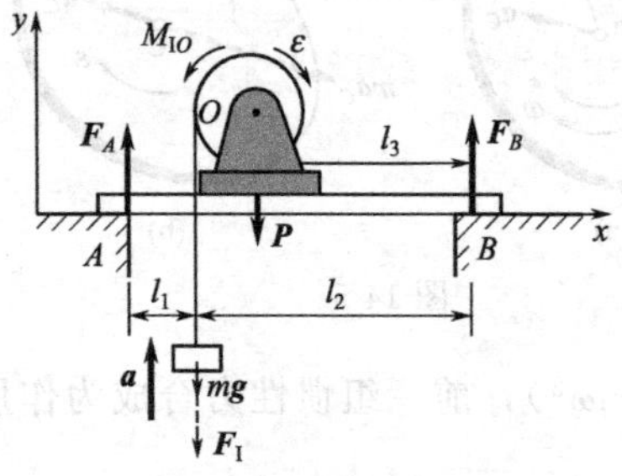

图 14-7

解：取整个系统为研究对象，作用于质点系的外力有重力 mg、$\boldsymbol{P}$ 及支座对梁的法向约束反力 $\boldsymbol{F}_A$、$\boldsymbol{F}_B$。重物作平动，加惯性力如图所示，其大小为

$$F_{\mathrm{I}}=ma$$

绞车与电机转子共同绕 O 转动，由于质心位于转轴上，所以只有惯性力矩，其大小为

$$M_{\mathrm{IO}}=J\varepsilon=J\frac{a}{R}$$

方向如图 14-7 所示。

由质点系的达朗贝尔原理，列平衡方程

$$\sum M_B=0 \quad mgl_2+F_{\mathrm{I}}l_2+Pl_3+M_{\mathrm{IO}}-F_{\mathrm{A}}(l_1+l_2)=0$$

$$\sum F_y=0 \quad F_A+F_B-mg-P-F_{\mathrm{I}}=0$$

解得

$$F_B=\frac{1}{l_1+l_2}\left[mgl_1+P(l_1+l_2-l_3)+a\left(ml_1-\frac{J}{R}\right)\right]$$

$$F_A=\frac{1}{l_1+l_2}\left[mgl_2+Pl_3+a\left(ml_2+\frac{J}{R}\right)\right]$$

上式中前两项为支座静约束反力，支座受到的附加动约束反力为

$$F'_A=\frac{a}{l_1+l_2}\left(ml_2+\frac{J}{R}\right)$$

$$F'_B=\frac{a}{l_1+l_2}\left(ml_1-\frac{J}{R}\right)$$

例 14-5　如图 14-8 所示，质量为 m_1 和 m_2 的两重物，分别挂在两绳子上，绳又分别绕在半径为 r_1 和 r_2 并装在同一轴的两鼓轮上，已知两鼓轮对于转轴的转动惯量为 J，系统在重力作用

下发生运动，求鼓轮的角加速度。

解：方法一：用达朗贝尔原理求解

取整个系统为研究对象，分析受力，并虚加惯性力和惯性力矩，如图 14-8(b)所示。

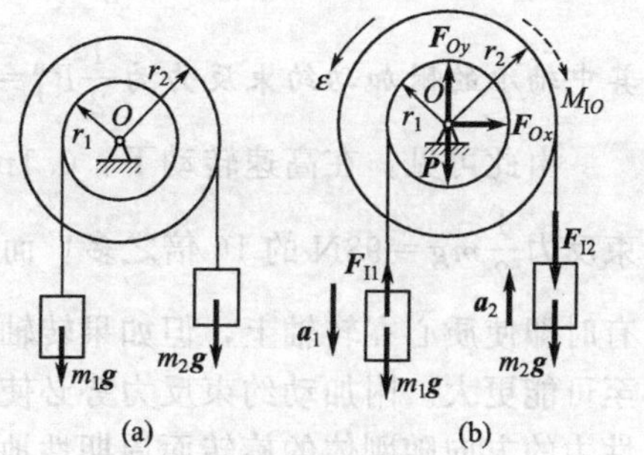

图 14-8

$$F_{I1}=m_1a_1,\ F_{I2}=m_2a_2,\ M_{IO}=J_O\varepsilon=J\varepsilon$$

由动静法

$$\sum M_O(\boldsymbol{F})=0\quad m_1gr_1-m_2gr_2-F_{I1}r_1-F_{I2}r_2-M_{IO}=0$$

$$m_1gr_1-m_2gr_2-m_1a_1r_1-m_2a_2r_2-J\varepsilon=0$$

列补充方程　$a_1=r_1\varepsilon,\ a_2=r_2\varepsilon$

代入得　$$\varepsilon=\frac{m_1r_1-m_2r_2}{m_1r_1^2+m_2r_2^2+J}g$$

方法二：用动量矩定理求解

取整个系统为研究对象，则有

$$L_O=m_1v_1r_1+m_2v_2r_2+J\omega=(m_1r_1^2+m_2r_2^2+J)\omega$$

$$M_O^{(e)}=m_1gr_1-m_2gr_2$$

根据动量矩定理　$$\frac{d}{dt}[(m_1r_1^2+m_2r_2^2+J)\omega]=m_1gr_1-m_2gr_2$$

所以　$$\varepsilon=\frac{m_1r_1-m_2r_2}{m_1r_1^2+m_2r_2^2+J}g$$

方法三：用动能定理求解

取整个系统为研究对象，任一瞬时系统的动能为

$$T=\frac{1}{2}m_1v_1^2+\frac{1}{2}m_2v_2^2+\frac{1}{2}J\omega^2=\frac{\omega^2}{2}(m_1r_1^2+m_2r_2^2+J)$$

$$\sum\delta W=m_1g\,ds_1-m_2g\,ds_2=m_1gr_1d\varphi-m_2gr_2d\varphi=(m_1r_1-m_2r_2)g\,d\varphi$$

由　$$dT=\sum\delta W$$

得　$$d\left[\frac{\omega^2}{2}(m_1r_1^2+m_2r_2^2+J)\right]=(m_1r_1-m_2r_2)g\,d\varphi$$

两边除以 dt，并求导数，得

$$\varepsilon=\frac{m_1r_1-m_2r_2}{m_1r_1^2+m_2r_2^2+J}g$$

例 14-6　如图 14-9 所示，轮盘（连同轴）的质量 $m=20$kg，转轴 AB 与轮盘的质量对称面垂直，但轮盘的质心不在转轴上，偏心距 $e=0.1$mm。当轮盘以匀转速 $n=12000$r/min 转动时，求轴承 A、B 的约束反力。

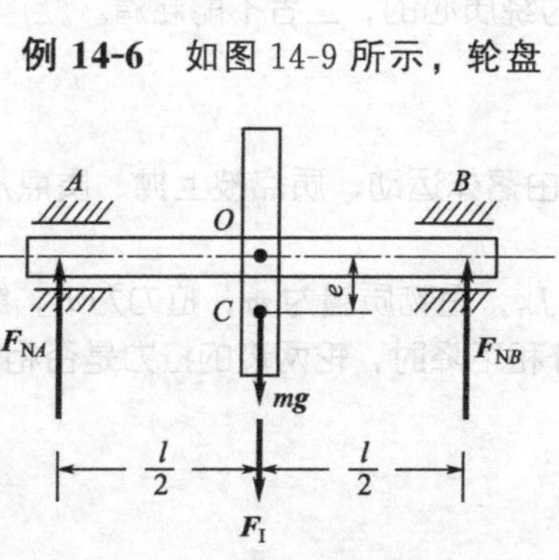

图 14-9

解：应用动静法求解。以整个转子为研究对象，当重心 C 位于最下端时，受力如图 14-9 所示。由于轮盘为匀速转动，质心 C 只有法向加速度

$$a_n=e\omega^2=0.1\times\left(\frac{12000\pi}{30}\right)^2=158\times10^3\,\text{mm/s}^2=158\text{m/s}^2$$

因此惯性力大小为

$$F_I^n=ma_n=3160\text{N}$$

由质点系的动静法，列平衡方程可得

$$F_{NA}=F_{NB}=\frac{1}{2}(mg+F_{I}^{n})=\frac{1}{2}\times(20\times9.81+3160)=1680N$$

其中轴承的附加动约束反力为$\frac{1}{2}F_{I}^{n}=1580N$。

由此可见，在高速转动下，0.1mm 的偏心距所引起的轴承附加动约束反力，可达静约束反力$\frac{1}{2}mg=98N$ 的 16 倍之多！而且转速越高，偏心距越大，轴承附加动约束反力越大；有时即使质心在转轴上，但如果转轴与质量对称面不垂直，所引起的轴承附加动约束反力甚至可能更大。附加动约束反力势必使轴承磨损加快，甚至引起轴承的破坏。再者，注意到惯性力的方向随刚体的旋转而周期性地变化，使轴承附加动约束反力的大小和方向也发生周期性的变化，因而势必引起机器的振动与噪声，同样会加速轴承的磨损和破坏，因而消耗能量，降低使用寿命。因此，对于高速转动的转子，必须尽量减小与消除偏心距等影响。为此，要尽可能使转轴达到静平衡和动平衡。

当刚体的转轴通过质心，在仅受重力作用的情况下，若刚体可在任意位置保持平衡的现象则称为静平衡；若刚体定轴转动时，轴承的动反力为零的现象则称为动平衡。但由于材料的不均匀性或制造、安装误差等原因，都可能使定轴转动刚体的转轴偏心或与质量对称面不垂直，这时可采取在适当位置附加一些质量或去掉一些质量等方法，使其达到静、动平衡。有关静平衡、动平衡的方法，可查阅机械原理等相关课程。

学习方法和要点提示

(1) 正确理解惯性力的概念，质点的惯性力对质点本身是虚加的。掌握惯性力系的简化方法，理解达朗贝尔原理的实质。

(2) 应用达朗贝尔原理的关键是对质点系进行正确的运动分析，虚加相应的惯性力系。必须明确刚体惯性力系主矢的大小、方向和作用点以及主矩的大小和转向。如果惯性力系的简化结果可能有几种不同形式，必须明确每种形式的简化结果。

(3) 在研究对象上虚加惯性力系后，真实作用的主动力和约束反力及虚加的惯性力系在形式上组成了平衡力系，这时力系平衡方程中的投影轴、矩心和矩轴等可任意选取，而不受是定轴还是动轴、是定点还是动点的限制。因而可选矩心为暂不需求的未知力的交点，矩轴与暂不需求的未知力共面，使求解简单。

(4) 当定轴转动刚体具有垂直于转轴的质量对称面时，惯性力系既可向定点 O 简化，也可以向质心 C 简化，其主矢与简化中心位置无关。但主矩与简化中心位置有关，向定点 O 简化时，主矩中的转动惯量为绕定点 O 的，而向质心 C 简化时，则为绕质心的，二者不能混淆。

思考题

14-1　质点在空中运动，只受到重力作用，当质点作自由落体运动、质点被上抛、质点从楼顶水平弹出时，质点惯性力的大小与方向是否相同？

14-2　如图 14-10 所示，均质滑轮对轴 O 的转动惯量为 J_O，重物质量为 m，拉力为 $\boldsymbol{F}$，绳与轮间不打滑。当重物以等速 $\boldsymbol{v}$ 上升和下降，以加速度 $\boldsymbol{a}$ 上升和下降时，轮两边的拉力是否相同？

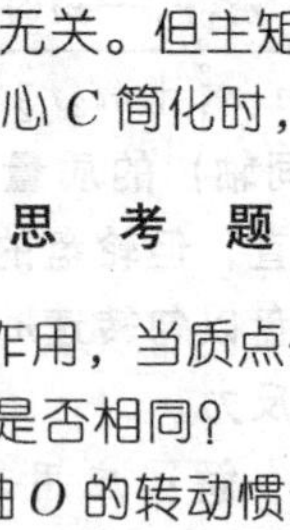

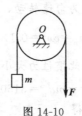

图 14-10

习　题

14-1　如题 14-1 图所示，提升矿石用的传送带与水平成倾角 α。设传送带以匀加速 $\boldsymbol{a}$ 运动，为保持矿石不在带上滑动，求所需的摩擦系数 f。

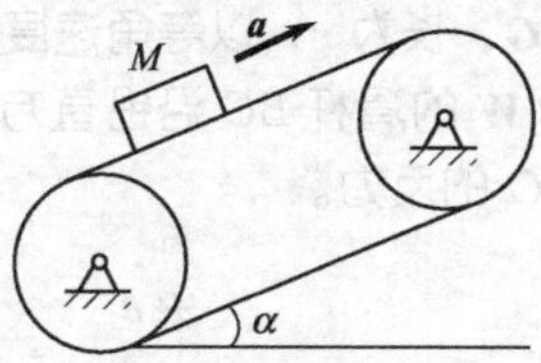

题 14-1 图

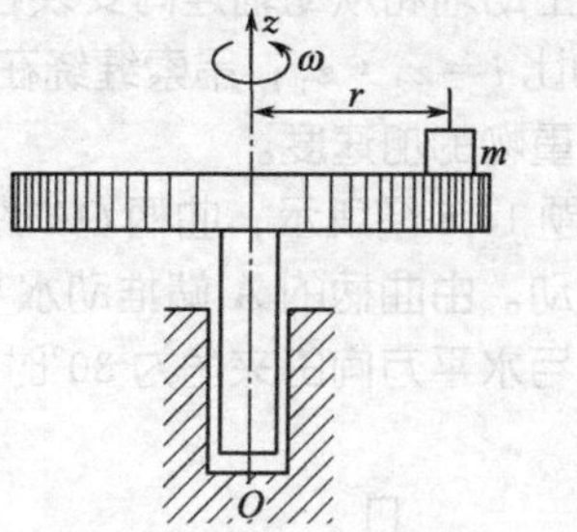

题 14-2 图

14-2　质量为 2.5kg 的物体，其大小尺寸可以不计。物块放在水平圆盘上，离圆盘的铅直固定轴线 Oz 的距离 $r=1\text{m}$，如题 14-2 图所示。圆盘从静止开始以匀角加速度 $\varepsilon=1\text{rad/s}^2$ 绕 Oz 轴转动。物块与圆盘间的静摩擦系数 $f_s=0.5$。当圆盘角速度值增大到 ω_1 时，物块与盘间开始滑动，求 ω_1 的值。再求当角速度从零增加到 $\omega_1/2$ 这一瞬时，物块与盘面间的摩擦力值。

14-3　离心调速器如题 14-3 图所示。两个相同的重球与 4 根长度相同的无重刚杆相铰接。下面两杆又与可沿铅直转轴滑动的套筒相铰接。四杆位于同一平面内，并随着转轴一起以匀角速度 ω 转动。已知两球各重 $\boldsymbol{W}$，套筒重 $\boldsymbol{G}$，试求张角 θ 与角速度 ω 之间的关系。

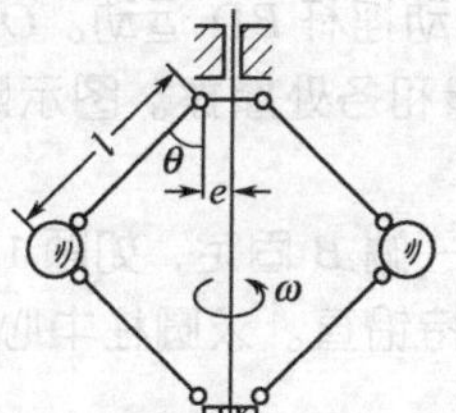

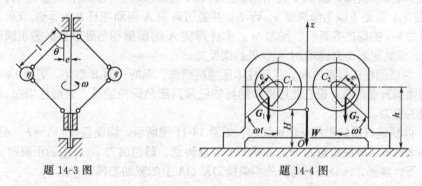

题 14-3 图

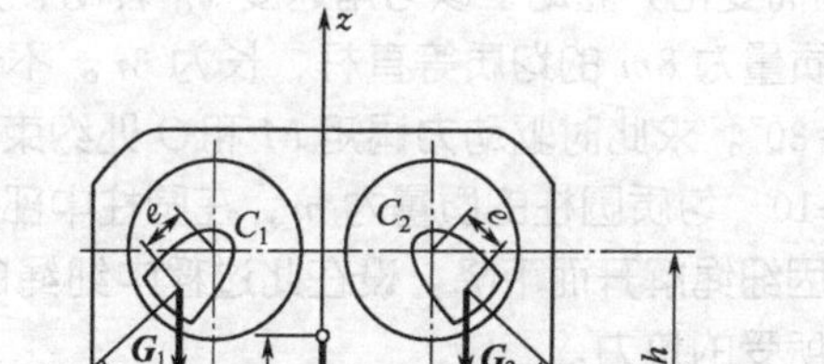

题 14-4 图

14-4　如题 14-4 图所示，振动器用于压实土壤表面，已知机重为 $\boldsymbol{W}$，对称的偏心锤重 $\boldsymbol{G}_1=\boldsymbol{G}_2=\boldsymbol{G}$，偏心距为 e，两锤以相同的匀角速度 ω 相向转动。求振动器对地面压力的最大值。

14-5　如题 14-5 图所示，放开绕在滑轮上不可伸长的绳子时，重为 $\boldsymbol{G}$ 的物体 A 下落。滑轮重 $\boldsymbol{W}$，且为均质圆盘，不计支架和绳子的重力及轴承的摩擦。求固定端 C 的反力，假设 $BC=a$。

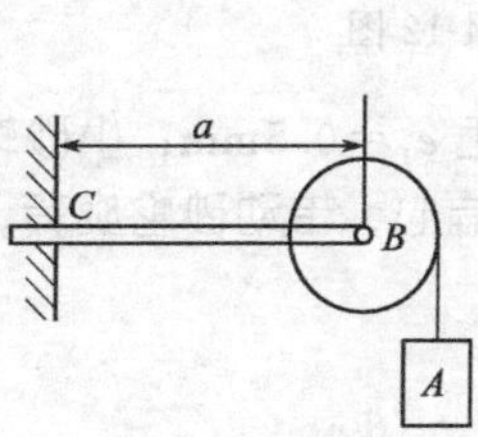

题 14-5 图

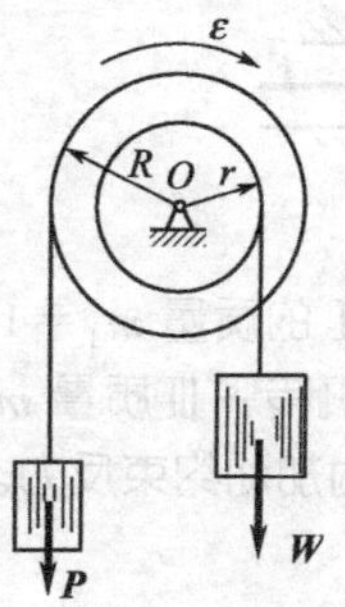

题 14-6 图

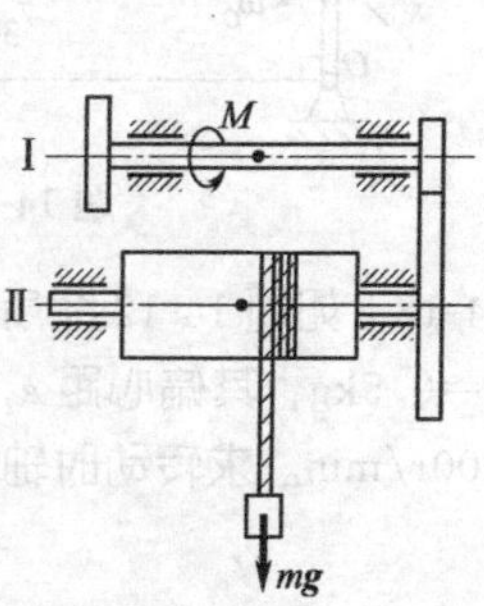

题 14-7 图

14-6　如题 14-6 图所示，轮轴 O 的大小半径分别为 R 和 r，对轴 O 的转动惯量为 J。在轮轴上系有两个物体，各重 $\boldsymbol{P}$ 和 $\boldsymbol{W}$。若此轴依顺时针转向转动，试求轮轴的角加速度和轴承 O 的附加动约束反力。

14-7　电动绞车提升一质量为 m 的物体，在主动轴上作用一矩为 M 的主动力偶，如题 14-7 图所示。已知主动轴和从动轴连同安装在这两轴上的齿轮以及其他附属零件的转动惯量分别为 J_1和 J_2，传动比 $i=z_2:z_1$；吊索缠绕在鼓轮上，此轮半径为 R。设轴承的摩擦和吊索的质量均略去不计，求重物的加速度。

14-8　如题 14-8 图所示，曲柄 OA 为均质杆，重为 $\boldsymbol{G}$，长为 r，以等角速度 ω 绕水平的 O 轴逆时针方向转动。由曲柄的 A 端推动水平板 B，使重为 $\boldsymbol{W}$ 的滑杆 BC 沿铅直方向运动，忽略摩擦。求当曲柄与水平方向的夹角为 30°时力矩 M 和轴承 O 的反力。

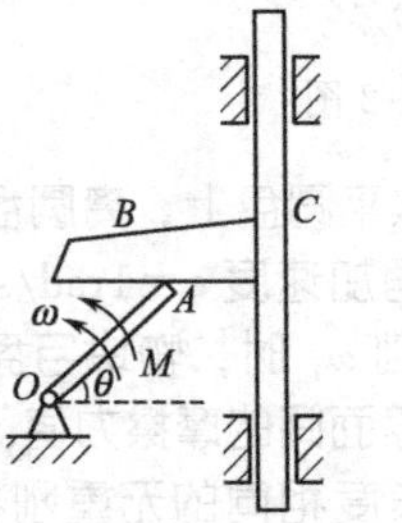

题 14-8 图

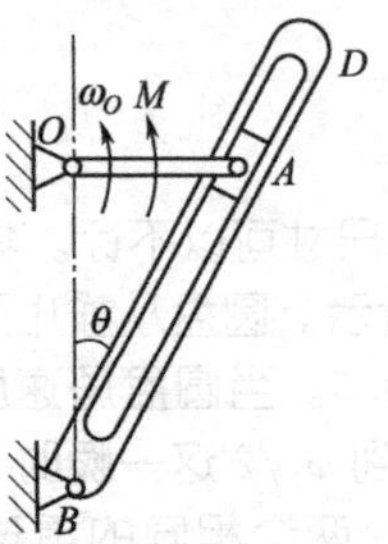

题 14-9 图

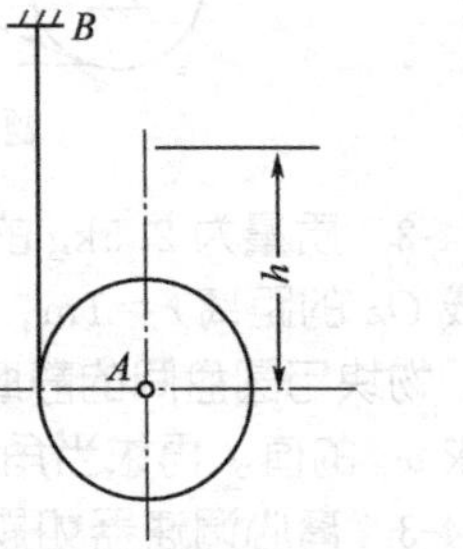

题 14-10 图

14-9　曲柄摇杆机构如题 14-9 图所示，曲柄 OA 为均质杆，长为 r，质量为 m，在力偶 M（随时间而变化）驱动下以匀角速度 ω_O 转动，并通过滑块 A 带动摇杆 BD 运动。OB 铅垂，BD 可视为质量为 $8m$ 的均质等直杆，长为 $3r$。不计滑块 A 的质量和各处摩擦。图示瞬时：OA 水平，$\theta=30°$。求此时驱动力偶矩 M 和 O 处约束反力。

14-10　匀质圆柱的质量为 m，在圆柱中部缠绕细绳，绳的一端 B 固定，如题 14-10 图所示。圆柱体因细绳解开而下降，设在此过程中细绳的已解开部分保持铅直。求圆柱中心 A 的加速度和细绳所受的拉力。

14-11　曲柄连杆滑块机构在铅垂面内，如题 14-11 图所示。均质直杆 $OA=r$，$AB=2r$，质量分别为 m 和 $2m$，滑块质量为 m。曲柄 OA 匀速转动，角速度为 ω_O。在图示瞬时，滑块运行阻力为 $\boldsymbol{F}$。不计摩擦，求滑道对滑块的约束反力及 OA 上的驱动力偶矩 M_O。

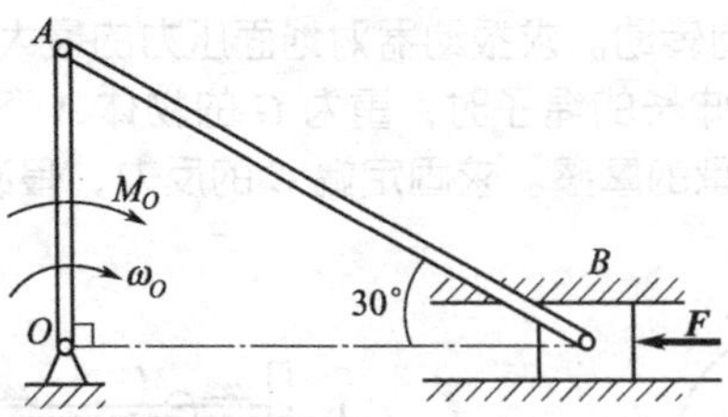

题 14-11 图

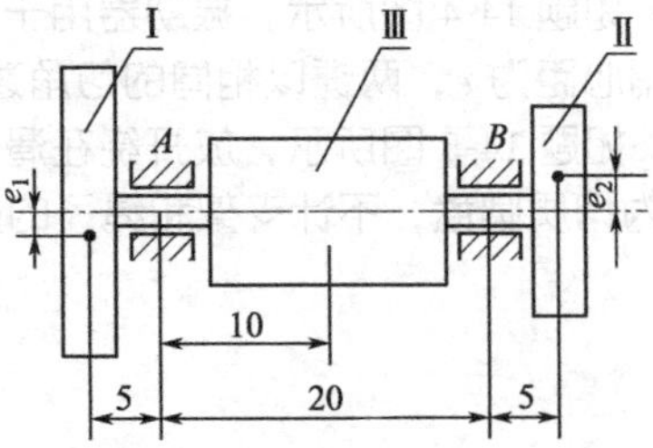

题 14-12 图

14-12　如题 14-12 图所示磨刀砂轮Ⅰ的质量 $m_1=1\text{kg}$，其偏心距 $e_1=0.5\text{mm}$；小砂轮Ⅱ质量 $m_2=0.5\text{kg}$，其偏心距 $e_2=1\text{mm}$；电机转子Ⅲ质量 $m_3=8\text{kg}$，无偏心，带动砂轮旋转，转速 $n=3000\text{r/min}$。求转动时轴承 A、B 的附加动约束反力。

第15章

虚位移原理

本章要求

(1) 正确理解约束方程、理想约束和虚位移等概念，掌握虚位移的计算；(2) 能较熟练地运用虚位移原理求解物体系的平衡问题。

重点　虚位移、理想约束的概念，应用虚位移原理求解物体系的平衡问题。

难点　各虚位移之间的关系。

虚位移原理是应用功的概念分析系统的平衡问题，是研究静力学平衡问题的另一途径。这种以虚位移原理为基础，用分析的方法求解静力学问题的方法称为分析静力学。

虚位移原理与达朗贝尔原理结合起来组成动力学普遍方程，为求解复杂系统的动力学问题提供了另一种普遍的方法，从而奠定了分析力学的基础。

本章先扩充约束的概念，介绍虚位移与虚功的概念，然后推出虚位移原理，并介绍虚位移原理的工程应用。

15.1 约束·虚位移·虚功

15.1.1 约束及其分类

在静力学中，我们把限制研究对象位移的周围物体称为该物体的约束。实际上，约束除了限制物体的位移外，还限制物体在空间的运动，因而我们把约束扩充定义为：限制物体在空间的位移和运动的条件称为约束，表示这些限制条件的数学方程称为约束方程。按照约束对物体限制的不同情况，可将约束按不同性质分类。

(1) 几何约束和运动约束　限制物体在空间几何位置的约束称为几何约束。例如图15-1所示单摆，其中质点 M 可绕固定点 O 在平面 Oxy 内摆动，摆长为 l。这时，摆杆对质点的限制条件是：质点 M 必须在以点 O 为圆心，以 l 为半径的圆周上运动，其约束方程为

$$x^2+y^2=l^2$$

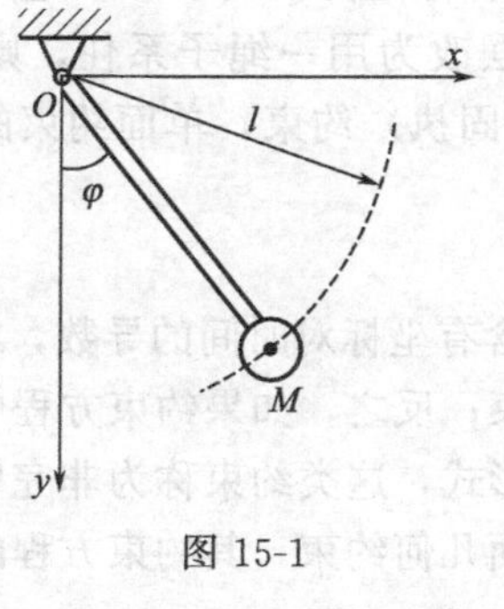

图 15-1

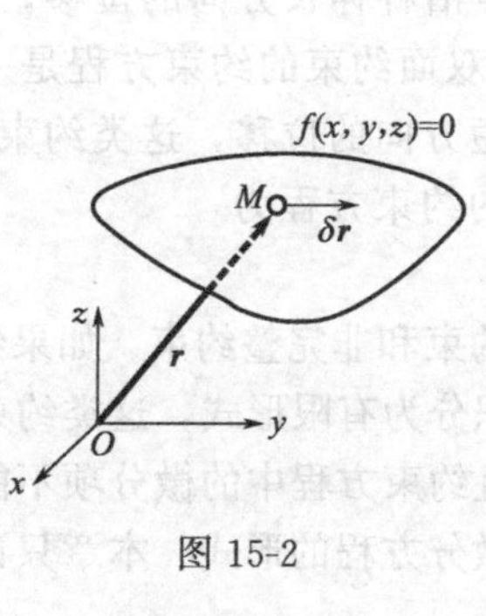

图 15-2

又如质点 M 在图 15-2 所示的固定曲面上运动，则曲面方程就是质点的约束方程，即

$$f(x,y,z)=0$$

再如，在图 15-3 所示曲柄连杆机构中，连杆 AB 所受约束有：点 A 只能作以点 O 为圆心，以曲柄长度 r 为半径的圆周运动；点 B 与点 A 间距离始终保持杆长 l；点 B 始终沿滑道作直线运动。这三个条件以约束方程表示为

$$\begin{cases} x_A^2+y_A^2=r^2 \\ (x_A-x_B)^2+(y_A-y_B)^2=l^2 \\ y_B=0 \end{cases}$$

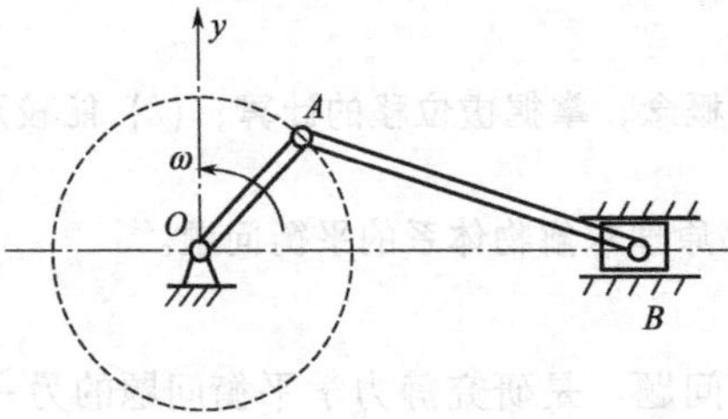

图 15-3

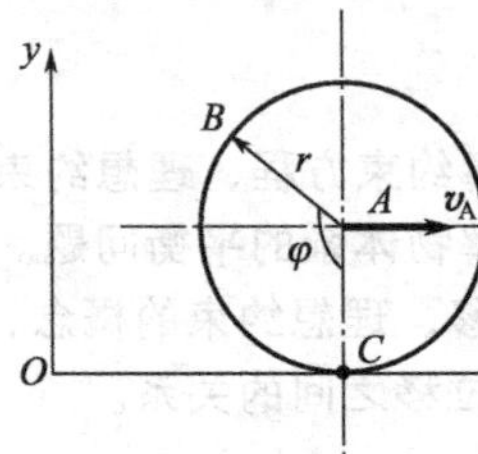

图 15-4

不仅限制物体的几何位置，而且还限制其运动的约束称为运动约束。如图 15-4 所示车轮沿直线轨道作纯滚动时，车轮除受到限制轮心 A 始终与地面距离为 r 的几何约束外，还受到只滚不滑的运动学条件，其约束方程为

$$y_A=r$$

$$v_A-rw=0$$

（2）稳定（定常）约束和不稳定（非定常）约束　不随时间变化的约束称为稳定（定常）约束；约束条件随时间变化的约束称为不稳定（非定常）约束。如前述质点 M 在曲面上的运动和曲柄连杆机构的运动均为稳定约束，其约束方程中不含时间 t。如图 15-5 所示单摆中，M 由一根穿过固定圆环 O 的绳子系住，若摆长在开始时为 l_0，然后以不变的速度 $\boldsymbol{v}$ 拉住绳的另一端运动，则单摆的约束方程为

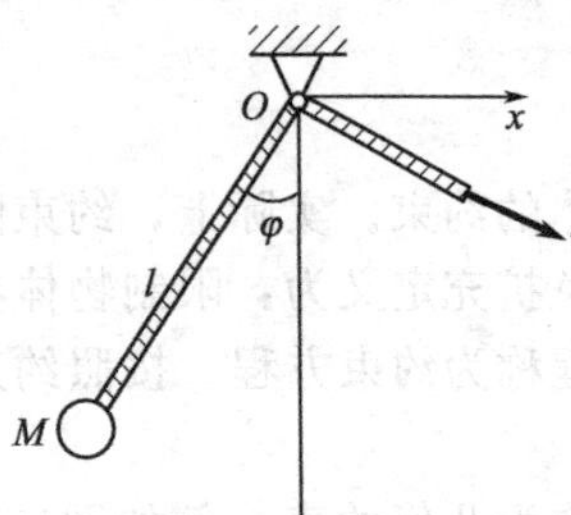

图 15-5

$$x^2+y^2=(l_0-vt)^2$$

约束方程中显含时间，即约束条件是随时间变化的，故为不稳定（非定常）约束。

（3）单面（非固执）约束和双面（固执）约束　如图 15-1 所示单摆中，摆杆是一刚性杆，它限制质点沿杆伸长方向的位移，又限制质点沿杆缩短方向的位移，这类约束就是双面（固执）约束，双面约束的约束方程是一等式。若单摆改为用一绳子系住，则绳子不能限制质点沿绳子缩短方向的位移，这类约束称为单面（非固执）约束，单面约束的约束方程是不等式。该单摆的约束方程为

$$x^2+y^2\leqslant l^2$$

（4）完整约束和非完整约束　如果约束方程中不含有坐标对时间的导数，或者约束方程中的微分项可以积分为有限形式，这类约束称为完整约束；反之，如果约束方程中含有坐标对时间的导数，并且约束方程中的微分项不能积分为有限形式，这类约束称为非完整约束。非完整约束方程总是微分方程的形式。本章只讨论稳定的双面几何约束，其约束方程的一般形式为

$$f_i(x_1,y_1,z_1,x_2,y_2,z_2,\cdots,x_n,y_n,z_n)=0 \quad (i=1,2,\cdots,n)$$

式中，n 为质点系的质点数，s 为约束的方程数。

15.1.2　虚位移

设质点 M 在空间运动，某瞬时 t 的位置可用矢径 $\boldsymbol{r}=\boldsymbol{r}(t)$ 表示，经过无限小时间间隔 $\mathrm{d}t$ 后，在满足约束条件下，质点 M 产生无限小的位移 $\mathrm{d}\boldsymbol{r}$，$\mathrm{d}\boldsymbol{r}$ 称为在 $\mathrm{d}t$ 内的真实位移或实位移。

在约束允许的条件下，某瞬时质点系或其中某个质点可能实现的任何无限小的位移称为虚位移。虚位移可以是线位移，也可以是角位移，它是一种假想的、虚设的位移。虚位移用符号 δ 表示，是变分符号，如 $\delta\boldsymbol{r}$、$\delta\varphi$、δx 等，以区别于实位移 $\mathrm{d}\boldsymbol{r}$、$\mathrm{d}\varphi$、$\mathrm{d}x$。

应该注意，实位移与虚位移是不同的概念。实位移是质点系在一定时间内真正实现的位移，它除了与约束条件有关外，还与时间、主动力以及运动的初始条件有关；虚位移仅与约束条件有关。在定常约束的条件下，实位移只是所有虚位移中的一个，而虚位移视约束情况，可以有多个，甚至无穷多个。对于非定常约束，某个瞬时的虚位移是将时间固定后，约束所允许的虚位移，而实位移是不能固定时间的，所以这时实位移不一定是虚位移中的一个。

虚位移的计算方法有二：一是几何法，即根据运动学中求刚体内各点速度的方法，建立各点虚位移之间的关系；二是解析法，即对坐标进行变分计算。

变分是自变量不变，由函数本身微小改变而得到的函数的改变量。设有一连续函数 $x=f(t)$，如图 15-6 所示，当自变量 t 有一增量 $\mathrm{d}t$ 时，函数的微小增量称为函数的微分 $\mathrm{d}x$，且

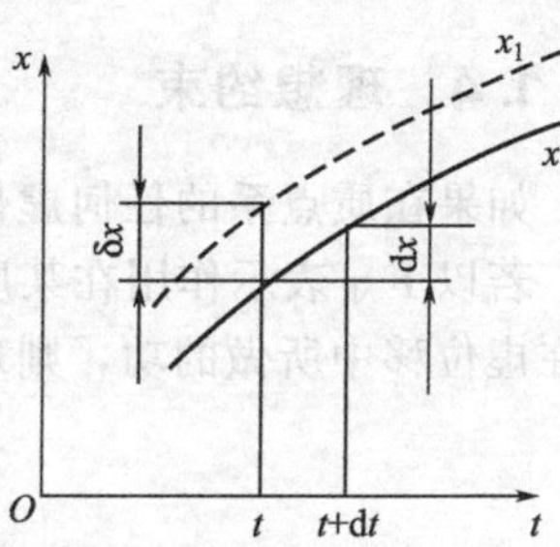

图 15-6

$$\mathrm{d}x=f'(t)\mathrm{d}t$$

现假设自变量 t 不变，由于 x 有一增量 $\delta x=\varepsilon(t)$，则得到一条与 x 无限靠近的新曲线 x_1，即

$$x_1=x+\delta x=f(t)+\varepsilon(t)$$

式中，ε 是一个微小参数。

根据变分的定义，δx 即为函数的变分

$$\delta x=x_1-x$$

微分和变分有相似之处，但它们是两个不同的概念。变分与自变量 t 无关，即变分的计算，只须将时间 t 视为常量，对函数进行微分运算即可。

例 15-1　分析如图 15-7 所示机构在图示位置时，点 C、A 与 B 的虚位移。已知 $OC=BC=a$，$OA=l$。

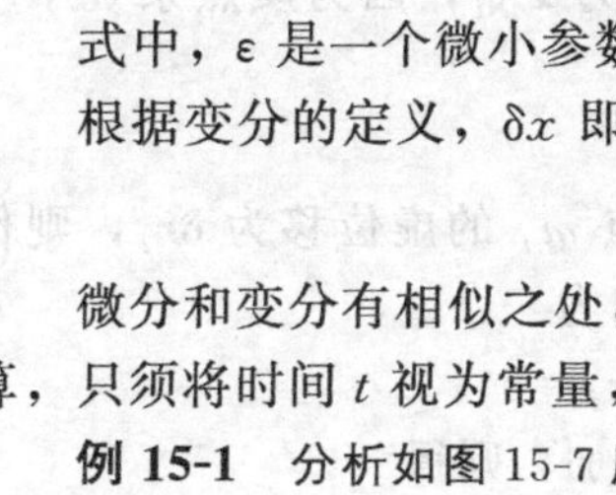

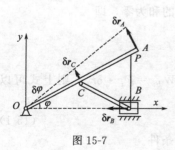

图 15-7

解：(1) 几何法

$$\frac{\delta r_C}{\delta r_A}=\frac{a}{l}$$

$$\frac{\delta r_C}{\delta r_B}=\frac{PC}{PB}=\frac{a}{2a\sin\varphi}=\frac{1}{2\sin\varphi}$$

$$\delta r_C=a\delta\varphi,\ \delta r_A=l\delta\varphi$$

$$\delta x_C=-a\sin\varphi\cdot\delta\varphi,\ \delta y_C=a\cos\varphi\cdot\delta\varphi$$

$$\delta x_A=-l\sin\varphi\cdot\delta\varphi,\ \delta y_A=l\cos\varphi\cdot\delta\varphi$$

$$\delta x_B=-2a\sin\varphi\cdot\delta\varphi,\ \delta y_B=0$$

（2）解析法　取OA与x轴的夹角φ为自变量，将C、A、B点的坐标表示成φ函数，得

$$x_C = a\cos\varphi，\ y_C = a\sin\varphi$$
$$x_A = l\cos\varphi，\ y_A = l\sin\varphi$$
$$x_B = 2a\cos\varphi，\ y_B = 0$$

对广义坐标φ求变分，得各点虚位移在坐标轴上的投影

$$\delta x_C = -a\sin\varphi\cdot\delta\varphi，\ \delta y_C = a\cos\varphi\cdot\delta\varphi$$
$$\delta x_A = -l\sin\varphi\cdot\delta\varphi，\ \delta y_A = l\cos\varphi\cdot\delta\varphi$$
$$\delta x_B = -2a\sin\varphi\cdot\delta\varphi，\ \delta y_B = 0$$

15.1.3　虚功

力在虚位移中所做的功称为虚功。如图15-3所示，按图示的虚位移，力$\boldsymbol{F}$的虚功为$\delta W = F\cdot\delta \boldsymbol{r}_B$，是负功；力偶$M$的虚功为$\delta W = M\cdot\delta\varphi$，是正功。虽然此处的虚功与实位移的元功采用同一符号δW，但它们本质不同，因为虚位移是假想的，因而虚功也是假想的。机构在静止状态时，任何力都不作实功，但可作虚功。

15.1.4　理想约束

如果在质点系的任何虚位移中，所有约束力所作虚功的和等于零，称这种约束为理想约束。若以F_{Ni}表示作用在某质点i上的约束力，$\delta \boldsymbol{r}_i$表示该质点的虚位移，δW_{Ni}表示该约束力在虚位移中所做的功，则理想约束的数学表达式为

$$\delta W_N = \sum\delta W_{Ni} = \sum \boldsymbol{F}_{Ni}\cdot\delta\boldsymbol{r}_i = 0$$

15.2　虚位移原理及应用

设有一质点系处于静止状态，取质点系中任一质点m_i，如图15-8所示，作用在该质点上的主动力的合力为$\boldsymbol{F}_i$，约束力的合力为$\boldsymbol{F}_{Ni}$，因为质点系处于平衡状态，因此有

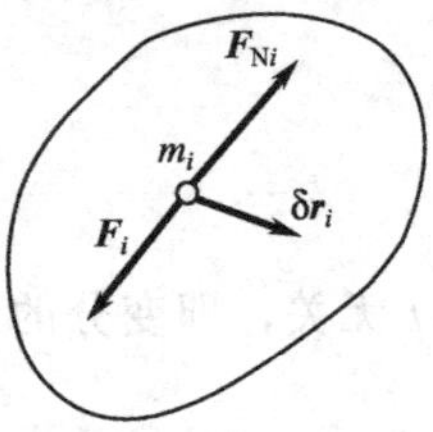

图15-8

$$\boldsymbol{F}_i + \boldsymbol{F}_{Ni} = \boldsymbol{0}$$

若给质点系以某种虚位移，其中质点m_i的虚位移为$\delta\boldsymbol{r}_i$，则作用在质点m_i上的力$\boldsymbol{F}_i$和$\boldsymbol{F}_{Ni}$的虚功之和为

$$\boldsymbol{F}_i\cdot\delta\boldsymbol{r}_i + \boldsymbol{F}_{Ni}\cdot\delta\boldsymbol{r}_i = 0$$

对质点系中所有质点，将这些等式相加，则得

$$\sum\boldsymbol{F}_i\cdot\delta\boldsymbol{r}_i + \sum\boldsymbol{F}_{Ni}\cdot\delta\boldsymbol{r}_i = 0$$

如果质点系具有理想约束，则约束力在虚位移中所作虚功的和为零，即

$$\sum\boldsymbol{F}_{Ni}\cdot\delta\boldsymbol{r}_i = 0$$

则有

$$\sum\boldsymbol{F}_i\cdot\delta\boldsymbol{r}_i = 0$$

用δW_{Fi}代表作用在质点m_i上的主动力的虚功，由于$\delta W_{Fi} = \boldsymbol{F}_i\cdot\delta\boldsymbol{r}_i$，则上式可以写为

$$\sum\delta W_{Fi} = \sum\boldsymbol{F}_i\cdot\delta\boldsymbol{r}_i = 0 \tag{15-1}$$

可以证明，上式不仅是质点系平衡的必要条件，也是充分条件。

由此可得结论：对于具有理想约束的质点系，其平衡的必要与充分条件是：作用在质点系的所有主动力在任何虚位移中所作虚功的和等于零。

上述结论称为虚位移原理，又称为虚功原理，是 1917 年约翰·伯努利提出的。

式(15-1) 也可写成解析表达式，即

$$\sum(F_{xi}\delta x_i+F_{yi}\delta y_i+F_{zi}\delta z_i)=0 \tag{15-2}$$

式中，F_{xi}、F_{yi}、F_{zi} 为作用在质点 m_i 上的主动力 $\boldsymbol{F}_i$ 在直角坐标轴上的投影。

式(15-1) 和式(15-2) 又称为虚功方程。

由于虚功方程处理静力学问题时只需考虑主动力，而不必考虑约束反力，这就是用虚功方程求解静力学问题简单的原因。

如果约束不是理想约束，而是具有摩擦时，只要把摩擦力当作主动力。在虚功方程中计入，虚功原理仍然适用。

例 15-2　如图 15-9 所示椭圆规机构，连杆 AB 长为 l，滑块 A、B 与杆重不计，忽略各处摩擦，机构在图示位置平衡。求主动力 $\boldsymbol{F}_{\mathrm{P}}$ 与 $\boldsymbol{F}$ 之间的关系。

解： 研究整个机构，系统为理想约束。

(1) 几何法　使滑块 A 发生虚位移 $\delta\boldsymbol{r}_A$，滑块 B 发生虚位移 $\delta\boldsymbol{r}_B$，则由虚位移原理，得虚功方程

$$\boldsymbol{F}_{\mathrm{P}}\cdot\delta\boldsymbol{r}_A-\boldsymbol{F}\cdot\delta\boldsymbol{r}_B=0$$

而

$$\delta r_A\cdot\sin\varphi=\delta r_B\cos\varphi$$

$$\delta r_B=\delta r_A\tan\varphi$$

所以

$$(F_{\mathrm{P}}-F\tan\varphi)\delta r_A=0$$

由 δr_A 的任意性，得

$$F_{\mathrm{P}}=F\tan\varphi$$

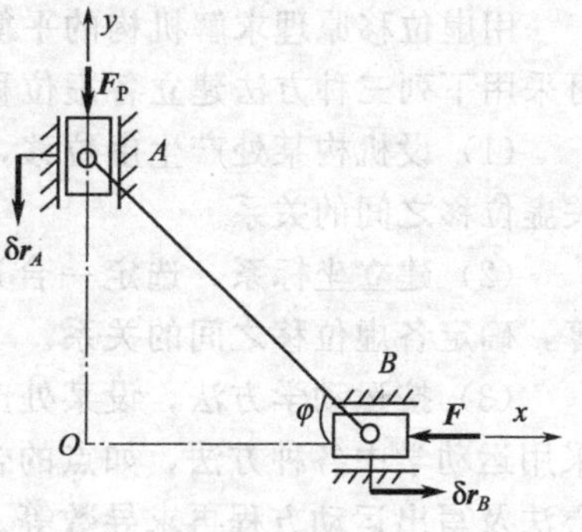

图 15-9

(2) 解析法　取 φ 为自变量，将 A、B 坐标表示成 φ 的函数

$$x_B=l\cos\varphi,\ y_A=l\sin\varphi$$

将上式对 φ 进行变分得

$$\delta x_B=-l\sin\varphi\cdot\delta\varphi,\ \delta y_A=l\cos\varphi\cdot\delta\varphi$$

由虚功原理

$$-F_{\mathrm{P}}\delta y_A-F\delta x_B=0$$

即

$$(-F_{\mathrm{P}}\cos\varphi+F\sin\varphi)l\delta\varphi=0$$

由 δr_A 的任意性，得

$$F_{\mathrm{P}}=F\tan\varphi$$

例 15-3　求如图 15-10(a)所示无重组合梁支座 A 的约束力。

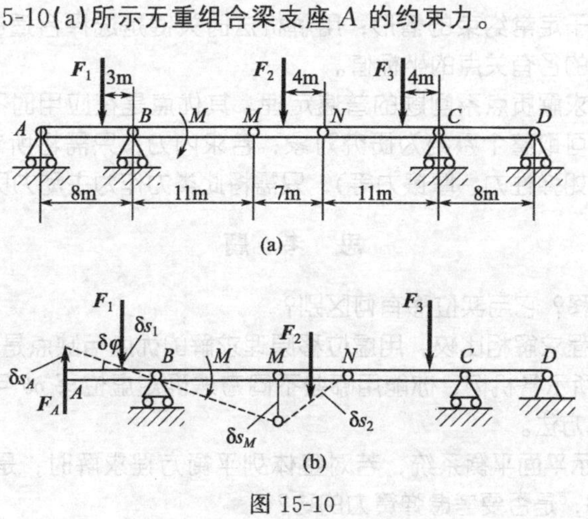

图 15-10

解：解除支座 A 的约束，代之以约束反力 $\boldsymbol{F}_A$，将 $\boldsymbol{F}_A$ 视为主动力，如图 15-10(b) 所示。假想支座 A 产生虚位移，则在约束允许的条件下，各点虚位移如图所示，列虚功方程

$$\delta W_F=0,\ F_A\delta s_A-F_1\delta s_1+M\delta\varphi+F_2\delta s_2=0$$

由图可看出

$$\delta\varphi=\frac{\delta s_A}{8},\ \delta s_1=3\delta\varphi=\frac{3}{8}\delta s_A,\ \delta s_M=11\delta\varphi=\frac{11}{8}\delta s_A$$

$$\delta s_2=\frac{4}{7}\delta s_M=\frac{11}{14}\delta s_A$$

代入虚功方程得

$$F_A=\frac{3}{8}F_1-\frac{11}{14}F_2-\frac{1}{8}M$$

用虚位移原理求解机构的平衡问题时，关键是找出各虚位移之间的关系，一般应用时，可采用下列三种方法建立各虚位移之间的关系。

(1) 设机构某处产生虚位移，作图给出机构各处的虚位移，直接按几何关系，确定各有关虚位移之间的关系。

(2) 建立坐标系，选定一合适的自变量，写出各有关点的坐标，对各坐标进行变分运算，确定各虚位移之间的关系。

(3) 按运动学方法，设某处产生虚速度，计算各有关点的虚速度。计算各虚速度时，可采用运动学中各种方法，如点的合成运动方法，刚体平面运动的基点法、速度投影定理、瞬心法及写出运动方程再求导数等。

用虚位移原理求解结构的平衡问题时，若要求某一约束反力时，首先需解除该支座约束而代以约束反力，把结构变为机构，把约束力变为主动力，这样，在虚功方程中只包含一个未知力，然后用虚位移原理求解。若需求解多个约束力时，因为用虚功方程每次只能求解一个未知量，因此需逐个解除约束，分别求解，这样用虚位移原理求解可能并不比用平衡方程求解来得简单方便。

学习方法和要点提示

(1) 正确理解虚位移的概念，掌握实位移与虚位移的差别与联系，正确给出协调的虚位移，并求出各虚位移间的关系。

(2) 应用虚位移原理求解静力学问题的很重要一个环节是求虚位移及各虚位移之间的关系。求虚位移的方法常用的有：几何法、解析法及按运动学的方法。但应注意的是，几何法及按运动学方法求解主要适用于定常约束的情形；用解析法时关键是选择合适的自变量（广义坐标），并建立用广义坐标表示的各有关点的坐标值。

(3) 虚位移原理是求解质点系问题的普遍定理。其优点是在应用时不需考虑所有理想约束的约束反力，求外力时可取整个系统为研究对象；若求内力，只需将所求内力作为主动力。若系统内有非理想约束（如弹性力、摩擦力等），只需将此类力作为主动力即可。

思　考　题

15-1　什么是虚位移？它与实位移有何区别？

15-2　与列平衡方程求解相比较，用虚位移原理求解的优点与缺点是什么？

15-3　对图 15-11 所示各机构，你能用哪些不同方法确定虚位移 $\delta\theta$ 与力 $\boldsymbol{F}$ 作用点 A 的虚位移的关系，并比较各种方法。

15-4　图 15-12 所示平面平衡系统，若对整体列平衡方程求解时，是否需要考虑弹簧内力？若改用虚位移原理求解，是否要考虑弹簧力的功？

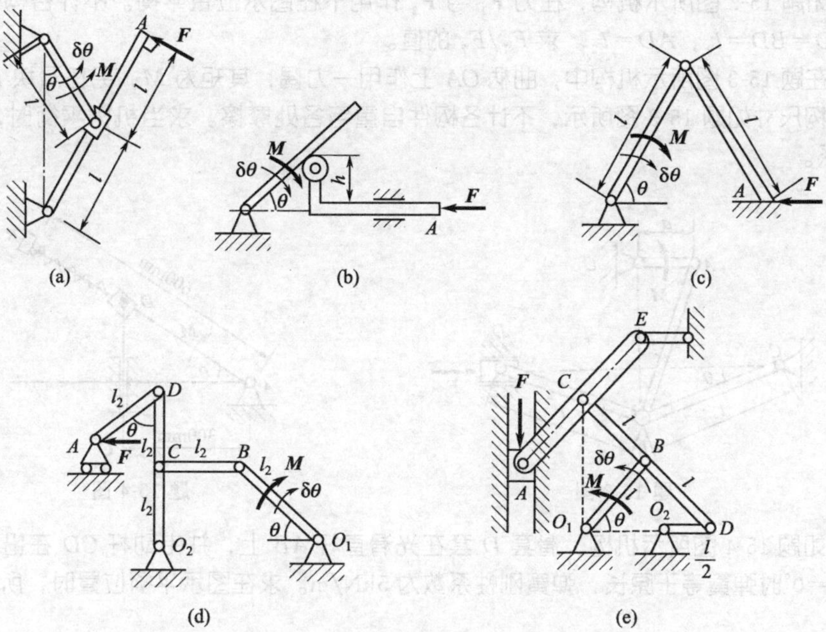

图 15-11

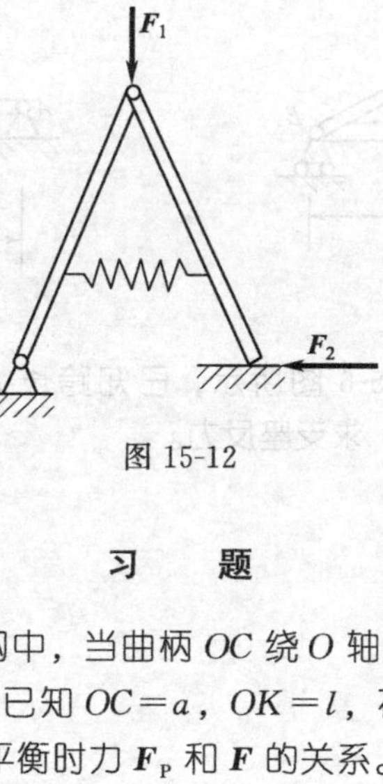

图 15-12

习　题

15-1　如题 15-1 图所示连杆机构中，当曲柄 OC 绕 O 轴摆动时，滑块 A 沿曲柄自由滑动，从而带动 AB 杆在铅垂导槽内移动。已知 $OC=a$，$OK=l$，在 C 点垂直于曲柄作用一力 $\boldsymbol{F}$，而在 B 点沿 BA 作用一力 $\boldsymbol{F}_{\mathrm{P}}$。求机构平衡时力 $\boldsymbol{F}_{\mathrm{P}}$ 和 $\boldsymbol{F}$ 的关系。

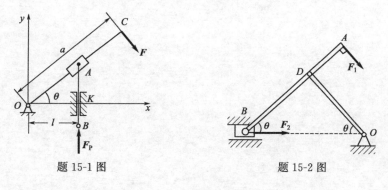

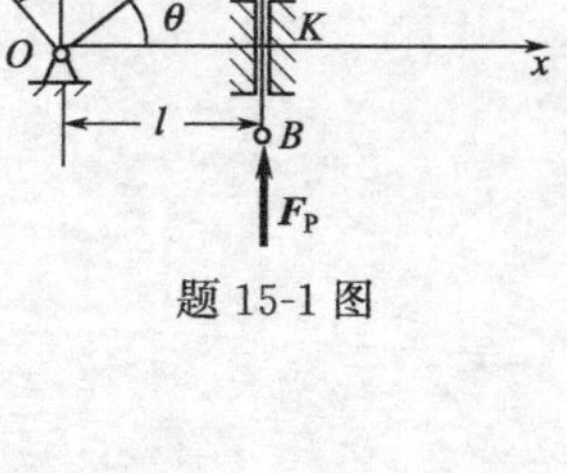

题 15-1 图

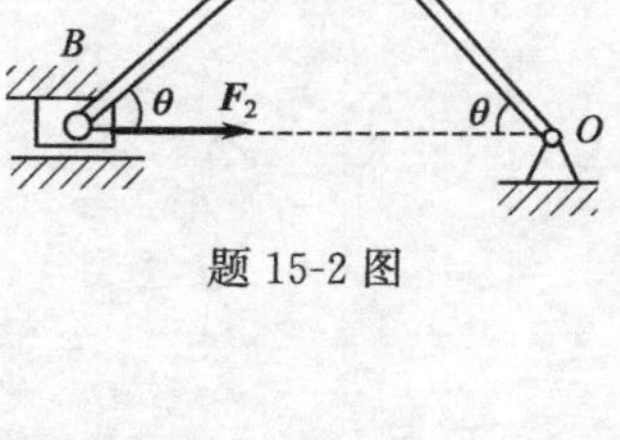

题 15-2 图

15-2　如题 15-2 图所示机构，在力 $\boldsymbol{F}_1$ 与 $\boldsymbol{F}_2$ 作用下在图示位置平衡。不计各构件自重与各处摩擦，$OD=BD=l_1$，$AD=l_2$。求 F_1/F_2 的值。

15-3　在题 15-3 图所示机构中，曲柄 OA 上作用一力偶，其矩为 M，另在滑块 D 上作用水平力 $\boldsymbol{F}$。机构尺寸如题 15-3 图所示，不计各构件自重与各处摩擦。求当机构平衡时，力 $\boldsymbol{F}$ 与力偶 M 的关系。

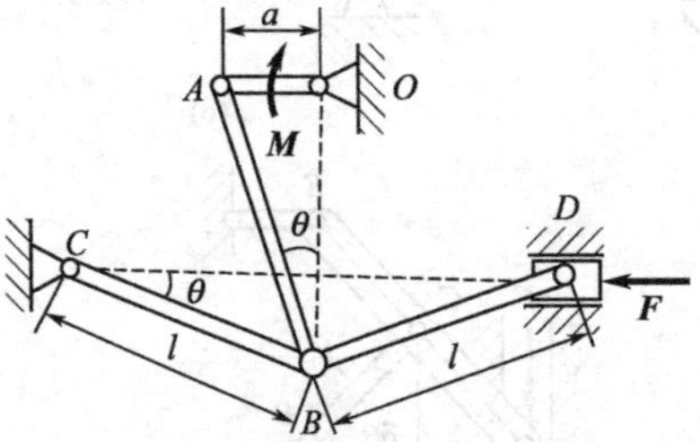

题 15-3 图

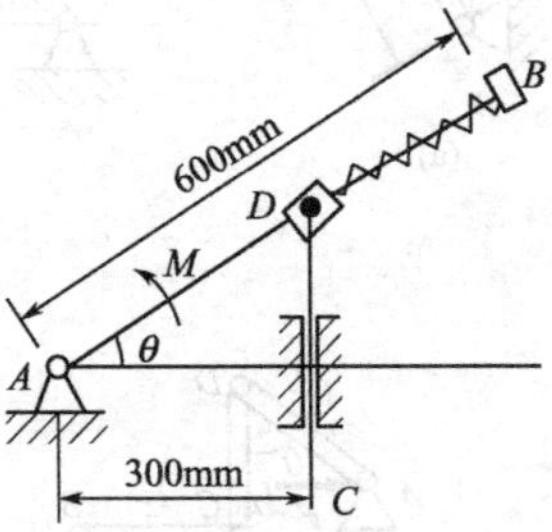

题 15-4 图

15-4　如题 15-4 图所示机构，滑套 D 套在光滑直杆 AB 上，并带动杆 CD 在铅直滑道上滑动。已知 $\theta=0°$时弹簧等于原长，弹簧刚性系数为 5kN/m。求在图示平衡位置时，所施加的力偶矩 M？

15-5　用虚位移原理求题 15-5 图所示桁架中杆 3 的内力。

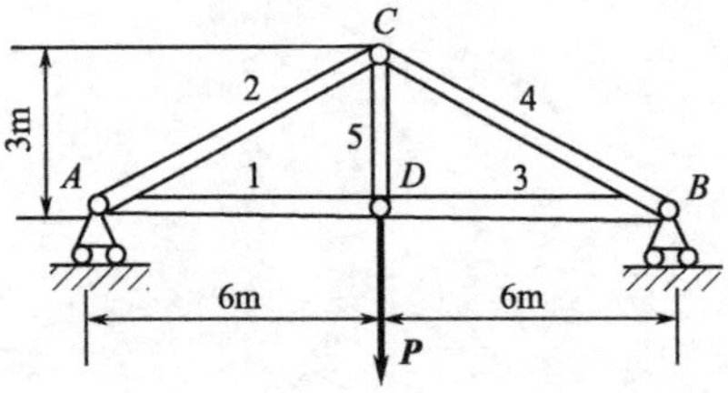

题 15-5 图

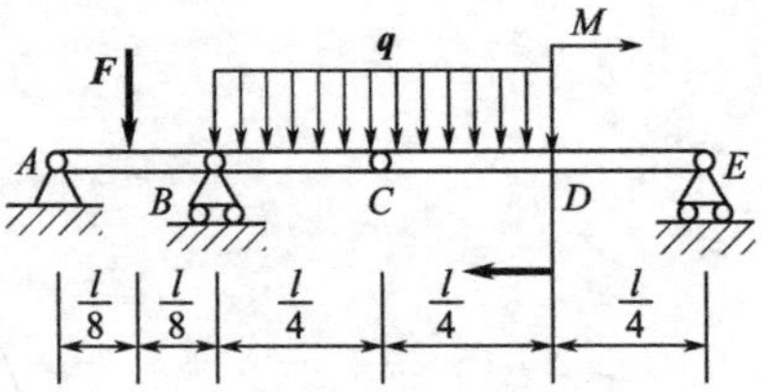

题 15-6 图

15-6　组合梁载荷分布如题 15-6 图所示，已知跨长 $l=8$m，$F=4900$N，均布载荷 $q=2450$N/m，力偶矩 $M=4900$N · m。求支座反力。

习题参考答案

第 1 章

1-1

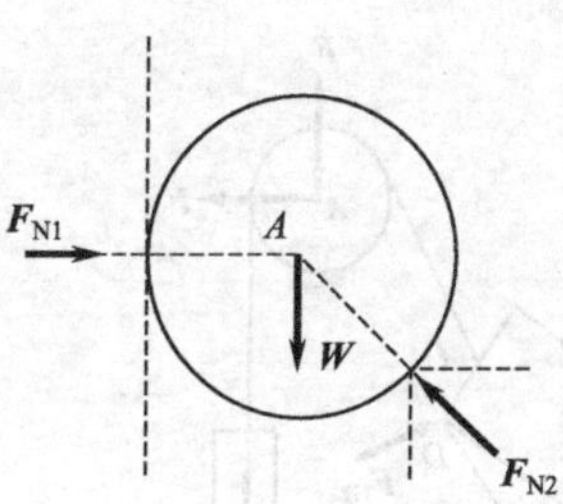

(a)

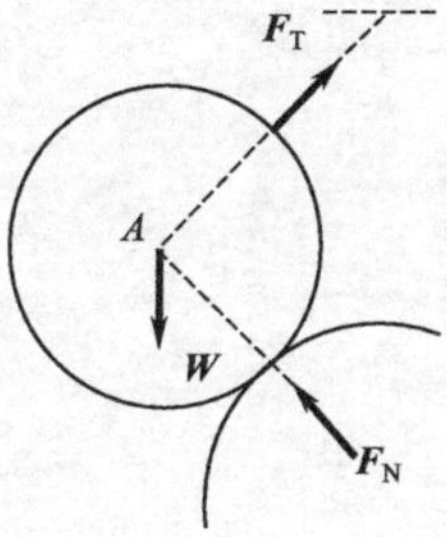

(b)

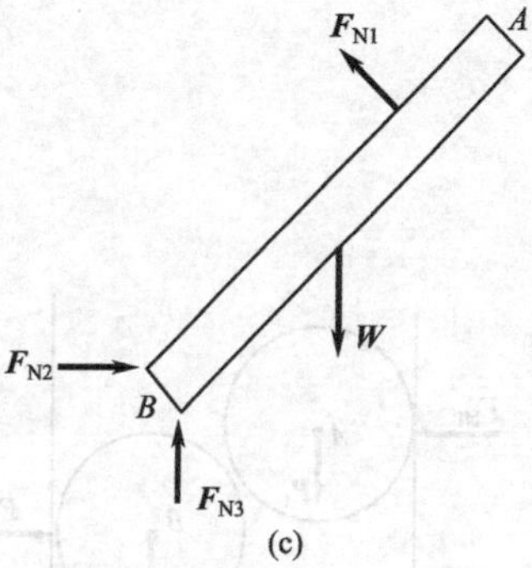

(c)

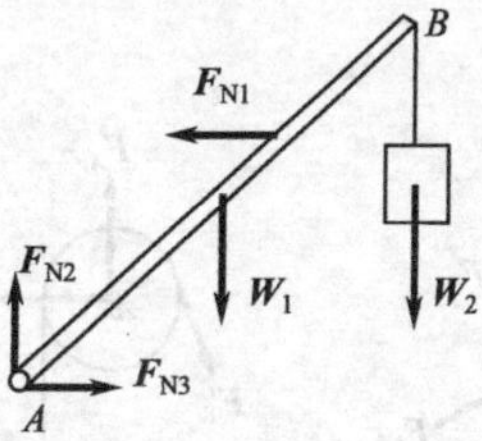

(d)

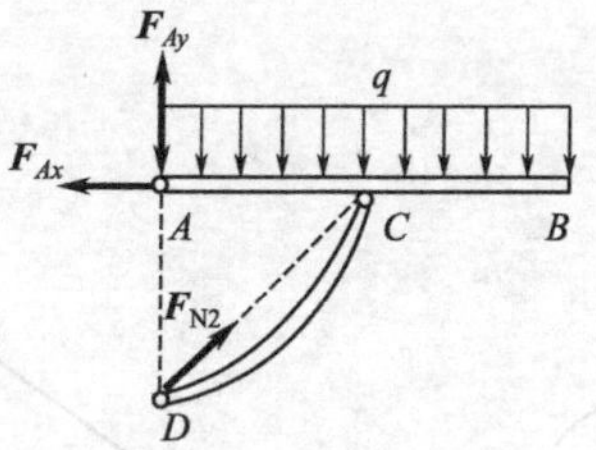

(e)

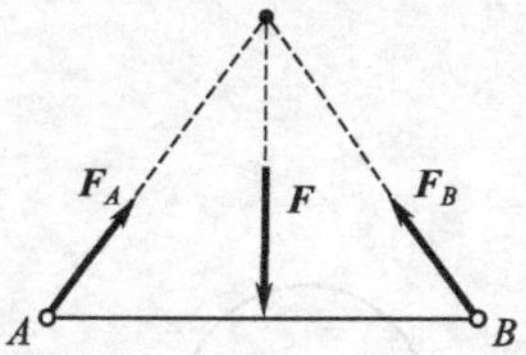

(f)

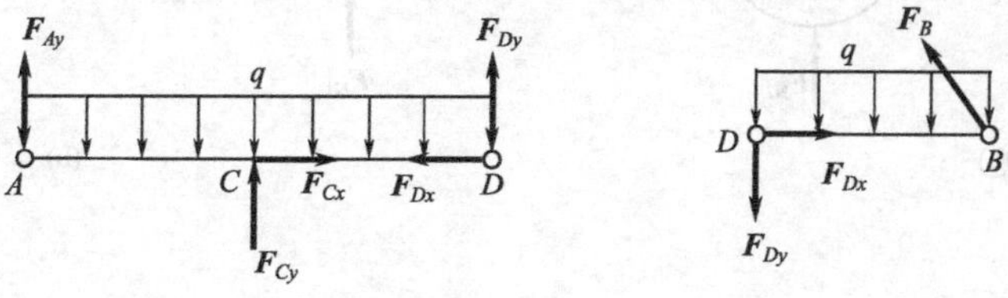

(g)

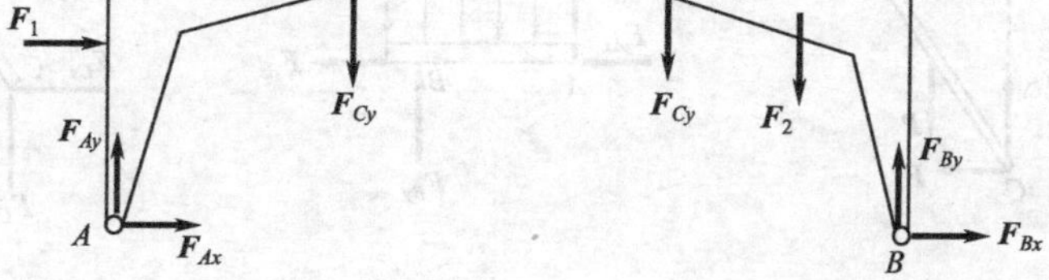

(h)

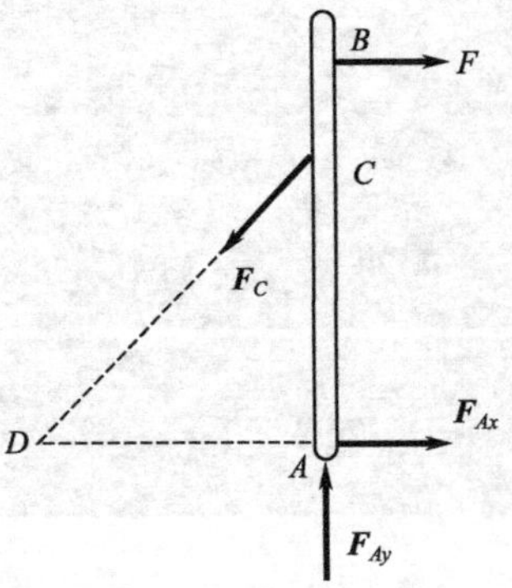
B
F
C
F_C
D
F_{Ax}
A
F_{Ay}

(i)

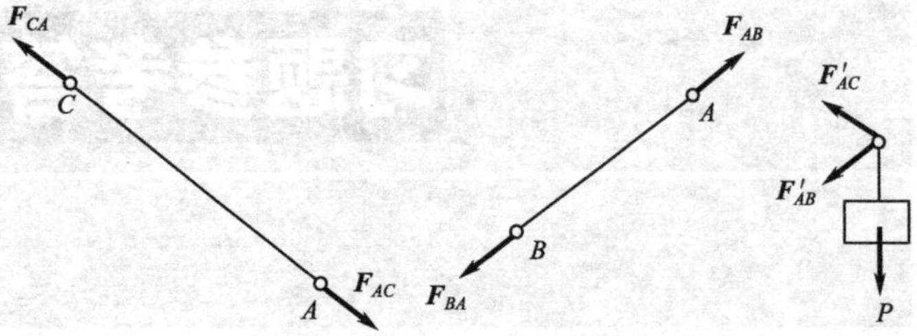
F_{CA}
C
A
F_{AC}
F_{AB}
A
B
F_{BA}
F'_{AC}
F'_{AB}
P

(j)

1-2

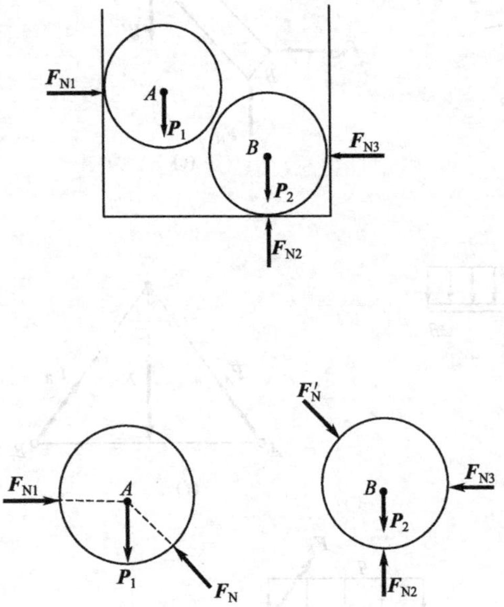
F_{N1}
A
P_1
B
P_2
F_{N3}
F_{N2}
F_{N1}
A
P_1
F_N
F'_N
B
P_2
F_{N3}
F_{N2}

(a)

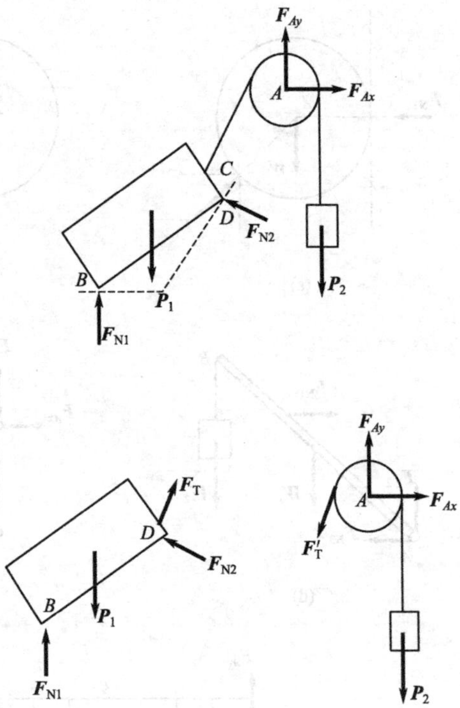
F_{Ay}
A
F_{Ax}
C
D
F_{N2}
B
P_1
F_{N1}
P_2
F_T
D
F_{N2}
B
P_1
F_{N1}
F_{Ay}
A
F_{Ax}
F'_T
P_2

(b)

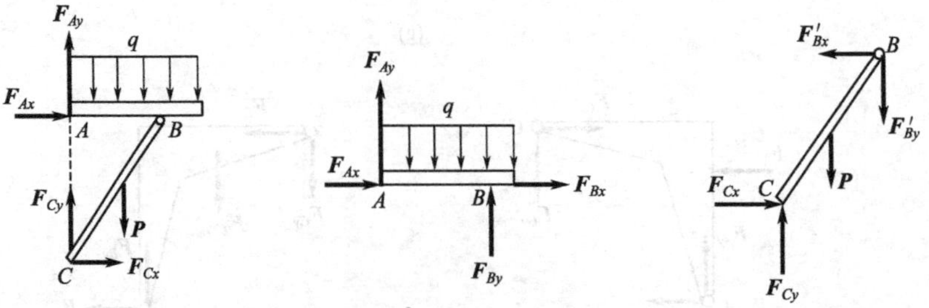
F_{Ay}
q
F_{Ax}
A
B
F_{Cy}
P
C
F_{Cx}
F_{Ay}
q
F_{Ax}
A
B
F_{Bx}
F_{By}
F'_{Bx}
B
F'_{By}
P
F_{Cx}
C
F_{Cy}

(c)

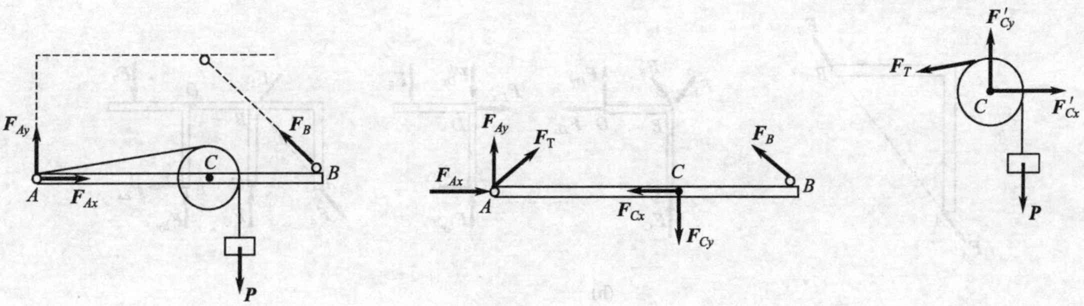
F_Ay
A
F_Ax
C
F_B
B
P
F_Ay
F_T
F_B
F_Ax
A
C
B
F_Cx
F_Cy
F'_Cy
F_T
C
F'_Cx
P

(d)

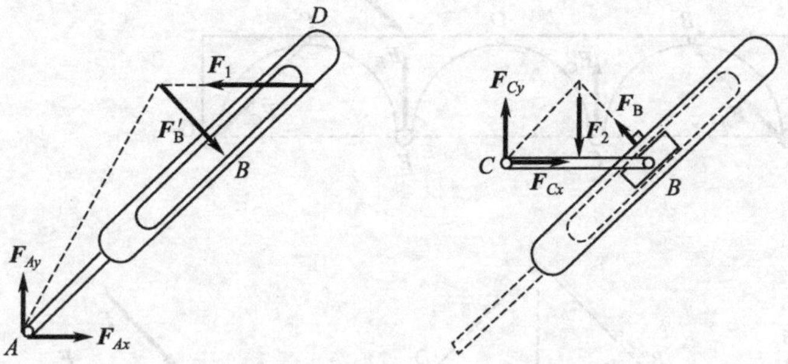
D
F_1
F'_B
B
F_Ay
A
F_Ax
F_Cy
F_B
F_2
C
F_Cx
B

(e)

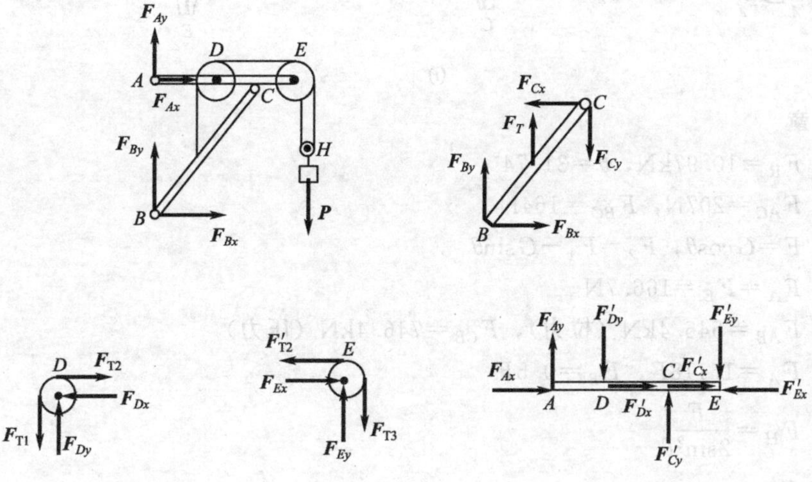
F_Ay
A
D
E
F_Ax
C
H
F_By
B
F_Bx
P
F_Cx
C
F_T
F_Cy
F_By
B
F_Bx
D
F_T2
F_Dx
F_T1
F_Dy
F_T2
E
F_Ex
F_T3
F_Ey
F_Ay
F'_Dy
F'_Ey
F_Ax
C
F'_Cx
A
D
E
F'_Dx
F'_Ex
F'_Cy

(f)

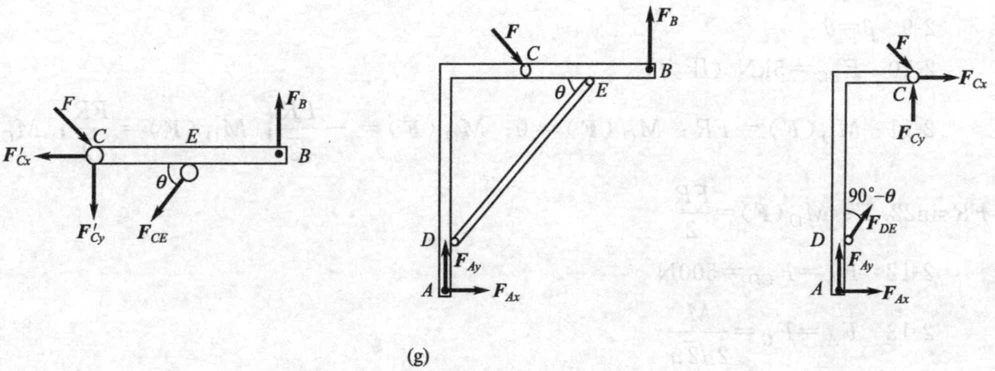
F
C
F_B
F'_Cx
E
B
θ
F'_Cy
F_CE
F
C
F_B
B
θ
E
D
F_Ay
A
F_Ax
F
C
F_Cx
F_Cy
90°−θ
F_DE
D
F_Ay
A
F_Ax

(g)

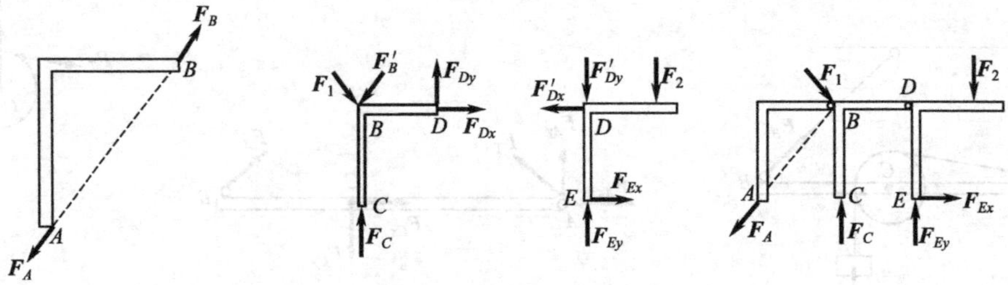

(h)

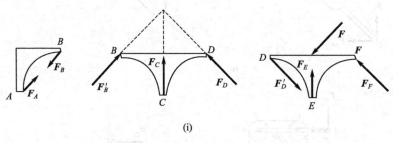

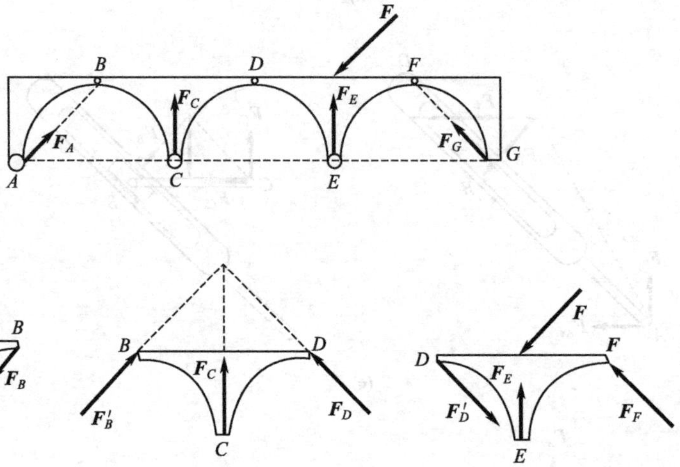

(i)

第 2 章

2-1　$F_R=10.97\text{kN}$，$\theta=31.74°$

2-2　$F_{AC}=207\text{N}$，$F_{BC}=164\text{N}$

2-3　$F=G\cos\theta$，$F_2=F_1-G\sin\theta$

2-4　$F_A=F_E=166.7\text{N}$

2-5　$F_{AB}=546.4\text{kN}$（拉力），$F_{CB}=746.4\text{kN}$（压力）

2-6　$F_A=1.118F$，$F_B=0.5F$

2-7　$F_H=\dfrac{F}{2\sin^2\theta}$

2-8　$\dfrac{F_P}{F_Q}=0.612$

2-9　$\beta=\theta$

2-10　$F_{BC}=5\text{kN}$（压力）

2-11　$M_O(\boldsymbol{F})=FR$；$M_O(\boldsymbol{F})=0$；$M_O(\boldsymbol{F})=-\dfrac{FR}{\sqrt{2}}$；$M_O(\boldsymbol{F})=\dfrac{FR}{\sqrt{2}}$；$M_O(\boldsymbol{F})=FR\sin22.5°$；$M_O(\boldsymbol{F})=\dfrac{FR}{2}$

2-12　$F_A=F_{CD}=500\text{N}$

2-13　$F_A=F_C=\dfrac{M}{2\sqrt{2}a}$

2-14 $F=\frac{M\cot 2\theta}{a}$

第3章

3-1 $\sum M_O(\boldsymbol{F})=21.44\text{Nm}$，$F_R=F'_R=466.5\text{N}$，$d=45.96\text{mm}$

3-2 (1) $F'_R=0$，$M=3Fl$；(2) $F'_R=0$，$M=3Fl$

3-3 $F_A=\frac{\sqrt{5}}{2}F\swarrow$，$F_D=\frac{1}{2}F\uparrow$

3-4 (a) $F_B=2.85\text{kN}$，$F_{Ax}=3.6\text{kN}$，$F_{Ay}=0.15\text{kN}$

(b) $F_B=2.85\text{kN}$，$F_{Ay}=-2.85\text{kN}$，$F_{Ax}=3.6\text{kN}$

3-5 $N=100\text{N}$

3-6 $F_B=13.29\text{kN}$，$F_{Ax}=18.8\text{kN}$，$F_{Ay}=9.4\text{kN}$

3-7 (a) $F_{Ax}=0$，$F_{Ay}=\frac{2}{3}\text{kN}$，$F_{NB}=\frac{4}{3}\text{kN}$；

(b) $F_{Ax}=\frac{2}{3}\sqrt{3}\text{kN}$，$F_{Ay}=2\text{kN}$，$F_{NB}=\frac{4}{3}\sqrt{3}\text{kN}$；

(c) $F_{Ax}=0$，$F_{Ay}=\frac{13}{3}\text{kN}$，$F_{NB}=2.625\text{kN}$；

(d) $F_{Ax}=0$，$F_{Ay}=0.5\text{kN}$，$F_{NB}=3.5\text{kN}$；

(e) $F_{Ax}=0$，$F_{Ay}=2\text{kN}$，$F_{NB}=10.5\text{kN}$；

(f) $F_{Ax}=0$，$F_{Ay}=\frac{13}{3}\text{kN}$，$F_{NB}=\frac{11}{3}\text{kN}$；

3-8 $F_{Ax}=Q\sin\alpha$，$F_{Ay}=Q\left(\cos\alpha-\frac{b}{a}\right)+W\left(1-\frac{l}{2a}\cos\alpha\right)$，$R_B=\frac{l}{2a}$ $(2\theta b+Wl\cos\alpha)$

3-9 $F_{Ay}=50\text{kN}$，$F_B=-31\text{kN}$，$F_{Ax}=31\text{kN}$

3-10 $F_C=2000\text{N}$，$F_A=F_B=2010\text{N}$

3-11 $F_{CD}=2.5\text{kN}$，$F_B=1.8\text{kN}$

3-12 $F_{Ax}=0$，$F_{Ay}=6\text{kN}$，$M_A=12\text{kN}\cdot\text{m}$

3-13 $F=\frac{Wr}{2l\sin\frac{\alpha}{2}\cos\alpha}$，$\alpha=60°$时，$F_{\min}=\frac{4Wr}{l}$

3-14 $F_A=-\frac{5\sqrt{2}}{8}P$，$F_{Ex}=\frac{5}{8}P$，$F_{Ey}=\frac{13}{8}P$，$F_{DB}=\frac{3\sqrt{2}}{8}P$

3-15 $F_1=F_2=F_3=F_4=\sqrt{2}F$，$F_{AB}=F_{BC}=F_{CD}=F$

3-16 $F_{Bx}=-F_{Ax}=-\frac{4a+R}{3a}P$，$F_{By}=-P$，$F_{Ay}=2P$

3-17 $F_A=-10\text{kN}$，$F_B=25\text{kN}$，$F_D=5\text{kN}$

3-18 $F_{Cy}=F$，$F_{By}=0$，$F_{Bx}=F/2$，$F_{Ax}=F/2$，$F_{Ay}=F$，$F_{Cx}=-F/2$，$F_{Dx}=-F/2$，$F_{Dy}=F$，$M_D=-Fa$

3-19 $F_T=\frac{a\cos\theta}{2h}F$

3-20 $F_{Gx}=11\text{kN}$，$F_{Gy}=3\text{kN}$，$F_{DE}=15.56\text{kN}$（压力）

3-21 $F_A=18.3\text{N}$，$F_B=18.3\text{N}$，$F_C=43.3\text{N}$，$F_D=55\text{N}$

3-22 $F_{Ax}=7.5\text{kN}$，$F_{Ay}=72.5\text{kN}$，$F_{Bx}=17.5\text{kN}$，$F_{By}=77.5\text{kN}$

3-23 (1) $F_{CE}=1004\text{N}$（拉力），$F_{CB}=948\text{N}$；

(2) $F_{P}=1422\text{N}$，$F_{Ax}=-695\text{N}$，$F_{Ay}=-256\text{N}$

3-24 $F_{Ax}=267\text{N}$，$F_{Ay}=-87.5\text{N}$，$F_{B}=550\text{N}$，$F_{Cx}=209\text{N}$，$F_{Cy}=-187.5\text{N}$

3-25 $F_{A}=15\text{kN}$，$F_{B}=40\text{kN}$，$F_{C}=5\text{kN}$，$F_{D}=15\text{kN}$

3-26 $F_{E}=\sqrt{2}F$，$F_{Ax}=F-6qa$，$F_{Ay}=2F$，$M_{A}=5Fa+18qa^{2}$

3-27 $F_{Ax}=13.3\text{kN}$，$F_{Ay}=6.7\text{kN}$，$F_{CD}=4.7\text{kN}$

3-28 $F_{Ax}=0$，$F_{Ay}=40\text{kN}$，$M_{A}=60\text{kN}$

3-29 $F_{1}=-5.333F$，$F_{2}=2F$，$F_{3}=1.667F$

3-30 $F_{CD}=-0.866F$

3-31 $F_{4}=21.8\text{kN}$，$F_{5}=16.73\text{kN}$，$F_{7}=-20\text{kN}$，$F_{10}=-43.64\text{kN}$

第 4 章

4-1 10N、30N、30N

4-2 (1) 平衡，$F_{s}=130\text{N}$；(2) $F_{T}=250\text{N}$

4-3 $\dfrac{\sin\alpha-f_{s}\cos\alpha}{\cos\alpha+f_{s}\sin\alpha}F_{P}\leqslant F\leqslant\dfrac{\sin\alpha+f_{s}\cos\alpha}{\cos\alpha-f_{s}\sin\alpha}F_{P}$

4-4 $f_{sB}>0.64$

4-5 $a<\dfrac{b}{2f_{s}}$

4-6 $e\leqslant\dfrac{f_{s}D}{2}$

4-7 $b>f_{s}(d-2l)$

4-8 $\theta=\arcsin\dfrac{3\pi f_{s}}{4+3\pi f_{s}}$

4-9 $F=192\text{N}$

4-10 $l\geqslant\dfrac{b}{2f_{s}}$

4-11 当 $f_{sD}=0.3$ 时，最小水平推力 $F=26.6\text{N}$；当 $f_{sD}=0.15$ 时，最小水平推力 $F=47.81\text{N}$

4-12 $b<110\text{mm}$

4-13 $M=1.867\text{kN}\cdot\text{m}$，$f_{s}\geqslant0.752$

4-14 $M=rW\dfrac{f_{s}+f_{s}^{2}}{1+f_{s}^{2}}$

4-15 $40.21\text{kN}\leqslant P_{E}\leqslant104.2\text{kN}$

4-16 $b<7.5\text{mm}$

4-17 $P(R\sin\theta-\delta\cos\theta)\leqslant M_{B}\leqslant P(R\sin\theta+\delta\cos\theta)$

4-18 $f_{s}\geqslant\dfrac{\delta}{2R}$

第 5 章

5-1 $F_{1x}=F_{1y}=0$，$F_{1z}=3\text{kN}$，$F_{2x}=-1.2\text{kN}$，$F_{2y}=1.6\text{kN}$，$F_{2z}=0$；$F_{3x}=-0.424\text{kN}$，$F_{3y}=0.566\text{kN}$，$F_{3z}=0.707\text{kN}$。

5-2 $F_{Rx}=-345.4\text{N}$，$F_{Ry}=249.6\text{N}$，$F_{Rz}=10.56\text{N}$，$M_{x}=-51.78\text{N}\cdot\text{m}$，$M_{y}=-36.65\text{N}\cdot\text{m}$，$M_{z}=103.6\text{N}\cdot\text{m}$

5-3　$F_R=20N$，沿 z 轴正向，作用线的位置由 $x_C=60mm$ 和 $y_C=32.5mm$ 来确定。

5-4　$M_z=-101.4N\cdot m$

5-5　$M_x=\frac{F(h-3r)}{4}$，$M_y=\frac{\sqrt{3}F(h+r)}{4}$，$M_z=-\frac{Fr}{2}$

5-6　$M=Fa\sin\beta\sin\theta$

5-7　$F_A=F_B=-26.39kN$（压），$F_C=33.46kN$（拉）

5-8　$F_2=2.194kN$，$F_{Ax}=-2.005kN$，$F_{Az}=0.376kN$，$F_{Bx}=-1.769kN$，$F_{Bz}=-0.152kN$

5-9　$F_1=F_5=-F$，$F_3=F$，$F_2=F_4=F_6=0$

5-10　$F_{Ay}=0$，$F_{Az}=184N$，$F_{By}=0$，$F_{Bz}=424N$

5-11　$a=350mm$

5-12　(a) $x_C=511.2mm$，$y_C=430mm$；(b) $x_C=85.1mm$，$y_C=36.3mm$

5-13　(a) $x_C=0$，$y_C=153.6mm$；(b) $x_C=-19.05mm$，$y_C=0$

5-14　$x_C=90mm$

5-15　(0.511，1.41，0.717)

5-16　$x_C=1.68m$（距 B 端），$y_C=0.659m$（距底边）

第 6 章

6-1　(1) 半直线 $3x-4y=0$（$x\leqslant 2$，$y\leqslant 1.5$）　　$s=5t-2.5t^2$

(2) 直线段 $\frac{x}{4}+\frac{y}{3}=1$（$0\leqslant x\leqslant 4$，$0\leqslant y\leqslant 3$）　　$s=5\sin^2 t$

(3) 圆 $x^2+y^2=25$　　$s=25t^2$

(4) 半抛物线 $x=\frac{y^2}{4}$（$y\geqslant 0$）　　$s=t\sqrt{t^2+1}+\ln(t+\sqrt{t^2+1})$

6-2　① M 点的运动方程 $x=(l+a)\omega t\cos\omega t$

② 轨迹 $\frac{x^2}{(l+a)^2}+\frac{y^2}{(l-a)^2}=1$

③ 速度 $v=\omega\sqrt{l^2+a^2-2al\cos 2\omega t}$

④ 加速度 $a=\omega\sqrt{l^2+a^2+2al\cos 2\omega t}$

6-3　① A、B 点运动方程 $x_A=b+r\sin(\omega t+\theta)$，$x_B=r\sin(\omega t+\theta)$

② B 点速度、加速度 $v_B=r\omega\cos(\omega t+\theta)$，$a_B=-r\omega^2\sin(\omega t+\theta)$

6-4　$x=r(\omega t-\sin\omega t)$，$y=r(1-\cos\omega t)$，$v=2r\omega\sin\frac{\omega t}{2}$　$(0\leqslant\omega t\leqslant 2\pi)$，$a_t=r\omega^2\cos\frac{\omega t}{2}$，$a_n=r\omega^2\sin\frac{\omega t}{2}$

6-5　$\rho=2.5m$

6-6　(1) 自然法：B 点的运动方程 $s=3\pi t^2$，$t=1s$ 时 $v=6\pi$，$a_\tau=6\pi$，$a_n=\frac{3\pi^2}{2}$；

(2) 直角坐标法（坐标建立如图所示）：

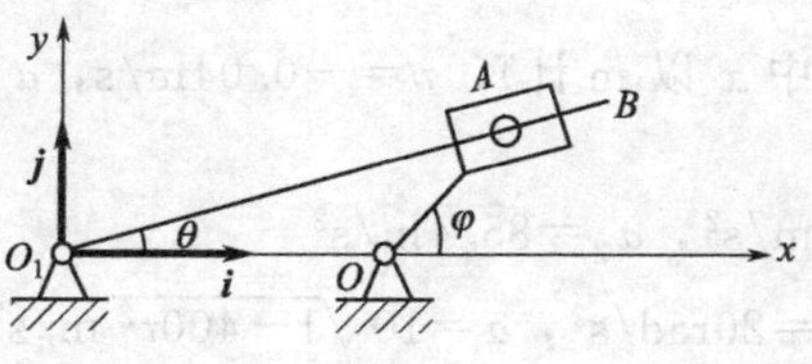

B 点的运动方程：$x_B=24\cos\left(\frac{\pi}{8}t^2\right)$ $y_B=24\sin\left(\frac{\pi}{8}t^2\right)$

$t=1$s 时，$\boldsymbol{v}=-6\pi\sin\frac{\pi}{8}\boldsymbol{i}+6\pi\cos\frac{\pi}{8}\boldsymbol{j}$，$\boldsymbol{a}=\left(-6\pi\sin\frac{\pi}{8}-\frac{3\pi^2}{2}\cos\frac{\pi}{8}\right)\boldsymbol{i}+\left(6\pi\cos\frac{\pi}{8}-\frac{3\pi^2}{2}\sin\frac{\pi}{8}\right)\boldsymbol{j}$

6-7 $v=3.11$cm/s，方向沿轨迹曲线的切线。$a=48.4\text{cm/s}^2$，$\tan\alpha=0.0078$。

6-8 $a_\tau=0$，$a_n=10\text{m/s}^2$，$\rho=250$m

6-9 $v=2v_c\sin\frac{v_ct}{2r}$，$\cos(\boldsymbol{v},\boldsymbol{i})=\cos\left(\frac{\pi}{2}-\frac{\varphi}{2}\right)$，$\cos(\boldsymbol{v},\boldsymbol{j})=\cos\frac{\varphi}{2}$，速度的方向角为 $\alpha=\frac{\pi}{2}-\frac{\varphi}{2}$，$\beta=\frac{\varphi}{2}$；

$$a=\frac{v_c^2}{r},\ \cos(\boldsymbol{a},\boldsymbol{i})=\cos\left(\frac{\pi}{2}-\varphi\right),\ \cos(\boldsymbol{a},\boldsymbol{j})=\cos\varphi,\ \begin{cases}x=v_ct-r\sin\dfrac{v_ct}{r}\\ y=r-r\cos\dfrac{v_ct}{r}\end{cases},\ \rho=4r\sin\frac{v_ct}{2r}$$

6-10 $t=0$，$a=0.353\text{m/s}^2$，全加速度与法线间的夹角为 $\alpha=45°$。

$t=60$s，$a=1.031\text{m/s}^2$，全加速度与法线间的夹角为 $\alpha=13.6°$。

6-11 $y=l\tan kt$；$v=lk\sec^2kt$；$a=2lk^2\tan kt\sec^2kt$；

$\theta=\frac{\pi}{6}$时，$v=\frac{4}{3}lk$，$a=\frac{8\sqrt{3}}{9}lk^2$；$\theta=\frac{\pi}{3}$时，$v=4lk$，$a=8\sqrt{3}lk^2$

6-12 $a_\tau=1.2\text{m/s}^2$，$a_n=90\text{m/s}^2$

6-13 $\boldsymbol{v}=l\varphi_0\omega\cos\omega t\boldsymbol{\tau}$，$\boldsymbol{a}=l\varphi_0\omega^2$ $(-\sin\omega t\boldsymbol{\tau}+\varphi_0\cos^2\omega t\boldsymbol{n})$

6-14 $a=2h\omega^2\sec^2\theta\tan\theta$

6-15 半径为 3cm 的圆周。

6-16 $\frac{(x-a)^2}{(b+l)^2}+\frac{y^2}{l^2}=1$

6-17 对地：$y_A=0.01\sqrt{64-t^2}$（式中 y 以 m 计），$v_A=\frac{0.01t}{\sqrt{64-t^2}}$（式中 v_A 以 m/s 计），方向铅垂向下；

对凸轮：$x'_A=0.01t$，$y'_A=0.01\sqrt{64-t^2}$（式中 x'_A、y'_A以 m 计），$v'_x=0.01$m/s，$v'_y=-\frac{0.01t}{\sqrt{64-t^2}}$（式中 v'_x、v'_y以 m/s 计）。

第 7 章

7-1 G 轨迹为半径为 20cm 的圆，$v=80$cm/s，$a=322\text{cm/s}^2$

7-2 $t=10$s

7-3 $\varphi=\frac{\omega_0}{k}(e^{kt}-1)$，$\omega=\omega_0e^{kt}$，$\varepsilon=k\omega_0e^{kt}$

7-4 $x=0.02\cos4t$（式中 x 以 m 计），$v=-0.04$m/s，$a=-0.2771\text{m/s}^2$

7-5 $62.5t$

7-6 $v=2$m/s，$a_1=50\text{m/s}^2$，$a_2=85.4\text{m/s}^2$

7-7 $\omega=20t$(rad/s)，$\varepsilon=20\text{rad/s}^2$，$a=10\sqrt{1-400t^2}\ \text{m/s}^2$

7-8 $n_1=1406\text{r/min}$

7-9 $t=38\text{min}$

7-10 $v_M=9.42\text{m/s}$；$a_M=444\text{m/s}^2$

7-11 $\theta_{OA}=\arctan\dfrac{\sin\omega_0 t}{\dfrac{h}{r}-\cos\omega_0 t}$

7-12 $t=150.8\text{s}$

7-13 $\varphi=4\text{rad}$

7-14 $\varepsilon=\dfrac{av^2}{2\pi r^3}$

7-15 ①$\varepsilon_2=\dfrac{5000\pi}{d^2}\text{rad/s}^2$，②$a=592.2\text{m/s}^2$

第 8 章

8-1 $v_r=40\text{km/h}$ 方向向上

8-2 $\omega_{AB}=\dfrac{e\omega}{l}$，方向为逆时针

8-3 $\theta=0^\circ$，$v_{BC}=2\text{cm/s}$，水平向左；$\theta=30^\circ$，$v_{BC}=0\text{cm/s}$；$\theta=60^\circ$，$v_{BC}=2\text{cm/s}$，水平向右

8-4 $\omega_{O_1E}=\dfrac{r}{2l}\omega$，方向为逆时针

8-5 $v_r=63.6\text{mm/s}$，与 v 夹角 $80^\circ57'$

8-6 $\omega=2.67\text{rad/s}$，逆时针

8-7 $v_a=1.98\text{m/s}$

8-8 3.98m/s，1.04m/s

8-9 $v_M=0.529\text{m/s}$，与 OA 杆夹角 40.9°

8-10 $a_A=0.75\text{m/s}^2$

8-11 $\omega_{O2}=\dfrac{r\omega}{l}\tan\theta_1$，$\varepsilon_{O2}=\dfrac{r\omega^2}{l}+\left(\dfrac{r\omega}{l}\right)^2\tan^3\theta_1$

8-12 $a_c=13.66\text{cm/s}^2$，$a_r=3.66\text{cm/s}^2$

8-13 $v_C=17.3\text{cm/s}$，竖直向上；$a_C=0.05\text{m/s}^2$，竖直向下

8-14 $v_M=0.173\text{m/s}$，$a_M=0.35\text{m/s}^2$

8-15 $v_M=60\text{cm/s}$，$v_N=82.5\text{cm/s}$，$a_M=363\text{cm/s}^2$，$a_N=11\text{cm/s}^2$

第 9 章

9-1 $\omega=\sqrt{3}\omega_0$

9-2 $\omega_A=2\text{rad/s}$，$v_B=0.433\text{m/s}$

9-3 $v_{BC}=2.512\text{m/s}$

9-4 $v_D=53.7\text{cm/s}$

9-5 $\omega_1=2.6\text{rad/s}$

9-6 $\omega_{AB}=1.07\text{rad/s}$（逆时针），$v_D=0.253\text{m/s}$（←）

9-7 $v_M=\dfrac{r\omega b\sin(\theta+\beta)}{a\cos\theta}$

9-8 当 $\varphi=0^\circ$时，$v_{DE}=4\text{m/s}$（铅直向上）；当 $\varphi=90^\circ$时，$v_{DE}=0$

9-9　$v=2.34\text{m/s}$，$\omega_{O_2C}=3.9\text{rad/s}$

9-10　$v_F=46.19\text{m/s}$，$\omega_{EF}=1.33\text{rad/s}$

9-11　$\omega_{AB}=2\text{rad/s}$，$\varepsilon_{AB}=16\text{rad/s}^2$，$a_B=565\text{cm/s}^2$

9-12　$a_B^n=400\text{cm/s}^2$，$a_B^\tau=370.5\text{cm/s}^2$，$a_C=370.5\text{cm/s}^2$

9-13　$a_B^\tau=a(2\varepsilon_0-\sqrt{3}\omega_0^2)$，$a_B^n=2a\omega_0^2$

9-14　$\omega_{O_1B}=0$，$\varepsilon_{O_1B}=\dfrac{\sqrt{3}}{2}\omega_0^2$，$a_M=\dfrac{\sqrt{39}}{4}r\omega_0^2$

9-15　$a_C=\dfrac{4}{3}\sqrt{\dfrac{4}{3}}\dfrac{v_0^2}{b}$

9-16　$v_C=\dfrac{3r\omega_0}{2}$（↓），$a_C=\dfrac{\sqrt{3}r\omega_0^2}{12}$（↑）

9-17　$a_B=8\text{m/s}^2$，$a_C=11.31\text{m/s}^2$

9-18　$\omega_{O_2D}=0.577\text{rad/s}$

9-19　$\omega_{OC}=\dfrac{3v}{4b}$，$\varepsilon_{OC}=\dfrac{3\sqrt{3}v^2}{8b^2}$，$v_E=\dfrac{v}{2}$，$a_E=\dfrac{7v^2}{8\sqrt{3}b}$

9-20　$\omega_1=\dfrac{\sqrt{3}}{2}\dfrac{v}{r}$（顺时针），$\omega=\dfrac{\sqrt{3}}{6}\dfrac{v}{r}$（逆时针）

第 10 章

10-1　$n_{max}=\dfrac{30}{\pi}\sqrt{\dfrac{fg}{r}}$（$n_{max}$以 r/min 计）

10-2　$v=\sqrt{gl(1+\cos\varphi-\sqrt{3})}$，$F=mg(3\cos\varphi+2-2\sqrt{3})$

10-3　$F=100\text{kN}$；$\varphi_{max}=8.2°$

10-4　$F_{AC}=\dfrac{ml(b\omega^2+g)}{2b}$，$F_{BC}=\dfrac{ml\ (b\omega^2-g)}{2b}$

10-5　$F_{max}=m(g+e\omega^2)$，$\omega_{max}\leqslant\sqrt{\dfrac{g}{e}}$

10-6　$h=78.4\text{mm}$

10-7　$F=\dfrac{m\omega^2r^4x^2}{(x^2-r^2)^{\frac{5}{2}}}$

10-8　$t=2\sqrt{\dfrac{R}{g}}$

10-9　1.961m/s^2

10-10　$a_r=g(\sin\theta-f\cos\theta)-a(\cos\theta+f\sin\theta)$，$F=G\left(\cos\theta+\dfrac{a}{g}\sin\theta\right)$

10-11　$t=2.02\text{s}$，$s=7.07\text{m}$

10-12　$t=0.686\text{s}$，$d=3.431\text{m}$

10-13　$F=5.731\text{kN}$

10-14　$x=v_0t+F_0\dfrac{1-\cos\omega t}{m\omega^2}$

10-15　$x=0.06\cos\ (25t)\ \text{m}$，$T=0.2513\text{s}$，$v_{max}=1.5\text{m/s}$，$a_{max}=37.5\text{m/s}^2$

10-16 $F=\frac{\sqrt{3}}{2}mg$

第 11 章

11-1 1.835kN

11-2 20kN，0.5099，3s

11-3 4.472kg·m/s

11-4 15km/h

11-5 向左移动$\frac{a-b}{4}$

11-6 $\ddot{x}+\frac{1}{m+m_1}x=\frac{m_1 l\omega^2}{m+m_1}\sin\omega t$

11-7 $x_c=\frac{(m_1+2m_2+2m_3)l\sin\omega t+m_3 l}{2(m_1+m_2+m_3)}$；$y_c=\frac{(m_1+2m_2)l\sin\omega t}{2(m_1+m_2+m_3)}$；

$F_{O\max}=\frac{l\omega^2}{2}(m_1+2m_2+2m_3)$

11-8 $F_N=P_1+P_2-\frac{1}{2g}(2P_1-P_2)a$

11-9 2215N

11-10 283N

第 12 章

12-1 6.766m/s^2；662.9N

12-2 $\varepsilon=4.17\text{rad/s}^2$，$\omega=7.24\text{rad/s}$

12-3 $\omega=\frac{J_1\omega_0}{J_1+J_2}$；$M_f=\frac{J_1J_2\omega_0}{(J_1+J_2)\tau}$

12-4 $t=\frac{r_1\omega_1}{2\mu g\left(1+\frac{m_1}{m_2}\right)}$

12-5 $a_1=\frac{2(M_1R_2-M_2R_1)}{(m_1+m_2)R_1^2R_2^2}$

12-6 $M=216\text{N}\cdot\text{m}$

12-7 $a=\frac{(M-Wr)R^2rg}{(J_1r^2+J_2R^2)g+WR^2r^2}$

12-8 $mrb\omega^2/(8\pi Flf)$

12-9 $1.942\text{kg}\cdot\text{m}^2$

12-10 $v=\frac{2}{3}\sqrt{3gh}$，$F_T=\frac{1}{3}mg$

12-11 $a_A=\frac{m_1g(r+R)^2}{m_1(r+R)^2+m_2(\rho^2+R^2)}$

第 13 章

13-1 ①$W_{重}=\frac{3}{2}rG$，$W_{弹}=-\frac{1}{2}kr^2$ ②$W_{重}=Gr$，$W_{弹}=(1-\sqrt{2})kr^2$

③$W_{重}=-Gr$，$W_{弹}=(\sqrt{2}-1)kr^2$ ④$W_{重}=0$，$W_{弹}=0$

13-2 $W=109.7\text{J}$

13-3 $W=1379.4\text{J}$

13-4 $T=\dfrac{1}{2}(3m_1+2m)v^2$

13-5 $T=\dfrac{9m_1+2m_2}{12}(r_1+r_2)^2\omega^2$

13-6 $v_2=\sqrt{\dfrac{4gh(m_2-2m_1+m_4)}{8m_1+2m_2+4m_3+3m_4}}$

13-7 $\omega=\dfrac{2}{r}\sqrt{\dfrac{M-m_2gr(\sin\theta+f\cos\theta)}{m_1+2m_2}\varphi}$

$a=\dfrac{2[M-m_2gr(\sin\theta+f\cos\theta)]}{r^2(m_1+2m_2)}$

13-8 $v=\sqrt{\dfrac{4gs(G_1+G_2)\sin\theta}{3G_1+2G_2}}$，$a=\dfrac{2g(G_1+G_2)\sin\theta}{3G_1+2G_2}$

13-9 $v=2.64\text{m/s}$，$T=115\text{N}$

13-10 $v_B=2.18\text{m/s}$，$N_B=135.8\text{N}$

$v_C=5.13\text{m/s}$，$N_C=664\text{N}$

$v_D=5.50\text{m/s}$

13-11 $h=47.5\text{m}$

13-12 $b=\dfrac{\sqrt{3}}{6}l$

13-13 $\omega=\dfrac{2}{r+R}\sqrt{\dfrac{3M\varphi}{9m_1+2m_2}}$，$\varepsilon=\dfrac{6M}{(r+R)^2(9m_1+2m_2)}$

13-14 $a_B=\dfrac{m_1g\sin2\theta}{2(m_2+m_1\sin^2\theta)}$

13-15 $F=\dfrac{M(m_1+2m_2)}{2R(m_2+m_1)}$

13-16 $F=9.8\text{N}$

13-17 $F=\dfrac{m_1\sin\theta-m_2}{m_1+m_2}m_1g\cos\theta$

13-18 $F=\dfrac{M(m_1+2m_2)}{2R(m_1+m_2)}$

13-19 $a=\dfrac{m_1\sin\theta-m_2}{2m_1+m_2}g$，$F=\dfrac{3m_1m_2+(2m_1m_2+m_1^2)\sin\theta}{2(2m_1+m_2)}g$

13-20 (1) $a=\dfrac{M-mgR\sin\theta}{2mR^2}$ (2) $F_{Ox}=\dfrac{1}{8R}(6M\cos\theta+mgR\sin2\theta)$

13-21 $\omega=\sqrt{\dfrac{3g}{l}(1-\sin\varphi)}$，$\varepsilon=\dfrac{3g}{2l}\cos\varphi$

$F_A=\dfrac{9}{4}mg\cos\varphi\left(\sin\varphi-\dfrac{2}{3}\right)$，$F_B=\dfrac{mg}{4}\left[1+9\sin\varphi\left(\sin\varphi-\dfrac{2}{3}\right)\right]$

13-22 $f=0.242$

13-23 ① $d=r\left(1-\frac{\sqrt{3}mg}{2F}f'\right)$

② $F_N=\frac{\sqrt{3}}{2}mg\sqrt{1+f'^2}$，与法向约束反力的夹角 $\theta=\arctan f'$

13-24 $v_1=(l-l_0)\sqrt{\frac{km_2}{m_1(m_1+m_2)}}$，$v_2=(l-l_0)\sqrt{\frac{km_1}{m_2(m_1+m_2)}}$

第 14 章

14-1 $f\geqslant\frac{a}{g\cos\alpha}+\tan\alpha$

14-2 2191rad/s，3.905N

14-3 $\theta=\arccos[(W+G)g/(Wl\omega^2)]$

14-4 $F_{\mathrm{Nmax}}=W+2G\left(1+\frac{e\omega^2}{g}\right)$

14-5 $F_{Cy}=\frac{3G+W}{2G+W}W$；$M_C=\frac{3G+W}{2G+W}Wa$

14-6 $\varepsilon=\frac{Wr-GR}{Jg+GR^2+Wr^2}g$；$F_{Ox}=0$；$F_{Oy}=\frac{-g(Wr-GR)^2}{(J+GR^2+Wr^2)g}$

14-7 $a=\frac{(Mi-mgR)R}{mR^2+J_1i^2+J_2}$

14-8 $M=\frac{\sqrt{3}}{4}(G+2W)r-\frac{\sqrt{3}}{4}\frac{W}{g}r\omega^2$；$F_{Ox}=-\frac{\sqrt{3}}{4}\frac{W}{g}r\omega^2$；$F_{Oy}=G+W-\frac{2W+g}{4g}r\omega^2$

14-9 $F_{Ox}=\frac{11}{4}mr\omega_0^2+\frac{3\sqrt{3}}{2}mg$；$F_{Oy}=\frac{3\sqrt{3}}{4}mr\omega_0^2+\frac{5}{2}mg$；$M=\frac{3\sqrt{3}}{4}mr^2\omega_0^2+2mgr$

14-10 $a=2g/3$；$F_{\mathrm{T}}=mg/3$

14-11 $F_{NB}=\frac{2}{9}mr\omega_0^2+2mg+\frac{\sqrt{3}}{3}F$；$M_0=\frac{2\sqrt{3}}{3}mr^2\omega_0^2+Fr$

14-12 $F_{NA}=-F_{NB}=74\mathrm{N}$

第 15 章

15-1 $F=\frac{F_{\mathrm{P}}l}{a\cos^2\varphi}$

15-2 $\frac{F_1}{F_2}=\frac{2l_1\sin\theta}{l_2+l_1(1-2\sin^2\theta)}$

15-3 $F=\frac{M}{a}\cot2\theta$

15-4 $M=450\,\frac{\sin\theta(1-\cos\theta)}{\cos^2\theta}\mathrm{N\cdot m}$

15-5 $F_3=P$

15-6 $F_A=-2450\mathrm{N}$，$F_B=14700\mathrm{N}$，$F_E=2450\mathrm{N}$

参 考 文 献

[1] 单辉祖等．工程力学．北京：高等教育出版社，2006.
[2] 王志伟等．理论力学．北京：机械工业出版社，2006.
[3] 范钦珊．工程力学．北京：机械工业出版社，2007.
[4] 蔡泰信等．理论力学教与学．北京：高等教育出版社，2007.
[5] 贾启芬等．理论力学．北京：机械工业出版社，2007.
[6] 哈尔滨工业大学理论力学教研室．理论力学（Ⅰ）．北京：高等教育出版社，2009.
[7] 邱家俊．工程力学．北京：机械工业出版社，2009.
[8] 张秉荣．工程力学．北京：机械工业出版社，2011.
[9] 高红等．理论力学辅导及习题精解．延吉：延边大学出版社，2012.
[10] 戴葆青等．工程力学．北京：北京航空航天大学出版社，2013.
[11] 欧阳辉等．理论力学．北京：北京大学出版社，2013.